化妆品行业发展蓝皮书

中国化妆品科研成果蓝皮书

（2022年）

中国抗衰老促进会化妆品产业分会
北京国妆科创自然科学研究院　编著
中国日用化工协会

中国经济出版社
CHINA ECONOMIC PUBLISHING HOUSE
·北 京·

图书在版编目（CIP）数据

中国化妆品科研成果蓝皮书．2022年／中国抗衰老促进会化妆品产业分会，北京国妆科创自然科学研究院，中国日用化工协会编著．--北京：中国经济出版社，2022.10

ISBN 978-7-5136-7058-6

Ⅰ．①中… Ⅱ．①中… ②北… ③中… Ⅲ．①化妆品工业-科技成果-研究报告-中国-2022 Ⅳ．①F426.78

中国版本图书馆CIP数据核字（2022）第153097号

责任编辑　孙晓霞　姜　莉
责任印制　马小宾

出版发行　中国经济出版社
印 刷 者　北京柏力行彩印有限公司
经 销 者　各地新华书店
开　　本　710mm×1000mm　1/16
印　　张　32.75
字　　数　486千字
版　　次　2022年10月第1版
印　　次　2022年10月第1次
定　　价　398.00元
广告经营许可证　京西工商广字第8179号

中国经济出版社 **网址** www.economyph.com **社址** 北京市东城区安定门外大街58号 **邮编** 100011
本版图书如存在印装质量问题，请与本社销售中心联系调换（联系电话：010-57512564）

《中国化妆品科研成果蓝皮书（2022 年）》
编委会

《中国化妆品科研成果蓝皮书（2022年）》编辑部

序一 Preface

改革开放以来，我国经济快速发展。消费升级和人们对更高生活品质的不断追求，促进了化妆品市场的蓬勃发展。当前，化妆品行业已形成了原料、包装、加工、制造、品牌、运营和第三方服务等较完整的产业链，培育了一批优秀的创新人才，涌现了一批优秀的企业群体，创建了一批优秀的国货品牌。化妆品行业彰显出空前的活力，已经成为中国日用化工行业最热点的发展领域和方向，未来将进一步走向高质量发展道路。

化妆品高质量发展的前提是科技创新。《化妆品监督管理条例》于2021年1月1日起正式施行，其中一大亮点就是鼓励创新。其第九条第一款明确提出："国家鼓励和支持开展化妆品研究、创新，满足消费者需求，推进化妆品品牌建设，发挥品牌引领作用。国家保护单位和个人开展化妆品研究、创新的合法权益。"

一个国家的发展离不开科学技术，一个行业尤其是作为时尚产业的化妆品行业的发展，更是离不开行业整体对科学技术的重视与企业创新能力的提升，唯有创新驱动才会有更加美好的未来。化妆品企业的高质量发展需要创新技术与核心技术，而高校与科研院所的科研成果也需要与企业结合，才能产生社会价值，有效推动产业发展，最终实现产学研用的良性循环与协调发展。但是，到目前为止，国内还没有一本系统地梳理分析我国化妆品科研成果的专业著作。本书编者敏感地发现了这一国产化妆品升级与高质量发展的痛点、需求，经过精心策划、不断整合，最终倾情奉献了这本涵盖了化妆品全产业链的蓝皮书。本书会集了国内化妆品领域知名高校、科研机构、领军企业的专家，首次对中国化妆品产业全流程的科研成果进行了系统梳理，包括：化妆品原料科研成果、化妆品包材科研成果、化妆品设备科研成果、化妆品生产加工科研成果、化妆品产品研发科研成果、化妆品检验检测与功效评价科研成果，以及化妆品其他科研成果等。

科技的飞速发展带动了中国各行各业乃至整个国民经济的蓬勃发展，人民生活水平不断提高，民众越来越注重生活的品质，这推动了“美丽经济”的诞生；而科技在化妆品产业的广泛应用，使得产业各领域的科研成果不断涌现，也助推了整个化妆品产业的高速发展。

此书的问世具有划时代的意义和价值。它将为化妆品产业的科研工作者提供系统的科研参考，为化妆品产业链企业寻找合作技术专家并为技术机构提供指引，为整个产业的持续、高质、高速发展提供有力支持。希望此书可以做成系列丛书，不断收集整理我国化妆品领域的科研成果，持续推动产业发展。最后，希望此书能够把资深专家的智慧传递给行业工作者，为产业的未来发展提振信心、提供动力，为推动整个中国化妆品产业的高速、高效、高质量发展贡献一份力量。

王万绪
中国日用化工协会理事长
中国日用化学工业研究院首席专家
国务院政府特殊津贴专家
国家药品监督管理局化妆品安全专家委员会委员
全国消费品安全标准化技术委员会委员
国家科技评审专家
2022 年 7 月 18 日

科技创新带动化妆品细分产业突围与发展

作为从事化妆品科研工作几十年的专业人士，我见证了也参与了中国化妆品产业的发展与崛起，更是感受到了化妆品科技突破所带来的产业的突飞猛进。我从1983年开始透明质酸课题研究，用了39年时间对透明质酸进行系统研究，并将科研成果产业化，填补了国内多项空白，并在该领域创造了多项“第一”。如今，我国成为全球最大的透明质酸研发生产国。

一项科研技术的突破可以推动一个细分领域的蓬勃发展，其中科研成果转化属于核心环节。然而在科研成果转化过程中，技术成果持有方和企业需求方之间却存在着交流不通畅与信息不对称，最终造成企业不知道谁有自己需要的科研成果，科学家不知道自己的科研成果可以与谁合作的现象。如何打破这种局面，事关我国化妆品产业高质量发展的大计！

国家在“十四五”规划和2035年远景目标纲要中提出“率先在化妆品、服装、家纺、电子产品等消费品领域培育一批高端品牌”。研究国际知名品牌化妆品可知，核心科技、核心专利是高端化妆品品牌的两个核心要素。国内化妆品行业的企业家们也逐步意识到这一点，并开始重视与科学家合作、与高校院所“联姻”，并且已经有一些企业通过合作品牌价值提升方面获得了成功。

目前，市场上关于化妆品的书籍中科学和技术类的较多，涉及原料科技和配方设计等，但系统性地论述高校与科研院所科研成果的专著还没有。鉴于此，本书编委会组织全国多家相关高校、研究院所、企业等，花费大量人力、物力编写了这本涵盖了化妆品全产业链科研成果的蓝皮书，实现了我国化妆品科研成果蓝皮书专著从“0”到“1”的突破，对于化妆品产业高质量发展具有重要意义和价值。它将为化妆品产业科研工作者的科研方向和科研思路提供参考，为化妆品产业链企业寻找合作技术专家与技术机构提供指引。希望编委会继续努力，不断收集、整理我国化妆品领域的科研成果，持续推动产业发展。

最后，希望化妆品的科研工作者们可以源源不断地研究出突破性科研成果，通过科研成果的推广和应用，推动中国化妆品产业高质量发展，最终在一代代化妆品人的努力下培育出中国的高端化妆品品牌，使得中国化妆品品牌可以屹立于世界巅峰。

国际欧亚科学院院士

中国抗衰老促进会化妆品产业分会首席专家委员

山东大学国家糖工程技术研究中心主任

上海东方美谷首席科学家

山东省药学科学院首席科学家

梅晔生物医药股份有限公司总工程师

2022 年 7 月 18 日

前言
Preface

社会的进步和科技的飞速发展带动了中国各行各业乃至整个国民经济的蓬勃发展，人民生活水平不断提高，民众越来越注重生活的品质，推动了“美丽经济”的发展；而科技在化妆品产业的广泛应用，使得产业各领域的科研成果不断涌现，助推了整个化妆品产业的高质量发展。

40年来，中国的化妆品产业各领域所取得的科研成果有目共睹，各类学术论文、科研著作层出不穷，为科研工作者提供了宝贵的经验和借鉴。然而，在这个信息爆炸的时代，各种繁杂、重复甚至错乱的信息，也给科研工作者造成了诸多辨别和应用障碍。对于化妆品产业而言，对各个领域科研成果的系统梳理，已成为整个产业持续高速发展的必由之路。正值此时，《中国化妆品科研成果蓝皮书（2022年）》横空出世。

本书是国内第一部系统性收集、整理、归纳化妆品科技成果的著作，以收集、整理、分析国内主要化妆品科技成果为核心，按照化妆品原料、化妆品包材、化妆品设备、化妆品生产加工、化妆品产品研发、化妆品检验检测与功效评价，以及其他进行分类。同时，本书立足于产业和企业发展的实际需要，积极推动产业高质量发展和企业跨越式发展。

本书为化妆品领域高校与科研机构研发提供了参考方向，有利于推动高校科研成果的产业化，为化妆品生产加工企业、品牌企业寻找技术合作方提供参考，可以作为化妆品研究、开发、生产、经营、管理的工具书。另外，本书对于推动产业发展，搭建企业与专家的合作桥梁具有重要作用。本书第二至第八章最后介绍了科研成果转化的实际案例，分析了如何有效进行科技成果产业化，实现多方互利共赢。

本书由中国抗衰老促进会化妆品产业分会、北京国妆科创自然科学研究院、中国日用化工协会组织专家编著。第一章由程伟主编，陶丽莉、宁玉强编著；第二章由孟祥璟主编，曹辉、段崇刚、郑晓阳、王领编著；第三章由录驰冲主编，柴玉芸编著；第四章由张向阳主编，邢航、杜思铭编著；第五章由贾焱编著；第六章由王伟主编，王若彤、闫紫薇、夏咏梅、张孙鑫编著；第七章由张廷芬主编，孟祥璟、罗辉泰、李静、彭密军编著；第八章由赵力民主编，赵平编著；附录部分由赵华祥、冯在经、刘婉秋编著。全书由中国科学院研究员张贵锋统编定稿。

本书中大部分科研成果来源于成果持有机构，还有部分章节参考了相关科研成果的论文和专利技术，以参考文献的形式列于各章后，在此向参考文献的作者表示诚挚的谢意。由于编者水平有限，蓝皮书专家团队和编委会均为首次组建，加之时间仓促，难免有疏漏和不妥之处，恳请读者提出批评意见，以便完善。

《中国化妆品科研成果蓝皮书（2022 年）》编委会

2022 年 7 月

目录
Contents

第一章　绪言

被誉为“美丽经济”的化妆品产业，目前正处于快速发展的窗口期，并呈现出产业集群发展、调控政策加码、原料创新驱动、国潮美妆崛起、渠道变革加速等一系列新的特点。随着干细胞与再生医学、基因检测、人工智能和增强现实（AR）等新技术的不断发展及消费需求的不断细分，作为前沿科学技术的追随者，化妆品产业新技术研发创新不断加码，消费需求更加多元化、消费体验更加科技化。根据国家知识产权局数据，个人和科研院所申报专利数量占比呈上升趋势，企业依然是我国化妆品产业创新的主力军。随着新政策、新环境以及消费者消费意识的觉醒，企业经营有必要回归本质，注重研发，提升自身的研发实力，打造卓越的产品力。由“渠道为王”转变为“产品为王”，我国化妆品产业才能走得更加长远。

一、我国化妆品产业的现状

化妆品，是指以涂擦、喷洒或者其他类似方法，施用于皮肤、毛发、指甲、口唇等人体表面，以达到清洁、消除不良气味、护肤、美容和修饰目的的日用化学工业产品。作为美丽时尚产业的核心要素，化妆品无疑已经成为满足人们对美的需求的首选消费品。

随着经济发展和消费升级，近年来，我国化妆品市场规模稳定增长，成为世界第二大化妆品消费市场。根据国家统计局数据，化妆品零售总额增速在过去三年持续跑赢同期社会消费品零售总额增速。2021 年，全国化妆品销售额为 4026 亿元，较 2020 年同比增长 14.0%，过去 5 年复合增速为 11.8%，行业需求持续向好（见图 1.1）。

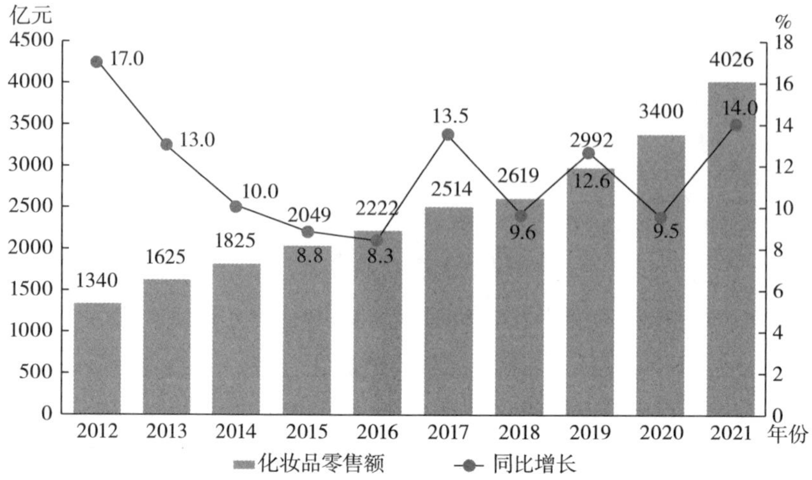

图 1.1　2012—2021 年中国化妆品零售额及增速情况

中国化妆品行业起步于 20 世纪 80 年代初期，历经近 40 年的发展，如今正处于快速发展的窗口期。在新的时代背景下，我国化妆品产业面临新挑战，迎接新机遇，呈现新特点。

（一）高度整合，产业集聚凸显

化妆品行业产业链可拆解为原料商、生产商、品牌商和渠道商四大主要参与主体。其中，上游主要包括甘油、乳化剂、表面活性剂等化妆品原材料及塑料、玻璃、包装用纸等包装原材料供应商；中游主要包括化妆品生产（自产或代加工）环节及品牌商；下游主要指化妆品的销售渠道，分线上渠道和线下渠道。

随着市场份额的逐步扩大，我国化妆品产业链渐趋完整，集原料、生产、研发、包装、销售于一体的美妆产业园区资源整合优势明显，成为当下产业布局的一大特色，化妆品产业逐步迈向集群发展，产业化、规模化运作。综观全国，我国化妆品产业版图呈现出以广州为中心的珠三角地区和以上海为中心的长三角地区竞相发展，以山东、北京为代表的北方地区和以成都、重庆为代表的西部地区奋起直追的产业带格局。

截至 2022 年 3 月 20 日，国家药品监督管理局化妆品生产许可证信息管理系统服务平台上公布的化妆品生产许可获证企业共计 5783 家。其中，广东省3275家，浙江省471家，江苏省339家，上海市243家。广东省化妆品生产企业数占全国的56.6%，长三角和珠三角地区化妆品生产企业总量占比达74.8%。

广东省作为中国化妆品第一大省，拥有全国一半以上的化妆品生产企业，其产品数量占全国总量的近70%。依托地理位置和产业政策的优越性，广东省已汇聚起从原料、包材等上游供应链，到研发、生产、品牌打造、销售等化妆品全产业链集群，可提供产品面市前的一站式解决方案。广州被称为“化妆品代工之都”，是全国拥有化妆品代加工企业数量最多的城市。从广东省美妆产业发展规划来看，广东省将打造“白云美湾”“南方美谷”“中国美都”“美妆硅谷产业园”等化妆品产业基地，未来将聚集更多有实力的自主品牌、研发平台、专业供应链，创造更完备的营商环境和行业人才中心。

虽然在企业数量、产业规模方面，上海与广州存在一定差距，但是诚如《上海市化妆品产业高质量发展行动计划（2021—2023年）》中所描绘的，以“东方美谷”为核心承载区的上海市化妆品产业以推动高质量发展为主题，汇聚全球化妆品产业中高端要素资源，已成为国内一流的化妆品高品质制造地和创新策源地。联合利华、欧莱雅、雅诗兰黛、爱茉莉太平洋等国际化妆品集团均在上海设立总部，科丝美诗、莹特丽、上海臻臣等Top级代工厂也都在上海建设厂房与研发中心。

除此之外，“中国美妆第一股”珀莱雅所在的湖州“美妆小镇”也声名鹊起。如今，这里已经聚集国内外上百家化妆品生产及配套企业，还入选了“2021年浙江省工业旅游示范基地”。从长三角化妆品产业布局来看，目前已基本形成以上海为中心的苏州、杭州、湖州等特色鲜明的产业带。

此外，北方地区化妆品产业亦迎来新的发展机遇期。比如，山东济南坐拥福瑞达和华熙生物两大玻尿酸巨头，近年来其美妆产业发展势头迅猛。2022年1月28日公布的《山东省促进化妆品产业高质量发展实施意见》明确指出，打造以济南“北方美谷”为核心，青岛、烟台、泰安、临沂、菏泽等多层次、多区位、多品类发展的“一核多点”发展格局。重点培育济南透明质酸化妆品产业集群，青岛、威海海洋生物化妆品产业集群，潍坊滨海、枣庄滕州香料香精产业集群，平阴玫瑰产业集群，临沂金银花、银杏、牛蒡特色产业集群，菏泽牡丹特色产业集群，威海彩妆产业集群等。此外，在北京市“十四五”规划中，昌平区被定位为北京市美丽健康产业发展聚集区，将发展以化妆品为主导的美丽健康产业。2021 年 5 月，昌平区“未来美城”正式启动。

在西部地区，以成都武侯区“她妆美谷”、重庆铜梁区“西部美谷”、重庆南川区“植物美妆小镇”为代表。“她妆美谷”以美丽经济、流量经济为主导产业，以化妆品研发制造、体验消费和新零售为细分领域，在聚焦草本生物类护肤品、新锐彩妆聚集产业链的同时，还布局了男性化妆品、美容仪器等未来赛道。“西部美谷”是重庆铜梁区与广州开发区共同成立的“一带一路”高新技术产业合作区，重点打造高端美妆聚集地。“植物美妆小镇”则聚焦发展特色植物资源化妆品，打造首个中国特色植物资源美妆产业高地。

（二）新规出台，行业洗牌加剧

2020 年 6 月，中华人民共和国国务院令第 727 号公布了《化妆品监督管理条例》（以下简称《条例》），自 2021 年 1 月 1 日起正式实施，相关配套法规文件亦相继出台，新的化妆品行业监督管理体系已然成形。截至目前，已有 15 个与《条例》配套的法规文件出台，其中有 1 个在《条例》公布之前已经发布实施，有 9 个已于 2021 年开始实施，还有 5 个将在 2022 年逐一落地（见表 1.1）。

表 1.1　已经发布的《条例》配套法规文件

序号	法规名称	发布时间	实施时间
1	《化妆品注册备案检验工作规范》	2019 年 9 月 10 日	2019 年 9 月 10 日
2	《化妆品注册备案管理办法》	2021 年 1 月 12 日	2021 年 5 月 1 日
3	《化妆品注册备案资料管理规定》	2021 年 3 月 4 日	2021 年 5 月 1 日
4	《化妆品新原料注册备案资料管理规定》	2021 年 3 月 4 日	2021 年 5 月 1 日
5	《化妆品分类规则和分类目录》	2021 年 4 月 9 日	2021 年 5 月 1 日
6	《化妆品安全评估技术导则（2021 年版）》	2021 年 4 月 9 日	2021 年 5 月 1 日
7	《化妆品功效宣称评价规范》	2021 年 4 月 9 日	2021 年 5 月 1 日

续表

序号	法规名称	发布时间	实施时间
8	《化妆品注册备案资料提交技术指南（试行）》	2021 年 4 月 25 日	2021 年 4 月 25 日
9	《化妆品补充检验方法管理工作规程》 《化妆品补充检验方法研究起草技术指南》	2021 年 4 月 28 日	2021 年 7 月 1 日
10	《已使用化妆品原料目录（2021 年版）》	2021 年 4 月 30 日	2021 年 5 月 1 日
11	《化妆品标签管理办法》	2021 年 6 月 3 日	2022 年 5 月 1 日
12	《化妆品生产经营监督管理办法》	2021 年 8 月 6 日	2022 年 1 月 1 日
13	《儿童化妆品监督管理规定》	2021 年 10 月 8 日	2022 年 1 月 1 日
14	《化妆品生产质量管理规范》	2022 年 1 月 7 日	2022 年 7 月 1 日
15	《化妆品不良反应监测管理办法》	2022 年 2 月 21 日	2022 年 10 月 1 日

新规之下，功效宣称与评价成为化妆品企业关注的重点。2021 年 4 月 9 日，《化妆品分类规则和分类目录》《化妆品功效宣称评价规范》《化妆品安全评估技术导则（2021 年版）》三则公告连发，宣告了化妆品功效宣称评价时代已然到来。根据《化妆品功效宣称评价规范》中的“化妆品功效宣称评价项目要求”，祛斑美白、防晒、防脱发、祛痘、滋养、修护 6 类功效宣称必须做人体功效评价试验，这无疑对化妆品企业的研发投入以及研发能力提出了更高的要求。新规的实施在进一步落实企业主体责任、规范行业发展的同时，也在加速行业洗牌，优胜劣汰是大势所趋。

2021 年 10 月 8 日，国家首部专门针对儿童化妆品制定的规范性文件《儿童化妆品监督管理规定》（以下简称《规定》）发布，进一步筑牢了儿童化妆品监管的法治基础。2021 年 12 月 1 日，儿童化妆品标志“小金盾”也正式亮相。自 2022 年 1 月 1 日起，《规定》和《化妆品生产经营监督管理办法》正式施行；自 2022 年 5 月 1 日起，申请注册或进行备案的儿童化妆品，必须标注“小金盾”；2023 年 5 月 1 日后，生产或进口的儿童化妆品，必须全部标注“小金盾”。

（三）紧抓源头，原料创新加码

原料供应商为化妆品行业产业链上游市场主要参与者，为中游化妆品生产商和品牌商提供生产化妆产品所需的原料。在生产原料方面，我国化妆品市场原料多由专业原料商提供，仅有少量大型知名化妆品品牌拥有独立的原料研发及生产工厂。在原料供应方面，以巴斯夫、亚什兰、德之馨、禾大、路博润、道康宁、帝斯曼、科莱恩、赢创等为代表的欧美供应商凭借先进的工艺技术和生产水平占据领先地位，以日清奥立友、日光化学等为代表的日本原料供应商紧随其后；中国原料供应整体实力相对较弱，但以华熙生物、蓝星等为代表的国内供应商在细分领域表现卓越。前瞻产业研究院调研数据显示，2020 年，华熙生物透明质酸原料销量全球市场占有率为43%，稳居全球透明质酸原料销量首位。相宜本草、东方淼森等民族企业近年来一直致力于中国特色植物资源化妆品和相关领域基础及应用研究，与《条例》第九条“鼓励和支持运用现代科学技术，结合我国传统优势项目和特色植物资源研究开发化妆品”相契合。

化妆品创新在很大程度上取决于原料创新。目前，中国国产化妆品在配方研发、生产技术方面，与欧美日韩等国家和地区的差距在不断缩小；但是在所用原料方面，除了一些比较大的化妆品企业建立了核心技术原料壁垒外，大多数企业还是选用进口原料。原料企业加大研发投入、突破与创新，构建起核心原料技术壁垒和知识产权，是国产化妆品崛起的关键要素。《条例》中明确了国家鼓励和支持开展化妆品研究与创新，国家药品监督管理局发布的一系列政策文件也为创新提供了必要的环境和土壤。可以预见，我国化妆品原料的研发创新将步入快速发展的轨道。

（四）文化赋能，国潮美妆崛起

目前，在国内普通护肤品领域，国际大型化妆品集团凭借多年的品牌影响和技术沉淀，享有先发优势，仍占据市场主导地位，且呈现多强格局。优质国货品牌以卓越的产品力和文化力，在大众市场和一些细分领域奋力突围、强势崛起。

从需求端来看，当下“90 后”“95 后”是化妆品消费的主力人群，“00 后”正快步进入消费端。这部分消费者经济实力强，熟谙京东、天猫等传统电商及抖音、小红书等社交电商平台，注重社交，对产品品质、成分配方、包装创意等更加看重，消费升级意愿强烈，愿意尝试国货新品牌。

从供给端来看，国货品牌越来越注重原料和配方研发，生产工艺不断优化，产品品质与国外品牌的差距在逐渐缩小。同时，作为文化传承的优良载体，国产化妆品品牌越发重视文化赋能，将我国特色植物资源、民族传统文化、中医药理论和技术等与化妆品原料以及产品的创新研发紧密结合，引领国货新风尚。随着“国潮”文化的兴起和中国制造影响力的提升，越来越多的年轻人开始正视国货品牌。

（五）营销升级，渠道变革加速

营销驱动（营销与渠道相辅相成）一直是我国化妆品产业发展的重要引擎。化妆品有线上和线下两大销售渠道。线上平台呈多元化发展态势，可细分为综合 B2C 平台、C2C 平台、垂直电商平台和社交电商平台等。自 2012 年起，电商平台快速发展，凭借营销手法的多样化、成本相对线下较低以及物流送货到家、退货更加便利等因素，化妆品线上消费市场急剧膨胀，且占比持续上升。同时，新冠肺炎疫情促使化妆品消费市场进一步从线下向线上转移。数据显示，我国化妆品市场电商渠道占比从 2010 年的 2.6% 快速提升至 2020 年的 38.0%。2017 年前后，微博、微信、B 站、快手、抖音、小红书等社交媒体逐渐兴起，社交电商应运而生，一度成为最有效的化妆品营销推广渠道。

线下销售渠道包括商超、百货商店、专卖店等。相较于在线上购买化妆品，消费者可在线下实体店亲身体验化妆品使用效果，因此仍有大量消费者选择线下渠道购买化妆品。受地域限制，线下渠道布局主要依赖数目庞大、分布广泛的代理商和终端零售，以经销为主、直营为辅的模式开展。

综上所述，当前我国化妆品行业还处在成长阶段，中国作为全球潜力最大的化妆品市场，对国内及国外品牌而言都是前所未有的机遇。随着小红书、抖音等社交媒体传播模式的爆发及变革，未来营销渠道将更加多元化。国产品牌在加强原料创新、不断提升配方设计及生产工艺的同时，如能凭借对时尚的敏锐度和对国内消费者的深入洞察，抓住流量红利实现精准营销，将有望成长为引领“新国潮”的行业领跑者。

二、近年来化妆品研究的成就

经过多年的迅猛发展，中国化妆品产业取得了辉煌成就，已进入快速发展阶段。近年来，随着新技术的不断发展，化妆品产业呈现出消费需求多元化、消费体验科技化升级的特征和趋势。

（一）从专利申请数量来看，2018 年起中国化妆品产业专利申请数量呈逐年递减趋势

图 1.2 为 2015—2021 年中国化妆品产业专利增长情况。自 2018 年起，中国化妆品产业专利申请数量呈现逐年下降趋势。2021 年中国化妆品产业专利申请数量为 2684 件，同比减少 35.43%，增长率为 7 年来最低值。

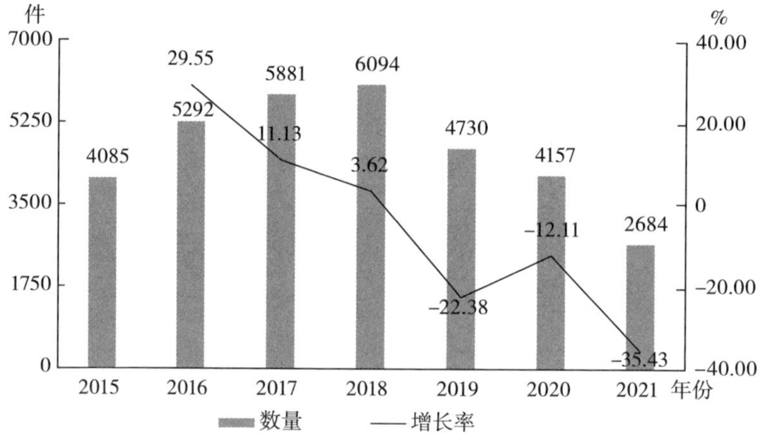

图 1.2　2015—2021 年中国化妆品产业专利增长情况

资料来源：国家知识产权局。

（二）从专利申请类型来看，发明专利申请数量呈现上升趋势，但授权数量已降至“冰点”

图 1.3 为 2015—2021 年中国化妆品产业专利类型分布情况。近年来，中国化妆品产业发明专利申请数量占比呈现上升趋势。2021 年中国化妆品产业专利发明申请占专利总申请数量的比重为 98.73%，创 7 年来最高值。但从授权发明占比来看，2021 年中国化妆品产业专利授权发明占比仅为 0.82%，为 7 年来最低值。这说明前期创新成果储备不足，导致发明专利的授权数量逐年下降。

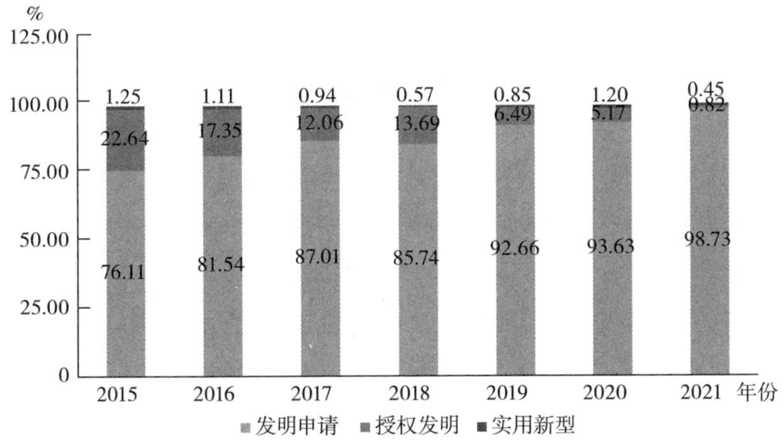

图 1.3 2015—2021 年中国化妆品产业专利类型分布情况

资料来源：国家知识产权局。

（三）从专利申报主体来看，个人和科研院所申报数量占比呈上升趋势

企业依然是中国化妆品产业创新的主力军，也是专利申报的主体。但值得关注的是，受创新创业大潮和“美丽经济”的影响，越来越多的个人和科研院所加入“国货”创新，且占比呈现上升趋势。2015—2021 年中国化妆品产业知识产权专利归属方分布情况见图 1.4。

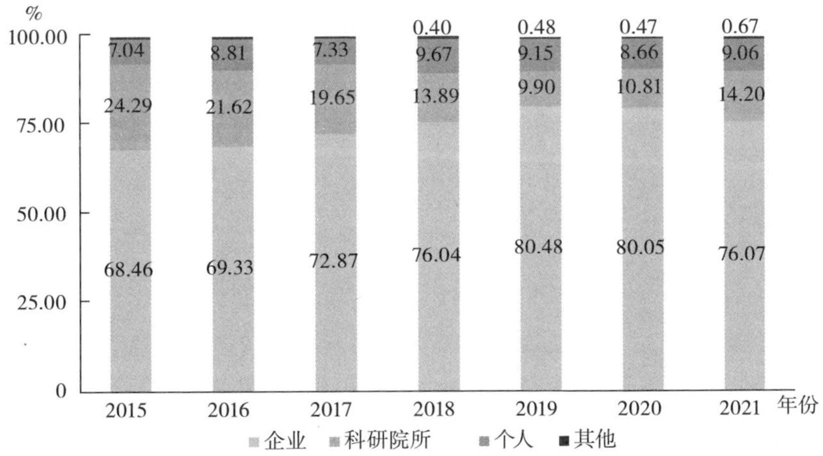

图 1.4 2015—2021 年中国化妆品产业知识产权专利归属方分布情况

资料来源：国家知识产权局。

（四）从专利区域分布来看，强者恒强，新生力量未来可期

2021 年中国化妆品专利申请数量最多的省份是广东，共有 1034 件，占据全国 38.52% 的份额，较 2015 年上升了 16.91 个百分点。其次是上海、浙江、江苏，三地共计占据全国 25.71% 的份额（见表 1.2）。

表 1.2　2015 年与 2021 年中国化妆品知识产权区域分布情况对比　单位：件

地区	2015 年			2021 年		
	发明申请数量	授权发明数量	实用新型数量	发明申请数量	授权发明数量	实用新型数量
广东	607	256	20	1014	17	3
山东	455	32	5	138	1	0
江苏	245	22	4	161	2	0
上海	151	71	3	335	1	4
河南	205	9	1	56	0	0
广西	182	13	0	14	0	0
浙江	107	41	4	185	0	2
北京	91	46	2	96	0	0
湖北	66	19	3	81	0	0
安徽	65	5	0	54	0	1
四川	45	14	1	48	0	0
湖南	46	14	0	57	0	0
重庆	39	16	0	8	0	0
天津	38	15	0	34	0	0
福建	35	14	3	60	0	1
云南	35	14	0	53	0	0
贵州	33	5	0	22	0	0
吉林	19	13	0	16	0	0
辽宁	20	6	1	17	0	0
陕西	16	9	0	40	0	0
河北	14	9	0	14	0	0
新疆	14	8	0	2	0	0
台湾	10	5	1	1	0	0
宁夏	13	0	0	8	0	0

续表

地区	2015 年			2021 年		
	发明申请数量	授权发明数量	实用新型数量	发明申请数量	授权发明数量	实用新型数量
黑龙江	11	1	0	14	0	0
江西	7	4	0	31	0	0
青海	7	3	0	4	0	0
海南	5	3	0	5	0	1
香港	6	1	0	2	0	0
甘肃	7	0	0	5	0	0
山西	4	1	0	14	0	0
内蒙古	3	0	0	7	0	0
西藏	1	0	0	6	0	0
澳门	0	0	0	0	0	0
其他区域（国外申报人）	507	256	3	48	1	0

注：国外申报人在中国申报专利不计入区域省份统计，列入其他区域统计。

资料来源：国家知识产权局。

另外，与2015年相比，2021年有三个方面值得关注。一是部分传统优势区域如广东、上海、浙江三地的专利申请数量保持稳定的增长。二是部分传统优势区域出现负增长，如山东、江苏两省。三是新生力量崛起，值得期待。如福建、陕西、江西等省在专利申请数量上均有大幅提升，未来可期。

展望未来，国内化妆品产业的蓬勃发展，必将吸引各大品牌前来跨界“掘金”。在此趋势下，一是从市场监管角度来看，政府监管部门将会进一步规范行业标准，鼓励产品创新，推动产业健康有序发展；二是从企业角度来看，加快自主创新、研发高质量差异化产品成为当前的首要任务；三是从科研院所、投资机构等产业服务角度来看，应结合市场需求，找准定位，本着“不做第一，就做唯一”的原则，加大在细分领域的创新投入。

第二章　化妆品原料科研成果

化妆品原料是化妆品创新的源头，其作为化妆品的主体，赋予了化妆品更多的功效。随着市场的变化，化妆品原料也出现了新的变革。现有制备和提取技术水平不断提高，除了原料的优化，功效护肤产品需求的增加也带动了功效原料市场的发展，各大高校及原料公司都开始着力打造更高品质的化妆品原料。依托我国多样化的特色植物资源，植物提取物及其主要活性成分和生物科技类原料得到广泛应用。

一、基础原料

（一）透明质酸钠

1. 成果介绍

（1）名称：纳诺 HA™酶切寡聚透明质酸钠（水解透明质酸钠 Mw < 10 kDa），熙敏修™超活透明质酸（水解透明质酸钠 Mw≤5 kDa）。

（2）成果负责人：华熙生物科技股份有限公司。

（3）技术成熟程度：产业化。

（4）知识产权状况：专利已授权（专利号：ZL 201210317032.5，ZL 201210497017.3）。

2. 市场背景

透明质酸（Hyaluronic Acid，HA），又名“玻璃酸”“玻尿酸”。透明质酸是存在于人体和动物组织中的一种由 N－乙酰氨基葡萄糖（N－Acetylglucosamine，GlcNAc）和 D－葡萄糖醛酸（D－Glucuronic acid，GlcUA）为结构单元的高分子黏多糖，广泛分布于人体的玻璃体、关节、脐带、皮肤等部位。透明质酸的市售形式一般为其钠盐，即透明质酸钠。透明质酸具有良好的保水性、润滑性、黏弹性、生物降解性及生物相容性等理化性能，在医药、化妆品及食品等领域的应用十分广泛。

根据分子量大小，透明质酸可分为大分子、中分子、小分子、寡聚透明质酸。透明质酸原料可通过动物组织提取法或微生物发酵法制备而成。动物组织提取法获得的透明质酸分子量一般为 200 ~ 2000 kDa，而微生物发酵法可以获得分子量大于 2000 kDa 的透明质酸，也能够通过后期的化学降解技术或酶切技术获得分子量小于 200 kDa 的透明质酸。不同分子量使得不同的透明质酸分子具有不同的适用性。分子量较大的透明质酸，具有更强的支撑性、抗降性和黏弹性，常作为塑形填充材料应用于医疗美容中；分子量较小的透明质酸，能够穿透表皮实现皮肤深层吸收，常用于保湿类的护肤品中。

根据弗若斯特沙利文报告，在全球市场上，2016—2019 年化妆品级透明质酸终端产品市场年均复合增长率已经达到 4.9%；预计 2024 年透明质酸化妆品市场规模将增长至 1015 亿美元；2020—2024 年透明质酸化妆品市场年均复合增长率将达到 7%。与此同时，国内透明质酸化妆品终端市场相较国际市场增势更为明显。报告显示，2015—2019 年我国透明质酸化妆品终端市场复合增长率达到了 7.4%，2019 年国内市场规模已达到 620 亿元人民币。此外，随着目前中国消费者对化妆品成分的认知不断增强，在理性、科学的消费趋势下，透明质酸作为讨论热度最高的护肤成分将在化妆品领域获得更广泛的认知度和接受度，预计 2020—2024 年国内透明质酸化妆品市场年均复合增长率将保持在 7.8% 的较高位置。

3. 技术描述

HA 是由 N－乙酰氨基葡萄糖和 D－葡萄糖醛酸双糖重复单位以糖苷键交替连接组成的大分子黏多糖，天然存在的 HA 根据来源不同，链长可达 2000 ~ 25000 个甚至更高的双糖单位数（双糖 Mw 约为 400 Da），Mw 范围是 10^6 ~ 10^7 Da。

随着研究的深入，发现超小分子量HA（<10 kDa）与高分子量HA相比，表现出更多的生物活性，如促进新生血管形成、创伤修复和抗氧化等。但是，早期生产上使用的化学降解法（酸降解或碱降解）反应剧烈，容易褐变，单糖残基结构遭到破坏，影响了产品的纯度和质量，降低了生物活性。

2012年，华熙生物上市的酶切寡聚透明质酸钠掀起了透明质酸生产的第三次革命。酶切技术能够精准切割双糖单位间相连接的糖苷键，最大限度地保留了透明质酸钠双糖结构的完整性。经过系统研究和工艺放大，成功获得了高纯度超小分子透明质酸钠。该项技术已获得美国、欧盟、日本等多国（地区）专利，并获得中国专利金奖。

纳诺HA™酶切寡聚透明质酸钠（Mw<10 kDa）是采用酶切法生产的超小分子透明质酸钠，可透皮吸收，能够修复受损细胞，清除自由基，深层保湿，抗衰老。

熙敏修™超活透明质酸（Mw≤5 kDa）凭借其显著的免疫调节能力和超高的抗氧化活性，以及抑制炎症因子释放、修复细胞损伤、舒缓肌肤、抵抗敏感等生物活性，在保湿、舒缓或修复类化妆品中被广泛使用。

纳诺HA™透皮吸收率高：1h时纳诺HA™的透皮吸收率达36.2%，8h时达60.7%，24h时高达69.5%。纳诺HA™可提高皮肤水分含量，与大分子HA配合使用，可协同增效，获得更好的保湿效果。熙敏修™可有效清除紫外线诱导的活性氧自由基，减轻炎症反应。浓度为0.1%的熙敏修™能将平均荧光强度降低66.7%，自由基清除率达到81%。

熙敏修™可以显著减少UVB刺激引起的炎症因子TNF-α的释放，抑制率高达44%；0.125%的熙敏修™可明显减少因SLS刺激引起的炎症因子IL-1α的释放，抑制率高达49%；0.4%的熙敏修™可明显减少因LPS刺激引起的炎症因子IL-6的释放，抑制率高达70%。

熙敏修™修复细胞损伤情况见图2.1：UVA照射后，L929成纤维细胞的增殖率下降到63%，加入熙敏修™后，细胞增殖率显著提高，浓度为0.125%的熙敏修™能将细胞增殖率提高到94%。

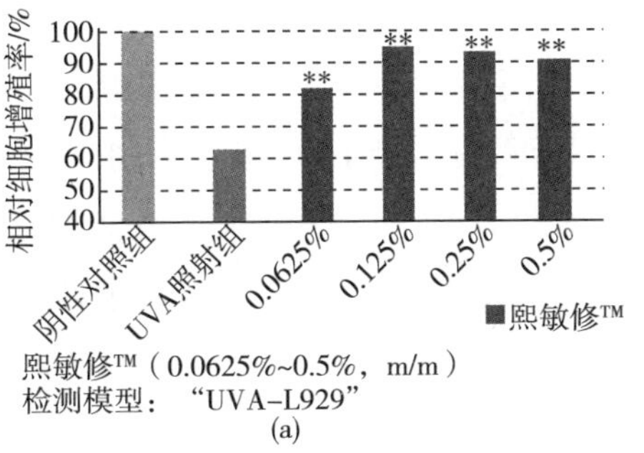

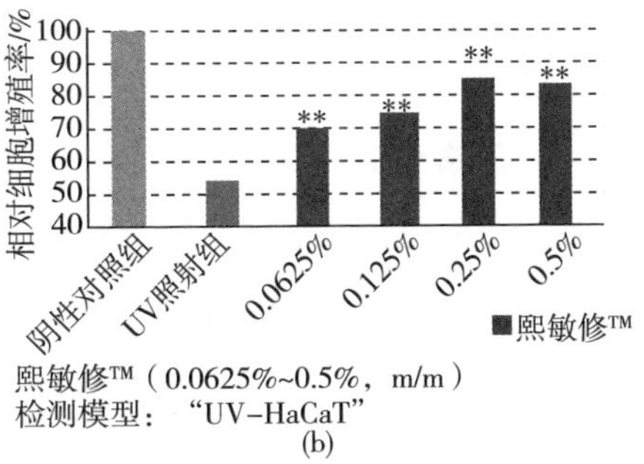

图 2.1　熙敏修™对成纤维细胞和表皮细胞的修复作用

注：＊＊表示 $p<0.01$。

4. 应用领域

熙敏修™超活透明质酸和纳诺 HA™酶切寡聚透明质酸钠作为超小分子量 HA，具有修复细胞损伤、抑制炎症因子释放、深层保湿、抗衰等功效，适合添加在各种舒缓、抗衰、保湿等个人护理品中，如精华、膏霜、面膜、凝胶、洗面奶、头皮护理品等，为天然高效修护和抗衰领域的产品开发提供了更多成分选择。

（二）海藻酸钠

1. 成果介绍

（1）名称：海藻酸钠（Sodium alginate），即（$C_6H_7O_6Na$）$_n$。

（2）成果负责人：青岛明月海藻集团。

（3）技术成熟程度：产业化。

（4）知识产权状况：在化妆品领域，与海藻酸钠相关的专利有 90 多项，相关期刊论文 100 多篇，相关科技成果 10 多项。

2. 市场背景

海洋资源在美容护肤产品中的应用有很长的历史。独特的低温、高压、弱光的生长环境使海洋蕴生出大量结构新颖、性能优良、种类繁多的生物活性物质，其中很多在陆地生物资源中很难被发现。这些纯天然化合物可以为美容护肤产品提供优良的理化性能和润肤、保湿、抗氧化、防晒等生物活性，具有很高的应用价值。目前，海洋资源护肤产品的全球市场价值约占全球化妆品市场的15%。作为一种从海藻植物中提取的天然高分子材料，海藻酸钠在化妆品领域正得到越来越多的关注。例如，在护肤品行业，海藻酸钠因其增稠性和凝胶性可用于膏霜类产品。在洗涤用品中，海藻酸钠可应用于洁面乳、沐浴露、洗发水等产品中。在口腔清洁用品中，海藻酸钠常被用作黏结赋形剂在牙膏中应用。另外，海藻酸钠具有凝胶性，可以制备固体空气清新剂。

3. 技术描述

海藻酸钠为白色或淡黄色粉末，几乎无臭无味。海藻酸钠溶于水，不溶于乙醇、乙醛、氯仿（三氯甲烷）等有机溶剂。海藻酸钠溶于水后呈黏稠状液体，其1%水溶液pH值为6~8，当pH值为6~9时黏性稳定，当加热至80℃以上时则黏性降低。海藻酸钠具有保湿、美白、吸附重金属等功效。

海藻酸钠的保湿机理主要在于海藻酸钠富含羟基和羧基，可与水分子形成分子间氢键从而结合大量水分，同时糖链间交织成网，分子内氢键牢固，形成亲水性空隙，起到较强的保水作用。另外，海藻酸钠具有良好的成膜特性，可在皮肤上形成薄膜，防止水分蒸发。研究人员比较了魔芋葡甘聚糖、羧甲基纤维素钠、壳聚糖、海藻酸钠和常用保湿剂甘油的保湿性，结果表明，海藻酸钠保湿性优于甘油和羧甲基纤维素钠（见图2.2）。

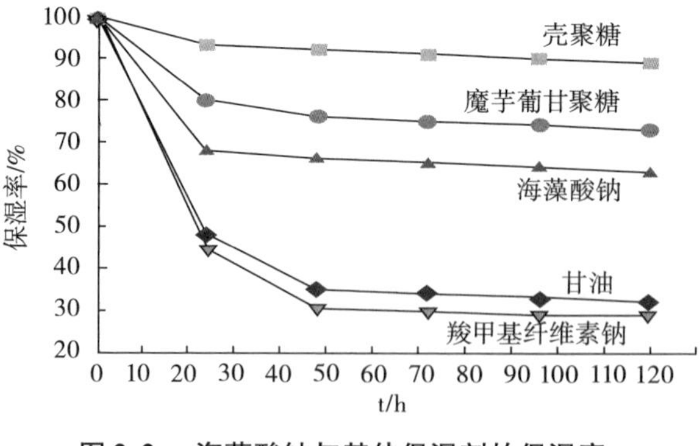

图2.2　海藻酸钠与其他保湿剂的保湿率

海藻酸钠的防晒美白功效是通过抑制酪氨酸酶活性，减少黑色素生成实现的。学者研究发现，海藻酸钠在试验体系和黑色素细胞内都能与酪氨酸酶相互作用，通过改变酪氨酸酶氨基酸残基的疏水性环境抑制其活性，并减少黑色素的生成（见图 2.3）。

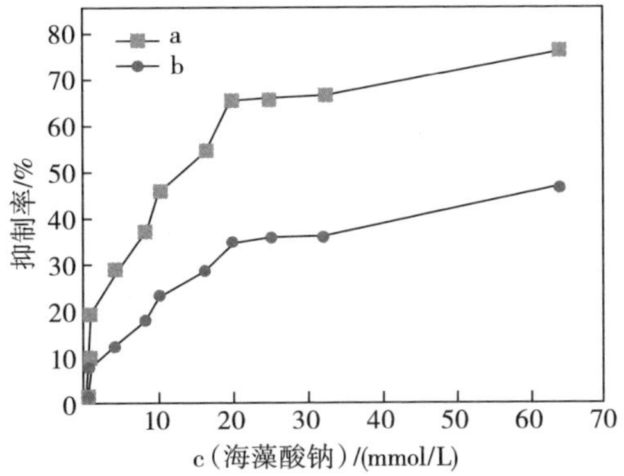

图 2.3　海藻酸钠分别对体系中（a）和黑色素细胞内（b）酪氨酸酶活性的抑制

彩妆、电子辐射、空气中的 PM2.5 都会使脸部附着大量的重金属离子。重金属并不能被人体代谢吸收，时间长了就会破坏细胞结构，使皮肤暗黄、毛孔粗大并且会加速衰老，所以去除重金属尤为重要。研究发现，海藻酸钠分子中含有大量游离的羧基，能够与金属离子发生反应，对汞、铜、镉等重金属离子具有一定的吸附能力，可作为吸附重金属的吸附剂。海藻酸钠在化妆品中的应用主要有两个方面：一是将海藻酸钠复配到面膜粉中，发挥其成膜剂和吸附重金属的功效；二是将海藻酸钠制成海藻纤维面膜布，以面膜布的形式吸附面部的重金属。

4. 应用领域

海藻酸钠具有良好的增稠性、成膜性和凝胶性，并且具有高度的安全性和配伍性，对人体及皮肤无毒、无刺激，与水、甘油等有一定的亲和力，并在一定的用量范围内能保持黏度不变，可以广泛用于各种护肤剂、整发剂、防汗剂、洗涤剂、牙膏、面膜等化妆品的加工与生产中。

（三）甘露醇

1. 成果介绍

（1）名称：甘露醇（Mannitol）。

（2）成果负责人：青岛明月海藻集团。

（3）技术成熟程度：产业化。

（4）知识产权状况：在化妆品领域，与甘露醇相关的科技成果有10多项，相关专利30多项，相关期刊论文40多篇。

2. 市场背景

甘露醇是一种六碳线性多元醇，为白色粉末结晶，其分子量是182.17，天然存在于许多植物中，如海藻、南瓜、蘑菇、芹菜等；同时，许多微生物体内也可生成甘露醇。甘露醇具有许多特性，可以被广泛应用于食品、医药、化妆品等行业，因此具有较大的商业价值。根据中国产业信息网发布的《2016—2022年中国甘露醇行业分析及未来前景预测报告》，目前世界甘露醇年产量约为17000t，年总需求量为20000～25000t，缺口为3000～8000t，中国年生产能力约为5000t，国内需求量约为3000t，主要用于医药方面，但随着甘露醇应用领域的不断拓宽，未来几年，甘露醇的需求量依然会有较大的增长，发展前景很乐观。

3. 技术描述

甘露醇是以海带为原料提取的一种功能性甜味剂，呈白色针状或粉状，易溶于水，其水溶液是无色、无臭、澄清的，甜度是蔗糖的70%。甘露醇具有低糖、低热值、入口清凉等特点，对酸、热有较高的稳定性，不容易发生美拉德反应，不会引起人体血糖的明显波动。虽然甘露醇可以从海带中直接提取，但是容易受到海带产量限制及提取能耗的影响，因此这种技术已被逐渐淘汰。目前，甘露醇的主要制备方法是以天然葡萄糖为原料，经过化学合成法制备，获得的甘露醇品质与天然提取法无异，且纯度、安全系数更高。

甘露醇在化妆品中可以充当油质原料作为产品的基质使用。另外，由于羟基比较多，可以与水以氢键的形式结合，有一定的锁水保湿功效。甘露醇在化妆品中风险系数低，安全，可以放心使用，对孕妇一般没有影响。

过氧亚硝基阴离子是超氧自由基和亚硝基离子的结合，也是一种与体内常见色素沉着相关的自由基，甘露醇对它有消除作用，有利于皮肤的调理和抗衰，对皮肤过敏也有一定程度的抑制作用。另外，甘露醇还可以抑制皮肤的光损伤和光老化。

4. 应用领域

甘露醇作为与木糖醇齐名的无糖甜味剂，已被广泛应用于各个领域。例如，在医药领域，作为利尿剂、药片赋形剂。以甘露醇为主要成分的甘露醇注射液是临床上抢救脑部疾患的一种常用降压药。在食品领域，甘露醇作为目前市面上六元糖醇产品中唯一不易吸潮的一个品种，可作为口香糖、糕点的防粘粉及低糖食品的甜味剂。在工业上，甘露醇可用于塑料行业，制松香酸酯及人造甘油树脂、炸药、雷管（硝化甘露醇）等。在化妆品中，甘露醇多用作保湿剂。

（四）山梨糖醇

1. 成果介绍

（1）名称：山梨糖醇（Sorbitol），即1，2，3，4，5，6 – 己六醇。

（2）成果负责人：青岛明月海藻集团 。

（3）技术成熟程度：产业化。

（4）知识产权状况：在化妆品领域，与山梨糖醇相关的专利有90多项，相关论文30多篇，相关图书20多本。

2. 市场背景

多年来，法国和美国等国家把山梨糖醇作为保湿剂应用于化妆品中。虽然目前我国山梨糖醇产量不大，但是部分地区使用廉价的特产木薯来生产山梨糖醇，既节约了粮食，又降低了成本。所以，在我国推广山梨糖醇代替甘油作为化妆品中的保湿剂，既可节约外汇、降低成本，又可缓和甘油供需紧张的矛盾。另外，固体山梨糖醇在保湿性能上优于甘油，并且在包装、储存、运输和使用上比甘油更有优势。

3. 技术描述

山梨糖醇是一种多元醇，即1，2，3，4，5，6 – 己六醇，又叫“六羟基醇”或“山梨醇”，是一种白色粉末或结晶性粉末，可燃，无臭，略有清凉甜味，具有吸湿性质。山梨糖醇在牙膏行业中可作为水分控制剂和防冻剂，其加入量为15% ~20%，保湿效果比甘油更稳定。在较低湿度下，山梨糖醇失水较甘油少，吸收水分也较甘油少。在相同浓度下，山梨糖醇黏度高于甘油，目前牙膏行业中已普遍采用山梨糖醇取代甘油，如上海联合利华、广州宝洁、扬州高露洁和三笑、重庆牙膏厂及天津牙膏厂等。山梨糖醇在牙膏行业的年需求量在30万t以上。山梨糖醇在化妆品中也可用作保湿剂，并可有效增强乳化剂的伸展性和润湿性。

近年来，我国山梨糖醇的生产技术、装备水平大幅度提高，山梨糖醇生产的各项消耗指标都大幅度下降。由于高压进料技术与氢气循环技术的采用，70%山梨糖醇氢气的消耗已降至90m^3以下；在三相催化剂普遍应用后，山梨糖醇催化剂的消耗也从以前的2.0~2.5kg/t降低到1.0kg/t；折镍消耗有的下降至0.4kg/t以下。吸附制氢装置已全面取代电解法制氢，12MPa甚至更高压力的磁力搅拌加氢釜的使用、高压进料系统、模拟流动床、连续离子交换系统、薄板换热多效蒸发器、先进的压榨压滤机、旋转磁力分离器、薄片叶滤机、连续结晶装置以及生产全过程计算机控制的应用，标志着我国山梨糖醇行业技术装备已接近国际先进水平。生产技术装备水平的提升，使我国山梨糖醇质量达到了国际先进水平。

4. 应用领域

山梨糖醇作为润湿剂、食品添加剂、化学稳定剂、表面活性剂等，在印刷、塑料皮革、烟草、化工、食品、牙膏、日化等行业用途很广。尤其是在我国甘油缺口较大的环境条件下，山梨糖醇解了燃眉之急，并产生了良好的质量效益和经济效益。

（五）烷基糖苷

1. 成果介绍

（1）名称：烷基糖苷（Alkyl Polyglucosid，APG）。

（2）成果负责人：扬州晨化新材料股份有限公司。

（3）技术成熟程度：产业化。

（4）知识产权状况：发明专利，包括ZL 200810168290.5（一种APG的制备方法）、ZL 201110130391.5（制备十八烷基葡萄糖苷的方法）、ZL 201110130387.9（制备棕榈烷基葡萄糖苷的方法）、ZL 201110130401.5（制备十四烷基葡萄糖苷的方法）、ZL 201110130402.X（制备癸烷基葡萄糖苷的方法）、ZL 201110130408.7（制备月桂烷基葡萄糖苷的方法）、ZL 201110130404.9（制备辛烷基葡萄糖苷的方法）、ZL 202022309180.5（一种烷基糖苷泡沫产生装置）、ZL 201420196682.3（一种提高烷基糖苷过滤速度的过滤装置）、ZL 202021916689.X（一种烷基糖苷废气处理装置）。

2. 市场背景

被称为“美丽经济”的中国化妆品市场，经过20多年的迅猛发展，现今已取得了前所未有的成就。近年来，随着高新技术的发展和其广泛应用，新型化妆品原料替代一些副作用大而且有害的合成化学品成为一种必然趋势。

2010年香港地区《壹周刊》报道了某品牌洗发液含“二噁烷”，引发了消费者对中国日化产品安全性的普遍关注，“产品的安全性”成为各企业面临的首要问题。近年来，国家及日化行业都在大力推进日化产品的安全性和环保性，颁布了《环境标志产品技术要求家用洗涤剂》（HJ 458—2009）、国家标准GB/T 19630.1—2005至GB/T 19630.4—2005《有机产品》、《有机产品认证管理办法》等，“原料的安全性”成为各企业面临的关键问题。在我国经济结构调整、产业升级、建立创新型国家大背景下，要想实现日化产业从大到强的目标，必须满足人们对安全、健康、环保等更高层次的需求，这就是中国日化行业发展方向——“新日化”。“新日化”是一个从原辅材料选择到使用后与环境友好相容的全新概念，绿色表面活性剂APG是“新日化”产品最理想的原料，成为顺应“新日化”方向的最佳选择之一。

在欧美等发达国家，烷基糖苷在化妆品领域的应用已有30多年的历史，但受限于其生产工艺导致的产能低和成本高，市场推广及应用较为缓慢，而随着高端技术的引入，生产工艺不断优化，未来烷基糖苷市场将进一步扩张。在全球范围内，烷基糖苷市场主要集中在北美、欧洲等地区。2021 年，全球烷基糖苷市场规模在 3.18 亿美元左右，我国的烷基糖苷行业规模在 10.85 亿元人民币左右。随着“颜值经济”的崛起，烷基糖苷市场将保持高速增长态势，预计 2022—2027 年，全球烷基糖苷市场规模将以 2.2% 的年均复合增长率增长，我国的烷基糖苷市场规模增速将达到 20%。

3. 技术描述

APG 是 20 世纪 90 年代发展起来的不使用石油衍生产品原料的新一代非离子表面活性剂，由天然脂肪醇和葡萄糖在酸性催化剂作用下合成得到。它是温和、无毒、可生物降解的非离子表面活性剂，具有十分优异的润湿性和配伍性，对人体的刺激性较小。同时，它还具有优良的表面活性和发泡能力，去污力强，配伍性能极佳，有良好的协同效应。而且 APG 有很强的溶解能力，在水及高浓度的酸、碱、盐溶液中溶解度较高，无浊点和凝胶现象。APG 可作为主活性物广泛应用于洗涤、乳化、增溶、保湿等功能制品中，在家居清洁和个人洗护产品中具有广阔的应用前景，是目前世界上唯一可被称为“无毒级的表面活性剂”品种。

该原料创新性地采用相转移催化醇糖反应技术—— 一步法合成工艺，实现底物的高效转化及产品质量的有效控制；采用共沸蒸馏技术脱除醇糖反应后物料中的脂肪醇，解决了残留醇回收利用的技术难题；采用缚酸技术，条件温和、效率高，副产物为产品脱色时的稳定剂；采用连续高效外循环静态混合搅拌釜式反应器，解决了半缩醛反应过程中固—液快速混合及强化传质速率问题；最终建立了规模化生产线，实现了产业化生产。整个生产过程成本低，生产效率高，产品质量高，无排放污染，设备能耗低，符合当前绿色化妆品以及碳中和的发展趋势。

烷基糖苷表面张力低，泡沫性能随疏水碳链长度不同而有所差异。APG0810 表面张力低，临界胶束浓度（Critical Micelle Concentration，CMC）较大，润湿性好，耐碱性强。APG1214 的 CMC 较小，泡沫稳定性好，在体系中可以形成棒状胶束，有助于提高配方黏度。APG0814 则结合了两者的优点，具有更好的通用性，如表 2.1 所示。烷基糖苷作为一种非离子表面活性剂，可与任何类型表面活性剂复配，而且具有一定的协同效应。例如，烷基糖苷与十二烷基硫酸钠（K12）复配，泡沫性能具有协同效应。

表 2.1　烷基糖苷产品性能

性能	泡沫/mm			耐碱性	润湿性	表面张力	临界胶束浓度（CMC）
	30s	3min	5min	NaOH/（g/L）	去离子水	γ/（mN/m）	mg/L
APG0810	540	490	440	640	2. 3s	26. 2	823. 8
APG0814	530	510	500	600	5. 2s	27. 1	40. 9
APG1214	500	490	480	—	10. 9s	27. 1	33. 5

4. 应用领域

APG 具有高表面活性、良好的生态安全性和相容性，可广泛应用于化妆品、个人护理和清洁用品、家居清洁用品以及工业、公用工程清洁领域；还可应用于食品乳化剂、农药助剂和增效剂、纺织助剂及油田用助剂等领域。C_8 ~ C_{14}系列的 APG 产品，表面张力低、去污效果好，泡沫丰富细腻，可与任何类型表面活性剂复配，协同效应明显；产品易于稀释，无浊点、无凝胶现象，使用方便；可作为洗发香波、沐浴露、洗面奶、洗衣液、洗手液、餐具洗涤剂、蔬菜水果清洗剂等产品的主要原料。

（六）载体型糖苷硅氧烷弹性体凝胶

1. 成果介绍

（1）名称：载体型糖苷硅氧烷弹性体凝胶（INCI）。

（2）成果负责人：广州标美药用辅料有限公司。

（3）技术成熟程度：产业化。

（4）知识产权状况：无。

2. 市场背景

化妆品已成为现代人不可缺少的日用品，其使用人群日益扩大。在过去几年，随着个人护理行业需求的增加，全球有机硅弹性体市场经历了实质性的增长。据大视角研究公司2017年2月8日发布的报告，全球有机硅弹性体的需求2015年为1060t，预计从2016年到2025年将以5.6%的年均复合增长率增长，全球有机硅弹性体市场预计2025年将达到140.7亿美元。与此同时，化妆品市场法律法规日趋完善，环保型产品在市场上备受青睐，消费者对单一原料赋予配方多种益处或单一配方赋予皮肤多种益处的需求越来越多，对于安全、绿色的诉求也日趋强烈。

载体型糖苷硅氧烷弹性体凝胶——葡萄糖苷改性的有机硅弹性体凝胶的诞生，满足了市场对绿色天然化妆品的需求，取代了现有以聚醚为基础的自乳化弹性体或复配弹性体体系，更环保、更绿色。

3. 技术描述

载体型糖苷硅氧烷弹性体凝胶，是环五聚二甲基硅氧烷、辛基聚二甲基硅氧烷乙氧基葡糖苷、聚二甲基硅氧烷交联聚合物，是使用环五聚二甲基硅氧烷溶胀的葡萄糖苷改性的有机硅弹性体凝胶，糖苷硅氧烷弹性体凝胶分子结构见图2.4。其通过在硅油链段上引入葡糖苷基团，再制备成交联聚合物后溶胀所得。在有机硅弹性体上接枝葡糖苷基团，除了给予该弹性体凝胶更丰富的产品性能外，更重要的是为弹性体带来了绿色天然的组分。从天然动植物中提取的多糖，有与皮肤亲和性好、无毒副作用等特性，能参与人体的新陈代谢，其生物和环境安全性更高。采用天然来源的糖代替聚醚对有机硅氧烷进行改性符合绿色发展的趋势，可以避免目前主流聚醚及聚醚有机硅氧烷等成分伴随的有毒物质二噁英的危害风险，符合日用化妆品对天然、营养、安全、无刺激性等需求。

该载体型糖苷硅氧烷弹性体凝胶，除了具备一般弹性体的特性和作用，如外观透明、增稠、肤感调节等，还具备优异的自乳化功能，可冷配且具有保湿、调理性能，属于多重功能弹性体凝胶。

增稠油相：可增稠配方中大部分常用的非硅油脂，在产品使用过程中可把大量的油脂吸收到基底内，特别适用于止汗剂。

改善肤感：均匀地涂抹在皮肤表面，带来柔滑、清爽的触感，待油脂载体挥发后，在皮肤表面形成一层细腻、持久、滑爽的透气薄膜。

自乳化作用：可在配方中作为主乳化剂或助乳化原料使用，根据配方需要调配成肤感清爽的油包水乳液，适用于具有保湿功效的化妆品，常见的如出水霜（见图 2.5）等。

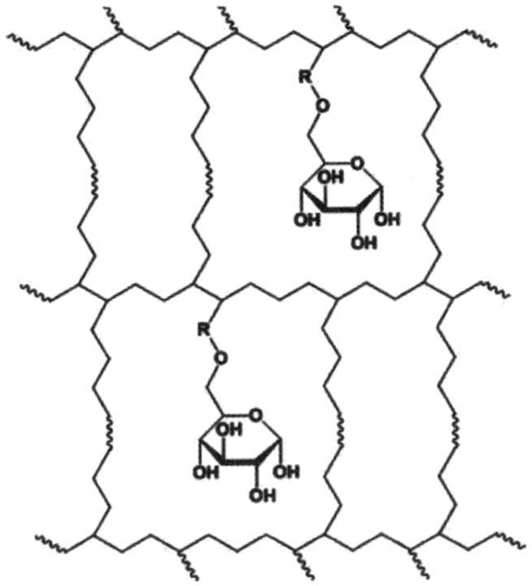

图 2.4　糖苷硅氧烷弹性体凝胶分子结构

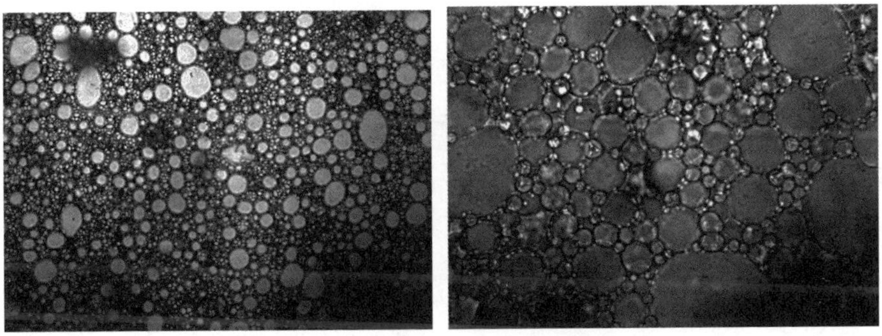

图 2.5　显微镜下的出水霜形态

保湿效果：糖苷分子上羟基的存在为该原料赋予了保湿的效果，符合目前从天然物质中获取具有营养和保湿双重性能的天然优良保湿剂的发展趋势。

护发调理：柔滑的高分子量硅氧烷交联聚合物，提供疏水保护膜，可用于液体发用凝胶，提供增稠、卷曲保持和调理的性能。

4. 应用领域

载体型糖苷硅氧烷弹性体凝胶是含有天然成分改性的有机硅弹性体凝胶，具有自乳化、保湿、肤感调节、增稠等功效，可应用于面膜、出水霜、精华素、止汗剂、头发护理、粉底液等个人护理产品中，具有广阔的市场应用前景。

（七）有机硅树脂成膜剂

1. 成果介绍

（1）名称：有机硅树脂成膜剂。

（2）成果负责人：广州标美药用辅料有限公司；广东标美硅氟新材料有限公司。

（3）技术成熟程度：产业化。

（4）知识产权状况：专利已授权（专利号：ZL 201610266019. X，ZL 201710423023. 7，US16/096700，EP16900242. 5）。

2. 市场背景

有机硅树脂（有机聚硅氧烷树脂）是一类新型的、高度交联的有机聚硅氧烷，由 Si－O－Si 主链和连接在硅原子上的有机取代基组成，交联结构呈笼状、树枝状、支链状或梯状形态，可制备成透明液体或粉末状固体。有机聚硅氧烷树脂的典型结构见图 2. 6。

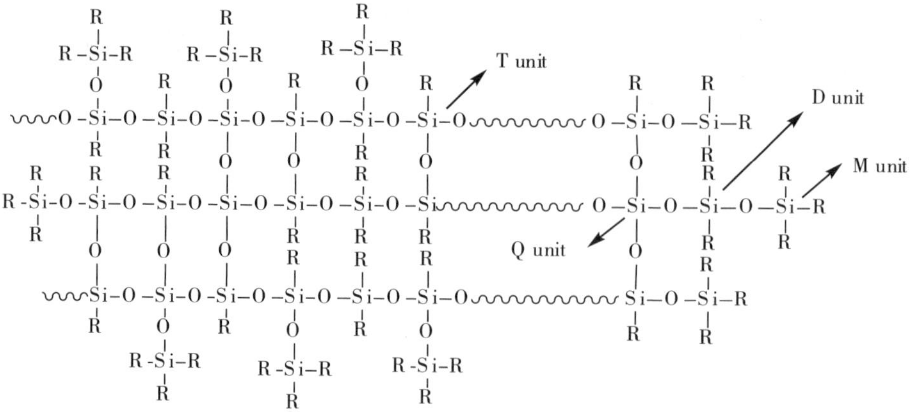

图 2. 6 有机聚硅氧烷树脂的典型结构

有机硅树脂因其特殊的结构，具有极宽温度范围的柔韧性、疏水性、成膜性、黏结性等特点，广泛应用于个人护理、医用辅料等领域，对下游相关产业的发展具有重要且不可替代的作用。中国、欧盟、美国等是硅树脂消费大国（区），中国与全球相关产业发展对优质硅树脂的需求十分迫切。“十三五”时期，硅树脂年需求量突破10万吨，国内外市场对高质量的硅树脂成膜剂产品（MQ硅树脂、乙烯基MQ硅树脂、苯基硅树脂等）的需求十分迫切。

近年来，有机硅国际巨头企业（陶熙、瓦克等）在不断加大对有机硅树脂技术的研究，提高硅树脂产品的制备工艺技术和应用技术水平，拓展硅树脂的应用范围，具有高附加值的有机硅树脂产品大部分被国外巨头公司所垄断。国内有机硅树脂技术提升相对较慢，合成技术存在明显缺陷，生产过程中使用大量甲苯类溶剂并产生大量废水、废酸等环保问题有待解决。有机硅材料是国家鼓励发展的新型材料，属于国家重点支持的高新技术领域。有机硅行业“十四五”发展规划指出，我国硅树脂生产技术落后、产品质量不稳定，要加大硅树脂发展力度，重点发展无溶剂型有机硅树脂合成等关键技术，致力于无溶剂型有机硅树脂、功能型环保有机硅树脂材料生产。

3. 技术描述

MQ硅树脂是一种双层结构紧密球状体，即球芯部分为Si－O键连接密度较高及聚合度为15～50的笼状SiO_2，该结构是由硅酸酯中的Q链节所提供，球壳一部分被密度较小的$R_3SiO_{0.5}$层或Si－OH所包围，其中Si－OH含量体现了硅酸钠或硅酸酯水解后缩合的程度。MQ硅树脂合成的传统技术路线是先把硅酸酯或硅酸钠转化为硅醇，再将硅醇进一步缩合形成笼状$[SiO_2]_n$，笼状$[SiO_2]_n$表面Si－OH键与$R_3SiO_{0.5}$封端形成球壳，但仍有少量Si－OH键残留。

目前，国内外合成有机硅树脂成膜剂的方法主要有以下三种：氯硅烷水解法、硅酸钠（Sol－Gel）法、硅酸酯水解缩聚法。这三种生产方法采用了共水解缩合路线，需要酸水解、碱缩合、中和、干燥、过滤、硅树脂成型等工序，步骤繁多，生产效率低下，能耗大，产生的大量废酸水和废醇极易污染环境；生产工艺上采用苯、甲苯等有机溶剂，危害生产人员健康，且苯类溶剂具有毒性，使产品无法应用于个人护理品、医药领域；水解过程容易凝胶化，影响硅树脂成品质量，批次差异性大，分子量分布不稳定，功能改性较难。上述硅树脂制备合成技术存在明显缺陷，这些环保问题和工艺缺陷都是当前硅树脂行业未能解决的共同弊端。

标美公司采用的新技术路线完全有别于传统水解缩合法工艺，合成 MQ 硅树脂是以硅酸酯为主要原材料，采用工艺简便的酯交换反应制备 MQ 硅树脂。通过调节影响因子、工艺配方参数等合成一种高分子量、低挥发性、成膜性能良好的 MQ 硅树脂，其技术路线如图 2.7 所示。

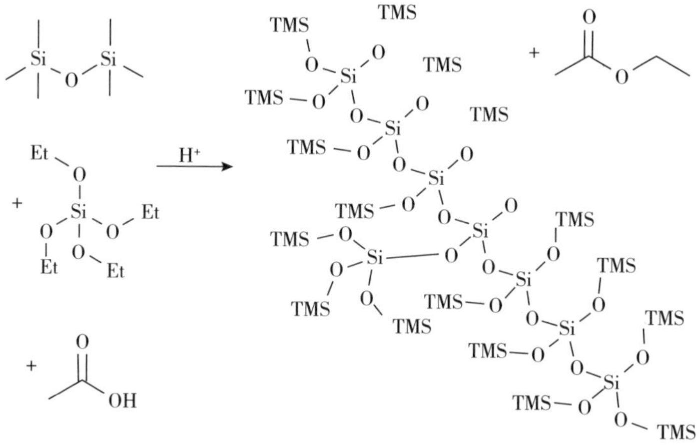

图 2.7　MQ 硅树脂合成的新技术路线

该技术路线采用了一种世界首创的硅树脂绿色合成关键技术，具有以下创新点。第一，新技术采用工艺简便的酯交换反应制备 MQ 硅树脂，即以硅酸酯为主要原材料，添加促进剂促进硅酸酯的酯交换反应，通过水和乙酸乙酯两者均原位生成的反应机制，实现均相反应，合成一种高分子量、低挥发性、成膜性能良好的 MQ 硅树脂。第二，新技术打破了长期以来困扰硅树脂生产行业的技术瓶颈，克服了国内外传统技术长期固有的环境污染——产生大量废酸水和废醇，使用有机溶剂（苯、甲苯、二甲苯等）会危害操作人员的身体健康，环保控制不到位易污染外部环境，解决了能耗高、收率低、生产周期长、树脂质量不稳定、生产过程中容易产生凝胶和白色沉淀等种种弊端。第三，新技术方法具有环境污染小、能耗低、收率高、生产周期短、操作简便、硅树脂分子量可调控且无凝胶化、产品质量稳定性好等优点。

4. 应用领域

有机硅树脂成膜剂具有良好的疏水性、成膜性和保湿性。在化妆品中，它们可以提高疏水性、抗皮脂性以及耐磨性，使彩妆类产品或其他制品的妆容更持久，能在皮肤上形成连续均一柔韧膜的聚合物，通过形成长效的第二层皮肤来满足消费者的不同需求，打造干净持久妆容，尤其适用于追求不晕妆、不脱妆、不沾衣物配方。有机硅树脂可广泛应用于防晒霜、粉底液、眼线液、妆前乳、隔离霜、防晒产品、彩妆和护发产品等化妆品中，具有广阔的市场应用前景。

二、功效性原料

（一）富含锁链素的弹性蛋白肽

1. 成果介绍

（1）名称：富含锁链素的弹性蛋白肽。

（2）成果负责人：中国科学院过程工程研究所张贵锋。

（3）技术成熟程度：规模生产。

（4）知识产权状况：发明专利，弹性蛋白肽团体标准。

2. 市场背景

弹性蛋白是一种细胞外基质（ECM）蛋白，主要由成纤维细胞、大动脉平滑肌细胞和弹性软骨的软骨细胞等产生。在皮肤中弹性蛋白可与微原纤维结合形成弹性纤维，其主要功能是被动伸缩，赋予皮肤伸缩性和可逆的变形能力，对维持皮肤的机械性能起着重要作用。弹性蛋白具有高度交联、高度不溶等性能，但其单体原弹性蛋白是水溶性的原弹性蛋白且含有

700～760 个氨基酸残基，其中 95% 的氨基酸为非极性氨基酸。弹性蛋白肽是动物组织中弹性蛋白经生物法、化学法或两种方法相结合制备的弹性蛋白降解物；根据使用的酶的种类以及降解条件，弹性蛋白肽的分子量在 500Da 至 3000Da 范围内可调控。弹性蛋白和水解弹性蛋白均是我们允许使用的化妆品原料。

锁链素是由 4 个赖氨酸的侧链交联而形成的化合物，根据赖氨酸链接位置又可分为锁链素和异锁链素。锁链素和异锁链素可以使蛋白质分子中 2 条以上的多肽链之间发生共价交联，作为不寻常的功能化合物，锁链素和异锁链素均是吡啶环含有氨基酸参与的交联弹性蛋白，由 4 个赖氨酸的侧链交联而形成，其第 2、第 3 或第 4 条非脂溶性的弹性蛋白原肽链经过锁链素吡啶环上的侧链共价交联，形成稳固的多肽链网状结构，使得弹性蛋白不易溶解。锁链素和异锁链素是弹性蛋白肽中的特征性标志物，其分子结构见图 2.8。

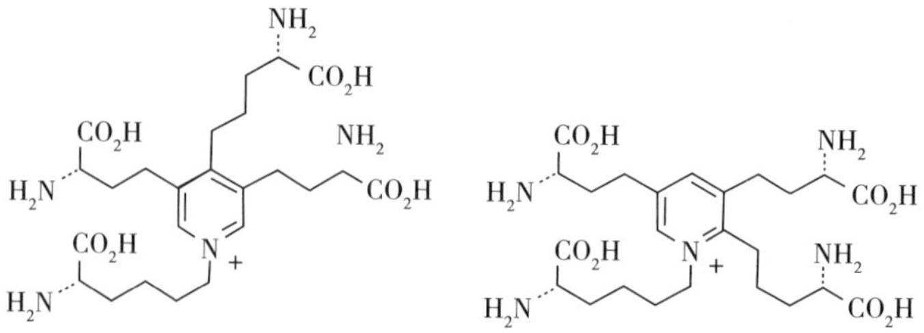

图 2.8　锁链素（左）与异锁链素（右）分子结构

富含锁链素的弹性蛋白肽在皮肤管理领域的应用主要集中于两个方面。一是用于紧致皮肤。锁链素和异锁链素分子中侧链上的赖氨酸上的氨基可以与皮肤中其他蛋白质的羧基作用，达到紧致皮肤的效果。二是抑制弹性蛋白酶活性。皮肤中的弹性蛋白主要通过弹性蛋白酶催化反应进行降解，使皮肤机械性能发生改变，而锁链素和异锁链素可以抑制弹性蛋白酶的活性，从而延缓弹性蛋白的降解。

3. 技术描述

弹性蛋白肽的制备过程分成以下五个步骤。第一步，原料预处理。以动物组织中富含弹性蛋白的跟腱、心脉管或颈部软组织为原料，采用化学法进行脱脂处理，以减少油脂对后续过程的影响。第二步，酶解处理。使用特异性的酶将组织中非弹性蛋白类的蛋白质降解。第三步，超滤处理。使用陶瓷膜将溶液中非弹性蛋白类物质降解后形成的多肽进行过滤，获得高纯度的弹性蛋白。第四步，酶解处理。使用特异性的弹性蛋白酶将弹性蛋白进行降解，通过酶解条件控制分子量。第五步，干燥。采用喷雾干燥或冷冻干燥法，将获得的弹性蛋白肽制备成固体粉末。

在优化的工艺条件下，制备的弹性蛋白肽分子量范围为300Da到1000 kDa，其氨基酸组成结果与弹性蛋白的氨基酸组成结果一致。锁链素含量通过酸水解—质谱法测定，即将试样在酸性条件下水解，锁链素作为弹性蛋白的标记性水解产物，利用液相色谱—质谱联用测定，以锁链素标准品的保留时间和质荷比定性、确证，外标法定量。制备的弹性蛋白肽产品总蛋白含量超过85%，其中分子量低于500Da的低聚肽占比超过30%，产品中锁链素和异锁链素含量占比共计超过0.3%。

4. 应用领域

富含锁链素的弹性蛋白肽具有良好的生物相容性、生物可降解可吸收，在皮肤管理尤其是化妆品领域中的应用主要包括：面部护理化妆品原料，是紧致皮肤、缩小毛孔或汗腺孔的关键成分，产品形式可以是精华液、面膜、爽肤水或冻干粉；身体洗护用品，用于沐浴液或紧致身体皮肤的洗护用品；头皮护理产品，可添加到洗发水或护发素产品中。

（二）天然脂肪酶抑制剂

1. 成果介绍

（1）名称：天然脂肪酶抑制剂。

（2）成果负责人：中国科学院过程工程研究所张贵锋、陆文超。

（3）技术成熟程度：中试规模。

（4）知识产权状况：专利申请中。

2. 市场背景

痤疮（又称“痘痘”）是由于毛囊与皮脂腺的堵塞，以及皮脂不能正常外流所致的一种毛囊皮脂腺的慢性炎症，包括粉刺、丘疹、囊肿、结节等。痤疮经常出现在皮脂腺密集的部位，是最为普遍的皮肤疾病，11～30岁人群中约80%的人患有此病。痤疮可以持续多年，导致患者容貌损毁，甚至留下永久性的疤痕，严重影响患者的心理健康。健康祛痘产品的市场需求极其旺盛，关键原料需求成为趋势。微生物是痤疮形成的重要致病因素之一，包括痤疮丙酸杆菌、白色葡萄球菌、金黄色葡萄球菌和卵圆形糠秕孢子菌等，是毛囊皮脂腺单位中存在的微生物，其中痤疮丙酸杆菌是最主要的致病菌。痤疮丙酸杆菌能产生脂肪酶等具有生物活性的胞外酶，通过分解皮脂产生的游离脂肪酸来刺激毛囊，使毛囊皮脂腺导管过度角化；脂肪降解后的游离脂肪酸可以诱导细胞炎症，使痤疮的严重程度加深。因此，脂肪酶抑制剂是祛痘产品的关键原料。

3. 技术描述

脂肪酶又称“三酰基甘油酰基水解酶”，是酯酶的一个分类，具有水解甘油三酯使之生成甘油和脂肪酸的能力。大多数种类脂肪酶的最适宜存活温度在30℃～50℃，且适宜偏碱性的外部pH环境，活性也受金属离子及有机溶剂的影响。动植物的各种组织存在大量的脂肪酶抑制剂，本项目关键在于从植物中提取脂肪酶抑制剂。

本项目提出了一种从植物籽实胚芽中分离水溶性蛋白质类的脂肪酶抑制方法，项目制备工艺简述如下。第一步，原料脱脂。以玉米、大米和小米胚芽为例，使用脱脂剂对原料进行脱脂处理，脱脂过程中物料温度不超过4℃。第二步，研磨处理。在处理后的物料中加入10倍体积的去离子水，在湿态添加下进行研磨处理。第三步，离心过滤。使用过滤技术将第二步处理后的物料进行过滤，收集滤液。第四步，沉淀。使用酸溶液对滤液进行沉淀处理，溶液的pH值保持在一定范围，收集沉淀物。第五步，超滤。使用缓冲液将沉淀物进行溶解，采用超滤法收集截留分子量在特定范围内的组分，然后经过冷冻干燥，即得到含天然脂肪酶抑制剂的产品。产品蛋白质含量超过90%，脂肪酶活性抑制率超过50%，根据产品种类，其使用量范围为0.05%～0.50%。

4. 应用领域

天然脂肪酶抑制剂具有良好的生物相容性、生物可降解可吸收，在皮肤管理尤其是化妆品领域中的应用主要包括两个方面：一是面部护理化妆品原料，是祛痘产品的关键成分，产品形式可以是精华液、面膜或冻干粉；二是身体洗护用品，用于沐浴液或身体有痘皮肤的局部护理。

（三）Ⅲ型胶原（非重组胶原）

1. 成果介绍

（1）名称：Ⅲ型胶原（非重组胶原）。

（2）成果负责人：中国科学院过程工程研究所张贵锋、张扬。

（3）技术成熟程度：规模生产。

（4）知识产权状况：发明专利，成果鉴定。

2. 市场背景

胶原（Collagen）是一种由人体细胞分泌的生物高分子，是细胞外基质（ECM）最重要的大蛋白，约占人体总蛋白的30%，在皮肤真皮层中含量大于70%。胶原由 3 条肽链以平行右旋形式缠绕成纤维状，分子量约300 kDa；目前已发现28 种不同类型胶原，其应用涉及食品、药品、化妆品、生物材料、细胞支架，并用于细胞定向转化等。

胶原具有高度抗延伸能力，使皮肤等结缔组织得以维持一定的结构，并具有特殊的机械力学性质以实现支撑、保护机体或组织的功能。胶原的三螺旋结构可与皮肤表面胶原角质化细胞表面蛋白相结合，胶原序列中存在与细胞外基质中纤维链接蛋白相结合的结构域，与破损或创面部位暴露的 ECM 相结合，快速构建皮肤屏障，对抗微生物蛋白酶对皮肤蛋白的降解并阻止微生物侵蚀，胶原与皮肤成纤维细胞表面蛋白相结合后会加速胶原和透明质酸的分泌。

胶原在皮肤管理领域的应用主要集中于：皮肤填充的植入类胶原，产品属于Ⅲ类医疗器械；创面修复的胶原水凝胶，包括激光手术后创面修复材料，其中基于重组胶原的水凝胶可以作为Ⅱ类医疗器械；含胶原的化妆品，包括面膜、精华液、冻干粉等，原料可以是组织提取的胶原，也可以是重组人源化胶原（2021 年以前也称“类人胶原”）。

Ⅲ型胶原在皮肤内用于调控Ⅰ型胶原纤维直径，Ⅲ型胶原含量越高，

Ⅰ型胶原纤维直径越小，并可减少皮肤中Ⅰ型胶原纤维的聚集，修复表皮和真皮连接层以去除细小皱纹，同时细胞分化、增殖和迁移的阻力减小，增加皮肤细胞代谢速率。因此，Ⅲ型胶原作为重要的原料在化妆品领域发展空间巨大。

3. 技术描述

Ⅲ型胶原的制备过程分为原料预处理、胶原分离和Ⅲ型胶原精制三个部分。高纯胶原制备工艺，包括牛、猪等胶原在内的产品规模化制备工艺及样品预处理方法、脱脂工艺、酶解工艺、精制工艺等；类型均一的Ⅲ型胶原制备工艺研发，开展了高纯胶原的规模化制备工艺研究；胶原生物学性能评价，即完成Ⅲ型胶原产品的生物学评价；建立胶原的质量控制方法，制定产品标准。

本项目制备的Ⅲ型胶原产品分子量约300kDa，电泳分析结果表明该胶原纯度在90%以上；CD光谱分析结果表明制备的Ⅲ型胶原溶液在195nm呈现负峰，在221nm呈现正峰，说明制备的胶原具有三螺旋结构；DSC分析结果表明该胶原的热变性温度范围在42℃～44℃。产品制备规模达到吨级/批，胶原的浓度范围在0.05%至5.00%内可调。可溶性胶原可用在化妆品产品中。

4. 应用领域

胶原具有良好的生物相容性、生物可降解可吸收，可广泛用于医疗器械、生物医药及化妆品等方面。医疗美容产品：Ⅲ型胶原可用作美容植入材料，用于面部塑形，包括植入后苹果肌的塑形、鼻唇沟的填充等方面。手术后皮肤修复材料：制备基于胶原的水凝胶（医疗器械）或精华液（化妆品），用于激光、超声、负压、离子刀等手术后创面的快速修复。细胞培养材料：用于外泌体制备过程中细胞的大规模培养，Ⅲ型胶原可作为细胞支架材料，快速进行细胞扩繁。化妆品原材料：用于敏感性肌肤修复的化妆品原料，包括精华液、面膜、冻干粉等产品。

（四）植物基高丰度小分子肽

1. 成果介绍

（1）名称：植物基高丰度小分子肽。

（2）成果负责人：中国科学院过程工程研究所康跻耀、张贵锋 。

（3）技术成熟程度：规模生产。

（4）知识产权状况：发明专利申请中。

2. 市场背景

近年来，我国的植物提取物行业发展越来越快，成为独立的新兴行业。植物提取物是以植物为原料，按照对提取的最终产品用途的需要，经过物理、化学提取分离过程，定向获取和浓集植物中的某一种或多种有效成分，不改变其有效成分结构而形成的产品。提取物中的功效成分主要有糖苷、酸、多酚、多糖、萜类、黄酮、生物碱和蛋白等。

多数植物原料中富含蛋白质，如金盏花、大豆、牡丹、大米、马齿苋等，而传统的提取工艺无法充分提取原料中的蛋白质，且没有将蛋白质降解成小分子肽，提取物在应用时的吸收和效果有限；肽含有极强的活性和多样性，在创伤修复、防衰老抗皱、抗敏祛痘、保湿和美白方面都有应用，不同分子量、不同序列的小分子肽有不同的功效，而通过改进提取工艺，在提取过程中富集蛋白并定向降解成小分子肽，可更进一步提高植物提取物的生物活性，从而推动其应用和发展。

全球植物提取物市场规模现已达到 200 多亿元/年，预计 2025 年将达到 500 亿元。随着人们对合成添加剂副作用的担忧，对天然产物、植物提取物益处的认识不断增强，以及植物提取物市场研发活动的增加和天然理念的普及，化妆品行业对植物提取物的需求也在不断增长。未来，植物提取物市场将高速增长。

3. 技术描述

富含小分子肽的植物提取物制备过程分为以下四个步骤。第一步，原料预处理。将植物原料进行洗净、粉碎、匀浆等处理，以便于后续的提取。第二步，酶解处理。在提取的同时，加入特异性的酶，将其中的蛋白质降解。第三步，分离纯化处理。使用离心或膜分离等方式进行固—液分离，再使用陶瓷膜将溶液进一步纯化过滤，获得高丰度肽的植物提取物。第四步，干燥。采用喷雾干燥或冷冻干燥法，将获得的产品制备成固体粉末。

4. 应用领域

富含小分子肽的植物提取物具有良好的生物活性和易吸收性，在与皮肤护理相关的自然进程中起着重要的作用，如细胞增殖、细胞迁移、炎症、血管收缩、色素形成等，可应用到药妆、护肤品、洗护用品等领域中。

（五）鱼鳔提取物

1. 成果介绍

（1）名称：鱼鳔提取物。

（2）成果负责人：中国科学院过程工程研究所张贵锋；广东药科大学刘涛。

（3）技术成熟程度：小规模生产。

（4）知识产权状况：发明专利申请中。

2. 市场背景

鱼鳔在我国具有悠久的食用历史和药用传统，其别名众多，如鱼胶、鱼肚、鱼白、江鳔、鱼泡等，岭南地区的鱼鳔干制品俗称“花胶”。花胶素有“海洋人参”之誉，与鲍鱼、燕窝、鱼翅齐名；依据来源不同，其商品名有白花胶、鳘鱼胶、黄花胶等。传统医学认为鱼鳔味甘性平，可滋阴养血、补肾固精等。随着生物技术的发展，鱼鳔成分提取分离、结构表征和活性评价等研究成果不断涌现，进一步确证了鱼鳔、鱼鳔多肽及鱼鳔多糖等具有广泛且独特的生物学活性，如改善不孕不育、益肾生精、促进伤口愈合、抗高血压、抗氧化和增强免疫活性等。《食品安全国家标准胶原蛋白肽》（GB 31645—2018）明确鱼鳔为胶原蛋白肽的生产原料，极大地促进了鱼鳔产业的蓬勃发展。目前，以鱼鳔为主要成分的药品仅有包括鱼鳔补肾丸在内的 8 种中药丸剂。鱼鳔及其提取物在食品、化妆品领域的应用尚处于研发和启动阶段，将鱼鳔肽应用于食品、医药和化妆品领域，挖掘市场潜力，将大有可为。

3. 技术描述

鱼鳔干制品中，胶原蛋白含量约占70%，还含有丰富的黏多糖、多种维生素，其中维生素 E 含量最高，还含有钙、锌、铁、硒等多种微量元素，其中钙含量最高。胶原蛋白及其水解产物已在保湿、抑制黑色素生成、抗光老化、引导组织再生和伤口修复等美容及医疗领域获得了广泛应用；鱼鳔提取物及其中的黏多糖物质已被证实可促进皮肤细胞的新陈代谢，具有保湿、抗炎、抗皱和美白等众多功效。在药食两用领域，鱼鳔可用于卵巢早衰、腰膝酸软、遗精、滑精、健忘的调理和治疗，能显著提高机体的免疫功能，还可用于治疗吐血、崩漏、外伤出血等病症，抑制肿瘤细胞的生成和转移。

本成果以特定来源的干鱼鳔为原料，经预处理、脱脂、低温双酶酶解耦合高效过滤连续生产工艺，获得具有指定分子量分布和特定用途的鱼鳔水解物，制备工艺稳定，易于放大，成本可控。其与传统加工工艺相比，能最大限度地保留原料中的营养素和功效成分。

4. 应用领域

鱼鳔提取物是一种新兴的食品和化妆品原料，理化性质稳定，工艺成熟可控。其可作为普通食品成分，应用于便携速溶型功能食品、化疗后病人的特殊食品等的开发。动物实验结果表明，鱼鳔提取物能改善卵巢损伤动物模型的血清性激素水平紊乱和动情周期不规律，增加原始卵泡数，减少闭锁卵泡数（见图 2.9），其可用于卵巢早衰新药研发和功效研究。人体皮肤初步测试结果表明，鱼鳔提取物在保湿、抗炎、伤口修复和抗光老化等方面具有良好的功效，可作为化妆品原料应用于滋润、保湿、祛斑美白、抗皱等功效产品中。

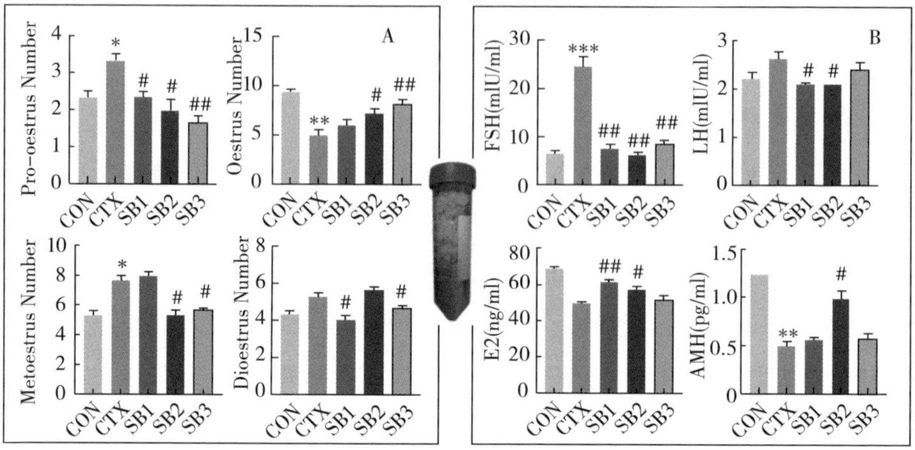

图 2.9　鱼鳔提取物对小鼠卵巢发育（A）和性激素水平的影响（B）

注：CON 为对照组，CTX 为模型组，SB1～SB3 为不同剂量样品组。

* 表示 $p<0.05$ VS CON；* * 表示 $p<0.01$ VS CON；* * * 表示 $p<0.001$ VS CON；#表示 $p<0.05$ VS CTX；##表示 $p<0.01$ VS CTX；###表示 $p<0.001$ VS CTX。

（六）纯天然植物表面活性剂无患子提取液

1. 成果介绍

（1）名称：纯天然植物表面活性剂无患子提取液。

（2）成果负责人：中国科学院生物物理研究所王孔江。

（3）技术成熟程度：大规模量产。

（4）知识产权状况：发明专利（专利申请号：202110698266.8）。

2. 市场背景

表面活性剂是日化领域最核心的原料，大宗的表面活性剂全部为化学合成。无患子果皮、油茶枯、皂角皮是林业产品副产物，含有大量的植物皂苷，是纯天然植物表面活性剂。在我国，无患子树种植面积约 100 万亩，油茶种植面积约 7000 万亩，皂角种植面积也有几十万亩。若能全部利用起来，可以满足国内 25% 的表面活性剂用量，具有极大的经济、社会、生态效益。

由于植物成分复杂，植物表面活性剂生产技术门槛很高。虽然国内外高校、研究所及企业进行了几十年的研究，但是一直未取得生产技术突破。目前，国内外植物表面活性剂生产技术还不成熟，市场现有植物表面活性剂性能差且成本高，无法实现植物表面活性剂的规模化生产及应用。

3. 技术描述

目前，主流的无患子皂苷提取技术是水提醇沉法，此工艺得率低、成本高、安全环保方面存在隐患。因此，中国科学院生物物理研究王孔江课题组从2014年开始，经过5年的努力，攻克了提取技术的难关，研究出了新的生产工艺，即以国际首创的绿色环保工艺提取纯天然植物表面活性剂。整个生产过程不添加有机溶剂，采用常压及中低温（≤90℃）工艺，生产成本仅为现有工艺的1/5。产品颜色更浅，气味更淡，无沉淀，水提取（不涉及有机溶剂），固含量为15%～20%，适用于各种应用场景，与国内外的竞品相比，具有压倒性优势，便于在日化及其他领域大规模应用。在性能方面，无患子提取液稀释100倍，泡沫高度可达120mm，有良好的发泡力；去污力测试表明，无患子提取液有良好的去污效果。在环境保护方面，无患子提取液1天降解47.7%，5天降解100%，是目前降解速度最快的表面活性剂。在功效性方面，0.004 g/L浓度下斑马鱼胚胎中性粒细胞抑制率为48%，表明无患子提取液有显著的抗炎舒缓的效果；糠秕马拉色菌、痤疮丙酸杆菌最小抑菌浓度实验表明无患子提取液有一定的抗菌、去屑的效果。

综合大量的实验数据和消费者测试数据，产品本身有如下特点：纯天然植物表面活性剂，生物降解率在所有表活里排第一；含有大量的三萜皂苷，温和安全，且具有抗菌消炎、控油等功效，是有功效的表活，非常特殊；易冲洗，且无有害残留；稳定性好，受温度、水硬度、盐度、pH值影响小；同其他表面活性剂复配性好；发泡力强，泡沫丰富细腻，清洁去污力强；能有效洗除皮肤表面的各种重金属粒子；有一定的驱虫灭螨效果；有一定的防腐能力，产品本身不添加任何防腐剂。

4. 应用领域

该原料可以应用在洗发水、沐浴露、洗面奶、洗手液、洗衣液、洗洁精等清洁产品中，具有极其广泛的市场前景。

（七）安诺因™（2α－甘油葡糖苷）

1. 成果介绍

（1）名称：安诺因™，即2α－甘油葡糖苷。

（2）成果负责人：青岛中科蓝智生物科技发展有限公司。

（3）技术成熟程度：批量生产。

（4）知识产权状况：已申请核心技术专利35项，其中发明专利28项，实用新型专利7项，已授权11项。

2. 市场背景

安诺因™的INCI名称为甘油葡糖苷（Glyceryl Glucoside，GG），是由一分子甘油及一分子葡萄糖通过糖苷键连接而形成的糖苷类化合物，具有6种立体构型，其中2α及2β为天然构型。2－βGG主要存在于沙漠重生草等高等植物中，2－αGG存在于蓝藻等微生物中，能够在干旱、高渗、强紫外线等恶劣环境条件中保护并修复细胞，维持细胞活性。然而，受含GG生物地域性、生长特性、自然含量较低等限制，长期以来并未形成基于天然生物资源提取的GG生产技术和产业。近年来，2－αGG被发现具有多种健康护理功效，在日化、食品、健康领域具有广阔的应用前景，尤其在化妆品行业广受市场关注，含2－αGG的化妆品数量呈迅速上升趋势，市场需求不断增加。目前，市面上销售的2－αGG主要是通过化学合成法和酶催化合成法制备，上述方法均面临产物非天然、同分异构体混杂等问题，具有较大的安全风险和分离纯化带来的环保风险。另外，随着化妆品新规的颁布，市场更加注重化妆品的安全性和功效性，对化妆品原料的品质有了更高的要求。

3. 技术描述

中国科学院青岛生物能源与过程研究所吕雪峰研究团队基于微藻耐盐机制的系统基础研究，成功开发了具有完全自主知识产权的微藻规模培养制备2－αGG的先进生物制造技术——SCGP技术（Smart Cyano Glucosylglycerol Polygeneration Technology）。该技术基于天然藻株的选育，通过规模化培养技术的创新，建立绿色细胞工厂，实现了二氧化碳向天然

2 – αGG 的高效、稳定转化；同时开发了全过程不依赖任何有机溶剂的细胞无损伤提取技术，所获产品纯度达 99% 以上，重新定义了该产品的国际最高品质标准。

产品可直达皮肤真皮层，发挥多重生理功效。通过促进 I 型胶原蛋白和弹性蛋白合成，发挥紧致抗皱功效（见图 2. 10）；通过抑制人体细胞炎症因子 IL – 1α、IL – 1β 的释放（见图 2. 11）以及肥大细胞脱颗粒反应（见图 2. 12），从根源上解决皮肤炎症问题，发挥抗敏舒缓功效；通过多羟基结构锁水，并促进细胞 AQP3 水通道蛋白（被称为细胞的“水泵”）合成，“智能”控制水分散失，发挥深层补水、长效保湿功效；亦可通过促进血管内皮生长因子 VEGF 合成，发挥育发养发功效，并对莹亮肌肤具有显著效果。该创新原料来源天然、安全性高、功效显著，符合化妆品原料的发展趋势和市场追求，未来发展空间巨大。

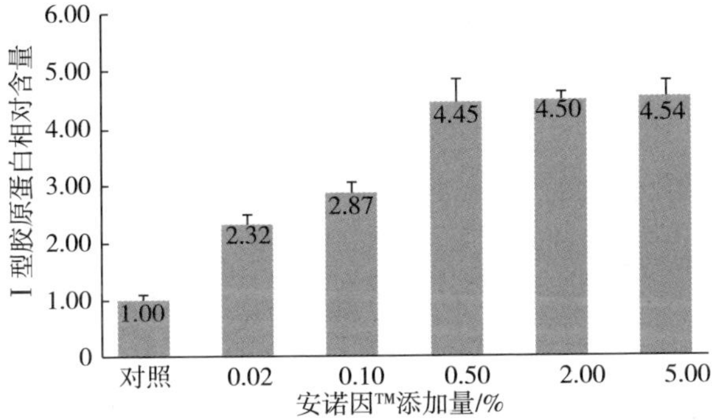

图 2. 10　安诺因™促进体外 I 型胶原蛋白合成

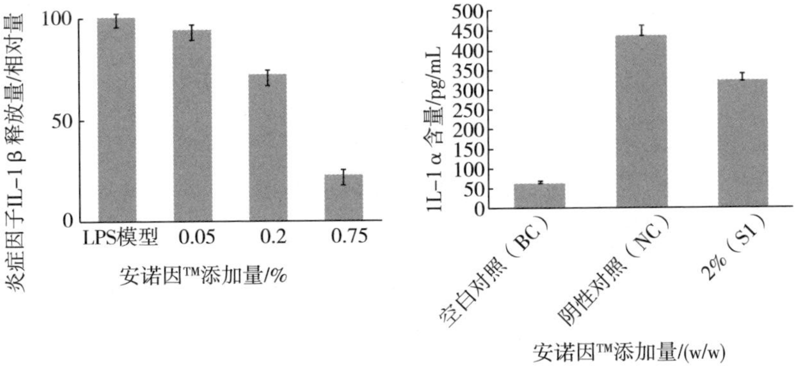

图 2. 11　安诺因™抑制炎症因子释放

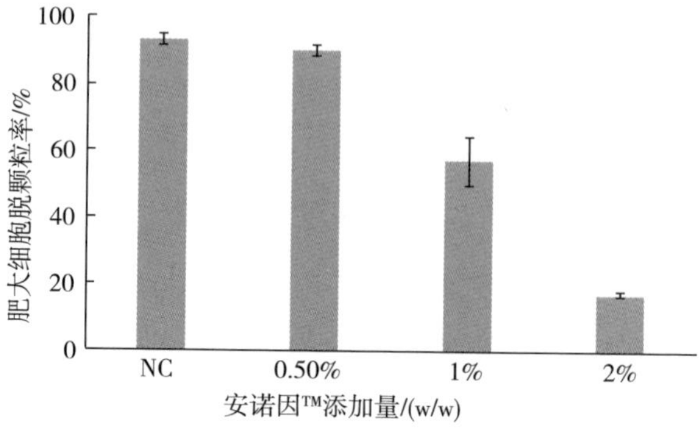

图 2.12　安诺因™抑制肥大细胞脱颗粒反应

4. 应用领域

该功效原料纯天然、安全、可靠，不同添加浓度发挥不同复合功效，市场适应力极强，可广泛应用于舒缓、抗衰、紧致、修护、保湿、护发等多类化妆品及母婴护理用品中，市场应用前景广阔。

（八）功能性石墨烯 Lugraphene－1#

1. 成果介绍

（1）名称：功能性石墨烯 Lugraphene－1#。

（2）成果负责人：复旦大学高分子科学系、山东省药学科学院卢红斌。

（3）技术成熟程度：中试生产。

（4）知识产权状况：发明专利（授权公告号：CN105293476B，CN106882796B，CN105253878B）。

2. 市场背景

石墨烯是由碳原子组成的单原子厚度的片状二维大分子，力学、电学性质突出，在医疗、健康护理等领域应用潜力巨大。石墨烯的比表面积高达 2630 m^2/g，表面丰富的官能团可负载各种活性物质，以实现包括保湿、杀菌、消炎、促进细胞再生、加速伤口愈合等在内的各种功能，可为开发新颖医疗器材提供全新路径，尤其是在功能面膜和伤口敷料等皮肤护理领域应用前景极好。据法国著名市场调研公司Reportlinker统计预测，2020—2027年伤口护理全球市场年复合增长率为 6.6%，市场总额可达 187 亿美元，中国市场年复合增长率则高达10%，已成为该领域的领导者，市场总额可达40亿美元。然而，目前针对急慢性伤口及溃疡等的护理仍缺乏有效手段，在临床方面急需主动性的高效抗菌促愈合敷料。在面膜市场方面，2021年中国市场规模已达410亿元人民币，预计2022年将达600亿元人民币。然而，目前中国面膜市场仍处于发展早期，中高端面膜产品完全依赖进口，国产面膜质量和品牌信心亟待提升。石墨烯对于皮肤护理产品的质量和功能提升具有重要意义，不仅有利于保持皮肤湿润，加速伤口愈合，还可改善皮肤表面电荷传输，负载各类功能性助剂，显著改善面膜和敷料的抗菌功能等，将极大提升产品功能和市场竞争力。

3. 技术描述

功能性石墨烯 Lugraphene－1#是由复旦大学卢红斌教授团队基于其十余年来在石墨烯领域的积累所开发出的快速高效、安全环保和性价比突出的石墨烯规模化方法制备的，可均匀分散于水和醇、醛、酮、醚等有机溶剂中。根据需要，石墨烯层数在1～10层内可控，片层侧面尺寸在5纳米至120微米范围内调节，表面可负载羟基、羧基、环氧基、巯基、金银等各种纳米粒子及不同分子尺寸的聚酯、聚醚、聚乙烯基亚胺、聚多巴胺等各种官能团，可以1～10纳米的固定层间距形成特种三维结构体并负载各类功能颗粒或助剂，能与生物医用材料、天然和合成高分子等各类材料均匀混合形成期望结构、形态和功能的石墨烯复合材料，应用于面膜、医用敷料中，可显著提升产品的保湿、杀菌、促进细胞生长、加速愈合、营养皮肤等功能。

功能性石墨烯 Lugraphene－1#一般具有超高固含量，石墨烯重量百分数可高达20wt%～40wt%，电导率可达10^4S/m，金属离子含量低于20ppm。

4. 应用领域

功能石墨烯可应用于医用敷料、化妆品、染发剂、美容面膜等美容护理产品中，可显著提升产品功效和市场竞争力。

（九）天然多酚多彩染发剂

1. 成果介绍

（1）名称：天然多酚多彩染发剂。

（2）成果负责人：山东大学化学与化工学院崔基炜。

（3）技术成熟程度：小试。

（4）知识产权状况：申请发明专利中。

2. 市场背景

目前，绝大多数染发剂含有大量的过氧化氢、氨水等刺激性物质，用于打开头发毛鳞片；另外一种重要的组分就是芳香胺类化合物，对角蛋白有较强的亲和作用，用于头发着色，但具有一定的毒性，其中商业染发剂中最常用的对苯二胺（PDD）已被认定为强过敏原与疑似致癌物，具有潜在的应用隐患。

3. 技术描述

该方法模拟头发中酚类色素及金属元素决定头发颜色的自然过程，通过天然植物多酚与金属离子的自组装，开发了一种安全绿色的新型染发剂和染发方法。通过简单的浸泡，可以使原生白发实现棕色、浅金色、褐色以及黑色等颜色转变。染发过程以水为介质，不需要添加过氧化氢、氨水、巯基乙胺等破坏头发毛鳞片的物质，有助于保护发质，可避免染发后的毛躁与损伤。通过小动物实验证明了多酚染发材料的安全性（见图2.13）。皮肤接触毒性实验显示，在小鼠皮肤连续涂敷该染发材料21天后，其皮肤并未出现红肿、过敏、蜕皮等现象；小鼠血液中的炎症因子分泌正常，组织切片未观察到皮肤异常等现象。更重要的是，与芳香胺类PDD染发剂相比，该染发剂对毛发的再生能力并无抑制作用。该染发方法简单可行、条件温和、安全性高，染发效果保持时间长久，有望取代传统染发剂。

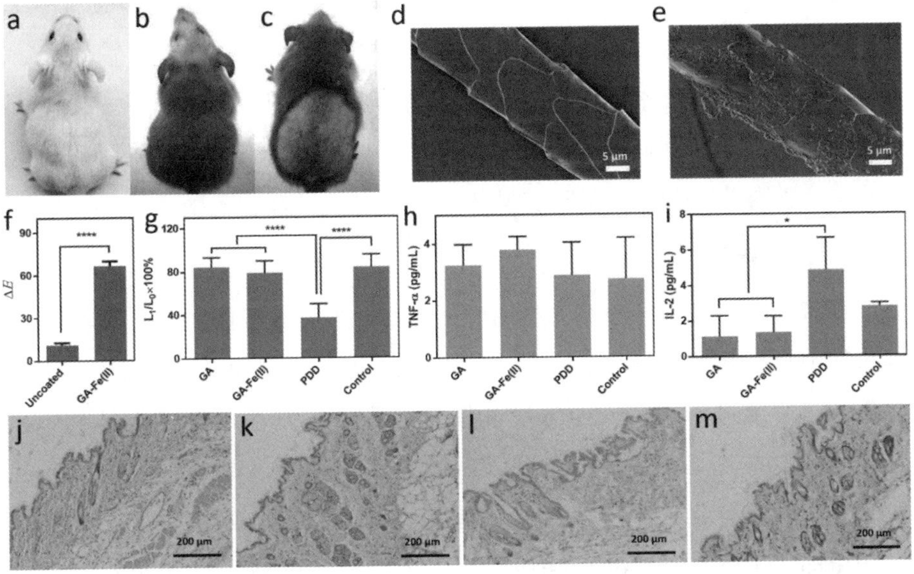

图 2.13　小鼠染色前后的照片（a～c）、小鼠毛发染色前（d）及染色后（e）的扫描电镜照片及毛发色差值（f）、小鼠新生毛发再生长情况（g）、血液中 TNF－α（h）及 IL－2 因子分泌水平（I）、组织切片照片（j～m）

（十）多效修护富勒烯原液

1. 成果介绍

（1）名称：多效修护富勒烯原液。

（2）成果负责人：山东大学化学与化工学院李洪光。

（3）技术成熟程度：小试。

（4）知识产权状况：申请发明专利中。

2. 市场背景

富勒烯 C_{60}有着极强的抗氧化能力，远远超过维生素 C、维生素 E 和胡萝卜素等，良好的化学稳定性和生物相容性保证富勒烯 C_{60}可以被用作商品化的护肤品原料。此外，富勒烯 C_{60}在护肤品中的应用远不止于抗衰，还涉及防晒、治疗痤疮、生发、长寿保健、抗皱、美白、改善毛孔粗大等方面。目前，富勒烯 C_{60}不仅被《国际化妆品原料标准中文名称目录》（2010 年版）收录，也被我国《已使用化妆品原料目录（2015 年版）》收录。添加富勒烯原液的产品已经涉及医疗、美容、日常护理等方面，仅日常护理产品就已经有喷雾、面霜、水乳等多种剂型，数千款产品。但是，富勒烯原液的生产技术长期被外国公司把持，我国在富勒烯化妆品领域缺少定价权和市场话语权。近年来化妆品市场对富勒烯化妆品的需求呈现出的巨量增长态势，为化妆品用富勒烯原液提供了良好的土壤。

3. 技术描述

目前，阻碍富勒烯制备成原液的最大障碍是溶解度。富勒烯仅在苯类溶剂中具有较小溶解度，在化妆品常用的水、醇和油中几乎完全不溶。为此，我们通过精准合成的方法开发了一系列氨基酸、肽和烷基修饰的富勒烯衍生物（见图2.14），可以制成水剂、油剂、超纯冻干粉等一系列剂型。电子自旋共振技术表明，我们的产品具有极好的清除羟基自由基（见图2.15）和DPPH自由基（见图2.16）的效果。该模拟实验表明，我们的产品具有良好的抗氧化和抗衰老功效。在实际使用测试中对冻伤、黄褐斑等具有良好的修护效果，所有受试者均未产生不良反应，表明产品安全、有效。我们通过全新的精准合成技术，不仅可以做到生产过程的绿色环保，还可以大幅度降低成本，相应的产物可以做到1000 pp溶液，原液浓度大于国际市场的同类产品（800 ppm），但价格可以压至更低。

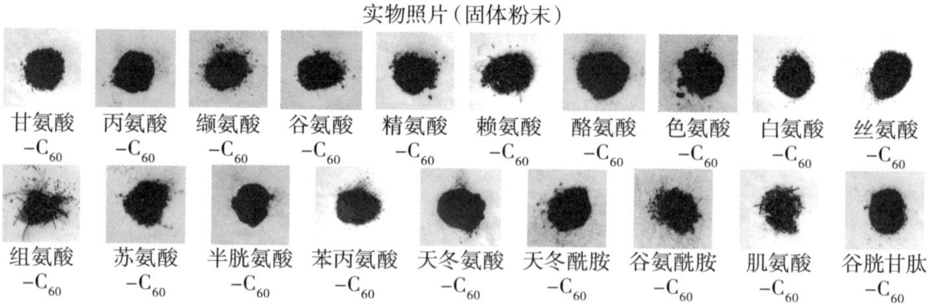

图2.14 富勒烯衍生物产品固体实物照片

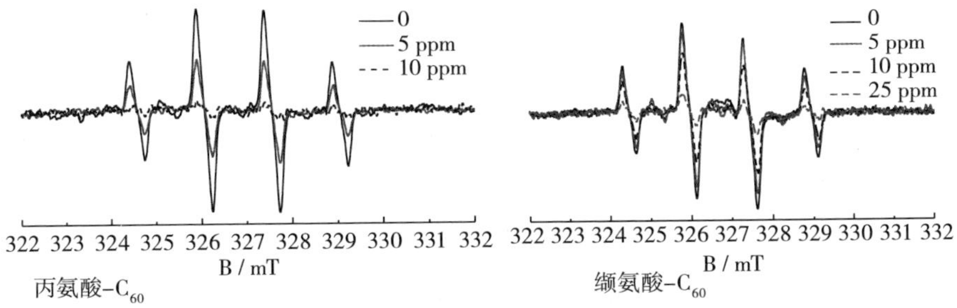

图 2.15　清除羟基自由基的能力

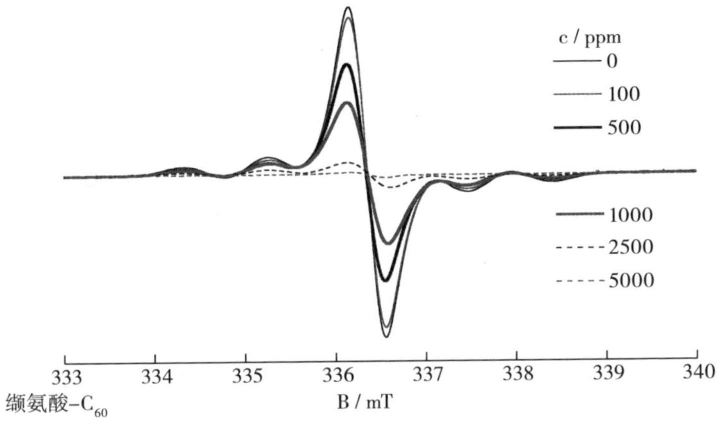

图 2.16　清除 DPPH 自由基的能力

4. 应用领域

富勒烯的功能多样性同样决定了在多种功能类型的化妆品中均可添加多效修护富勒烯原液，如美白、抗衰老、抗氧化、祛斑、修护等。极高的配伍性和化学稳定性使得其产品可以用于制备护肤水/喷雾、面/眼霜、乳液、精华液、面膜、身体乳等多种产品。

（十一）光果甘草毛状根美白莹亮提取液

1. 成果介绍

（1）名称：光果甘草毛状根美白莹亮提取液。

（2）成果负责人：北京工商大学成志伟。

（3）技术成熟程度：中试生产。

（4）知识产权状况：发明专利申请中。

2. 市场背景

中国“智研咨询”发布的《2017—2022年中国美白市场监测及前景预测报告》披露：在20~50岁年龄层的女性消费者中，超过80%的女性有美白需求，每年至少有660亿元的美白消费市场。据美丽修行大数据统计，美白淡斑功效成分备案 & 关注度矩阵TOP50中，植物提取物市场占有率将近50%，其中光果甘草提取物表现突出，其市场关注度达到了62.1%（2018—2021年）。光果甘草为豆科甘草属多年生草本植物，其提取物具有抗菌消炎、舒缓抗敏、美白保湿和抗氧化等护肤功效。光果甘草中主要的功效物质有三萜类、生物碱、黄酮类等化合物。光果甘草中的黄酮成分主要有甘草素、异甘草素、甘草苷、异甘草苷、光甘草定等，其护肤功效主要体现在抗氧化、美白等方面。目前，光果甘草提取物主要采用其根/茎/叶作为原料进行生产。

3. 技术描述

工业生产各领域（食品、制药及日化）对光果甘草原材料需求的增加，以及人类活动和工业生产对耕地污染、全球气候恶化等因素的影响，导致了光果甘草濒临灭绝且品质不稳定。该原料创新性地运用植物毛状根诱导技术，有效地解决了光果甘草资源面临的诸多问题，是一种新型、绿色、高效、稳定的替代方法。毛状根是发根农杆菌侵染植物后所产生的不定根，具有培养周期较短（30天左右）、目标次生代谢物含量高的特点，其培养条件可控并可连续生产，量产后的成本远低于传统的人工种植。毛状根的培养过程对环境无污染，且生产过程设备能耗低，符合当前绿色化妆品以及碳中和的发展趋势。

光果甘草毛状根美白莹亮提取液（以下简称美白莹亮提取液）采用超声波辅助法进行提取，可以在较短时间内高效完成提取。美白莹亮提取液中富含黄酮类物质，其总黄酮含量是光果甘草药材提取物的2.7倍（见图2.17），经体外评测，美白莹亮提取液的抗氧化和美白护肤活性均显著优于光果甘草药材提取液（见图2.18、图2.19、图2.20）。兔血红细胞溶血实验（见图2.21）、鸡胚绒毛尿囊膜实验（见图2.22、表2.2）结果表明，美白莹亮提取液具有较好的安全性，可以作为功效原料在美白抗氧化化妆品中使用。

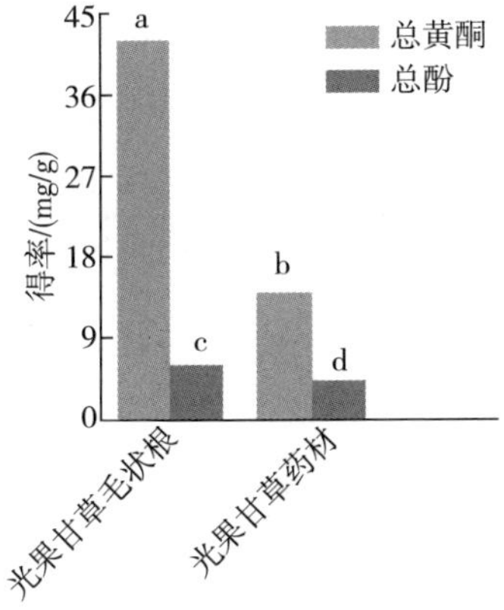

图2.17　光果甘草毛状根和光果甘草药材提取液中总黄酮、总酚含量

注：字母相同，无显著性差异（$p > 0.05$）；字母不同，有显著性差异（$p < 0.05$）。

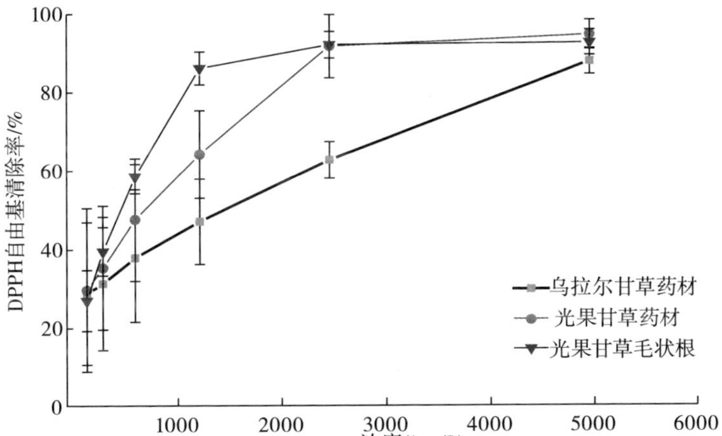

图2.18　美白莹亮提取液的DPPH自由基清除能力

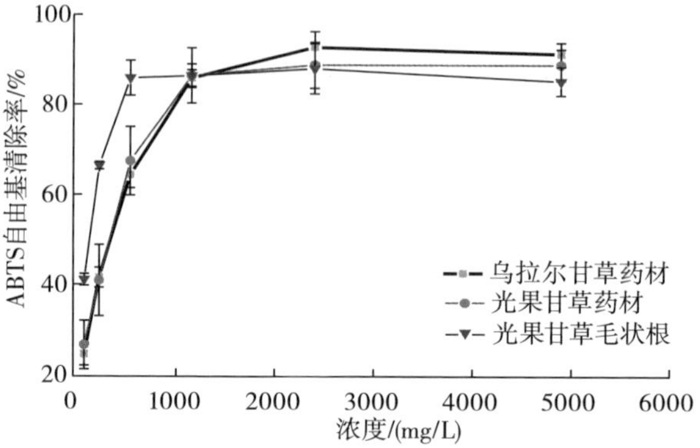

图 2.19　美白莹亮提取液的 ABTS 自由基清除能力

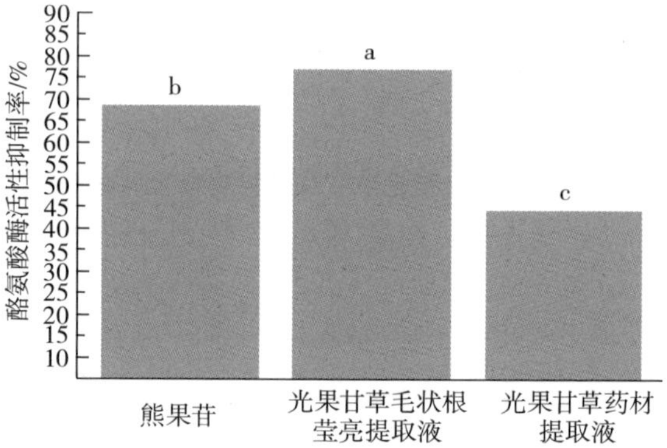

图 2.20　美白莹亮提取液对酪氨酸酶的体外抑制能力

注：字母相同，无显著性差异（$p>0.05$）；字母不同，有显著性差异（$p<0.05$）。

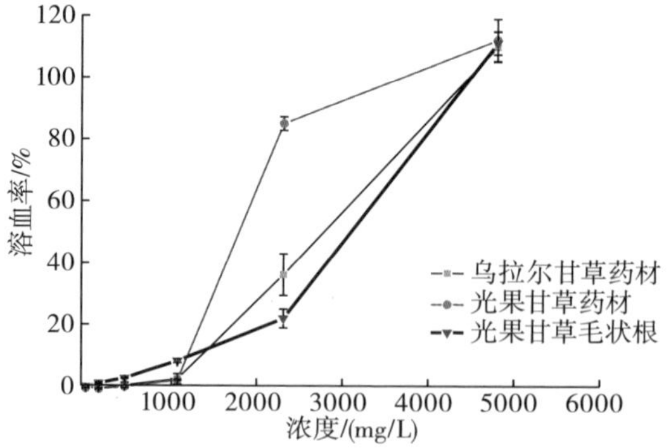

图 2.21　美白莹亮提取液对兔血红细胞的溶血率

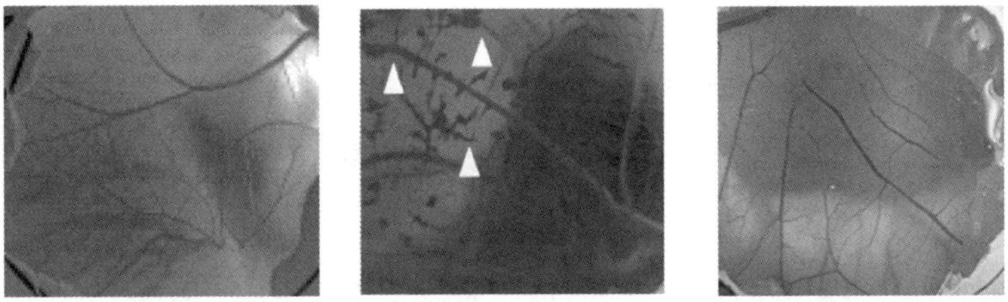

阴性对照组：0.9%氯化钠　阳性对照组：0.1mol/L 氢氧化钠　美白莹亮提取液

图 2.22　美白莹亮提取液对鸡胚绒毛尿囊膜的刺激性

表 2.2　不同原料对鸡胚绒毛尿囊膜的刺激性评分

样品名称	sH	sL	sC	IS 值	刺激分级
0.9% 氯化钠	301	301	301	0	无刺激性
0.1mol/L 氢氧化钠	5	32	55	18.59	强刺激性
光果甘草毛状根莹亮提取液	252	301	301	0.82	无刺激性

4. 应用领域

该功效原料富含黄酮类化合物，体外功效评测数据表明美白莹亮提取液具有优越的抗氧化和美白护肤功效，且安全性高，可广泛添加到美白、祛斑、抗氧化类的多种化妆品中，具有广阔的市场应用前景。

（十二）抗敏修复 Poly NMF9#

1. 成果介绍

（1）名称：抗敏修复 Poly NMF9#。

（2）成果负责人：山东省药学科学院。

（3）技术成熟程度：中试生产。

（4）知识产权状况：发明专利（专利号：ZL 201910232985.3）。

2. 市场背景

聚谷氨酸及其盐多羟基的分子结构赋予其优异的水结合性质和保湿能力。聚谷氨酸及其盐可提高皮肤里层的角质素、乳酸及尿囊素等含量，从而实现从皮肤内部增强其保湿能力的功效。低分子量的聚谷氨酸及其盐可刺激成纤维母细胞生长，且具有更明显的抑制黑色素生成的功效，极低分子量的聚谷氨酸更容易透过表皮层肌底。其中，成纤维母细胞参与多种细胞外基质成分分泌的过程，包括胶原蛋白、粘连蛋白、透明质酸、硫酸软骨素、硫酸皮肤素及弹性蛋白等。因此，聚谷氨酸及其盐也促进了皮肤自身胶原蛋白、透明质酸及弹性蛋白等天然保湿、柔嫩因子的生成。皮肤天然保湿因子会随着年龄的增长而减少，导致皮肤干燥、屏障受损、暗沉。全方位立体式的保湿功效成分，可以保持皮肤的柔软性，有修复皮肤屏障的功能。

3. 技术描述

该创新原料为中国玻尿酸之父凌沛学院士带领团队研制开发，基于立体保湿兼顾修复敏感肌肤的设计思路提出制备方案，包含了封闭型保湿剂和吸湿性保湿剂及其协同增效抗敏修复功能。该创新原料针对真皮层、表皮层、角质层、皮肤表面的全层次立体保湿作用（见图 2. 23），可以提高皮肤水分含量，减少皮肤水分散失；实验证明其能够抑制透明质酸酶活性（见图 2. 24），舒缓皮肤敏感瘙痒、修复皮肤屏障。

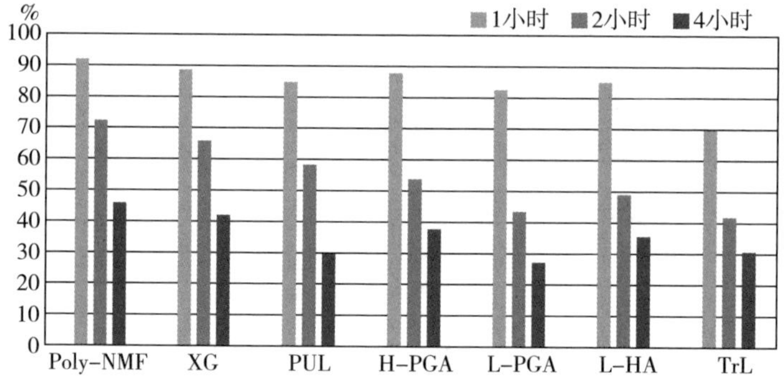

图 2. 23　不同原料的体外保湿率

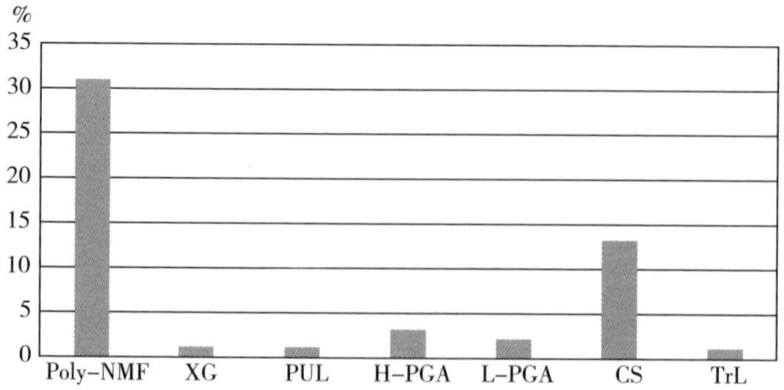

图 2. 24　不同原料的透明质酸酶抑制率

4. 应用领域

该功效原料在体外和人体皮肤实验中均具有优越的保湿效果和抗敏、修复功效，可在保湿、抗敏、修复、祛痘等多种化妆品中广泛应用，具有广阔的市场前景。

（十三）阳离子透明质酸钠

1. 成果介绍

（1）名称：阳离子透明质酸钠。

（2）成果负责人：山东省药学科学院。

（3）技术成熟程度：中试生产。

（4）知识产权状况：发明专利（专利号：CN 202010995179.4，CN 202111224906.8）。

2. 市场背景

HA 是一种高分子量的直链多糖，广泛分布于动物和人体结缔组织细胞外基质中。它在溶液中的无规则卷曲状态和它的流体动力学特点赋予了其重要的物理特性，即高度黏弹性、可塑性、渗透性和良好的生物相容性，应用于皮肤表面具有保湿、润滑、营养、修护等作用。皮肤和毛发表面通常带有负电荷，HA 具有生物可吸收材料的特性，可作为保湿因子在化妆品中发挥独特的作用。

HA 作为天然保湿剂已被广泛用于化妆品的生产中，与传统保湿剂相比，HA 具有更好的保湿效果，且无油腻感和阻塞皮肤毛孔等缺点。HA 涂于皮肤表面会形成一层黏弹性透明水化膜，具有很好的保湿作用，能增加皮肤角质层的水分，而角质层的水分与皮肤健康的维持和对外界刺激的防御机能密切相关。另外，HA 可渗透到真皮层，调节皮肤新陈代谢，使皮肤湿润光滑、细腻柔嫩，从而起到抗皱防皱的美容保健作用。

3. 技术描述

该原料是具有高附着和高保湿性能的透明质酸季铵盐复合物，其分子结构可见图 2.25。季铵阳离子取代度在 0.1～2.0，且 20%～100% 的季铵阳离子与乳酸成盐。该原料可用于制备具有改善皮肤和毛发、修复角质层功能的护理产品以及化妆品，尤其用于制备毛发洗护产品，具有显著的保湿、润滑和柔顺作用。项目组评价了原料的吸湿保湿性能及对毛发的吸附性能，并与透明质酸钠（HA－Na）和未引入乳酸基团的透明质酸季铵盐（HA－GAT）进行比较；采用头发梳理测试仪评价 HA－GAT－LA 改善头发柔顺度的效果。结果表明，HA－GAT－LA 的效果明显好于 HA－Na 和 HA－GAT（见图 2.26）；头发梳理试验结果表明使用加入 HA－GAT－LA 的洗发水可减小梳理湿发和干发的摩擦阻力。总之，HA－GAT－LA 保湿性能好，毛发吸附性优异，可显著提高毛发的柔顺度。

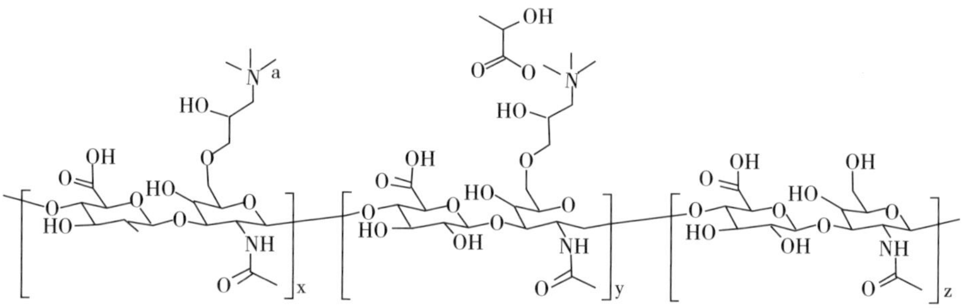

图 2.25　透明质酸季铵盐（HA－GAT）复合物分子结构

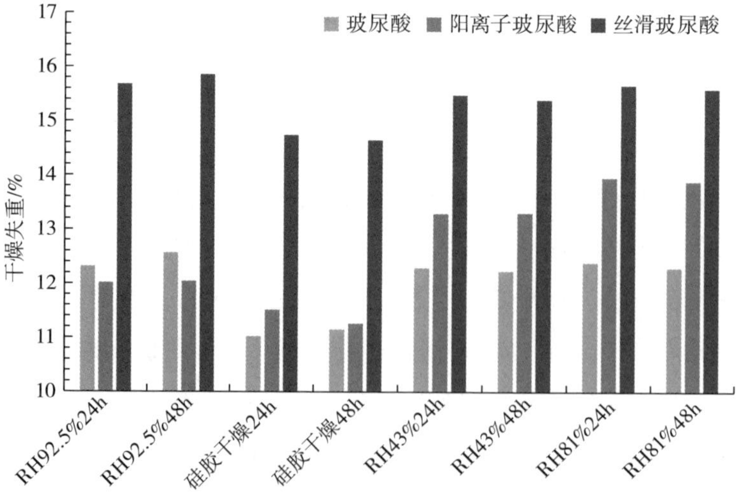

图 2.26　不同玻尿酸对抗干燥的性能

4. 应用领域

该原料保湿性能好，毛发吸附性优异，能显著提高毛发的柔顺度，可用于制备具有改善皮肤和毛发、修复角质层功能的护理产品以及化妆品，尤其用于制备毛发洗护产品，具有显著的保湿、润滑和柔顺作用。

（十四）L－肌肽

1. 成果介绍

（1）名称：L－肌肽。

（2）成果负责人：山东省药学科学院。

（3）技术成熟程度：中试生产。

（4）知识产权状况：发明专利申请中。

2. 市场背景

研究证明L－肌肽有抗氧化作用，有抗衰老功能，对高血压、心脏病、老年性白内障、溃疡等都有治疗效果，还有抗肿瘤等生物活性。在储存鲜肉时添加肌肽可提高肉的风味，并延长货架期。化妆品中添加肌肽可延缓皮肤衰老，与其他抗氧化剂相比，L－肌肽具有抗氧化能力强、无毒副作用的优点，并有多种生理活性，在医药、保健、卫生、美容等领域有广泛的应用前景。

文献报道的L－肌肽的合成方法较多，主要有两大类。一是有β－丙氨酸参与的反应。其大致的方法是β－丙氨酸经氨基保护、羧基活化后与保护的L－组氨酸反应，然后脱掉保护基团得到产品肌肽。因保护各个基团方法的差异，类似的合成路线也较多。其中的一条常用路线，即β－丙氨酸与邻苯二甲酸酐反应生成邻苯二甲酰－β－丙氨酸，保护氨基，羧基与氯化亚砜反应生成邻苯二甲酰－β－丙氨酰氯，再与三甲基氯硅烷保护的L－组氨酸形成肽键，脱掉保护基因得到产品肌肽。此路线收率低，肽键形成中易消旋化，影响纯度，且溶剂消耗过高，易造成环境污染。此路线较长，规模化生产较复杂。二是无β－丙氨酸直接参与的反应。其大致方法为L－组氨酸先与不同的β－丙氨酸前体反应生成肽键，再经进一步反应转换为肌肽。其中的主要路线，即在醇钠作用下，L－组氨酸和氰乙酸乙酯发生酰化反应，生成氰基乙酰－L－组氨酸，然后催化氢化还原得L－肌肽。该类路线相对简单，省去了对不同的基团保护、再脱保护的操作，避免了消旋等副反应。但由于反应体系采用了易水解的醇钠，需无水操作，因此要求较为严格。

3. 技术描述

本项目改进了L－肌肽的合成方法。以L－组氨酸为原料，先与氰乙酸乙酯反应，再经催化氢化得到L－肌肽（见图2.27）。通过熔点测定、HPLC、比旋度测定、MS和1HNMR等方法，对目标化合物化学结构进行了表征，且建立了HPLC测定L－肌肽中L－组氨酸及其中间体的含量的方法。用1，8－二氮杂二环［5.4.0］十一碳－7－烯（DBU）取代了醇钠，反应条件较为温和，易于操作。用较为常见的钯碳取代了铑类催化剂，降低了成本。此工艺原料简单，易于操作，安全环保，易于实现工业化。

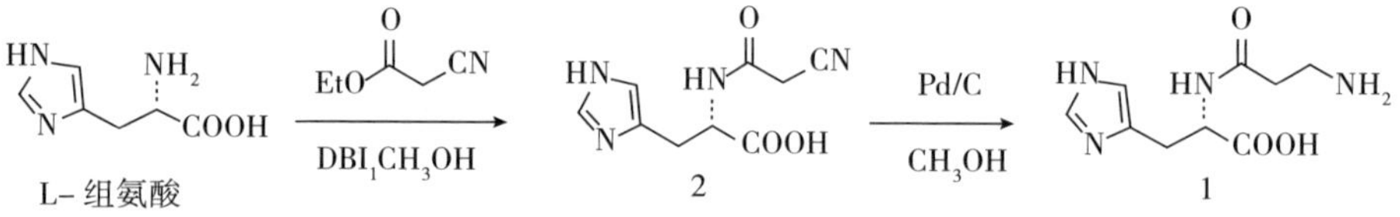

图2.27　L－肌肽的合成路线

4. 应用领域

L－肌肽具有抗氧化能力强、无毒副作用的优点，并具有多种生理活性，在医药、保健、卫生、美容等领域均有广泛的应用前景。

（十五）维生素C乙基醚

1. 成果介绍

（1）名称：维生素C乙基醚。

（2）成果负责人：山东省药学科学院 。

（3）技术成熟程度：放大生产。

（4）知识产权状况：发明专利（专利号：CN 202110371910.0，CN 202010619195.3）。

2. 市场背景

维生素 C 乙基醚又名“3－O－乙基抗坏血酸”，是一种非常有用的维生素 C 衍生物。其具有以下特性：抑制酪氨酸酶活性，抑制黑色素的形成，还原黑色素为无色，高效美白肌肤；进入真皮层后直接参与胶原蛋白的合成，修复皮肤细胞活性，从而使皮肤变得充盈富有弹性，肌肤细腻光滑；维生素 C 乙基醚结构中的羟基具有还原性，在化妆品中有抗氧化效果；具有强效抗菌消炎作用，可抗日光所引起的炎症；具有亲油和亲水结构，易于皮肤吸收，可直达真皮层；稳定性好，且不变色，耐光、耐热、耐酸、耐碱、耐盐和空气氧化，可真正达到美白祛斑的效果。

3. 技术描述

该工艺以维生素 C 为原料，经缩合、取代、水解反应制得维生素 C 乙基醚，其合成路线见图 2. 28。该工艺是在文献工艺基础上，从安全、绿色环保、成本等方面进行工艺优化而成，工艺原料易得，取代试剂采用更易于去除的溴乙烷代替硫酸二乙酯，解决了基因毒性及杂质残留问题，所得产品更具安全性。应用此工艺生产的产品气味低，颜色白，纯度达 99. 5%以上，品质稳定，不变色，可区别市场其他同类产品。

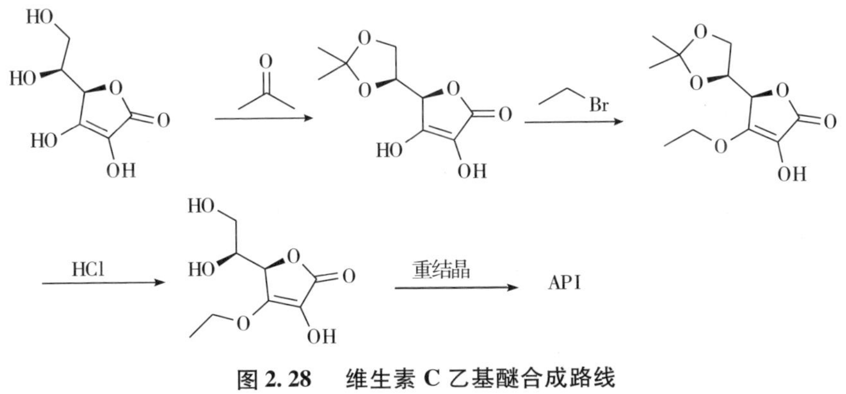

图 2. 28 维生素 C 乙基醚合成路线

4. 应用领域

该基础原料效果与维生素 C 一样，具有美白、淡斑、抗氧化、促进胶原蛋白合成、抗敏消炎的作用，且皮肤渗透吸收性优于维生素 C 和其他维生素C衍生物，可在美白、抗敏、修复、淡斑等多种化妆品中广泛应用，具有广阔的市场前景。

（十六）保湿、修复型益生菌发酵海藻功能原料

1. 成果介绍

（1）名称：保湿、修复型益生菌发酵海藻功能原料。

（2）成果负责人：齐鲁工业大学赵林。

（3）技术成熟程度：已达到产业化水平。

（4）知识产权状况：无。

2. 市场背景

益生菌发酵海藻指海带经过益生菌混合发酵工艺，恒温恒湿后熟工艺和高纯度提取、浓缩工艺制得的含有多种活性成分的海藻发酵提取物，与传统强酸、强碱提取工艺相比，益生菌发酵海藻具有条件温和、活性成分保留完整、功效复合多样的优点。海带经过不同菌株发酵，不仅能温和高效降解海藻释放海藻酸、褐藻糖胶等活性成分，还能将海藻多糖类活性大分子降解成海藻寡糖、游离岩藻糖等易吸收的小分子活性成分。同时，益生菌菌株在发酵过程中也通过自身的合成和代谢作用产生谷胱甘肽、γ-氨基丁酸等有益活性物质，丰富产品中活性物质的种类及含量。再经过提取、浓缩技术处理，实现活性物质萃取和提纯，最终得到富含小分子活性成分的益生菌发酵海藻功能性原料。该原料有机融合了海藻和益生菌在护肤领域的各种功效，其所含小分子活性成分利于皮肤吸收，可直接或间接参与皮肤新陈代谢并加速血液循环，显著提高角质形成细胞的生长率，促进表皮细胞生长，增强皮肤弹性，清除自由基，延缓皮肤衰老。

3. 技术描述

研究团队前期已对益生菌发酵海藻原料中活性成分的含量进行检测，并开展了相关功效评价实验。如图2.29所示，发酵海藻配制成的护肤品可提高保水能力，减少水分散失。构建成纤维细胞HSF-NIH3T3迁移模型，以划痕愈合程度判定发酵海藻中间体的修复效果。通过发酵海藻与HA对比与组合评估，结果显示两者搭配使用表现出更好的细胞修复能力（见图

2.30)。如图 2.31 所示，益生菌发酵海藻（条件 5）对胶原蛋白合成具有最显著的促进作用，证明其在阻止皮肤老化，提升细胞自我修护能力方面有重要开发潜力。

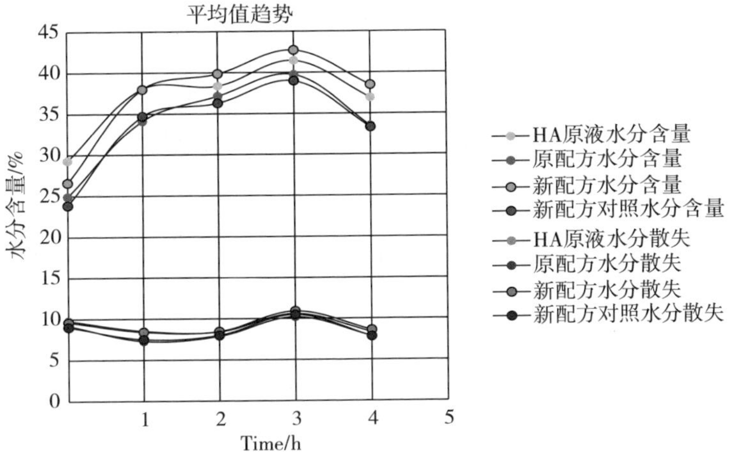

图 2.29　发酵海藻配制成的护肤品的保湿和锁水能力

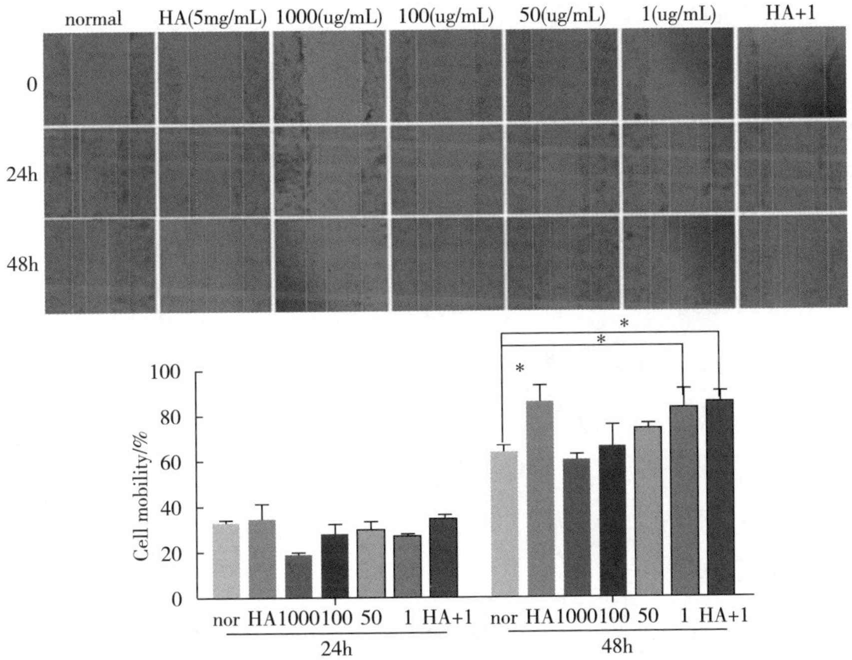

图 2.30　发酵海藻与寡聚 HA 修复能力比较

注：* 表示 $p<0.05$ VS nor 组。

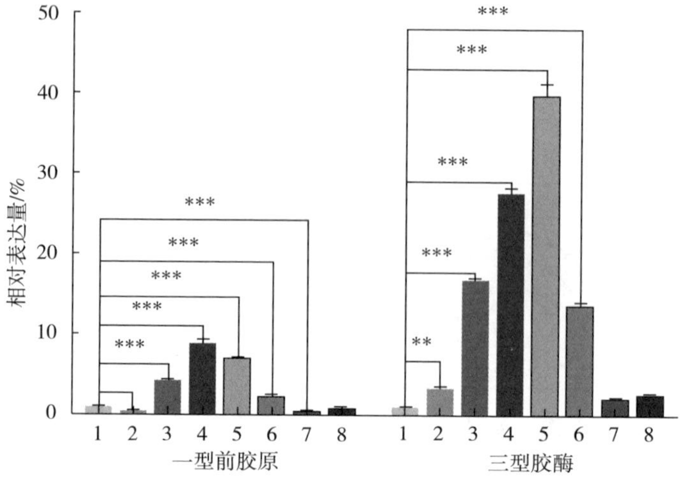

图 2.31　胶原蛋白合成实验结果

注：1 和 2 分别为未发酵海藻；3 为低浓度发酵海藻一；4 为高浓度发酵海藻一；5 为发酵海藻二；6 为发酵海藻三；7 为空白；8 为无菌水。

＊＊表示 $p<0.01$ VS 1 组；＊＊＊表示 $p<0.001$ VS 1 组。

4. 应用领域

该原料在体外细胞和人体皮肤实验中均表现出优越的保湿效果、修复和抗衰功效，可在保湿、修复、抗衰等多种化妆品中广泛应用，具有广阔的市场前景。

（十七）益生菌发酵松花粉功能原料

1. 成果介绍

（1）名称：益生菌发酵松花粉功能原料。

（2）成果负责人：齐鲁工业大学岳秋林。

（3）技术成熟程度：已转化［烟台新时代健康产业（日化）有限公司］。

（4）知识产权状况：无。

2. 市场背景

松花粉富含多种氨基酸、维生素、微量元素、黄酮类、不饱和脂肪酸、膳食纤维等营养成分和生物活性物质，其中含大量抗氧化成分，可抑制体内脂质和蛋白质过氧化反应速度，同时有促进皮肤细胞新陈代谢、延缓皮肤细胞衰老、增加皮肤弹性的作用。将松花粉经过不同菌株发酵，不仅能温和高效降解松花粉，释放黄酮、皂苷等活性成分，还能将大分子降解成易吸收的小分子活性成分。同时，益生菌菌株在发酵过程中也通过自身的合成和代谢作用产生活性代谢产物，丰富产品中活性物质的种类及含量。发酵完成后，再经过提取、浓缩技术处理，最终得到富含小分子活性成分的益生菌发酵松花粉功能性原料。该原料有机融合了松花粉和益生菌在护肤领域的各种功效，其所含小分子活性成分利于皮肤吸收，可直接或间接参与皮肤新陈代谢并加速血液循环，促进表皮细胞生长，增强皮肤弹性，清除自由基，延缓皮肤衰老。

3. 技术描述

研究团队前期对益生菌发酵松花粉原料中活性成分的含量进行了检测，并开展了相关功效评价实验。通过体外抗氧化检测（采用 DPPH、超氧阴离子、羟自由基三个检测指标）评估了发酵松花粉样品的抗氧化效果。结果表明，益生菌发酵松花粉产品具有良好的抗氧化功能。通过对比松花粉不同工艺产品对 B16 细胞（酪氨酸酶和黑色素）的影响发现，松花粉样品可抑制酪氨酸酶的活力，并有较好的黑色素生成抑制能力（见图 2.32、图 2.33、图 2.34）。

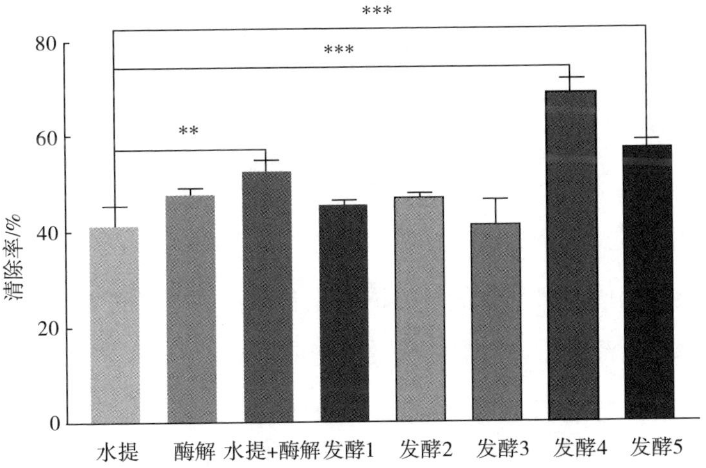

图 2.32 松花粉提取物对 DPPH 自由基清除率

注：* * 表示 $p<0.01$ VS 水提组；* * * 表示 $p<0.001$ VS 水提组。

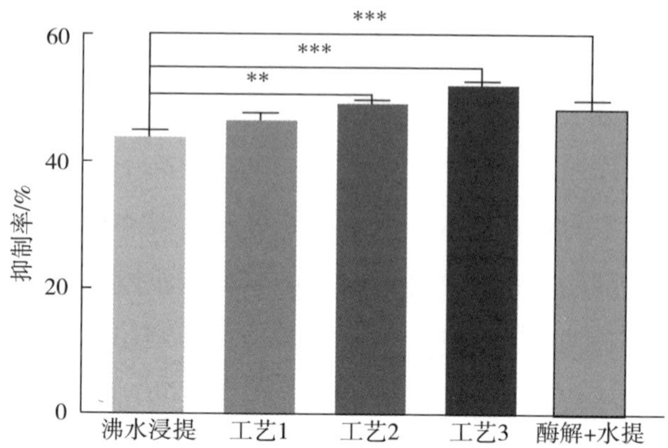

图 2.33　松花粉提取物对酪氨酸酶的抑制

注：＊＊表示 $p<0.01$ VS 沸水浸提组；＊＊＊表示 $p<0.001$ VS 沸水浸提组。

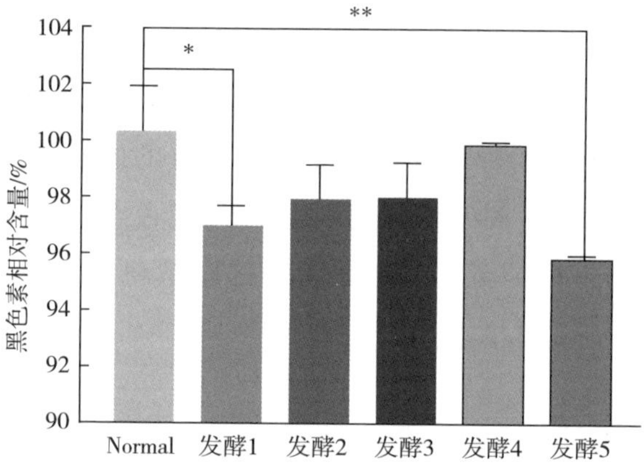

图 2.34　松花粉提取物对黑色素抑制能力

注：＊表示 $p<0.05$ VS Normal 组；＊＊表示 $p<0.01$ VS Normal 组。

4. 应用领域

实验表明该原料具有优越的抗氧化和美白功效，可在美白、抗衰等多种化妆品中广泛应用，具有广阔的市场前景。

（十八）智能保湿 GAUSSIAN－HA

1. 成果介绍

（1）名称：智能保湿 GAUSSIAN－HA。

（2）成果负责人：梅晔生物医药股份有限公司；山东贯天下生物科技有限公司凌沛学。

（3）技术成熟程度：产业化生产，已上市销售。

（4）知识产权状况：发明专利（专利号：CN 202110874691.1）。

2. 市场背景

HA，又名“玻尿酸”，广泛存在于人体组织中，具有构成细胞基质、调节渗透压、调控大分子物质转运及润滑保湿等重要的生理作用。HA 是国际公认的理想天然保湿因子，可应用至各种化妆品中，起到美容保湿的功效。凌沛学院士率领团队自 1983 年开始持续致力于 HA 研发，解决了诸多围绕 HA 生产和应用的“卡脖子”技术，实现了 HA 原料规模化制备和新剂型等系统理论的原始创新、技术应用集成创新，技术水平和产品质量均达到了国际领先水平，创建了涵盖 HA 原料、药物制剂及其他终端产品的产业链，建成了全球规模最大的 HA 研发和生产基地，同时推动了我国 HA 应用产业的蓬勃发展。

3. 技术描述

创新原料 GAUSSIAN - HA 是一种全分子量分布的 HA，分子量分布从 0.2 kDa 到 2000 kDa，呈均匀分布，分子量分散系数 Mw/Mn 在 9 以上。GAUSSIAN - HA 中所含不同分子量 HA 可被机体均衡吸收和利用，协同发挥全方位智能保湿功效，尤其是其中所含寡聚 HA 可清除自由基，抑制炎症反应，提高细胞活力，促进皮肤损伤修复。低分子量 HA 可深层保湿，滋养肌肤，改善肌肤弹性；中分子量 HA 可提供清爽肤感，减轻油腻指数，提亮肌肤光泽；大分子量 HA 在皮肤外形成智能保湿隔离层，调节皮肤表面湿度。功效检测试验证实，GAUSSIAN - HA 可提升皮肤水分含量、提升皮肤弹性、改善眼角细纹（见图 2.35）、促进细胞迁移从而修复皮肤损伤（见图 2.36），可在保湿、修复、紧致、抗皱等化妆品中广泛应用，达到全面、平衡、系统改善皮肤屏障的效果，市场潜力巨大。

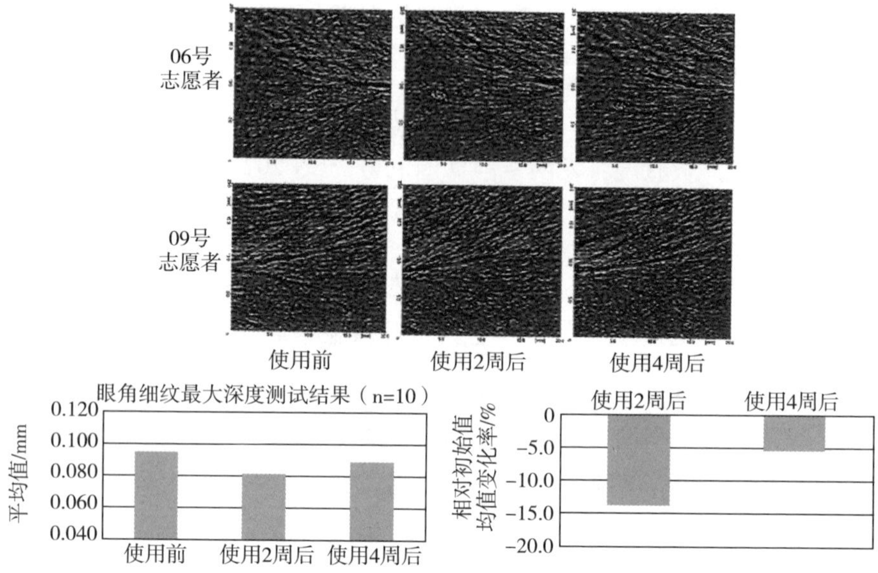

图 2.35　GAUSSIAN－HA 对眼角细纹的改善作用

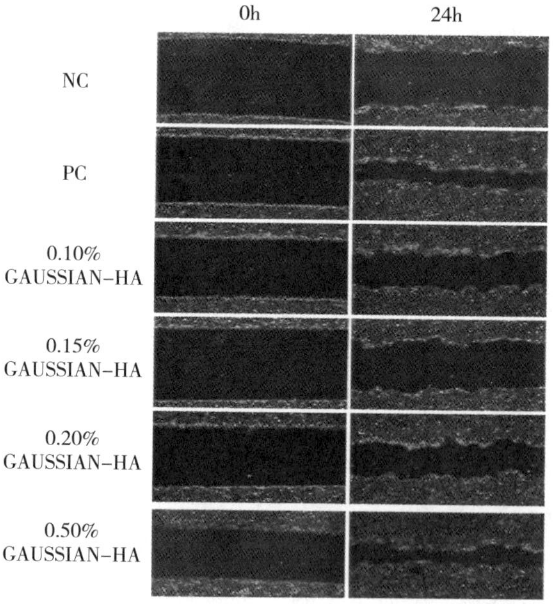

图 2.36　GAUSSIAN－HA 可显著提升细胞迁移率

4. 应用领域

该新型功效原料在人体皮肤和细胞实验中显示出优越的提升皮肤含水

量、提升皮肤弹性、改善眼角细纹及促进细胞迁移的功效，可在保湿、修复、抗皱、紧致等多种化妆品中广泛应用，市场前景广阔。

（十九）水溶性虾青素—胶原蛋白

1. 成果介绍

（1）名称：水溶性虾青素—胶原蛋白。

（2）成果负责人：广东药科大学刘涛。

（3）技术成熟程度：小规模生产。

（4）知识产权状况：发明专利申请中。

2. 市场背景

来源于雨生红球藻的天然虾青素（3S，3S′－3，3′－二羟基－4，4′－二酮基－β－胡萝卜素，Astaxanthin）具有极强的抗氧化和生物学活性，在生物医药、健康和化妆品领域具有广泛用途与应用前景。随着中国近年雨生红球藻培养技术瓶颈的突破，云南、山东和湖北等地已涌现出多家优秀的红球藻养殖企业，虾青素系列原料产品已在国际原料市场上初步形成了规模和价格优势。尽管如此，我国在虾青素原料的深度精细开发和应用领域，仍与国外先进水平存在差距。虾青素本身的水不溶性、直接涂敷于皮肤使用时的着色性，特别是自然环境下（如遇氧、光、热）的不稳定性问题，极大地限制了它在各种开发和应用中的直接使用。采用诸如微胶囊包埋、主客体包结络合和纳米沉淀等技术，以及低温避光保存、脂溶性溶剂溶解保存和小剂量涂敷使用等方法，虽然可以在一定程度上解决虾青素的应用缺陷，但是对工艺技术水平要求高，抑或使用成本高，便利性和有效性不足。

3. 技术描述

本成果借鉴虾青素在自然界稳定存在的原理，将来源于雨生红球藻的天然虾青素耦合于胶原蛋白分子上，形成水溶性虾青素—胶原蛋白超分子耦合物。该耦合物有效解决了虾青素应用时存在的水不溶性、易失活分解、着色性强等缺陷，且其活性可有效保持。动物实验和人体测试结果表明，该耦合物具有良好的护肤效果。而且其制备工艺稳定，成本上具有较强优势。

原料和产品优势包括以下三点。一是独家活性稳定技术。采用“虾青素—胶原蛋白”超分子耦合技术保护虾青素活性，有效提升其稳定性，可更好地保护机体细胞免受氧化损伤。二是抗衰抗糖、美白祛斑。可复配多重美白抗糖抗氧精华，减少肌肤胶原蛋白糖化反应和 AGEs 生成，增强肌肤天然修复能力，延缓肌肤衰老，层层焕白。三是快速渗透，持久释放。结合智研纳米缓释新技术，助力“虾青素—胶原蛋白”超分子耦合物实现更持久活性保持与稳定释放，持续防护，促进基底细胞增殖，深层修复肌肤（见图 2. 37）。

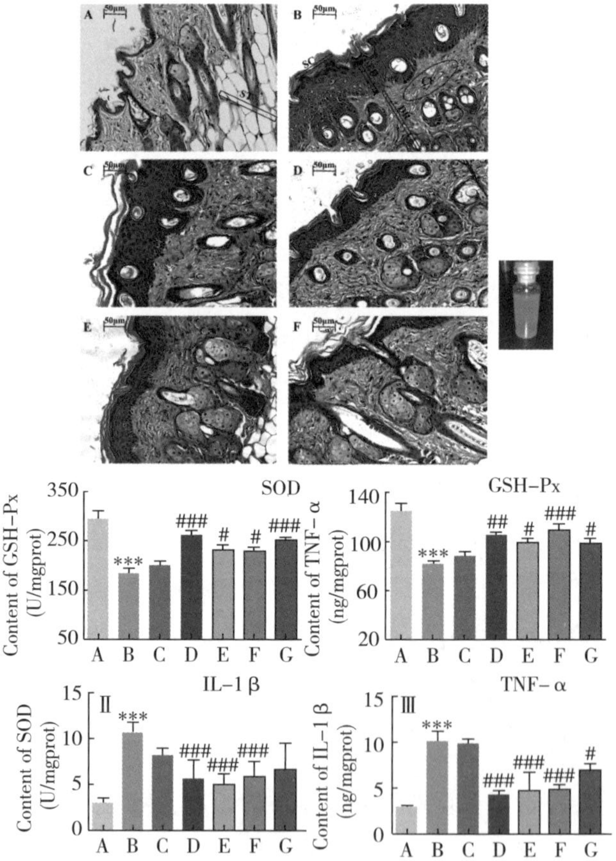

图 2. 37　虾青素—胶原蛋白耦合物对光老化模型小鼠皮肤的修复作用

注：①皮肤组织病理切片 HE 染色（左）。②皮肤组织 SOD 与 GSH - Px 活力和炎症因子分析（右）（A 正常，B 模型，C 基质，D 虾青素，E 胶原，F 虾青素—胶原，G 维生素 E）。③＊＊＊表示 $p<0.001$ VS A；#表示 $p<0.5$ VS B；##表示 $p<0.01$ VS B；###表示 $p<0.001$ VS B。

4. 应用领域

该原料已成功应用于多个常规化妆品的生产。其中以冻干粉形式存在的“虾青素—胶原蛋白”超分子耦合物原料，可长久保持和直接发挥虾青素与胶原蛋白的生物学活性。其产品在伤口修复、抗糖抗衰、防晒美白领域初步应用，市场反馈良好。

（二十）三肽-1铜

1. 成果介绍

（1）名称：三肽-1铜（Copper Tripeptide-1），即［N2-（N-甘氨酰-L-组氨酰）-L-赖氨酸］铜。

（2）成果负责人：山东济肽生物科技有限公司。

（3）技术成熟程度：产业化。

（4）知识产权状况：发明专利（ZL 202110491271.1，蓝铜胜肽的合成方法）。

2. 市场背景

我国目前是全世界第二大化妆品市场，年零售额约5000亿元人民币，并且以年均14%以上的速度递增。根据目前市场情况预计，三肽-1铜原料全球市场年需求量约5000公斤，以其为原料的护肤品销售额为40亿～50亿元人民币。目前，海外市场生物多肽护肤品年销售额已超过160亿美元，并以每年30%～40%的速度递增。预计三肽-1铜的市场需求量会持续上涨。

3. 技术描述

三肽-1铜，化学名为［N2-（N-甘氨酰-L-组氨酰）-L-赖氨酸］铜。在20世纪70年代，美国的罗伦·皮卡特博士发现人类血液中含有三肽-1铜，年轻人血液中的含量是老年人的2.5倍，而且三肽-1铜在治疗伤口和皮肤损伤方面具有明显效果，其具有强大的抗皱和修复功能，能作用于表皮和真皮范围内，通过刺激胶原蛋白合成增加皮肤弹性。之后，三肽-1铜强大的功效和安全性不断被更多的科学家证明，成为世界上第一个应用于护肤品领域的多肽产品。

美国化妆品原料评价委员会（Cosmetic Ingredient Review，CIR）在

2014 年审查三肽-1 铜的安全性报告中，讲述了采用两种不同的制备方法所制得的不同形态的产品：冻干粉和晶体。较早的冻干工艺，是将三肽-1 铜与等摩尔的醋酸铜混合，用氢氧化钠中和并离心去除不溶性物质，将上清液通过 G-10 葡聚糖凝胶色谱柱，收集在 600 nm 处吸收的洗脱峰并冻干以获得粉末产品，该工艺不易去除不挥发的杂质和盐，所以纯度较低；而后续改进的重结晶工艺，是将三肽-1 铜溶解在醋酸铜水溶液中，加入乙醇产生深蓝色晶体，将晶体溶解后加入乙醇达到浊点，静置形成深蓝色晶体，可以把不挥发的杂质和盐去除，使终产物的纯度更高，晶体结构更稳定。冻干粉形态和晶体形态见图 2.38。

冻干粉形态

晶体形态

图 2.38　三肽-1 铜冻干粉形态和晶体形态

山东济肽生物是国内第一家采用重结晶技术大规模生产三肽-1 铜的企业，海外客户也普遍认为晶体是冻干粉末的升级换代产品。于更立博士带领的专业研发团队，多年来对三肽-1 铜的重结晶技术进行不断的工艺优化。其产品晶型好，不易吸潮，不易黏附，容易称量和保存，更重要的是生产工艺绿色环保，淘汰了较落后的电力能源消耗大且终产物纯度较低的冻干粉末生产工艺。

三肽-1 铜的氨基酸序列为甘氨酰-L-组氨酰-L-赖氨酸（GHK），GHK 分子和铜（Ⅱ）具有高度的亲和性，形成螯合三肽-1 铜，具有抗氧化、抗炎症、促进再生和伤口愈合的作用。由于三肽-1 铜可以促进细胞生长，因此被建议用来提供细胞功能所需的铜，以一种无毒形式进入细胞，可以被细胞利用。经体外评测，三肽-1 铜具有细胞增殖作用及抗氧化、舒缓、抗皱、保湿、增加皮肤弹性、紧致的效果。

体外抗氧化功效评估——PTIO 自由基清除能力测定：将三肽-1 铜配

制成相应浓度的待测液，并按照各试剂添加量配制反应体系，混匀；将反应体系置于室温，避光反应2h；反应结束后，计算各样品对PTIO自由基的清除率。数据显示，三肽-1铜在0.031~0.500mg/mL浓度下，能够提高PTIO自由基的清除率，且当浓度大于等于0.063mg/mL时，与阴性对照组相比具有统计学差异（$p<0.05$），即具有抗氧化功效（见图2.39）。

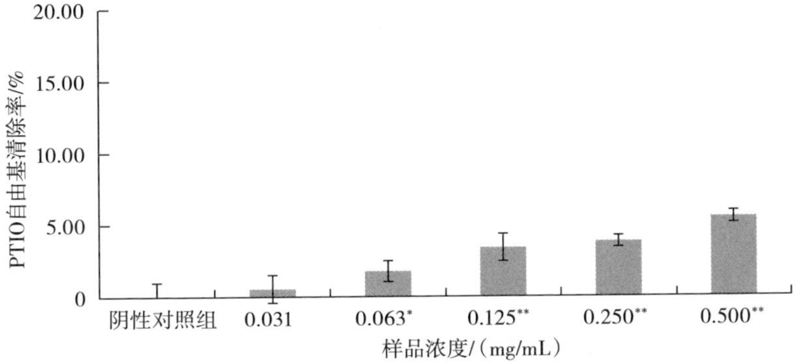

图2.39　三肽-1铜对PTIO自由基的清除作用

注：*表示与阴性对照组相比$p<0.05$；**表示与阴性对照组相比$p<0.01$。

体外抗氧化功效评估——DPPH自由基清除能力测定：将三肽-1铜配制成相应浓度的待测液，并按照各试剂添加量配制反应体系，混匀；将反应体系置于室温，避光反应20min；反应结束后，计算各样品对DPPH自由基的清除率。数据显示，三肽-1铜在0.031~0.500mg/mL浓度下，能够提高DPPH自由基的清除率，且与阴性对照组相比具有统计学差异，样品具有一定的抗氧化功效（见图2.40）。

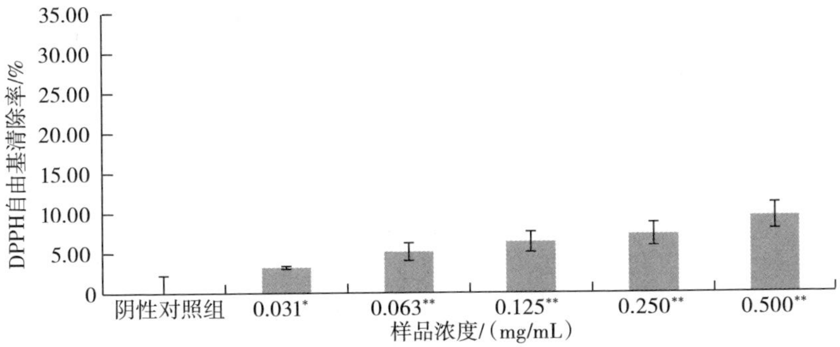

图2.40　三肽-1铜对DPPH自由基的清除作用

注：*表示与阴性对照组相比$p<0.05$；**表示与阴性对照组相比$p<0.01$。

人皮肤永生化角质细胞和人皮肤成纤维细胞的细胞增殖作用——RTCA检测HaCaT/HDFn细胞指数：收集对数生长期细胞，进行接种，室温放置30 min后，进行培养，检测细胞指数（Cell Index，CI）。培养24h后，设置浓度梯度，按照实验方法要求加入药物，以未处理细胞作为阴性对照，加药继续培养72h，根据加药后24h、48h、72h细胞指数，计算这三个时间点的细胞存活率。数据显示，三肽-1铜在浓度小于等于0.63 mg/mL时连续作用于细胞72h，对HaCaT细胞有促细胞增殖作用；在浓度小于等于2.50 mg/mL时连续作用于细胞72h，对HDFn细胞有促细胞增殖作用。

舒缓功效测试：基于3D表皮皮肤模型（EpiKutis©），采用十二烷基硫酸钠（SLS）刺激建立体外皮肤损伤模型，与对照组相比，三肽-1铜在0.5% mg/mL和0.3% mg/mL的浓度下，IL-1α蛋白和TNF-α蛋白分泌量均显著降低，组织形态均有改善，认为样品在该浓度下，通过抑制IL-1α和TNF-α的分泌并且改善组织形态，达到舒缓功效。TNF-α蛋白分泌量检测结果见图2.41。

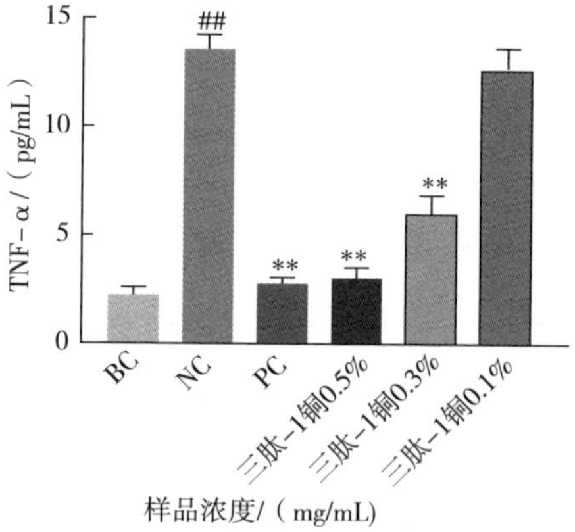

图2.41 TNF-α蛋白分泌量检测结果

注：##表示 $p<0.01$ VS BC组；**表示 $p<0.01$ VS NC组。

面部皱纹、皮肤粗糙度和皮肤弹性、皮肤含水量分析测试：通过面部皱纹、皮肤粗糙度和皮肤弹性、皮肤含水量分析测试发现，测试样品在测试周期内对志愿者面部皱纹、皮肤粗糙度、皮肤弹性及皮肤含水量起到不同程度的改善作用，使粗糙度数值降低，含水量、弹性数值升高，表明该样品具有减少皮肤皱纹，提高皮肤含水量、弹性，使皮肤更加紧致的效果。结果见图 2.42、图 2.43、图 2.44、图 2.45。

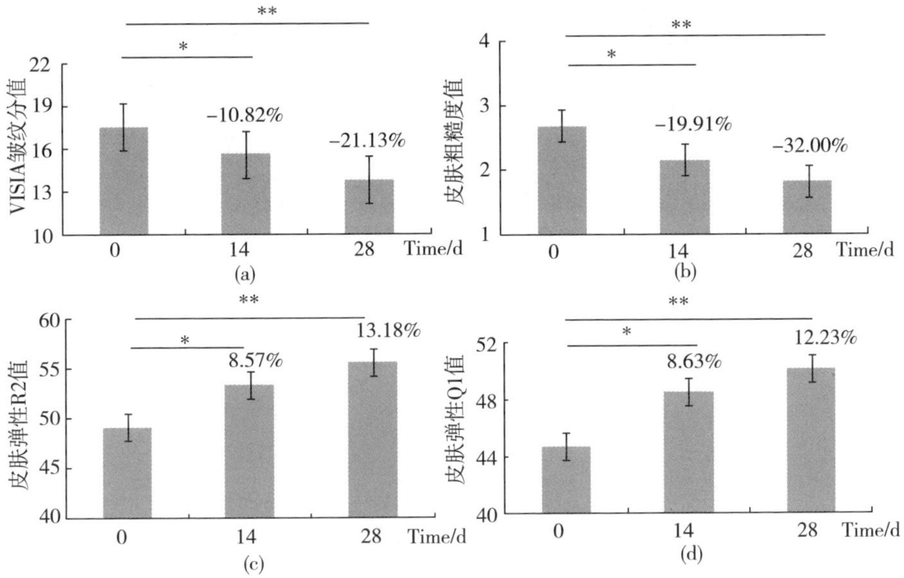

图 2.42　皮肤抗衰指标随时间变化

注：* 表示 $p<0.05$ VS 0d 组；* * 表示 $p<0.01$ VS 0d 组。

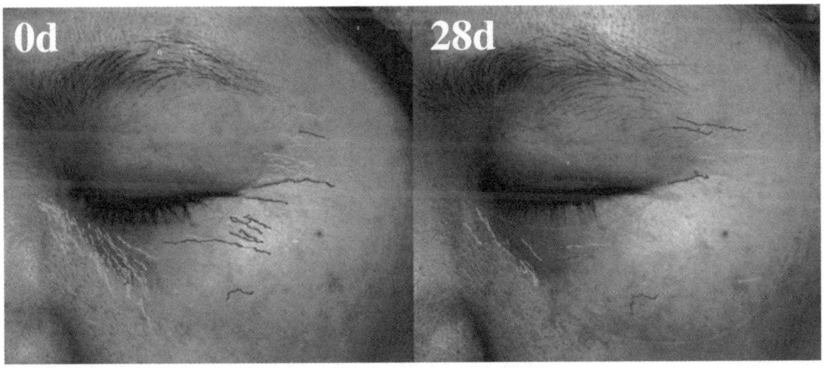

图 2.43　面部皱纹改善实例

图 2.42 的数据显示，在测试周期内，与本底值相比，面部皱纹分值和皮肤粗糙度值均呈下降趋势，面部皱纹平均值在第 14d 和第 28d 时，分别降低 10.82% 和 21.13%，且在第 28d 时，面部皱纹分值改善表现出显著性

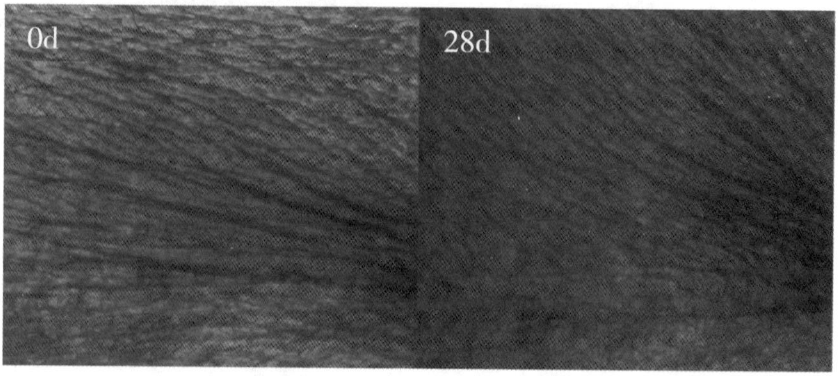

图 2.44 面部粗糙改善实例

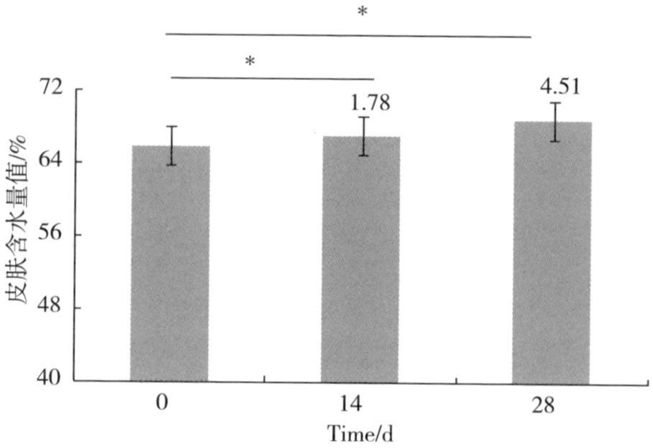

图 2.45 皮肤含水量指标随时间变化

注：*表示 $p<0.05$ VS 0d 组。

差异明显（$0.001 \leq p<0.01$）。另如图 2.43 所示，测试者使用样品后面部皱纹明显减少。图 2.42 的数据还显示，测试者使用样品后皮肤粗糙度明显减轻。皮肤粗糙度平均值在第 14d 和第 28d 时，分别降低 19.91% 和 32.00%，且在第 28d 时，皮肤粗糙度值改善表现出显著性差异明显（$0.001 \leq p<0.01$）。

皮肤弹性 R2、Q1 值测量结果：在测试周期内，与本底值相比，均呈上升趋势，皮肤弹性 R2 平均值在第 14d 和第 28d 时，分别升高 8.57% 和 13.18%，且在第 14d 时，皮肤弹性 R2 值改善表现出显著性差异（$0.001 \leq p<0.01$）。皮肤弹性 Q1 平均值在第 14d 和第 28d 时，分别上升 8.63% 和 12.23%，且在第 14d 时，皮肤弹性 Q1 值改善表现出显著

性差异（$0.001 \leqslant p < 0.01$）。

图2.45的数据显示，使用样品后测试者面部含水量在测试周期内，与本底值相比，呈上升趋势，面部含水量在第14d和第28d时，分别升高1.78%和4.51%，且在第28d时，面部含水量改善表现出有显著性差异（$0.01 \leqslant p < 0.05$），表明该测试样品具有一定提升皮肤含水量的作用。

通过VISIA面部影像分析和皮肤表面分析可知，测试期内，使用样品后测试者面部皱纹明显减少粗糙度，粗糙度明显降低，表明该测试样品具有一定的紧致肌肤和改善细纹的作用。皮肤弹性数据表明，与本底值相比，皮肤弹性数值呈上升趋势，表明该样品能够有效提高皮肤弹性，使肌肤紧致。

4. 应用领域

三肽-1铜作为一种人体血液中的活性成分，在治疗伤口和皮肤损伤方面具有明显效果，并且具有强大的保湿、舒缓、减少皱纹、皮肤修复、抗衰老等多种功效，能作用于表皮和真皮范围内，通过刺激胶原蛋白合成令皮肤弹性增加。

（二十一）小麦低聚肽

1. 成果介绍

（1）名称：小麦低聚肽。

（2）成果负责人：滨州中裕研究院。

（3）技术成熟程度：中试生产。

（4）知识产权状况：发明专利申请中。

2. 市场背景

小麦是我国主要的经济作物，其加工副产物小麦蛋白，即谷朊粉，主要由麦醇溶蛋白和麦谷蛋白组成，其蛋白含量达85%左右。小麦蛋白营养丰富，氨基酸组成齐全，但由于小麦蛋白具有独特的结构，并且氨基酸主要为疏水性氨基酸和不带电荷的氨基酸，使得分子内疏水作用区域较大，在水中的溶解度较低，致使小麦蛋白的应用受到了一定的局限。因此，通过生物酶解法使蛋白质水解，提高其溶解度，同时改善其功能特性。

小麦低聚肽是由小麦蛋白经酶解、喷雾干燥等手段制得的多肽混合物。与小麦蛋白相比，小麦低聚肽具有水溶性好、稳定性高、易于消化吸收等优点。相关研究发现，小麦低聚肽具有抗氧化、保护肠黏膜、调节免疫力、降血压、调节血液胆固醇、提高免疫力、抗疲劳、抗过敏、抗癌等多种生理功能。抗氧化作用是一种重要的功能活性，食源性抗氧化肽具有天然安全的特点，能够通过减少自由基，抑制氧化反应，降低自动氧化速率，保护细胞抵御氧化应激损伤，从而达到抗衰老的效果。此外，食源性抗氧化肽不同于人工合成抗氧化剂，对机体无毒副作用。

3. 技术描述

该技术由滨州中裕研究院主导研发生产。不同浓度小麦低聚肽细胞存活率实验结果表明，小麦低聚肽可以在一定程度上提高 HaCaT 细胞的存活率（见图 2.46）；细胞划痕实验结果表明，小麦低聚肽可以促使 HaCaT 细胞迁移使细胞划痕面积减少（见图 2.47）。

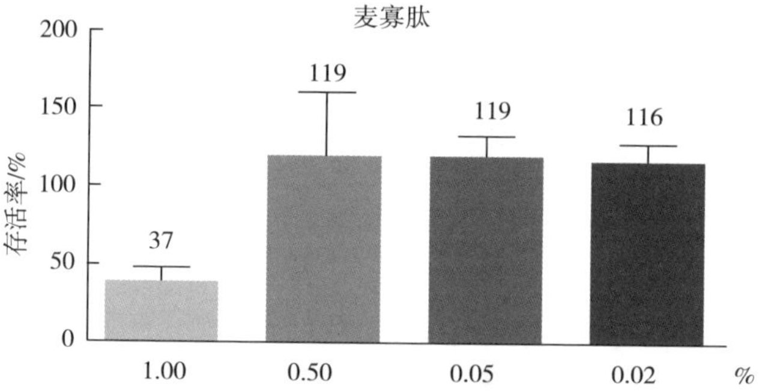

图 2.46　不同浓度小麦低聚肽的细胞存活率

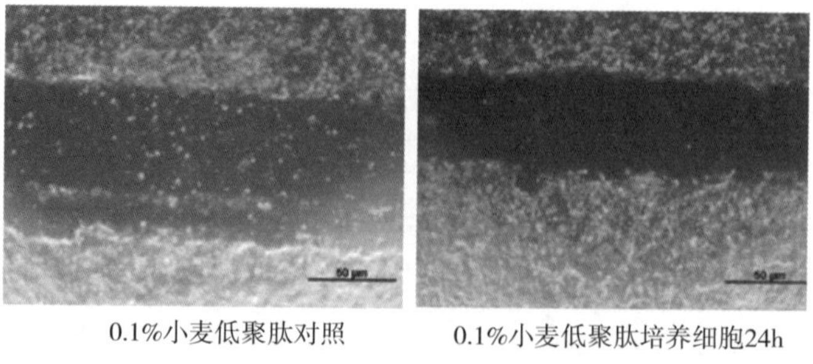

图 2.47　不同浓度小麦低聚肽培养细胞 24h 细胞状态

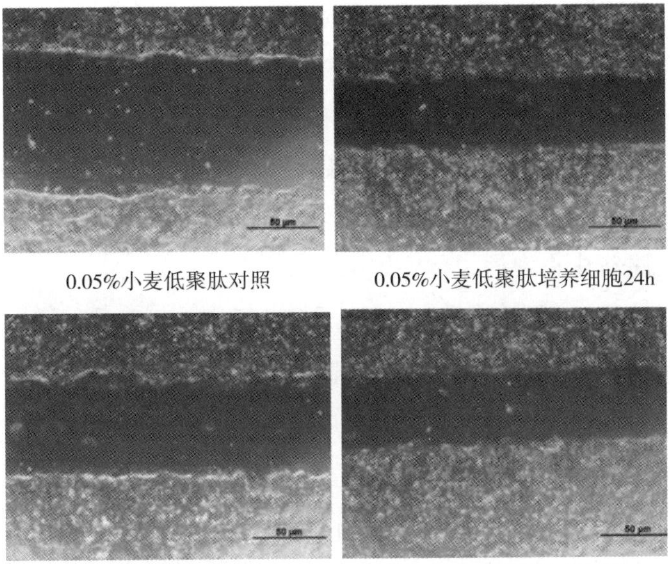

0.05%小麦低聚肽对照　0.05%小麦低聚肽培养细胞24h

0.02%小麦低聚肽对照　0.02%小麦低聚肽培养细胞24h

图 2.47 不同浓度小麦低聚肽培养细胞 24h 细胞状态（续图）

4. 应用领域

基于抗氧化、促进细胞生长的功能特点，产品可在抗老、美白、修复等化妆品和洗护产品中广泛应用，具有广阔的市场前景。

（二十二）美白抗氧化型益生菌发酵葛根功能原料

1. 成果介绍

（1）名称：美白抗氧化型益生菌发酵葛根功能原料。

（2）成果负责人：济南航晨生物科技有限公司。

（3）技术成熟程度：已转化（山东福瑞达股份有限公司）。

（4）知识产权状况：发明专利申请中。

2. 市场背景

皮肤美白最早开始于 20 世纪 50 年代。近年来，美白护肤品越来越为人们所重视，其安全性和功效性评价也成为消费者与生产厂家所关注的重点。中草药在几千年内服外敷的应用中已经积累了许多药效记录，其用量、安全性和副作用也得到了很多验证。葛根的药用始载于我国汉代《神农本草经》，是常用的传统中药，并且属于我国卫健委公布的药食资源。在黑色素的形成过程中，皮肤里的生物氧化酶酪氨酸酶将酪氨酸最终氧化为黑色素，而葛根中的异黄酮类成分能显著抑制酪氨酸酶的催化活性，中断黑色素氧化过程，抑制黑色素的形成，从而防止黄褐斑、日晒斑等色素沉积。同时，葛根异黄酮由于其清除氧自由基及抗脂质过氧化的功效，在皮肤抗衰老过程中也发挥了重要作用。

3. 技术描述

该创新原料是泰山产业领军人才赵林教授带领团队研制开发的，具有美白及抗氧化的协同增效功能。细胞实验证明，发酵葛根可有效抑制 B16 细胞黑色素生成（见图 2.48）；体外实验证明，发酵葛根的 DPPH 自由基清除能力及超氧阴离子清除能力均显著高于葛根提取物（见图 2.49、图 2.50），其抗氧化能力显著优于葛根提取物。

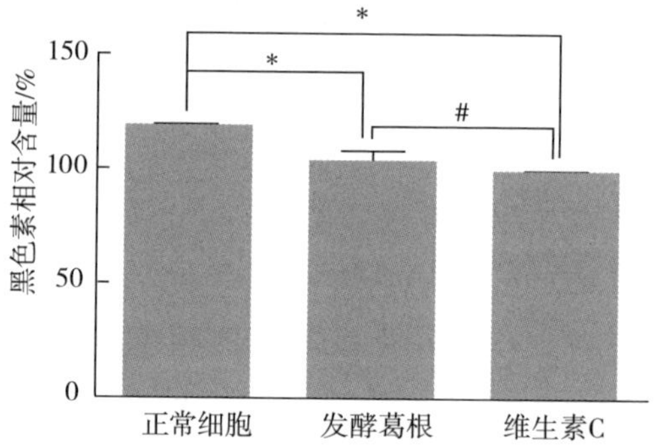

图 2.48　维生素 C 同等价格对比发酵葛根对 B16 细胞黑色素生成的影响

注：* 表示 $p < 0.05$；# 表示 $p > 0.05$。

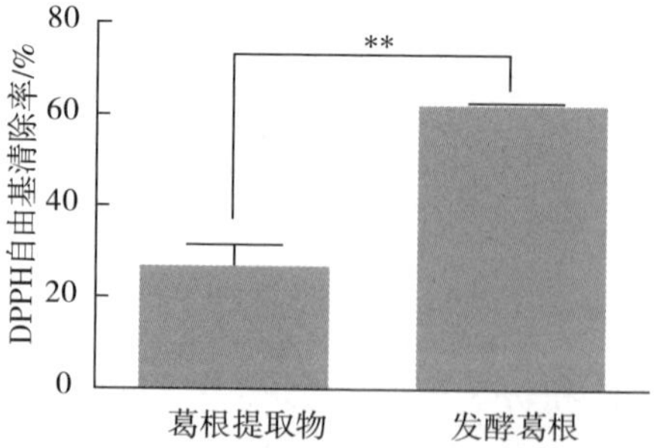

图 2.49　葛根提取物及发酵葛根 DPPH 自由基清除能力测定

注：* * 表示 $p < 0.01$。

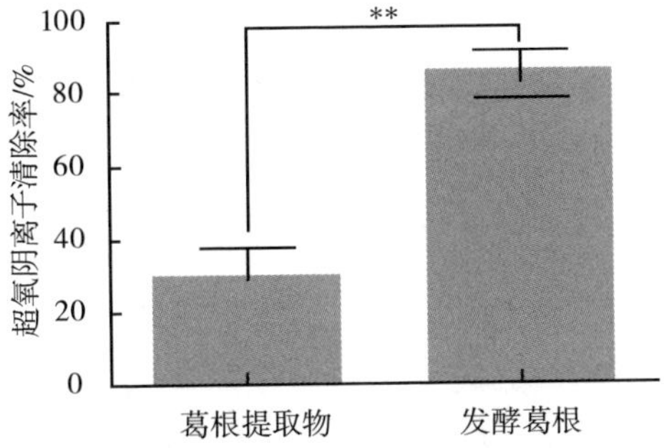

图 2.50　葛根提取物及发酵葛根超氧阴离子清除能力测定

注：* * 表示 $p < 0.01$。

4. 应用领域

该功效原料在体外及人体皮肤实验中均具有优越的美白效果和抗氧化功效，可在美白、抗氧化、修复类等多种化妆品中广泛应用，具有广阔的市场前景。

(二十三) γ－聚谷氨酸

1. 成果介绍

(1) 名称：γ－聚谷氨酸（γ－PGA）。

(2) 成果负责人：山东福瑞达生物科技有限公司。

(3) 技术成熟程度：产业化。

(4) 知识产权状况：发明专利，包括 ZL 201210555304.5（一种高产 γ－聚谷氨酸基因工程菌及其高产 γ－聚谷氨酸方法）、ZL 201510191530.3（一种制备低分子量 γ 聚谷氨酸的方法）、ZL 201510190767.X（一种预防脱发和促进毛发生长的洗发水及其制备方法）、ZL 201711183028.3（一种谷氨酸产生菌活菌胶囊发酵生产 γ－聚谷氨酸的方法）。

2. 市场背景

PGA 也称为“纳豆胶”，为一种极具开发潜力的生物可降解高分子材料，其分子呈直链状，含有大量酰胺键和可游离的羧基，具有促进矿物质吸收的作用。目前，日本已将 γ－PGA 列入促进矿物质吸收的保健成分表。γ－PGA 特殊的分子结构使其具有极强的保湿能力，添加 γ－PGA 于化妆品或保养品中，能有效地增强皮肤的保湿能力，有效提升皮肤的延展性，提高皮肤软嫩手感，抑制皮肤色素生成，促进皮肤健康。与公认的最具保湿能力的HA相比，γ-PGA的保湿效果竟然超出其效果的2~3倍，为新一代的生物科技保湿成分。

3. 技术描述

近年来，人们根据聚谷氨酸独特的理化和生物学特性，不断开发其在化妆品、医药、肥料等领域的应用。聚谷氨酸的生产方法主要有化学合成法、提取法和微生物发酵法三种。但化学合成法难度很大，后续分离提纯成本高，工业应用价值低。早期，日本生产聚谷氨酸大多采用提取法，用乙醇将纳豆中的聚谷氨酸分离提取出来。由于纳豆中所含的聚谷氨酸浓度甚微，且有波动，因此提取工艺十分复杂，生产成本甚高，同样难以大规模生产。

微生物发酵合成聚谷氨酸具有突出的优点，通过芽孢杆菌发酵，产物均为聚谷氨酸型、产物分子量高、生产条件温和、生成产物纯度较高，微生物发酵得到的聚谷氨酸分子量可达100~1000kDa，培养周期较短（3天左右），产量高，成本低；培养条件可控并可连续生产，培养过程对环境无污染，生产过程设备能耗低，符合当前绿色化妆品以及碳中和的发展趋势，产品性质稳定，容易储存。

γ-聚谷氨酸是一种集保湿、美白、协同增效性于一身的多功效成分，在化妆品产品中作为功效原料来使用，并且具有较好的吸水保水能力。如表2.3所示，加入PGA后，皮肤水分流失明显降低。

表2.3 不同分子量PGA保湿效果对比

t/h	分子量/kDa			
	10	100	1200	1400
2	93.4±0.4	103.2±0.1*	103.9±0.2*	102.7±0.2*
4	97.9±0.2	103.9±0.1*	112.9±0.2*	104.1±0.1*
空白对照	100.0±0.2			

注：PGA浓度为0.1%；*表示$p<0.05$ VS 空白对照。

4. 应用领域

γ-聚谷氨酸因具有较好的亲水性、吸水性、可生物降解性、环境友好性等特点，在食品、化妆品、医药、农业和水处理等领域具有广泛的应用前景。该功效原料可以分为高分子、低分子和超低分子量，且安全可靠，可广泛添加到美白、祛斑、抗氧化等多种化妆品中，具有广阔的市场前景。

（二十四）依克多因

1. 成果介绍

（1）名称：依克多因（Ectoin），即2－甲基－1，4，5，6，－四氢嘧啶－4－羧酸。

（2）成果负责人：山东福瑞达生物科技有限公司。

（3）技术成熟程度：产业化。

（4）知识产权状况：发明专利申请中。

2. 市场背景

依克多因独树一帜，作为第一代生物保湿剂透明质酸的接力棒，位于化妆品市场的前端。在欧美等发达国家，依克多因在化妆品领域的应用已有30多年的历史，但受限于其生产工艺导致的高价位，市场推广及应用较为缓慢，随着生物高端技术的引入，生产工艺不断优化，依克多因市场将进一步扩张。新思界产业研究中心发布的《2021—2026年中国依克多因行业市场深度调研及发展前景预测报告》显示，全球范围内，依克多因市场主要集中在北美、欧洲等地区，2020年，全球依克多因市场规模在2000万美元左右。随着“颜值经济”的崛起，依克多因市场将保持高速增长态势，预计2021—2026年，全球依克多因市场规模将以6.6%的年均复合增长率增长。

3. 技术描述

依克多因，化学名为四氢甲基嘧啶羧酸/四氢嘧啶，是耐盐及嗜盐微生物为维持渗透压平衡而在细胞内产生的一种相容性溶质，最初是在埃及沙漠盐湖中的极端嗜盐菌外硫红螺菌（Ectothiorhodospira）中发现的。依克多因生产菌株（如嗜盐菌、海球菌、芽孢杆菌等）多从高盐等极端环境中筛选而出，发酵产量较低、提取工艺复杂、成本昂贵，导致依克多因市场价格较高，这在一定程度上限制了依克多因的市场应用。

该原料创新性地应用合成生物学技术，通过解析原料合成代谢途径，构建高产依克多因重组菌株表达株系，建立适合原料生产的细胞工厂。通过发酵代谢流调控，引入高效先进的纯化、精制技术，最终建立规模化生产线，实现产业化生产。重组菌株表达量高，培养条件可控并连续生产，培养成分简单，避免了高盐环境对设备的腐蚀；提取技术包括膜分离技术、分子筛提取、高浓度结晶、低温真空干燥等，摒弃有机试剂提取工艺，对环境没有污染排放，且生产过程设备能耗低，符合当前绿色化妆品以及碳中和的发展趋势。

依克多因是一种环化的氨基酸衍生物，因其分子内电子离域化，具有很强的水分子络合能力，一分子依克多因可络合四五个水分子，能使细胞内的游离水结构化；依克多因可在细胞、DNA 和蛋白质的周围形成水化层，能够减少极端条件下的强烈紫外线的侵害。经体外评测，依克多因具有高效保湿及舒缓、修复功效。

保湿功效检测：每天一次用于 10 名志愿者掌侧前臂的皮肤，持续 12 天，结果如图 2.51 所示。试用 8 天后，与对照处理的皮肤相比，水合作用显著增加，并且保持恒定直至测试期结束。虽然局部应用在第 12 天停止，但是实际的水合状态延续了约 7 天，依克多因表现出良好的长期保湿效果。人体皮肤实验表明（见图 2.52）：依克多因具有良好的短时和长时保湿功效。

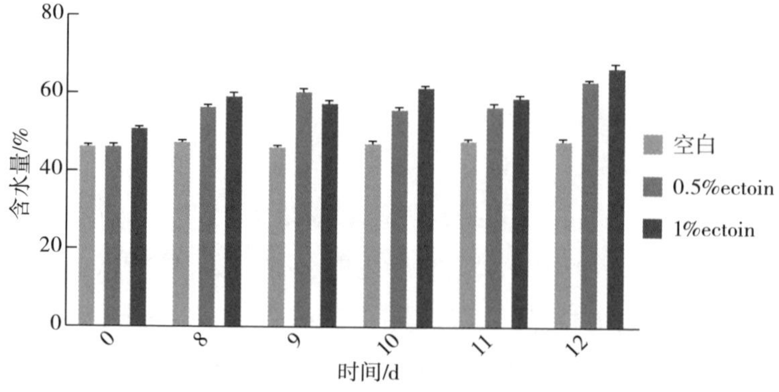

图 2.51　保湿功效检测

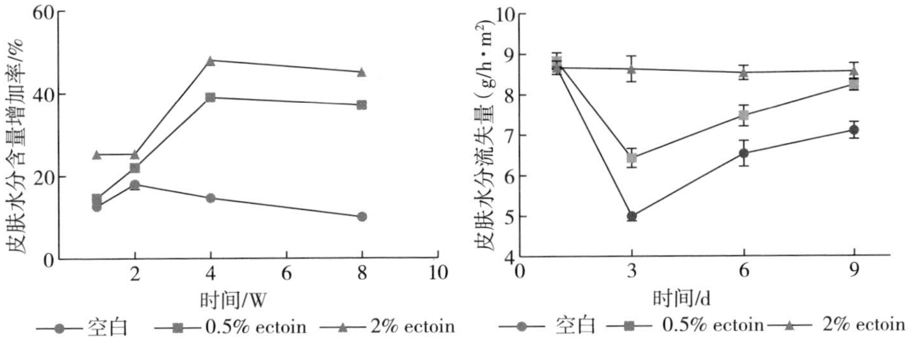

图 2.52　保湿功效检测

舒缓功效检测：通过紫外线照射皮肤实验检测朗格汉斯细胞活性，结果如图 2.53 所示。紫外线照射使朗格汉斯细胞受损，活性降低。经依克多因处理后，紫外线对朗格汉斯细胞的损伤被显著降低。与阳性对照组相比，6h 后，1% 依克多因可将细胞活性提高 11% 。

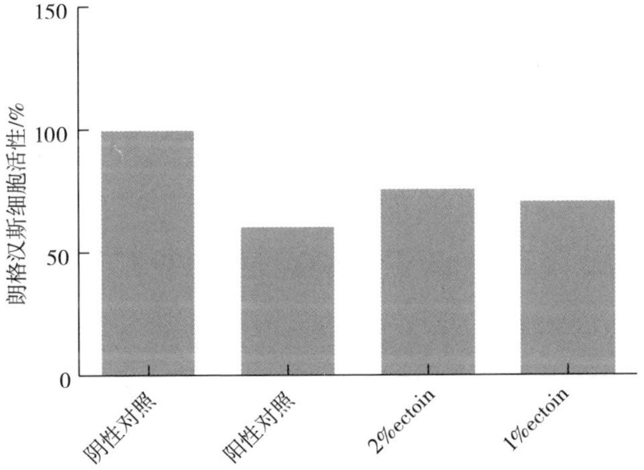

图 2.53　舒缓功效检测

修复功效检测：皮肤经含有 4% ectoin 溶液预处理后，进行不同强度的紫外线照射（0～300 mJ/cm² UVB），用显微镜观察晒伤细胞的数量。如图 2.54 所示，经 ectoin 溶液预处理后，晒伤细胞数显著低于安慰剂，证实依克多因具有较强的修复因紫外线导致的细胞损伤的功能，能有效减少晒伤细胞数量。

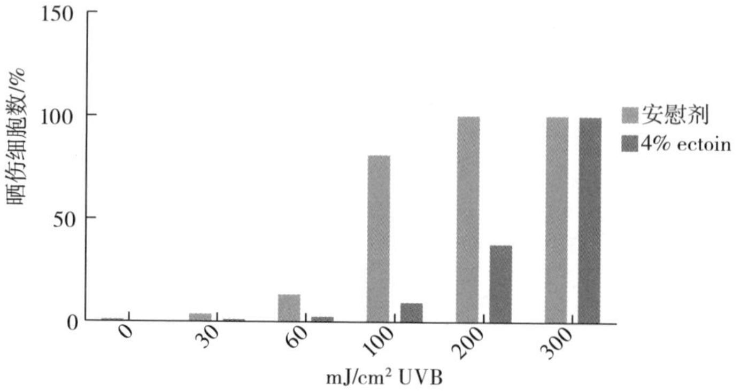

图 2.54　修复功效检测

4. 应用领域

依克多因是一种天然有效的化妆品活性成分，其具有保湿、防辐射、减少皱纹、修复皮肤、抗衰老等多种功效，且安全易吸收。在“颜值经济”大爆发的背景下，依克多因逐渐扩展应用至防晒、洁面、彩妆、眼部护理、毛发护理等细分领域，具有广阔的市场前景。

（二十五）丹皮酚微囊粉

1. 成果介绍

（1）名称：丹皮酚微囊粉。

（2）成果负责人：山东明仁福瑞达制药股份有限公司。

（3）技术成熟程度：中试生产。

（4）知识产权状况：无。

2. 市场背景

丹皮酚为毛茛科植物牡丹（Paeonia Suffruticosa Andr）的干燥根皮经加工制成的提取物。其国际化妆品原料（INCI）名称为 Paeonol，具有镇静、催眠、抗菌、抗炎、抗氧化、降血压等作用，对瘀斑、炎症、皮肤瘙痒、牛皮癣、带状疱疹、湿疹等具有较好的治疗和保健效果。在化妆品领域，丹皮酚能抑制氧自由基的产生，将皮肤中沉积色素还原褪色，具有美白、消淤化斑、消炎、消肿止痛、抗过敏、抗病毒等作用。但丹皮酚水溶性不佳，易挥发，具有特征性气味，消费者难接受，应用受到局限。故需采用一种新型制备方式，增加其水溶性，缓解其特征性气味。

3. 技术描述

本案例用微囊粉将丹皮酚定点包埋于 β－环糊精的空腔中，不仅避免了丹皮酚的不稳定性，同时解决了丹皮酚水溶性差的难题。采用的液—液分散技术使丹皮酚分散或埋藏于 β－环糊精中，形成一种新型稳定微囊粉。微囊粉水中溶解度可达 10μg/mL，是丹皮酚水中溶解度的 3 倍。丹皮酚在溶液状态下更容易被皮肤吸收、渗透性更好；由于微囊粉的包埋作用，延缓了丹皮酚经皮停留及释放，具有一定的缓释作用，并有效抑制丹皮酚的挥发，掩盖其特殊气味，产品稳定性更佳；丹皮酚微囊粉粒径仅 20～60μm，电镜下外表规则光滑，尺寸均一，其丹皮酚含量可达 10.0% 以上。电镜下丹皮酚、β－环糊精物理混合物及丹皮酚微囊粉形貌见图 2.55 和图 2.56。

物理混合物　　丹皮酚微囊粉

图 2.55　电镜下放大 5000 倍观察样品图（厚）

物理混合物　　丹皮酚微囊粉

图 2.56　电镜下放大 1000 倍观察样品图（厚）

4. 应用领域

丹皮酚具有防晒、美白、抗菌消炎等多种功效，可在改善色斑雀斑、头屑、皮肤瘙痒等多种化妆品中广泛应用，具有广阔的市场前景。

（二十六）积雪草提取液

1. 成果介绍

（1）名称：积雪草提取液。

（2）成果负责人：山东明仁福瑞达制药股份有限公司 。

（3）技术成熟程度：中试生产。

（4）知识产权状况：无。

2. 市场背景

积雪草为伞形科植物积雪草 Centella asiatica（L.）Urb. 的干燥全草，具有清热利湿、解毒消肿之功效，INCI 名称为 CENTELLA ASIATICA EXTRACT，其用途广泛，既可内服，也可外敷。积雪草的主要化学成分为三萜类、挥发油类、多炔烯类、内消旋肌醇、多糖类、四萜类（主要是胡萝卜烃类、叶绿素、香荚兰酸）及氨基酸等。

积雪草提取物具有促进成纤维细胞和胶原细胞的合成、抗菌、消炎等多种作用。体外功效测评显示，积雪草苷、羟基积雪草苷在抗敏、抗氧化方面有良好作用。此外，积雪草制剂外用有促进伤口愈合的作用，刺激肉芽生长，促使表皮角质化，并有助于生成新的结缔组织。其对于皮肤的呼吸及生物合成没有显著的影响，这为它有效治疗各种皮肤病灶提供了一种可能的解释。

3. 技术描述

积雪草提取液工艺采用水提、低温纯化的方法。该方法能最大限度保留积雪草苷和羟基积雪草苷有效成分，并减少有机溶剂的引入；生产工艺按照药品规范进行，源头、过程、终端全生产周期 GMP 控制确保产品质量稳定、可靠；质量标准中引进多指标指纹图谱控制技术，更反映出中药提取物多成分、多靶点起效的特点；增加耐寒耐热指标测试，明确其稳定性更强。积雪草提取液总苷含量高于市售市场占有量较高的 A 厂家的产品（见图 2.57）。

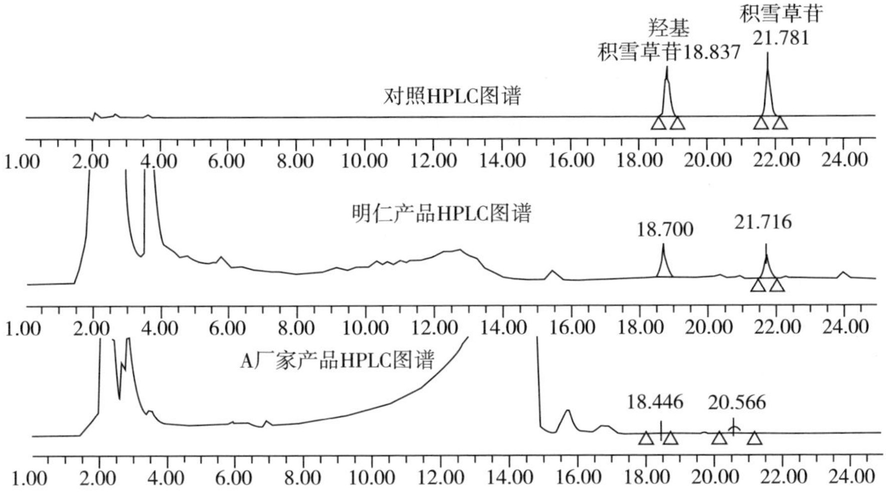

图 2.57　明仁积雪草提取液与市售厂家积雪草提取液 HPLC 图谱对比

4. 应用领域

积雪草提取物这一独特的“植物胶原蛋白”，具有抗菌消炎、促进胶原蛋白合成和成纤维细胞的生长等多种功效，可在烧烫伤愈合、疤痕修复、抗皱、抗衰老、去粉刺等多种化妆品中广泛应用，具有广阔的市场前景。

（二十七）抗皱紧致 E－AGSE#

1. 成果介绍

（1）名称：抗皱紧致 E－AGSE#。

（2）成果负责人：上海上美化妆品股份有限公司。

（3）技术成熟程度：产品已上市。

（4）知识产权状况：发明专利 2 项（专利号：CN 202010835209.5，CN 202210102516.1）；学术论文 1 篇（*Encapsulated Activated Grape Seed Extract*：*A Novel Formulation with Anti－Aging*，*Skin－Brightening*，*and Hydration Properties*）。

2. 市场背景

蛋白磷酸酶 2A（Protein Phosphatase2A，PP2A）是真核细胞内广泛表达的丝/苏氨酸蛋白磷酸酶家族成员之一，通过去磷酸化作用参与外源物诱导细胞毒性损伤和致癌过程中关键调控蛋白的可逆磷酸化，进而抑制绝大多数丝/苏氨酸激酶的活性。PP2A 在调控细胞周期、DNA 复制、信号转导和线粒体自噬等生理或病理过程中具有重要作用。已有研究表明，PP2A 在癌症和神经退行性疾病等中扮演着至关重要的角色。同时，最近的研究也表明，PP2A 在促进皮肤健康方面具有关键作用，如抵御氧化应激和炎症、提升皮肤屏障功能等，而保证 PP2A 结构的完整性是其发挥作用的关键。

从 32 种不同植物或部位筛选能够抑制 PP2A 去甲基化的天然植物提取物，发现葡萄籽提取物（GSE）具有最优异的性能。葡萄籽中含有丰富的亚油酸、氨基酸和黄酮类等成分，现已证明其具有优异的抗炎和抗氧化活性，而黄酮类物质是发挥活性的主要成分。为确认 GSE 中的黄酮类物质是否均能抑制 PP2A 去甲基化，从中分离出 59 种黄酮类物质，发现仅 25% 的黄酮类物质可抑制 PP2A 去甲基化，这意味着大多数市售 GSE 主要是由非 PP2A 活性黄酮类物质组成。本案例依托分子生物学技术，富集 GSE 中可以抑制 PP2A 甲基化的黄酮类物质，开发出一种新型植物提取物，即高活性葡萄籽提取物（AGSE）。研究表明，AGSE 提升 PP2A 活性的能力是普通 GSE 的 5 倍，抗氧化能力约是维生素 C 的 3 倍、维生素 E 的 5 倍，抗炎效力与阿魏酸相当。这表明 PP2A 是促进皮肤健康的新靶点，能够调控炎症和氧化应激反应等，而 AGSE 是发挥其活性的关键。

3. 技术描述

AGSE 虽能显著提升 PP2A 活性，且具有优异的抗氧化和抗炎功效，但是其透皮性较弱、溶解性较差、颜色较深，且配方应用有难度，无法完全发挥其实际功效。上海上美化妆品股份有限公司采用脂质体/环糊精的双包裹技术，可以解决 AGSE 的透皮性弱、溶解性差及颜色深等问题，通过脂质体/环糊精包裹的 AGSE 可以广泛应用在配方中，并大大提升其功效。

AGSE 包裹体（E－AGSE）在提升 PP2A 活性方面的效果更优越。体外测试研究结果表明，E－AGSE 能显著提升Ⅰ型、Ⅲ型胶原蛋白和弹性蛋白等的表达（见图 2.58 和图 2.59）；此外，E－AGSE 能够抑制酪氨酸酶的活性，显著降低黑色素的含量（见图 2.60）。除此之外，利用3D 皮肤模型，证明 E－AGSE 在抗光老化和光保护等方面也具有显著效果（见图 2.61）。最后，通过人体临床试验，证明了 E－AGSE 在抗老、保湿和提亮等方面的功效（见图 2.62）。

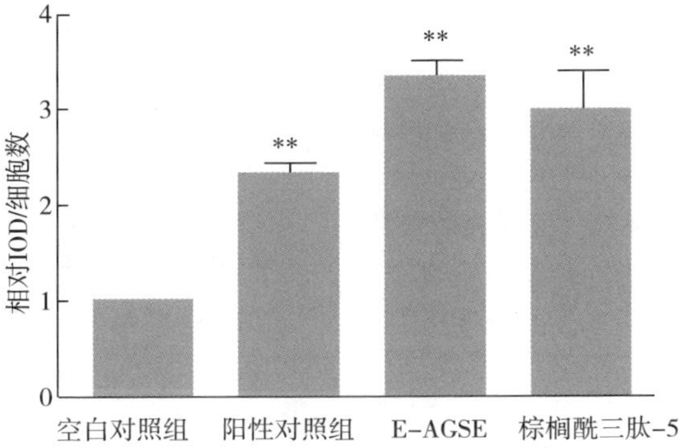

图 2.58　Collagen1 的检测结果

注：＊＊表示 $p<0.01$ VS 空白对照组。

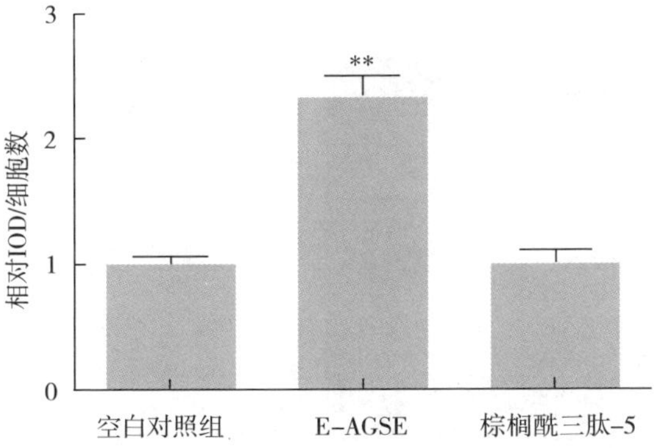

图 2.59　弹性蛋白的检测结果

注：＊＊表示 $p<0.01$ VS 空白对照组。

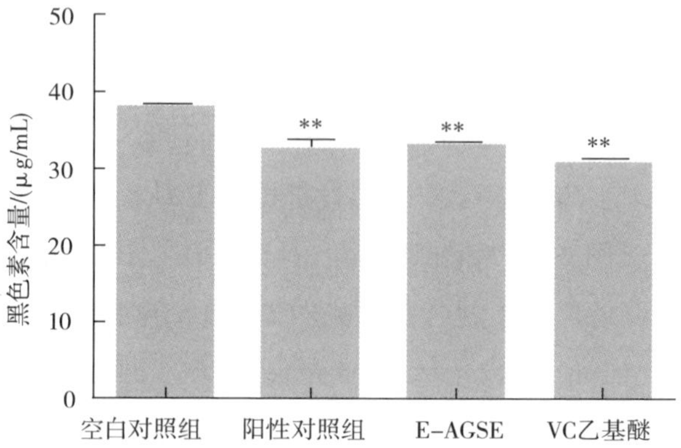

图 2.60　黑色素含量测试

注：＊＊表示 $p<0.01$ VS 空白对照组。

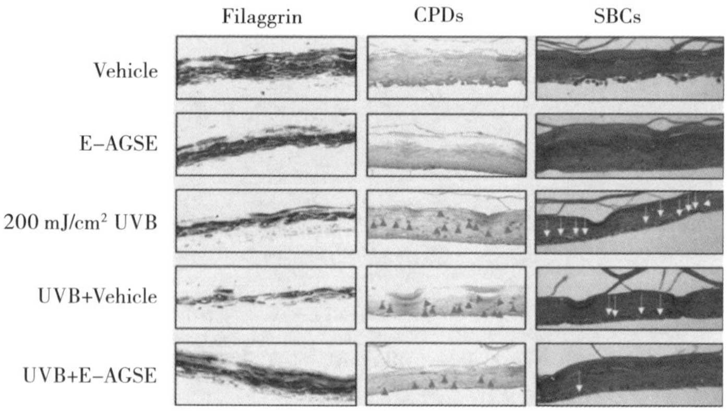

图 2.61　E－AGSE 的抗光老化/光保护测试

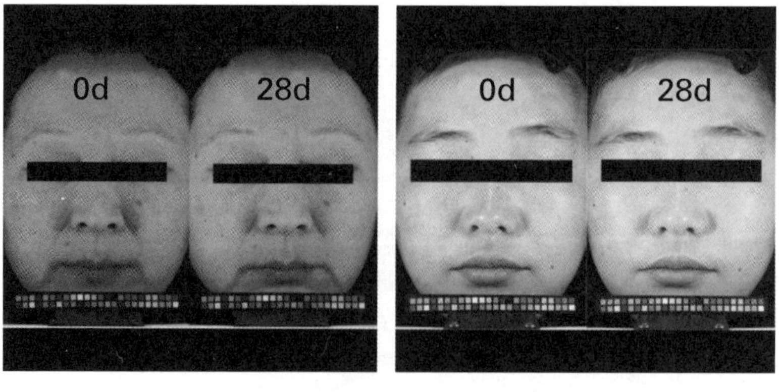

图 2.62　部分受试者图像采集

4. 应用领域

该原料在体外与人体测试实验中均表现出优越的抗皱、紧致和保湿、提亮等功效，因此可在保湿、抗皱、紧致等多种化妆品中广泛应用，具有广阔的市场前景。

（二十八）青蒿挥发油

1. 成果介绍

（1）名称：青蒿挥发油。

（2）成果负责人：上海昆药生物科技有限公司。

（3）技术成熟程度：原料开发阶段。

（4）知识产权状况：申请发明专利 2 项（申请号：2021102040836，2021109274755）；学术论文 1 篇（*Artemisia Naphta*：*A novel oil extract for sensitive and acne prone skin —Annals of Dermatological Research*）。

2. 市场背景

在从青蒿中提取青蒿素的过程中，大量的青蒿挥发油未被加以利用而浪费。2019 年，上海昆药集团就青蒿挥发油在化妆品中的应用开展调研工作，对青蒿挥发油的质量控制、功效、配方应用等多方面的性质进行探究，开创了青蒿挥发油在化妆品领域中的新应用。体外研究发现，青蒿挥发油能够上调皮肤屏障相关基因（丝聚蛋白基因，FLG）的表达，可起到增强皮肤屏障、修护敏感肌肤的作用；同时能够抑制脂多糖（LPS）、金黄色葡萄球菌等诱导的多种炎症介质（IL－6、IL－8 和 TSLP）的释放，具有抗炎、舒缓等功效。进一步对青蒿挥发油进行临床评估，发现其可减少痤疮形成并缓解皮肤发红现象，对痘痘、敏感肌肤均具有一定的舒缓、修复效果。综合实验数据表明，青蒿挥发油能够为敏感肌人群提供舒缓修护效果，同时可为不同肤质人群提供多种皮肤益处。全方位多分子通路的复合调控机理，使其有效抗炎舒缓、修复皮肤屏障，为针对敏感肌肤的护肤品开发提供了新原料和新思路。

3. 技术描述

该创新原料为上海昆药集团研制开发，以专注于敏感肌人群安全有效的护肤需求、深入挖掘研究我国独特植物产业资源为出发点，基于抗炎舒缓、修护敏感肌肤屏障的设计思路提出制备方案。体外实验表明，该功效原料能够显著上调皮肤屏障 FLG 的表达，有效修护角质层皮肤屏障，表现出对肌肤维稳、修护的作用；同时该实验表明其能够显著抑制炎症因子 IL－6、IL－8 以及 TSLP 的分泌，具有优异的抗炎、抗敏等功效。经消费者评估测试，使用该原料 3 天即可明显平抚皮肤红肿、改善痤疮状况（见图 2.63），持续使用可加速痤疮干瘪、舒缓皮肤敏感并预防复发，具有良好的祛痘效果。

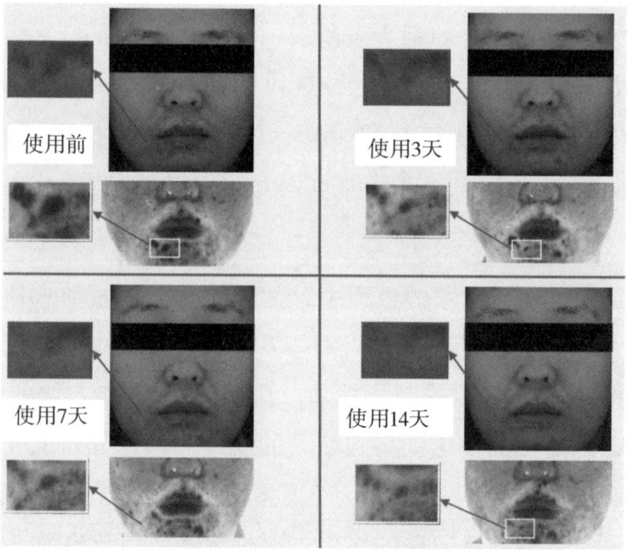

图 2.63　使用该原料后消费者的皮肤状态

4. 应用领域

该原料在体外和消费者测试实验中均表现出优越的抗炎、抗敏、修复等功效，可在保湿、抗敏、修复、祛痘等多种化妆品中广泛应用，具有广阔的市场前景。

（二十九）双菌发酵产物 Tiracle、Tiracle Pro

1. 成果介绍

（1）名称：双菌发酵产物 Tiracle、Tiracle Pro。

（2）成果负责人：上海上美化妆品股份有限公司。

（3）技术成熟程度：已应用，上市产品。

（4）知识产权状况：发明专利2项（专利号：ZL 2018103583185，JP 6793692），实用新型4项（专利号：ZL 2017212217831，ZL 2017212218425，ZL 2017212219752，ZL 202122140843X）。

2. 市场背景

生物发酵过程具有无添加、绿色、高效等特点，其原料被逐渐应用于化妆品领域。我国发酵历史悠久，但在化妆品原料领域中专攻发酵原料的大多为国际公司，且单菌发酵产物居多，著名的有SK－Ⅱ的Pitera、兰蔻的二裂酵母等。上美独家开发的双菌发酵产物，选择日本清酒酵母和最早起源于伊豆火山温泉的嗜热栖热菌连续发酵制备得到第一代上美独家专利原料Tiracle，可提升水通道蛋白AQP－3的表达并促进Ⅲ型胶原蛋白等蛋白的产生，具有保湿、抗炎、提亮肤色、修护屏障等多重护肤功效。

在双菌发酵产物Tiracle的基础上，2021年上美集团受日本北海道大学教授浅野行藏（纳豆菌第六代传人）启发，选取深受日本皇室喜爱、对长寿大有助益、发酵纳豆所需的纳豆芽孢杆菌（Bacillus natto），搭配来源于伊豆火山温泉的嗜热栖热菌进行双菌发酵，研发推出了包含关键长寿因子“纳豆激酶”的新一代双菌发酵产物Tiracle Pro。其在兼具保湿力的同时，能够促进细胞自噬而提升肌肤自净力，从而有效抑制细胞衰老、减少黑色素沉着；同时可增强真表皮连接处Ⅳ型胶原蛋白活性，综合体现出焕亮肌肤、抵御肌肤衰老等强大功效。

3. 技术描述

该创新原料为上美集团研发团队自主研发，选择嗜热栖热菌、日本清酒酵母和纳豆芽孢杆菌等优质菌种，基于双菌连续发酵的独家专利技术设计思路并提出制备方案，使发酵物中富含多种利于肌肤吸收的有益功效物质。Tiracle Pro是最新版的双菌发酵产物，体外测试和人体临床试验表明其具有优异的保湿、提亮、抗皱、紧致等功效。SGS第三方测试机构的人体功效测试表明，连续使用7天或28天含5%或20% Tiracle Pro的化妆水即可表现出优异的美白、保湿、抗皱等效果。体外实验验证表明，该原料能够促进细胞自噬；经皮肤科医生临床评估发现，该原料能够减少皱纹、增加皮肤弹性从而紧致皮肤（见表2.4）；同时经消费者测试评估，证明使用该原料后肌肤更加水润有光泽、柔嫩紧致，肌肤整体状态明显提升。

表2.4　皮肤科医生临床评估评分均值、变化率及显著性 p 值

评估项目	均值			变化率/%		与使用样品前相比显著性 p 值	
	使用样品前	使用样品7天后	使用样品28天后	使用样品7天后	使用样品28天后	使用样品7天后	使用样品28天后
眼角皱纹（鱼尾纹）	3.95	3.65	3.15	−7.59	−20.25	<0.001	<0.001
额头皱纹	3.87	3.53	3.02	−8.79	−21.96	<0.001	<0.001
全脸皱纹	4.32	3.97	3.55	−8.10	−17.82	<0.001	<0.001
皮肤弹性	4.50	4.27	3.92	−5.39	−12.89	<0.001	<0.001
皮肤紧致	4.50	4.27	3.92	−5.11	−12.89	<0.001	<0.001

注：评分标准如下。①眼角皱纹（鱼尾纹）：0~9分，根据SGS标准图谱，值变小说明皮肤皱纹有改善。②额头皱纹：0~9分，根据SGS标准图谱，值变小说明皮肤皱纹有改善。③全脸皱纹：0~9分，根据SGS标准图谱，值变小说明皮肤皱纹有改善。④皮肤弹性：0~9分，0分表示皮肤拉伸或受压后，容易回复到初始状态；9分表示皮肤拉伸变形后不易回复到初始状态。⑤皮肤紧致：0~9分，0分表示皮肤非常紧致，对于拉或压力有明显的抗拒；9分表示皮肤不紧致（皮肤松弛），拉伸很容易变形。

4. 应用领域

该原料在体外和人体皮肤实验中均表现出优越的保湿、亮肤、抗氧化、抗皱、紧致等功效，可在保湿、抗衰、提亮等多种化妆品中广泛应用，具有广阔的市场前景，已在上美集团韩束品牌的产品中应用并上市。

（三十）羟丙基四氢吡喃三醇（玻色因）

1. 成果介绍

（1）名称：羟丙基四氢吡喃三醇（玻色因）。

（2）成果负责人：山东君泰药业有限公司。

（3）技术成熟程度：生产中。

（4）知识产权状况：无。

2. 市场背景

人体皮肤的细胞外基质（ECM）间存在大量的生物黏多糖（GAGs），其中大部分是由糖醛酸和氨基糖组成的糖类聚合物（GAG）。黏多糖能吸湿水分，起到防止肌肤水分散失的作用；同时，使得基质网状结构更加有弹性从而有助于提高细胞的紧致性，增强肌肤的弹性。羟丙基四氢吡喃三醇是一种糖蛋白混合物，能够刺激皮肤 GAGs 的生成。GAGs 是细胞外基质的重要活性成分，其中含有的 HA 是 GAGs 的主要成分之一。HA 吸水储水能力强，注入真皮层，可以达到填充及水嫩肌肤的效果，使皮肤饱满有弹性。HA 也常用于填充皮肤的凹陷部位，包括皱纹。

3. 技术描述

该原料促进 HA 和胶原蛋白的生成，改善真皮与表皮间的黏合度，通过诱导真皮和表皮结构成分的合成，促进受损组织的修复和再生，帮助维持真皮的弹性，预防皮肤老化。实验表明，羟丙基四氢吡喃三醇通过提升胶原蛋白总量拮抗皮肤衰老过程中胶原蛋白流失引起的皱纹，以及通过促进真表皮连接区关键蛋白的表达，修复皮肤老化过程中引起的真表皮连接松弛。

产品优势：无色液体、无味（很少有厂家能做到）；含盐量极低，不影响配方；醋酸、硼酸盐含量极低，不会刺激皮肤；和黑绷带对比分析，组成基本一致，未见有单一异构体形态。

4. 应用领域

该原料具有抗衰、保湿、修复效果，可在抗衰、保湿、修复等多种化妆品中广泛应用，具有广阔的市场前景。

（三十一）乙酰壳糖胺

1. 成果介绍

（1）名称：乙酰壳糖胺（N－乙酰氨基葡萄糖）。

（2）成果负责人：山东润德生物科技有限公司。

（3）技术成熟程度：产业化。

（4）知识产权状况：拥有发明专利10多项。

2. 市场背景

乙酰壳糖胺是一种功能性单糖，外观呈白色至微黄色粉末，流动性差，无臭；易溶于水，难溶于乙醇、丙醇等有机溶剂。乙酰壳糖胺化学分子式为$C_8H_{15}NO_6$，相对分子质量为221.21，其结构式见图2.64。

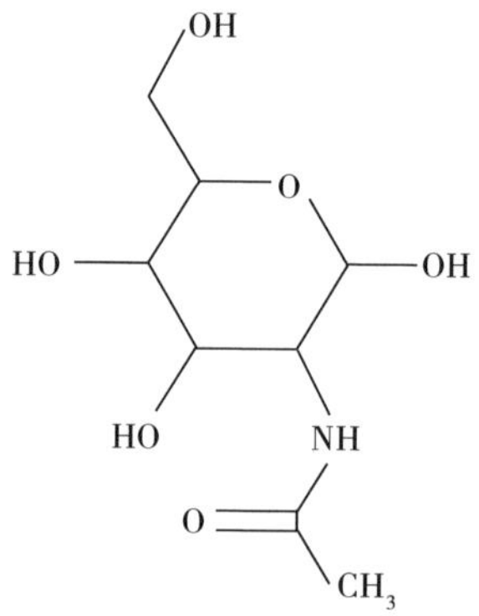

图2.64 乙酰壳糖胺结构式

乙酰壳糖胺是氨基葡萄糖的衍生物，又称作“N－乙酰氨基葡萄糖”。乙酰壳糖胺与氨基葡萄糖及其盐类一样，有糖类的部分物理、化学性质，如甜味、醛基、多羟基等，此外还由于其具有特殊的氨基，决定了它比葡萄糖有更多独特的性质。乙酰壳糖胺作为重要的功能性单糖，是生物体内重要多糖透明质酸、肝素、硫酸角质素等组成成分中的重要单体，同时也是母乳寡糖、神经氨酸、壳寡糖合成的前体物质，在生物体内具有重要生理功能。

乙酰壳糖胺是一种皮肤补充类型的原料，它可以帮助减缓皮肤衰老。乙酰壳糖胺是起源于葡萄糖的一种单糖，具备多种生物学功能，如参与合成。在人体中，HA是细胞外基质的重要组成成分，广泛地分布在关节、上皮、神经组织中。HA也负责维持皮肤的湿度，使皮肤看起来水润。乙酰壳糖胺作为HA合成的基质，当HA水平下降时，可以为皮肤补充HA。在全球范围内，乙酰壳糖胺市场主要集中在美国、欧洲、日本、韩国等地，2020年乙酰壳糖胺市场规模在500吨左右。随着“颜值经济”崛起，乙酰壳糖胺市场将保持高速增长态势，预计2022—2026年，全球乙酰壳糖胺市场规模将以10%以上的年均复合增长率增长。

3. 技术描述

乙酰壳糖胺（N－Acetyl Glucosamine，NAG），化学名为2－乙酰氨基－2－脱氧－D－葡萄糖。其传统生产工艺是通过虾蟹壳酸碱提取法生产制备得到，存在工艺条件苛刻、环境污染大、重金属含量高、含过敏原等缺点，市场价格较高，限制了乙酰壳糖胺的市场应用。

本案例创新性地采用微生物发酵法，以玉米淀粉为原料，通过构建乙酰壳糖胺高产菌株，优化发酵控制工艺，采用国际领先水平的分离纯化技术，实现了乙酰壳糖胺绿色化生产。整个生产工艺不添加浓酸浓碱，没有重金属和过敏原，没有污染排放，且生产过程设备能耗低，符合当前绿色化妆品以及碳中和的发展趋势。

乙酰壳糖胺在化妆品中的功效全面，具有保湿、美白提亮、剥脱角质、抗衰老等功效，市面上也有应用乙酰壳糖胺的实例，乙酰壳糖胺作为一种化妆品原料，可用于开发具有保湿、美白、抗衰等功效的产品。

保湿：HA作为一种维持皮肤水分的关键性原料，可以吸收自身重量的1000倍的水分，从而维持皮肤的弹性。根据《内分泌学》，衰老皮肤明显的组织学变化就是HA的减少。

HA是一种有价值的原料，但是它的分子量较大，不能有效地渗透到皮肤中，而乙酰壳糖胺可以渗透到皮肤中并参与HA的合成，潜在地增加皮肤的含水量，使皮肤看起来更加光滑、饱满（见图2.65）。

对人体皮肤的保水效果：在体内实验中，研究者发现局部使用含有乙酰壳糖胺的配方提高了皮肤的含水量，减少了因皮肤干燥产生的片状皮肤问题。

促进胶原蛋白合成：对于健康的皮肤来说，胶原蛋白使皮肤有弹性、光滑、饱满，胶原蛋白流失以及胶原蛋白的合成减少是皮肤衰老的信号。乙酰壳糖胺通过补充HA，可促进胶原蛋白的合成。

减少色素沉积/色斑：乙酰壳糖胺可通过抑制酪氨酸酶的糖基化，抑

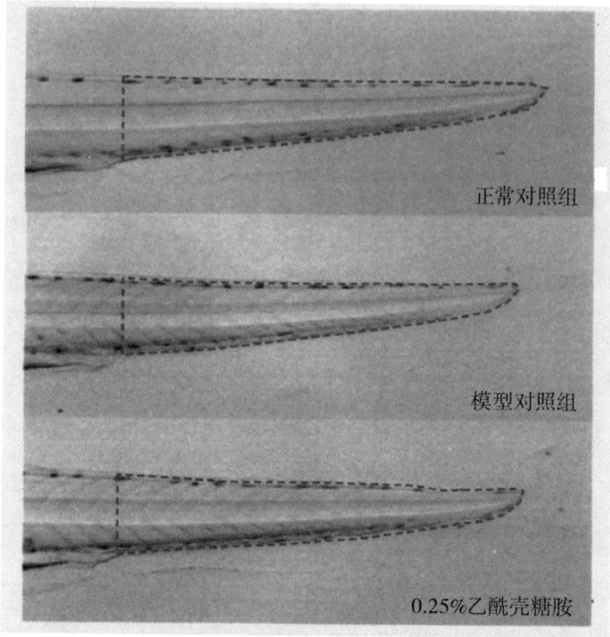

图 2.65　斑马鱼实验测试乙酰壳糖胺保湿功效

注：虚线部位为定量区域。

制酪氨酸酶的活性，从而减少黑色素的产生。乙酰壳糖胺通过去乙酰化产生氨基葡萄糖，而氨基葡萄糖可抑制体外黑色素细胞产生黑色素，从而减少黑色素的产生。

防止光老化：乙酰壳糖胺通过抑制钙依赖的 NF－KB 等信号的传播途径，降低紫外线照射诱导产生的基质金属蛋白酶的活性，从而抑制基质金属蛋白酶对胶原蛋白和细胞外基质的降解作用，达到缓解皮肤松弛和减少皱纹的目的。一项临床研究显示，37 名志愿者使用含有 8% 的乙酰壳糖胺的产品，使用 12 周以后，和空白对照组相比，皮肤厚度增长。有 54% 的志愿者在使用 2 周之后效果明显。

促进老化角质正常剥落：乙酰壳糖胺可与角质蛋白上的凝集素样糖蛋白 CD44 结合，干扰角质细胞的结合与黏附作用，从而促进老化角质层的正常剥落。市面上多个品牌公司都有含乙酰壳糖胺的产品，如雅诗兰黛、PMPM、珀莱雅等。

（三十二）发酵型神经酰胺

1. 成果介绍

（1）名称：发酵型神经酰胺。

（2）成果负责人：中科华启（北京）生物技术研究院。

（3）技术成熟程度：规模化生产。

（4）知识产权状况：发明专利申请阶段。

2. 市场背景

神经酰胺又称为“脑酰胺”，是由鞘氨基醇碱、脂肪酸、糖等结合而成的复合脂质。神经酰胺是表层角质层的细胞间脂体的主要组成部分，约占细胞间脂体的40%，对屏障功能起着非常重要的作用。神经酰胺在多种细胞因子、维生素 D_3、Fas 及 CD28 配体等诱导生物效应中起重要“信使”作用，其介导细胞凋亡作用日益受到关注；同时神经酰胺也参与细胞分化等多种生理及病理过程。在表皮角质形成细胞培养过程中，神经酰胺可诱导凋亡发生。神经酰胺是生物膜双层中鞘磷脂分解产物，是公认第二“信使”，且在细胞的生长、增殖、分化、凋亡和损伤过程中，发挥了重要的作用。在护肤方面，神经酰胺可改善皮肤干燥、脱屑、粗糙等状况；同时神经酰胺能增加表皮角质层厚度，提高皮肤持水能力，减少皱纹，增强皮肤弹性，延缓皮肤衰老，在化妆品中得到广泛应用。

此外，神经酰胺还具有抗肿瘤活性、促进胶原蛋白生成等作用，在保健品、医药、食品等领域也有一定应用。

神经酰胺具有多重护肤功能，在化妆品方面的应用越来越广泛，神经酰胺相关产品备案数量一直处于增长态势，近几年神经酰胺相关备案化妆品增长趋势明显。

目前，神经酰胺的生产工艺多为合成工艺，生物发酵型神经酰胺成为市场趋势。本项目旨在通过生物发酵工艺，开发纯度高的神经酰胺，应用于化妆品行业。

3. 技术描述

本成果利用克鲁维酵母菌发酵生产神经酰胺，提供了一个新的神经酰胺来源。通过加长培养时间、提高培养温度、添加不同浓度蛋白胨、添加外源因子等技术提高酵母菌细胞内神经酰胺含量。通过离心、破碎、提取、层析纯化等工艺，制备高纯度神经酰胺产品。因其制备工艺稳定，成本上具有较强优势。

该原料和产品优势包括以下三点。一是生物发酵型神经酰胺。采用克鲁维酵母菌发酵生产神经酰胺，提供一种经济、实惠、安全的方式来生产神经酰胺。二是屏障、黏合、高效保湿。神经酰胺和组成皮肤角质层的物质构造十分相似，因此能够迅速地进入皮肤内层，角质层中的水与之相结合，构成一种网状结构，锁住水分。三是美白、延缓衰老。神经酰胺能抑制黑色素生成，表皮角质层中的神经酰胺含量变化显著影响角化细胞间的聚合力，当神经酰胺含量降低时，角化细胞间的聚合力也会下降，皮肤明显出现干燥、脱皮现象，此时补给一定含量的细胞间脂质就可以大大改善此类症状。

4. 应用领域

神经酰胺具有促进营养物质渗透、易被皮肤吸收等特性，是一种优质的长效保湿剂，其保湿功效是透明质酸的 16 倍，可应用于保湿口红、唇膏、眼影、高效保湿霜、乳霜等产品中。神经酰胺加入量为 2.5% 的高效保湿霜，具有很好的保湿效果，在涂抹 15 min 后，皮肤水分增长率为 79.34%，在涂抹 120 min 内皮肤水分增长率保持在 55% 以上。用其制备的乳霜细腻柔滑，保湿性能佳，稠度适宜，对皮肤无刺激，安全性高，通过简单搅拌可直接低温添加到化妆品配方中，乳霜 pH 值为 6.5 ~ 6.8，接近皮肤 pH 值，符合外用膏剂的 pH 值标准，稳定性良好。

（三十三）二裂酵母发酵产物溶胞物

1. 成果介绍

（1）名称：二裂酵母发酵产物溶胞物。

（2）成果负责人：中科华启（北京）生物技术研究院。

（3）技术成熟程度：规模化生产。

（4）知识产权状况：发明专利实审阶段。

2. 市场背景

人体皮肤微生物数以亿计，这些种类繁多的微生物之间、微生物与皮肤之间相互作用、相互影响，共同构成了皮肤的微生态系统。宝洁（P&G）、强生（J&J）、欧莱雅（L'Oreal）和雅诗兰黛（Estee Lauder）等国际化妆品巨头，很早就开始布局微生态护肤，如 SK－Ⅱ的神仙水、兰蔻的小黑瓶、雅诗兰黛小棕瓶等产品，就是基于“益生菌”和“皮肤微生态”理念的产品。目前，基于皮肤微生态理念的产品的开发思路主要是通过添加益生菌发酵产物，为皮肤建立微生态环境提供营养物质条件，从而在一定程度上实现皮肤微生态维护的作用。因此，近年来二裂酵母发酵产物、乳酸杆菌发酵产物、酵母发酵产物等逐渐成为热点化妆品原料。

二裂酵母发酵产物（Bifida Ferment Lysate）滤液和溶胞物就是将双歧杆菌在一定条件下发酵，通过分离、细胞裂解而得到的不同化妆品原料。虽然二裂酵母发酵产物（滤液、溶胞物）在化妆品中的应用已经非常普遍和成熟，但是二裂酵母发酵产物的制备工艺还有较大的改进、提升空间。

3. 技术描述

本项目通过独特二次厌氧发酵和葡萄糖营养流加技术，使得发酵液中益生菌细胞数达到了每毫升 10 亿个的水平，比传统发酵技术提高了 40%；不同于普通的单菌发酵，本技术采用了多菌共生发酵技术，同时使用两种益生菌进行发酵，大大提升了维生素、氨基酸、小分子肽等活性成分含量。

本项目成果优势包括以下三点：一是有较强抗氧化性。通过反复优化工艺，最终得到抗氧化功效强的发酵产物，与市售同类产品相比，二裂酵母发酵产物抗氧化值提升了 50%，短时间内即可提升组织细胞活力（见图 2.66）。二是纯净度更高。对现行公布的技术中培养基进行了优化，气味更愉悦，杂质量减少，有利于在化妆品中应用。三是采用营养流加技术。发酵产物酸度大大降低，减少了皮肤因酸不耐受而产生的不良反应，安全性得以提升。

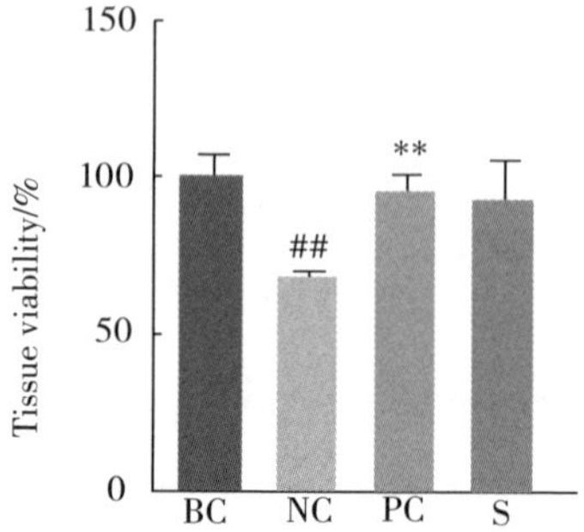

与空白对照组(BC)相比，NC组的组织活力显著下降（$p<0.01$），说明本次实验SLS刺激条件有效。与NC组相比，PC（WY14643）组组织活力显著提升（$p<0.01$），表明本次阳性对照检测有效。与NC组相比，样品S（6.25%）组织活力显著提升（$p>0.05$）。

图 2.66　二裂酵母发酵产物组织细胞活力

注：##表示 $p<0.01$ VS BC 组；＊＊表示 $p<0.01$ VS NC 组。

4. 应用领域

二裂酵母发酵产物应用于化妆品，主要作用是抗氧化、抑制酪氨酸酶活性、促进新陈代谢，能够提高皮肤耐受力，短期内即可让肌肤亮白、细腻。该原料已经实现产业化生产，被“戚薇”“阅媛”等多个品牌采用，应用于戚薇护手霜、阅媛水光面膜等产品中，经功效验证，具有显著的表皮层修复功效，市场反馈良好，应用前景广阔。

（三十四）玫瑰精油

1. 成果介绍

（1）名称：玫瑰精油（玫瑰花油 Rosa Rugosaoil）。

（2）成果负责人：山东芳蕾玫瑰科技开发有限公司。

（3）技术成熟程度：产业化。

（4）知识产权状况：无。

2. 市场背景

玫瑰精油是玫瑰花天然提取成分，被称为“精油之后”。玫瑰精油有调节女性内分泌、滋养子宫、缓解痛经、改善性冷淡和更年期不适的功效，尤其是具有很好的美容护肤作用，能以内养外，淡化斑点，促进黑色素分解，改善皮肤干燥，恢复皮肤弹性，让女性拥有白皙、充满弹性的健康肌肤，是适宜女性保健的芳香精油。

3. 技术描述

玫瑰精油是采用蒸馏法提取的，首先，将玫瑰花置于蒸馏釜内；其次，将高温的蒸汽通入其中，此时植物体内包含芳香成分的精油就会扩散到水蒸气中，形成油与水的共沸物；最后，将共沸物冷却，油水分离收集精油。

玫瑰精油的化学成分主要包含萜烯类化合物、芳香族化合物、脂肪族化合物和含氮含硫化合物。萜烯类化合物是精油的主要成分，多是单萜和倍半萜，一般不含多萜类。精油的萜烯类化合物又可分为含氧和不含氧两种类型，不含氧的萜烯类一般含量高且多数不具有浓郁的香气，如α－蒎烯、β－蒎烯、樟烯、月桂烯等；含氧的萜类衍生物大多具有芳香气味且含量较低，如芳樟醇、香茅醇、香叶醇、橙花醇、薄荷醇、苯乙醇、香茅醛、柠檬醛、1，8－桉树脑以及乙酸香茅酯、乙酸香叶酯等。

4. 应用领域

玫瑰精油广泛用于美容美体、食品烟草、香水和化妆品中。它天然的芳香气味，经过嗅觉神经，进入人体以后，使人感到精神舒适，愉悦惬意，可缓解焦虑，具有一定的保健作用，也被广泛用于保健治疗中。

（三十五）双菌发酵液

1. 成果介绍

（1）名称：双菌发酵液（FERMENCALM）。

（2）成果负责人：济南泽润生物科技有限公司。

（3）技术成熟程度：大生产。

（4）知识产权状况：发明专利申请中。

2. 市场背景

发酵是生物技术的主要基础，目前生物发酵技术及其产物在整个护肤品领域具有非常广泛的应用，如雅诗兰黛小棕瓶、SK－Ⅱ神仙水等。发酵符合消费者对于“天然、健康、高效”护肤品的期待。因为发酵是纯生物的过程，中间没有任何化工成分的添加。发酵产物富含小分子氨基酸、多肽、核苷酸、维生素等天然活性成分物质，是良好的综合皮肤调理剂，分子更小，活性更强，符合消费者对于护肤品温和高效的期待。

3. 技术描述

该创新原料为企业与高校联合开发的科研成果，由华东理工大学生物发酵产业专家王泽建博士指导双菌发酵原料的开发和产业化落地，从菌种选择、双菌联合发酵工艺设计、原料功效验证到发酵过程工艺优化与放大。原料开发基于敏感肌肤舒缓、正常肌肤维稳、整体提升肌肤抵御力的设计思路提出原料制备方案。基于不同微生物所含的营养物质及发酵产物有所差异，进而影响原料的功效，双菌发酵液不选用单菌发酵，而选择双菌联合发酵的路径。其菌株源自青藏高原腹地海西蒙古族藏族自治州格尔木玉珠峰天然牧场的传统发酵奶制品，经人工筛选得到两种天然优势菌株——金双歧杆菌（Bifidobacterium，HLXZ006）和酿酒酵母（Saccharomyces cerevisiae，HLGJ4809）。由于不同微生物的特性差异较大，且温度、氧气和底物等因素都会影响发酵过程，因此双菌发酵工艺从微生物的特性出发，摒弃传统双菌混合发酵，开发了双菌联合发酵工艺。

发酵底物中含有大量的淀粉类和粗蛋白物质，与酿酒酵母相比，厌氧条件下的金双歧杆菌可以分泌多种复合酶系，能够更快速、更完全地将这类大分子物质分解为小分子物质；小分子的多糖和蛋白可以作为底物供酿酒酵母进一步发酵，且金双歧杆菌代谢产生的乳酸也可为酿酒酵母提供更有利的生长环境。在厌氧条件下，酿酒酵母发酵会产生酒精，对皮肤有一定的刺激性，可通过精准控制发酵过程中氧浓度和酵母的呼吸代谢参数，调控乙醇的生成，降低双菌发酵液对皮肤的刺激性。通过创新的双菌联合发酵工艺、现代科学工艺精细控制益生菌发酵环境，调控发酵目标产物，得到营养成分丰富、小分子易吸收、温和不刺激的双菌发酵液。

FERMENCALM 可以通过三步实现舒缓维稳的功效：第一步，通过显著降低 MMP－1 的表达（见图 2.67），抵御光老化，提升肌肤抵御力；第二步，通过抑制促炎症因子 IL－1α 的表达（见图 2.68），舒缓皮肤内炎症反应，维护皮肤内在稳态；第三步，通过抑制金葡萄球菌调节皮肤表面菌群分布（见图 2.69），维护皮肤状态的稳定。

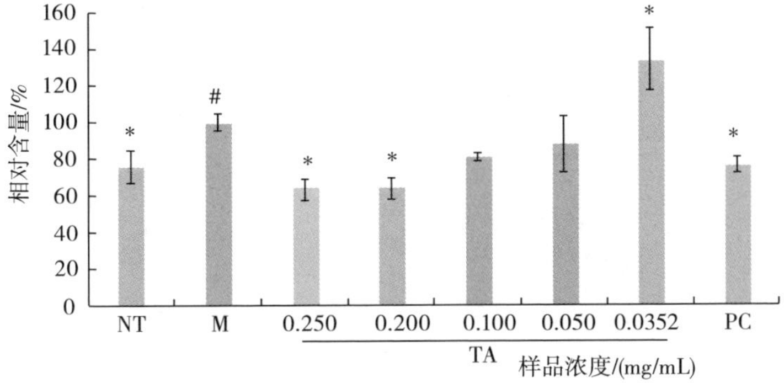

图 2.67　不同浓度 FERMENCALM 对 UVA 诱导人皮肤成纤维细胞 MMP－1 水平的影响

注：#表示与阴性对照组（NT）进行对比，差异具有统计学意义（$p<0.05$）；＊表示与模型对照组（M）进行对比，差异具有统计学意义（$p<0.05$）。

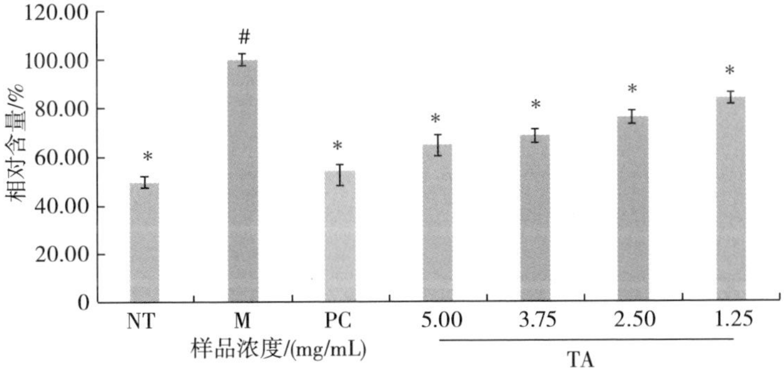

图 2.68　不同浓度 FERMENCALM 对 IL－1α 表达量的影响

注：#表示与阴性对照组（NT）进行对比，差异具有统计学意义（$p<0.05$）；＊表示与模型对照组（M）进行对比，差异具有统计学意义（$p<0.05$）。

图 2.69 显示，不同浓度的 FERMENCALM 对金黄色葡萄球菌均可形成抑菌环，与试验组（cell＋）$NT_{试}$相比，其他试验组（cell＋）的抑菌作用均明显增加（$p<0.05$）；与对照组（cell－）$TA_{对}$相比，试验组（cell＋）$TA-1_{试}$即 FERMENCALM 在 5.00 mg/mL 的浓度时抑菌作用明显增加（$p<0.05$），样品组 FERMENCALM 在 2.50 mg/mL、1.25mg/mL 的浓度时抑菌作用有增

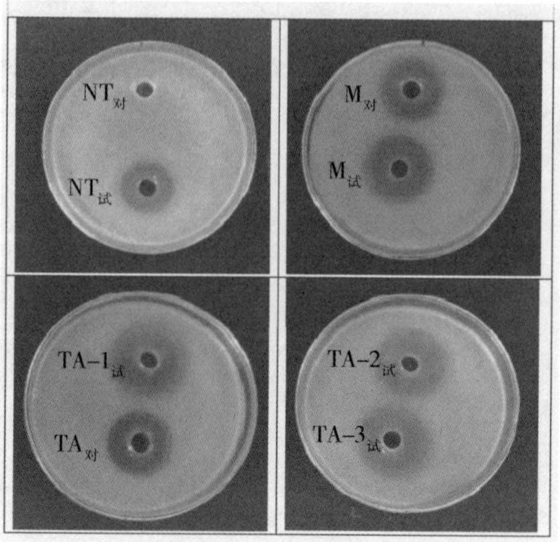

图 2.69　各组抑菌圈实验

加趋势，但无明显差异。

4. 应用领域

体外实验表明，该原料可通过提升肌肤抵御力，舒缓皮肤内炎症反应和调节皮肤表层菌群分布，达到舒缓维稳的功效，可广泛应用于保湿、抗敏、修护、舒缓、维稳等多类型的功效护肤品中，具有十分广阔的市场前景。

（三十六）抗皱抗氧化 PO－100

1. 成果介绍

（1）名称：抗皱抗氧化 PO－100。

（2）成果负责人：上海蕤熙实业有限公司。

（3）技术成熟程度：大试生产。

（4）知识产权状况：发明专利（专利申请号：202010933727.0）。

2. 市场背景

抗皱抗氧化 PO－100 提取自黄精。黄精入药由来已久，被誉为“太阳之草”，在中药“道地药材”发展史中，风头甚至一度盖过仙草灵芝。在古时，巴蜀地区中草药的古籍就记载了黄精入药“食之驻颜”，用现代护肤理念解释便是“延缓衰老”。随着现代社会生活压力越来越大，女性对于抗衰老的呼声日渐高涨。原料使用的安全性是我们开发产品的前提。综上所述，PO－100具有潜在的开发潜力。

3. 技术描述

该创新原料由西南民族大学青藏高原珍稀植物护肤活性与应用研究中心、西南民族大学青藏高原研究院联合实验室以及西南民族大学青藏高原民族医药创新团队（包括博士生导师张志锋教授）和上海蕤熙实业有限公司合作开发，基于植物多糖具有较好的吸水性和保水性，同时多糖也是表皮细胞新陈代谢必不可少的调节剂，提出制备方案。该原料所用黄精来自北纬30°的巴中，地理位置优越，土壤肥沃。巴中属于亚热带季风气候，雨水充沛，非常适合黄精的生长。而且整个种植过程纯天然、无污染、无公害。精选5～8年优质黄精，去皮、炮制、萃取、分离，查询文献古方君臣佐使进行复配。PO－100对紫外线损伤后的成纤维细胞增殖有促进作用（见图2.70），并且实验证明其能够显著提升SOD酶活力（见图2.71），清除自由基，具有抗氧化的功效。第三方检测机构人体功效抗皱测试表明其具有淡化皮肤表面细纹的效果（见图2.72、图2.73）和修复皮肤屏障的功效。

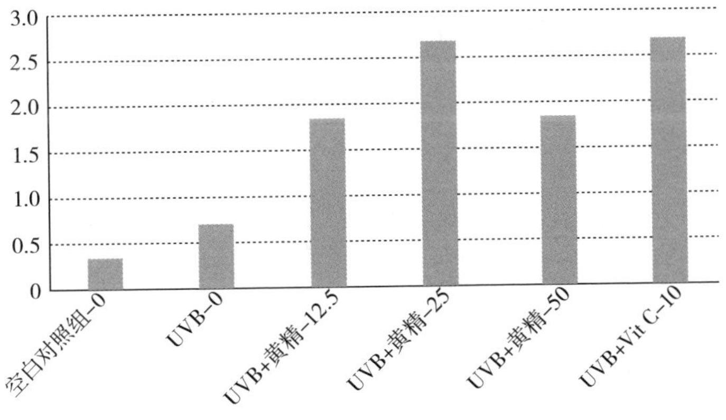

图2.70　原料的紫外线照射图

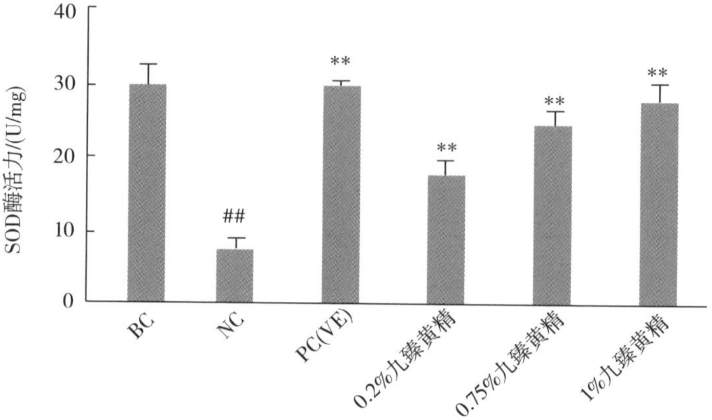

图 2.71　SOD 酶活力汇总

注：##表示 $p<0.01$ VS BC 组；**表示 $p<0.01$ VS NC 组。

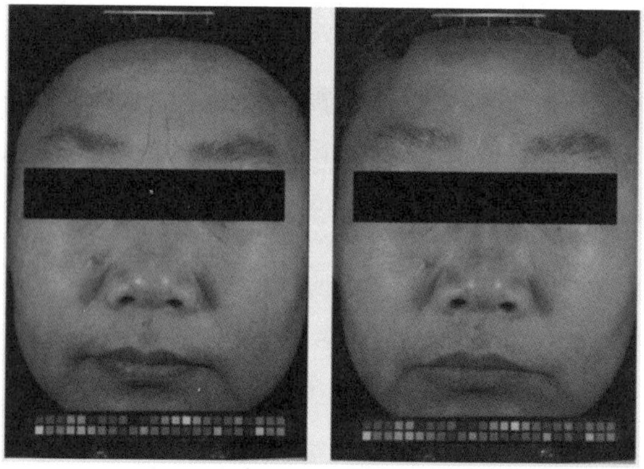

图 2.72　原料使用前后面部对比

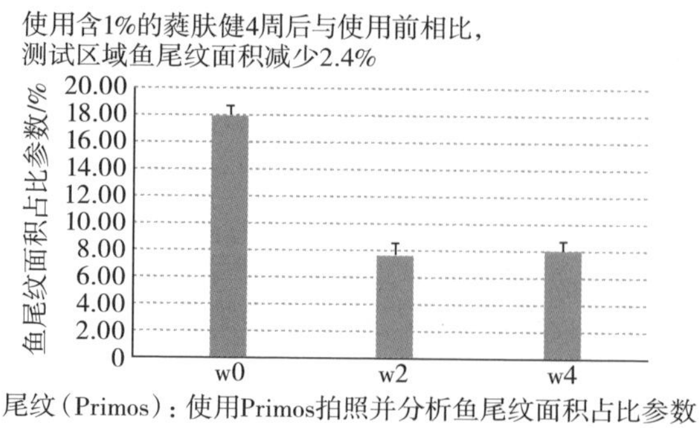

图 2.73　原料的人体功效抗皱检测

4. 应用领域

PO－100 具有抗皱、抗氧化、调理皮肤红血丝的作用，用于化妆品配方可增强皮肤抵御外界刺激的能力，市场前景广阔。

（三十七）美白抗氧化 AM－03

1. 成果介绍

（1）名称：美白抗氧化 AM－03。

（2）成果负责人：上海蕤熙实业有限公司。

（3）技术成熟程度：大试生产。

（4）知识产权状况：无。

2. 市场背景

美白抗氧化 AM－03 原料提取自黄芪。黄芪是我国“一带一路”重要的中药资源、生态保护资源、农民增收资源，也是临床上被广泛使用的心血管治疗药物之一。但是，当前黄芪产业的原料整体利用度和精深加工程度较低，导致黄芪的开发程度不够。本项目的目标是开发新的单一药效成分的天然活性物，将其添加到化妆品中，生产出更加天然、温和、安全、有效的化妆品。

3. 技术描述

该创新原料由西南民族大学青藏高原珍稀植物护肤活性与应用研究中心、西南民族大学青藏高原研究院联合实验室以及西南民族大学青藏高原民族医药创新团队（包括博士生导师张志锋教授）和上海蕤熙实业有限公司合作开发，基于天然活性物应用于化妆品领域的趋势，以及文献查询，得出设计灵感。该原料所用黄芪来自北纬30°的巴中，地理位置优越，土壤肥沃。巴中属于亚热带季风气候，雨水充沛，非常适合黄芪的生长。而且整个种植过程纯天然、无污染、无公害。制备时，精选优质黄芪，去皮、炮制、萃取、分离，再查询药典君臣佐使进行复配。依据文献可知，分子对接能量越低越稳定，一般要求≤－5 kJ/mol。经过第三方检测机构检测，巴中黄芪的黄芪甲苷结合能为－17.99kJ/mol，远远低于文献要求。AM－03 既能够显著降低细胞酪氨酸酶活性（见图 2.74），有效抑制黑色素的生成；又能够提高 DPPH 自由基的清除率（见图 2.75），具有抗氧化的功效。第三方检测机构人体功效测试显示 AM－03 还具有美白效果（见图 2.76、图 2.77）。

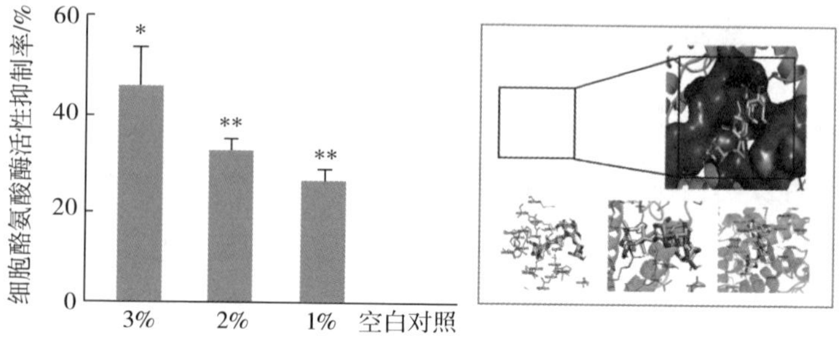

图 2.74　AM－03 抑制酪氨酸酶活性的作用

注：＊表示 $p<0.05$ VS 空白对照组；＊＊表示 $p<0.01$ VS 空白对照组。

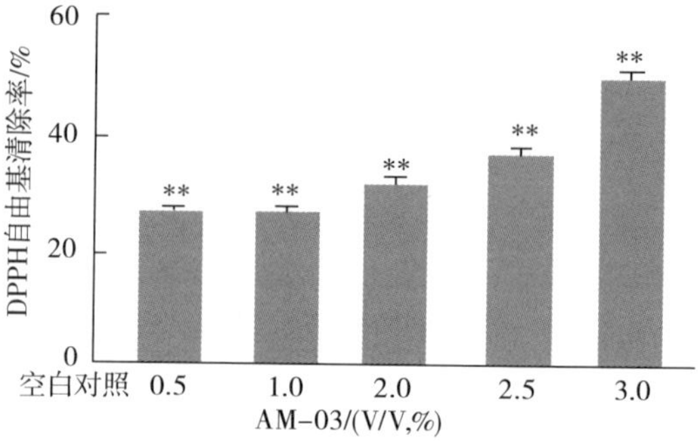

图 2.75　AM－03 清除 DPPH 自由基的作用

注：＊＊表示 $p<0.01$ VS 空白对照组。

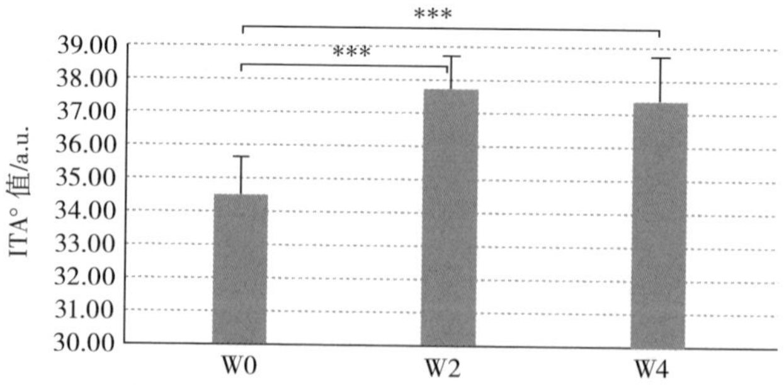

图 2.76　AM－03 人体功效 ITA°值检测

注：＊＊＊表示 $p<0.001$ VS W0 组。

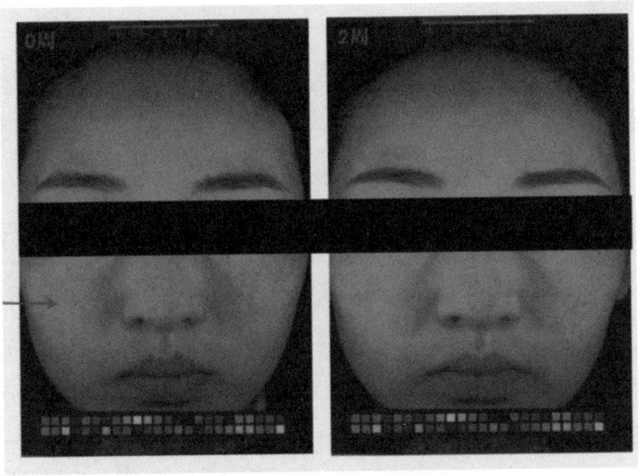

图 2.77　AM－03 使用前后面部对比

4. 应用领域

AM－03 具有美白、抗氧化、抵御紫外线的作用，应用于化妆品配方可有效抑制细胞酪氨酸酶的活性，减少黑色素的生成，市场前景广阔。

（三十八）抗炎舒敏 PA－408

1. 成果介绍

（1）名称：抗炎舒敏 PA－408。

（2）成果负责人：上海蕤熙实业有限公司。

（3）技术成熟程度：大试生产。

（4）知识产权状况：发明专利（专利申请号：202010207764.3）。

2. 市场背景

PA－408 提取自芍药。芍药又称“中华牡丹”“花中宰相”。在四川，自古就有将芍药花作为定情信物的习俗，当地也流传有武则天之子李显种芍药望京思母的故事，芍药更是当地人世代相传的护肤圣品。芍药具有舒敏、抗炎、修护、美白等多种功效，四川女性将芍药花根碾碎，或直接敷于面部，或收集汁水涂抹，或晒干制成粉状，以芍药花根精华来保持肌肤的水润靓丽。将芍药进一步加工提炼，将其有效成分加入化妆品中，必有广阔的市场前景。

3. 技术描述

该创新原料由西南民族大学青藏高原珍稀植物护肤活性与应用研究中心、西南民族大学青藏高原研究院联合实验室以及西南民族大学青藏高原民族医药创新团队（包括博士生导师张志锋教授）和上海蕤熙实业有限公司合作开发，基于美业和药业合作提出设计思路。芍药来自北纬30°的巴中，地理位置优越，土壤肥沃。巴中属于亚热带季风气候，雨水充沛，非常适合芍药的生长。而且整个种植过程纯天然、无污染、无公害。制备时，精选3~5年优质芍药，去皮、炮制、萃取、分离，再查询文献古方君臣佐使进行复配。经过第三方检测机构检测，巴中芍药的芍药苷含量比市面上的芍药高了近1/3。PA-408可使IL-1α和IL-6两个炎症因子显著降低，表明PA-408在抗炎方面具有潜在功效（见图2.78）；并且经仪器检测证明，它能够减轻泛红（见图2.79），舒缓敏感皮肤。在体外测试中，PA-408能够显著提高博来霉素水解酶（BH酶）的合成，维持肌肤屏障的稳定（见图2.80）；同时，对于人体角质形成细胞中的甘油三酯含量有显著的提升作用（见图2.81）。在第三方检测机构人体功效测试中，PA-408还显示了优越的保湿（见图2.82）、抗炎、修护功效。

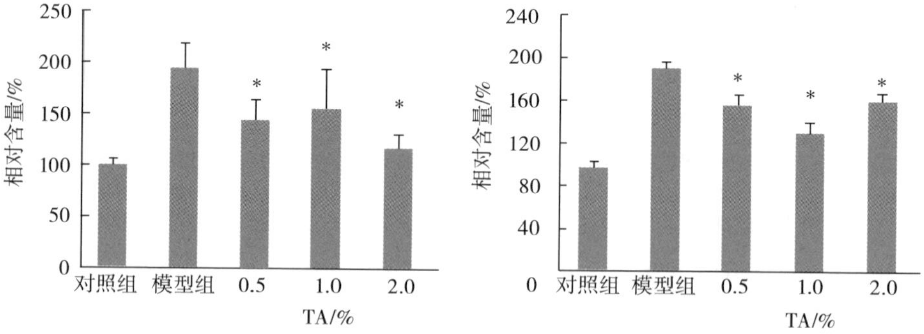

(a)显著减低IL-1α炎症因子　　(b)显著减低IL-6炎症因子

图2.78　PA-408的抗炎功效

注：*表示 $p<0.05$ VS 对照组。

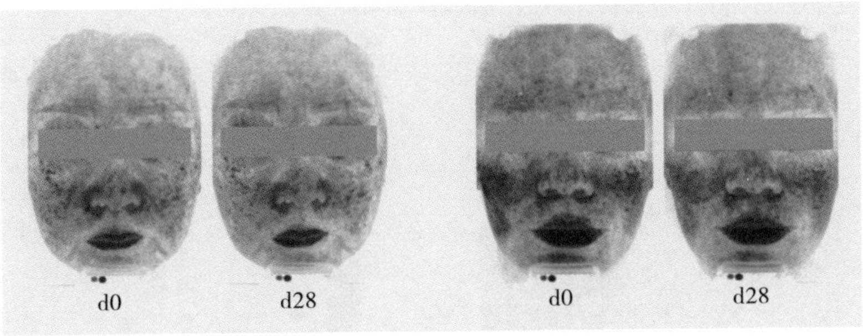

图 2.79　PA－408 人体功效红度检测效果

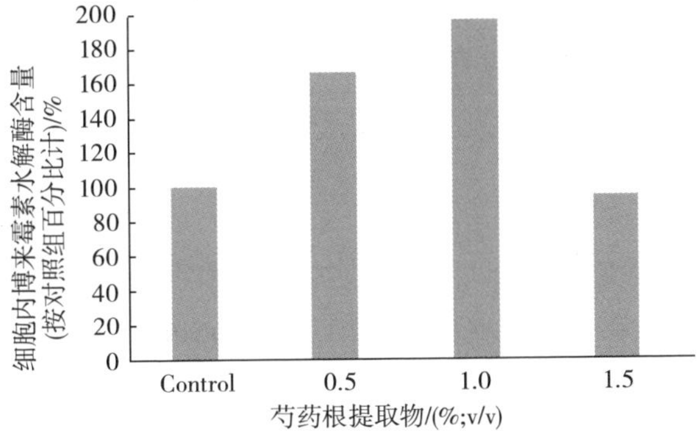

图 2.80　PA－408 体外评价博来霉素水解酶合成效果

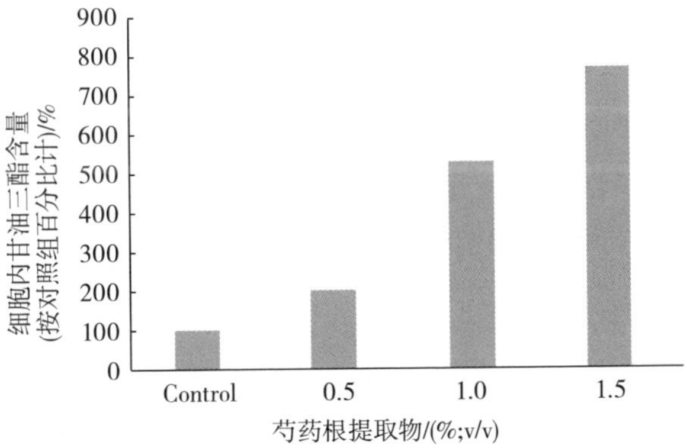

图 2.81　PA－408 提升甘油三酯含量效果

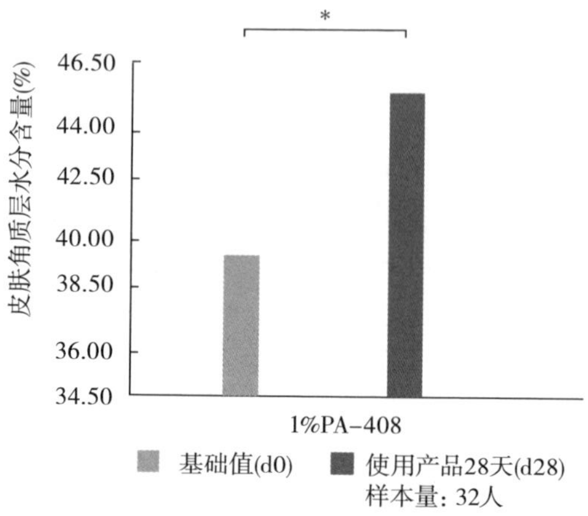

图 2.82　PA－408 保湿效果

注：*表示 $p<0.05$ VS 基础值组。

4. 应用领域

PA－408 具有抗炎舒缓、美白亮肤、修复疤痕、延缓机体组织衰老的作用，还可用作头发生长调理剂，应用于化妆品和洗护用品中，市场前景广阔。

（三十九）头皮护理 VS 400

1. 成果介绍

（1）名称：头皮护理 VS 400。

（2）成果负责人：上海蕤熙实业有限公司。

（3）技术成熟程度：大试生产。

（4）知识产权状况：发明专利（专利申请号：202011021771.0）。

2. 市场背景

现代社会生活压力越来越大，加上人们频繁地烫发染发，导致头发变得干枯、分叉和毛躁，甚至脱发。因此，消费者对洗护产品的原料提出了更高的要求。VS 400 除了温和、无刺激以外，还创造了一个全新的概念——头皮护理。

3. 技术描述

该创新原料由西南民族大学青藏高原珍稀植物护肤活性与应用研究中

心、西南民族大学青藏高原研究院联合实验室以及西南民族大学青藏高原民族医药创新团队（包括博士生导师张志锋教授）和上海蕤熙实业有限公司合作开发，基于头皮护理营养液提出制备方案。VS 400 原料取自大自然，精选三羟甲基丙烷三辛酸酯/三癸酸酯、植物甾醇油酸酯、泛醇、橄榄油五种优质成分，精准配比，多效合一，修护美丽秀发。三羟甲基丙烷三辛酸酯/三癸酸酯对毛发滋润度的持久性很好，可在毛发上形成透气、透水的膜，不会堵塞毛孔；而且铺展系数高，铺展速度快，不易形成黏腻的油感。将其应用在香波中，可提供顺滑柔润的冲洗感，而且可有效地保留在头发上，有效改善后续的干湿梳调理性（见表 2.5）。植物甾醇油酸酯具有微弱的表面活性，有杀菌消炎的功效，对头发有护理作用，可减少静电、改善梳理性；可修复因过度清洁损伤的头皮，可减少因干燥引起的季节性头屑。泛醇作为发用调理剂，可渗入头发内部，并能修复因电烫、漂白、染发等受损伤的头发，而且泛醇能穿透毛下，形成弹性薄膜留在毛干的内外侧，这样在内侧可促进毛发柔性和弹性，在外侧呈现毛发的光泽。橄榄油中含丰富的单不饱和脂肪酸和维生素 E、维生素 K、维生素 A、维生素 D 等及酚类抗氧化物质，能够有效保护头皮、毛发，长期使用可使头发变得富有光泽，有效预防头发枯黄分叉。

表 2.5 VS 400 干湿梳理力对比 单位：%

项目	参考配方	对照样品
湿梳理力降低比例	43.78	56.47
干梳理力降低比例	52.67	67.84

4. 应用领域

VS 400 具有保湿、去头屑、修复、增强头皮屏障的作用，可应用于发用产品中，具有广阔的市场前景。

（四十）氨基酸调理剂

1. 成果介绍

（1）名称：氨基酸调理剂。

（2）成果负责人：上海蕤熙实业有限公司。

（3）技术成熟程度：大试生产。

（4）知识产权状况：无。

2. 市场背景

环境的污染、经常性的紫外线照射、频繁的烫发染发等均会不同程度地损伤秀发。头发毛小皮和毛质细胞内的高硫蛋白是抵御外界各种物理、化学因素的重要组分，一旦高硫蛋白受到破坏，头发中的各种结构脂质含量就会减少，导致毛小皮细胞脱落、毛鳞片翘起，严重时还可导致头发纤维断裂。为此，团队研发了氨基酸调理剂，可有效修复受损头发，如图 2. 83 所示。

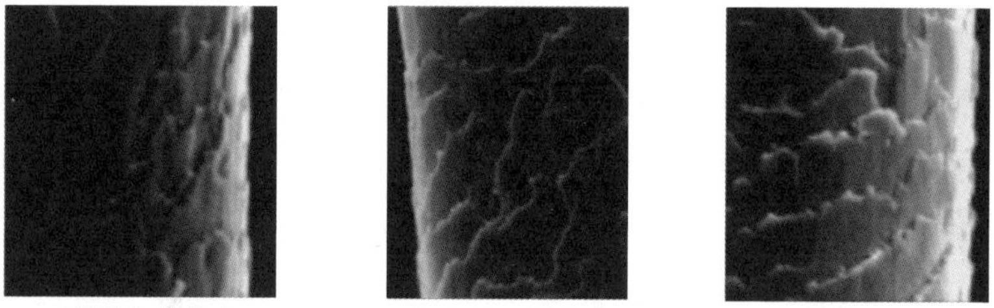

毛鳞片初始状态
(扫描电镜2000倍)

加入0.5%氨基酸
调理剂处理后

加入2%氨基酸
调理剂处理后

图 2. 83　头发的毛鳞片扫描图

3. 技术描述

该创新原料由西南民族大学青藏高原珍稀植物护肤活性与应用研究中心、西南民族大学青藏高原研究院联合实验室以及西南民族大学青藏高原民族医药创新团队（包括博士生导师张志锋教授）和上海蕤熙实业有限公司合作开发，基于修复受损发质得出设计灵感。氨基酸调理剂是一款含啤酒花提取物和多种氨基酸的发用调理剂。啤酒花作为一种重要的药用植物，应用历史悠久。啤酒花中的多酚类物质能够有效解决头皮异味、头皮炎症等问题。同时，氨基酸调理剂复配的 8 种氨基酸，能够有效解决各种头发问题。半胱氨酸，可补充因外部环境引起的水分流失；谷氨酸，能被头皮吸收，提供营养，扩张血管，增强血液循环；甘氨酸，是头发纤维中角蛋白的重要组成成分；丝氨酸，可以起到抗静电作用；脯氨酸，能够及时补充UVB（户外紫外线）造成的损伤，为头发提供充分的营养；胱氨酸，是检测头发化学质量的重要标准；酪氨酸，可及时修复日光烫染造成的损伤；色氨酸，可应对光氧化造成的伤害。

4. 应用领域

氨基酸调理剂具有营养头皮、改善头发干梳和湿梳性能、减少分叉、减轻头发异味的作用，并且能减少脱发，应用到发用产品中，市场前景广阔。

（四十一）α－葡萄糖基橙皮苷

1. 成果介绍

（1）名称：α－葡萄糖基橙皮苷。

（2）成果负责人：浙江工业大学陈小龙。

（3）技术成熟程度：中试生产。

（4）知识产权状况：发明专利申请中。

2. 市场背景

橙皮苷是一种天然的黄酮类化合物，在柑橘类植物的果皮中含量尤为丰富，约占果皮重量的3%。橙皮苷具有维持血管正常渗透压、增强毛细血管韧性、缩短出血时间、降低血管脆性等功效，能够有效改善皮肤血液循环。此外，作为天然黄酮，橙皮苷的抗氧化作用能够有效预防皮肤老化，避免黑色素沉积。因此，橙皮苷具有暖肤、亮肤的功效，是一种潜在的功能性护肤品原料。然而，橙皮苷极难溶于水（室温下水中溶解度仅为0.09mg/L），这限制了其在水基制剂中的添加量，同时限制了橙皮苷在细胞基质中的含量，极大影响了橙皮苷的生物活性。α－葡萄糖基橙皮苷是橙皮苷经过糖基化修饰后的产物，室温下在水中的溶解度达到了1970g/L，且α－葡萄糖基橙皮苷可在细胞内降解后释放出橙皮苷，这使得α－葡萄糖基橙皮苷在保留原化合物功能的基础上，弥补了橙皮苷制剂困难和生物活性低的缺陷。目前，市面上已出现多款含α－葡萄糖基橙皮苷的眼霜、唇膏、乳液、爽肤水等个人护理产品。

3. 技术描述

α－葡萄糖基橙皮苷由橙皮苷经过环糊精糖基转移酶和糖化酶复合催化后制得。首先通过基因工程菌株和天然霉菌发酵获得上述两种酶作为生物催化剂，其中环糊精糖基转移酶通过催化淀粉、糊精、环糊精等多糖类化合物作为糖基供体将糖基转移至橙皮苷分子中；其次进一步由糖化酶催化所转移的糖基结构进行降解，直至获得α－葡萄糖基橙皮苷。

4. 应用领域

α－葡萄糖基橙皮苷能够改善皮肤血液循环，通过促进血液流通起到暖肤、亮肤的作用，对黑眼圈、肤色暗沉、手脚冰凉等血液流动不畅引起的皮肤问题具有良好的功效。此外，α－葡萄糖基橙皮苷的功能性母核橙皮苷清除羟基自由基和过氧自由基的能力分别是抗坏血酸的1.13倍和1.11倍。因此，α－葡萄糖基橙皮苷能够防止皮肤老化，避免黑色素沉积，可用于眼霜、唇膏、乳液、爽肤水等多款个人护理产品中，市场前景广阔。

（四十二）2－α－甘油葡萄糖苷

1. 成果介绍

（1）名称：2－α－甘油葡萄糖苷。

（2）成果负责人：浙江工业大学陈小龙。

（3）技术成熟程度：建成年产200吨产品生产线。

（4）知识产权状况：发明专利申请中。

2. 市场背景

2－α－甘油葡萄糖苷是一种天然的保湿剂，具有保湿、改善皮肤屏障，促进NMF再生和保护胶原蛋白等作用，被广泛应用于化妆品中。近年来，由于α－甘油葡萄糖苷的优异性，其在化妆品行业备受欢迎，国外市场上相关产品数量及消费处于快速上升趋势。例如，德国Bitop公司生产的甘油葡萄糖苷，商品名为“格莱可因”（Glycoin Natural），是国际上顶级奢侈护肤品牌常用的奢侈成分之一。然而，由于技术壁垒的限制，我国甘油葡萄糖苷的生产企业数量较少，且市面上的产品甘油葡萄糖苷含量普遍不高。同时，受生产成本较高的影响，当前甘油葡萄糖苷产品售价也较高，限制了该产品的用户接受度。为了降低甘油葡萄糖苷的使用成本，本团队致力于开发甘油葡萄糖苷合成的新技术和新工艺来提高产品的生产效率。

目前，甘油葡萄糖苷主要有生物合成法、化学合成法和酶催化法三种生产工艺。生物合成法，主要是利用一些本身就生产甘油葡萄糖苷的生物来生产甘油葡萄糖苷，如南非重生草、某些种类的异养型假单胞菌和蓝藻等。但这些生物产量有限且生产成本较高，因此不适合工业化应用。化学合成法，主要有高碘酸钠、硼氢化钠催化麦芽糖醇方法，乙酸、四乙酸铅、硼氢化钠催化异麦芽糖方法，四乙酸铅催化乙二醇、海藻糖方法等。利用化学合成法生产甘油葡萄糖苷存在产物没有选择性，无法获得单一纯品甘油葡萄糖苷以及环境污染等问题。最具产业化前景的方法当数酶催化法，其使用明串珠菌属的蔗糖磷酸化酶催化蔗糖和甘油合成2－α－甘油葡萄糖苷（见图2.84），产量高，选择性好。德国Bitop公司生产的甘油葡萄糖苷就是采用这种方法。本团队通过对其他来源的蔗糖磷酸化酶进行筛选，成功找到一个催化合成2－α－甘油葡萄糖苷效率更高的来源于罗氏乳杆菌的蔗糖磷酸化酶，并建立了使用该酶来大规模生产2－α－甘油葡萄糖苷的新的生产工艺。

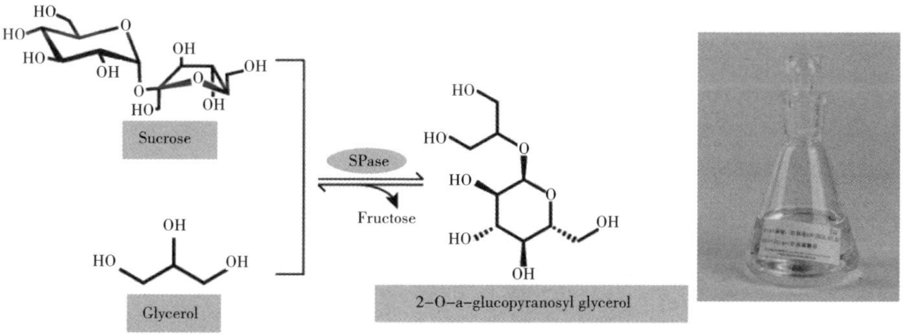

图2.84 2－α－甘油葡萄糖苷

3. 技术描述

蔗糖磷酸化酶可以将蔗糖中的葡萄糖转移至甘油上生成甘油葡萄糖苷。

首先，本团队筛选克隆了8种不同来源的蔗糖磷酸化酶基因。通过对这8种蔗糖磷酸化酶基因构建表达载体进行蛋白表达后，比较了这8种蔗糖磷酸化酶催化蔗糖和甘油生成甘油葡萄糖苷的能力，从中筛选出一个合成甘油葡萄糖苷效率最高的来源于罗氏乳杆菌的蔗糖磷酸化酶，并研究了它的酶学性质。其次，通过构建全细胞催化体系，优化全细胞催化条件，利用蔗糖补料策略，考察了甘油葡萄糖苷的合成水平。最后，2-α-甘油葡萄糖苷的合成最高水平可以达到237.68g/L，大大降低了2-α-甘油葡萄糖苷的生产成本。

4. 应用领域

化妆品领域：2-α-甘油葡萄糖苷可以增强表皮细胞中水通道蛋白AQP3的表达。2-α-甘油葡萄糖苷能够帮助细胞维持渗透平衡，增强AQP3蛋白的表达，为皮肤细胞带来所需水分，从根本上增强细胞主动吸水的能力，深层补水。Schrader等也证实了2-α-甘油葡萄糖苷能够穿透角质层，使受试者在干燥条件下皮肤的水分流失显著减少。

2-α-甘油葡萄糖苷可以改善皮肤屏障，促进丝聚蛋白再生。丝聚蛋白存在于上层表皮角质层中，可以被降解为天然保湿因子等角质层需要的小分子物质，帮助皮肤保持水分。其也是皮肤屏障形成过程中起重要作用的蛋白质，可以促进细胞愈合率和角层粒增加，增强皮肤屏障。

2-α-甘油葡萄糖苷对多种模型酶和膜起到保护作用。如胶原蛋白分解酶（MMP1）是能够切断胶原蛋白的三重螺旋结构的酶，在皮肤产生炎症的时候会被大量制造出来，2-α-甘油葡萄糖苷可以控制MMP1的活性以及减少MMP1对胶原蛋白的破坏，延缓细胞老化，抚纹祛皱。

口腔用品和食品领域：2-α-甘油葡萄糖苷的甜度是蔗糖的55%，热稳定性高，热着色性能低，美拉德反应低，吸湿性低，保水性强，不生龋，消化率低。因此，2-α-甘油葡萄糖苷是一种非常好的甜味替代剂和口腔产品原料，不仅可以保护牙齿，还能维持口腔细胞的渗透压，增强水通道蛋白的表达，改善中老年人的口干症。

（四十三）L－抗坏血酸－2－α－葡萄糖苷

1. 成果介绍

（1）名称：L－抗坏血酸－2－α－葡萄糖苷。

（2）成果负责人：浙江工业大学陈小龙。

（3）技术成熟程度：已建成年产100吨的生产线。

（4）知识产权状况：发明专利申请中。

2. 市场背景

美白类化妆品主要是用于减轻皮肤表皮色素沉着和皮肤美白。抗衰老类化妆品主要是保护皮肤免受外界环境刺激，清除细胞内多余的自由基，补充营养促进皮肤细胞分泌胶原蛋白等活力因子，并提高自我修复能力。长期以来，美白抗衰老类化妆品广受消费者欢迎。

维生素C是一种重要的水溶性抗氧化剂，在皮肤的光老化防护以及促进胶原蛋白的合成中起着重要作用。此外，外用维生素C可以通过抑制酪氨酸酶的活性来减少皮肤色素沉着。而人体内的维生素C含量偏低，而且随着年龄的增长逐渐减少，人体不能自行合成，所以必须通过体外摄取来维持其正常含量。不过，维生素C的性质不稳定，易被空气氧化变色，且功能失效。所以，需要开发一种稳定且高活性的维生素C衍生物，用于美白抗衰老类化妆品中。

3. 技术描述

L－抗坏血酸－2－α－葡萄糖苷，学名2－O－α－D－吡喃型葡萄糖基－L－抗坏血酸（2－O－α－D－glucopyranosyl－L－ascorbic acid，AA－2G），又称为“维生素C葡萄糖苷”，CAS号为129499－78－1，是维生素C的一种稳定性良好的糖苷衍生物。AA－2G是用一种高效生物酶催化蔗糖与维生素C进行转糖基反应而制得（见图2.85）。其生产技术指标包括：维生素C底物转化率超过60%；AA－2G产品的纯度>99%；催化生产效率产率2.71 $g/L\cdot h^{-1}$；产物终浓度>195 g/L。目前，已完成年产100吨的生产线建设。

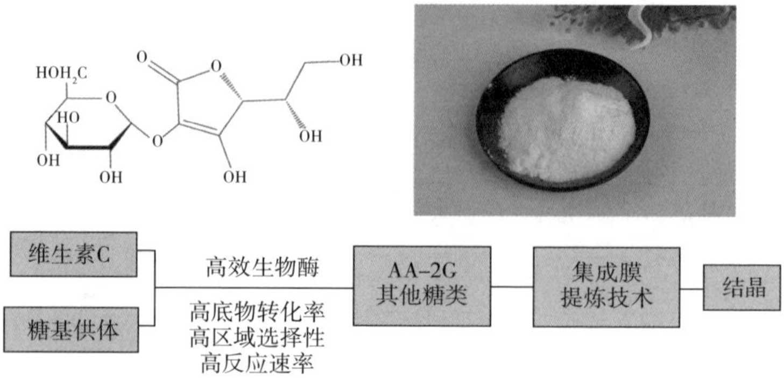

图 2.85　AA－2G 制备技术路线

4. 应用领域

AA－2G 的结构特点决定了其具有以下特点：一是维生素 C 分子结构中存在 C2 和 C3，是烯二醇结构式，其中 2－OH 在氧气、金属离子、光照以及碱性等条件下极其不稳定，将其糖基化修饰并合成 AA－2G 后，2－OH 被葡萄糖基保护，不易发生氧化反应，在水溶液中稳定，耐光照，不易变色；二是 AA－2G 分子中的维生素 C 与葡萄糖通过α－糖苷键连接，容易被皮肤微生物或体内酶降解，释放完整的维生素 C 分子，几乎保留了维生素 C 原有功能，比如，还原黑色素的美白功效，抗氧化、抗自由基、促进胶原蛋白合成等抗衰老功效。

AA－2G 是白色粉末状，易溶于水，水溶液呈酸性，其使用并不烦琐，可广泛应用于爽肤水、乳液、乳霜类和凝胶类的产品。

（四十四）α－熊果苷

1. 成果介绍

（1）名称：α－熊果苷。

（2）成果负责人：浙江工业大学陈小龙。

（3）技术成熟程度：建成年产 100 吨产品生产线。

（4）知识产权状况：发明专利申请中。

2. 市场背景

近些年，酪氨酸酶抑制剂开发成为全球热点，产品需求量大，这给熊果苷带来了前所未有的市场发展前景。此外，随着研究的不断深入，发现熊果苷不仅可用于泌尿系统感染疾病的治疗，还具有保护胃黏膜、减少胃黏膜溃疡面积和炎症，调节激酶（ERK）和 p21 蛋白的表达，抑制 TCCSUP（人膀胱癌细胞）增殖、治疗膀胱癌等重要应用。

熊果苷是一种重要的酪氨酸酶抑制剂，可分为 α－熊果苷和 β－熊果苷。其中，传统的 β－熊果苷最先被人们从杜鹃花科熊果属熊果植物的叶子中发现，并被大范围、长期使用。尽管如此，天然来源的 β－熊果苷在使用过程中仍存在一定的风险。多项研究和应用实例发现，β－熊果苷化学稳定性相对较差，见光易分解，其分解产物对苯二酚具有中高毒性和非常大的刺激性，同时具有潜在的致癌风险。对苯二酚在空气中进一步氧化生成苯醌，其具有更高的毒性，并有明确的致癌作用。

α－熊果苷较 β－熊果苷具有更好的生物活性和更高的化学稳定性，因此取代 β－熊果苷已是必然。为保障消费者的切身利益，提升我国熊果苷产业的高度，应努力推广 α－熊果苷。在国际上，欧盟消费者安全科学委员会（SCCS）在 2017 年的新意见中表示，建议在化妆品美白原料中使用稳定性更好和活性更高的 α－熊果苷替代 β－熊果苷。这一举措，将会严重打击我国熊果苷的出口市场，给我国熊果苷生产企业带来巨大的负面影响。

目前，α－熊果苷市场几乎被国外企业垄断，为打破技术垄断，有必要开发具有自主知识产权的清洁生产工艺。在国内，由于 α－熊果苷的生物催化效率多年来一直处于较低水平，制备成本偏高，精制技术达不到国际要求，故大规模生产受限。

3. 技术描述

陈小龙团队近年来在技术上取得重大突破，已获得具有自主知识产权的高活性生物酶，其以廉价蔗糖为糖基供体，α－熊果苷产量高达 150g/L，转化率达 94% 以上，其催化效率显著高于过去 20 年来文献报道的各种酶类，可突破 α－熊果苷产业化的技术瓶颈。

本项目利用生物技术开发酪氨酸酶抑制剂 α－熊果苷的绿色、高效制造生产线。生产原料蔗糖为绿色可再生资源，生产过程不涉及有毒化学溶剂和高温高压等苛刻反应条件，催化剂为生物酶，无毒害，安全性高，生产的固体废物和废水可回收利用，实现零排放，符合清洁生产要求（见图 2. 86）。通过该项目的开展，可推广高效、安全的 α－熊果苷在国内的应用，加速我国熊果苷产业的转型升级，提升相关生产企业的国际竞争力。

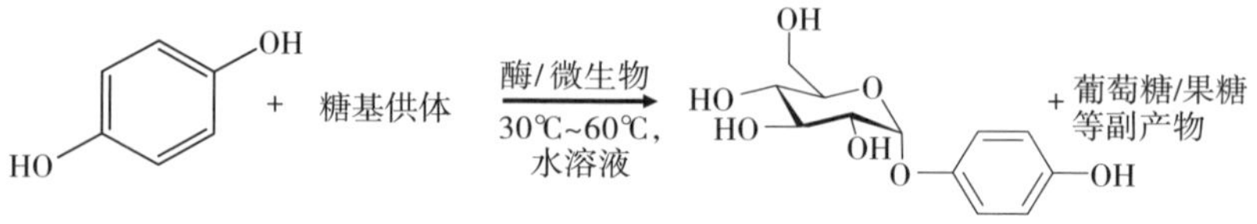

图 2. 86　生物法合成 α－熊果苷

4. 应用领域

α－熊果苷可有效抑制酪氨酸酵素的作用。研究指出，它的效力甚至是对苯二酚的 10 倍，是一般熊果素的 350 倍。在动物的皮肤测试中，α－熊果苷可以迅速有效地让皮肤白皙，而在停止使用后，效果仍可维持将近 8w 的时间。

在人体的临床研究上，局部使用 α－熊果苷 12w 可以得到明显的皮肤淡化效果，对于日旋光性暴晒斑点以及暗沉的肤色状况，更是有不错的改善效果。

对于 α－熊果苷的临床研究更进一步指出，其是一种非常有效的酪氨酸酵素抑制成分，对皮肤的黑色素形成有明显的阻断作用。根据人类皮肤黑色素细胞的测试结果，在保持 95% 细胞存活的情况下，使用的 α－熊果苷安全浓度可以是对苯二酚的 4 倍以上，这表示 α－熊果苷对黑色素细胞的毒性相较对苯二酚来说低很多。此外，针对人类皮肤角质细胞（表皮层主要细胞）及纤维母细胞（真皮层）所做的实验表明，α－熊果苷对细胞的毒性仍然比对苯二酚小很多。在抑制黑色素形成的效力上，α－熊果苷在比较低的浓度下就可以达到比高浓度对苯二酚还要优越的效果。

（四十五）岩藻多糖

1. 成果介绍

（1）名称：岩藻多糖。

（2）成果负责人：青岛明月海藻集团。

（3）技术成熟程度：产业化。

（4）知识产权状况：在化妆品领域，与岩藻多糖相关的专利有9项，相关期刊论文8篇，相关科技成果6项。

2. 市场背景

基于岩藻多糖拥有的多种美容护肤功效，目前国际市场上有多种以岩藻多糖为原料制作的功能性美容护肤产品。马来西亚Elken公司ELYSYLE品牌护肤品的主要配料是岩藻多糖，其主要功效是为肌肤提供持久的保湿效果，通过清洁保湿恢复肌肤柔软的光亮。日本Peace Labo褐藻胶保湿润肤露采用自汤加海蕴中提取的岩藻多糖为原料，其保湿力极高，适用于皮肤易干燥、皮肤粗糙、敏感肌人群和老龄化带来的干燥困扰人群。Limu-Veil公司的莉沐保湿乳液的主要成分是岩藻多糖，其具有修复受损肌肤、提拉紧致、屏障保护的功效。韩国Hans Miracle公司的岩藻多糖海洋护发素的主要配料为岩藻多糖，主要功效为保湿和柔顺。中国台湾地区FucoBeauty公司的岩藻多糖生物纤维面膜的主要成分是被誉为“促进胶原蛋白进化之钥”的低分子质量岩藻多糖，可快速提升肌肤胶原蛋白活性，维持肌肤长久稳定，恢复肌肤自身保湿能力，消除干燥粗糙、泛红、老化等敏弱受损反应。

3. 技术描述

“岩藻多糖”也称“褐藻糖胶”“褐藻多糖硫酸酯”“岩藻依聚糖”“岩藻聚糖硫酸酯”等。根据国际IUPAC命名法，正式名称为“Fucoidan”。它是一种由含硫酸基的岩藻糖（fucose）所构成的水溶性多糖物质，其主要成分是岩藻糖和硫酸基，还含有少量的木糖、甘露糖、半乳糖、阿拉伯糖和葡萄糖醛酸等。岩藻多糖分子结构见图2.87。

岩藻多糖主要存在于褐藻（如海蕴、裙带菜孢子叶及海带）的表面黏液中，一般以液体形式存在于褐藻细胞壁基质中，是褐藻特有的生理活性物质之一。岩藻多糖在新鲜海带中的含量为0.1%左右，在干海带中的含量为1.0%左右，是一种非常宝贵的海藻活性物质。

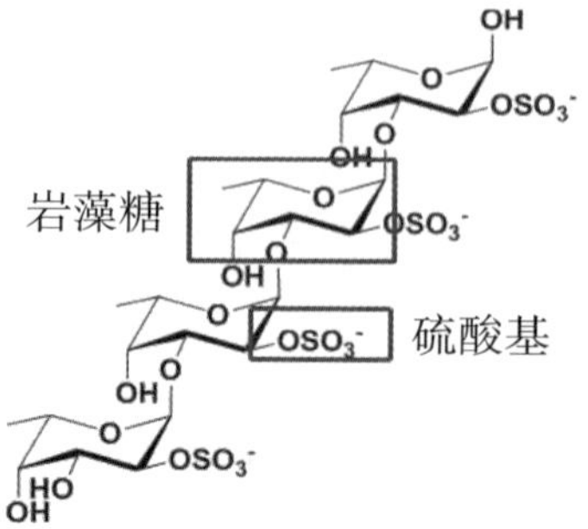

图 2.87　岩藻多糖分子结构

岩藻多糖在褐藻生物体中起的作用是维持藻体表面湿润、保护藻体。与其在自然界中的功效相似，研究显示，岩藻多糖在美容护肤过程中具有保湿、防晒、美白、抗衰老、抗炎、抑菌等功效。

保湿功效：岩藻多糖的即时保湿功效见表 2.6。1.2wt% 的岩藻多糖溶液具有非常显著的即时保湿性，应用在皮肤上，45min 后角质层的含水量高达 147.2%，而纯水对照组只有 103.3%。

表 2.6　岩藻多糖的即时保湿功效

样品名称	测试时间/min	含水量/%	样品名称	测试时间/min	含水量/%
纯水	初始值	100.0	岩藻多糖溶液（1.2wt%）	初始值	100.0
	15	116.2		15	164.5
	30	107.4		30	152.0
	45	103.3		45	147.2

以脱脂羊栖菜为原料，用超声波辅助纤维素酶解法提取岩藻多糖，研究发现，在相对湿度为 43% 和 81% 的条件下，岩藻多糖的短效吸湿性（8h）优于甘油、丁二醇及海藻酸钠，质量分数为 1% 的岩藻多糖溶液的保湿性能优于质量分数为 1% 的丁二醇或海藻酸钠溶液，与质量分数为 5% 的甘油溶液相当。

防晒美白功效：岩藻多糖可以抑制黑色素生成，通过吸收紫外线、抑制酪氨酸酶活性及抗氧化作用起到保护皮肤的作用。采用双盲随机临床试验对两种褐藻源岩藻多糖进行护肤功效研究，测试项包括皮肤光滑程度、亮白程度及皮肤色斑数量，结果表明岩藻多糖能有效吸收紫外线，尤其是造成皮肤老化的 UVA（长波黑斑效应紫外线）及引起皮肤即时晒伤的 UVB。岩藻多糖还有抗氧化活性，可有效抑制酪氨酸酶活性（EC50 = 33μg/mL），抑制黑色素形成。20 名临床试验者使用 0.3wt% 岩藻多糖 60d 后，50% 试验者的皮肤亮白程度有明显增加。不同浓度的海带源岩藻多糖对 L－酪氨酸酶有抑制作用，随着岩藻多糖浓度的增加，酪氨酸酶的活性急剧下降，浓度达到 1.0mg/mL 时的抑制率达 62.21%，其中 EC50 值为 0.82mg/mL。不同浓度海带源岩藻多糖对酪氨酸酶活力的影响见图 2.88。

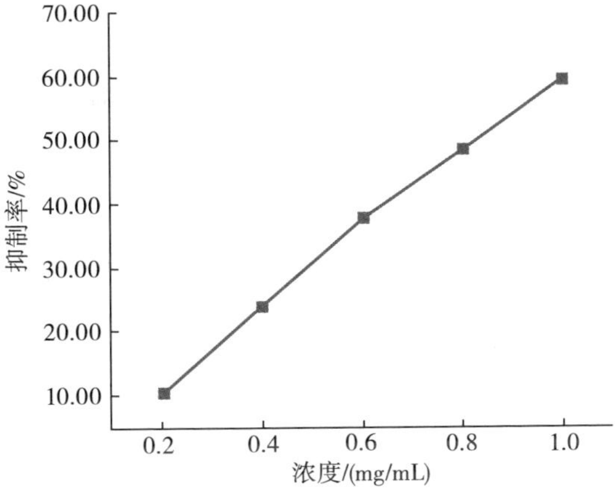

图 2.88　不同浓度海带源岩藻多糖对酪氨酸酶活力的影响

抗衰老功效：岩藻多糖在 2μg/mL 的浓度下具有最强的促进成纤维细胞增殖的作用，对胶原蛋白酶和弹性蛋白酶活性有很强的抑制作用，其中墨角藻源岩藻多糖的胶原蛋白酶活性抑制 EC50 值为 60μg/mL、弹性蛋白酶活性抑制 EC50 值为 76μg/mL；裙带菜源岩藻多糖的胶原蛋白酶活性抑制 EC50 值为 55μg/mL、弹性蛋白酶活性抑制 EC50 值为 68μg/mL。

墨角藻和裙带菜中的岩藻多糖对胶原蛋白与弹性蛋白的糖基化都具有很好的抑制作用。通过临床试验对岩藻多糖在皱纹和老年斑方面的应用性能进行评价，结果显示，使用岩藻多糖 60d 后，皱纹评价改善人群占 45%，老年斑减少人群占 65%，岩藻多糖的抗衰老作用显著。岩藻多糖抗衰老临床分析数据见表 2.7。

表 2.7　岩藻多糖抗衰老临床分析数据

时间/d	试验组	对照组	试验组	对照组	试验组	对照组
	15	15	30	30	60	60
皱纹评价/%	10	0	30	0	45	0
老年斑减少/%	0	0	40	0	65	0

注：百分比代表有明显改善的试验者的比例。

抗炎活性：马尾藻源岩藻多糖具有抗炎功效，以小鼠巨噬细胞 RAW 264.7 为模型，用脂多糖 LPS 进行刺激，观察岩藻多糖的抗炎作用。结果显示，浓度为 1～5 mg/mL 的岩藻多糖能显著降低 RAW 264.7 细胞内炎症因子的表达，包括 IL－1β、IL－6、TNF－α 和 NO，这说明岩藻多糖具有很好的抗炎作用。此外，在小鼠体内研究岩藻多糖的抗炎功效结果显示，岩藻多糖能降低小鼠体内 IL－1β、IL－6、TNF－α 和 NO 等炎症因子的产生，具有显著的抗炎功效。

抗菌、抗病毒活性：选用马尾藻源岩藻多糖，研究其对嗜水气单胞菌、金黄色葡萄球菌及藤黄微球菌的抑制作用。实验结果显示，岩藻多糖对嗜水气单胞菌的最小抑制浓度为 62.5μg/mL、对金黄色葡萄球菌的最小抑制浓度为 62.5μg/mL、对藤黄微球菌的最小抑制浓度为 125μg/mL，表明岩藻多糖具有很强的抑菌作用。

4. 应用领域

岩藻多糖是众多海洋源天然活性物质的一种代表性物质，具有保湿、防晒、美白、抗衰老、抗炎、抑菌等功效，作为一种天然、健康、可持续的化妆品原料，已经成为新时代化妆品领域的一种重要功效成分。

（四十六）麦角硫因及超活麦角硫因

1. 成果介绍

（1）名称：Bioyouth™－EGT 麦角硫因松茸提取物（含麦角硫因、松茸提取物），Bioyouth™－EGT Pro 超活麦角硫因（含麦角硫因、松茸提取物、透明质酸钠、海藻糖）。

（2）成果负责人：华熙生物科技股份有限公司。

（3）技术成熟程度：产业化。

（4）知识产权状况：专利已授权（专利号：ZL 201910687360.6）。

2. 市场背景

如今消费者在选择护肤品时越来越注重有效成分，甚至兴起了一个群体叫“成分党”，成分党的崛起将各种生物活性物推向了神坛。作为一种天然氨基酸衍生物，麦角硫因（L－Ergothioneine，EGT）也在大市场环境下备受关注，且在化妆品领域得到广泛应用。早在2014年，EGT就被国家食品药品监督管理局列入已使用化妆品原料目录，被广泛应用于膏、霜、水、乳、面膜等各种护肤品中，这也成为推动我国麦角硫因市场快速发展的重要动力之一。新思界产业研究中心发布的《2021—2025年麦角硫因行业市场深度调研及投资前景预测分析报告》显示，麦角硫因应用前景较好。麦角硫因属于稀有的含硫氨基酸，主要应用在高端化妆品及医药领域，如雅诗兰黛、珀莱雅、阿皙尔等。近年来，随着“颜值经济”的崛起，麦角硫因市场发展迅速。2021年，全球麦角硫因市场总值达到1亿多元人民币。伴随市场需求、市场消费升级，麦角硫因市场总值将进一步增长，预计2026年将达到2.5亿元人民币。

3. 技术描述

1909年，Charles Tanret在研究麦角菌时首次发现了麦角硫因，后来人们也在蘑菇和蓝藻中发现了它。EGT作为一种稀有的含硫氨基酸，是人体中天然存在的细胞保护剂和抗氧化剂，具有抗光老化和抗氧化作用。但这种功效强大的物质，人体自身不能合成，只能通过外部获取。并且随着年龄的增长，人体内的EGT含量会逐渐降低。

传统制备EGT的方法有三种：化学合成法、植物提取法以及生物发酵法。化学合成法的局限是立体选择性低，产量低，副产物多，提纯工艺复杂且使用大量有机溶剂；植物提取法受限于底物来源、生长周期，经济性较差；单一菌种发酵的局限是产量低，能耗高。传统制备方法限制了EGT的产业化生产。

华熙生物从香格里拉森林采集天然猴头菇和松茸，筛选得到高生物活性的菌丝体，并对两种菌丝体进行多重发酵，发酵条件温和，副产物少，合成效率高，得到了 EGT 松蕈提取物（Bioyouth™ – EGT），其中富含高浓度的 L – EGT，以及 β – 葡聚糖、多肽、氨基酸、多糖等小分子活性物质。此外，为了提高产品稳定性，进行了产品升级，在 Bioyouth™ – EGT 的基础上进行浓缩，复配特定比例的透明质酸钠（MW < 5000Da）和海藻糖，得到了超活 EGT（Bioyouth™ – EGT Pro），并实现了 Bioyouth™ – EGT 和 Bioyouth™ – EGT Pro 的工业化生产。

华熙生物对 Bioyouth™ – EGT 和 Bioyouth™ – EGT Pro 进行了功效试验检测，功效数据结果具体如下。

保护皮肤细胞的线粒体检测：Mito – tracker 能够在活跃的线粒体中积累。荧光强度越大，活细胞的线粒体越多（见图 2.89）。相对于 UVA 照射组，500nM EGT + UVA 组的 HaCaT 细胞的荧光强度更大，表明 EGT 能够减少 UVA 对线粒体造成的光损伤，从而减少细胞凋亡，并赋能肌肤。

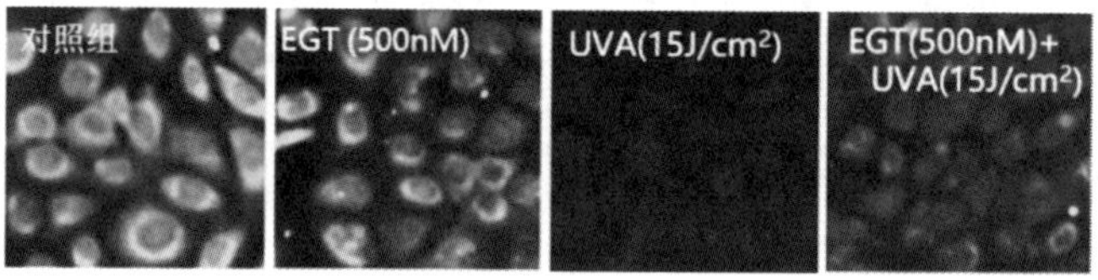

图 2.89　HaCaT 细胞的荧光强度

抗氧化检测①：超氧化物歧化酶（SOD）是生物体内重要的超氧阴离子自由基清除剂，被认为是细胞抗氧化防御系统的重要物质。对 400μM 的 H_2O_2进行诱导处理，抑制人成纤维细胞 SOD 的活性。试验发现，与阳性对照组（抗坏血酸，200μM）相比，0.45% 的超活 EGT 可以将 SOD 活性提高 23%，表明超活 EGT 具有显著的抗氧化能力（见图 2.90）。

抗氧化检测②：脂质过氧化是自由基介导的细胞损伤反应之一。丙二醛（MDA）是脂质过氧化反应的主要副产物。对 400μM 的 H_2O_2进行诱导处理后，促使细胞脂质过氧化，产生大量 MDA。与模型对照组（H_2O_2诱导处理，400μM）相比，0.45% 的超活 EGT 可以将 MDA 含量降低 44%，表明超活 EGT 具有显著的抗氧化能力（见图 2.91）。

细胞活性检测：细胞凋亡是由基因控制的细胞主动性死亡过程，可以由许多因素诱导，包括射线、温度刺激、ROS（活性氧）、正常生理因子

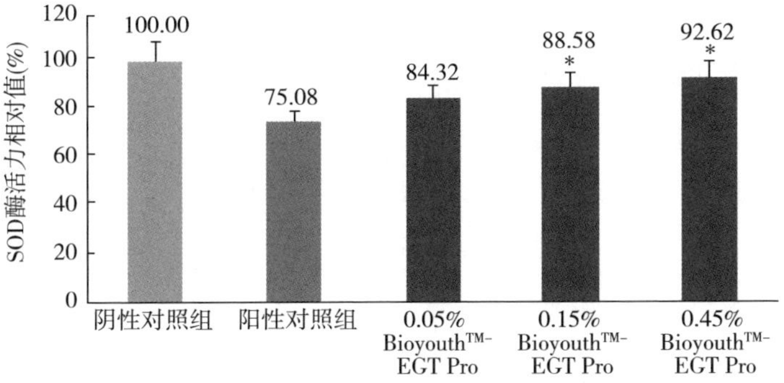

图 2.90 SOD 酶活力相对值

注：*表示 $p<0.05$。

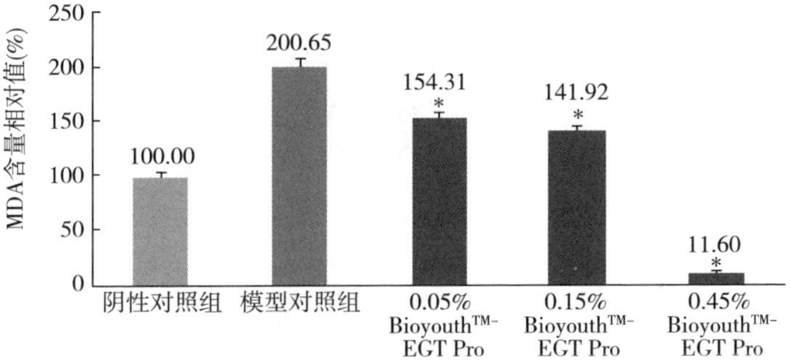

图 2.91 MDA 含量相对值

注：*表示 $p<0.05$。

的失调等。UV 照射引起 HaCaT 细胞凋亡率提高，经 0.1% 的超活 EGT 处理后可以将细胞凋亡率降低 34%，表明超活 EGT 可以提高细胞活性，抑制细胞凋亡（见图 2.92）。

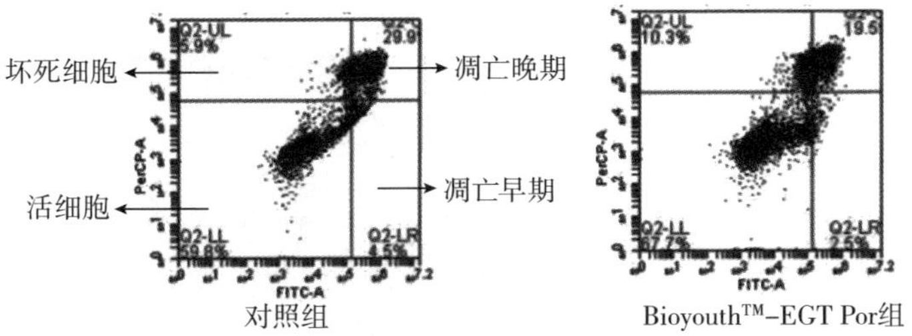

图 2.92 细胞活性检测结果

注：左为 UVB 照射 HaCaT 细胞，右为 0.1% 超活 EGT 处理组。

体内试验检测：筛选30名需要进行大量户外活动的受试者，采用半脸对照的方式，左右半脸分别使用含有EGT的乳液和不含EGT的空白乳液，每天清晨使用一次。试验结果表明，受试者连续使用2% EGT4W后，皮肤UV斑降低8%，棕色斑降低5%，细纹面积减少6%，表明EGT可显著减少色素沉积，起到美白提亮、保湿紧致以及抗老化的功效（见图2.93、图2.94、图2.95）。

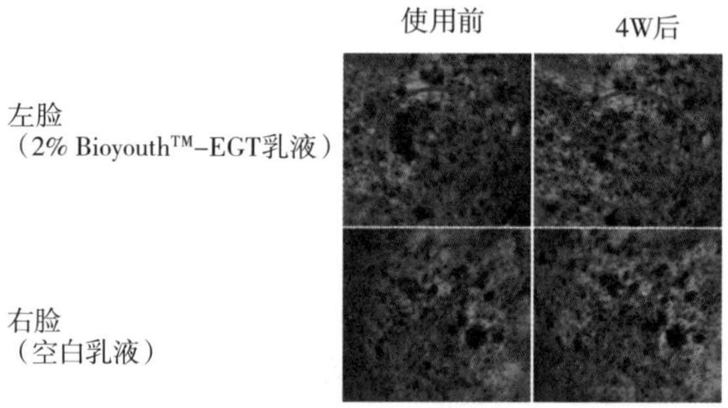

图2.93 使用EGT前后4W UV斑变化

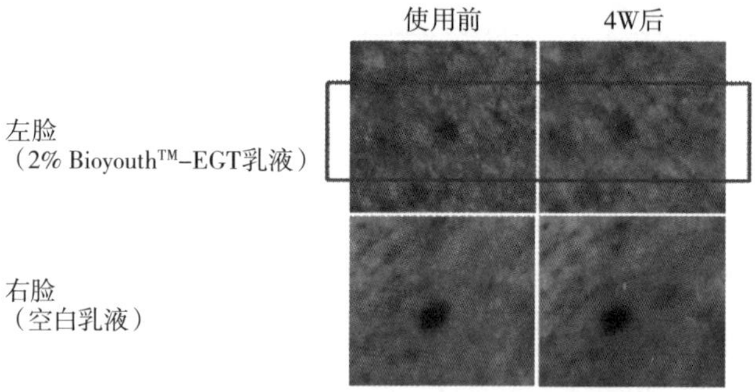

图2.94 使用EGT前后4W棕色斑变化

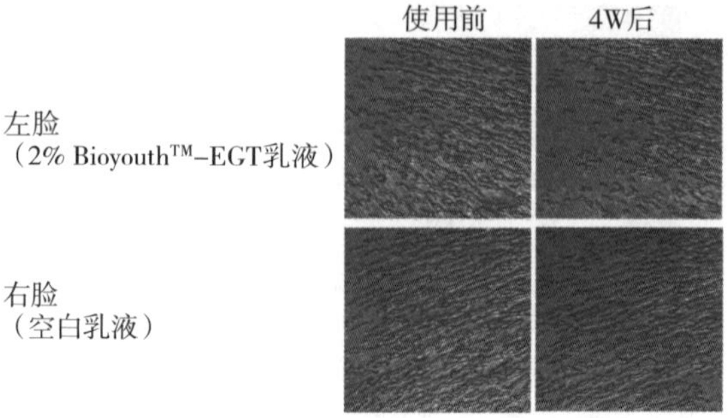

图2.95 使用EGT前后4W细纹变化

4. 应用领域

EGT 具有保护细胞的线粒体、抗氧化、抗辐射、提高细胞活性、淡斑提亮、保湿紧致及抗衰老等多种功效，其在食品、医药、保健品以及化妆品等领域表现出了良好的应用前景。

（四十七）氨基丁酸

1. 成果介绍

（1）名称：Gabacare™BL98T 氨基丁酸。

（2）成果负责人：华熙生物科技股份有限公司。

（3）技术成熟程度：产业化。

（4）知识产权状况：专利已授权（专利号：ZL 201510943689.6，ZL 201710760851.X）。

2. 市场背景

人口老龄化是抗衰老产品持续发展的驱动力，抗衰产品中的面膜、精华、凝胶呈现流行趋势，这些产品更倾向于以抗衰功效的原料为卖点，其中天然来源的抗衰老原料更受欢迎。

氨基丁酸是人体内固有的天然成分，随着人的年龄增长或精神压力加大，氨基丁酸含量会逐渐减少。当人体缺少氨基丁酸时，会产生焦虑、不安、疲倦、忧虑等负面情绪，这些副作用在生理上最直观的影响是皮肤灰暗无光、失去弹性，产生皱纹，进而导致皮肤衰老。补充外源性的氨基丁酸可放松紧张的表情肌，修复受损皮肤，促进透明质酸和胶原蛋白的合成，提亮肤色，达到抗衰老的功效。氨基丁酸在 2009 年被批准为新食品原料，目前收录于我国《已使用化妆品原料名称目录》。根据 QYR（恒州博智）的统计及预测，2021 年全球 γ-氨基丁酸（GABA）市场销售额达到了 0.9 亿美元，预计 2028 年将达到 1.4 亿美元，年复合增长率为 6.6%（2022—2028 年）。其中，中国市场约占全球市场份额的 50%，过去几年保持较快增长，预计未来将有巨大增长量。

3. 技术描述

氨基丁酸，又名“GABA”“γ-氨基丁酸”“氨酪酸”，是广泛分布在动植物体内的一种非蛋白质氨基酸，对生物体生命活动的调节起着重要作用。氨基丁酸分子量小，穿透皮肤并与皮肤细胞中的 $GABA_A$ 受体结合，激活 $GABA_A$ 受体。$GABA_A$ 受体被激活后，导致氯离子通道开放，能增加细胞膜对氯离子通透性，使氯离子流入神经细胞内，引起细胞膜超极化，抑制神经元细胞激动。神经元细胞受到抑制以后，有效减缓了肌肉细胞收缩的兴奋程度，使皱纹肌放松，从而达到减少细纹和淡化皱纹的效果。Gabacare™ BL98T 氨基丁酸是华熙生物借助发酵技术，通过国际公认的安全菌株乳酸菌发酵得到，纯度达 98% 以上，获得欧盟 COSMOS 天然认证和 ECOCERT 有机认证。

经体外评测，氨基丁酸可以促进皮肤内 HA、Ⅰ型胶原蛋白和弹性蛋白合成，减轻皱纹，光滑肌肤，增加皮肤弹性，具有显著的抗衰老效果。图 2. 96、图 2. 97、图 2. 98 显示，通过 H_2O_2 诱导人成纤维细胞体外早衰模型进行测试，与模型对照组相比，0. 30% 的氨基丁酸可以使 HA 生成水平提升 35. 5%，使Ⅰ型胶原蛋白含量水平提升 45. 8%，使弹性蛋白生成水平提升 43. 8%，表明氨基丁酸可以保持皮肤水分与弹性，具有显著抗衰老的作用。

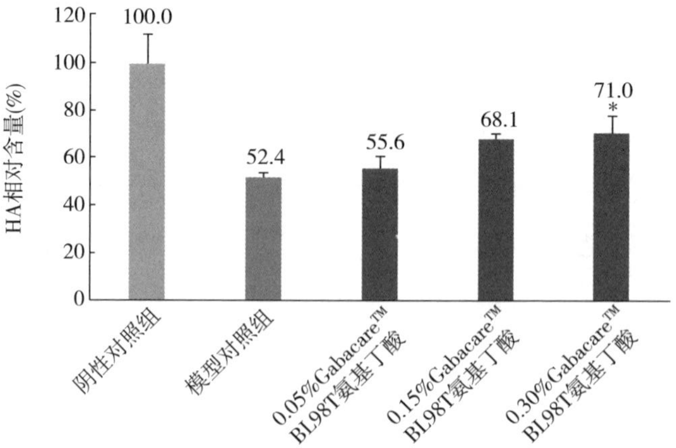

图 2. 96　促进 HA 生成

注：* 表示 $p<0.05$ VS 模型对照组。

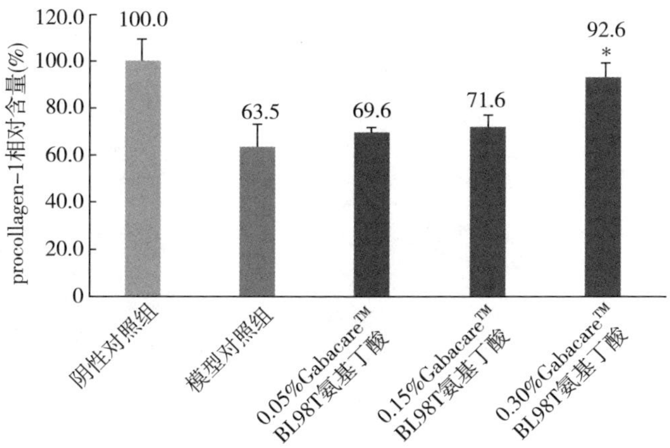

图 2.97　促进 I 型胶原蛋白生成

注：* 表示 $p<0.05$ VS 模型对照组。

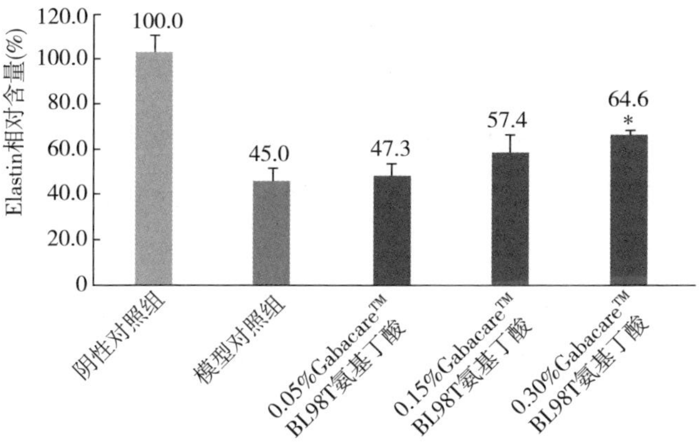

图 2.98　促进 I 弹性蛋白生成

减轻皱纹功效检测：将受试者随机分为两组，每组 15 名，一组涂抹受试品，一组涂抹对照品，早晚各涂抹一次。使用含 0.3% Gabacare™ BL98T 氨基丁酸的眼霜 8w 后，皱纹深度显著减小，8w 时降低 12%，12w 后降低约 17%。图 2.99 为含氨基丁酸的眼霜去皱效果评价。

光滑肌肤功效检测：将受试者随机分为两组，每组 15 名，一组使用含 0.1% Gabacare™ BL98T 氨基丁酸的面膜，另一组使用空白面膜，1d1 次，连续使用 7d，每隔 2d 进行眼部皱纹评价。测试结果显示，连续使用含 0.1% Gabacare™ BL98T 氨基丁酸的面膜 3d 后，志愿者眼角皱纹深度明显下降，与对照组有显著性差异，使用 7d 后相对皱纹深度可减少 12% 左右。

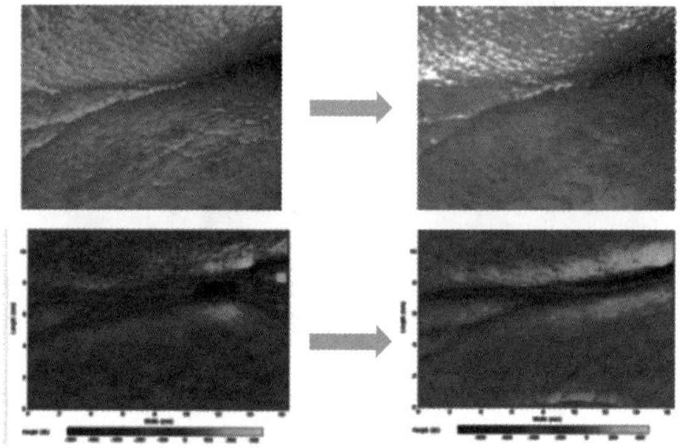

图 2.99　含氨基丁酸的眼霜去皱效果评价

Gabacare™BL98T 氨基丁酸使志愿者的皮肤状况得到改善，脸部皮肤更加光滑细致。

增加皮肤弹性功效检测：将 30 名受试者左右前臂屈侧分别划分为上下两个部分，分别涂抹含 0.3% Gabacare™BL98T 氨基丁酸的面霜及空白对照品，涂抹量为 3.0 ± 0.1 mg/cm^2，轻轻按摩至样品吸收，每日早晚各 1 次，共持续涂抹 12w，使用皮肤弹性测定仪测定皮肤弹性参数 R2 的变化率。测试结果显示，连续使用含 0.3% Gabacare™BL98T 氨基丁酸的面霜 12w，志愿者的皮肤弹性显著增加约 10%，肌肤恢复年轻，更加滋润紧致。

4. 应用领域

氨基丁酸是人体中自然存在的成分，可以促进皮肤内透明质酸、Ⅰ型胶原蛋白和弹性蛋白合成，减轻皱纹，光滑肌肤，增加皮肤弹性，具有显著的抗衰老效果。Gabacare™BL98T 氨基丁酸可应用于抗衰老类化妆品中，如膏霜、乳液、精华、面膜等。

（四十八）超氧化物歧化酶

1. 成果介绍

（1）名称：超氧化物歧化酶（Superoxide Dismutase，SOD）。

（2）成果负责人：广东拜思特生物技术有限公司。

（3）技术成熟程度：产业化。

（4）知识产权状况：已申请专利。

2. 市场背景

SOD在化妆品领域的应用已有近30年的历史，但受限于植物来源和血液来源的SOD生物活性低、稳定性差等技术问题，以及生产工艺导致的高价位，市场推广及应用较为缓慢。随着生物发酵技术的引入，生产工艺不断优化，SOD市场将进一步扩张。新思界产业研究中心发布的《2017—2020年中国超氧化物歧化酶SOD行业市场深度调研及投资战略研究报告》显示，近年来，随着中国医药、食品、化妆品工业的发展，以及科技的进步，中国SOD市场规模不断扩大。2020年，中国SOD市场规模为4.08亿元人民币。SOD作为重要的原材料，在医药、食品、化妆品领域具有较大市场潜力，未来发展前景较好。

3. 技术描述

SOD属于金属酶，按照结合金属离子种类不同，该酶有以下三种：含铜与锌SOD，呈蓝绿色，主要存在于真核细胞的细胞质内，被认为存在于比较原始的生物类群中且是分布最广的一种；含锰SOD，呈粉红色，主要存在于原核生物和真核生物的线粒体中；含铁SOD，呈黄褐色，主要存在于原核细胞中。SOD可以有效并专一清除超氧阴离子自由基·O_2^-（带有1个未成对电子的同时，还带有1个负电荷），避免细胞过度损伤，具有抗氧化、预防细胞铁死亡、抗辐射及抗衰老等功能。三种SOD都能催化超氧化物阴离子自由基发生歧化反应，生成过氧化氢与氧气。

其提取工艺创新性地应用基因改造E. coli工程菌，没有交叉感染风险，构建具有高稳定性和高活性SOD新型菌株，耐高温，半衰期可达2年以上（见表2.8）。通过发酵及先进的纯化技术，对环境没有污染排放，最终建立规模化生产线，实现产业化生产。且其生产过程设备能耗低，符合当前绿色化妆品以及碳中和的发展趋势。

表 2.8　SOD 稳定性测试

样品名称及编号	测试项目		测试结果	单位
超氧化物歧化酶 Superoxide Dismutase，SOD	SOD 浓酶液		15688	U/mL
	SOD 稀释（10 倍）后稳定性加速试验	4℃，7d	1688	U/mL
		25 ±2℃，7d	1800	U/mL
		40 ±2℃，7d	1617	U/mL
		50 ±2℃，7d	1631	U/mL

由于自由基非常活泼，化学反应性极强，参与一系列的连锁反应，能引起细胞生物膜上的脂质过氧化，破坏细胞膜的结构和功能。它能引起蛋白质变性和交联，使体内的许多酶及激素失去生物活性，导致机体的免疫能力、神经反射能力、运动能力等系统活力降低，同时还能破坏核酸结构和导致整个机体代谢失常，最终使机体发生病变。因此，自由基作为人体垃圾，会促使某些疾病的发生和机体的衰老。

SOD 具有极强的抗炎作用，作用途径为 SOD 对 $\cdot O_2^-$ 的清除作用使吞噬细胞对病菌的进攻能力增强，提高其抗炎症、抗感染和自我防护、自我修复的功能。同时，其在 SOD 作用下会产生 O_2 和 H_2O_2。由于痤疮丙酸杆菌是厌氧菌，在富氧环境下难以生存，因而 H_2O_2 也具有显著的灭菌功效。外源性 SOD 对增多自由基进行有力地清除及淬灭，从而明显改善了自由基在皮肤组织中的代谢状况，减轻了 $\cdot O_2^-$ 对皮肤组织的刺激和炎症损伤。

4. 应用领域

SOD 可应用于各类化妆品中，如膏霜、乳液、精华、面膜等。

（四十九）Bioyouth™ – Brice 糙米发酵滤液

1. 成果介绍

（1）名称：Bioyouth™ – Brice 糙米发酵滤液。

（2）成果负责人：华熙生物科技股份有限公司。

（3）技术成熟程度：产业化。

（4）知识产权状况：发明专利已授权（专利号：ZL 201810171483. X）；发明专利已公开（专利号：ZL 202010123556. 5）。

2. 市场背景

我国是稻谷生产和消费大国，年产量已超过2亿吨。糙米是指未去颖壳的稻谷，与普通精米不同，其不仅含有胚乳部分，还保留了在碾臼过程中被除去的糠层，而糠层是稻谷中主要营养成分的富集处，含有较多的活性成分，如维生素、植物甾醇、酚酸、γ-氨基丁酸等，具有保湿、抗衰老、改善皮肤屏障功能、调控油脂分泌等功效。

目前，我国米类原料主要应用于食品领域，很少涉及化妆品领域。而国外，特别是日本，已上市的以米类作为原料的化妆品，如面霜、面膜等，都广受好评。糙米发酵原液不仅保留了糙米固有的营养成分，而且可以通过优化发酵条件，使γ-氨基丁酸、谷胱甘肽等活性成分含量提高。我国对糙米发酵原液的研究与开发还处于起步阶段，在糙米深加工方面有很大的市场潜力。因此，研究与开发糙米发酵产品是糙米深加工产业中极具市场前景的方向之一。

3. 技术描述

糙米中含有γ-氨基丁酸、谷胱甘肽、γ-谷维醇、米糠纤维、植酸等多种生理活性成分。糙米发酵原液不仅保存了糙米固有的营养成分，而且可以优化发酵条件，使氨基酸、γ-氨基丁酸、谷胱甘肽等活性成分含量提高，将Bioyouth™-Brice糙米发酵滤液添加到化妆品中能够有效保湿、抗衰老、改善皮肤屏障功能、调控油脂分泌，比单纯的糙米提取液具有更优异的皮肤护理功效。

经体外评测，Bioyouth™-Brice糙米发酵滤液可以清除自由基，抗糖化损伤，提高皮肤内透明质酸酶（HAS2）的活性，促进HA生成，提高HA受体（CD44）和水通道蛋白（AQP3）的表达，抑制油脂分泌和中性粒细胞数目，具有抗氧化、抗糖化损伤、控油保湿、舒缓、改善皮肤屏障功能等功效。

抗氧化功效检测（见图2.100）：用过氧化氢（H_2O_2）处理人类永生化表皮细胞（HaCaT），用Bioyouth™-Brice糙米发酵滤液处理细胞后，相较于对照组模型，1%的Bioyouth™-Brice糙米发酵滤液能抑制H_2O_2氧化刺激后的活性氧（ROS）含量上升，抑制率达 19.5%，证明 Bioyouth™ - Brice 糙米发酵滤液能有效抑制自由基生成，具有较好的抗氧化效果。

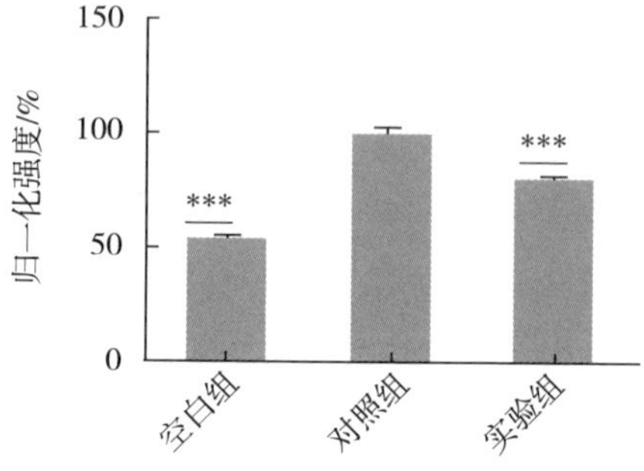

图 2.100　Bioyouth™ - Brice 糙米发酵滤液抑制自由基生成

注：＊＊＊表示 $p<0.001$ VS Control 组。

抗糖化损伤检测（见图 2.101）：用糖基化终产物 AGEs - BSA 处理细胞制造糖化损伤模型，与对照组相比，加入 1% Bioyouth™ - Brice 糙米发酵滤液后能上调胶原蛋白 I 的含量，上调率为 11%，证明 1% 的 Bioyouth™ - Brice 糙米发酵滤液可以促进糖化损伤后的胶原蛋白 I 生成。

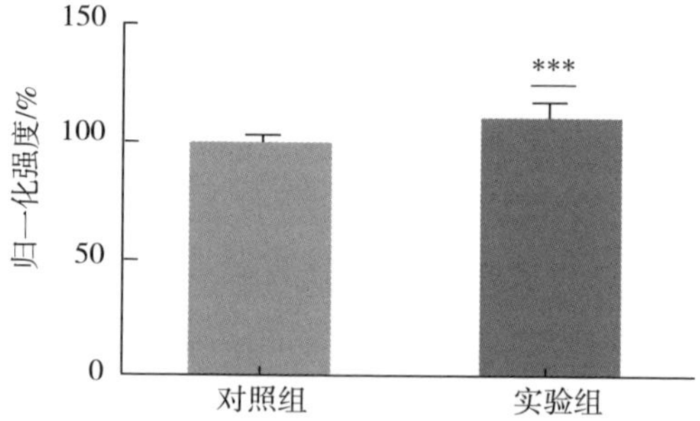

图 2.101　Bioyouth™ - Brice 糙米发酵滤液促进糖化损伤后胶原蛋白生成

注：＊＊＊表示 $p<0.001$ VS Control 组。

抑制油脂分泌检测（见图 2.102）：通过花生四烯酸诱导人皮脂腺细胞 SZ95 生成油脂，与对照组相比，5.0% 的 Bioyouth™ - Brice 糙米发酵滤液能抑制 25.8% 的油脂生成，表明 Bioyouth™ - Brice 糙米发酵滤液能够抑制皮肤油脂分泌，具有显著控油效果。

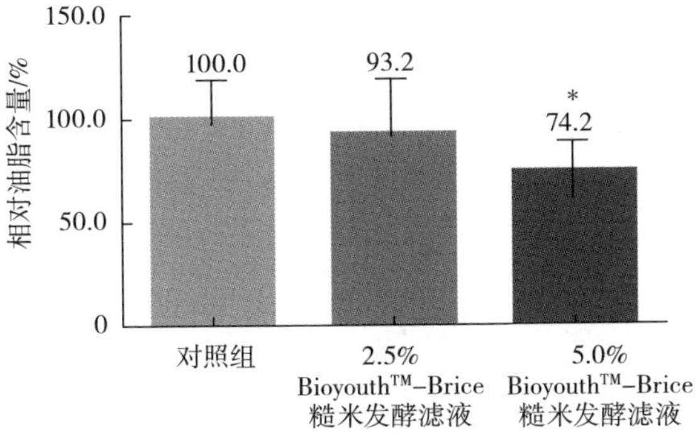

图 2.102　Bioyouth™－Brice 糙米发酵滤液对花生四烯酸诱导生成油脂的影响

注：* 代表具有显著性。

控油功效检测（见图 2.103）：选择 34 名 20～35 周岁健康女性志愿者，采用半脸对照法，半脸使用以 Bioyouth™－Brice 糙米发酵滤液为基质的精华水，每天早晚各使用 1 次测试样品。受试者使用测试样品 2w 后，与初始值相比，油脂分泌量减少 34.29%，使用 4w 后油脂分泌量减少 39.91%，效果均优于空白对照组。

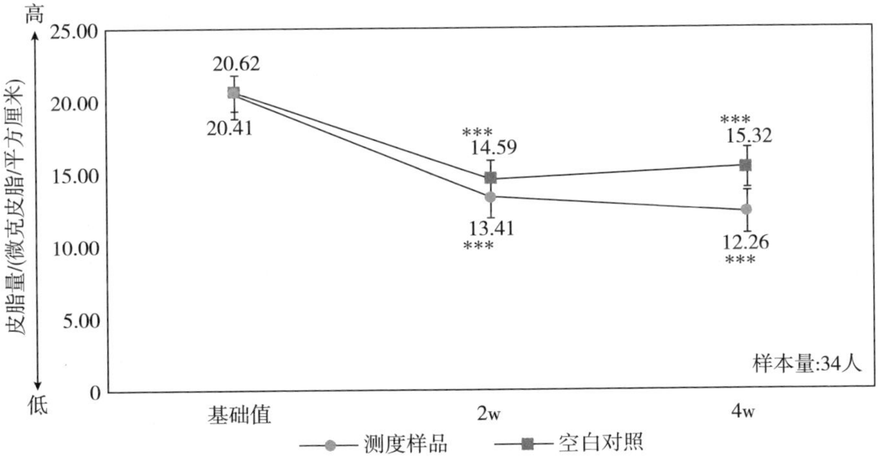

图 2.103　控油功效评价

注：* * * 表示 $p<0.001$ VS 基础值。

4. 应用领域

Bioyouth™－Brice 糙米发酵滤液以糙米为基质，经酵母菌发酵得来，富含氨基酸、维生素等小分子活性成分，可以清除自由基，抗糖化损伤，提高皮肤内 HAS2 的活性，促进人体自身合成透明质酸，促进 CD44 和 AQP3 的表达，抑制油脂分泌，具有良好的保湿控油、抗氧化、抗糖化损伤、舒缓、改善皮肤屏障功能等效果，可针对油皮敏感肌人群，用于水、乳、膏霜、面膜等产品中。

（五十）富勒烯化妆品原料

1. 成果介绍

（1）名称：富勒烯化妆品原料。

（2）成果负责人：中国科学院化学研究所分子纳米结构与纳米技术重点实验室研究员王春儒；北京福纳康生物技术有限公司首席技术官李慧。

（3）技术成熟程度：市场化。

（4）知识产权状况：发明专利申请中。

2. 市场背景

富勒烯原料在生物医药、能源器件、新材料、润滑油、光防护、化妆品领域都有着巨大的应用和市场前景，其中化妆品、润滑油、新材料三个板块都已经进入市场化阶段。2005 年，富勒烯在日本率先应用于化妆品领域。2014 年，我国将其列入《已使用化妆品原料名称目录》。自 2014 年以来，在国内注册及备案的富勒烯化妆品累计超过 15000 个单品，品类涵盖水、精华、面霜、面膜、眼霜等，市面上销售的富勒烯化妆品大多处于中高端水平。以往国内使用的都是进口富勒烯原料，价格极其昂贵，品质不高，存在溶剂残留，产品中添加量太高会引起过敏反应。随着国内品牌对富勒烯认可度的逐步提升，也需要有国人可信任及用得起的富勒烯原料，才能对其发展有正面的推动作用。中国科学院化学研究所分子纳米结构与纳米技术重点实验室王春儒研究员团队是国内最早开始推动富勒烯产业化的团队，并于 2015 年成立北京福纳康生物技术有限公司进行技术转化。北京福纳康生物技术有限公司所生产的富勒烯原料，纯度高、无溶剂残留、安全用量范围宽，加入配方后可充分体现富勒烯良好的护肤功效。目前，富勒烯多被应用于抗衰、抗炎、修复、美白类产品中。

3. 技术描述

1956 年 Denham Harman 提出了人体衰老的自由基学说。化学上也称其为“游离基”，是指化合物的分子在光热等外界条件下，共价键发生均裂而形成的具有不成对电子的原子或基团。

自由基是加速皮肤与身体衰老的第一杀手。衰老是人体机能变缓的直接表现，也是一种自然过程。人体过度氧化会加速衰老、疾病和死亡；导致肿瘤迅速生长；引发炎症、自身免疫反应而使身体健康遭受破坏；产生色素沉淀，出现色斑。如果体内自由基过剩会导致代谢废物沉积和病理性代谢渣滓的黏着，破坏微血管系统，从而导致血管的管腔狭窄，甚至封闭，导致微循环、循环发生障碍，使生命代谢的交换活动受到限制，从而导致细胞衰老。

自由基种类很多，其中 $\cdot OH$、$\cdot O_2^-$、H_2O_2 分子在体内的含量最多，损害也最大。$\cdot OH$ 是最活泼、毒性最大的自由基，它可以与活细胞中的任何分子发生反应而造成损伤，并且反应速度极快，被破坏的分子遍及糖类、氨基酸、磷脂、核苷和有机酸等。$\cdot O_2^-$ 可使核酸链断裂、多糖解聚及不饱和脂肪酸过氧化，进而造成膜损伤、线粒体氧化磷酸化作用的改变等。H_2O_2 能使少数酶的 $-SH$（巯基）氧化失活，因为 H_2O_2 能迅速穿过细胞膜，而 $\cdot O_2^-$ 不能，在细胞内的 H_2O_2 能与 Fe^{2+} 或 Cu^{2+} 反应生成 $\cdot OH$，这是 H_2O_2 产生毒性的真正原因。

自由基清除剂发挥作用必须满足三个条件：一是要有一定的浓度；二是必须能以极快的速度抢先与自由基结合；三是在大多数情况下，清除剂与自由基反应后会变成新的自由基，这个新自由基的毒性应小于原来自由基的毒性才有防御作用。

富勒烯是球形笼状分子，一个分子可同时容纳 6 个电子，具有庞大的共轭电子云，是极易淬灭自由基的电子能量。富勒烯的结构是由五边形和六边形面组成的凸多面体，可以用 C_{2n}（$n=12, 13, 14, \cdots$）来表示，每个富勒烯都有 12 个五边形，且根据六边形的个数来调节富勒烯的大小。理论上，

最小的富勒烯是 C_{20}，最大可到 C_{240}。C_{60} 是富勒烯家族中最容易得到、最容易提纯，同时制造成本相对较低的分子，因此 C_{60} 及其衍生物是被研究和应用最多的富勒烯。富勒烯 C_{60} 是富勒烯家族的代表性成员，它由 60 个碳原子构成，是一个像足球一样的 32 面体，包括 20 个六边形和 12 个五边形（见图 2.104）。处于顶点的碳原子与相邻顶点的碳原子各用近似 sp^2 杂化轨道重叠形成 σ 键，每个碳原子的 3 个 σ 键分别为 1 个五边形的边和 2 个六边形的边。碳原子杂化轨道理论计算值为 $sp^{2.28}$，每个碳原子的 3 个 σ 键不是共平面的，键角约为 108°或 120°。每个碳原子用剩下的一个 p 轨道互相重叠形成一个含 60 个 π 电子的闭壳层电子结构，因此在近似球形的笼内和笼外都围绕着庞大的 π 电子云，具有优异的生物学抗氧化性能。Charles N. McEwen 在研究富勒烯的质谱信号时发现了富勒烯可以连续结合多个甲基自由基，同时预测了富勒烯与自由基相互作用的一种机制，即当富勒烯分子表面是奇数电子时带电基团与富勒烯的电子云表面紧密结合，并在形成偶数电子物种时释放（见图 2.105），富勒烯因此被称为“自由基海绵”。

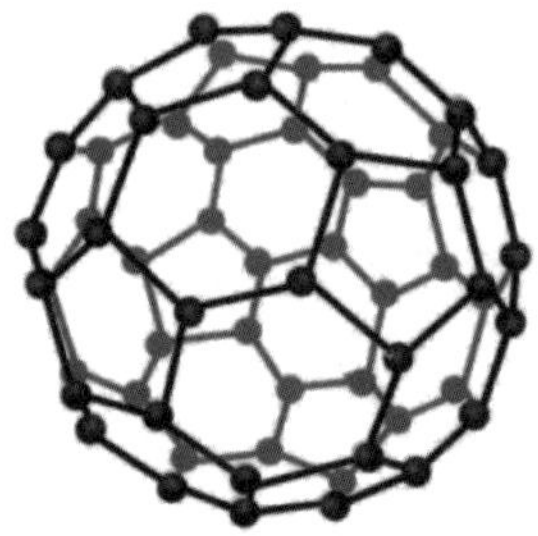

图 2.104　富勒烯 C_{60} 结构

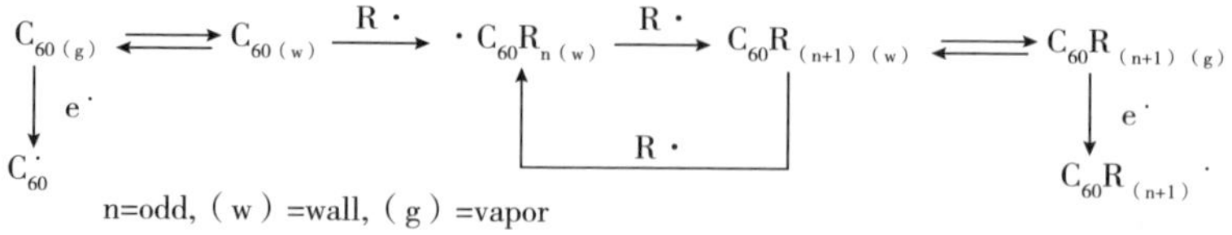

图 2.105　富勒烯与自由基相互作用原理

富勒烯及其衍生物具有高的电子亲和势、低的电子重组能、较高的电子迁移率，并且能够与多电子材料相容。中国科学院化学研究所王春儒研究员及北京福纳康生物技术有限公司首席技术官李慧博士，发明了可高效发挥富勒烯功效的水溶性富勒烯化妆品原料（富勒烯玻尿酸、富勒烯聚氧乙烯蓖麻油、富勒烯橄榄油酯）和油溶性富勒烯化妆品原料，同时针对富勒烯清除自由基的性质进行了详细研究，利用电子自旋共振仪（ESR）方法对富勒烯清除羟基自由基的性能进行了检测，发现富勒烯及其衍生物可以快速、长效清除羟基自由基，富勒烯淬灭自由基的能力远远大于维生素C，是维生素C的1000倍以上。

将100μL DMPO（100mmol/L）和100μL H_2O_2（100mmol/L）分别与50μL超纯水、MHAF60－50、PPF60－50、50mg/L维生素C水溶液和50 mg/L虾青素水溶液混合制成测试样品，然后将其加入500 W紫外光照射4min的双氧水溶液（1mmol/L）中，并在黑暗条件下记录X波段EPR光谱。通过测试发现，在同等自由基含量条件下，1ppm的富勒烯淬灭自由基的能力远远优于1000ppm的维生素C和虾青素。

4. 应用领域

富勒烯本身难溶于油和水，需要制作成富勒烯化妆品原料形式才能满足配方开发的要求。目前，市面上流通的富勒烯原料主要有油溶性富勒烯（植物油脂或者合成油脂分散的富勒烯，如霍霍巴籽油富勒烯、白池花籽油富勒烯、中链甘油三酸酯富勒烯、角鲨烷富勒烯）、水溶性富勒烯（增溶或者包裹形式，如玻尿酸富勒烯、壳聚糖富勒烯、葡聚糖富勒烯、聚氧乙烯蓖麻油富勒烯、PEG－7/8橄榄油酯富勒烯）、粉体富勒烯（如硅石富勒烯）。中国科学院化学研究所分子纳米结构与纳米技术重点实验室、北京福纳康生物技术有限公司以及北京工商大学化妆品研究中心的研究成果及相关文献资料显示：添加富勒烯至2～5ppm时，即可显示出舒缓退红的功效，抑制激光诱导的炎症红斑和皮肤氧化损伤；添加富勒烯至3～7ppm时，即可对抗紫外线损伤，对抗炎症反应；添加富勒烯至5～10ppm时，制作成乳液，即可发挥较好的修复皮肤屏障的作用，改善皮肤泛红易敏感情况；添加富勒烯至10～15ppm时，制作成膏霜，即可发挥抗衰、紧致、淡纹的功效；添加富勒烯至10～15ppm时，富勒烯与甘草酸二钾和尿囊素联用，即可发挥较好的提亮美白的功效；添加富勒烯至 2 ~ 5ppm 时，可降低防腐剂及表面活性剂的刺激性，应用于洗发水中，可提高洗发水的温和性，长期使用有防脱健发的效果；添加富勒烯至 10 ~ 30ppm 时，与维生素 B 族元素及微量元素复配，长期使用有防脱固发的功效。

三、产学研合作案例

（一）麦肤因：酵母菌/大米发酵产物滤液

1. 产品介绍

（1）产品名称：麦肤因，INCI 名称为酵母菌/大米发酵产物滤液。

（2）产品定位：该成分是利用生物发酵技术制成的绿色、安全、温和的护肤成分，丰富的营养成分为肌肤带来肤感和功效的双重体验，对抗衰老具有积极的作用。

（3）产品特点：独特的大米发酵液，接触角小于水，能为肌肤带来良好的肤感；内含 90 多种营养成分，包括氨基酸、果酸、糖类、核酸、多胺等，具有良好的护肤效果；其中含有的专利成分 Alpha - KG（2 - 酮戊二酸），是谷氨酸的前体，能够参与细胞的能量代谢 TCA 循环（三羧酸循环），提升细胞活力，同时上调与维持表皮功能相关基因的 mRNA 的表达，来促进皮肤水合作用和屏障功能。

2. 技术介绍

（1）技术来源。生物发酵技术是利用微生物独有的某些功能，采用现代生物工程技术手段，通过工业大规模生产出产品或直接把微生物应用于产品终端。通过细胞的生长特性及生物催化反应体系，与有机物底物发生反应，最终得到目标产物，即生物反应合成物质或细胞。这一技术不仅改变了底物原有的性能，还能产生新的功效物质。

基于生物发酵技术的麦肤因是由麦吉丽与日本制药公司联合开发的一款大米发酵液。其中，所用的菌种（Saccharomyces verone）从 1000 种酵母菌种中逐步筛选出来，发酵的底物选择了日本非常有名的大米品种“秋田小町”。

（2）技术特征。麦肤因，被称为“10倍浓缩发酵酵母菌/大米发酵产物滤液”。采用特殊科技筛选的“酵母”和日本精选“大米”，通过食品级的发酵工艺控制，纯化并去除杂质。整个发酵过程，从生产车间到灌装室，采用了in line系统，杜绝了与外界空气的接触；发酵完成后的原液在37℃恒温下进行减压浓缩，最终浓缩发酵液的得率仅为原液的1/10，富集了氨基酸、多糖、核酸、果酸等90多种天然活性组分，可更好地发挥护肤功效。

3. 合作分享

麦吉丽是倡导“尽享素颜之美”护肤理念的品牌，定位中高端女性护肤市场，致力于打造民族高端化妆品品牌，是一个集研发、生产、品牌运营、销售于一体的高端美妆集团化公司。麦吉丽会集了国际化妆品研究领域的人才，结合生物学、医药学、化学、皮肤学和营养学等多个领域的先进技术，创造了一系列亚洲女性肌肤适用的口碑产品。自成立以来，麦吉丽已覆盖5000万高端女性用户群体。

麦吉丽坚持在护肤领域不断探索与钻研，每年在科技研发方面投入大量资金和人力。此次，麦吉丽多次奔赴日本进行实地考察，联合日本制药公司，共同开发了这款独特的大米发酵液，即麦肤因。菌种是整个发酵的关键，此款产品所用菌种是从1000种酵母菌种中筛选出来的最合适的一种，类属于高安全性的面包酵母，在日本已取得医药部外品认证，整个发酵过程中几乎不产生酒精；同样，大米也是精心挑选的日本优异的品种“秋田小町”。

同时，麦吉丽联合日本国立农研机构、冈山理科大学对麦肤因进行深入研究，证实了麦肤因中含有的90多种天然营养成分，进一步研究了其中的特殊成分——Alpha-KG（2-酮戊二酸），并申请了相关专利。该成分是谷氨酸的前体，能够直接参与细胞能量代谢过程（三羧酸循环），被称为“TCA循环（见图2.106）的关键中间体”。AKG可作为抗氧化剂，因为它能直接与过氧化氢反应生成琥珀酸盐、水和二氧化碳，并且通过氧化脱羧释放大量的ATP。在体外试验（培养人体角质形成细胞，见图2.107）中，含麦肤因的面霜对细胞增殖有明显的促进作用。在研究中还发现，

AKG 能够精准调控表皮三大基因的 mRNA 表达，即丝聚蛋白（FLG）、内披蛋白（IVL）、丝氨酸棕榈酰转移酶（SPT）相关 mRNA 的表达，这对于强化皮肤结构、改善皮肤屏障功能有着积极的作用。

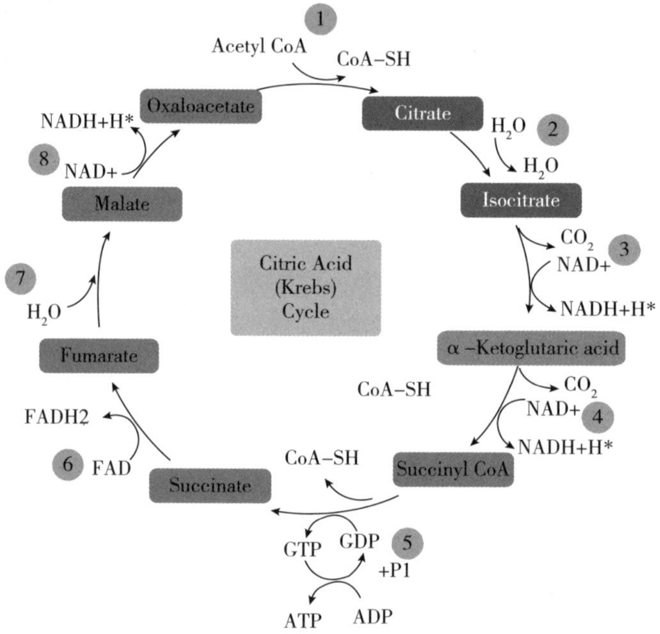

图 2.106　TCA 循环

麦吉丽将麦肤因应用在多款经典产品中，如酵母精粹平衡水、逆时光御龄奢宠面霜等。其中，逆时光御龄奢宠面霜是一款针对性解决肌肤衰老问题的面霜，以麦肤因为主打成分。经临床测试，逆时光御龄奢宠面霜有抗皱、紧致、提亮等多重功效。

另外，相关研究已发表在国内外多家知名期刊中，如“The study of skin hydration, anti - wrinkles function improvement of anti - aging cream with alpha - ketoglutarate”发表在国际知名期刊 JCD（*Journal of Cosmetic Dermatology*，2021）上。

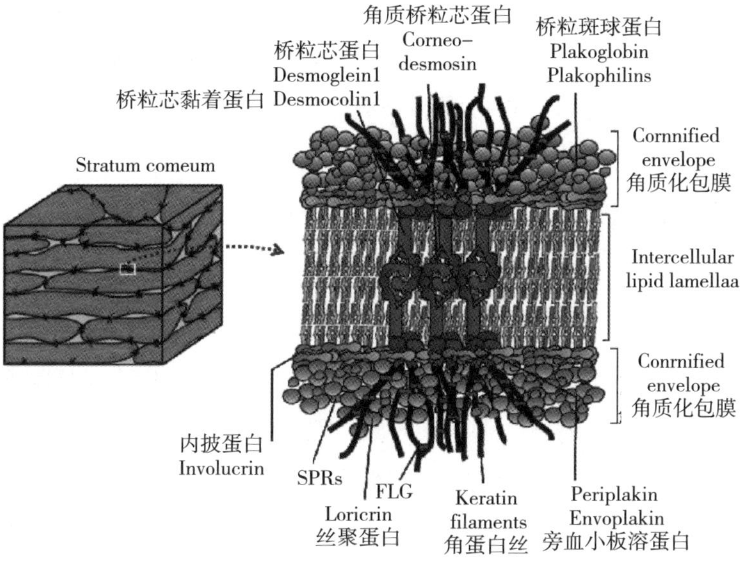

图 2.107　角质细胞的连接结构

（二）逆光因 ANTIAGE 原料

1. 原料介绍

（1）原料名称：逆光因 ANTIAGE 原料。

（2）原料定位：基于中国女性皮肤本态研究，依据中国女性衰老特征变化开发的抗皱、紧致功效原料。从即时、短期、长效三个维度，协同改善皱纹，紧致肌肤。

（3）原料特点如下。芋螺毒素，即时放松肌肉、去皱：特异性阻断肌肉细胞的电压门控 Na^+ 通道（Nav 1.4），使肌肉动作电位不能形成，有效地松弛表情肌，瞬时有效去皱，起到抗皮肤衰老作用，且不会造成僵硬、不自然等症状。棕榈酰五肽－4，短期促进胶原产生减少真性皱纹：作用于真皮成纤维细胞，有效促进皮肤真皮层中胶原蛋白、弹性蛋白及糖胺聚糖的合成，修复和重建细胞外基质及表皮—真皮连接部分，深层解决皱纹问题，减少肌肤细纹，增加皮肤厚度，增强肌肤紧致感和光泽度，达到皮肤抗衰老的效果。铁皮石斛多糖，长效调节时钟基因：具有优异的补水和保湿效果，与不同分子量的透明质酸相比，超低分子量铁皮石斛多糖表现出更强的保湿锁水效果。核心成分加持纳米脂质化包裹技术，促进经皮渗透。功效测试证实，5%逆光因 ANTIAGE 可使表皮活细胞层增厚，真皮层成纤维细胞密度增加，对组织形态有一定改善；胶原纤维含量显著上升；弹性纤维含量显著上升。

2. 技术背景

市场上的“抗衰老”原料种类繁多，但普遍存在功效不足、作用单一、吸收性不好、功效成分不稳定等问题。如抗衰老护肤品中常用的原料“视黄醇”与其诸多衍生物一起被称为“类视黄醇（Retinoids）家族”，包括：视黄醛、视黄酸（“维 A 酸”或“维甲酸”）、视黄酯类（例如，视黄醇棕榈酸酯、视黄醇乙酸酯、视黄醇丙酸酯、视黄醇视黄酸酯等）、β－胡萝卜素等，经常应用于抗衰老产品中，如面霜、精华液和眼霜等。然而视黄醇应用过程中存在一些问题。①光不稳定性：由于视黄醇的四烯侧链容易接受光波的能量，紫外线照射下容易使其结构发生改变而损失活性。②活性衰减问题：实验研究表明，室温环境下，视黄醇、视黄醛、视黄醇酯类标准溶液有不同程度的活性衰减，其中视黄醇衰减最严重。③对皮肤的刺激性：不同肤质的人群使用时，表现出不同的耐受性，可能会出现红斑、起皮、疼痛等不适感。研究发现，与视黄醇相比，视黄醇棕榈酸酯在 UV 光照情况下更不稳定，UVB 对类视黄醇的光降解作用更强，其具有光敏性、光毒性；同时，由于类视黄醇的安全性风险，其在护肤品中用量受限。

传统脂质体（Liposomes）是由卵磷脂和神经酰胺等制得的脂质体（空心），具有双分子层结构，主要原料为磷脂和胆固醇，磷脂分子的亲水头部伸向水中，疏水尾部伸向空气，胆固醇镶嵌于磷脂分子之间，具有调节膜流动性的作用，对皮肤有优良的保湿作用，尤其是包敷了保湿物质如透明质酸、聚葡糖苷等的脂质体是更优秀的保湿性物质。但传统脂质体存在稳定性差、脂溶性活性物质的包封率低、经皮渗透速率低等问题。

基于此，开发一种稳定性好、透皮吸收性好、具有修护皮肤组织损伤等效果的抗衰老护肤品原料具有重要的现实意义。

3. 技术介绍

（1）技术来源：成都律恩泽雅科技有限公司和华南协同创新研究院绿色功能日化产品创新中心的深入合作研究。

（2）技术特征：逆光因 ANTIAGE 包括大豆卵磷脂、棕榈酰五肽 -4、精氨酸/赖氨酸多肽、铁皮石斛茎提取物、甘油、辛酸/癸酸甘油三酯、丙二醇、聚山梨醇酯 -80，利用高速剪切和高压均质等高速分散工艺制备而成，通过高浓度低链醇（如丙二醇、甘油）取代胆固醇获得可变形的柔性纳米醇质体。该组合物稳定性好、经皮渗透速率高，透皮吸收性好。实验结果表明：本抗衰老组合物能够修护肌肤组织形态，加快弹力纤维更新，促进胶原纤维生成，具有抗衰老、紧致肌肤的功效。

4. 合作分享

成都律恩泽雅科技有限公司是一个集销售、品牌运营、研发与服务于一体的综合性国际化企业，专注于提升与人们生活品质息息相关的“美丽、时尚和健康”三大领域，旗下拥有 for/get、forget in、IKEWENNA、AMOUR DE TULLE 和 ANGE GARDIEN 五大具有行业美誉度的品牌集群，业务范围覆盖全国 28 个省份，与上万家美容院紧密合作。

成都律恩泽雅科技有限公司积极推进产学研协同发展，与华南协同创新研究院绿色功能日化产品创新中心紧密合作，该创新中心是由华南理工大学生物医学、化学化工、高分子材料和绿色环保等领域的知名教授专家、博士、硕士、归国人员等组建而成，拥有国家级的重点实验室、分析测试中心和天然产物开发中心，专注于日化产品、个人护理品以及养生用品等领域的原料开发、技术创新、配方设计、功效评价和安全性能评估等方面的研究。

[参考文献]

[1]胡梦莹,张涛. 微生物发酵转化甘露醇的研究进展[J]. 食品与发酵工业,2020,46(18):245 -251.

[2]江镇海. 山梨醇的市场应用现状与发展趋势[J]. 上海化工,2014,

39(12):33－35.

[3]田大听,冀小雄,毛海波,等. 几种天然保湿材料的吸湿和保湿性能研究[J]. 材料导报,2008, 22 (3):142－147.

[4]吴长青,聂磊,杨晋青. 高效液相色谱法测定化妆品中山梨糖醇的含量[J]. 香料香精化妆品,2017(3):26－28＋44.

[5]张国防,秦益民,姜进举. 海藻的故事[M]. 北京:知识出版社,2016.

[6]郑曦,陈智多,张德蒙,等. 海藻酸钠对酪氨酸酶的抑制作用[J]. 日用化学工业,2019,49(6):388－392.

[7]CROWELL P L, ELSON C E, BAILEY H H, et al. Human metabolism of the experimental cancer therapeutic agent d－limonene[J]. Cancer Chemother Pharmacol,1994,35(1):31－37.

[8]GUNASEELAN S,BALUPILLAI A,GOVINDASAMY K, et al. Linalool prevents oxidative stress activated protein kinases in single UVB－exposed human skin cells[J]. PloS One,2017,12(5):12－17.

[9]JIA S S, XI G P, ZHANG M, et al. Induction of apoptosis by D－limonene is mediated by inactivation of Akt in LS174T human colon cancer cells[J]. Oncol Rep,2013,29(1):349－354.

[10] KIM S K. Handbook of Marine Biotechnology [M]. New York: Springer,2015.

[11]PANSANIT A, PRIPDEEVECH P. Antibacterial secondary metabolites from an endophytic fungus, Arthrinium sp. MFLUCC16－1053 isolated from Zingiber cassumunar[J]. Mycology,2018,9(4):264－272.

[12]SENTHIL K J, GOKILA V M, WANG C S,et al. Geranium and Lemon Essential Oils and Their Active Compounds Downregulate Angiotensin－Converting Enzyme 2 (ACE2), a SARS－CoV－2 Spike Receptor－Binding Domain, in Epithelial Cells[J]. Plants (Basel) ,2020,9(6):770－776.

第三章 化妆品包材料科研成果

随着人们生活水平的不断提高，人均可支配收入不断增加，越来越多的人开始追求时尚、追求美，从而带动了化妆品领域市场规模的持续增加。据 Euromonitor 统计数据，2011—2020 年我国化妆品的市场规模增长率呈现先下降后上升趋势，市场规模从 2011 年的 331.8 亿美元增长到了 2020 年的 732.0 亿美元。2020 年，在新冠肺炎疫情的影响下，化妆品市场规模仍能保持 6.83% 的正向增长率。全球第二大市场咨询公司 Marketsand Markets 的报告显示，全球化妆品包装市场规模预计 2025 年将增长至 609 亿美元，其中中国是世界上仅次于美国的第二大化妆品消费市场，而包装材料作为化妆品必不可少的部分，其市场规模也会不断扩大。

一、化妆品包材现状分析

（一）化妆品包材的分类

化妆品的包材主要分为内包材和外包材。化妆品的内包材是与内容物直接接触的、能组成密闭空间的材料，包括瓶、盖、塞等，其主要材料是塑料和玻璃。化妆品的外包材是为装饰、保护内容物或内包材而使用的材料，其主要材料是纸质和塑料。

化妆品的内包材主要分为瓶、软管和喷雾罐。其中，瓶包括塑料瓶和玻璃瓶，软管包括塑料软管、复合软管、金属软管等，喷雾罐包括耐压式的铝罐、铁罐等。化妆品的外包材主要分为袋和盒。其中，袋包括纸袋、塑料袋和复合袋，盒包括纸盒、塑料盒和金属盒。

（二）化妆品包材发展趋势

作为一种时尚消费品，化妆品需要优质的包装材料以提升其身价。目前，我国市场上的日用化妆品种类繁多，运用了多种包装材料。化妆品包装材料就其类型来说，有塑料材料、玻璃材料、金属材料、复合材料以及纸质材料等。从目前的使用状况来看，玻璃、塑料、金属主要用作化妆品包装容器材料，而纸质的包装材料大多用于化妆品的外包装。在化妆品领域，耐用、精美的外包装层出不穷。化妆品市场对包装的外观要求越来越高，塑料因其坚固耐久的性能而被广泛使用，玻璃则给人一种高贵的外观感，因此其也是化妆品包装中的主选材料。玻璃的璀璨夺目非常适合香水瓶等的包装，而塑料凭借着合理的价格和较轻的质量获得了这场化妆品包装材料的竞争资格。随着科技的进步，不断研制新材料和新的加工技术、追求新的造型一直是业内人士对化妆品包装容器的开发重点。材料的应用范围已不仅局限于玻璃瓶、塑料瓶，新材料的应用也已成为化妆品行业推出新产品、完善现有产品的一种方式。

国际包装网上《谈谈中国化妆品包装的发展趋势》一文提到，保护性、功能性和装饰性“三性一体”是未来化妆品包装的发展方向，保鲜包装材料、绿色包装材料、多层塑料复合技术、真空包装将成为未来化妆品包装的研究热点。

近几年，随着国潮的崛起，中国风、宫廷风的化妆品开始备受消费者的喜爱。国货品牌开始在化妆品包装设计中加入中国传统元素，如剪纸、青花瓷等；外国品牌也纷纷推出具有中国风的化妆品包装。

二、化妆品包材科研成果

（一）化妆品包装材料

2005 年 5 月，上海紫华容器包装有限公司发明了一种可生物降解的塑料容器。即在高分子材料中加入以淀粉为主要成分的生物降解母料和弹性体、线性低密度聚乙烯等辅料，在双螺杆挤出机上混合加工制成生物降解母料，然后将混合料经预热、塑化、挤出吹塑加工成容器制品。以淀粉为主要成分的生物降解母料，采用的是经接枝改性的淀粉。即在淀粉分子主链上接枝亲油性分子，并与载体树脂相容、分散、塑化，使获得的生物降解母料具有塑料本身的特性。为增加流动性和制品表面的光洁度，选用熔融指数较高的树脂作为载体树脂，并选用适当细度的淀粉，加入相容剂、分散剂、增塑剂等助剂。为了使混合料能正常吹塑成型，并且避免温度太高造成焦粒现象影响容器制品强度，需要调整各段加工温度、挤出速度；调整容器制品薄壁部位的厚度，增加容器制品强度。该可生物降解塑料，克服了目前含淀粉的可生物降解塑料材料加工性能较差，加工工艺困难，抗冲击强度、抗压强度低的缺点。采用挤出吹塑成型，所获得的容器制品符合使用的要求，完全达到国家制定的有关标准，其可生物降解的性能对减轻白色污染、保护环境具有积极意义，可以应用于农用制品、日用品、化妆品、药品、洗涤剂等包装材料上。

2007 年 5 月，潘志成公开了一种改进性塑料及塑料制作工艺流程。该塑料制作方法如下。步骤一，将 PMMA 聚甲基丙烯酸甲酯在 65℃ ~90℃ 的烘箱中干燥 3 ~6h；将 PC 聚碳酸酯在 85℃ ~120℃ 的烘箱中干燥 2 ~5h，然后将 PMMA 聚甲基丙烯酸甲酯与 PC 聚碳酸酯以（20% ~80%）:（80% ~20%）的比例混合均匀，加入挤出机料斗中，转动螺杆挤出切粒 A。步骤二，将颗粒 A 在 70℃ ~105℃ 的烘箱中干燥 3 ~6h；将 PET 聚对苯二甲酸乙二醇酯，在 160℃ ~180℃ 的烘箱中干燥 4 ~5h，然后将按步骤一混合的颗粒与 PET 聚对苯二甲酸乙二醇酯以 80%:20% 的比例混合，均匀加入挤出机料斗中，转动螺杆挤出切粒。其中，步骤一工艺流程中，螺杆转速为 30 ~50r/min，切刀转速为 10 ~40r/s；步骤二工艺流程中，螺杆转速为 30 ~50r/min，切刀转速为 10 ~40r/s。该改进塑料适用于洗涤剂化妆品容器和其他装饰品及其他行业，具有耐化学腐蚀性、成本低廉的优点。

2018 年 9 月，王德秀公开了一种高强度抗菌塑料化妆品盒的制备方法。该高强度抗菌塑料化妆品盒制造配方包括 ABS 树脂、SAN 树脂、玻璃纤维、抗氧剂、抗菌剂、润滑剂、光热稳定剂、抗静电剂。其中，玻璃纤维是短切玻璃纤维，抗氧剂选择抗氧剂 3114、抗氧剂 1010 中的至少一种，抗菌剂选择纳米银、纳米氧化锌中的至少一种，润滑剂选择硬脂酸甘油酯、石蜡中的至少一种，光热稳定剂选择 UV－531、UV－327 中的至少一种，抗静电剂是硬脂酸钙。高强度抗菌塑料化妆品盒的制备方法：按所述重量比称取 ABS 树脂、SAN 树脂、玻璃纤维和润滑剂，用 200～600r/min 的速度搅拌 8～10min，混合均匀得到混合物 A；按所述重量比称取各抗氧剂、抗菌剂、光热稳定剂和抗静电剂，在 750～1200r/min 的速度搅拌1～3min，混合均匀得到混合物 B，放置 5～10min；将混合物 A 和混合物 B 熔融共混，得到混合均匀的共混物 C；将共混物 C 置于锥形双螺旋杆挤出机料斗中，挤出塑料颗粒 D；将塑料颗粒 D 放入模具中，在 80℃～95℃下压制成模，即可制备成化妆品盒。引入 SAN 树脂可以提高产品的光泽、刚性和易加工性，并降低生产成本。使用该方法制备的化妆品盒具有产品质量好、生产成本低、制备工艺简单、产品外观可塑性好、抗菌效果持久的特点，具有很强的市场竞争力。2019 年 12 月，徐州宏华玻璃科技有限公司公开了一种环保的瓷白玻璃配方。即通过改变原料配料比，获得高白瓷器的外观效果。该瓷白玻璃配方中的原料按重量百分比组成分别是：0.5%～6%配合料，10%～35%碎玻璃，1%～10%方解石，0～3%硅烷偶联剂，0～2.5%硝酸石，5%～20%着色剂，10%～20%复合澄清剂，30%～60%纯碱。该配方有利于控制影响玻璃乳浊效果的氟化物晶体的晶核形成速度和晶体生长速度，使晶粒尺寸符合产生反射乳浊的要求，获得高白瓷器的外观效果，在节省成本的同时又能大大提升产品品质，适用于制造化妆品瓶、酒瓶和酒杯。

2019 年 8 月，韩燕公开了一种绿色环保的化妆品玻璃包装瓶。该化妆品玻璃包装瓶（见图3.1）包括玻璃包装瓶体（1）、瓶体塑料上盖（2）和瓶体塑料底盖（3）。玻璃包装瓶体（1）内部具有玻璃底部（4），玻璃底部（4）的上部空间形成盛装化妆品液的内腔，玻璃底部（4）的下部空间形成抽液控制腔，抽液控制腔由瓶体塑料底盖（3）封闭。玻璃底部（4）上部的盛装化妆品液的内腔由中部玻璃隔板（5）分隔成两个化妆品储液腔（6，7），在抽液控制腔内安装有两个抽液控制泵（8，9），两个抽液控制泵（8，9）分别通过第一软管（10）和第二软管（11）与两个化妆品储液腔（6，7）底部连通。在瓶体塑料上盖（2）上设置有两组化妆品控制出液组件（14，15）；两个抽液控制泵（8，9）的出液端分别通过第三软管（12）和第四软管（13）与两组化妆品控制出液组件（14，15）连通，并由两组化妆品控制出液组件（14，15）控制对应的抽液控制泵对化妆品储液腔输出化妆品。玻璃包装瓶体由如下原料按重量份数制成：氯化镁5份、石灰石12份、碳化硅6份、磺酸钠6份、十二烷基苯磺酸钠乳液4份、固化剂4份、染色剂4份、氮化硅2份、氧化镁5份、硅酸盐8份、纯碱2份、乙二胺四乙酸二钠2份、方解石8份、三氧化二铝6份、元明粉7份、铬矿粉14份、长石10份、硝酸钠5份、超细PMMA粉10份、十水硼砂7份。经过改进，该玻璃包装瓶可克服现有的化妆品玻璃包装瓶内部仅仅盛装一种类型化妆品，不能将两种不同类型化妆品同时融入其中的问题，从而解决了外出携带较笨重而且麻烦和不环保的问题。另外，该玻璃包装瓶在使用时，由抽液控制泵将对应的化妆品储液腔中的化妆品自动抽出，解决了现有的化妆品玻璃包装瓶通常采用倒立、挤压或按压方式缺乏创新的问题。

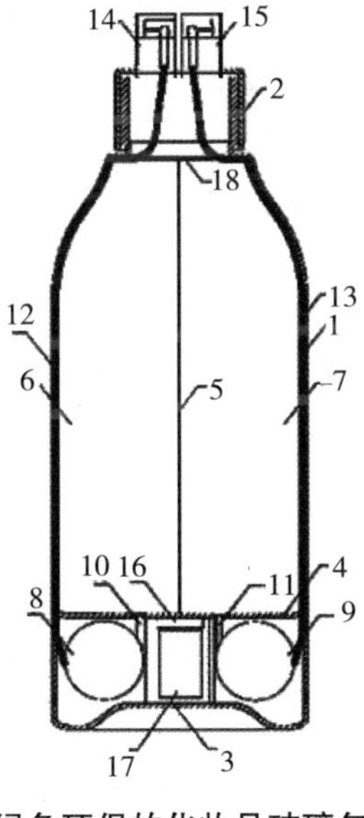

图3.1　绿色环保的化妆品玻璃包装瓶

2020年6月，广州圣威化妆品包装有限公司公开了一种绿色环保的化妆品玻璃瓶的制备方法。该绿色环保的化妆品玻璃瓶的瓶身一端为瓶口，瓶口可拆卸，连接有瓶盖。瓶身由绿色环保的玻璃材料制成，其原料包括二氧化硅、废旧玻璃、氧化铝、氟化钕、氟化镝。在玻璃材料中加入氟化钕和氟化镝，且氟化钕与氟化镝以特定比例配合，使得玻璃材料的硬度下降至比普通钢铁低，当玻璃瓶破损而产生缺口后，采用日常工具如指甲锉刀即可进行打磨，且缺口处易于打磨光滑，从而使玻璃瓶的缺口不易划伤、刮花其他物品；加入废旧玻璃，可使废旧玻璃得以循环利用，减少废旧玻璃污染环境的问题，绿色环保；加入氧化铝，可有效提高玻璃材料的气密性，更好地阻隔空气，延缓化妆品氧化，延长化妆品存放周期，提高经济价值。

2020 年 7 月，广州圣威化妆品包装有限公司公开了一种绿色环保的高强度化妆品玻璃瓶的制备方法。该玻璃瓶的瓶身由绿色环保的高强度玻璃制成。该绿色环保的高强度玻璃包括以下组分：二氧化硅、废旧玻璃、氧化铝、硫酸铯、磷化铟、碳粉、纳米蒙脱土、氧化钙、氧化钠、氧化钾、氟化锶。制备方法：在高强度玻璃中加入硫酸铯与磷化铟，通过硫酸铯与磷化铟以特定比例相互配合，可大幅提高玻璃的抗冲击性能，避免其因受冲击而破损，方便携带；加入废旧玻璃，充分利用废旧玻璃材料，减少废旧玻璃对环境的污染，绿色环保，并且通过硫酸铯与磷化铟的作用，抵消了掺入废旧玻璃带来的对化妆品玻璃瓶抗冲击性能的负面影响；加入氧化铝，可提高高强度玻璃的气密性，有利于对化妆品的保护，有效延缓化妆品氧化变质；加入碳粉使得高强度玻璃更为澄清，同时起到一定的助熔效果，并且微量提升了高强度玻璃的抗冲击性能；加入纳米蒙脱土，利用纳米蒙脱土的层结构阻挡分子运动，从而使化妆品玻璃瓶的气密性更佳，同时还使化妆品玻璃瓶具有一定的隔热性能；加入氧化钙、氧化钠、氧化钾，它们相互配合可起到较好的助熔效果，使熔融的玻璃液流动性更好，易于加工，同时也能使高强度玻璃更为澄清；加入氟化锶，配合硫酸铯与磷化铟，高强度玻璃的抗冲击性能会进一步提升，从而使化妆品玻璃瓶的稳定性更佳，能更好地保存化妆品。综上，该化妆品玻璃瓶不易因受冲击而破损，方便携带且绿色环保。

2020 年 8 月，苏州通成化妆品包装有限公司公开了一种耐冲击的化妆品珠光色外瓶及其生产方法。该耐冲击的化妆品珠光色外瓶的原料配方包括PETG、PMMA、PC和珠光粉、增韧剂、相容剂、润滑剂。其中，珠光粉为纳米二氧化钛包覆云母粉；相容剂为PMMA接枝马来酸酐；增韧剂为SEBS、EPDM或ABS高胶粉中的至少一种；润滑剂为硬质酸盐类。耐冲击的化妆品珠光色外瓶的制备方法：分别称取PETG和PMMA及增韧剂、相容剂相应质量的原料，然后将上述原料投入混料机中，在负压条件下充分加热混合搅拌30～60min，加热温度为70℃～90℃；关闭混料机的负压机构，将珠光粉和润滑剂投入混料桶继续混合搅拌10～20min得到混合物A；将得到的混合物A加入双螺杆挤出机中，由双螺杆挤出机将熔融后的混合物挤进所述化妆品外瓶的模具中（双螺杆挤出机的熔融挤出温度为230℃～250℃），然后由高压吹制成型。采用该方法能够得到外观具有明亮珍珠光泽的瓶体，极具识别度，而且瓶体具有优良的抗摔功能，可以在摔落的过程中有效保护化妆品内瓶中产品的安全。

2020年12月，金旸（厦门）新材料科技有限公司公开了一种PA/PMMA复合材料的制备方法和应用。该PA/PMMA复合材料的制备原料由透明尼龙、聚甲基丙烯酸甲酯和染料以及任选的抗氧剂和/或润滑剂组成。以PA/PMMA复合材料的制备原料的总重量为基准，所述透明尼龙的含量不低于70wt%且聚甲基丙烯酸甲酯的含量不高于20wt%，透明尼龙选择PA66/6共聚尼龙、PA6I/6T共聚尼龙、PA6I PA6I/6T共聚尼龙、MXD6尼龙和PA12尼龙中的至少一种。染料由亲透明尼龙的金属络合染料和亲聚甲基丙烯酸甲酯的金属络合染料组成，亲透明尼龙的金属络合染料选择溶剂蓝132、溶剂黄27和溶剂红225中的至少一种，亲聚甲基丙烯酸甲酯的金属络合染料选择溶剂黄145、溶剂红135和溶剂蓝67中的至少一种。抗氧剂为N，N′-双-［3-（3，5-二叔丁基-4-羟基苯基）丙酰基］己二胺与双（2，4-二枯基苯基）季戊四醇二亚磷酸酯的混合物；润滑剂为有机硅润滑剂和/或乙烯丙烯酸共聚物。PA/PMMA复合材料的制备方法：将所述透明尼龙、聚甲基丙烯酸甲酯和染料以及任选的抗氧剂和/或润滑剂置于双螺杆挤出机中，并于所述透明尼龙和聚甲基丙烯酸甲酯的熔融温度以上进行熔融挤出。由于该制备原料制得的PA/PMMA复合材料具有渐变效果，且表面不会出现剥层现象或仅会产生轻微剥层现象，因此能够广泛应用于手机、化妆品、汽车、家电等领域。

2021 年 6 月，银金达（上海）新材料有限公司公开了一种高透明 PETG 材料的制备方法。即通过一定的方法去除 PETG 聚合过程中的催化剂，进一步提高 PETG 的透明性。高透明 PETG 材料制备方法：将 1mol 的对苯二甲酸、0. 45mol 的乙二醇、0. 55mol 的 1，4 - 环己烷二甲醇加入反应器中，在 0. 5MPa 的压力下缓慢升温到 240℃，后持续反应 6h。撤去 0. 5MPa 压力，开始抽真空，脱去生成的水。当回流管路中不再有水被蒸馏出来，加入总质量 0. 2% 的醋酸锑催化剂，开始升温到 270℃，持续进行真空缩聚反应，直至搅拌功率反馈值达到设定值后出料。PETG 材料的后处理方法为蒸汽循环蒸馏法，具体步骤如下：将 PETG 颗粒通过低温破碎机在 - 40℃ ~ - 10℃ 温度下进行破碎，破碎成 0. 1 ~ 0. 5mm 粒径的颗粒，放入索氏提取器中进行提取。溶剂为去离子水，去离子水用量为 PETG 颗粒质量的 1 ~ 10 倍，在 100℃ 下经 1 ~ 24h 提取完成，所得高透明 PETG 材料的透过率为 92% ~ 94%。该方法通过去除 PETG 中催化剂的残留，将 PETG 的透明性进一步提高，能够用于各种高透玻璃的应用领域，如化妆品包装、显微镜载玻片等光学领域。

2021 年 6 月，华景微纳科技（苏州）有限公司公开了一种增强 LLDPE 包装袋透明度的塑料改性方法。其原料包括 LLDPE 线性低密度聚乙烯、LDPE 低密度聚乙烯、PC 聚碳酸酯、碳酸钙、光稳定剂、偶联剂、分散剂、抗氧化剂。所述 LLDPE 线性低密度聚乙烯、LDPE 低密度聚乙烯和 PC 聚碳酸酯均为颗粒状塑料结构；偶联剂为硅烷偶联剂、钛酸酯偶联剂中的硅烷偶联剂 KH - 550、硅烷偶联剂 KH - 560、硅烷偶联剂 KH - 570、钛酸酯偶联剂 101、钛酸酯偶联剂 102、钛酸酯偶联剂 105 其中一种或一种以上的组合。采用该增强 LLDPE 包装袋透明度的塑料改性方法，通过投入碳酸钙、光稳定剂、偶联剂、分散剂和抗氧化剂，由 LLDPE 线性低密度聚乙烯、LDPE 低密度聚乙烯和 PC 聚碳酸酯混合得到的塑料颗粒可以进一步提高散光性、抗擦伤性、平滑度、韧性、热性能以及透明度，并且可加强该塑料所制成的包装袋结构的抗老化能力，可应用于日用品、化妆品等包装材料。

2021 年 8 月，银金达（上海）新材料有限公司公开了一种抗菌 PETG 材料的制备方法。该抗菌 PETG 材料包含 PETG 和抗菌剂、抗氧剂。PETG 材料由对苯二甲酸、乙二醇、1，4－环己烷二甲醇共聚而成，在使用前需要预先处理。处理方案为通过 AMBERLITE IRA67 离子交换树脂填充的硅胶柱和 AMBERLITE XAD1180 离子交换树脂填充的硅胶柱，循环过滤 3 次即可。所用抗菌剂为大分子抗菌剂，其结构如图 3.2 所示，其制备方法如图 3.3 所示。抗氧剂为抗氧剂 1010、抗氧剂 626、抗氧剂 1098 中的一种或多种。抗菌 PETG 材料的制备方法：将 1.0mol 的对苯二甲酸、0.5mol 的乙二醇、0.5mol 的 1，4－环己烷二甲醇加入反应器中，在 0.5MPa 的压力下缓慢升温到 240℃，后持续反应 6 小时。撤去 0.5MPa 压力，开始抽真空，脱去生成的水。当回流管路中不再有水被蒸馏出来，加入 0.5gACORDIS 公司的 C－94 催化剂，开始升温到 270℃，持续进行真空缩聚反应，直至搅拌功率反馈值达到设定值。加入 1.24g 抗氧剂 1010 以及 4.77g 抗菌剂，持续搅拌 2 小时后出料。该抗菌 PETG 材料具有优异的抗菌效果，并且抗菌分子不会析出到化妆品中造成污染，能够用于化妆品包装瓶。

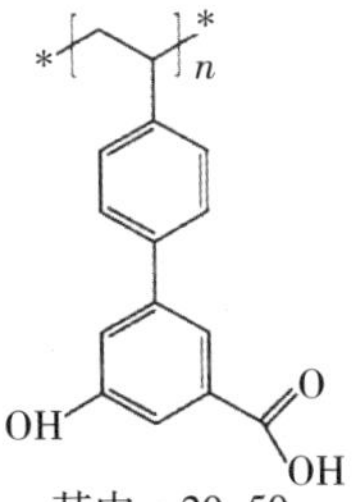

其中n=20~50

图 3.2　大分子抗菌剂结构

注：*表示甲基。

2021 年 10 月，浙江兴越材料技术有限公司公开了一种聚乳酸组合物及其添加剂组合物、塑料制品及其制备方法。聚乳酸用的添加剂组合物包括主抗氧剂、辅助抗氧剂 、成核剂、成核剂 B、透明改性剂。其中，透明改性剂为环氧乙烷环氧丙烷共聚物；主抗氧剂为四［β－（3 ，5－二叔丁基－4－羟基苯基）丙酸］季戊四醇、β－（3，5－二叔丁基－4－羟基苯基）丙酸

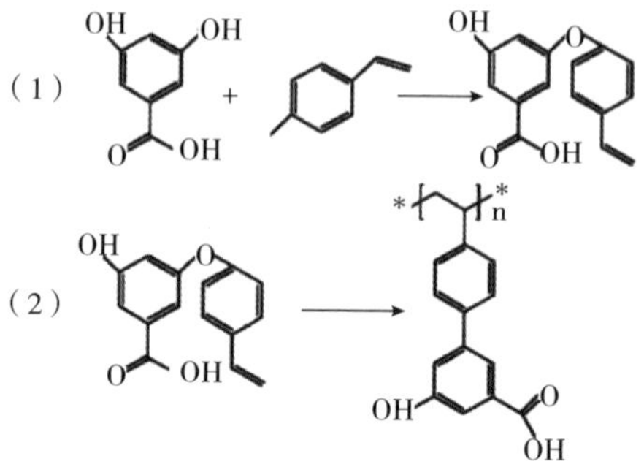

图 3.3 大分子抗菌剂制备方法

正十八碳醇酯、1，3，5－三甲基－2，4，6－三（3，5－二叔丁基－4－羟基苄基）苯、1，3，5－三甲基－2，4，6－（3，5－二叔丁基－4－羟基苯甲基）苯、双［3，3－双（4－羟基－3－叔丁基苯基）］丁酸乙二醇酯、三乙二醇醚－二（3－叔丁基－4－羟基－5－甲基苯基）丙酸酯、1，3，5－三（3，5－二叔丁基－4－羟基苄基）异氰尿酸中的至少一种；辅助抗氧剂为三［2，4－二叔丁基苯基］亚磷酸酯、四（2，4－二叔丁基苯基－4，4′联苯基）双亚磷酸酯、双（2，4－二枯基）季戊四醇二亚磷酸酯、3，9－双十八烷氧基－2，4，8，10－四氧－3，9－二磷螺环［5，5］十一烷、双（2，4－二叔丁基苯基）季戊四醇二亚磷酸酯中的至少一种；聚乳酸为高光纯聚乳酸，等规度≥98.5%。通过上述聚乳酸用的添加剂组合物获得的聚乳酸组合物和食品包装用塑料制品，在具有高透明性的同时还具有良好的耐热性，方便塑料制品用于温度较高的环境，如盛装高温液体，或者在封装之前需要经受高温杀菌，为聚乳酸及其组合物提供较高的刚性和耐热变形性能；在满足以上要求的同时，还具有低可提取物，塑料制品具有较低的析出迁移性能，从而具有更高的安全卫生性能，适用于食品、日用品、化妆品等包装材料。

2021 年 12 月，绍兴万荣包装有限公司公开了一种改性 PP 材料。其原料包括聚丙烯、PBSA、蒙脱土、PP－G－MAH 和 PBSA－g－M。所述聚丙烯为 0.5～1.0mm 粒径的粉末，PBSA 为 0.5～2.0mm 粒径的粉末，PP－G－MAH为 0.5～1.5mm 粒径的粉末，PBSA－g－M 为 0.5～1.5mm 粒径的粉末。其制备方法：改性 PP 材料由各原料经搅拌装置均匀混合后再经双螺杆挤出机挤出、造粒制得。采用粉末状原料进行共混，有利于各原料的均匀分散。PBSA 是一种可较快地分解为小分子的高分子材料，又具有优良的热力学性能和极强的韧性，能够替代部分 PP 材料，减少污染。通过蒙脱土的添加，能使改性 PP 材料制品中气体、水分子的扩散路径发生曲折、增长，提高阻氧性能和阻湿性能，并且可以使 PP 的结晶晶粒规则圆滑、紧密堆积，增大透气阻力，进一步改善对其他物质的阻隔性。PP－G－MAH 和 PBSA－g－M 作为增溶剂，可极大地改善 PP 和 PBSA 及蒙脱土的相容性，提高改性 PP 材料的力学强度，并能增加 PP 结晶度和减小分子链间的自由体积，有效降低氧气和水蒸气透过系数，进一步改善阻隔性。该改性 PP 材料，具有良好的力学性能和加工性能，并能有效改善阻隔性，确保化妆品储存质量。

2022 年 1 月，ANHUI YIXUAN METAL SCIENCE AND TECH CO LTD 公开了一种全金属化妆品管。该化妆品管（见图 3.4）主要由金属材料制成的底座（1）、盖体（2）及中束芯（3）组成。其中，中束芯（3）安装在底座（1）上，盖体（2）能够与底座（1）闭合连接以密封储存中束芯（3）。中束芯（3）至少包括同轴依次穿套的螺旋（31）、叉子（32）及珠子（33），珠子（33）的底部设置有可拆卸连接的连接件（331）。操作原理：采用螺纹连接、卡扣连接等方式，将口红、粉条、唇膏、遮瑕膏、皮肤美白棒、防晒霜棒、化妆笔等相应化妆品的一端插入珠子（33）内稳定安置，螺旋（31）与叉子（32）轴向固定且圆周方向能够相对转动，连接件（331）能够与螺旋（31）和叉子（32）相配合，从而珠子（33）能够随螺旋（31）的圆周运动沿叉子（32）的轴向运动使安置在其上的化妆品隐藏和露出。连接件（331）与珠子（33）可拆卸连接，不仅生产加工、组装等操作简单、方便，也便于分类回收和循环重复利用。该化妆品管的底座、盖体、中束芯和连接座通常采用可再生、可回收、可循环重复使用的同一种金属材料制成，如不锈钢、铝等，也包括合金材料、金属氧化物等，结构简单，强度高，使用寿命长，可大大节省资源，降低生产成本，增强产品的竞争力，适用于口红、粉条、唇膏、遮瑕膏、皮肤美白棒、防晒霜棒、化妆笔等化妆品管。

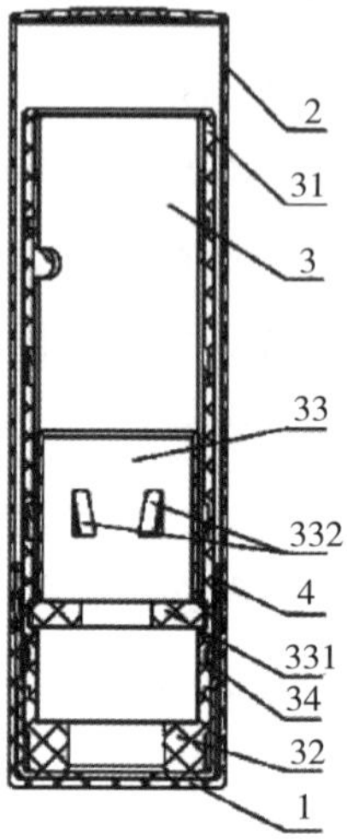

图 3.4　全金属化妆品管

2022 年 2 月，宁波瑞隆新材料科技有限公司公开了一种高亮 PMMA 和 ABS 复合材料及其制备方法。该高亮 PMMA 和 ABS 复合材料包括如下组分：ABS 树脂、PMMA 树脂、相容剂、抗氧剂、改性纳米填料。改性纳米填料的制备步骤有两个。一是预处理。将纳米填料预热至 60℃ ~80℃后，先置于质量百分数为 30% ~50% 的过氧化氢水溶液中，对其进行超声加热搅拌10 ~15min，超声频率为 20 ~25kHz ，过滤干燥 3 ~5min，即可制得预处理填料。其中，纳米填料由纳米硫酸钡、纳米硅酸铝和纳米碳化硅按重量比 1∶(1.5 ~2.5)∶(0.3 ~0.5) 组成。预处理填料与分散剂、改性液按重量比 1∶(0.1 ~0.2)∶(3 ~7) 混合。二是改性处理。将预处理填料与分散剂、改性液加热至 80℃ ~100℃，并以 500 ~800r/min 的转速混合 30 ~45min 后，过滤干燥 3 ~5min，即可制得改性纳米填料。改性液由葡萄糖酸钠、山梨糖醇、N，N－二甲基甲酰胺按重量比 1∶(2 ~3)∶(0.5 ~0.8) 组成。分散剂为聚乙二醇、甲基戊醇、聚丙烯酰胺和三聚磷酸钠中的一种或多种。高亮 PMMA 和 ABS 复合材料的制备步骤有两个。一是熔融混料。首先对各组分在 80 ±5℃环境下进行干燥处理；其次将各组分与助剂按对应重量份数加热混合，控制加热温度为 160℃ ~180℃，制得混合物。二是挤出制粒。将混合物加入挤出机内，并在 220℃ ~260℃的条件下进行挤出，风冷至室温后，即可制得高亮 PMMA 和 ABS 复合材料母粒。其风冷步骤，即通入氮气，并以 5℃/s 将母料降温至 80℃ ~100℃后，先保温 10 ~25s，再加压通入氮气，使母料以 15℃ ~20℃/s 降至室温，即可完成冷却。通过改性纳米填料的添加，改善了复合材料的表面性能，继而赋予了复合体系优良的光泽度，可以满足化妆品包装的需求。

2022 年 3 月，广东众塑降解材料有限公司公开了一种全降解高透明高耐热化妆品包装材料及其制备方法。生产该全降解高透明高耐热化妆品包装材料的原料有聚乳酸（PLA，是一种新型的生物降解材料）和耐热改性剂、成核剂、抗氧剂。其制备方法：按照重量份数将 PLA 的具体种类加入搅拌装置，以 100 ~200r/min 的转速混合搅拌 2 ~4min，得到混合物 A，备用；按照重量份数将耐热改性剂、成核剂和抗氧剂加入混合物 A 中，以 200 ~300r/min 的转速混合搅拌 5 ~10min，得到混合物 B，备用；将混合物 B 从挤出机的主喂料口加入，在 185℃ ~200℃的温度下进行熔融挤出，即得到全降解高透明高耐热化妆品包装材料。该全降解高透明高耐热化妆品包装材料的机械物理性能和降解性能好、耐热性高，利用 PLA 作为基础树脂，加入耐热改性剂和成核剂增加耐热改性，可有效提高 PLA 材料的拉伸性能、弯曲性能及耐热性能；加入抗氧剂之后，可以防止 PLA 材料的分解，使其在自然降解的情况下，最终生成二氧化碳和水，参与植物的光合作用，对环境无污染。而且制备该包装材料的方法简单，后续成型速度快，有利于工业化生产，可以应用于日用品、化妆品等包装材料上。

2022 年 3 月，中山市恒宝塑料包装材料有限公司公开了一种化妆品包装用的抗菌薄膜。该化妆品包装用的抗菌薄膜（见图 3.5）包括薄膜基层 100、功能层 200（见图 3.6）和抗菌机构 300（见图 3.7）。功能层 200 包括抗撕裂层 201、防污层 202 和防滑槽 203；抗菌机构 300 包括抗菌层 301、容纳腔 302、抗菌剂 303，其中，抗菌剂 303 为银离子抗菌材质。通过设置的抗菌层 301、容纳腔 302、抗菌剂 303 等结构的相互配合，不仅能够防止外界的细菌进入包装膜内部，还能对包装膜内部起到抗菌消毒的作用，避免细菌滋生对化妆品造成污染，影响使用；通过设置的抗撕裂层 201，能够增强包装薄膜整体的抗拉性能，防止包装膜破裂；通过设置的防污层

202，能够避免油污等对包装膜造成污染；利用设置的防滑槽 203，还能增强包装膜的防滑性能，避免拿取时化妆品掉落。

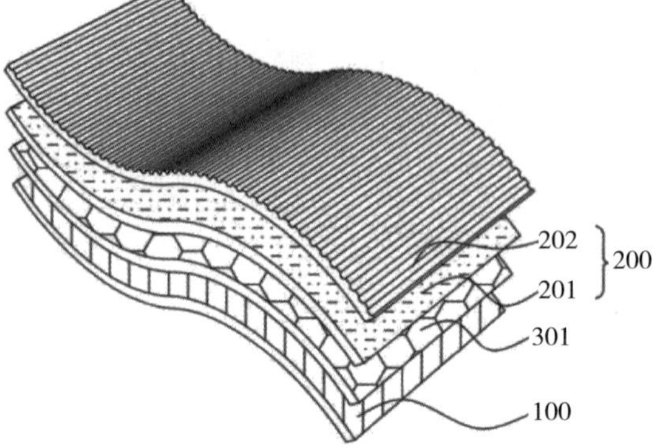

图 3.5　抗菌薄膜

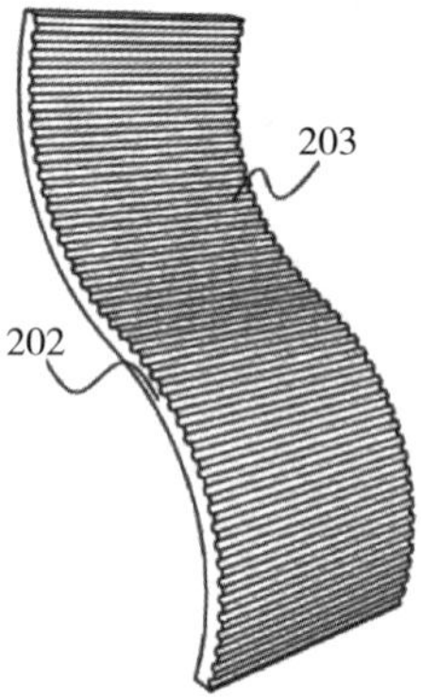

图 3.6　功能层 200

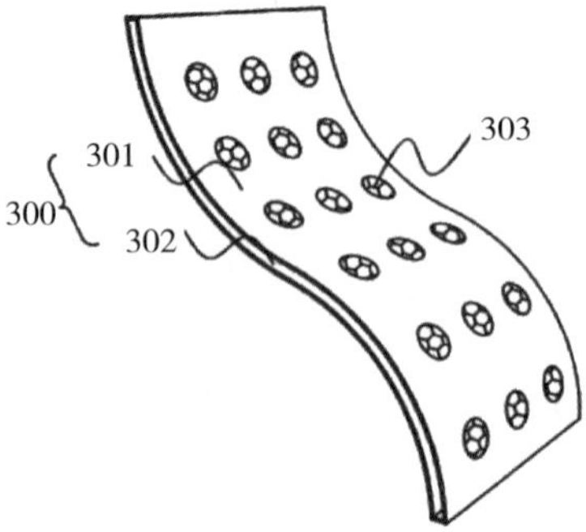

图 3.7　抗菌机构 300

2022 年 3 月，天津金发新材料有限公司公开了一种 ABS 材料组合物及其制备方法。该方法通过 ABS 树脂规格优选及 ASA 胶粉协效增韧实现了高悬臂梁缺口冲击强度；通过晶型聚酯树脂高温成型后冷却结晶，形成致密表层，从而对 ABS 材料表面形成保护层，同时 ASA 胶粉中的橡胶平均粒径为 300～500nm，其分布于材料表面可有效减少溶剂侵蚀点，提升材料的耐溶剂性能；通过添加银离子型抗菌剂及有机水杨酸酯类抗菌剂，使两者协同提升材料的抗菌效果，既具备快速高效性又具备持久性。该 ABS 材料组合物具有高韧性、耐溶剂、抗菌性，可应用于日用品、化妆品等包装材料。

2022 年 3 月，河北上东包装科技有限公司公开了一种可降解的软包装纸塑复合袋及其生产工艺。该可降解的软包装纸塑复合袋包括降解膜和纸膜。降解膜表面涂覆 PVA 涂布液，并且 PVA 涂布液位于降解膜和纸膜之间，涂布后的降解膜和纸膜经过复合熟化后分切、制袋得到具有高阻隔性的全生物降解包装袋。降解膜由降解膜外层、降解膜中层和降解膜内层组成。其中，降解膜外层包括 99% 的改性树脂和 1% 的助剂；降解膜中层包括 40%～70% 的改性树脂、0～20% 的无机矿物和 30%～40% 的生物降解材料 PBAT；降解膜内层包括 99% 的改性树脂和 1% 的助剂。改性树脂的制备原料包括以下重量份数的原料：30～40 份生物基材料 PLA、50～60 份生物降解材料 PBAT、2～5 份填料和 2～5 份偶联剂。填料为纳米无机物，偶联剂为乙烯基三（β－甲氧基乙氧基）硅烷、γ－甲基丙烯酰氧基丙基三甲氧基硅烷和钛酸酯偶联剂中的一种或多种。PVA 在降解膜表面的涂布干量为 0.8～1.2g/m^2。涂布后的降解膜与纸层复合的方式为淋膜复合、干法复合或无溶剂复合。该软包装纸塑复合袋可以提高包装阻隔性能，减少非降解成分添加量，可以在规定时间内降解可降解的软包装纸塑复合袋，并且该软包装纸塑复合袋的生产设备简单，制模成本低，工艺简单可控，可快速工业化生产，适用于化妆品包装袋。

2022 年 3 月，厦门长塑实业有限公司公开了一种可降解纸塑复合薄膜及其制备方法。该可降解纸塑复合薄膜（见图 3.8）包括纸层（10）、胶黏层（20）、阻隔蒸镀层（30）、塑料基材层（40）。其中，塑料基材层

(40) 至少包括三层结构，由外至内依次为外表层 (41)、中间层 (42) 以及内表层 (43)。外表层 (41) 和内表层 (43) 均包含低光纯聚乳酸、改性树脂及防粘母料。其中，低光纯聚乳酸的光纯度为 90% ~96%，改性树脂选自聚对苯二甲酸/己二酸丁二酯 (PBAT)、聚己内酯 (PCL)、聚丁二酸丁二醇酯 (PBS)、聚-3-羟基丁酸酯 (PHB) 中的一种或者几种组合。中间层包含高光纯聚乳酸和纳米抗菌剂，高光纯聚乳酸的光纯度≥97%。外表层 (41) 和内表层 (43) 的厚度为 1 ~3μm，中间层 (42) 的厚度为 10 ~40μm，阻隔蒸镀层厚度为 1 ~3μm，胶黏层的厚度为 1 ~3μm，纸层的厚度≥100μm。制得的可降解纸塑复合薄膜具有优异的阻隔性能、抗菌性能及热封性能，适用于化妆品原料的包装。

图 3.8 可降解纸塑复合薄膜

2022 年 4 月，广州市瑞高包装工业有限公司公开了一种防水型纸塑复合软管及其制备方法。该防水型纸塑复合软管包括管帽、管肩和管身。其管帽为改性聚丙烯材质，通过注塑机注塑成型；管肩为改性高密度聚乙烯材质，通过注塑机注塑成型；管身通过挤出复合的工艺制成复合片材，复合片材由外到内依次为第一 PE 层、第一胶黏剂层、特种纸层、第二胶黏剂层和第二 PE 层。第一 PE 层和第二 PE 层分别由以下组分构成：50% ~60% 的高密度聚乙烯、30% ~40% 的茂金属线性中密度聚乙烯、10% ~20% 的线性低密度聚乙烯。线性低密度聚乙烯为乙烯和 α-烯烃的共聚物，密度为 0.90 ~0.93g/cm，熔融指数为 1 ~10g/10min。第一胶黏剂层和第二胶黏剂层均为 100% 淋膜级 LDPE。特种纸层为高强度和高紧度的食品级包装纸。该防水型纸塑复合软管复合强度高，防水性能好，可广泛应用于各类液体产品的包装。

（二）化妆品容器设计

2005 年 5 月，陈联光公开了一种透明液体包装瓶。该透明液体包装瓶（见图 3.9）的瓶体（1）的上部、下部装有不锈钢盖（2）和底（3），其余部分透明。瓶体（1）整个为透明体，其不锈钢盖（2）和底（3）套装在透明瓶体（1）外。瓶体上套装不锈钢盖（2）和底（3）的透明体部分壁薄，套装后的瓶体整个外表面平齐。瓶体（1）和上部的不锈钢盖（2）通过接合边（12）胶粘固定连接在一起，和下部的不锈钢底（3）通过接合边（13）胶粘固定连接在一起，构成一个完整的瓶体。液瓶的瓶口上可以安装按压式喷头，这样使用起来更加方便，当然也可以根据需要选择其他类型的瓶塞。现有的洗发水或沐浴露等的包装瓶通常是不透明的塑料包装，在购买或使用过程中无法观察到瓶内液体的情况，给消费者带来诸多不便。该透明液体包装瓶瓶体结构新颖、独特、美观，能方便观察到瓶内液体的情况，便于人们购买、辨别和使用。

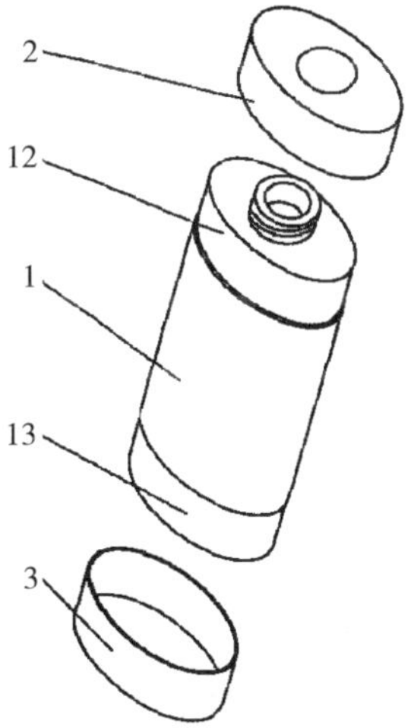

图 3.9　透明液体包装瓶结构

2009 年 8 月，UNIQUE DESIGN PACKAGING CO LTD 公开了一种按压笔。该按压笔结构（见图 3.10）包括管体（10）、筒座（20）、杆件（30）、弹性元件（40）、导向件（50）、旋转件（60）、定位件（70）、压

掣件（80）。管体的前端依序装设有密封垫（11）、化妆品座（12）、化妆品头（13）及帽盖（14），其中密封垫（11）与帽盖（14）接合可达到密封效果，而化妆品头（13）可为多种化妆品头（如毛刷或唇彩等），管体（10）内部设有容置空间（15），容置空间（15）内设有环凹槽（151）。筒座（20）前端面设有扣位孔（21）及贯通螺孔（22）。杆件（30）包括导向槽（301）、螺设（302），该杆件（30）前端固设有压盘塞子（31）。筒座（20）内部形成组设空间，该组设空间内组设弹性元件（40）。导向件（50）的周面设有凸台（51），使其导向件（50）组入筒座（20）组设空间时，该凸台（51）恰抵住弹性元件（40）的自由端，而导向件（50）凸台（51）往导向件（50）底端方向凸设若干凸条（52），每一凸条（52）顶端形成斜面（53），导向件（50）内部贯通设有导向轨（54），导向轨（54）卡合杆件（30）导向槽（301）。旋转件（60）前端面设有若干双斜的斜面（61），旋转件（60）套设于导向件（50），并且斜面（61）对向导向件（50）的斜面（53）。定位件（70）底周面设有间隔的限位柱（71），定位件（70）前端设有扣位（73），定位件（70）以其扣位（73）扣固于筒座（20）的扣位孔（21），定位件（70）内周面的斜面（72）则抵至导向件（50）的斜面（53）。压掣件（80）的环周面设有依序等间隔的数个较短距离的槽位一（82）、较长距离的槽位二（83），底端面设有压掣件盖（81）盖组。该按压笔可控制按压与否，且可按压转成螺旋进给，使流体料被挤出，可作为唇膏、口红等的包装容器。

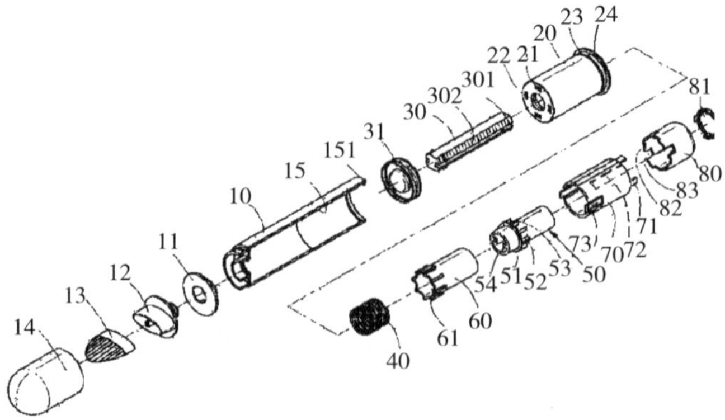

图 3.10　按压笔结构

2015 年 7 月，ALBEA TUBES ZHONGSHAN CO LTD 公开了一种可视化妆品容器。该化妆品容器结构（见图 3.11）包括底座（1）、设置在底座（1）上的托架（2）及设置在托架（2）上方的透明上盖（3），托架（2）与透明上盖（3）之间还设置有上盖固定件（4），透明上盖（3）固定设置在上盖固定件（4）上，上盖固定件（4）的下端与托架（2）相连接，透明上盖（3）内还设有与化妆品相适配的容置空间（5），底座（1）下端设有放置平面（6），上盖固定件（4）的下端与所述托架（2）连接后，可视化妆品盒整体呈椭圆体。托架（2）与底座（1）卡扣相连，上盖固定件（4）的下端与托架（2）螺纹相连接。底座（1）内设有安装空间（7），安装空间（7）的内壁上设置有若干个定位凸起（8），托架（2）设有与若干个定位凸起（8）相适配的定位槽（9）。托架（2）上同轴设置有若干个定位环（10），若干个定位环（10）之间通过连接片（11）相连。上盖固定件（4）下端还设置有若干个标识槽（12）。该容器作为化妆品的包装，可以从外部直接看见包装内化妆品的颜色和质地，这对于日常使用来说非常方便，适用于唇膏、粉底等的包装。

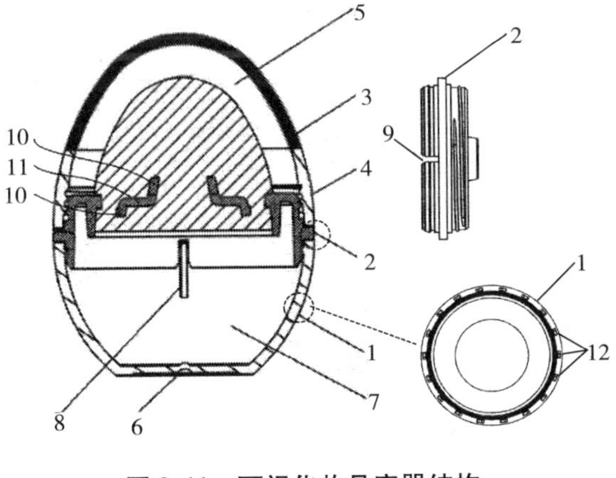

图 3.11　可视化妆品容器结构

2015 年 7 月，深圳万隆行贸易有限公司公开了一种双层化妆品容器瓶。该双层化妆品容器瓶结构（见图 3.12）包括外容器（100）及内容器（200），其中外容器（100）为金属瓶，内容器（200）为柔性瓶。内容器（200）的瓶口设置有喷咀（210），喷咀（210）的下端可插入内容器的瓶口，喷咀（210）的上端设置有用于封闭外容器的瓶口的盖嘴（110），喷咀（210）与盖嘴（110）之间还设置有用于防漏的垫圈（220），垫圈（220）的直径小于外容器（100）的瓶口直径且大于内容器（200）的瓶口直径。内容器（200）的内层为塑料层，外层为铝层。外容器（100）的瓶口外壁设置有外螺纹。该容器通过将盛放化妆品的内容器设置在外容器的内部，且通过设置在内容器瓶口的喷咀及设置在外容器瓶口的盖嘴遮挡内容器，使得内容器不可见；同时，由于将内容器设置在外容器内部，即使外容器破损，盛放在内容器中的化妆品也不会泄漏，使得化妆品得到了较好的保护。

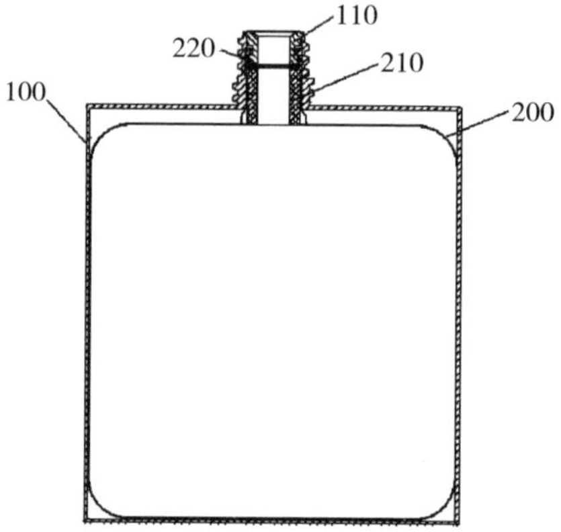

图 3.12　双层化妆品容器瓶结构

2017 年 1 月，SHYA HSIN PACKAGING IND（CHINA）CO LTD 公开了一种具有特殊形状头部的涂抹装置。该异形头涂抹装置结构（见图 3.13）包括用于容纳化妆品的一端开口的容器（1）、盖子（2）、刷杆（3）、涂抹本体（4）和内塞（5）。内塞（5）包括固定部（51）和旋转部（52），旋转部（52）轴向形成一刮料孔（521），供刷杆（3）穿过，用于拭去涂抹本体（4）上过量化妆品，刮料孔（521）的径向截面形状、刷杆的径向截面形状均与涂抹本体的截面形状相匹配，盖子（2）打开或封闭时，能够带动刷杆（3）及旋转部（52）相对固定部转动。刷杆（3）、刮料孔（521）、涂抹本体（4）的径向截面形状均为椭圆形、三角形、方形或正五边形中的一种。睫毛刷头包括铁丝（41）和缠绕在铁丝上构成燕尾形的多根尼龙毛（42），每根尼龙毛的末端都有弧度，且在圆周方向均匀分布。圆孔的内塞对异形头进行刮料时，存在刮料不干净及积料的问题，该设计可将化妆品刮除干净，适用于睫毛膏、口唇油和眼线液等化妆品的包装。

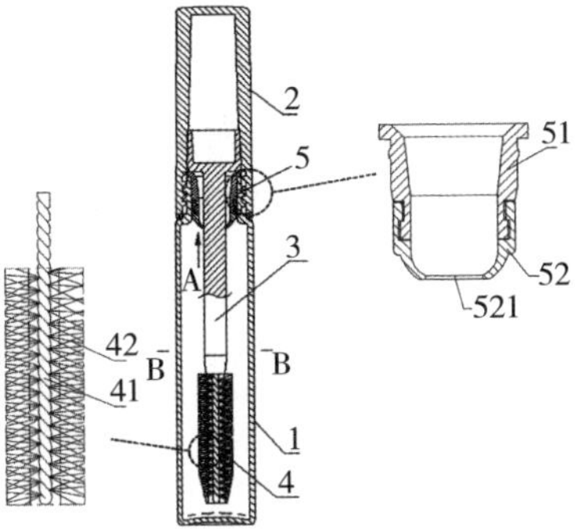

图 3.13　异形头涂抹装置结构

2017 年 5 月，CHEN WENSHENG 公开了一种通过磁力和负压密封的化妆品容器。磁铁吸引及负压密封式化妆品容器结构（见图 3.14）包括外壳（1）、主体（2）、容纳瓶（3）、第一磁性件（4）、第二磁性件（5）和密封圈（6）、柔性圈（7）、颈圈（8）、塞子（9）、软体部（10）。该化妆品容器通过磁铁密封，随着时间的加长，外壳与容纳瓶的密封状况不会改变，外界气体不易进入容纳瓶内，从而保证涂料质量。

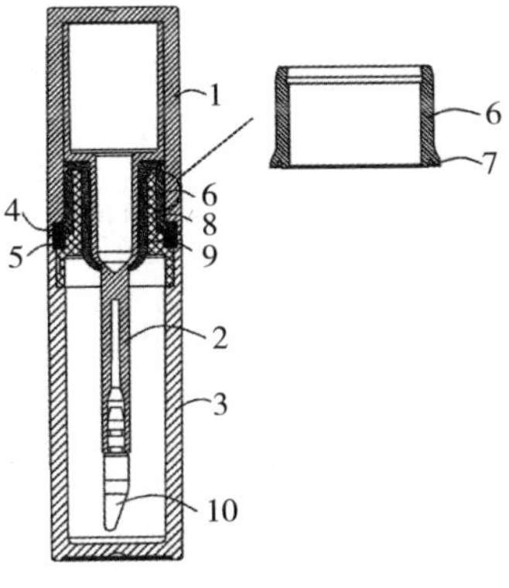

图 3.14　磁铁吸引及负压密封式化妆品容器结构

2017 年 5 月，CHEN WENSHENG 公开了一种气密型管状化妆品容器。

该气密型管状化妆品容器（见图3.15）包括底座（1）、盖体（2）、中束芯（3）、弹性密封圈（6）、基体（7）、凸肩（8）、口部（9）、第一凹槽（10）。底座（1）设有内凹的容置空间，中束芯（3）的一端设于底座（1）的容置空间内，盖体（2）扣在底座（1）上并包覆中束芯（3）。底座（1）包括基体（7）、凸肩（8）和口部（9），口部弹性密封圈（6）的侧壁上设有第一卡合部，盖体（2）的内侧壁上设有第二卡合部，第一卡合部和第二卡合部能够形成过盈配合。弹性密封圈（6）能够持续性地受到盖体（2）和底座（1）的挤压，从而实现气密的效果。该发明结构简单，成本低廉，而且气密效果良好，适用于盛装各种形态的化妆品，如粉状、液体状、糊状等。

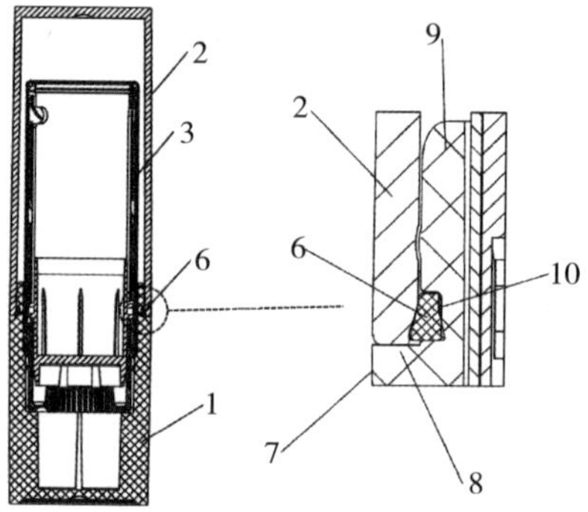

图3.15　气密型管状化妆品容器结构

2018年1月，CHEN WENSHENG公开了一种磁性瓶盖组件和使用该组件的化妆品瓶。带磁性瓶盖组件的化妆品瓶结构（见图3.16）是一种指甲油瓶，包括磁性瓶盖组件和瓶体（4）。其中，磁性瓶盖组件包括盖体（1）、盖帽（2）和磁吸组件（3）。磁吸组件（3）包括第一磁吸部件（31）和第二磁吸部件（32），均为磁铁。盖体（1）包括顶壁（12）和第一侧壁（13），顶壁（12）和第一侧壁（13）一体成形，共同形成第一腔室（11）。第一侧壁（13）外表面为粗糙面（14），方便拧取盖体（1）。盖体（1）上还设有连接杆，连接杆连有毛刷，用于刷取指甲油。盖帽（2）包括支撑壁（22）和第二侧壁（23），支撑壁（22）与第二侧壁（23）一体成形，共同形成第二腔室（21）。第一磁吸部件（31）顶面与

第二磁吸部件（32）底面异性相对设置。瓶体（4）颈部设有凸边（41）和凹边（42），盖帽（2）底部设有内凹（24）和内凸（25），内凹（24）与凸边（41）相配合，内凸（25）与凹边（42）相配合。在使用时，先将盖体（1）拧套在瓶体（4）上，再盖上盖帽（2）。此时，盖体（1）中的磁铁与盖帽（2）中的磁铁异性相吸，将盖帽（2）紧紧吸套在瓶子上，盖帽（2）底面紧贴瓶体（4），具有较好的密封效果。瓶体（4）的凸边（41）和盖帽（2）的内凸（25）轻微相扣，既方便盖上和取下盖帽（2），又可进一步将盖帽（2）固定在瓶体（4）上。该盖帽可对化妆品进行进一步的密封保存，减缓化妆品氧化变质，减少溶剂蒸发，延长其使用寿命，适用于精华、乳液、面霜等的容器。

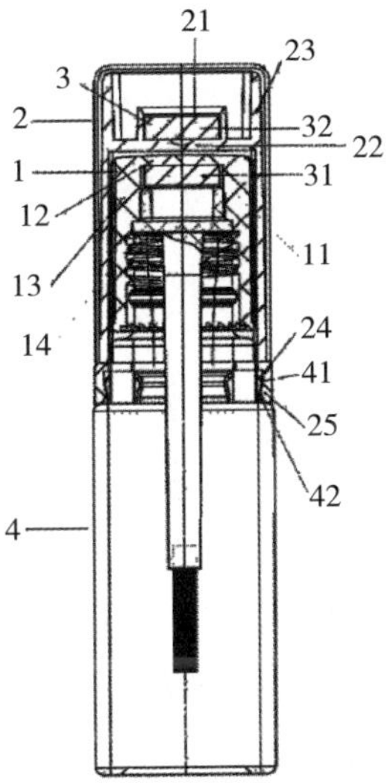

图 3.16　带磁性瓶盖组件的化妆品瓶结构

2018 年 1 月，SHANTOU KINHWA PLASTIC IND CO LTD 公开了一种采用齿轮传动的化妆品容器。该化妆品容器结构（见图 3.17）可作为唇膏的包装容器，包括管体（10）、旋转座（20）、齿轮（30）、升降座（40）。管体（10）侧部设置有固定放置旋转座（20）的缺口槽（11），齿轮（30）旋转设置于旋转座（20）中，升降座（40）具有上部的珠座（41）与下部的齿条（42），珠座（41）用于固定放置唇膏体，齿条（42）竖直伸入旋转座（20）与齿轮（30）啮合连接，在齿轮（30）转动时，带动齿条（42）升降。在旋转座（20）内，齿条（42）的背部与旋转座（20）之间设置有垫片（21），以减小齿条（42）与旋转座（20）之间的摩擦，并使齿轮（30）的转动更为顺畅。管体（10）的口部的固定设置有中束管（50），珠座滑动设置于中束管（50）内，中束管（50）侧壁上沿竖直方向设置有滑槽（51），珠座（41）侧壁上设置有滑动于滑槽（51）内的第一限位块（43），使珠座限制滑动于滑槽（51）内。齿条（42）根部设置有第二限位块（44），防止齿轮（30）过度旋转。同时，该容器还包括盖合于中束管外的盖（60）以及设置于管体（10）下部的内底（70）。在使用时，该容器仅需使用拇指滑动齿轮（30），使齿条（42）带动珠座上升，即可使唇膏伸出使用，而在回缩时，使齿轮（30）反向转动即可，整个过程使用方便，且单手即可实现，能满足不同场合的使用需求。

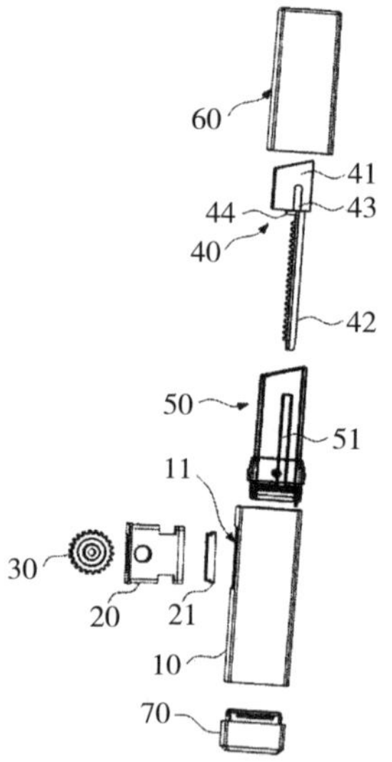

图 3.17　采用齿轮传动的化妆品容器结构

2018 年 10 月，CHEN WENSHENG 公开了一种多用途化妆品容器。该多用途化妆品容器结构（见图 3.18）包括第一容器（100）和第二容器（200）。第一容器（100）包括第一壳体（140）和第一盖体（150），第二容器（200）包括第二壳体（220）和第二盖体（230），第一容器（100）

和第二容器（200）相互连接。第一容器（100）内设有弹簧（110）、料杯（120）和第一涂敷器（130），第二容器（200）内设有第二涂敷器（210）。第一盖体（150）与第二壳体（220）的闭合端能够拆卸连接。第一涂敷器（130）包括第一刷头（131）和第一刷杆（132），第一壳体（140）包括第一壳体本体（141）和底盖（142），底盖（142）上设有第一凸台（1421），第二涂敷器（210）包括第二手持部（211）、第二刷杆（212）及第二刷头（213），第二手持部（211）的底部设有环形的凹槽，凹槽内壁设有内螺纹，第二壳体（220）的敞口端设有外螺纹，内螺纹与外螺纹相互配合将第二手持部（211）连接到第二壳体（220）的敞口端，敞口端设有刮料器（240），包括上开口（241）和下开口（242），第二刷杆（212）和第二刷头（213）能从上开口（241）和下开口（242）自由穿越。刮料器（240）的材料为橡胶。该化妆品容器的涂敷器长，可接触到容器底部的化妆品，使容器底部的化妆品得到利用充分，且不会黏着过多的化妆品，可作为眼线、唇彩、粉底等的包装容器。

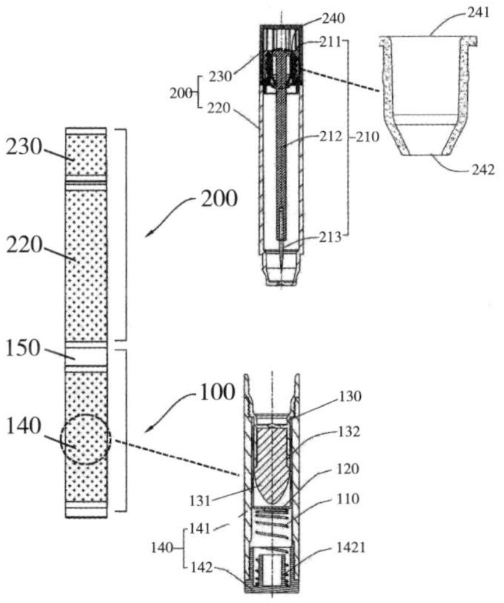

图 3.18　多用途化妆品容器结构

2021 年 6 月，SHYA HSIN PACKAGING IND（CHINA）CO LTD 公开了一种魔方形化妆品容器。该魔方形化妆品容器结构（见图 3.19）包括依次连接的若干化妆盒（100）。其中，化妆盒（100）包括盒盖（10）、中套

(20) 和底盒 (30), 中套 (20) 固定于底盒 (30) 内, 盒盖 (10) 一侧与底盒 (30) 翻转连接, 另一侧与底盒相互扣合, 相邻两个化妆盒 (100) 翻转连接且两者间的翻转角度为0°~180°。化妆盒 (100) 呈正方体结构, 共设有8个化妆盒 (100), 8个化妆盒从左到右依次为第一化妆盒、第二化妆盒、第三化妆盒、第四化妆盒、第五化妆盒、第六化妆盒、第七化妆盒和第八化妆盒, 第一、第二化妆盒之间, 第三、第四化妆盒之间, 第五、第六化妆盒之间以及第七、第八化妆盒之间通过连接件 (40) 连接底盒的底部; 第二、第三化妆盒之间, 第四、第五化妆盒之间以及第六、第七化妆盒之间通过连接件 (40) 连接底盒的侧壁。该魔方形化妆品容器包括多个独立的化妆盒, 多个化妆盒可以任意改变相互间的位置, 形成便于携带的形状。

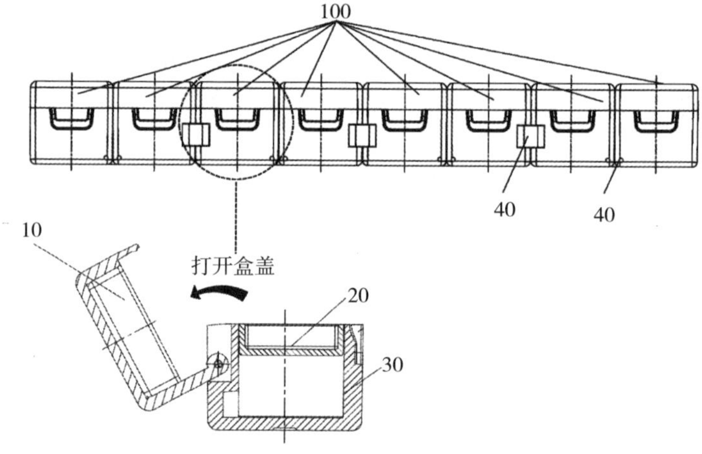

图 3.19 魔方形化妆品容器结构

2021年9月, 青岛崂玻玻璃制品有限公司公开了一种高内应力防破裂玻璃瓶。该高内应力防破裂玻璃瓶结构 (见图 3.20) 包括玻璃瓶体 (1)、瓶盖 (2)、瓶口 (3)、环形加强筋 (4)、橡胶防护底 (5)、外保护层 (6)、内保护层 (7)。瓶口 (3) 外侧边开设有卡槽 (14), 瓶盖 (2) 内侧壁固定连接有软性卡头 (13), 玻璃瓶体 (1) 内侧壁固定连接有防爆层 (10), 瓶口 (3) 外侧壁与瓶盖 (2) 内侧壁之间设置有密封垫 (12), 瓶盖 (2) 内壁顶端与瓶口 (3) 顶端之间设置有封盖 (11), 内保护层 (7)

与外保护层（6）之间设置有真空层（9），玻璃瓶体（1）内部设置有内腔（8）。该方法极大地增加了玻璃瓶的整体强度，从而加强了玻璃瓶的防爆性能，在有效保护瓶内化妆品的同时还能避免玻璃碎片飞溅伤人情况的发生。

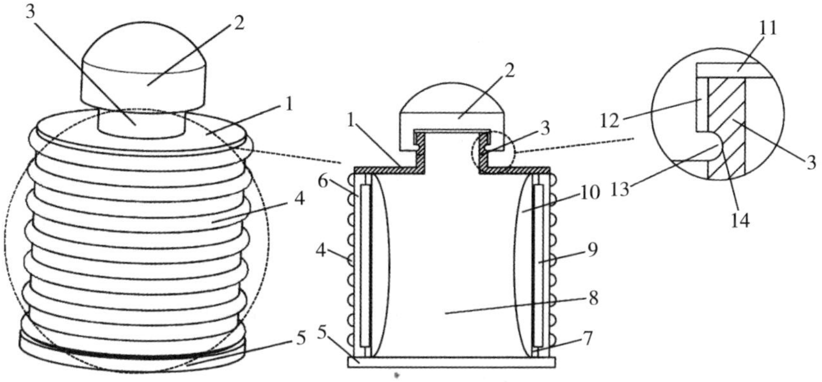

图 3.20 高内应力防破裂玻璃瓶结构

2021 年9 月，MYC PACKAGING TECH SUZHOU CO LTD 公开了一种可替换式睫毛膏容器。该可替换式睫毛膏容器结构（见图3.21）包括容器主体（1）、设置在容器主体（1）内用于容纳相应化妆品的内瓶体（2）及能够与容器主体（1）和/或内瓶体（2）闭合连接的盖体（3）。容器主体（1）与内瓶体（2）可拆卸连接，盖体（3）上设置有至少一部分能够进入内瓶体（2）内的涂抹工具（4），涂抹工具（4）与盖体（3）可拆卸连接。盖体（3）内设置有能够与容器主体（1）和/或所述内瓶体（2）闭合连接的内盖（31）。内瓶体（2）的入口设置有与涂抹工具（4）相配合的刮料器（5）。涂抹工具（4）包括与盖体（3）连接的刷杆（41）及设置在刷杆（41）一端用于蘸取化妆品的刷头（42），刷杆（41）与盖体（3）可拆卸连接。其中，容器主体（1）与内瓶体（2）卡扣相连接，刷杆（41）与盖体（3）卡扣相连接。盖体（3）内设置有与刷杆（41）卡扣相连接的第一卡套（6）。盖体（3）内设置有至少一个能够锁定第一卡套（6）的第一卡板（7）及与第一卡套（6）相配合的弹性元件（8），盖体（3）的顶部设置有与刷杆（41）相配合的第一避让通孔（301），盖体

(3) 上设置有能够解除第一卡板 (7) 对第一卡套 (6) 锁定的按钮 (32), 弹性元件 (8) 能够推动解除锁定的第一卡套 (6) 沿轴向运动以使刷杆 (41) 的上端穿过第一避让通孔 (301) 伸出到盖体 (3) 外。弹性元件 (8) 可为第一弹簧 (81)。盖体 (3) 内设置有与第一卡套 (6) 相配合的限位卡套 (9), 以使第一卡套 (6) 与限位卡套 (9) 呈圆周方向固定且轴向能够相对滑动。

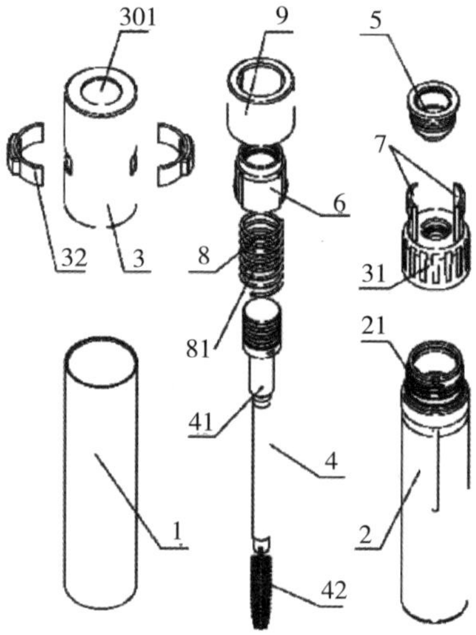

图 3.21　可替换式睫毛膏容器结构

2021 年9 月, MYC PACKAGING TECH SUZHOU CO LTD 公开了一种多功能化妆品管。该多功能化妆品管结构 (见图 3.22) 包括容器主体 (1) 及能够与容器主体 (1) 闭合连接的盖体 (2)。盖体 (2) 上设置刷杆 (3), 刷杆 (3) 的前端有刷头 (4), 盖体 (2) 与刷杆 (3) 轴向固定且沿圆周方向能够相对转动, 容器主体 (1) 的入口设置有与刷杆 (3) 相配合的刮料器 (5), 盖体 (2) 内设置有与刷杆 (3) 相配合的内盖 (6), 内盖 (6) 靠近容器主体 (1) 的一端设置有第一永磁体 (61), 容器主体 (1) 上设置有能够与第一永磁体 (61) 磁性吸附连接的第二永磁体 (11)。内盖 (6) 包括与盖体 (2) 连接的第一盖 (62) 以及与刷杆 (3) 相配合的第二盖 (63), 第一盖 (62) 与第二盖 (63) 连接形成固定第一永磁体 (61) 的第一区间 (64)。刷杆 (3) 远离刷头 (4) 的一端设置有第一连接头（31），第二盖（63）上设置有与第一连接头（31）相配合的第一孔体（631），以使第一连接头（31）轴向固定且沿圆周方向能够相对转动。第一连接头（31）的外侧设置有至少一个第一环形凸起（311），第一孔体（631）内设置有与第一环形凸起（311）卡合连接的第一环形槽体（632）。容器主体（1）的入口设置有与刮料器（5）相配合的第一肩套（12），第一肩套（12）与第二肩套（13）连接形成固定第二永磁体（11）的第二区间（14）。第一肩套（12）具有与容器主体（1）连接的第一连接端（121）。第一连接端（121）与容器主体（1）之间设置有第一密封圈（15）。刷头（4）与刷杆（3）可拆卸连接。

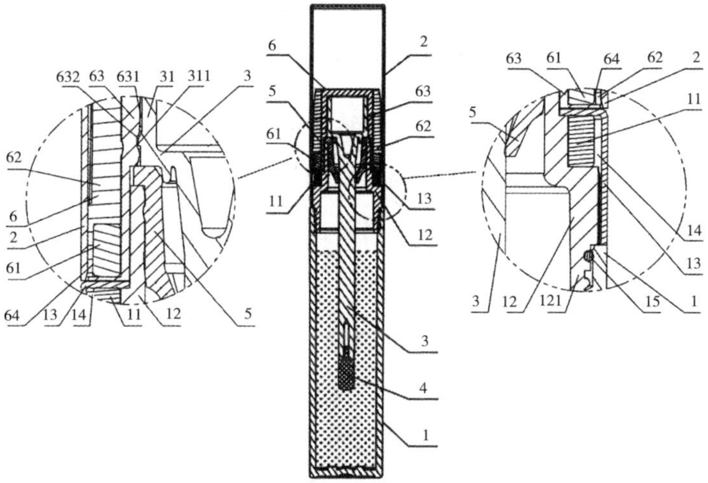

图 3.22　多功能化妆品管结构

2021 年 9 月，广州越锐包装科技有限公司公开了一种无残留的乳液瓶。该无残留乳液瓶结构（见图 3.23）包括瓶盖（1）、瓶体外罩（2）和瓶身机构（3）。瓶身顶部与瓶体外罩固定连接，瓶体外罩的顶部与瓶盖相连接，倾倒瓶体后，拨片在重力作用下移动将乳液向下推送，乳液流出速度更快，方便使用。注入连杆中的另一种保养品也能够从透液孔中流出，与乳液混合，优化乳液的使用效果。由于拨片的外壁与瓶体的内壁相贴合，在拨片向下移动的过程中，能够将黏附在瓶体内壁上的乳液向出口处刮拭，减少乳液残留，有效降低乳液挂瓶造成的损耗，在使用时可通过按动按钮开关来打开环形灯片，环形灯片从下往上照射，方便用户观察瓶体中剩余乳液量，实用性更佳。

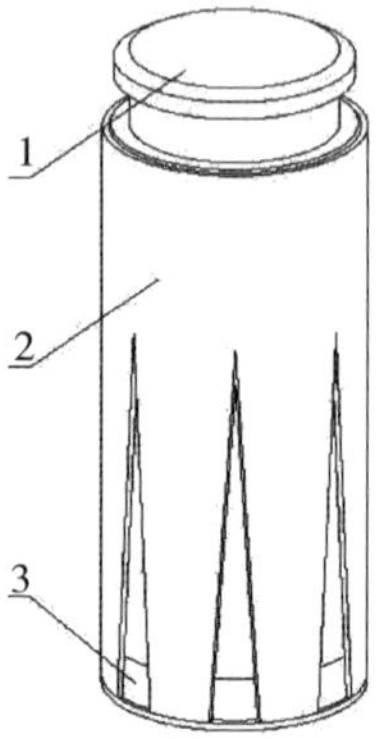

图 3.23　无残留乳液瓶结构

2021 年 12 月，安徽亿晶包装科技有限公司公开了一种防滑防摔的化妆品用玻璃瓶。该防滑防摔化妆品用玻璃瓶结构（见图 3.24）包括瓶体（1）、防护结构（2）、瓶盖（3）、按压嘴（4）、分流结构（5）。防护结构（2）由防护套（201）、橡胶条（202）、防摔条（203）、防滑垫（204）以及吸附片（205）构成；分流结构（5）的内部包括分流帽（501）、出料孔（502）、空腔（503）以及分流网（504）；连接结构（6）是由环形片（601）、弧形卡框（602）以及弧形卡扣（603）组合而成。该化妆品用玻璃瓶不仅具有防摔防滑功能，还可避免盖体松脱，防止化妆品玻璃瓶受挤压时发生集聚现象。

2021 年 12 月，浙江长兴杭华玻璃有限公司公开了一种抗摔节能型化妆品玻璃瓶。该抗摔节能型化妆品玻璃瓶结构（见图 3.25）包括瓶体（1）、第一圆盘（2）和节能装置（3）。其中节能装置（3）包括低辐射玻璃层（301）、热反射玻璃层（302）、防护玻璃层（303）和抗摔层（304）。瓶体（1）的下方外壁安装有固定装置（5），固定装置（5）包括第二圆盘（501）、竖杆（502）、挡头（503）和第三圆盘（504），第二圆盘（501）的圆形槽处内壁分别与瓶体（1）的下表面和抗摔层（304）的外壁相贴合，第二圆盘（501）的圆孔处紧密贴合有竖杆（502），多个竖

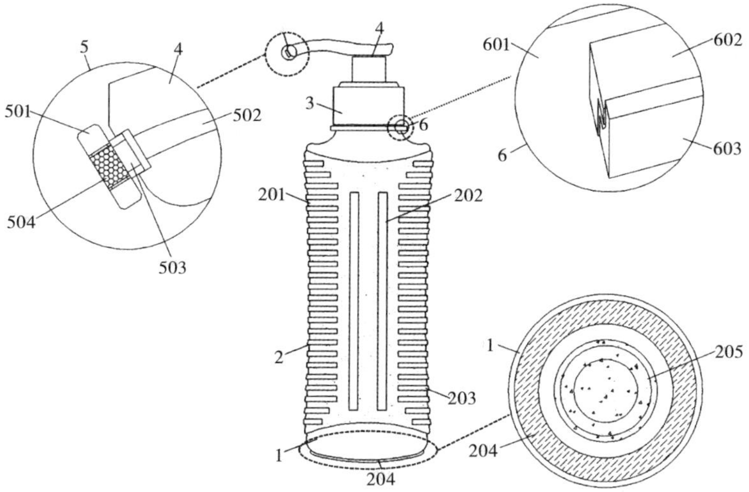

图 3.24　防滑防摔化妆品用玻璃瓶结构

杆（502）的上表面固接有挡头（503），竖杆（502）的外壁安装有第三圆盘（504），第三圆盘（504）的凹槽处和通孔处内壁分别与挡头（503）和竖杆（502）的外壁间隙相配合，第三圆盘（504）的内部中间与抗摔层（304）的外壁固定相连。该化妆品玻璃瓶通过第二圆盘可以对瓶体的底部进行防摔保护，抗摔节能。

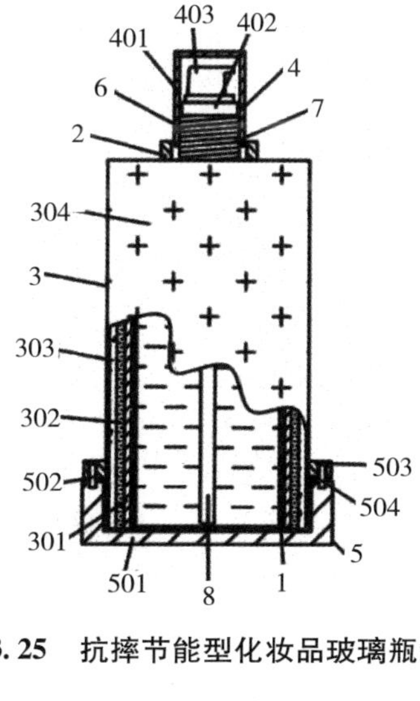

图 3.25　抗摔节能型化妆品玻璃瓶结构

2022 年 3 月，广州盛雅图玻璃工艺有限公司公开了一种抗氧化高密封玻璃化妆瓶。该抗氧化高密封玻璃化妆瓶结构（见图 3.26）包括瓶体（1）、瓶盖（2）、凹槽（3）、密封圈（4）、旋转壳体（5）、旋转叶（6）、转动轴（7）、固定叶（8）、叶体（9）、抗氧化磨砂层（10）、拧头（11）、滑轮（12）和限位块（13）。该化妆品瓶在长时间的使用中，瓶身外部不易被氧化，化妆品的功效不会流失，且化妆瓶不会出现腐蚀，可延长其使用寿命。

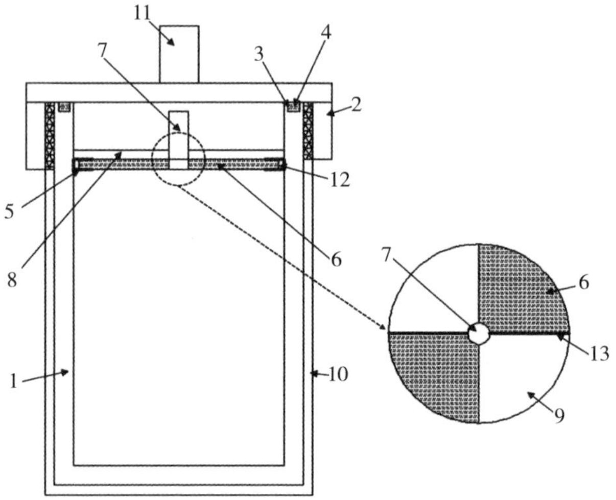

图 3.26　抗氧化高密封玻璃化妆瓶结构

2022 年 3 月，福建省晋江市恒大纸塑有限公司公开了一种环保耐腐蚀纸塑袋的制备方法。该环保耐腐蚀纸塑袋结构（见图 3.27、图 3.28、图 3.29）包括纸塑袋主体（1）、多组视口（2）、锁紧条组件（3）、手提区（4）、手提通槽（5）、Y 形底板（6）和压环（7）。纸塑袋主体（1）由左单元连接纸（101）和右单元连接纸（102）组成，且左单元连接纸（101）和右单元连接纸（102）上端设有手提区（4），手提区（4）上设有手提通槽（5），左单元连接纸（101）和右单元连接纸（102）下端设有 Y 形底板（6），Y 形底板（6）上端设有压环（7），且 Y 形底板（6）外部设有外膜（104），左单元连接纸（101）和右单元连接纸（102）内部设有内膜（103），左单元连接纸（101）上设有多组视口（2），左单元连接纸（101）和右单元连接纸（102）内部靠近手提区（4）处设有锁紧条组件（3），锁紧条组件（3）由连接座（301）和压条（302）组成。其中，左单元连接纸（101）、右单元连接纸（102）和内膜（103）之间通过热熔粘贴而成，Y 形底板（6）和压环（7）、外膜（104）之间通过热熔粘贴而成。左单元连接纸（101）和下端的 Y 形底板（6）、左单元连接纸（101）和上端的手提区（4）均为一体式结构；右单元连接纸（102）和下端的 Y 形底板（6）、右单元连接纸（102）和上端的手提区（4）均为一体式结构，左单元连接纸（101）和右单元连接纸（102）之间通过压合连接。连接座（301）和压条（302）之间通过卡接连接。左单元连接纸（101）和连接座（301）、右单元连接纸（102）和压条（302）均为一体式结构。该纸塑袋为环保耐腐蚀的纸塑袋，可作为化妆品包装袋。

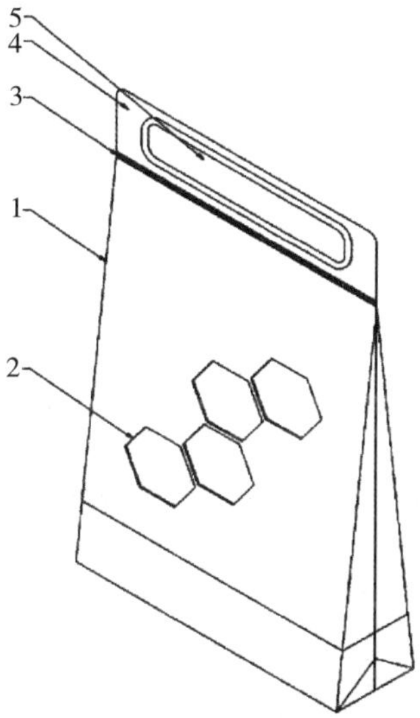

图 3.27　环保耐腐蚀纸塑袋结构

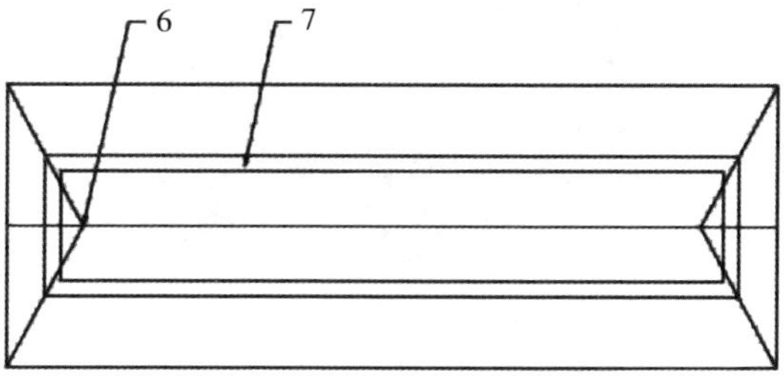

图 3.28　环保耐腐蚀纸塑袋底部结构

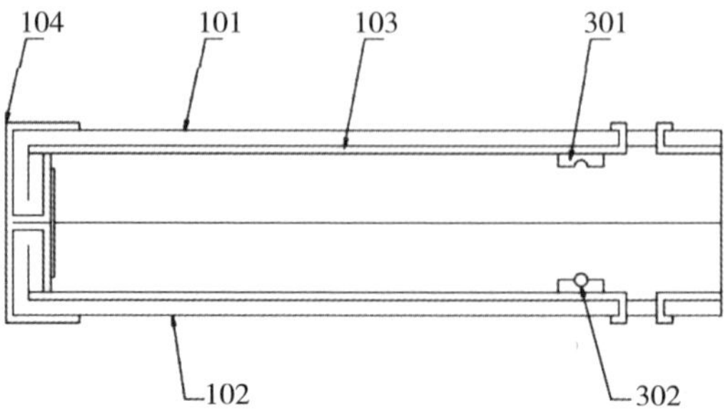

图 3.29　环保耐腐蚀纸塑袋主体与锁紧条组件结构

（三）化妆品包装设计

随着我国人民生活水平的不断提高，化妆品产业的日益壮大，化妆品种类的日益繁多，消费者在使用化妆品时，不仅关注其功效、成分等，还注重化妆品的包装设计。“国潮风”是近年来逐渐兴起的一种设计理念，该理念在国产化妆品包装设计中得到广泛应用，其核心内容为中国传统文化。

中国本土化妆品品牌土家硒泥坊在面膜产品的包装设计中运用了传统的青花纹样。该面膜包装的中间部分为青花瓷瓶的形状，瓶身处设计为旗袍领口，体现了浓郁的中国风（见图 3.30）。

图 3.30　土家硒泥坊面膜包装

国货品牌佰草集在新七白美白嫩肤露的包装上，设计了优雅美丽的植物纹样，其中包含白芍、黄芪、雪莲等植物形象，各种植物呈团状设计，简约时尚。这种包装既融合了传统剪纸艺术元素，也凸显了佰草集所传递的中药文化的品牌形象（见图 3. 31）。

图 3. 31　佰草集新七白美白嫩肤露包装

彩棠为中国本土化妆品品牌，在“苏绣”系列彩妆中，以苏州园林中的花鸟鱼虫形象为代表展开设计。在选定纹样后，结合“苏绣”的技法，使刺绣工艺的魅力在包装设计中得以体现（见图 3. 32）。

图 3. 32　彩棠化妆品包装

2020 年，故宫博物院借鉴传统文化中“天地和合”的概念，开发设计了荷包口红（见图 3. 33）。荷包作为中国汉族传统服饰的代表之一，蕴含了和谐美满、吉祥如意等美好寓意。

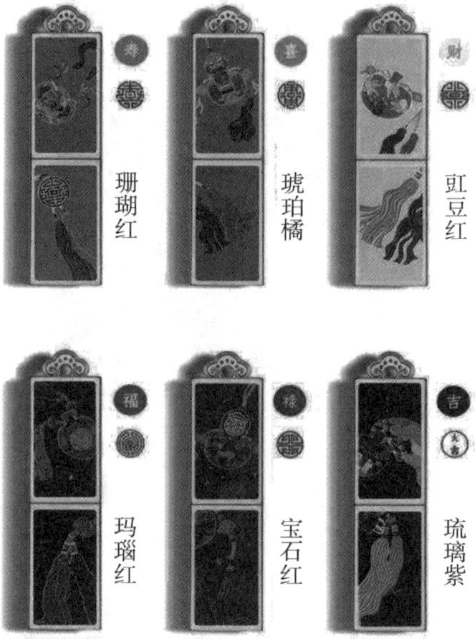

图 3.33　荷包口红

国产品牌花西子的化妆品盒采用了传统金银首饰中的纹饰作为盒盖装饰，增强了盒子的艺术效果（见图 3.34）。

图 3.34　花西子化妆品盒

兰芝推出的中国风限量版礼盒，将灯笼的几何元素融入包装装饰中，同款轮廓的灯彩，不同的装饰图案，有竹编的中国结造型，有条纹搭配和凹凸压模技艺的结合，使得画面活泼有趣；颜色使用的是中国红，以传统红色作为底色，用金色勾勒图案（见图3.35）。

图3.35 兰芝中国风限量版礼盒

三、产学研合作案例

（一）玫瑰花状洁面泡沫盖

杨玲和李桂朋分别是中山美之峰纳米科技有限公司、中山汇丰隆塑料制品有限公司的高管，多年来从事化妆品瓶盖的研究，曾公开多项有关化妆品瓶盖的专利。2017年4月，杨玲和李桂朋公开了一种玫瑰花状洁面泡沫盖（见图3.36）。玫瑰花成型面盖的两侧下方对称设置有卡边，玫瑰花成型面盖通过卡边依次穿插进按压座两侧的弧形卡扣和扣座四周的弧形扣孔内，将玫瑰花成型面盖、按压座、扣座连接成一体，弧形卡扣的外侧为按压扣，按压座的中部设置有分流道，按压座的底部中间位置设置有弹簧卡座，弹簧卡座内设置有弹簧，且弹簧设置在按压座与扣座之间。使用玫瑰花状洁面泡沫盖挤压出来的洁面泡沫具有花朵形状的立体感，较为美观；采用按压扣按压的方式，使用较为方便，且每次按压量是固定的，不会造成洁面产品的浪费；玫瑰花成型面盖、按压座、扣座均采用耐磨食品、医用级 PP 材料注塑成型，材料较为环保安全。

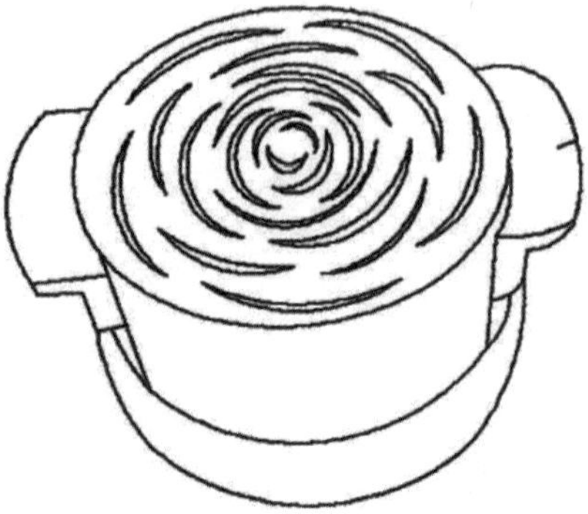

图 3.36　玫瑰花状洁面泡沫盖

嘉娜宝 EVITA 系列采用这一设计推出了一款玫瑰洁面慕斯（见图 3.37），按压瓶口后 3D 玫瑰造型泡沫即刻绽放。

图 3.37　嘉娜宝玫瑰洁面慕斯

（二）for/get 品牌包装案例

1. 品牌介绍

品牌故事：2013 年，律恩泽雅在帮助女性改善身材的同时，意识到女人的美丽是全方位的，美好身材和美好肌肤成就完美女人。

同时，中国美业市场也需要能提供更有体验感、更有品质的品牌和服务，for/get 的诞生和不断突破，让中国女性的肌肤和身心更加健康有活力，并有效提升美业从业者信心、归属感，提供长久业绩解决方案。

for/get 秉承“打破常规，活出自我”的品牌价值观，一直致力于和中国女性一起打破常规。其设计理念别具一格，产品用反螺纹的开启方式、反向行走的罗盘去传递时光的魔力，让更多女性遗忘年纪、遗忘刻板印象、勇敢坚持真我。

期望使用 for/get 的女性，三十岁的时候，坚定选择自己想要的；四十岁的时候，不要被生活重压打倒；五十岁的时候，依然可以恋爱和工作。永远有能力不惧时光，执掌未来。

品牌愿景：树立美容院线行业标杆，致力成为亚洲一流护肤品品牌。

品牌定位：专注专线渠道的高端美容护理品牌，专注研究解决亚洲人肌肤问题。

2. 品牌设计案例

（1）品牌 ICON：品牌全新 ICON 启用个性醒目、简约有力的“F”和“G”，在视觉上拥有无限解读空间。同时很好地诠释了关于 for“付出”与 get“得到”之间的关系，它们互相包含，彼此成就。让品牌形象更具感染力和想象空间，在“F”和“G”的无限循环中态度鲜明地彰显品牌个性。品牌 Logo 设计图见图 3. 38。

图 3. 38　品牌 Logo 设计图

（2）包装主视觉。

包装主视觉如图 3. 39 至图 3. 44 所示。

图 3. 39　光的幻想（The illusion of light）

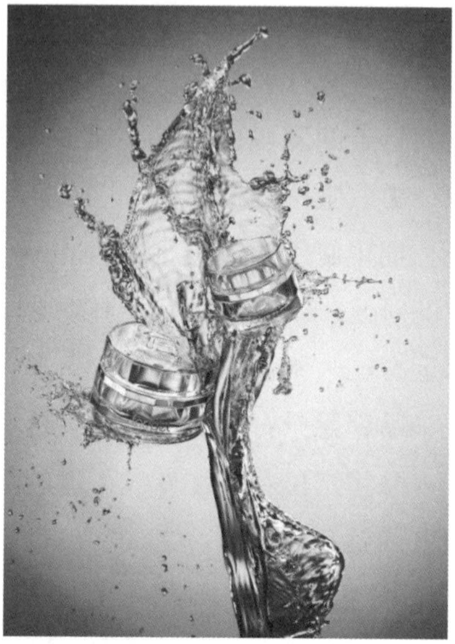

图 3. 40　水的灵动（The flexibility of water）

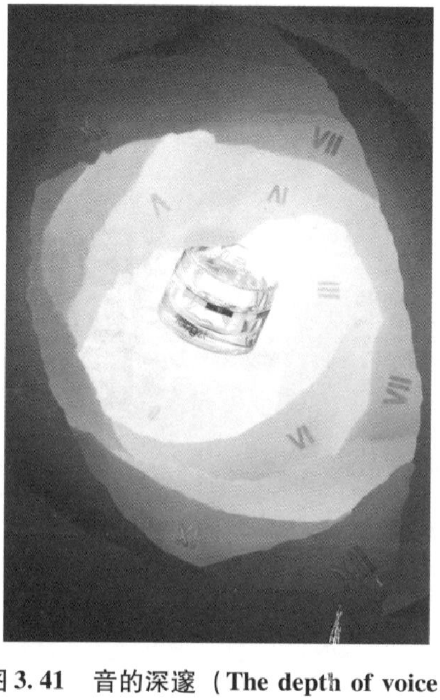

图 3. 41　音的深邃（The depth of voice）

图 3. 42　影的随行（Shadow following）

图 3.43 灵的缥缈（Ethereal spirit）

图 3.44 成品视觉图

（3）外观设计解析。

逆时针罗马表盘符号含义：for/get 重新解读时光奥义，用行动诠释“无惧时光　执掌未来”的坚定初心。

（4）涉及专利成果。

《化妆瓶》专利申请号：202030342894.9。

《化妆瓶包装瓶》专利申请号：202030336817.2。

《一种带反螺纹的化妆品瓶子》专利申请号：201620030292.8。

3. 企业介绍

详见“第二章·三、产学研合作案例·（二）逆光因 ANTIAGE 原料”。

[参考文献]

[1]安徽亿晶包装科技有限公司．一种防滑防摔的化妆品用玻璃瓶：CN202111042976.1[P].2021－09－07.

[2]陈联光．一种透明液体包装瓶:CN200420044407.6[P].2005－05－04.

[3]杜诗璇,徐蓉蓉．中国传统元素在现代女性化妆品包装设计中的运

用[J]. 美术教育研究,2022(5):124-125.

[4]福建省晋江市恒大纸塑有限公司. 一种环保耐腐蚀的纸塑袋:CN202122586683.1[P]. 2021-10-27.

[5]广东众塑降解材料有限公司. 一种全降解高透明高耐热化妆品包装材料:CN202111316103.5[P]. 2021-11-08.

[6]郭艳艳,李华飙. 中国古代青铜器纹样在化妆品设计中的应用[J]. 中国化妆品,2021(2):119-123.

[7]广州市瑞高包装工业有限公司. 一种防水型纸塑复合软管及其制备方法:CN202210063292.8[P]. 2022-01-20.

[8]广州圣威化妆品包装有限公司. 一种绿色环保的高强度化妆品玻璃瓶:CN202010171231.4[P]. 2020-03-12.

[9]广州圣威化妆品包装有限公司. 一种绿色环保的化妆品玻璃瓶:CN202010171234.8[P]. 2020-03-12.

[10]广州盛雅图玻璃工艺有限公司. 一种抗氧化高密封玻璃化妆瓶:CN202122432619.8[P]. 2021-10-11.

[11]广州越锐包装科技有限公司. 一种无残留的乳液瓶子:CN202023197227.X[P]. 2020-12-28.

[12]河北上东包装科技有限公司. 一种可降解的软包装纸塑复合袋及其生产工艺:CN202111557863.5[P]. 2021-12-20.

[13]华景微纳科技(苏州)有限公司. 一种增强LLDPE包装袋透明度的塑料改性方法:CN202110129693.4[P]. 2021-01-29.

[14]韩燕. 一种绿色环保的化妆品玻璃包装瓶:CN201810256446.9[P]. 2018-03-27.

[15]金旸(厦门)新材料科技有限公司. 一种PA/PMMA复合材料和制备原料及其制备方法和应用:CN201910460898.3[P]. 2019-05-30.

[16]罗馨茹. 浅析传统青花纹样在现代包装设计中的运用[J]. 美术教育研究,2021(14):80-81.

[17]宁波瑞隆新材料科技有限公司. 一种高亮PMMA、ABS复合材料及其制备方法:CN202111556509.0[P]. 2021-12-17.

[18]潜铁宇,蒋淑婷．浅析“国潮风”在本土化妆品包装设计中的应用[J]．绿色包装,2022(1):84－88.

[19]青岛崂玻玻璃制品有限公司．一种高内应力防破裂玻璃瓶:CN202120133090.7[P].2021－01－19.

[20]上海紫华容器包装有限公司．可生物降解塑料容器:CN200310108654.8[P].2005－05－25.

[21]孙茜,王斌．中国灯彩元素在包装设计中的应用研究[J]．设计,2021,34(15):73－75.

[22]绍兴万荣包装有限公司．一种改性PP材料:CN202111168856.6[P].2021－10－08.

[23]苏州通成化妆品包装有限公司．一种耐冲击的化妆品珠光色外瓶及其生产方法:CN202010279660.3[P]．2020－04－10.

[24]深圳万隆行贸易有限公司．一种双层化妆品容器瓶:CN201520034300.1[P].2015－07－15.

[25]天津金发新材料有限公司．一种ABS材料组合物及制备和应用:CN202111495813.9[P].2021－12－09.

[26]王德秀．一种高强度抗菌塑料化妆品盒:CN201810192069.7[P].2018－03－08.

[27]银金达(上海)新材料有限公司．可生物降解塑料容器:CN202110072244.0[P].2021－01－20.

[28]银金达(上海)新材料有限公司．一种高透明PETG材料及其应用:CN202110072776.4[P].2021－01－20.

[29]叶似男．浅析民间剪纸艺术在化妆品包装设计中的应用[J]．轻纺工业与技术,2021,50(8):47－48.

[30]厦门长塑实业有限公司．一种可降解纸塑复合薄膜及其制备方法:CN202111506113.5[P].2021－12－10.

[31]中山市恒宝塑料包装材料有限公司．一种化妆品包装用的抗菌薄膜:CN202122294510.2[P].2021－09－23.

[32]浙江长兴杭华玻璃有限公司．一种抗摔节能型化妆品玻璃瓶:

CN202121216496.8[P].2021-06-02.

[33]浙江兴越材料技术有限公司.聚乳酸组合物及其添加剂组合物、塑料制品及其制备方法:CN202110711946.9[P].2021-06-25.

[34] ALBEA TUBES ZHONGSHAN CO LTD. Cosmetics package: WO2015CN70218[P].2015-07-09.

[35]ANHUI YIXUAN METAL SCIENCE AND TECH CO LTD. All-metal cowmetic tube:WO2020CN103244[P].2022-01-06.

[36] CHEN WENSHENG. Airtight tubular cosmetics container: WO2015CN94026[P].2017-05-11.

[37]CHEN WENSHENG. Cosmetic container sealed by magnetic attraction and negative pressure:WO2015CN94157[P].2017-05-18.

[38]CHEN WENSHENG. Magnetic bottle cap assembly and cosmetics bottle using same:CNWO2016CN89778[P].2018-01-18.

[39]CHEN WENSHENG. Multipurpose cosmetic container:WO2017CN81252[P].2018-10-25.

[40]MYC PACKAGING TECH SUZHOU CO LTD. Mascara container having exchangeable coeponents:WO2020CN82384[P].2021-09-30.

[41]MYC PACKAGING TECH SUZHOU CO LTD. Multifunctional cosmetic tube:WO2020CN82390[P].2021-09-30.

[42]SHYA HSIN PACKAGING IND CHINA CO LTD. Cube-shaped cosmetic container:WO2020CN104999[P].2021-06-03.

[43]SHANTOU KINHWA PLASTIC IND CO LTD. Cosmetics xontainer employing gear transmission:WO2016CN106064[P].2018-01-18.

[44]SHYA HSIN PACKAGING IND (CHINA) CO LTD. Smearing device having specially-shaped head:WO2015CN90090[P].2017-01-12.

[45]UNIQUE DESIGN PACKAGING CO LTD. Press pen:WO2008CN70460[P].2009-09-17.

第四章　化妆品设备科研成果

伴随着美妆经济的迅速发展，化妆品产业同样呈现出蓬勃发展的态势，与此同时，市场竞争也日趋激烈。前瞻产业研究院发布的《2016—2021年中国化妆品行业市场需求预测与投资战略规划分析报告》显示，近十年来，全球化妆品市场呈现出坚韧而稳定的增长趋势，化妆品行业已成为当今社会热门行业。我国化妆品数量、销量都增长迅猛，化妆品零售总额从2015年的2049亿元增长到了2021年的4026亿元，增长了96%。在复杂多变的化妆品市场中，化妆品产业想要生存下去，除了需要不断进行原料及工艺的创新之外，化妆品设备研发更是新产品研发的重中之重。

一、化妆品设备现状分析

（一）化妆品设备及分类

“化妆品设备”是一个较为概括性的词语，广义上是指化妆品从原料处理、进行生产到投入市场每一个环节中所使用的设备；而狭义上的化妆品设备是指化妆品的生产设备，也就是化妆品这一精细化工产品在生产过程中所使用到的机械化设备。化妆品生产的操作流程是复杂的，包括原料的粉碎、研磨、粉末制品混合、乳化和分散、分离和分级、加热和冷却、灭菌和消毒、产品的成型和包装的清洗等，在这些生产过程中发挥作用的设备正是本章节所要讨论的化妆品设备。

化妆品设备大体可分为产品的制造设备和成型充填包装设备两大类。制造设备主要包括化妆品乳化机、搅拌机、灌装机、包装机、RO反渗透水处理机等。其中，膏霜类化妆品生产线所必需的设备有膏体灌装机、真空乳化罐、RO反渗透水处理机、真空储罐等；洗液类化妆品生产线所必需的设备有液洗均质搅拌锅、RO反渗透水处理机、液体灌装机、真空储罐等；香水生产线所必需的设备有RO反渗透水处理机、香水冷冻机、真空储罐、香水灌装机等；口红生产线所必需的设备有RO反渗透水处理机、口红真空脱泡机、口红浇注机、反应釜等；粉饼生产线所必需的设备有粉类侧打机、压粉机、真空储罐、粉类灌装机等。

1. 关键设备

化妆品的生产属于精细化工的范畴，其生产要求较为严格，具有化学反应少、卫生要求严的特点。若按照生产流程进行划分，化妆品生产设备大体可分为以下六类。①粉碎设备，主要包括各类粉碎机、研磨机以及各类粉体混合器，其功效就是将化妆品原料进行加工处理。②乳化设备，指的是专业用来高速剪切、分散、混合物料的设备，并使物料充分乳化细腻，混合均匀，在生产过程中去除气泡。其专业用于化妆品膏霜类物料、制药类膏霜物料加工。③储存设备，是指在化妆品生产过程中，化妆品的成品或半成品需要移至其他的洁净储存设备时使用的移动储罐等设备。④灭菌设备，主要作用是对化妆品的成品和半成品进行高温消毒、灭菌杀菌，主要包括蒸汽、紫外线、微波等多种操作方式。⑤灌装设备，主要是包装机中的一类产品，可分为液体灌装机、膏体灌装机、粉剂灌装机、颗粒灌装机，从生产的自动化程度来讲，分为半自动灌装机和全自动灌装生产线。⑥包装设备，是指在化妆品生产完成后对成型产品进行打码和包装的设备（见图4.1）。

2. 配套设备

配套设备主要是指水处理设备。化妆品生产用水应为一般纯水，电导率小于2.5μS/cm，细菌总数≤100CFU/mL。典型的制水流程为：原水、预处理系统（砂滤、活性炭滤）、后处理系统（离子交换、反渗透）、储罐、分配管路。目前，国际化妆品生产线车间的用水主要来源为常规自来水和纯净水，无论使用哪种水都要不断流动以及定期清洗、消毒、灭菌。所以，水分

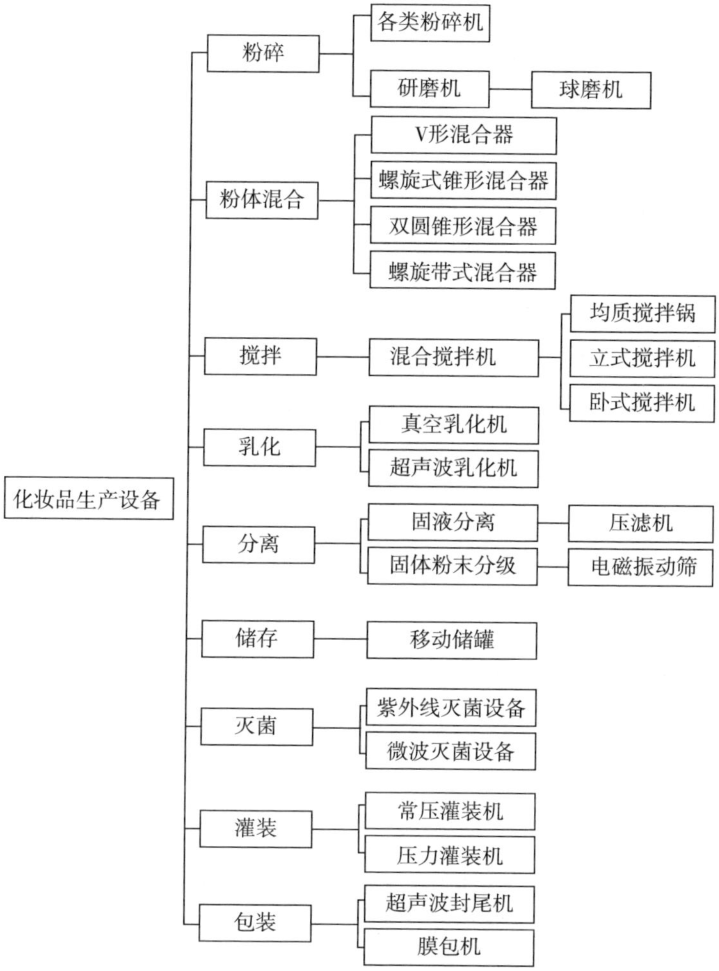

图 4.1　化妆品关键设备分类

配系统应符合流体力学的设计原则，满足持续的“湍流式”循环；管路设计要遵循管道的总长度最短的原则。此外，我国工业用电正常为 380V，总功率设计需满足照明、空调、紫外线等生产设备同时开启时提供动力的负荷。

（二）化妆品设备的规范与管理

化妆品产业的发展带动了化妆品机械设备行业的发展，在国家对化妆品质量管理越来越重视的基础上，化妆品机械设备行业的标准也在提高。为了规范化妆品生产质量管理，国家药品监督管理局 2022 年 1 月发布《化妆品生产质量管理规范》（以下简称《规范》），自 2022 年 7 月 1 日起施行。《规范》要求，化妆品注册人、备案人、受托生产企业应当诚信自律，按照本规范的要求建立生产质量管理体系，实现对化妆品物料采购、生产、检验、储存、销售和召回等全过程的控制与追溯，确保持续稳定地生产出符合质量安全要求的化妆品。

《规范》也对化妆品机械设备提出了更加明确的要求，规定企业应当建立并执行实验室管理制度,并明确了设备、仪器和试剂、培养基、标准品的管理要求。企业应当建立实验室设备、仪器清单，设备、仪器应当设置唯一编号并有明显的状态标识；应当按规定对实验室设备、仪器进行校准、检定、使用、清洁、维护，保证实验设备、仪器正常运行；应当对实验室使用的试剂、培养基、标准品的配制、使用、报废和有效期实施管理，试剂、培养基、标准品等的采购，应当参照企业原料采购相关制度进行。此外，企业还应当保证检验结果真实、完整、准确。当实验室设备、仪器、检验耗材等出现问题时，应当追溯相关检验结果并采取纠正措施。

化妆品公司对机构人员、生产质量、物料产品的管理、生产设备的管理、清洁消毒以及维护等都需要给予重视，许多的化妆品生产企业总是忽视一些细节上的问题，但看起来只是小问题的细节，如果忽视也会酿成大的损失，比如许多企业在乳化机、灌装机设备上容易犯一些清洁不到位或水质不达标的问题，这会产生污染，造成产品和资源的极大浪费。《规范》的出台，真正做到了从细节入手，对日化企业化妆品生产过程中各方面可能存在的问题都做出了详细的规定，制定了严格的标准，有利于推动我国化妆品行业的专业化和标准化，更有利于提高化妆品的质量，使消费者的使用体验和权益得到保证。

（三）智能化发展趋势

智能化是中国乃至全球工业发展的趋势，更是机械设备的必然发展趋势。国外知名的化妆品设备厂家已经在智能化的化妆品设备和技术上先行一步。智能化化妆品机械设备的优势已经不言而喻。首先，智能化机械设备可大大降低操作者接触机械危险部位的可能性，安全性能会得到明显的改善。其次，智能化改造后的设备将大大提高生产效率，降低劳动者劳动强度，节省劳动力，给企业带来巨大的经济效益。最后，智能化机械设备可以大大降低产品被外界污染的可能性，提高产品的质量和市场竞争力。智能化不仅是一个美好的愿景，也是必将要实现的计划。

面对全球智能化工业发展的态势以及智能化机械设备的优越性，中国的日化企业也在不断进行化妆品机械设备的研发和制造，以求能够在竞争越发激烈的化妆品市场中站稳脚跟。为了更好地了解化妆品机械设备的发展趋势，以“化妆品设备”为检索词，在万方数据知识服务平台检索2019年1月至2022年4月与化妆品设备专利和实用新型相关的文章，并进行分类统计，结果显示：与化妆品设备相关的专利成果1817项，其中2019年278项、2020年628项、2021年836项、2022年截止到4月有75项。在逐年递增的专利和实用新型的申请数量中，化妆品企业追求效率和质量的决心可见一斑，企业利用智能化设备进行创新的尝试为化妆品以及美妆市场注入了科技活力和发展动力。

二、化妆品设备科研成果

（一）粉碎设备

浙江佳臣化妆品有限公司在2021年4月被授权了一种用于化妆品的新型压粉设备，该设备属于化妆品加工技术领域。这种用于化妆品的新型压粉设备，在底座上设有工作台，上方设有压粉机构和刮粉机构，压粉机构两侧设有支柱，支柱与底座固定连接；刮粉机构包括横杆，横杆铰链接设有刮板，横杆两侧设有滑块，滑块下方设有滑轨，滑轨与工作台固定连接，滑块和刮板之间的横杆上设有毛刷，可以有效地对粉末进行回收，减少浪费，加快工作效率，有效地解决了现有压粉机需要人工参与操作、效率低下的问题（见图4.2）。

2021年3月，福州亦若雪化妆品有限公司发明了一种化妆品生产用磨粉设备。设备研磨桶表面的中部插接有中心轴，中心轴外表面的顶部套接有升降板，中心轴外表面的顶部套接有轴承，轴承外表面固定连接有轴承

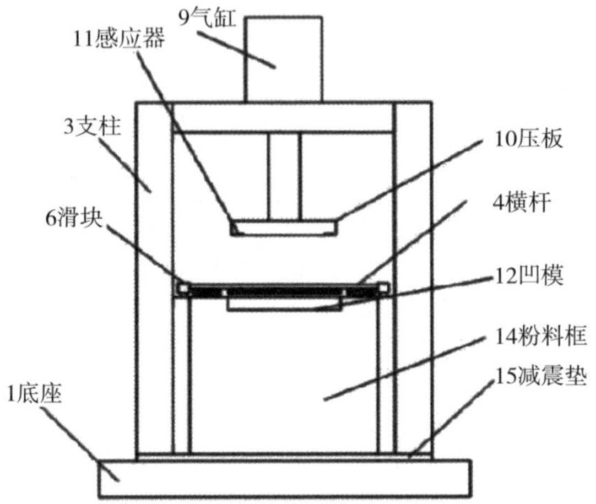

图 4.2　化妆品新型压粉设备具体结构

座，轴承座的下表面与升降板的上表面固定连接，升降板上表面的右侧固定连接有第一驱动电机。该化妆品生产用磨粉设备，通过两组研磨辊转动对化妆品原料进行初步破碎，并通过固定研磨块与转动研磨块之间的相互摩擦对初步破碎后的化妆品原料进行深度研磨，从而进一步提高了该装置对化妆品原料的研磨效果，保证了化妆品原料的研磨速率，减轻了工作人员的劳动强度（见图 4.3）。

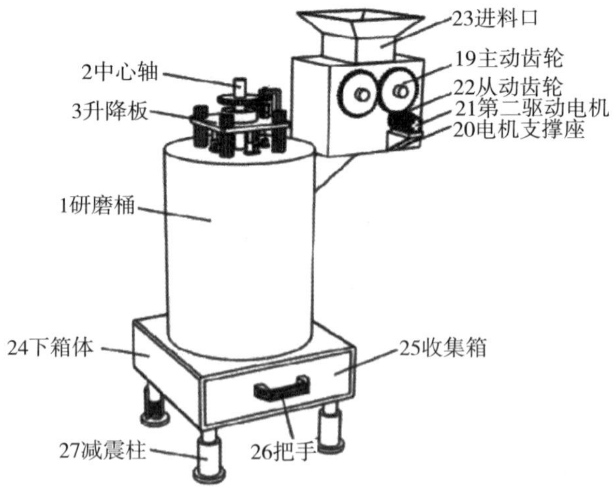

图 4.3　化妆品生产用磨粉设备具体结构

2021 年 3 月，广州妍肌化妆品科技有限公司发明了一种用于粉末化妆品生产的过筛设备。该设备相邻两个支架之间设置有一号固定块，一号固定块的下侧设置有输料板，输料板的底端连接有筛箱，输料板由左限位挡板和右限位挡板组成，输料板的上侧设置有一号底板与二号底板，一号底板与二号底板的上侧分别固定有一号固定板和二号固定板，一号固定板和二号固定板的上侧固定有一号固定块和二号固定块，固定铁块上设置有固定螺栓，固定螺栓上螺纹连接有固定帽，固定帽的底端与一号底板和二号底板固定连接。该发明结构简单，对于原料的粉碎程度较高、粉碎速度快的同时粉碎效果也能得到保证（见图 4. 4）。

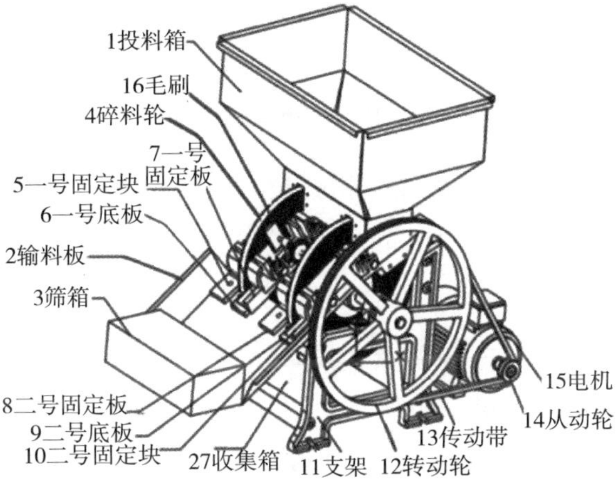

图 4. 4　粉末化妆品生产的过筛设备具体结构

2021 年 11 月，广东莉来雅生物科技有限公司发明了一种化妆品生产用具有废料回收功能的打粉机。该设备包括箱体、抖动组件和清扫组件，箱体顶部设有箱盖，两侧对称安装有驱动箱，清扫组件安装在驱动箱内，箱体内设有腔室，抖动组件对称安装在腔室上半部，腔室下半部对称设有破碎轮，抖动组件由推杆、推动轮和抖动板组成，推杆上等距安装有抖动板，抖动板包括外推板和内推板，通过在打粉机上安装抖动组件和清扫组件对冲压模具上的废料进行批量回收，先通过第二步进电机带动凸轮转动，对凸轮两侧的推动轮进行间歇式推动，使推动轮一侧在第二滑槽内滑动，带动抖动板对冲压磨具进行左右抖动（见图 4. 5）。

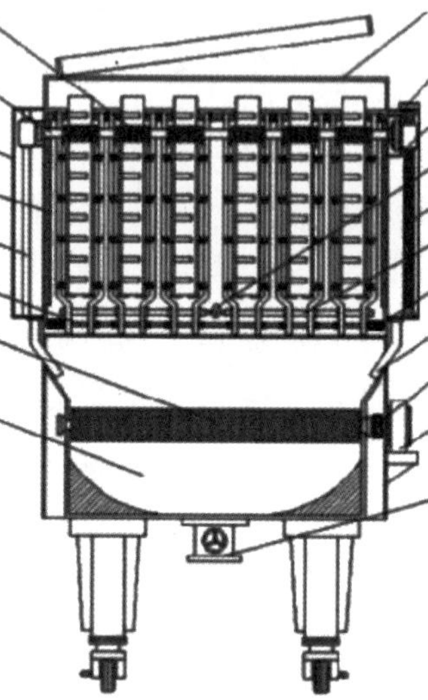

图 4.5　具有废料回收功能的打粉机具体结构

2021 年 11 月，新沂市事成生物科技有限公司发明了一种化妆品加工用磨粉设备。设备壳体两侧底部的两端分别固定连接有支撑柱，壳体顶端的中间位置处插接有进料口。壳体内部两侧间的顶部设置有破碎结构，化妆品原料在进入研磨槽进行研磨前先行落至第一驱动杆和第二驱动杆之间，并且第一驱动杆通过第一驱动电机驱动第二皮带轮在壳体的内部转动，第一驱动杆转动的同时通过联动齿轮带动第二驱动杆与之相向转动，并通过两者外部固定连接的破碎辊达到对原料进行破碎的目的，并且破碎辊的外部分别均匀固定连接有破碎块，使得破碎效果更佳，从而实现了在研磨前对化妆品原料进行破碎的目的，提高了研磨质量以及效率（见图 4.6）。

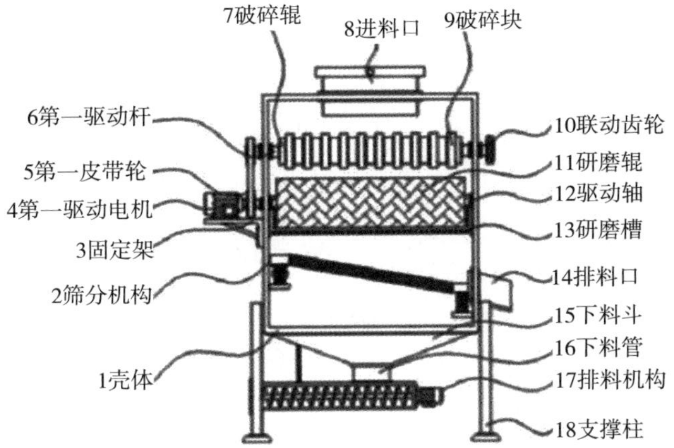

图 4.6　化妆品加工用磨粉设备具体结构

（二）乳化设备

2021 年 1 月，金华市恒润化妆品有限公司上报了一种可防止沉积的化妆品生产用乳化设备。设备箱体的顶部固定连接有 L 形支撑板，内壁顶部从左往右依次固定连接有电机和轴承一，轴承一的内圈固定连接有转轴一。通过凸轮在往复转动过程中挤压乳化筒向上移动，使得乳化筒内壁底部的化妆品原料与 U 形搅拌杆和搅拌杆相接触，并且依靠伸缩杆、滑块和滑槽的配合，使得乳化筒及乳化筒内的化妆品原料依靠自身重力下降，从而避免了化妆品原料沉积在乳化筒内壁底部，使得化妆品原料搅拌充分，提高了化妆品原料的乳化效果，保证了化妆品的质量，有利于化妆品的生产加工，满足使用者的需求（见图 4.7）。

2021 年 2 月，温州铂柜化妆品有限公司发明了一种化妆品生产用原料乳化设备。该设备的箱体内腔顶部设有升降机构，升降机构顶部设有搅拌机构和进液机构，箱体内腔底部设有补液机构。当需要对原料进行乳化时，通过进料支管向进料管内加入原料液，电机带动底部第一搅拌杆与第二搅拌杆以及加温管和两侧回流管转动，同时另一侧连通管能够向加温管和回流管内泵入加热蒸汽，进而能够在搅拌时进行热交换，提高内部乳液升温效果，避免箱体内壁加热导致乳液黏结，在有效降低清理难度的同时提高上下层混合的效率，进一步提高混液乳化效果，满足整体使用需要（见图 4.8）。

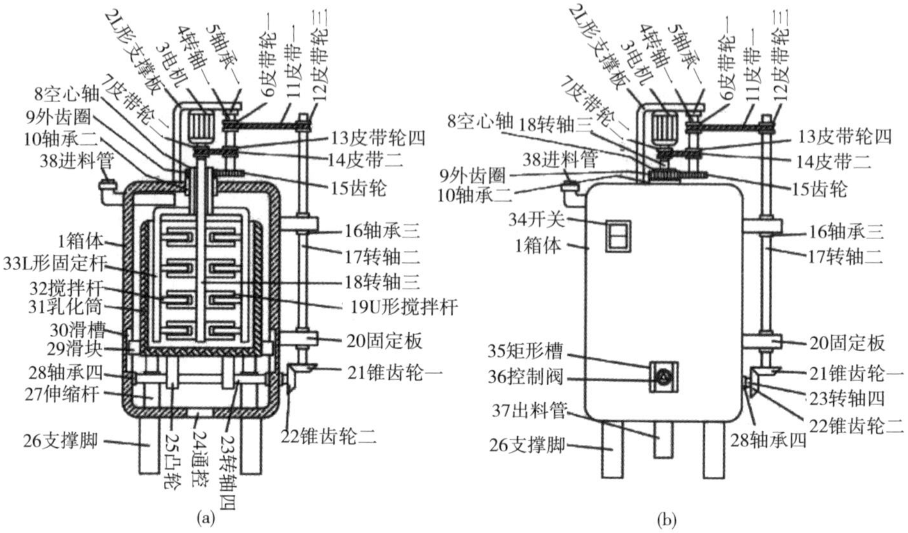

图 4.7　防止沉积的化妆品生产用乳化设备具体结构

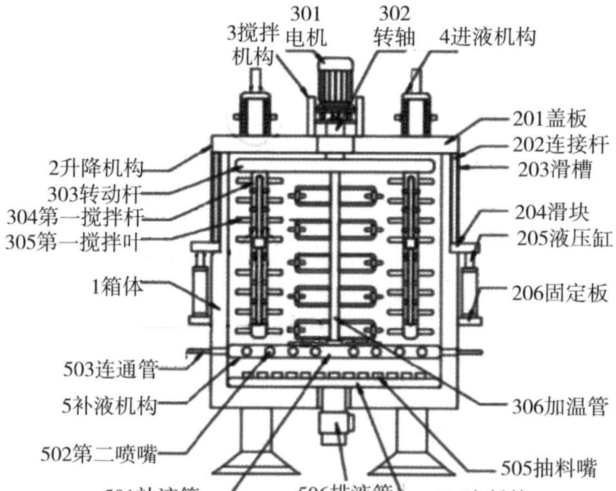

图 4.8　化妆品生产用原料乳化设备具体结构

2021 年 5 月，广州市嘉美化妆品有限公司发明了一种便于清洗的化妆品生产乳化设备。该实用新型设备包括工作台，工作台上方固定连接有电动转盘，工作台内部上方嵌入设置有乳化罐，电动转盘上方固定连接有电动推杆，电动推杆上方固定连接有支撑杆，支撑杆一侧内部嵌入设置有电机 A。本实用新型设备中，电动转盘和电动推杆之间垂直设置，且电动转盘和电动推杆处于支撑杆的垂直平分线上，通过电动推杆使支撑杆升到一定高度，向乳化罐内加入清洗液，再通过电动转盘将电机 A 和电机 B 的位置调换，接着收缩电动推杆，电机 B 到达工作的位置，转轴 B 和清洁刷进入乳化罐的内部，拧紧乳化罐盖，这样就解决了现有的化妆品生产乳化设备对清洗设备的使用方式不够便捷的问题（见图 4.9）。

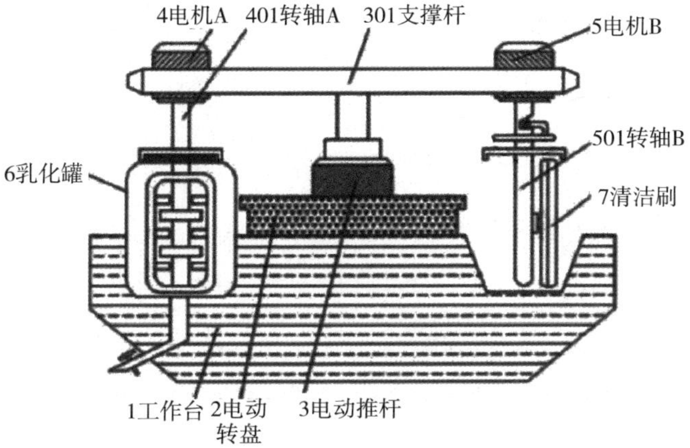

图 4.9　便于清洗的化妆品生产乳化设备具体结构

2021 年 7 月，美沁素雅（武汉）化妆品贸易有限公司被授权了一种化妆品生产用乳化设备。该设备罐体的上表面左端开设有进料口，进料口的右侧内壁通过卡簧固定安装有盖板，进料口内固定连接有进料斗，罐体的下表面中部固定连接有伺服电机，罐体的左右内壁均固定连接有固定杆。在第一搅拌轴的外表面与第二搅拌轴的外表面分别固定连接下搅拌框和上搅拌框，上搅拌框内固定连接有斜向上的第一搅拌杆，下搅拌框内固定连接有斜向下的第二搅拌杆，这样能使沉积在罐体底部的原料和罐体上部的原料搅拌更加充分，第一刷头和第二刷头在搅拌中可以清理罐体内壁，避免原料黏附在罐体内壁上，减少了原料的浪费（见图 4.10）。

2021 年 3 月，广州亮妆化妆品有限公司被授权了一种用于化妆品生产的高效乳化设备。该设备加工底座的底部左右两侧均固定安装有两个支撑垫，加工底座的顶部右侧开设有乳化加工槽，乳化加工槽的内部活动安装

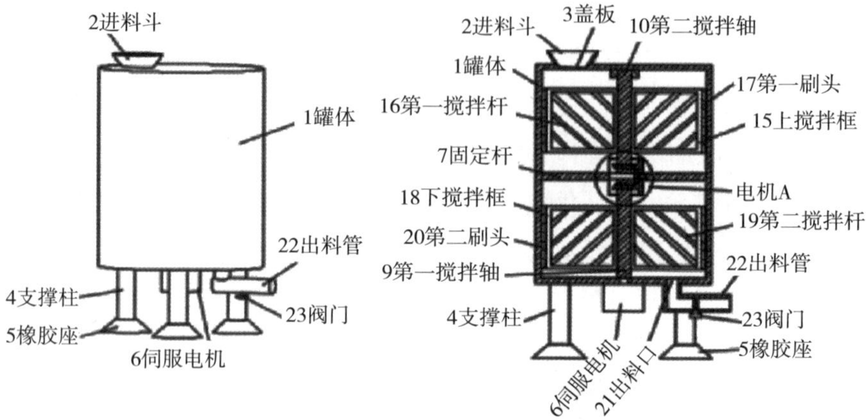

图 4.10 化妆品生产用乳化设备具体结构

有乳化罐。该设备设置了混合电机，混合电机运行通过传动齿轮与限位齿环啮合带动乳化罐进行转动，同时启动动力电机，动力电机带动搅拌架与乳化罐进行反向转动，达到提高搅拌效果和乳化效率的效果，能够加快设备的混合速率。该设备还设置了承重滚珠，能够减少限位齿环与加工底座的摩擦，有效提高设备的转动效率（见图 4. 11）。

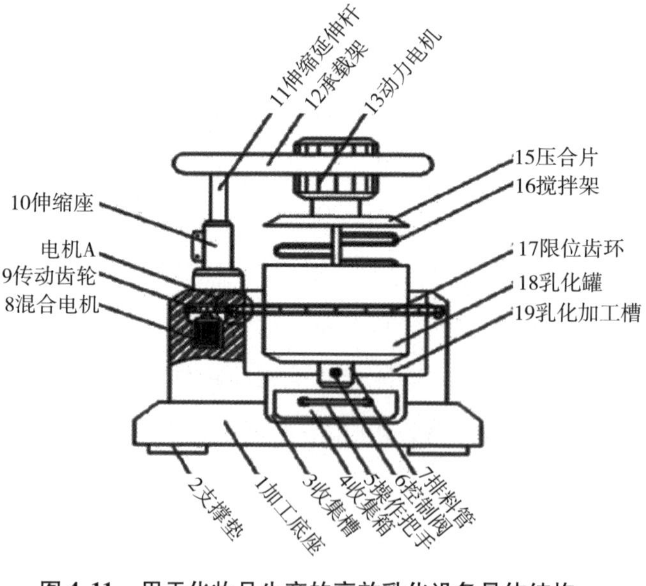

图 4. 11 用于化妆品生产的高效乳化设备具体结构

（三）储存设备

2021 年 7 月，天津市万紫千红生物科技有限责任公司被授权了一种化妆品生产用真空罐。该实用新型设备包括化妆品放置罐、辅助瓶、真空泵一，还包括控制系统，控制系统包括真空传感器、真空泵二、控制器。该设备利用真空泵一将辅助瓶抽成真空后，再让化妆品放置罐中的气体进入辅助瓶中，当化妆品放置罐和辅助瓶气压达到平衡后，利用真空泵一将化妆品放置罐和辅助瓶中的气体抽清，辅助瓶主要起减缓真空泵对化妆品放置罐中化妆品的冲击作用，避免化妆品放置罐中的化妆品晃动、翻转或变形。真空传感器将实时监测到的化妆品放置罐的真空度数据输入控制器，控制系统自动控制化妆品放置罐内的真空度，及时抽取由于设备密封不严而缓慢进入的空气，提高化妆品的保存质量（见图 4. 12）。

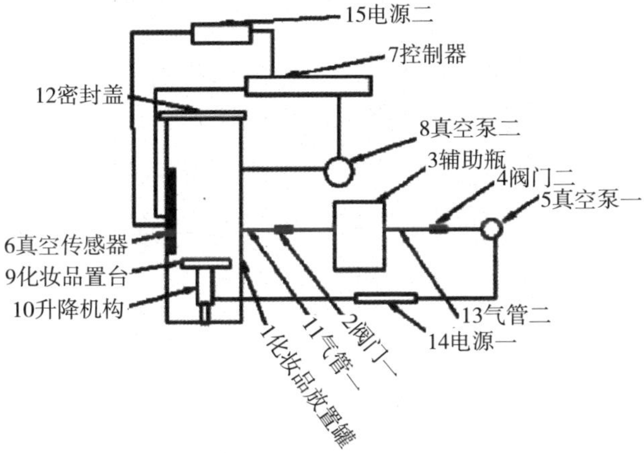

图 4. 12　化妆品生产用真空罐结构

2021 年，深圳市珍妮肤化妆品有限公司发明了一种化妆品生产用储存装置。该装置包括底部基座、螺纹孔、固定螺纹栓、真空吸盘、弹簧放置槽、缓震保护簧、缓震升降杆等。螺纹孔设于底部基座上，固定螺纹栓设于螺纹孔上，真空吸盘设于固定螺纹栓上，弹簧放置槽设于底部基座上。这一装置有效地解决了目前市场上化妆品生产用储存装置运输过程中易颠簸和拿取时易残留的问题，具有可缓震保护和拿取完全的技术特点（见图 4. 13）。

2021 年，广西西科雅香精香料科技有限公司发明了一种化妆品提取储存设

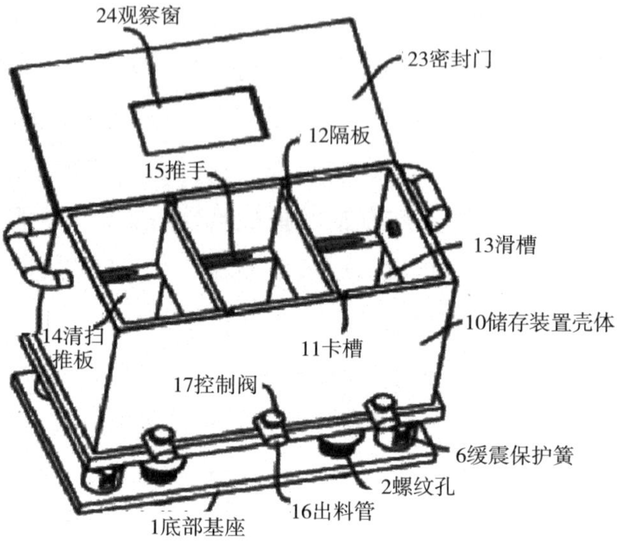

图 4.13　化妆品生产用储存装置结构

备。该设备包括储存罐、入液口、平衡孔、排液口、恒温管、出水口等。储存罐外壁中间固定连接有安装板，储存罐顶端一侧固定连接有入液口，该储存罐顶端另一侧固定连接有平衡孔，储存罐底端中间固定连接有排液口。该设备通过设置导管、缓冲罐、大气压力传感器、储气罐和气泵，可有效防止化妆品提取液与空气直接接触，避免化妆品提取液被氧化（见图 4.14）。

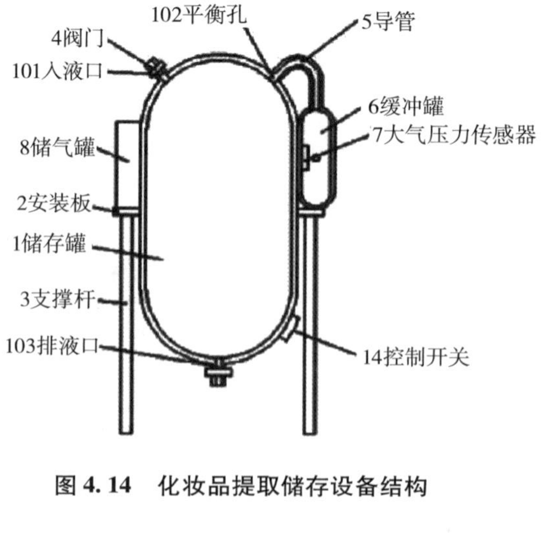

图 4.14　化妆品提取储存设备结构

（四）灭菌设备

2021 年 6 月，上海科黛生物科技有限公司被授权了一种化妆品瓶灭菌设备。该实用新型设备包括装置外壳和加热条等。装置外壳内注入水，且装置外壳内设有多个用于对水进行煮沸的加热条。放置板上等距设有多个用于放置化妆品瓶的放置槽，放置槽靠近放置板的一端开口，远离放置板的一端上设有向内的限位环，且限位环的内部设有开口。该设备通过设置放置板和限位滤网，对化妆品瓶进行定位，从而能够实现在对化妆品瓶高温消毒的同时，对化妆品瓶的内壁进行清洗（见图 4.15）。

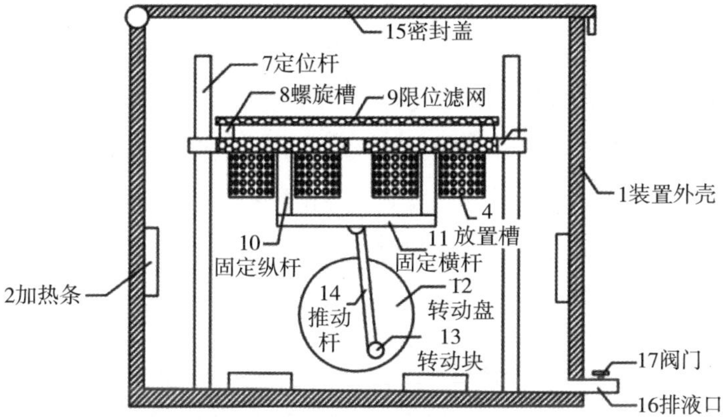

图 4.15　化妆品瓶灭菌设备结构

2021 年 3 月，重庆恒德辐照科技有限公司被授权了一种用于化妆品的辐照消毒灭菌装置。该装置包括消毒柜、风机、制冷器、固定板和伽马射线源。消毒柜一侧固定安装有柜门，消毒柜和柜门形成密闭腔体，消毒柜的内部顶端一侧固定安装有温度传感器，消毒柜内部顶端另一侧固定安装有辐射检测仪，消毒柜外部一侧的顶端和底端均固定安装风机，消毒柜的外部一侧固定安装制冷器，两个风机均固定连接制冷器。该装置不仅能通过辐射和低温的方式消毒灭菌，而且能在消毒后检测装置内部的辐射，有效地防止了辐射浓度过高对使用者造成影响（见图 4.16）。

2021 年 9 月，连美图生物科技有限公司被授权了一种化妆品面膜用无纺布消毒处理设备。该设备箱内壁底部的左侧固定连接有储液箱，储液箱

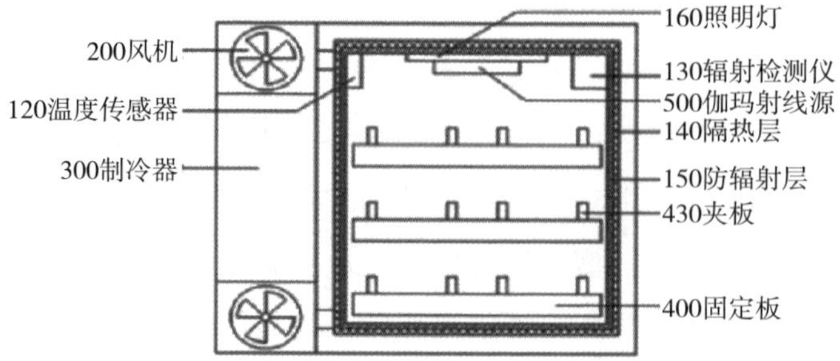

图 4.16　用于化妆品的辐照消毒灭菌装置结构

的上方设置有清洁机构，清洁机构包括在设备箱内部活动的安装架，安装架的两侧均开设有安装槽，利用清洁机构中的压料辊将无纺布压入储液箱内部的消毒水中，同时利用清洁辊一和清洁辊二的表面与无纺布相接触，从而对无纺布表面黏附的污染物起到有效清洁效果。该设备可以大幅度提高对无纺布表面的清洁效果，并且设备相较参考文件具有成本低、操作方便、清洁效果好的优势，实用性较强（见图 4.17）。

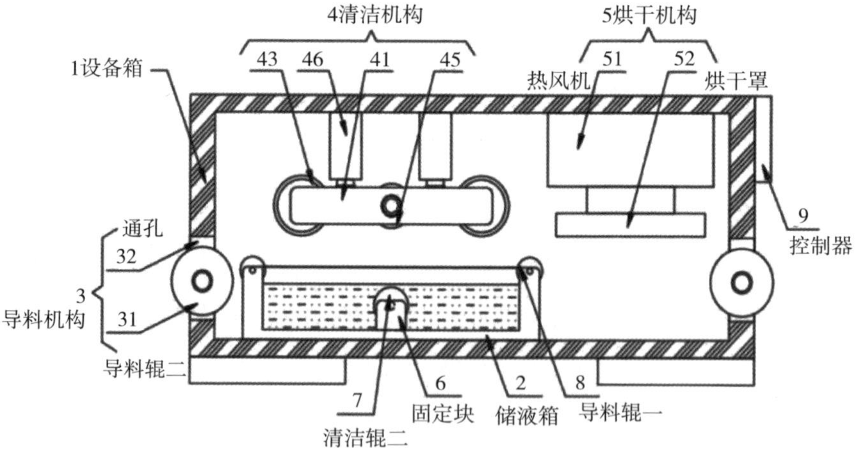

图 4.17　化妆品面膜用无纺布消毒处理设备结构

2021 年 8 月，上海吉星辐照科技发展有限公司被授权了一种便于化妆品取放的辐照灭菌设备。该设备解决了现有技术中化妆品灭菌装置不方便取放化妆品瓶的问题。该设备基座上设有化妆品放置架，化妆品放置架上设有圆形的放置盘，基座上还设有柔性且能折叠的挡光模块，挡光模块为两端设有开口的筒状，挡光模块的内壁上设有紫外灯、外侧设有控制挡光模块上端升降的升降杆，升降杆的伸缩轴与挡光模块的顶端固定连接，挡光模块的上端口部还设有上盖，上盖扣在挡光模块上，挡光模块的下端口部与基座固定连接。通过能够折叠的挡光模块，使化妆品便于取放（见图 4.18）。

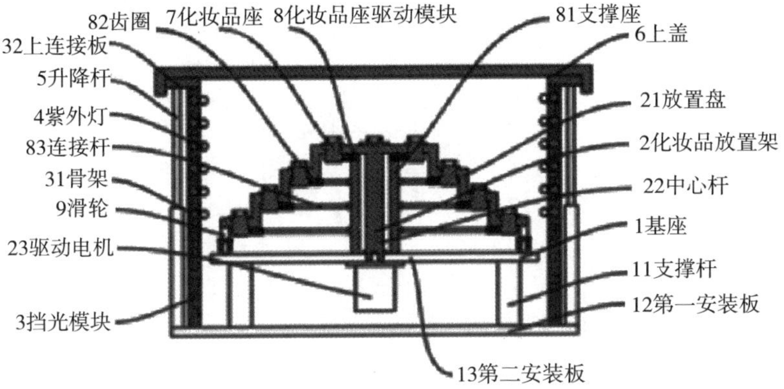

图 4.18　便于化妆品取放的辐照灭菌设备结构

（五）灌装设备

2021 年 2 月，广州融汇化妆品有限公司被授权了一种用于化妆品制造的防堵塞灌装设备。该设备灌装箱顶部外壁固定有气缸，且气缸的活塞杆延伸至灌装箱的内部固定有挤压活塞，挤压活塞底部外壁中部固定有清洁部件，灌装箱底部外壁中部开设有出料口，出料口的内壁固定有喷头，喷头两侧外壁中部均开设有安装口，安装口的内壁固定有内置螺纹密封罩。通过清洁部件喇叭状刮板可对喷头的内壁进行刮拭，避免液体残留在喷头内壁，导致流通空间变小的情况发生，当喷头堵塞后，可转动两个 T 形杆中的一个，使其中一个内置螺纹密封罩的入口打开，让液体注入出料管内，通过出料管继续进行灌装，不需要停工疏通喷头，可提高工作效率（见图 4.19）。

2021 年 6 月，广州熙然化妆品有限公司被授权了一种膏体化妆品灌装设备。该设备推送机构设于底座内，储料罐设于底座顶部，储料罐的出口连通推送机构的入口，推送机构的出口连通有注料总成，推送机构包括活塞腔、活塞和电磁铁组件。电磁铁组件有两个，两个电磁铁组件设置于活

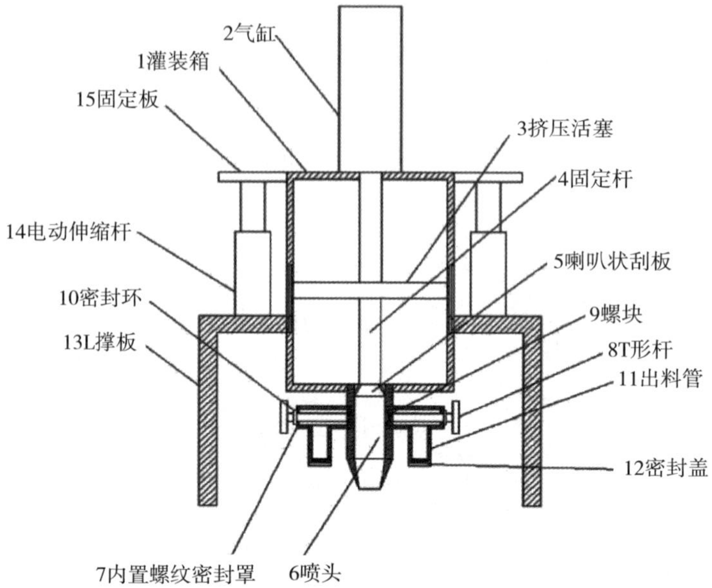

图 4.19　防堵塞灌装设备结构

塞腔的两端，活塞中设有永磁铁，活塞腔的两个端部均开设有进料口和出料口。进料口和出料口内均设有单向阀，出料口连通注料总成。该设备结构紧凑，活动部件少，不易污染膏体（见图 4.20）。

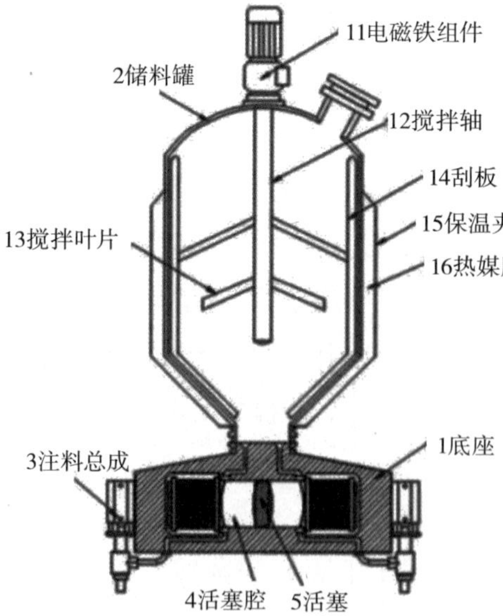

图 4.20　膏体化妆品灌装设备结构

2021 年 11 月，蔻诗曼嘉化妆品（中国）有限公司被授权了一种化妆品定量罐装设备。该设备机架上设有多个并排设置的罐装组件，罐装组件包括“自上而下”布设的进料筒、过渡筒、储料筒和出料嘴，进料筒、过渡筒、储料筒和出料嘴依次连接；过渡筒和储料筒之间连有直连管和水冷管，直连管上设有直连阀门，水冷管上设有水冷阀门；罐装组件上的过渡筒连接于同一根水冷管上，且该水冷管与所有的储料筒相连。与现有技术相比，通过设置水冷管，可使化妆品在水冷的作用下降温，从而实现化妆品的快速罐装，且所有的罐装组件连接于同一根水冷管上，便于控制化妆品的水冷变温情况，确保所有化妆品在水冷处理后处于同一温度，同时储料筒的设置，可确保化妆品一次出料为储料筒的容量（见图 4.21）。

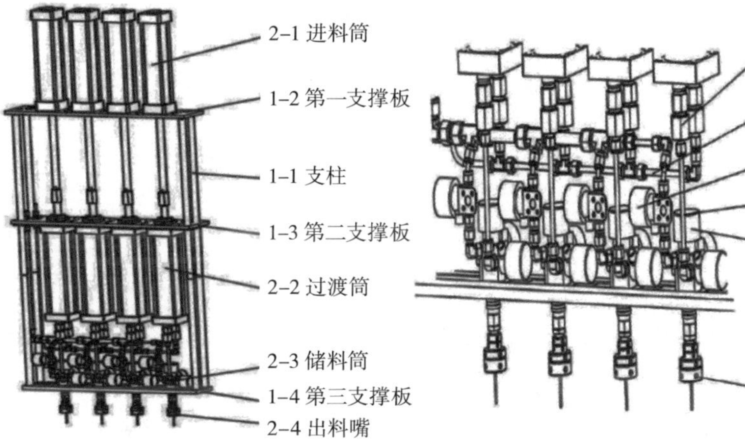

图 4.21　化妆品定量罐装设备结构

2021 年 2 月，浙江美新化妆品有限公司被授权了一种用于化妆品生产的高效灌装设备。该设备解决了现有的灌装设备不便于对瓶体进行提升、不便于进行灌装、化妆品容易发生沉淀、不能均匀灌装等问题。该设备存液箱的底部两侧均固定连接有支撑板，两个支撑板相互靠近的一侧均固定连接有固定板，固定板的顶部开设有主动孔，主动孔内转动安装有主动轴，主动轴的顶端焊接有从动轴，存液箱的底部开设有两个密封孔，密封孔内滑动密封安装有密封板。该设备实用性好，方便对灌装瓶进行提升，并且在对灌装瓶进行提升的过程中能够通过晃动板对化妆品进行晃动，保证均匀灌装（见图 4. 22）。

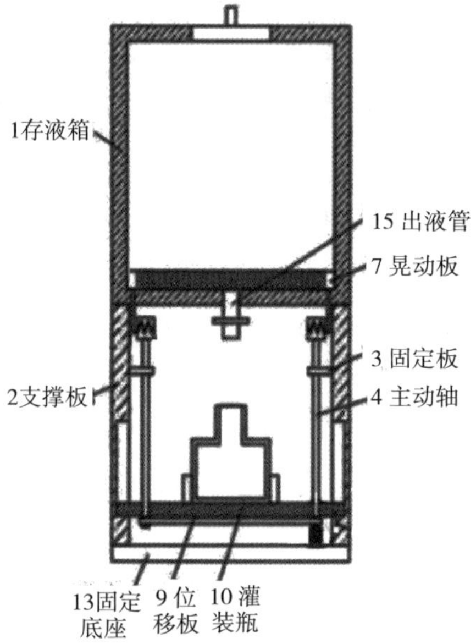

图 4. 22　用于化妆品生产的高效灌装设备结构

2021 年 7 月，美沁素雅（武汉）化妆品贸易有限公司被授予了一种化妆品定量灌装设备。该设备加工台的上表面固定连接有输送设备，加工台的一侧固定连接有送料台，送料台的前表面固定连接有控制设备，送料台上表面的一端固定连接有进料管，另一端固定连接有送料设备，送料台下表面靠近送料设备的下侧固定连接有出料管，送料台内部的一端固定连接有连通送料设备和出料管的定量盒。该化妆品定量灌装设备通过定量盒，可以一次性注入相同质量的化妆品原料，同时通过加压板，可以在灌装时对定量盒内部的原料进行施压，从而提高灌装的速度（见图 4. 23）。

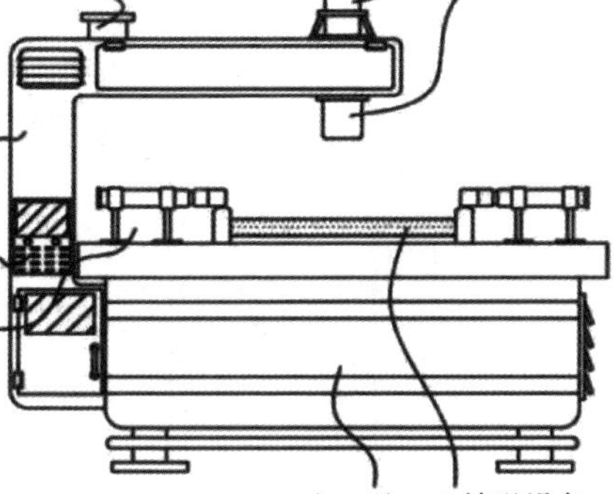

图 4.23　化妆品定量灌装设备结构

（六）包装设备

2021 年 7 月，四川鸿洋自动化设备有限公司针对现有的化妆品码垛机导致顶部的化妆品堆放不稳定的问题，发明了一种具有稳定结构的化妆品码垛机。该设备包括底座、工作台和码垛框架等。工作台与底座顶部活动抵接，工作台顶部固定安装有安装架，安装架顶部内壁上固定安装有第一电动推杆，第一电动推杆的输出端上固定安装有第二电动推杆，第二电动推杆的输出端上固定安装有推板，码垛框架固定安装在底座的顶部。该设备通过在化妆品码垛机上设置稳定结构对码垛的货箱进行定位，提升货箱堆垛的稳定性，利于使用（见图 4.24）。

2021 年 6 月，林惠端发明了一种便于固定的化妆品包装设备。该设备包括机体、第一卡槽和伸缩杆等。机体的底部固定连接有底座，底座的内部连接有滑块，滑块的表面连接有滑槽，第二卡槽的内部连接有第二卡块，第二卡块的一端连接有销钉，销钉的表面连接有滚轮，机体的表面一侧连接有传送带，伸缩杆顶部也连接有传送带。操作者首先通过将滑块移动到滑槽的内部，带动底座在机体的底部进行移动；其次通过滑块与滑槽的滑动连接，使得底座在机体的底部进行滑动；最后操作者将底座固定在机体的底部，通过滑块与滑槽的配合，将底座进行固定，从而达到便于将装置进行固定的目的（见图 4.25）。

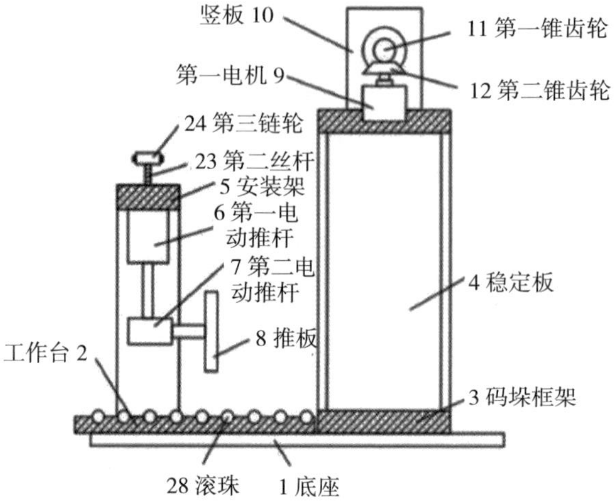

图 4.24　具有稳定结构的化妆品码垛机结构

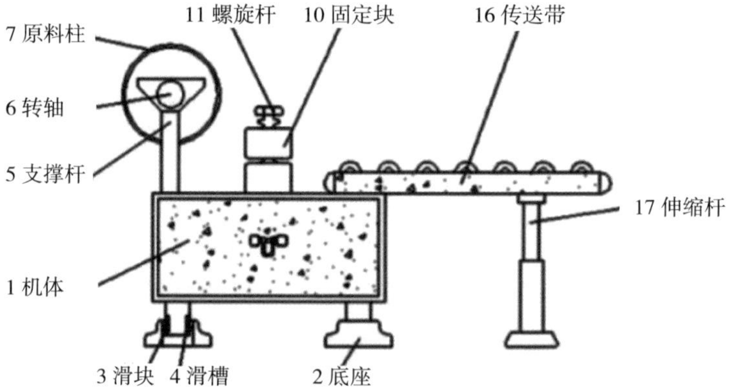

图 4.25　便于固定的化妆品包装设备结构

2021 年，王培铭发明了一种化妆品快速贴标签装置。该装置支撑架顶端正面与支撑台背面顶端固定连接，支撑台底部内壁与支撑块底部固定连接，支撑块顶部与第一电机底部固定连接。将化妆品放置在支撑海绵之间的空腔中固定，打开第一电机，电机输出端连接的联动齿轮带动两组第一齿轮，使传动齿条在两组第二齿轮之间上下往复运动，带动贴标装置对下方的化妆品进行贴标，当一组产品贴完后贴标装置上升，下方的第二电机带动传动模块转动，推动传动模块使工作平台上的其他上料装置转动到贴标装

置下方，从而解决了贴签效率较低的问题。（见图 4. 26）

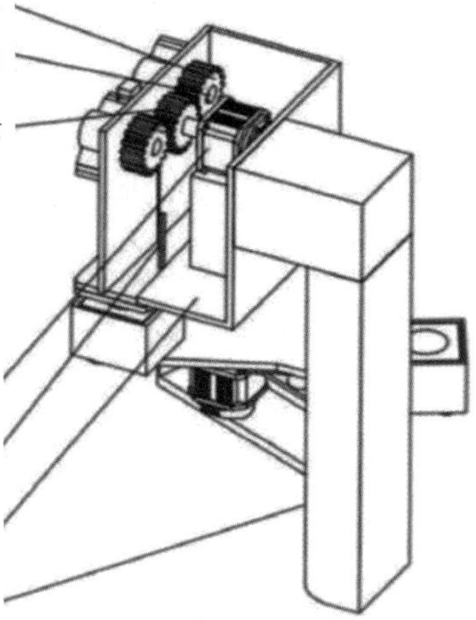

图 4. 26 化妆品快速贴标签装置结构

三、产学研合作案例

产学研即产业、学校、科研机构等相互配合，发挥各自优势，形成强大的研究、开发、生产一体化的先进系统并在运行过程中体现出综合优势。产学研合作通常指作为技术需求方的企业与作为技术供给方的科研院所或高等学校之间的合作，其实质是促进技术创新所需各种生产要素的有效组合。

在消费升级的大背景下，如何满足消费者要美丽更要健康的需求，如何提升化妆品企业的科技实力与创新能力，是中国化妆品行业正着力解决的问题。对于这个问题，走产学研发展道路已然成为解决问题的有效尝试。现如今已经有不少的本土化妆品企业，依靠市场的力量，结合自身优势，利用产学研、产学研医的先进发展模式，在研发过程中不断探索，逐渐走出了一条集技术研发、生产、服务以及加工于一体的创新之路，在激烈的化妆品市场竞争中显示了中国的科技竞争力和文化自信。

（一）广东微肽生物科技有限公司

广东微肽生物科技有限公司是化妆品研制开发、生产制造、技术服务、OEM/ODM 品牌加工“四位一体”的专业工厂。广东微肽生物科技有限公司采用先进的生物工程技术、微肽（冻干粉）、微晶、微囊、小分子技术等先进制剂工艺生产专利技术配方，能够生产冻干粉、凝胶、原液、面膜、乳液、膏霜等各种剂型产品。

作为广东暨大基因药物工程研究中心有限公司化妆品科技成果转化企业，该公司以暨大基因药物研究开发中心为技术依托，致力于将生物高技术应用于美容护肤领域，进行生物护肤新原料、功能性美容护肤品的研发与生产。广东微肽生物科技有限公司除了依托院校进行科技成果的转化外，自身也在不断加强对化妆品生产机械设备的突破和升级。该公司不断发展，拥有按良好操作规范（Good Manufacturing Practice，GMP）标准建造的洁净生产车间，在生产过程中可以保证全封闭、无菌、无尘、恒温。同时，该公司拥有一批先进的生产设备，包括冻干机、微射流纳米制备仪、高剪切真空乳化机等，在生产中保证了产品的品质，提高了产品的功效。

（二）福建片仔癀化妆品有限公司

福建片仔癀化妆品有限公司是集化妆品研发、生产、销售于一体的高新技术企业。近年来，该公司聚焦产品，升级品牌，积极践行“大健康国妆护肤”战略。片仔癀化妆品有限公司通过多元化布局，构建企业品牌矩阵，丰富产品品类，加大科研方面的投入，加强与高校、科研机构、权威三甲医院等的合作，提升公司科研水平，保障产品功效性和安全性。

该公司拥有现代化高标准的化妆品生产基地、国内外领先的化妆品生产设备以及检测仪器。本部设有片仔癀护肤研究中心，并在上海成立片仔癀（上海）生物科技研发有限公司，与多所高校、医院、科研机构开展合作，形成了系统化的产学研生态，推动产学研深度融合，形成了创新融合力。

在化妆品功效和安全方面，片仔癀化妆品有限公司对于功效性产品基本都会与国内一流的三甲医院合作开展临床测试，验证产品功效。其在原料和产品的功效验证、安全性检测方面均得到了上海医药工业研究院、上海市食品药品检验所等的大力支持，确保为消费者提供安全、健康、有效的产品。与此同时，片仔癀化妆品有限公司依托片仔癀药业的院士专家工作站和博士后科研工作站两大科研平台，一直在开展草本等领域的护肤研究，打造科学全面的研发体系，形成了独特的研发思路。同时，该品牌持续与国内外知名科研机构、北京大学、中山大学、上海中医药大学、北京工商大学、江南大学等国内知名高校，以及众多知名权威皮肤科医院合作，为品牌奠定了坚实的品质基础。

《化妆品监督管理条例》《化妆品生产质量管理规范》等一系列相关法规的颁布实施，对化妆品行业整体提出了更高的要求，提升核心技术、创新能力、优化产品质量等成为企业短期和长期都将面临的重要任务。如果单纯依靠企业的科技创新能力，则难以支撑百花齐放的化妆品行业，故只有通过产学研通力合作，共同攻关，企业积极引进吸收高校、科研院所先进成熟的技术性成果，才能真正提高产品的核心竞争力，走出一条创新发展的道路。通过产学研，更多的前沿科研成果能够得到及时的转化，提升化妆品行业的产品技术含量；产学研也能加强企业与高校、科研院所的联系，形成一条通畅的价值链，有助于提升化妆品行业的研发效率。事实证明，那些产学研成果转化能力强的化妆品企业将会带动行业整体研发水平提升。

［参考文献］

［1］舒航，张佳阳，赵扬. 化妆品生产线建设要求及关键设备介绍［J］. 山东化工，2019（15）：124－126.

［2］丁凌.《化妆品生产质量管理规范》部分重点条款［N］. 中国医药报，2022－01－14（B01）.

［3］浙江佳臣化妆品有限公司. 一种用于化妆品的新型压粉设备：CN202021299491.1［P］. 2021－04－16.

［4］福州亦若雪化妆品有限公司. 一种化妆品生产用磨粉设备：CN202020590573.5［P］. 2021－03－30.

［5］广州妍肌化妆品科技有限公司. 一种用于粉末化妆品生产的过筛设备：CN202011501191.1［P］. 2021－03－26.

［6］广东莉来雅生物科技有限公司. 一种化妆品生产用具有废料回收功能的打粉机：CN202120820764.0［P］. 2021－11－16.

[7]新沂市事成生物科技有限公司．一种化妆品加工用磨粉设备:CN202120110827.3[P].2021-11-05.

[8]金华市恒润化妆品有限公司．一种可防止沉积的化妆品生产用乳化设备:CN202020441557.X[P].2021-01-12.

[9]温州铂柜化妆品有限公司．一种化妆品生产用原料乳化设备:CN202011158319.9[P].2021-02-02.

[10]广州市嘉美化妆品有限公司．一种便于清洗的化妆品生产乳化设备:CN202021364057.7[P].2021-05-04.

[11]美沁素雅(武汉)化妆品贸易有限公司．一种化妆品生产用乳化设备:CN202021525665.1[P].2021-07-16.

[12]广州亮妆化妆品有限公司．一种用于化妆品生产的高效乳化设备:CN202021417223.5[P].2021-03-19.

[13]天津市万紫千红生物科技有限责任公司．一种化妆品生产用真空罐:CN202021862868.X[P].2021-07-06.

[14]深圳市珍妮肤化妆品有限公司．一种化妆品生产用储存装置:CN202120470675.8[P].2021-11-02.

[15]广西西科雅香精香料科技有限公司．一种化妆品提取储存设备:CN202020652861.9[P].2021-02-05.

[16]上海科黛生物科技有限公司．一种化妆品瓶灭菌设备:CN202021351564.7[P].2021-06-01.

[17]重庆恒德辐照科技有限公司．一种用于化妆品的辐照消毒灭菌装置:CN202020845380.X[P].2021-03-02.

[18]连美图生物科技有限公司．一种化妆品面膜用无纺布消毒处理设备:CN202021956387.5[P].2021-09-14.

[19]上海吉星辐照科技发展有限公司．一种便于化妆品取放的辐照灭菌设备:CN202021797095.1[P].2021-08-03.

[20]广州融汇化妆品有限公司．一种化妆品制造的防堵塞灌装设备:CN202021045940.X[P].2021-02-12.

[21]广州熙然化妆品有限公司．一种膏体化妆品灌装设备:

CN202022419739. X[P]. 2021-06-22.

[22]蔻诗曼嘉化妆品(中国)有限公司. 化妆品定量罐装设备:CN202120745223. 6[P]. 2021-11-02.

[23]浙江美新化妆品有限公司. 一种用于化妆品生产的高效灌装设备:CN202021336889. 8[P]. 2021-02-12.

[24]美沁素雅(武汉)化妆品贸易有限公司. 一种化妆品定量灌装设备:CN202020956009. 0[P]. 2021-07-16.

[25]四川鸿洋自动化设备有限公司. 一种具有稳定结构的化妆品码垛机:CN202022787044. 7[P]. 2021-07-20.

[26]林惠端. 一种便于固定的化妆品包装设备:CN202022492222. 3[P]. 2021-06-22.

[27]苏州匠心信息科技有限公司. 一种化妆品快速贴标签装置:CN202021763612. 3[P]. 2021-04-30.

第五章　化妆品生产加工科研成果

化妆品加工技术是化妆品产业链中的关键环节，发挥“承上启下”的作用，是连接化妆品原料与最终产品的中间工艺过程，既关系到原料以何种形式体现在产品中、能否以预期的形式发挥功效，又关系到原料在转变为产品时的安全性。近年来，消费者对产品的要求高端化、多样化，促使化妆品的加工技术通过多学科（如分子生物学、有机化学以及物理方法）的交叉融合，使用不同的现代技术手段（如新型载体、纳米技术以及生物技术）来生产多样化的产品，以满足市场对更加精细化的功效性护肤品的需求。新技术、新产品的产生，也促进了新业态的形成。

一、化妆品加工技术现状分析

随着化妆品在日常生活中越来越重要，其加工技术也越来越受到重视，化妆品的加工技术多样化，有很多加工技术已经非常成熟且被广泛应用，但是还有一些技术不够稳定，目前还处于研究阶段，下面介绍一些化妆品加工技术及其现状。

（一）载体技术

载体技术是一种改变功效成分进入人体的方式、控制其释放速度或将其输送到靶向器官（特定位置）的技术手段，目前在化妆品领域应用及研究较广泛的载体技术形式主要有微乳液技术、微胶囊技术、脂质体技术、纳能托技术等。

1. *微乳液技术*

微乳液是一种光学透明、低黏度和热力学稳定的油水混合物分散体系，一般由水、油脂、表面活性剂和助乳化剂制成，分为O/W型、双连续型和W/O型三种类型，其界面张力小、胶束粒子小、增溶作用良好、不易发生分层，热力学稳定性高，所以微乳液在化妆品中发展十分迅速，在化妆品的多个领域得到了很好的应用，市场前景非常广阔。

2. 微胶囊技术

微胶囊技术是20世纪60年代开发使用的，是指把分散的固体物质、液滴或气体完全包封在一层致密膜中形成微胶囊的方法，其主要目的是包封活性物质，从而保证被封装物质的活性不受所在使用区域环境的影响。将微胶囊技术应用于化妆品中，可使活性成分定时、缓慢释放，使有效成分稳定性提高，减少特殊添加剂对皮肤的刺激，使不兼容物质在同一体系中存在，并且可以遮盖不良颜色和气味。由于微胶囊技术具有上述优点，很多原料的应用实现了放大，微胶囊技术也因此成为应用前景较好的技术。但是，微胶囊技术也存在包埋基质成分在皮肤中铺展性不好，会在皮肤表面残留不均匀的包膜外壳，甚至有时会发生爆释现象等缺点，所以应用于化妆品中的微胶囊技术仍需要进一步完善。

3. 脂质体技术

脂质体是由类脂组成的双层分子的空心球，类脂是一种天然表面活性剂，具有独特的亲水亲油结构，脂质体涂于皮肤后，类脂双层膜破裂，在皮肤上形成一个封闭的薄膜，然后活性成分渗透到表皮中，而膜材类脂却可滞留在皮肤表层和角质层，起到保湿作用，同时给皮肤补充必要的脂肪酸。脂质体技术除了具有微胶囊技术的特性以外，还可以提高产品的稳定性，与皮肤具有很好的亲和性，且可以增强有效成分对皮肤的渗透性，使活性成分可以达到皮肤深层。正是由于这些优异性能，脂质体在化妆品中的应用才引起人们极大的关注。但由于脂质体的双层膜是一个动态开合膜，脂质体球体内的活性物可与膜外物质进行快速交换，如果脂质体外存在少量表面活性剂，那么该表面活性剂会迅速进入脂质体从而使其崩解。而且皮肤局部用脂质体的作用机理尚不清楚，所以化妆品用脂质体的作用机理将是今后研究的重点。

4. 纳能托技术

纳能托是一种新型、稳定的化妆品活性物超微载体，是一种由卵磷脂和辅助表面活性剂以一定比例组成的单层膜状结构的纳米胶体。由于在由卵磷脂形成的单层膜纳米级胶束中嵌入了辅助表面活性剂的锥形稳定结构，从而有效地阻碍了核中活性物质与核外界表面活性剂等其他物质的交换，有效地阻止了表面活性剂等对纳米胶体膜的溶解破坏作用。纳能托的稳定性比较高，性能非常好，有可能引发外用药物和化妆品的革新。

5. 传递体技术

传递体是一种自聚集泡囊，是经由脂质体处方改进而来的。由于传递体具备常规脂质体所不具备的柔性、快速透皮性，所以其在化妆品中作为药物和活性物质特别是生物大分子活性物质如肽类或蛋白质类的透皮载体，具有很好的应用前景，但在配方设计上需要解决以下困难：一是将传递体的胶体溶液非封闭地涂抹在皮肤上，胶体粒子会发生融合。传递体在失水或透皮时，泡囊的成分会丢失，使其缺乏变形性，堵塞皮肤孔道。二是传递体相转变温度改变时，泡囊的脂质会发生溶解或聚集。三是高浓度的电解质溶液会使失水胶体溶液中的胶体粒子发生融合。四是在透皮过程中，发生有害的泡囊分化。如果传递体出现以上问题，就会使其达不到预期的快速、高质量透皮的目的。

6. 葡糖微球技术

葡糖微球是一类固态的、稳定的颗粒状释放体系，被用于上层皮肤活性物的传输和保持，是一种含固态核心的超分子结构，固态核心由改性淀粉组成，有很强的亲水性，并被赋予颗粒化学和物理化学方面的稳定性、出色的生物相容性，具有包裹亲水性活性剂的能力。葡糖微球的中心核的外缘是脂肪酸单层，具有亲油性，但不改变它内在的亲水性质。因此葡糖微球可以将极性脂质组织起来，保持在其周围，传送亲油性的活性成分。葡糖微球运载作用非常显著，它能包裹保护如维生素、生物酶、抗自由基剂、美白剂等一些过去在化妆品中无法有效使用的高活性纯天然植物精华，确保它们在产品的工业生产、储存、使用过程中不受破坏，长期保持新鲜活性。在使用时，这些营养活性物又能被葡糖微球载带进入皮肤，直接释放到组织细胞上发挥作用，同时防止被包裹物与配方中的组分发生反应。

7. 球形液晶技术

液晶是固、气、液三态之外的第四态新型物质，随着温度的变化可显示出变色效应。液晶技术是微囊式包覆技术及微毫瞬间吸收技术的结合体，可明显改善化妆品的保湿、滋润等基本性能。球形液晶属于溶致液晶，是一种多层结构的表面活性剂的聚集体，其运载能力很高，具有显著的剪切变稀作用。

8. 微海绵技术

微海绵是一种近些年发展起来的新型给药载体，通常由交联聚合物构成，内部含有非常多的囊泡状微孔结构，球体表面布满了细小孔道的开口。微海绵可有效增强被包裹活性物的稳定性，控制活性物释放，提高活性物的安全性。其主要的释药机理为扩散，不同于一般微球的突释，被包裹的活性成分会缓慢而持久地从聚合物的空隙中逐渐扩散出来，能够显著提高局部生物利用度。

微海绵自身物理稳定性和化学稳定性较好，安全性非常高，并且微海绵的平均孔径较小，可防止细菌渗透，因此应用于化妆品中无须灭菌或添加防腐剂。由于微海绵的结构特性，涂抹于皮肤时，能够发挥额外的吸油作用，在非干燥状态下可吸收 6 倍自身质量的油脂，达到控油的效果，从而保持皮肤干爽。

9. 环糊精技术

环糊精是一种环状低聚糖，含有至少 6 个 D－吡喃葡萄糖单元。环糊精分子是略呈锥形的中空圆环立体结构，具有“外亲水，内疏水”的特性，可与多种客体包结。但天然环糊精的空腔内径小、吸湿性较大，研究者通过结构修饰获得了能够负载更多客分子、满足各种包覆需求的环糊精衍生物。环糊精衍生物有亲水性与疏水性两种，亲水性的环糊精衍生物包含难溶性成分，能够增大溶解度，促进吸收；而疏水性环糊精衍生物常用作水溶性成分的包合材料，以降低水溶性成分的溶解度，从而达到缓释效果。

10. 超分子凝胶

超分子凝胶通常是小分子凝胶由分子间非共价键相互作用，以自组装的方式形成的三维网络结构。这种网络结构具有大量空腔，能够固定大量的有机分子和水分子，使体系形成果冻状半固体结构。超分子凝胶是通过氢键、π-π键、疏水键和范德华力等非共价键形成的，因此更容易对外界或内部环境的刺激做出响应，如温度、pH值、光照、溶剂的变化和氧化还原反应等均能引起超分子凝胶结构的改变，利用这些特点，超分子凝胶可以作为药物缓释控释载体。

11. 聚合物胶束

聚合物胶束是由于两亲性聚合物各个链段在溶剂中溶解性不同，发生缔合形成的一种新型的载体系统。聚合物含有亲水端和疏水端，由于两端溶解性的差异，在水溶液中能够自发有序地排列，组装成外部亲水、内部疏水的纳米级胶束结构，将活性成分包封于内核中。两亲性高分子聚合物可产生较低的胶束浓度，胶束结构在体内外都很稳定，生物相容性好，疏水性的内核可提高活性物的溶解度，延长药物的作用时间，避免药物突释，降低药物毒副作用；亲水性的外壳能对胶束起到保护和稳定的作用，聚合物胶束还可通过在胶束表面修饰特异性的配体，使得胶束具有主动靶向性。由于聚合物胶束的优异性能，其在化妆品领域有极大的应用潜力。

12. 水凝胶贴剂

水凝胶贴剂是一种通过黏附在皮肤表面并保湿皮肤的角质层将有效成分递送到表皮或真皮层的贴片制剂。水凝胶中的大量水在皮肤保湿中起着重要作用，加上贴剂的闭塞作用，使皮肤角质层水合程度高，增加了活性成分的透皮吸收。此外，由于其温和的黏附性，可以去除剥离过程中的死皮细胞。

13. 可溶性微针贴剂

可溶性微针贴剂是一种新型的透皮递送系统，其可以物理刺穿皮肤屏障，并通过自我溶解将活性成分递送到皮肤中，增加活性化合物的渗透性并使其活性损失最小化，提高活性物质的生物利用度。

（二）纳米技术

纳米技术是指用单个原子、分子制造物质的科学技术，当物质被分解成纳米微粒时，这些纳米微粒通常会展现出全新的活跃特性。采用纳米技术对化妆品进行处理，可使活性物质自由渗入皮肤细胞，其有效成分能被皮肤充分吸收，从而大大提高化妆品的性能。也正因如此，纳米技术迅速在化妆品工业中得到了广泛应用。

当前，纳米技术在化妆品透皮中的应用主要有三个方向：一是直接使用纳米材料，如直接使用纳米级 TiO_2 作为防晒剂；二是纳米载体，如脂质体等；三是本身为纳米产品，如纳米乳。第一种技术如纳米级 TiO_2 和纳米级 ZnO 应用于防晒，是目前应用最广泛和最成熟的纳米技术。

防晒化妆品中防晒剂的选择对防晒产品功能具有决定性作用，常用的防晒剂主要为化学防晒剂（有机防晒剂）和物理防晒剂（无机防晒剂）。化学防晒剂品种多、效果好，但光稳定性相对较差；物理防晒剂光稳定性好，但使用时含量不宜过高。因此，在最大限度地追求防晒剂的安全性、高效、广谱和降低成本方面，对无机材料防晒剂的研究和开发以及多种防晒剂复合使用的研究一直是该领域的研究热点。纳米无机材料粒径小、比表面积大、稳定性好、刺激性小，其应用可以有效改正化学防晒剂的缺点，提高物理防晒剂的防晒效果。目前，这些防晒剂中研究和应用最多的是纳米 TiO_2，其次为纳米 ZnO 和复合防晒剂。

纳米 TiO_2 是广谱紫外吸收剂，而且可以在一定程度上散射和吸收紫外线。其吸收紫外线的能力与颗粒尺寸密切相关，颗粒尺寸越小，抗紫外线的能力越强，同时也有使皮肤增白的效果。在化妆品中适当增加纳米 TiO_2 的含量，可以显著地提高防晒系数。

ZnO 具有良好的过滤中波紫外线 UVB 和长波紫外线 UVA 的作用，是常用的广谱防晒剂，但是涂抹于皮肤后较为黏稠，使用体验感较差，而纳米技术可以改变 ZnO 的劣势，不但能使其有良好的防晒效果，还能不黏稠，容易涂抹，并且涂抹后呈几乎完全透明状态。纳米级 ZnO 在阳光，尤其是在紫外线的照射下，在水和空气中能自行分解出自由移动的带负电荷的电子，同时留下带正电荷的空穴。这种空穴可以激活空气中的氧，使之变成活性氧，活性氧有极强的化学活性，能与包括细菌内的有机物在内的多种有机物发生氧化反应，从而把大多数病菌和病毒杀死。因此，在化妆品中添加纳米级 ZnO，既能屏蔽紫外线，具有防晒功能，又能抗菌除臭。

（三）生物技术

生物技术是指人们以现代生命科学为基础，结合其他基础科学，采用先进的科学技术手段，按照预先的设计改造生物体或加工生物原料，为人类生产出所需产品或达到某种目的。目前，化妆品已然发展成生物技术运用的关键领域，这一技术的运用提高了化妆品的功效。所以，针对该技术进行探讨研究，具有十分重要的现实意义。生物技术主要包括生物提取分离技术、生物发酵技术、酶工程技术和植物细胞培养技术等。

1. 生物提取分离技术

生物提取分离技术主要分为两种：一是以提高选择性为目标的分离技术，如亲和萃取技术、亲和膜分离技术等；二是以强化为目标的耦合分离技术，如制备型电动色谱技术、膨胀床色谱技术等。

如今，生物提取分离技术的发展需注意以下三个方面。一是提高分离过程的选择性。主要应用分子识别与亲和作用，提高大规模分离技术的分离精度。二是强化传质过程。通过强化生物分离过程中的传质，可以缩短分离时间，增加处理量。三是研究生物分离过程。生物分离过程的优化能产生显著的经济效益，但大多数生物分离过程目前尚处于经验型阶段。

2. 生物发酵技术

生物发酵技术是采用现代生物工程技术手段，利用微生物的某些特定功能，通过工业大规模生产出产品或直接把微生物应用于产品终端，如运用生物发酵技术生产 HA 和辅酶 Q10 等。生物发酵技术在富集功效物质、产生新功效、降低毒性方面具有显著优势。通过研究发现，使用生物发酵技术，可以把植物原料中的活性成分有效地保留下来，起到富集的作用，让原料功效得到更好的利用。微生物中含有的某种生物酶类，可以将植物原料的细胞壁及细胞间质中的纤维素、半纤维素等物质降解，从而使植物细胞破裂、细胞间隙增加并减小有效成分从胞内向提取介质中扩散的传质阻力，并且在这个过程中，通过富集原材料的有效成分，产生新的功效。很多天然植物提取物原料由于受到外来因素的影响，可能带来一些安全风险问题；另外，植物本身可能含有风险成分，而提取技术的局限也会带来安全风险问题。因此，可以通过生物发酵技术降低天然提取物的毒性，解决原料安全风险问题。

随着发酵护肤品在不同国家的畅销，通过生物发酵技术生产的护肤品势必进一步得到重视和发展。

3. 酶工程技术

酶工程指利用酶、细胞或细胞器等具有的特异催化功能，借助生物反应装置和通过一定的工艺手段生产出人类所需产品，是酶学理论与化工技术相结合形成的一种新技术。利用酶工程可提取动植物中的各种活性成分，如植物多糖、植物黄酮、生物活性肽等。酶法水解蛋白质生产的活性肽安全性高，无副作用，能在温和的条件下进行定位水解分裂产生特定的肽且水解过程易于控制，因此酶法生产的小分子生物肽已成为化妆品领域研究的一个重要方向。

4. 植物细胞培养技术

由于从天然植物资源提取或化学合成存在资源消耗、环境影响和成本较高等诸多不利因素，植物细胞培养技术应运而生。植物细胞培养技术是利用植物细胞体系，通过现代生物工程手段，进行工业规模生产，以获得各种产品的一门新兴的跨学科技术，其有利于细胞筛选、生物转化和寻找新成分，并保护植物资源。植物细胞培养技术分为固定化培养技术、两相培养技术、反义技术、冠瘿培养技术、毛状根培养技术等，主要应用于细胞代谢产物、人工转化、人工种子等方面。作为解决资源问题的较为有效的途径，植物细胞培养技术成为当代生物技术的重要发展领域。但是，植物细胞是一个复杂的体系，植物细胞在培养过程中的生长缓慢、不耐剪切力、目标代谢产物含量低等自身特点也影响了其工业化生产的进程。

（四）超高压技术

超高压提取是近年来新兴起的一种操作简便、高效的植物提取技术，超高压一般指 100 MPa 以上的高静水压。在提取过程中，较高的压力使浸润过程和溶质扩散过程加快，使原料毛细孔内快速充满溶剂，提高有效成分的传质速度；卸压时介质压力迅速降低，细胞内外渗透压差迅速增大，从而导致细胞破碎，细胞内有效成分与提取溶剂充分接触，缩短了提取时间，提高了提取效率。此外，超高压提取能减少原料中微生物的数量，并且能降低化妆品过敏的可能性。由于超高压技术具有高效、简便、环保等多项优势，应用于化妆品原料的生产将成为必然趋势。

化妆品主要是各种原料的物理混合，各成分间很少发生化学反应，所以化妆品技术基本就是配方与混合工艺技术。虽然各成分间不发生反应，但是要做出好的产品，仍然需要各成分间的“君臣佐使”、合理搭配、相辅相成。要设计好的化妆品，就必须了解各种成分的具体作用，然后结合皮肤的生理特点去选用成分，这是配方设计的最基础要求。

二、化妆品加工技术科研成果

随着现代社会人们生活水平的提高和美容观念的改变，现在的消费者对于化妆品的认知（如产品的安全性、功效性以及外观等）也比以往更加深刻。其中，以年轻人为主的消费者在购买美容美发以及护肤产品时更加注重产品的资料信息，并把产品的成分作为主要的参考内容。这也促使化妆品的加工技术要依靠各类型学科（如分子生物学、有机化学以及物理方法），并使用不同的现代技术手段（如新型载体、纳米技术以及生物技术）来生产更安全的产品，以满足市场对更加精细化的功效性护肤品的需求。以下主要介绍四种加工技术手段。

（一）载体技术

一款以功效性为主的化妆品在研制开发时，化妆品配方师通常会加入不同的活性成分以达到或超过预期的预防或者改善皮肤问题的效果。人们往往希望找到一种活性物质，在具备很好的稳定性的同时，也具备安全性和一定的皮肤渗透性，以保证使用产品时有理想的功效，同时产品安全不易变质。但是，许多高效的活性物质通常存在着自身结构不稳定、对皮肤有刺激性或者皮肤吸收性不佳等问题。随着各学科领域的相互交融，最初在医药领域应用的载体体系、药物制剂和包裹缓释技术等被逐渐应用于化妆品领域，形成了脂质体和微胶囊等经皮输送体系，通过搭载载体的方式，使活性物的稳定性增强，并在一定程度上可以降低活性成分对生物体的刺激性，同时提高皮肤的吸收率，创造出巨大的经济价值。但依据活性成分选取合适的输送载体时，需要考虑多种因素（技术、经济以及最终产品的触感），合适的输送系统可以增强产品的安全性、稳定性、功效性以及最终产品的美观性。这里介绍几类载体技术，如微海绵、葡糖微球、超分子凝胶等在化妆品中的应用及科研成果。

1. 微海绵技术

微海绵是近年来发展起来的一种由多孔微球组成的聚合物递送系统，其特殊结构是不透膜微胶囊，仅起隔离作用，当外部作用破坏掉微胶囊膜后，内含物才被释放出来。在化妆品应用中，可以将其加入不同的产品配方里，如搭配粉末做成粉底，或者将活性成分包裹住做成乳液、膏霜，也可用于凝胶等。

丹皮酚又名“牡丹酚”，是牡丹皮和芍药根皮中的主要活性成分。现代药理研究表明，丹皮酚具有抑菌抗炎、抗过敏等多种作用，在临床医学上广泛应用于湿疹、荨麻疹、牛皮癣、银屑病等常见皮肤病的治疗，且疗效确切。但是，丹皮酚自身具有疏水性并且水溶性较低，生物利用度较低。目前，有研究发现，微海绵体系统不但会加强丹皮酚渗透速率，而且能延长药物在皮肤上的驻留时间，从而使药物在对皮肤作用时可以改善其生物利用度。同时，根据研究，以丹皮酚原料搭配微海绵体系所制备的处方药——丹皮酚微海绵软膏的油水分配系数为 1.026，并且在体外扩散实验中展现出较好的皮肤扩散性能。搭载微海绵的丹皮酚具有专属性强、重现性好、回收率高、稳定性强等优良品质，丹皮酚微海绵软膏多于丹皮酚普通软膏的丹皮酚平均含量，而且制备的丹皮酚微海绵软膏相较于丹皮酚普通软膏更均匀、细腻，具有适当的黏稠性，易涂布于皮肤或黏膜上，并且无刺激性。在实验期间，软膏无酸败、变色、分层等变质现象，在一定湿度与温度的环境中放置3个月并定期取样，对软膏进行加速稳定性考察，结果都表明所制备的丹皮酚微海绵软膏是稳定的。

2. 葡糖微球技术

许多可以在皮肤上显现出很强活性的分子由于在配方中不稳定而不能被日常产品所采用，无论是在悬浮液还是在配方中，葡糖微球都可以保护被包裹的活性成分使其不发生降解，并在一定程度上保持其活性功能。如VC的稳定性，抗坏血酸在溶于水后很不稳定，不稳定性使其很难用于日常产品中。实验结果表明，VC的水溶液在40℃时2w内会完全消除自由基清除的活性，而将其分散在丁二醇中寿命可延长到3个月，令人惊讶的是，将葡糖微球包裹住所需的产品时，3个月后VC仍旧保持初始值50%以上的活性。国产品牌重光的一款精华就采用了这项仿生包裹技术，使产品更稳定，肤感更好，同时刺激性降低，更温和。

3. 超分子凝胶技术

越来越多的人关注超分子凝胶技术，有研究表明，超分子凝胶对视黄醇棕榈酸酯的光稳定性具有保护作用，并且不影响该活性物的理化特性，这可能归功于凝胶自组装形成的三维网络结构，其减少了分子碰撞以及光活化活性物的降解过程，这种保护作用可能是受胶凝剂的结构和浓度以及溶剂组成的影响。有关超分子的水杨酸的实验研究表明，超分子水杨酸外用治疗轻、中度痤疮安全、有效，不良反应轻微。

（二）纳米技术

在美妆产品中最常用到的纳米技术是纳米载体技术，将这种技术运用到产品中从而增强产品功效性的首个企业是Christian Dior，其在1986年上市了全世界第一个应用脂质体技术的化妆品，此后用到纳米载体技术的产品相继上市，其中最著名的包括欧莱雅集团的复颜抗皱紧致滋润晚霜，其使用脂质体技术搭载维生素A。该技术的核心是将药物负载于粒径为10～

1000 nm 的纳米载体中进行体内输送，该种方法可以有效提高药物透过生物膜的能力，减缓药物的释放速度，显著提高药物的生物利用度。依靠适配的药物（内容物），纳米载体技术可以在化妆产品上最大限度地发挥内容物的效果。

以叶黄素纳米乳液为例，叶黄素是一种不具有维生素 A 活性的油溶性类胡萝卜素，具有非常强的生物活性，同时叶黄素是一种脂溶性功能活性成分，具有抗氧化、预防心血管疾病和癌症等慢性疾病的生理功能。另外，叶黄素和玉米黄素能够在人眼视网膜黄斑部位沉积，作为抗氧化剂或光保护剂，过滤进入眼部的蓝光，防止视网膜损伤和老龄性黄斑变性。长期食用叶黄素还可降低血脂，预防心脑血管疾病和癌症等。叶黄素具有清除体内自由基的作用，可减少自由基对人体的氧化损伤，在护肤品市场中经常用到。但是，由于叶黄素分子水溶性差，且结构中含有多个共轭双键，在光、热、氧气、金属离子和其他酸性条件下不稳定，容易发生降解或异构化，导致生物活性的损失，使得天然叶黄素的吸收利用率较低。

目前，水包油（O/W）型乳液在化妆品市场有较大的使用价值。近年来，已有实验证实，纳米乳液载运体系可使叶黄素活性成分的生物利用率有效提高。纳米乳液一般由油相、水相、乳化剂和助乳化剂等成分组成，O/W型纳米乳液可用来包埋类胡萝卜素、功能性油脂、脂溶性维生素和某些香精油。该研究表明，纳米乳液能够改善活性成分的稳定性、溶解性、分散性和生物利用度。此外，还可以依据配方师不同的需求，向油相、水相中添加不同的抗氧化剂或增稠剂等，以调控纳米乳液的理化稳定性。因此，纳米乳液是一种理想的活性成分载运体系。

（三）生物技术

近年来，随着生活水平的提高，人们对绿色消费、绿色护肤更加重视，生物技术被迅速地使用到化妆品中，并在化妆品原料、化妆品安全性以及功效性中得到广泛使用及好评。目前，以生物技术为主要手段的化妆品有海蓝之谜活颜焕肤精华露所使用的酵母提取物，SK－Ⅱ护肤精华露所使用的覆膜酵母菌发酵产物滤液等。

（四）超高压技术

超高压提取技术是近年来植物有效成分提取的热点，与其他提取方法相比，超高压技术在天然活性成分提取方面具有效率高、纯度高等优点，尤其是提取过程可以在室温条件下进行，避免了热效应对天然活性成分的破坏。目前，超高压技术已用于多种植物提取物的制备，如丹参、金银花、金花葵等多种植物中黄酮类、酚类等活性成分的提取，以上提取物均为化妆品常用原料，可有效清除自由基、延缓衰老。随着技术和设备日趋成熟，超高压提取技术在化妆品行业中的前景十分广阔。

三、产学研合作案例

产学研一体化是生产、教育、科研三方根据自身优势在经济实体中职责分工和资源调度方面的协作。通过建立企业需求与科研机构、高等院校供给之间的合作，促进生产要素和环节有机结合，三者间扬长避短、互惠互利、共同发展，其目的是实现科研成果向现实生产力的转化，从而实现创新并创造经济价值。高校不仅是我国基础研究和高技术领域原始创新的主力军，而且是解决国民经济重大科技问题、实现技术转移和成果转化的生力军。

（一）载体技术

1. 微乳液、微胶囊与脂质体

专利CN104039332A主要涉及含有天然矿物及以其提取物作为有效成分的组合物，该发明的目的在于提供糖尿病预防及治疗用药学组合物以及健康食品用组合物，含有矿物有效成分，如利蛇纹石、叶蛇纹石、水镁石、菱镁矿、白云石、滑石、斜绿泥石、方解石、角闪石及金云母中的一种或两种以上，并且提供抗菌用化妆品组合物，含有以上矿物及其提取水作为有效成分的一种或两种以上。该发明人为了测定发明矿物的生物能，委托亚洲大学机械工程部及（财）产学研合作团队测定研究院进行性能分析，结果确认发明矿物存在如下性能：屏蔽对人体产生有害影响的水脉波、电磁波、大地电流等各种有害波，放出负离子及远红外线来中和各种有害波，促进人体新陈代谢，并使人体的免疫活动及生物体活动活性化。该发明制备的化妆品组合物，可以凝胶、微乳液、微胶囊、脂质体等形态制备。

2. 环糊精技术

专利CN113993395A主要涉及一种包含低聚半乳糖或者低聚半乳糖及胶原三肽的用于改善免疫功能与皮肤状态的功能性食品组合物和化妆品组合物。该发明在韩国中小风险企业部的支持下完成，课题的研究管理机构为中小企业技术振兴院，研究事业的名称为“产学研合作技术开发项目”，研究课题名为“利用高纯度低聚半乳糖的化妆品及内服美容材料化”。该发明人查明低聚半乳糖具有免疫功能改善及抗炎症或抗氧化效果，低聚半乳糖及胶原三肽混合物具有改善免疫功能、抗炎症、抗氧化、皱纹或弹性改善、皮肤保湿、抑制光老化的效果。该发明的组合物除含有低聚半乳糖及胶原三肽的混合物有效成分外，还可以包含通常添加的成分，如蛋白质、碳水化合物、脂肪、营养素、调味剂及香味剂，而碳水化合物可以使用单糖（葡萄糖、果糖）、二糖（麦芽糖、蔗糖、寡糖）以及多糖（糊精、环糊精）等。

（二）生物技术

在产学研模式下技术创新已成为化妆品产业发展的重要途径，以“生物发酵技术”为代表的生物化妆品正成为消费者关注的热点。化妆品技术中心隶属中国检验检疫科学研究院，作为国家质检总局化妆品安全重点实验室、国家质检总局进出口化妆品安全监督抽检和风险监测基准实验室，主要承担化妆品相关研究开发、检测服务、人员培训等多项任务。化妆品技术中心极其注重基础研究和应用研究，致力于构建化妆品整体技术平台，提升技术创新水平，全力推进科研成果转化。在理化卫生体系、大生物平台（微生物、生化）、安全评价体系（动物、细胞）、功效评价体系的基础上开展前瞻性和多样化研究。该技术中心依托所建立的技术体系，以行业需求为导向，通过与各大院校、科研机构、原料商、生产企业开展合作与技术交流，将行业需求有效地与中心研究相结合，以开放的态度进行技术创新和成果转化。该单位与加拿大研究机构合作成立了“干细胞技术联合研究实验室”，在化妆品体外安全评价及组织工程研究领域开展研究；与北京工商大学共同在生物化妆品方面开展了大量的研究工作，通过生物发酵技术实现了真正意义上的生物化妆品；在上海仪玳化妆品有限公司设立了“中国检科院化妆品技术中心科研成果转化基地”，双方合作共同在化妆品产品研发、生产工艺改进、化妆品原料开发等方面开展研究。化妆品技术中心在产学研模式下成功建立了“研究—成果转化—再研究—再转化”的良性循环，实现了技术创新和成果转化的共同推进。

（三）超分子改性技术

1. 成果介绍

（1）名称：超分子改性技术在化妆品原料中的应用。

（2）成果协助院校：哈尔滨工业大学（深圳）。

（3）成果负责人：深圳市萱嘉生物科技有限公司张嘉恒。

（4）技术成熟程度：成熟。

（5）知识产权状况：已申请专利60余项，已授权专利20余项。

2. 市场背景

化妆品是一种将天然的、人工合成的或者从动植物等生物中提取的物质作为原料，混合加工而成的一种产物。原料，是决定化妆品走向的源头，也是管控产品质量的第一个环节，更是化妆品创新的关键所在。目前，国内化妆品原料尚处于不成熟的发展阶段，昂贵的进口原料成本促使产品成本增加、利润空间减少。综观国内的化妆品原料产业，虽然部分基础原料已经具备相对成熟的生产手段，但是原料种类，尤其是功效原料仍不能满足市场的需求。

《已使用化妆品原料目录》中的部分原料，特别是功效原料，往往存在着一些自身缺陷，如水溶性较差、生物利用度低等。除了原料的自身缺陷外，它们在应用中也存在一些缺陷，例如，水溶性差的原料难以配制为水剂、生物利用度低增加了原料的使用成本等。因此，从原料端进行改性，是改善化妆品原料性能、适用范围，以及功效的重要手段。而如何更精准、更高效地对化妆品原料进行改性，则对化妆品原料厂商提出了新的、更高的技术要求。

3. 技术背景

超分子化学是研究分子聚集体的化学，分子聚集体是基于分子间的非共价键相互作用而形成的。超分子化学的概念最早是由超分子化学之父、法国科学家莱恩（J. M. Lehn）于1987年提出的。超分子化学是一门多学科交叉的科学，囊括了化学与生物学、材料科学、物理学、信息科学和环境科学等学科，并将四大基础化学融为一体。超分子因其独有的分子间作用力，存在着“自组装”的原则，通过人工干预，如果能够控制超分子的“自组装”过程，就可以改变超分子的结构，得到新的具有特定结构的化合物，从而使其表现出特定的功能。随着更多科学家对它的深入研究，大量的文献和实例论证了超分子技术的可行性。超分子化学与超分子技术为单一学科与交叉学科的发展提供了新的思路，也开辟了一条崭新的道路。

方兴未艾的超分子化学作为一门新兴的热门交叉边缘学科得到了迅猛发展，在国防、航空航天等高端领域与医药、工业、农业等与大众密切相关的领域已经有了广泛的应用。

在生物医用功能方面，中科院长春应用化学研究所的裴晴等把人的血清白蛋白和紫杉醇二聚体构筑成超分子复合物，使药物制剂的稳定性良好，并展现出其在临床应用中的优势。英国牛津大学的VITACOG研究院与Elysium Health合作开发出了Omega-3赖氨酸离子盐，这种粉末状的Omega-3赖氨酸离子盐具有超强的生物吸收能力。葡萄牙阿威罗大学利用胆碱与酚酸，合成了新型的胆碱酚酸离子盐，这些新盐在水中的溶解性显著高于相应的酚酸。美国哈佛大学的Samir Mitrahotri教授利用离子液体经皮局部治疗（LRTs）、药物靶向输送限制肝细胞癌（HCC）的恶化。

除了超分子材料的结构本身之外，能够对外界刺激做出响应的超分子聚合物或材料功能也引起了科研工作者广泛的兴趣。Chen等实现了单体自组装形成酸/碱响应的超分子聚合物网格结构，以加入三氟乙酸和三乙胺为手段，来调控其所形成的超分子聚合物的解离和重构。

超分子化学作为新兴的交叉科学，在科学发展史上占有举足轻重的地位。近二十年来，国际科学界对超分子的研究迅猛发展，得到了丰硕的科研成果，但作为一门新兴学科，它的发展仍存在着新的机遇与挑战。我们有理由相信，随着研究越来越深入，超分子化学还会带给我们更多的惊喜，超分子化学会成为跨学科创新的重要源头。

4. 技术方案

超分子材料因其优异的物化性能与可设计性，在众多领域都得到了应用。通过对分子结构进行设计，利用超分子自组装的特性，使其分子相互撑起形成骨架，通过次级键的作用改变自身的物理性质，得到超分子化合物，即为超分子改性技术。通过超分子改性技术，能够使多种分子间相互作用自发地形成功效明显且结构稳定的超分子化合物，化合物类型主要有超分子离子液体（盐）和超分子共晶。通过合理的设计与筛选，超分子改性技术能够大幅度改善化妆品原料的溶解性、稳定性、刺激性以及功效性能，打破其配方应用局限性。

（1）通过计算机高通量筛选辅助设计超分子化合物的研究。

计算机高通量筛选辅助计算，是指基于超分子化合物的设计理论，借助计算机与专业的软件进行模拟实验的一种方法，这种方法不消耗样品，不存在样品限制，降低了筛选的成本和周期。

首先，根据经验在化妆品原料数据库中选取不同原料，使用量子化学软件，计算超分子化合物生成的难易程度与成键类型，从而高通量筛选出合适的超分子化合物前驱体；其次，通过 Materials Studio（MS）软件对高通量筛选得到的超分子化合物进行物化性质模拟计算，研究不同超分子化合物的性质参数；最后，利用计算机建立超分子化合物的模型，将得到的模型与不同蛋白酶作用位点进行结合，进一步探讨超分子化合物的生物作用机制。

（2）制备超分子化合物方法研究。

为避免污染物的排放，提高原子利用效率，超分子化合物制备方法通常为原子经济性高的无溶剂反应法或水相绿色离子交换法。其中，无溶剂反应法是两种及以上的化妆品原料直接反应，该方法原子经济性高，不排放污染物。水相绿色离子交换法的制备过程在水相中进行，经过简单的分离、干燥和过滤，即可得到最终的超分子化合物，其原子利用率高，可减少有机溶剂的排放。

（3）超分子化合物的结构、理化性质及构效关系研究。

物质的结构决定了它的物化性质和功效。通过对超分子化合物的结构表征和理化性质的测试，分析其结构与性能之间的构效关系，有助于从机理上认清功效成分的作用机制，帮助研发人员对功效成分进行针对性改性。

利用核磁共振光谱、红外光谱、元素分析、单晶 X－射线衍射等技术手段，确定超分子化合物的结构及其相互作用力，从结构上阐明超分子化合物与其前驱体或物理混合物的区别。通过测定 pH 值、热稳定性、溶解性等基础性质参数，以及感官测评、稳定性、溶剂残留等多项测试，确定所得超分子化合物的建议配方。

（4）超分子化合物的生物安全性研究。

随着国家对化妆品安全性的监管不断加强，以及化妆品中添加致癌物质、重金属超标等新闻报道的披露，消费者对化妆品成分的安全性重视度越来越高。超分子化合物作为化妆品原料，其安全性十分重要。通过 pH 值、稳定性、溶剂残留、化妆品常规九项测试与细胞毒性测试、体外与人体刺激性测试等对超分子化合物进行全面评估，确保超分子化合物具有生物安全性。

（5）超分子化合物的功效性能研究。

通过建立细胞模型，测量细胞接触超分子化合物前后的变化，以验证原料功效性，以及在人体功效层面对超分子化合物的性能进行直观评估，考察超分子化合物的保湿、美白、抗炎、抗氧化等功效，从而筛选出生物安全性高且功效明显的超分子化合物。

5. 应用领域

（1）通过超分子改性技术得到烟酰胺壬二酸超分子化合物。

壬二酸具有祛斑、祛痘、美白等功效，但自身水溶性极差，在低浓度下很难发挥其应有的功效。通过计算机高通量筛选与模拟测试，筛选出烟酰胺作为改性配体，通过超分子改性技术得到了烟酰胺壬二酸超分子化合物，极大地改善了其水溶性，解决了壬二酸的配方应用局限。

对分别使用烟酰胺壬二酸超分子化合物（添加量为3%）与使用未添加超分子化合物的基础配方的志愿者进行了人体功效测试。结果显示，使用烟酰胺壬二酸超分子化合物的志愿者比使用基础配方的志愿者皮肤亮度平均提升了2.27%，黑色素平均减少了3.99%，红斑平均减少了0.74%，烟酰胺壬二酸超分子化合物有明显的提亮肤色、美白、祛红的效果。通过超分子改性技术得到的烟酰胺壬二酸超分子化合物相比壬二酸水溶性强，功效显著，配方引用广泛，具有“1+1>2”的效果。

（2）通过超分子改性技术得到甜菜碱水杨酸超分子化合物。

水杨酸可以有效地脱去毛孔口周围和皮肤表面堆积的角质，消炎抗菌，但其刺激性明显，使用受限。通过计算机高通量筛选与模拟测试，筛选出温和保湿的甜菜碱作为改性配体，通过超分子改性技术得到了甜菜碱水杨酸超分子化合物，通过测试证明甜菜碱水杨酸超分子化合物比水杨酸刺激性更低，使用感更温和，易接受。

在功效评估方面，超分子改性后的产品功效明显好于前驱体的物理混合，其平均抗炎效果提升了72.89%，志愿者面部红色特征减少量增加20%以上，具有明显的祛红、消炎的效果，在添加量为0.5%时就能使炎症因子明显减少，改善痘印痘疤。通过超分子改性技术得到的甜菜碱水杨酸超分子化合物具有低刺激性，抗炎效果也要优于其前驱体，具有明显的协同增效作用。

6. 产学研合作分享

深圳市萱嘉生物科技有限公司应用超分子改性技术，成功对多种化妆品原料进行了改性，在化妆品功效原料的设计、制备、规模化生产以及销售方面取得了不菲的成绩。该公司应用计算机高通量筛选和计算机辅助设计，快速筛选出合适的前驱体对存在缺陷的化妆品原料进行改性，大大节省了开发时间，加快了研发的进度，缩短了研发周期；采用的无溶剂中和法和水相绿色离子交换法制备超分子原料具有原子利用率高、绿色环保的优势，适宜规模化生产；采用多种检测手段，从理化性质、细胞层面、人体功效层面对产品进行评估，数据充分完备。目前，已得到甜菜碱系列、烟酰胺系列、苦参碱系列、甘草酸系列和左旋肉碱系列等多个系列的超分子化合物产品，产品具有水溶性好、生物安全性高、细胞毒性低、刺激性弱、生物利用度高、功效显著等优点，解决了部分化妆品原料水溶性差、功效较弱等缺陷，产品质量对标国际大品牌公司，打破了国外技术垄断的局面。

[参考文献]

[1]丛琳,李楚忠,邓慧,等. 微乳液技术的研究进展及其在化妆品上的应用[J]. 广东化工,2014,41(21):126－127.

[2]陈彤,侯世祥,石碧琼,等. 传递体透皮研究的最新进展[J]. 中南药学,2005(1):43－46.

[3]程云辉,文新华. 生物活性肽制备的研究进展[J]. 食品与机械,2001(4):4－7.

[4]丁力,马彝. 稳定的活性物载体:葡糖微球[J]. 日用化学品科学,2000(2):43－45.

[5]洪军辉,乡世健,曹思玮,等. 甘草总黄酮微海绵的制备及体外释放度评价[J]. 中国实验方剂学杂志,2017,23(14):12－18.

[6]蒋旭红. 化妆品活性物的超微载体[J]. 化学世界,2007(8):500－503.

[7]焦岩,高嘉宁,常影,等. 叶黄素纳米脂质体的多聚赖氨酸修饰及其体外释放性能[J]. 中国油脂,2021,46(3):62－67.

[8]刘基,王媚,王露,等. 经皮给药系统研究进展[J]. 现代中医药,2018,38(6):156－159.

[9]李季楠,胡浩,吴雪娇,等. 环境因素对叶黄素纳米乳液稳定性及其抗氧化活性的影响[J]. 食品科学,2019,40(19):32－39.

[10]李莉,李硕,王海燕,等. 化妆品中纳米材料检测技术的研究进展

[J]. 中国药师,2019,22(3):522 - 526 + 589.

[11]刘婷,姚凌云,王彩霞,等. 生物发酵技术在化妆品中的应用研究进展[J]. 香料香精化妆品,2021(3):114 - 119.

[12]李晓蕙,陈蕾. 植物细胞培养技术的发展与应用[J]. 安徽农学通报,2006(5):74 - 75.

[13]刘袖洞,何洋,刘群,等. 微胶囊及其在生物医学领域的应用[J]. 科学通报,2000(23):2476 - 2485.

[14]李骅,王四旺,张邦乐. 丹皮酚的药理活性和药物动力学研究进展[J]. 亚太传统医药,2010,6(2):110 - 112.

[15]吕瑛,谢嘉颖. 防晒剂中纳米氧化锌的安全性研究进展[J]. 中国化妆品(行业),2011(5):62 - 65.

[16]士华. 产学研模式下的化妆品技术研发和安全检测:访中国检验检疫科学研究院化妆品技术中心苏宁副主任[J]. 中国化妆品,2016(Z5):42 - 47.

[17]唐莉,尹锐,罗娜,等. 超分子水杨酸外用治疗轻、中度痤疮疗效观察[J]. 中国美容医学,2018,27(9):31 - 33.

[18]王成云,李英,龚丽雯. 纳米技术在化妆品中的应用[J]. 香料香精化妆品,2001(6):31 - 34 + 37.

[19]王晗宁,蒋丽刚,毕永贤,等. 化妆品载体技术及其最新研究进展[J]. 香料香精化妆品,2018(5):79 - 84.

[20]吴佩慧,李佳兴,于春媛,等. 纳米技术在化妆品中的应用现状及监管建议[J]. 首都医药,2013,20(6):7.

[21]薛敏,张祥,刘璐,等. 双组分超分子凝胶材料的形成机理及流变性能[J]. 材料导报,2021,35(8):8201 - 8206.

[22]杨佩,唐嘉雯,李雪竹. 化妆品新型载体技术的应用进展[J]. 日用化学品科学,2021,44(2):34 - 39.

[23]杨彤. 新型脂质体的研究进展[J]. 医药导报,2009,28(3):336 - 338.

[24]赵华,何聪芬,董银卯,等. 生物技术在化妆品行业的应用[J]. 日

用化学工业,2010,40(5):377-380+392.

[25]周加祥,刘铮.生物分离技术与过程研究进展[J].化工进展,2000(6):38-41.

[26]张根旺,刘晓见.脂质体化妆品及其应用[J].郑州工程学院学报,2000(4):1-4.

[27]张宏利.微胶囊化妆品与脂质体化妆品[J].丹东纺专学报,2002(1):21-22.

[28]张慧娜,何一凡,李丽.微胶囊技术在化妆品中的应用进展[J].日用化学工业,2020,50(2):124-128+142.

[29]章灵华,肖培根,黄艺,等.丹皮酚的药理与临床研究进展[J].中国中西医结合杂志,1996(3):187-190.

[30]张永华,梁琦.超微载体[J].化学教育,2005(11):10-12+19.

[31]张永民.微乳液在化妆品中的应用[J].中国洗涤用品工业,2018(10):54-58.

[32]LEPILLEUR C, BECKMAN E J,SCHONEMANN H,et al. Effect of molecular architecture on the phase behavior of fluoroether-functional graft copolymers in supercritical CO_2[J]. Fluid Phase Equilibria,1997,134(1):119-130.

[33]JAE-HO OH,HYOUN-HYANG PARK,KI-YOUNG DO,et al. Influence of the delivery systems using a microneedle array on the permeation of a hydrophilic molecule,calcein[J]. European Journal of Pharmaceutics and Biopharmaceutics,2008,69(3):1040-1045.

第六章　化妆品产品研发科研成果

本章通过查阅相关文献和专利等公开资料，总结了近年来化妆品产品研发的科研成果，其中涉及普通化妆品、特殊化妆品和产学研化妆品，以及成果研发主体，即各大院校（中国药科大学、北京工商大学、山东省药学科学院等）和化妆品企业（山东福瑞达生物股份有限公司、华熙生物科技股份有限公司、上海家化联合股份有限公司等）。

一、普通化妆品科研成果

（一）一种具有皮肤修复功能的透明质酸水凝胶面膜

1. 成果介绍

（1）名称：一种具有皮肤修复功能的透明质酸水凝胶（Hydrogel）面膜。

（2）成果负责人：湖南大学韩元元。

（3）技术成熟程度：中试生产。

（4）知识产权状况：发明专利申请中。

2. 市场背景

随着社会的消费升级以及人们对护肤的重视程度增加，面膜作为一种常用的面部皮肤护理产品受到了越来越多的关注，面膜的最主要作用是给肌肤迅速补水。传统面膜是将精华液有效成分和面膜纸混合后敷贴于面部，但贴合性差，易导致功能物质的流失。不同于传统面膜，透明质酸水凝胶面膜是以亲水性高分子为基质，通过物理或化学交联形成高分子网络，并在该网络中镶嵌皮肤所需的活性物质，能有效避免功能物质流失。

此外，其具有良好的皮肤亲和性、高含水性和缓释补水能力。目前，具有皮肤修复功能的水凝胶面膜在市面上较为少见。

透明质酸是一种高分子聚合物，是由单位 D－葡萄糖醛酸及 N－乙酰葡糖胺组成的高级多糖。D－葡萄糖醛酸及 N－乙酰葡糖胺之间由 β－1 与 3－糖苷键相连，双糖单位之间由 β－1 与 4－糖苷键相连。透明质酸是生物细胞外基质的重要成分之一，其参与皮肤修复过程中炎症反应、上皮细胞再生和组织重建等多个过程。此外，透明质酸已广泛应用于美容整形领域，生物安全性好，且能生物合成。虽然透明质酸凝胶被广泛应用于医美和皮肤修复领域，但是现有技术制备的透明质酸凝胶的脆性较大，结构易破裂，不具有面膜所需的皮肤延展性。

3. 技术描述

本案例提供的这种具有皮肤修复功能的透明质酸水凝胶面膜，所述面膜成分为透明质酸双交联聚合物水凝胶，所述透明质酸双交联聚合物水凝胶通过透明质酸溶液经化学改性，透析、冷冻、干燥制得化学交联透明质酸聚合物，再经物理改性制得；所述透明质酸的分子量为2001800kDa。

本案例中使用的透明质酸分子式如图 6.1 所示。

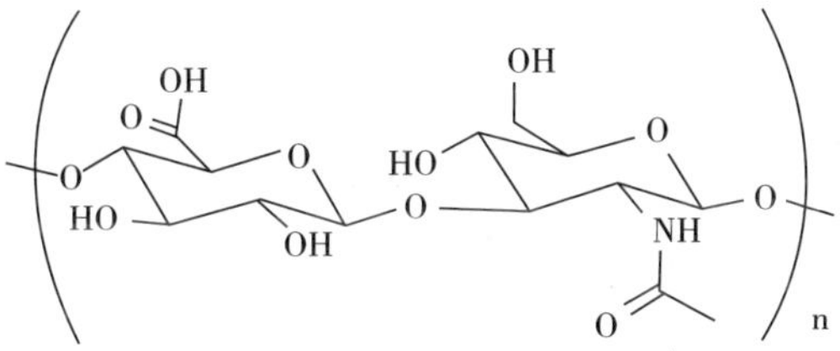

图 6.1 透明质酸分子式

4. 应用领域

本案例通过“化学＋物理改性”的方式制备的双交联透明质酸水凝胶面膜，具有动态可逆的结构特点，涂抹性能好，且具有皮肤修复功能，是一种具有广阔应用前景的水凝胶面膜。

（二）基于岩藻多糖的长效保湿、抗氧化眼霜

1. 成果介绍

（1）名称：基于岩藻多糖的长效保湿、抗氧化眼霜。

（2）成果负责人：华侨大学郑露露。

（3）技术成熟程度：样机样品。

（4）知识产权状况：发明专利申请中。

2. 市场背景

由于眼周肌肤角质层特别薄，导致眼周皮肤极易受到伤害。因此，眼部肌肤的保养尤为重要。常见的眼部问题有：因缺水而造成的干纹，因紫外线、空气污染使眼部肌肤自由基增多，从而导致眼部肌肤黯淡、早衰。因此，对于眼部护理而言，保湿、抗氧化尤为重要。一般来说，眼霜的质地比较厚重，眼部肌肤不能完全吸收，而且眼霜在1d 内的使用频率不能超过 2 次，所以眼霜的长效保湿、抗氧化能力也就尤为重要。

岩藻多糖是一种水溶性多糖，是从海洋藻类中提取的，独特的化学结构赋予其多种生物活性。岩藻多糖含有的螯合重金属离子和亲水的理化性质，使其易于被添加到乳液、膏类制剂中，尤其适合应用于眼霜制备。

3. 技术描述

本案例以产地为福建的海带粉末为原料提取岩藻多糖，进一步提高了眼霜的长效保湿性和抗氧化性。本案例提供的眼霜不含酒精，刺激性小，可以减少皮肤过敏、组织发炎的问题，适用人群广泛。此外，岩藻多糖具有良好的抑菌性，可以减少眼霜中防腐剂的用量，使眼霜具有抑菌、抗炎作用。

24h 时的眼霜保湿率比较如表 6. 1 所示。

表 6. 1　24h 时的眼霜保湿率比较　　单位：%

实施例	24h 时的保湿率	
	43% RH	81% RH
实施例 1	90. 16	89. 57
实施例 2	99. 88	99. 86

续表

实施例	24h 时的保湿率	
	43% RH	81% RH
实施例 3	99.96	99.91
实施例 4	99.79	99.82

4. 应用领域

岩藻多糖与透明质酸钠交联聚合物的组合，能够在皮肤表面形成一层锁水屏障，有效延长了保湿时间，使得眼霜具有优异的长效保湿性。

透明质酸钠交联聚合物属于肌肤调理剂，可吸收其本身重量 1000 倍水分，以达到通过保留皮肤水分阻止水分经表皮流失，以及当皮肤受到损伤时进行屏障修复的效果，令皮肤不会感到干燥，增加皮肤光泽，并且可以改善皮肤营养代谢，使皮肤柔软、光滑、去皱、增加弹性、防止衰老，在保湿的同时又是良好的透皮吸收促进剂。

燕麦 β – 葡聚糖含有精制的燕麦葡聚糖的水溶性部分，不含脂质、纤维和蛋白质，不但能保持皮肤的水分，而且可促进巨噬细胞释放白细胞介素 –1 对胶原蛋白合成的加速作用，抵抗衰老，减少皮肤皱纹，提高皮肤弹性，改善皮肤纹理；同时，还有良好透皮吸收性能，能促进伤口愈合、修复受损肌肤。

（三）一种抗氧化、抗炎和舒缓修复组合物

1. 成果介绍

（1）名称：一种抗氧化、抗炎和舒缓修复组合物。

（2）成果负责人：上海应用技术大学刘慧敏。

（3）技术成熟程度：样机样品。

（4）知识产权状况：发明专利申请中。

2. 市场背景

随着人们生活水平的提高和化妆品产业的快速发展，人们对化妆品的需求日趋增长，而专业知识的匮乏却容易使人们在形形色色的化妆品原料和成分中无法选择到适合自己的化妆品，进而使皮肤出现过敏、泛红等现

象；同时，空气污染、紫外线辐射等环境因素也会使人们的身体产生大量的自由基，进而引发肌肤过敏或炎症。

自由基，化学上也称为“游离基”，是指化合物的分子在光热等外界条件下，共价键发生均裂而形成的具有不成对电子的原子或基团。其在人体内会攻击正常细胞，导致细胞的衰老死亡，进而使皮肤屏障受损，皮肤水分过量散失，细胞生存内环境受到影响，严重破坏细胞间平衡和稳定，最终导致皮肤抵抗力下降，出现干燥、过敏、细菌感染、湿疹皮炎等皮肤疾病，严重影响人们日常的生活质量。

目前，市面上的抗氧化、清除自由基、抗敏和舒缓修复组合物的化妆品效果并不明显，且大多为化工原料，副作用明显。因此，开发具有抗氧化、抗炎、舒缓修复作用的天然活性物质，并将其安全地应用到化妆品中以达到抗氧化、抗敏、舒缓修复的效果，是本技术领域亟待解决的问题。

3. 技术描述

本案例提供一种抗氧化、抗炎和舒缓修复组合物，包括以下重量份数的组分：仙人掌提取物 16 ~ 24 份、甘草提取物 3. 6 ~ 6. 0 份、香水莲花提取物 0. 96 ~ 1. 60 份。本案例提供的抗氧化、抗炎、舒缓修复组合物大多源于绿色草本植物，属于温和的活性物质，具有显著的抗氧化、抗炎和舒缓修复功效，且安全不刺激，无不良反应。

清除自由基实验、透明质酸酶抑制实验、细胞修复活性功效评价实验证明，本案例中的组合物可以有效地清除机体内过多的自由基，同时能减轻局部炎症，镇静舒缓肌肤，修复受损皮肤屏障，辅助肌肤自我修复，维持肌肤健康。实施例结果表明，其自由基清除率可高达 99. 95%，透明质酸酶抑制率可高达 100%，且对 HaCaT 的迁移具有明显的促进作用，HaCaT 细胞划痕愈合率可高达（73. 92 ± 3. 68）%。

4. 应用领域

仙人掌提取物中含有丰富的植物营养素，能够增强皮肤免疫力，具有显著的抗氧化、抗感染功效，对于治疗皮肤上的炎症以及痤疮等具有很好的效果；且仙人掌提取物还能促进细胞的再生和修复，使皮肤恢复弹性，具有很好的护肤作用。

甘草提取物为白色粉末，水溶性好，安全无毒。具有消炎、抗溃疡、抗氧化、抑菌、治疗创伤、有效清除自由基和促进上皮细胞组织再生等作用。

香水莲花提取物中含有的植物胎盘素对平衡人体内分泌系统起到了非常关键的作用，能够提供肌肤营养素与矿物质，长期使用能改善皮肤暗沉，使肌肤润滑、细致、有光泽，具有显著的抗氧化、抗皱、补水、亮肤等作用。

（四）含有藤茶提取物的防腐剂组合物的膏霜

1. 成果介绍

（1）名称：含有藤茶提取物（VTE）的防腐剂组合物的膏霜。

（2）成果负责人：北京工商大学成志伟。

（3）技术成熟程度：样机样品。

（4）知识产权状况：发明专利申请中。

2. 市场背景

化妆品由于其独特的成分，含有大量油脂及适宜的水分和 pH 值，容易滋生细菌，因此化妆品中必须加入一定的防腐剂。而现阶段消费者更加崇尚绿色环保的消费理念，同时随着技术的不断发展，科技人员对于植物源抑菌物质的分离、纯化手段更加丰富。近年来，国内外立法机构不断限制化妆品中化学防腐剂的使用种类和含量。所以，以植物成分为防腐剂的发明专利近年来也呈现不断增多的趋势。2011 年，中国江南大学研究人员申请的具有防腐功能的蚕叶提取物获得审批。2012 年，美国哥伦比亚大学理事会申请并获取了以马齿苋、金盏花提取物复配达到抑菌目的的专利。

植物源防腐剂的使用虽然绿色环保，但是其自身也具有一定的局限性。主要表现为：抑菌效果受到温度、pH 制约，效果不稳定，抑菌广谱性、机理有待深入研究。

3. 技术描述

本案例从藤茶提取物与化学防腐剂复配、抗氧剂筛选、适宜的 pH 值筛选方面开展研究，确定最佳的应用条件。将实验组方结果加入化妆品中，按照美国化妆品、盥洗用品和香水工业协会（CTFA）的测试方法开展防腐挑战实验，评价膏霜的复配防腐体系性能。防腐体系对比见表6.2。

表6.2　防腐体系对比

防腐体系	抑菌剂加入量	设置目的
1	3.13mg/mL VTE+1 v/v% PE9010	VTE与化学防腐剂复配
2	6.25mg/mL VTE+1 v/v% PE9010	VTE与化学防腐剂复配
3	12.50mg/mL VTE	高浓度VTE的抑菌作用
4	无	对照组

4. 应用领域

藤茶是一种非常古老的传统中草药，为我国民间广泛使用的药食两用植物。藤茶提取物具有抑菌、抗氧化、抗炎等作用。已有研究表明藤茶提取物对多种致病菌具有抑制作用，可广泛应用于有抑菌需求的化妆品产品中。

（五）含有辅酶Q10脂质体的精华液

1. 成果介绍

（1）名称：含有辅酶Q10脂质体的精华液。

（2）成果负责人：中国药科大学王伟。

（3）技术成熟程度：中试生产。

（4）知识产权状况：发明专利申请中。

2. 市场背景

人体老化是自然生长规律，其中皮肤因直接与外界环境接触受到影响最大，其变化也最为明显。一般来说，女性以25岁为分界点，皮肤会呈下滑趋势，30岁之后，将会出现衰老症状。皮肤老化是指皮肤功能衰老性损伤，使皮肤对机体的防护能力、调节能力等减退，因此皮肤不能适应内外环境的变化，出现颜色、形态、质感等外观整体状况的改变。所以，对于广大女性消费者来说，抗衰老产品是不可缺少的。

皮肤老化主要由内源性因素和外源性因素综合导致。内源性老化主要由遗传因素导致，是随着年龄增长的自然老化，一般表现为细小皱纹、弹性下降、松弛等；外源性老化主要是由环境因素引起的老化，包括紫外线照射、不良生活习惯、污染等，一般表现为皮肤干燥、粗糙，胶原蛋白和弹性蛋白合成能力及免疫力下降造成皮肤松弛、表情肌皱纹加深等。其中，以紫外线照射引起的光老化的影响最为强烈。

光老化是由于皮肤细胞生成活性氧自由基（Reactive Oxygen Species，ROS），自由基可损伤生物膜，破坏正常组织内的胶原蛋白，使胶原合成表型转为胶原降解表型，胶原合成总量显著下降，造成皮肤松弛、皱纹等老化现象。对抗和消除自由基、防止自由基的损伤，往往可通过抗氧化来实现。

3. 技术描述

本案例精华液（见图6.2）配方合理，安全性高，对肌肤无刺激。辅酶Q10具有抑制脂质过氧化的功能，为天然的抗氧化物质，能够保护生物膜的完整性，有改善细胞活力、清除自由基、延缓衰老等作用。辅酶Q10由脂质体包裹，可提高活性成分的稳定性、皮肤的渗透率，增加皮肤生物利用度，更好地被皮肤吸收，发挥抗衰老功效。同时，其含有的大量保湿成分和植物提取液，可起到润肤效果。

图6.2　辅酶Q10精华液样品

4. 应用领域

辅酶Q10存在于人体各个部位中，是体内具有重要作用的辅酶之一，是线粒体内膜电子传递链上重要的电子传递体，在人类身体细胞内参与能量制造及活化，增强细胞活性，促进皮肤再生。同时，其有抗氧化作用，可清除氧自由基，使细胞减少损伤，是具有抗衰能力的重要活性成分之一。当其应用于皮肤时，辅酶 Q10 可以穿透皮肤层，减少氧化，减少皱纹，防止 UVA 辐射损害，也能显著抑制人皮肤成纤维细胞内胶原激酶的表达从而减少皮肤内胶原的降解。因此，它可阻断光老化引起的多方面损害。

（六）含有灵芝孢子粉提取物的精华霜

1. 成果介绍

（1）名称：含有灵芝孢子粉提取物的精华霜。

（2）成果负责人：齐鲁工业大学王领。

（3）技术成熟程度：中试生产。

（4）知识产权状况：发明专利申请中。

2. 市场背景

眼部肌肤是人体最薄弱的地方，同时也是因眼部活动而极易产生皱纹的部位。眼部表皮和真皮的厚度总和约为 0.55mm，只有面部皮肤厚度的 1/4，因此更容易受到伤害。相对于整个面部皮肤而言，眼部皮肤营养的供给要少于其他部位，比较容易干燥，而且活动量非常大，易疲劳，致使眼部皮肤加速衰老。

目前市面上的眼霜种类丰富，但保湿性、渗透性、抗皱和修复能力以及眼部肌肤对眼霜的吸收程度都有待进一步增强，尤其是抗皱、修复能力。因为眼部皮肤较为脆弱，所以眼霜的刺激性必须比其他护肤品小，且要有明显的抗衰老修复功效。本案例提供的精华霜在保证安全性的基础上，具有很好的抗衰老修复功效。

3. 技术描述

与现有技术相比，本案例提供的含有灵芝孢子粉提取物的精华霜保湿效果显著，三重功效抗衰老，从细胞层次抗衰老修复到植物抗衰老再到形成天然抗衰保护膜，构成由内而外的独特的抗衰老修复体系，安全高效地改善肌肤问题，尤其是眼部的肌肤问题；同时，本案例提供的精华霜能更快更好地通过皮肤表皮层进而被皮肤吸收，对皮肤零负担。而且，人体保湿实验、皮肤弹性实验、对羟自由基清除能力的实验中，皮肤含水量测试结果表明灵芝孢子粉提取物组相对于空白对照组含水量高出20%左右，证明了含有灵芝孢子粉提取物的精华霜的保湿及抗衰老修复功能。

4. 应用领域

灵芝孢子粉提取物：具有保湿、抗衰老、延年益寿、养颜美容的功效。

胶原蛋白溶液：一种天然生物产品，富含人体代谢所必需的各类多肽等生物活性物质，尤其富含软骨、皮肤及毛发代谢所必需的羟脯氨酸（>12%），是结缔组织的主要物质基础。

墨角藻提取物：具有保湿特性的谷氨酸能够增加肌肤的柔软度和光滑度。

乙酰酪氨酸：高效安全的氨基酸美白剂，可诱导酪氨酸酶，从而减少黑色素的生成，淡化黑眼圈，改善眼部皮肤的暗沉状况。

（七）一种具有抗炎功效的纯中药面膜

1. 成果介绍

（1）名称：一种具有抗炎功效的纯中药面膜。

（2）成果负责人：吉林大学佟玲玲。

（3）技术成熟程度：中试生产。

（4）知识产权状况：发明专利申请中。

2. 市场背景

皮肤炎症一直是美容科及化妆品领域中较为受到关注的问题，炎症皮肤更容易引起过敏、红肿、痤疮等皮肤问题，因此寻求天然的抗炎化妆品原料及其产品是美容界持续探索的科学问题。

皮肤敏感与刺激是由皮肤和化妆品接触后导致的急性或慢性皮肤炎症反应。化妆品中导致接触性皮炎的常见致敏原主要有防腐剂、香料香精、表面活性剂等，其中防腐剂致炎占30%～40%，此外还有防晒剂、抗氧化剂、功能活性成分等，而这些成分均为化妆品中的必要添加剂。随着化妆品原料的飞速发展，原料导致的皮肤敏感问题越来越受到人们的重视，应用于化妆品中的天然抗敏添加剂也成为原料开发的热点之一，其分为两大类：一类是以植物提取物为原料添加于化妆品中，另一类是以植物油脂为原料添加到化妆品中。

3. 技术描述

本案例提供一种具有抗炎功效的面膜及其制备方法，目的在于舒缓皮肤，减少或缓解皮肤红肿、过敏等炎症表现，恢复肌肤紧致光滑。本案例涉及的中药提取物由姜黄、当归、生地黄、黄连、黄柏、人参组成，以清利湿热为组方原则。以上六味药材合用，经过乙醇有机溶剂等提取，提取物具有很好的抗炎效果。将其应用到化妆品中，制得这款纯中药面膜，抗炎功效测试表明（见表6.3），实施例面膜有抗炎效果。

表6.3 抗炎测试对比结果

时间/d	实施例1		实施例2		实施例3	
	人数/人	有效率/%	人数/人	有效率/%	人数/人	有效率/%
5	4	20.0	5	25.0	6	30.0
10	40	50.0	9	45.0	8	40.0
20	15	75.0	14	70.0	12	60.0
30	17	85.0	16	80.0	17	85.0

4. 应用领域

姜黄用于化妆品以保护细胞膜免受活性氧（引起细胞损害、变异、癌变和衰老的物质）的作用，姜黄素具有抗氧和抗炎活性；当归“补血活血”，促进皮肤血液循环，使面部皮肤重现红润色泽，是化妆品功效原料的高频来源植物，抗炎祛痘功效显著；生地黄具有清热凉血、养阴生津的功效；黄连具有清热燥湿、泻火解毒的功效；黄柏具有清热燥湿、泻火除蒸、解毒疗疮的功效。以上五味药材均收录于《中国药典》，并且是经典名方黄连膏的主要配方原料。人参可通过提高皮肤组织或细胞中抗氧化酶活性，增强其清除自由基的能力，降低脂质过氧化物水平，抑制炎症因子表达。

（八）一种金钗石斛多糖草本面霜

1. 成果介绍

（1）名称：一种金钗石斛多糖草本面霜。

（2）成果负责人：遵义医科大学孙成新。

（3）技术成熟程度：中试生产。

（4）知识产权状况：发明专利申请中。

2. 市场背景

随着化妆品行业的发展以及人们对美的追求，人们在注重化妆品对皮肤作用的同时，更加注重化妆品的质量与安全，越来越多的人更青睐于以天然产物为基础的抗衰化妆品。为了有效延缓皮肤衰老，在化妆品领域可以采取的应对措施有：补充水分、油分维持水油平衡，抑制过量自由基生成（抗氧化），补充皮肤胶原蛋白和弹性蛋白，抑制酪氨酸酶活性和黑色素生成，抑制非酶糖基化反应等。抗氧化性能是化妆品优劣的重要考量因素，但目前市面上的一些以天然产物为基础的产品仅针对性地添加某种成分，并不能在有效抗皱的同时起到抗氧化的作用。

3. 技术描述

本案例从中草药金钗石斛中提取出对人体皮肤有益的金钗石斛多糖，其具有抗氧化和促进成纤维细胞生长的功效（抗褶皱）。长期外敷此款面霜（见图6.3），可以保护皮肤，帮助代谢皮肤的有害物质。同时，经过多种比例组合进行对比，此款面霜具有较好的质感，更亲和与贴合面部肌肤，可更好地发挥金钗石斛多糖的功效。

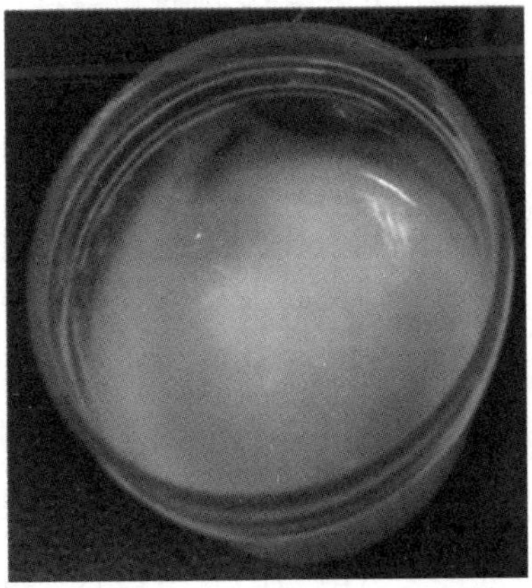

图6.3　金钗石斛多糖草本面霜样品

4. 应用领域

金钗石斛是兰科石斛属植物，为一种常用的名贵中药材，含有生物碱、多糖、黄酮类和酚类等有效成分，以其为原料提取出的物质广泛应用在医药、食品、化妆品等领域。

（九）一种保湿舒缓灵芝菌复合发酵物及其制备方法和应用

1. 成果介绍

（1）名称：一种保湿舒缓灵芝菌复合发酵物及其制备方法和应用。

（2）成果负责人：北京工商大学王昌涛。

（3）技术成熟程度：样机样品。

（4）知识产权状况：发明专利申请中。

2. 市场背景

目前，食品、化妆品领域较为常用的活性物质提取方法有热水浸提法、酸提取法、碱提取法、酶提取法、微生物发酵法。其中，微生物发酵法不需要添加其他的催化剂，只需先培养出大量的微生物菌种，然后加入底物进行能实现的反应，所以微生物法比化学试剂的反应法更专一、更有效。微生物发酵反应条件温和，一般都是在常温和 pH 值为中性左右的条件下进行催化反应，不需要高温、高压等苛刻的条件；设备的运行操作也比较简单、安全，产生的公害较少，一般不会造成环境污染，后处理也相对简单；筛选不同的菌种与优化反应条件可提高转化率，对同一底物进行微生物转化的菌种可能有多种，选出最佳菌种，可以保证较高的转化率。

当今国内外许多研究者采用生物法生产多糖，即将微生物法、酶法、植物细胞组织培养等多种生物转化法相结合，已经呈现出明显优势。微生物发酵技术在天然活性物质的研究开发中发挥着越来越重要的作用。发酵技术在护肤品中应用已有大量报道，最著名的例子就是 SK－Ⅱ神仙水。尽管大米、麦冬、川芎根和圣罗勒叶各自都在化妆品领域有应用，但基本上是以各自的提取物作为原料，或者与多种原料复配使用，活性物提取方式也多种多样，所以如何选择更有潜力的材料组合、如何改进活性物的提取效果，仍然是研究人员面临的难题。

3. 技术描述

本案例通过选取适合的灵芝菌菌种对大米、麦冬根、川芎根、圣罗勒叶进行复合液体发酵，制得了一种新型的灵芝菌复合发酵原浆，即将灵芝菌接种至由大米、麦冬根、川芎根、圣罗勒叶、水组成的发酵底物中进行发酵培养，然后进行灭菌处理，得到灵芝菌复合发酵物。其具有良好的保湿、舒缓效果，同时具有一定的抑制酪氨酸酶活性和抗氧化性能（见表6.4），可以作为化妆品的优良原料或者直接用作化妆品。

表6.4 灵芝菌复合发酵原浆体外抗氧化清除自由基效果比较

测试组	发酵前	发酵后	
		50	100
ABTS 自由基清除率/%	30.85 ±2.01	50.75 ±2.35	66.93 ±3.34

4. 应用领域

大米性质温和安全，具有较强的润白功效，并可补充肌肤所缺失水分，使肌肤光滑细腻，充满弹性。

麦冬根提取物在化妆品领域一般用作皮肤调理剂，具有舒缓抗敏功效。

川芎提取物具有如下功效：用作抗氧化剂，能抑制自由基的生成，有效清除氧自由基；美白祛斑，在较低浓度下，可有效抑制黑色素细胞的活性，减少黑色素的生成，但浓度过高则显示其细胞毒性作用；同时具有吸湿性和保湿作用。

圣罗勒叶提取物具有如下功效：用作防晒剂，在紫外线照射实验中，显示有较好的光屏蔽作用；用作抗过敏剂，在瘙痒的控制上有明显的效果；有广谱和强烈的抑菌效果，对头屑生成菌也有较好的抑制作用。

灵芝含有灵芝多糖、三萜类化合物、核苷、甾醇、生物碱、氨基酸、微量元素等多种化学成分，是一种能抗皱、消炎、养颜的美容佳品。特别是灵芝的有效成分灵芝多糖，能够有效抑制自由基的形成，可抗氧化、抗衰老，还能增强皮肤原有胶原蛋白的活性，有效促进透明质酸的形成，让肌肤持续水嫩润滑，保持最佳状态。

（十）一种抗敏修复保湿组合物及其制备方法和应用

1. 成果介绍

（1）名称：一种抗敏修复保湿组合物及其制备方法和应用。

（2）成果负责人：山东省药学科学院。

（3）技术成熟程度：样机样品。

（4）知识产权状况：发明专利申请中。

2. 市场背景

由于环境污染、各类化妆品的过度使用、皮肤的过度清洁，皮肤敏感者日趋增多。除了遗传因素外，造成皮肤敏感的主要外因还有皮肤免疫力、屏障功能下降，角质层变薄，外界刺激后极易引起泛红、发热、瘙痒、刺痛、红肿等不适症状。所以，皮肤敏感问题成为困扰化妆品消费者的主要问题，具有抗敏、抗刺激功效的化妆品日渐受到市场青睐。

优良的保湿制剂或屏障修复制剂有助于角质层内在的自我修复，将水分含量保持在高于维持生理角质层酶功能所需要的水平，来加速角质层渗透屏障的修复，从而最终保住角质层渗透屏障结构和功能的完整性。皮肤干燥时，如果只在表面涂抹一层润肤剂，不会使表皮软化，皮肤需要在湿润条件下进行水合作用才会柔软和富有弹性。传统的保湿剂通常局限于皮肤水分含量多少，而忽略了角质层屏障功能修复，不能从源头上解决皮肤缺水问题。因此，应该开发一种具有多重功效的抗敏修复保湿产品。

3. 技术描述

本案例组合物由黄原胶、普鲁兰多糖、聚谷氨酸、透明质酸、海藻糖、尿囊素、尿素和硫酸软骨素进行合理复配。该组合物对真皮层、表皮层、角质层皮肤有全层次立体保湿作用，可以提高皮肤水分含量，减少皮肤水分散失；且该组合物能够抑制透明质酸酶活性，可舒缓皮肤敏感瘙痒、修复皮肤屏障。该组合物在体外和人体皮肤上均具有优越的保湿效果（见表6.5）和抗敏修复功效，且与单独使用各组分相比，效果显著提高。这说明在适当的配比下，各组分组合产生了协同增效作用。

表 6.5 抗敏修复保湿组合物的体外保湿率

时间/h	体外保湿率/%									
	实施例 1	实施例 2	实施例 3	实施例 4	XG	PUL	H-PGA	L-PGA	L-HA	TrL
1	90.6	90.2	89.9	92.6	89.1	85.3	88.4	83.1	85.6	70.1
2	72.2	70.9	69.8	72.4	65.7	58.6	54.5	43.9	49.2	42.1
4	45.1	46.4	45.3	45.9	42.2	30.4	38.1	27.5	35.8	31.2

4. 应用领域

抗敏修复保湿组合物包含了封闭性保湿剂和吸湿性保湿剂，其中封闭性保湿剂包括黄原胶、普鲁兰多糖和高分子聚谷氨酸，通过在皮肤表面形成网状水化膜，阻挡皮肤水分蒸发，且高分子聚谷氨酸在溶液中高度伸展并相互缠绕连接形成连续的网状结构，水分子在此网络内通过极性键和氢键与其相互结合，使角质层保持充足含水量；吸湿性保湿剂包括低分子聚谷氨酸、低分子透明质酸，类似表皮中天然保湿因子，与水强力结合达到角质层湿润的效果。尿素和尿囊素能够软化角质。硫酸软骨素具有多方面的生物活性，尤其能够抑制透明质酸酶活性，具有抗敏修复功效。该组合物的抗敏修复和保湿效果，与单独使用各组分或使用传统的保湿组合物相比，均显著提高。

（十一）一种组合物及其在制备皮肤修复产品中的应用

1. 成果介绍

（1）名称：一种组合物及其在制备皮肤修复产品中的应用。

（2）成果负责人：中国药科大学欧瑜。

（3）技术成熟程度：样机样品。

（4）知识产权状况：发明专利申请中。

2. 市场背景

阳光中的紫外线是波长 100～400nm 的不可见光，可分为 UVA（紫外线 A，波长 320～400nm，长波）、UVB（紫外线 B，波长 280～320nm，中波）、UVC（紫外线 C，波长 100～280nm，短波）。UVC 在经过地球表面同温层时被臭氧层吸收，不能到达地球表面。UVA 对皮肤的穿透性远比 UVB 要强，可达到真皮层深处，并可对表皮层部位的黑色素起作用，从而引起皮肤黑色素沉着，使皮肤变黑，长期积累，是导致皮肤老化和严重损害的原因之一。UVB 能造成皮肤角质形成细胞产生过多的 ROS，对皮肤可产生强烈的光损伤，被照射部位真皮层血管扩张，皮肤可出现红肿、水疱等症状，长久照射，皮肤会出现红斑、炎症、皮肤老化，严重者可引起皮肤癌。同时，受 UVB 诱发，细胞会发生氧化损伤。

褪黑激素（Melatonin，MT）主要是由哺乳动物和人类的松果体产生的一种胺类激素，具有促进睡眠、调节生物钟、抗衰老、调节免疫、抗肿瘤等多项生理功能。有文献报道，MT 具有很强的抗氧化作用，可抑制紫外线诱导的皮肤损伤。乙酰半胱氨酸（N－acetylcysteine，NAC）是细胞内还原型谷胱甘肽（GSH）的前体物质，可以直接清除体内自由基，增强机体抗氧化应激能力，并可减少炎性细胞因子、趋化因子和黏附分子的产生。此外，NAC 还具有调节机体免疫状态和细胞凋亡程序等多种功效。

3. 技术描述

本案例组合物包含 MT 和 NAC。MT 或 NAC 均可抑制紫外线辐射引起的人表皮角质形成细胞存活率的下降及斑马鱼体内 ROS 含量的增加，而且 MT 和 NAC 组合有协同效应，效果要优于其各自单一的效果。此外，MT 和 NAC 组合对紫外线辐射致人表皮角质形成细胞光老化具有显著的修复作用，还可以有效抑制过氧化氢引起的人表皮角质形成细胞存活率的下降和炎性因子的分泌。因此，MT 和 NAC 组合具有抗紫外线辐射、抗氧化、抗炎和抗衰老的功效。

4. 应用领域

MT 和 NAC 的组合物不但能提高疗效，而且可在保证疗效的基础上降低使用剂量，从而降低成本和可能出现的副作用。MT 和 NAC 及其组合对紫外线辐射和氧化引起的人角质形成细胞损伤具有显著的修复作用，可用于抗紫外线损伤、抗氧化、抗炎和抗衰老等皮肤修复化妆品和外用药物制剂中，具有良好的应用前景。

（十二）一种透明质酸修饰的超氧化物歧化酶结合物及其在皮肤护理产品中的应用

1. 成果介绍

（1）名称：一种透明质酸修饰的超氧化物歧化酶结合物及其在皮肤护理产品中的应用。

（2）成果负责人：山东大学谭海宁。

（3）技术成熟程度：样机样品。

（4）知识产权状况：发明专利申请中。

2. 市场背景

根据衰老的自由基理论，在皮肤的衰老过程中，自由基对皮肤的损害是一个重要的因素。体内产生的自由基与脂肪酸作用而生成 MDA 等物质，它们与细胞膜上的蛋白质等作用形成脂褐素，沉积于皮肤上，成为各种色斑。自由基也能使表皮内的胶原纤维断裂，形成皱纹。因此，自由基对皮肤的损坏作用是很大的，如能采取措施减少皮肤自由基的生成，对已生成的自由基进行有效的清除，并能保持皮肤的水分，就可以有效地减缓皮肤的衰老。

SOD 是超氧阴离子游离基的有效清除剂，目前它已经在化妆品中有所应用，但作用并不显著，原因是 SOD 容易失活，因此亟须找到一种修饰剂稳定的 SOD。

3. 技术描述

SOD 是应用于化妆品中的一种重要的抗氧化活性成分，为解决其不稳定性问题，本案例制备了一种 HA 修饰的 SOD 结合物。该制备方法包括：取适量 HA、SOD 和 $NaBH_3CN$，加入六氟异丙醇和 $NaHCO_3$ 的混合溶液中，充分反应后将所得的反应物用超滤膜浓缩，去除未反应的 HA，冻干，检测其生物活性。该结合物具有较甘油更好的保湿性，较 SOD 更好的抗氧化活性、抗炎活性以及防辐射活性，具有良好的应用前景。

4. 应用领域

SOD虽是一种超氧阴离子游离基的有效清除剂，但是其自身稳定性较差，在化妆品中的应用效果并不理想。制备HA修饰的SOD结合物，SOD经HA修饰后能够扩大其适应的pH值范围，交联于SOD上的HA能够产生空间障碍，阻挡蛋白水解酶接近SOD，能“遮盖”SOD分子敏感键，使SOD免遭蛋白水解酶的破坏。通过控制不同的反应条件，得到缀合SOD的结合物，这种结合物具有良好的保湿性、抗氧化活性、抗炎活性和防辐射活性。

（十三）一种富含透明颤菌发酵产物的抗氧化保湿精华液及其制备方法与用途

1. 成果介绍

（1）名称：一种富含透明颤菌（Vitreoscilla Filiformis）发酵产物的抗氧化保湿精华液及其制备方法与用途。

（2）成果负责人：天津科技大学王敏。

（3）技术成熟程度：样机样品。

（4）知识产权状况：发明专利申请中。

2. 市场背景

由于年龄的增长、长期处于辐射环境和不良的生活习惯等，皮肤不能适应内外环境的变化，容易出现皮肤老化现象，主要表现为皱纹、松弛、粗糙、变色、毛细血管扩张、形成色素斑等。而目前对于皮肤老化的治疗方法主要为激光治疗，激光治疗虽然疗程短、能嫩肤，但同时也存在很多问题。在用高能光波深入皮肤底层时，老化细胞被打散后会在肌肤表层结痂脱落，在结痂的过程中肌肤很可能会出现缺水干燥的情况，同时刚做完激光手术后必须做好防晒，否则经过太阳的照射后脸部老化会变得更加严重。所以，防止皮肤老化的最好方法是做好日常防护，注意防晒且多配合使用保湿产品。因此，研发一款抗氧化保湿的护肤品尤为必要。

3. 技术描述

为了充分利用透明颤菌发酵产物抗氧化的优良特性，促进其在化妆品工业领域的应用，本案例改进现有技术的不足，以提高多糖产物为导向，通过培养基中不同碳源、氮源、盐溶液以及酶的选择，显著提升透明颤菌发酵产物的抗氧化活性；同时通过银耳多糖、茶叶提取物、马齿苋提取物等复合物的添加显著提高保湿精华液延缓皮肤衰老、使皮肤光滑有光泽的功效。

透明颤菌发酵产物是将透明颤菌按照接种量的1%～4%接种于发酵培养基中，在26℃～30℃，110～130rpm条件下，发酵2～5天，经离心除去菌体，即可得到透明颤菌发酵产物。保湿精华液由如下重量份数组成：纯净水60～80份、透明颤菌发酵产物3～6份、银耳多糖5～8份、泛酸0.05～0.20份、茶叶提取物0.5～2.0份、马齿苋提取物1～3份、抗坏血酸1.5～3.0份、海藻提取物2～5份、卡波姆0.01～0.06份、角鲨烷1.5～3.5份、丙二醇2～5份、苯氧乙醇0.35～0.50份、香精0.05～0.15份。

4. 应用领域

透明颤菌是一种专性好氧的革兰氏阴性丝状菌，常见于沼泽、腐烂植物等缺氧的环境中。这种细菌可以合成一种特别的血红蛋白，而这种血红蛋白很可能具有运输氧的功能且氧解离速率常数很大，从而可以将氧较快地释放到呼吸膜，并且有助于细菌在低氧条件下生长。近年来，有研究表明，透明颤菌发酵产物在抗氧化方面有很好的效果，可以增强皮肤对氧气的利用，促进细胞生长和产物合成，从而使皮肤更年轻。

银耳多糖是一种植物源性类透明质酸物质，分子量达到100～1300kDa。此种多糖可以提高化妆品的稳定性，降低界面张力，是一种植物源性高效保湿剂。

（十四）一种用于皮肤补水保湿的化妆品组合物及其制备方法

1. 成果介绍

（1）名称：一种用于皮肤补水保湿的化妆品组合物及其制备方法。

（2）成果负责人：四川大学华西第二医院何凤华。

（3）技术成熟程度：样机样品。

（4）知识产权状况：发明专利申请中。

2. 市场背景

在先进医学技术发展日新月异的今天，人们对美的追求越来越高，补水、抗衰是大多数女性追求的目标，而现今医学界对于孕妇孕期使用护肤品的相关研究远滞后于医学其他方面的研究，也没有专门对孕产妇使用的化妆品和护肤品制定相应的标准。如果随便使用具有化学成分的护肤品，可能会对孕妇造成不良伤害，严重者还会影响到体内胎儿的生长发育，导致流产、胎死腹中、缺陷儿出生等情况的发生。

孕妇的皮肤受外界因素影响较大，根据市场调查，抗衰老、保湿、紧致以及美白等功能的组合物尤为受欢迎，然而现有市面上的大部分产品孕妇均不能使用，给孕妇群体造成了很大困扰。

3. 技术描述

为克服现有技术中存在的缺陷和不足，本案例制备了一种特别适合孕妇使用的用于对皮肤进行补水保湿的化妆品组合物。该组合物原料包括：霍霍巴脂1～4份、维生素E油1～4份、乳木果油1～3份、橄榄油1～3份、银耳皂角米混合汁液40～65份、蜗牛黏液提取物3～5份、燕麦多肽3～6份、燕麦葡聚糖3～6份、海藻糖2～5份、人参提取物2～5份、神经酰胺1～3份、丁二醇1～3份、厚朴树提取物1～3份、1，2－戊二醇提取物1～3份、牡丹皮提取物1～3份以及茉莉花精油0.002～0.005份。该组合物不含香精、色素和化学成分，在保证孕妇使用安全的前提下，缓解了其孕期出现的皮肤干燥、脱皮、老化等状况。

4. 应用领域

利用天然无害的植物抗菌成分代替防腐剂以及利用天然植物精油代替香精，具有天然、无刺激以及富含氨基酸的特点，尤其适合孕妇使用，能够为孕妇的皮肤补充营养，使皮肤保持光滑和紧绷，淡化黑色素，促进受损肌肤的自我修复，同时还能增强孕妇的肌肤免疫力，预防肌肤过敏。

相对于现有技术，其使用银耳皂角米混合汁液作为该组合物的溶剂替代现有的纯水溶剂，对缓解孕妇皮肤干燥、脱皮、老化等问题效果更显著。

（十五）科技抗衰老面霜

1. 成果介绍

（1）名称：凌博士轻凌紧致精华霜。

（2）成果负责人：凌沛学。

（3）技术成熟程度：上市销售。

（4）知识产权状况：含有新技术原料 GD－HA60。

2. 市场背景

面霜一直是各个国际大牌主流推广、市场需求度持续增高的品类之一。随着社会发展和生活水平的提高，人们对护肤品的要求持续提高。从功能来看，面霜的基本需求是保湿，但单一的保湿功效并不能满足日益更新的护肤需求。目前，医美是见效最快的途径之一，但存在高风险、高价格、高技术等问题。那么，在日常护理中，既能满足抗衰的需求，又能达到类似医美的效果，维持肌肤年轻紧致的状态，就是我们要解决的痛点。我们通过结合新技术与新原料的研发，层层攻克，实现面霜抗衰产品的新突破。

3. 技术描述

衰老是内外因共同导致的不可逆的现象，多维度、多靶点的衰减会导致肌肤老化，特别是面部肌肤。本案例通过不同成分搭配，形成不同作用通路，在不同的靶点上去刺激相关胶原蛋白，使成纤维细胞等产生不同的反应，协同抗衰，效果更佳。皮肤抗衰从皮肤层面可简单分为表皮层抗衰、真皮层抗衰和基底层抗衰，也可从肌肉层来划分。简言之，抗衰是一个复杂的系统，要针对不同阶段、不同问题、不同原因进行分析，针对性地选择配方。

4. 应用领域

凌博士品牌遵循“梳理靶点—筛选成分—梳理组方”这一底层逻辑，以皮肤学为基础，进行功效产品的研发。在消费者眼里，细纹和松弛是衰老的两大特征，凌博士品牌深入研究细纹和松弛出现的生物学靶点，从众多抗衰靶点中，定位于组织结构的变化，提出“三维抗衰”理念。三维即表皮、基底膜（DEJ）、真皮。

在组织结构抗衰中，第一层是表皮层抗衰，目的是让细胞增殖，让皮肤看起来更加嫩滑柔嫩，触摸皮肤有娇嫩感。第二层是在DEJ结构中促进蛋白的合成和分泌。DEJ中起关键作用的是不同型号的胶原蛋白，DEJ影响着皮肤的紧致度，它足够健康，皮肤就会足够紧致，不容易松弛，所以它特别像肌肤的“拉链”。第三层是真皮层抗衰。真皮层在肌肤中主要起到支撑作用，由胶原纤维、弹性纤维、纤连蛋白一类的物质组成。它们的作用就是让皮肤不断地合成胶原蛋白，让真皮层更加紧密紧致，弹性更强。从组织结构中针对表皮、DEJ、真皮三个维度进行功效组合，会有更好的协同效果，皮肤会变得嫩滑、紧致、富有弹性。

面部细纹分为动态纹和静态纹。此款面霜精准定位于解决面部静态纹和动态纹，同时防止肌肤下垂，打造无痕霜的理念。从功效数据上可以看出，这款面霜可以让法令纹“降级”，缩小皱纹面积，多维度改善皱纹。

淡纹抗皱：经A－ONE LITE拍摄及IPP分析可得，外眼角皱纹面积在连续使用凌博士轻凌紧致精华霜28d后下降了14.81%，证明该产品具有改善外眼角皱纹和抗皱的效果；外眼角皱纹长度在连续使用凌博士轻凌紧致精华霜28d后下降了16.89%，证明该产品具有抗皱的效果。

皱纹“降级”：经皮肤科医生进行临床评估，外眼角皱纹等级评分在使用凌博士轻凌紧致精华霜28d后下降了6.46%，证明该产品具有抗皱的效果；法令纹等级评分在连续使用凌博士轻凌紧致精华霜28d后下降了6.18%，证明该产品具有抗皱的效果。

肌肤之水，是细胞更新的源泉。凌博士品牌选择了补水、储水、调水、锁水的经典搭配。凌沛学院士最新研制的GD－HA60玻尿酸，全波段分子量分布，层层渗透，实现外源保湿、内源促进透明质酸合成，通过人体功效检测，其具有提升细胞迁移率、长效保湿、淡纹、抗皱等功效，并提升了肤感体验。不但解决了以往玻尿酸的黏腻感问题，还实现了多维功能的技术突破。

锁住肌肤水分，减少皮肤水分散失：经CK皮肤经皮失水测试仪Tewameter探头测试可得，使用凌博士轻凌紧致精华霜28d后，面部肌肤水分流失率下降25.87%，说明该产品能将肌肤水分有效地锁在皮肤表皮层。

即时保湿，8h长效锁水：经CK皮肤弹性测试仪Corneometer探头测试可得，1h皮肤表层含水量增加17.82%，8h皮肤表层含水量增加13.65%，证明该产品具有优秀的保湿效果。

（十六）多元抗老精华面霜

1. 成果介绍

（1）名称：多元抗老精华面霜。

（2）成果负责人：齐鲁工业大学王领。

（3）技术成熟程度：上市生产。

（4）知识产权状况：无。

2. 市场背景

皮肤衰老是一个涉及遗传、环境等多因素的复杂的生物学过程，其具体机制尚未完全阐明。目前，关于皮肤衰老的机理有多种学说，主要集中在延缓皮肤衰老的机制有调节免疫功能、提高抗氧化酶活性、调节与皮肤衰老相关基因、直接清除自由基、促进胶原合成和外源治疗这六点。随着人类平均寿命的增长以及老龄化社会的到来，公众追求美的意识逐渐增强，探寻皮肤衰老的真相以及如何延缓衰老亦成为当前美容医学领域研究的热点之一。市场上面霜种类繁多，因市场急于求成，众多未添加抗皱物质与实质抗皱功效物搭配的面霜流于市场，因此开发一款科学、安全、有效的抗老面霜很有必要。

3. 技术描述

当肌肤遭到损害后，损伤会持续积累，并最终导致皮肤外观老化，炎症、氧化和糖基化是伤害皮肤的最主要因素。衰老细胞分泌的蛋白组会发生改变，这种改变的蛋白组被称为“衰老相关分泌表型”（SASP），包括促炎细胞因子，这些变化会造成皮肤微环境的整体破坏。氧化损伤一般由紫外线辐射、污染物和金属离子共同产生的反应性氧（ROS）所造成。糖基化产生于糖同皮肤蛋白的结合。因此，我们可从修复抗炎、阻碍自由基反应和糖基化反应、防止氧化应激产物和糖基化末端产物产生三种途径进行抗老。

针对有效延缓肌肤衰老、减轻皱纹呈现的目标，可从多角度、多层次挑选功效原料，按协同增效原理将多种活性成分科学配伍，制备出多元抗初老面霜，并对产品的感官及理化指标进行测试，对其皮肤含水量、皮肤弹性、改善皮肤粗糙度和减少皮肤皱纹等功效进行研究。通过 28 名志愿者试用、人体测试及问卷调查对产品性能进行评价，结果表明：使用该产品一个月后，试用者皮肤弹性、光泽度及水分含量均有所增加，皱纹明显淡化，96.4% 的试用者对产品肤感、功效较为满意（见图 6.4、图 6.5）。

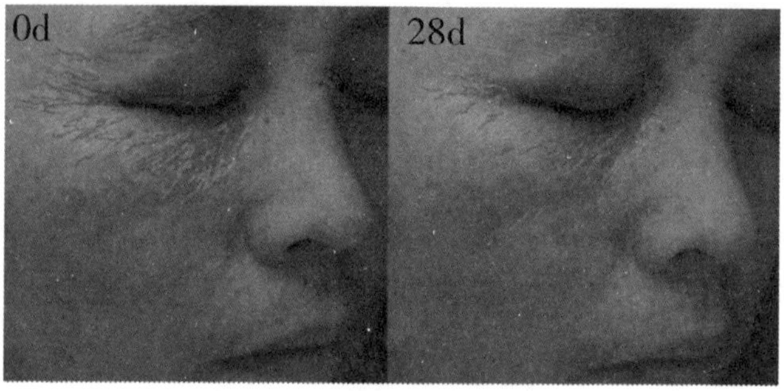

图 6.4　面部皱纹改善实例

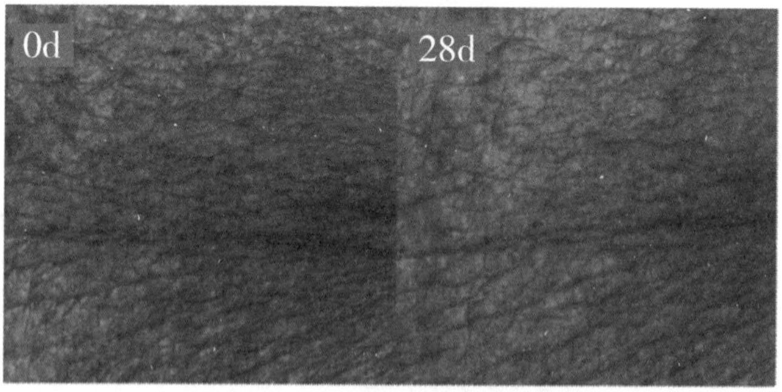

图 6.5　面部粗糙度改善实例

4. 应用领域

精氨酸/赖氨酸多肽从可分泌毒液的海洋生物中萃取获得，其模拟毒蛇毒液侵入人体后产生的神经麻痹肌肉收缩的特性，渗透能力比线性肽更强，能够调节神经肌肉传递，可选择性地有效阻挡电压门控钠离子通道

Nav1.4，进而快速改善脸上的细纹。

乙酰基六肽-8可减少由表情肌收缩造成的皱纹深度，它既可减少已有的面部皱纹，又可有效防止新皱纹的产生。它能浅化皱纹的深度，在抑制表情肌收缩方面，是肉毒杆菌毒素的外用替代品，且无副作用。

肌肽是由β-丙氨酸和L-组氨酸组成的一种二肽，在浓度为20mmol/L或更高时，其对细胞保护能力更强，抗糖基化效果与浓度显示剂量呈依赖关系。肌肽作为一个替代品来防止蛋白质的糖化交联，属于牺牲型的保护剂，可以有效抑制胶原蛋白被糖基化。肌肽能够清除已经交叉连接的蛋白质，可以抗自由基损伤，清除自由基，起到抗氧化的效果；可以通过保护线粒体功能及减少ROS的产生，起到延缓衰老的作用。

羟基脯氨酸是皮肤胶原蛋白组成的主要氨基酸，二棕榈酰羟基脯氨酸为羟脯氨酸脂溶性衍生物，更易渗入真皮组织促进胶原蛋白合成，抑制弹性蛋白酶活性，减少弹性蛋白酶分解。

（十七）温和盈润玫瑰洁面泡沫

1. 成果介绍

（1）名称：温和盈润玫瑰洁面泡沫。

（2）成果负责人：齐鲁工业大学王领。

（3）技术成熟程度：中试生产。

（4）知识产权状况：无。

2. 市场背景

受国际市场的影响，尤其是日本市场的影响，国内“高端洗护”市场之争愈演愈烈。随着市场的逐步规范和消费者的皮肤客观需求及对洁面的关注度，曾经清一色的皂基型洁面产品慢慢淡出市场。受饮食、环境、换季、上妆等因素影响，敏感肌问题人群逐渐壮大，而清洁度、温和度、产品稳定性与体验感组成了技术难点的矩阵，来回拉扯，开发出平衡兼顾好这一矩阵的洁面产品，既是市场空缺，也是市场的迫切需求。基于此，我们开发出一款以APG及氨基酸类表活为基体，具有天然玫瑰芳香的洁面泡沫清洁产品。

3. 技术描述

为适用于全类型肌肤，从多角度不同需求、不同表现力，满足较弱酸性配方、混浊度低、起泡快、泡沫丰富、洗感清爽、易漂水、清洁力、洗后干湿度等指标，将各原料按作用机理相辅相成科学配伍，制备出以葡糖苷、氨基酸表活为基体的温和盈润玫瑰洁面泡沫，并对产品的感官及理化指标进行测试，对其皮肤含水量、皮肤油脂清除率、皮肤痤疮数量变化和炎症红区变化等功效进行研究。通过30名志愿者试用、人体测试及问卷调查对产品性能进行评价，结果表明：使用该产品一个月后，志愿者的油脂清除率、痤疮数量、红区炎症均有明显改善，96.7%的志愿者对产品肤感、功效较为满意。

4. 应用领域

国内外已将APG作为活性组分制成化妆品，这类新型化妆品显示出良好的皮肤保湿性和皮肤养护性能，以APG为基剂制成的清洁产品起泡力大、泡沫洁白细腻，有柔软皮肤的作用，对眼睛无刺激，对环境无污染，生物降解迅速，耐硬水性好，对革兰氏阴性菌、阳性菌和真菌都有抗菌活性。

玫瑰花水具有补充水分、保湿、快速消炎、抗过敏、止痒、延缓衰老等作用。玫瑰花水不仅富含多种维生素、葡萄糖、果糖、柠檬酸、苹果酸等有益于人体健康的营养物质，还富含三萜类化合物，可延缓衰老，其馥郁馨香具有安神、舒缓紧张情绪、平衡肌肤酸碱度等作用。甲基椰油酰基牛磺酸钠是一种氨基酸表面活性剂，pH值呈弱酸性，比SLS温和，对肌肤刺激性极低，同时具有良好的清洁力、高稳定性、高起泡性、易漂水，洗感清爽，无干燥感。

（十八）马应龙八宝眼袋型眼霜

1. 成果介绍

（1）名称：马应龙八宝眼袋型眼霜。

（2）成果负责人：马应龙药业集团股份有限公司。

（3）技术成熟程度：上市产品。

（4）知识产权状况：发明专利《一种眼部祛眼袋护肤品及其制备方

法》已公开（专利申请号：CN 201210317444.9）。

2. 市场背景

眼睑皮肤是人体全身最薄的皮肤。随着生理年龄的增长，加上受到一些外部因素如UV光线刺激以及疾病因素的困扰，眼睛部位的相关组织和表层皮肤最易产生黑眼圈、眼袋和眼纹等老化现象。眼袋形成的原因有很多。一是遗传因素。原发性眼袋往往有家族遗传史，多见于年轻人，眶内脂肪过多为其主要原因。二是年龄因素。因年龄增长皮肤松弛和肌肉松弛而引起，继发性眼袋多见于中老年人，常常是综合性的表现。三是生活习惯。眼部疲劳因素是休息不好、睡眠不好，这也是眼袋形成的一个原因。如长期食物、药物或化妆品过敏等原因均可引起眼皮水肿。眼袋不仅使人显得衰老、疲惫，严重的甚至影响视力。

3. 技术描述

马应龙八宝眼袋型眼霜以马应龙“八宝古方”为技术核心，以中医理论和中医治则为指导思想，以“合法性、安全性、功效性”为开发原则，采用名贵中药材，如琥珀、珍珠等，选材唯真唯优，其独特配伍、炮制方法自明代以来代代相传；同时配以马应龙多种核心中草药提取成分，如当归、茯苓、黄芪等，以皮肤科学为基础，使产品具有提拉紧致、收紧提升眼周肌肤的效果，可有效改善各种原因引起的眼袋问题（见表6.6）。

表6.6　马应龙八宝眼袋型眼霜功效数据

眼袋体积	分组	回访时间/w		
		0	4	6
均值	对照组	5035.13	5272.50	5346.49
	实验组	5074.66	4904.82	4450.54
SE值	对照组	198.85	205.41	207.63
	实验组	197.40	195.56	194.80
Δ差值	对照组	—	237.37	311.36
	实验组	—	-169.84	-624.12

续表

眼袋体积	分组	回访时间/w		
		0	4	6
变化率/%	对照组	—	4.71	6.18
	实验组	—	-3.35	-12.30
p 值（使用后 VS 使用前）	对照组	—	0.0312	0.0130
	实验组	—	0.2402	0.0001
p 值（实验组 VS 对照组）	—	—	0.0215	0

注：表中为空处用"—"代替。

资料来源：北京工商大学中国化妆品研究中心《马应龙八宝眼袋型眼霜 化妆品功效性测试报告》。测试报告编号：JW-JB-20180901-01-01-02。

4. 应用领域

马应龙"八宝古方"核心功效原料含炉甘石（煅）、冰片、琥珀粉、珍珠粉等，已应用到马应龙药业集团旗下如马应龙八宝、瞳话等品牌多款眼部护理产品。

炉甘石（煅）：主要成分具有解毒、明目、退翳、收湿、止痒、敛疮的功效。用于目赤肿痛，眼缘赤烂，翳状胬肉，溃疡不敛，脓水淋漓，湿疮，皮肤瘙痒。现代药理：为不溶于水的天然碳酸锌，广泛用于皮肤科，作为中度的防腐、收敛、保护剂治疗皮肤炎症或表面创伤；外用可抑制局部葡萄球菌生长；能部分吸收创面分泌液，有收敛、保护作用。

冰片：开窍醒神，清热止痛。用于闭证神昏、目赤肿痛、喉痹口疮、疮疡肿痛、溃后不敛等病症。现代药理：冰片局部应用对感觉神经有较微刺激，有一定的止痛及温和的防腐作用。较高浓度（0.5%）冰片对葡萄球菌、链球菌、肺炎双球菌、大肠杆菌及部分致病性皮肤真菌等有抑制作用。

琥珀粉：镇静，利尿，活血。用于惊风，癫痫，心悸，失眠，小便不利，尿痛，尿血，闭经。

珍珠粉：安神定惊，清热滋阴，明目，解毒。用于热病惊痫、烦热不眠、咽喉肿痛糜烂、口疮、溃疡不收口、目赤翳障，并能润泽肌肤。现代研究还表明，珍珠在提高人体免疫力、延缓衰老、祛斑美白、补充钙质等方面都具有独特的作用。

当归：主要含有多糖、有机酸、挥发油等三大类成分。当归多糖具有抗衰老等生物活性。当归提取物外用可增强毛细血管血液循环，改善和增强皮肤的新陈代谢作用，有防治雀斑、老年斑、改善皮肤粗糙和消炎等功效，长期使用可使皮肤皱纹舒展、消失，皮肤变得细腻、润泽，其主要活性成分为当归多糖和有机酸成分。当归有机酸具有很强的抗氧化活性和抗菌活性，通过直接消除自由基，抑制超氧自由基引起的膜脂质过氧化反应和自由基反应，以及与生物膜磷脂相结合保护膜脂质等多种机理拮抗自由基对组织的损害，对自由基阻滞所致的面色灰暗或生疮肿都有特效。

茯苓：含有多糖、三萜和脂肪酯类成分，具有利尿、抗菌和抗肿瘤作用。茯苓的100%煎剂用平板打洞法对金黄色葡萄球菌、大肠杆菌、变形杆菌等均有抑制作用。茯苓多糖具有调节机体免疫力、延缓衰老等作用，能显著提高小鼠巨噬细胞的能力，促进抗体形成，是良好的免疫调节剂，还具有调节机体细胞免疫功能的作用。茯苓多糖可以提高和增加血清中T－SOD和Cu－SOD活性，降低丙二醛（MDA）含量，有较好的抗衰老作用。

黄芪：主要化学成分为皂苷类和多糖类，其提取物具有强烈的消除自由基的作用。结合对胶原蛋白分泌的促进和对雌激素水平的促进研究，黄芪提取物可在抗衰老化妆品中应用。黄芪提取物可使羟脯氨酸的量增加，羟脯氨酸是胶原蛋白纤维中的保湿因子，因此黄芪提取物可在保湿化妆品中应用。同时，黄芪提取物对游离组胺释放的抑制作用说明它具有抑制过敏的作用。

（十九）小红盒聚谷氨酸柔肤精华液

1. 成果介绍

（1）名称：小红盒聚谷氨酸柔肤精华液。

（2）成果负责人：山东丰金生物工程有限公司朱希强。

（3）技术成熟程度：产业化 。

（4）知识产权状况：发明专利（专利号：CN 202110341128.4）。

2. 市场背景

中国已成为仅次于美国的全球第二大化妆品消费国，2012—2018 年，国内护肤品市场规模由1758 亿元增长到2619 亿元，2019 年达到2995.9 亿元。近两年，越来越多的国产品牌在质量和品牌知名度上开始受到国内消费者的追捧，国内化妆品行业呈高速发展态势。随着科研和营销能力的加强，国产品牌近年来的增速超过国际品牌，不管是品牌的影响力，还是产品的品质、研发实力，与国际品牌的差距都越来越小。加上国产品牌基于地域优势，对国民肤质的深度解析更能满足本土消费者的需求，所以国产品牌在部分细分品类方面已开始上演一场逆袭战。化妆品要想打动消费者，其产品的品质和包装的创新设计，以及产品性价比至关重要。尤其是在经济飞速发展的今天，科学技术发挥着举足轻重的作用，科技创新在很大程度上成为化妆品品牌的核心竞争力。

γ-聚谷氨酸（γ-PGA）是一种具有保湿性、高黏性、无毒性、生物可分解性和生物体相容性的高分子物质，其锁水保湿能力可以与透明质酸相媲美；聚谷氨酸还可以改善皮肤弹性，美白肌肤。作为新一代科技保湿成分，聚谷氨酸具有潜在的市场前景。山东丰金生物工程有限公司研发出品的小红盒聚谷氨酸柔肤精华液，经第三方权威机构检测，证明产品具有保湿、修护肌肤屏障、提亮肌肤等功效。

3. 技术描述

聚谷氨酸最早被发现存在于日本的一种传统食物——纳豆中，是纳豆中高黏性丝体的主要成分，别名又叫“纳豆胶”“纳豆菌胶”。由 D-谷氨酸和 L-谷氨酸通过 γ-谷氨酰键聚合而成，一般分子量为 10~2000kDa。

聚谷氨酸分子中有大量游离的亲水性羧基，可在分子内部或分子间形成氢键，有独特的三维空间结构，因而具有超强的吸水保湿能力；聚谷氨酸具有美白的功效，可显著抑制酪氨酸酶活性，从而抑制皮肤黑色素生成。此外，γ-PGA 还具有清除自由基的能力，是一款集保湿、美白、抗氧化协同增效性于一身的多功效成分。

小红盒聚谷氨酸柔肤精华液采用双酸复配技术。由聚谷氨酸搭配4种透明质酸，彼此协同，提供更加爽滑的滋润感，并减少黏腻感，实现深度补水，长效锁水保湿。聚谷氨酸钠具有抑制透明质酸酶活性的作用，可缓解因透明质酸酶的活化而引起的皮肤结缔组织中透明质酸的降解，进而防止因皮肤结缔组织疏松导致的皮肤失去弹性和产生皱纹。4种透明质酸四重大、中、小分子矩阵式补水锁水，一方面在皮肤表面形成一张致密的锁水膜，帮助减少经表皮水分流失；另一方面能渗透至皮肤深层，修护细胞损伤，改善肌肤敏感状况。

小红盒聚谷氨酸柔肤精华液在配方设计上经反复验证，科学配比添加烟酰胺、凝血酸、九肽-1和专利成分HEPES羟乙基哌嗪乙烷磺酸，有效实现多维定向，焕亮、匀净肌肤。烟酰胺可以抑制黑色素转运，阻断黑色素颗粒在皮肤角质细胞之间的转移通道；凝血酸可以有效抑制黑色素生成的相关因素，在前端干扰黑色素的生成，在后端阻止已经生成的黑色素转运和扩散；九肽-1是一种仿生肽，它和黑色素细胞上的MC1受体有非常好的匹配性，因此可以作为促黑色素细胞激素的对抗剂，竞争性地与MC1受体相结合，阻止酪氨酸酶进一步被激活而产生黑色素；HEPES羟乙基哌嗪乙烷磺酸可以促进角质剥落，加速黑色素代谢，刺激表皮再生。

国际双专利成分生态营养液是α-葡聚糖寡糖和菊粉两种植物聚多糖的混合水溶液。通过益生元、益生素调节皮肤微生态，保护面部皮肤脆弱的生态系统，防止外界侵袭造成的伤害，是通往肌肤美丽健康的新途径。另外，小红盒聚谷氨酸柔肤精华液中还添加多重修护成分，调理肌肤，缓解肌肤泛红、干燥问题。

小红盒聚谷氨酸柔肤精华液经第三方权威机构检测，使用28d后，具有保湿、修护肌肤屏障、提亮肌肤光泽度的功效。

保湿功效检测：开展皮肤角质层水分含量测试（测量值越大，皮肤角质层水分含量越高）。d0测试33名志愿者皮肤基础值，后志愿者根据精华液使用方法每天两次用于面部，持续使用14d、28d，分别测试d14、d28数据。

皮肤角质层水分含量测试结果：使用产品14d后，皮肤角质层水分含量改善率为15.42%，显著好于基础值；使用产品28d后，皮肤角质层水分含量改善率为29.52%，显著好于基础值，说明小红盒聚谷氨酸柔肤精华液具有良好的保湿功效。

修护功效检测：开展表皮水分流失率测试（测量值越小，单位时间、单位横截面积的经表皮水分流失量越少，表征肌肤屏障越好）、红区面积占比测试（测量值越小，皮肤红区面积越小）。d0测试33名志愿者皮肤基础值，后志愿者根据精华液使用方法每天两次用于面部，持续使用14d、28d，分别测试d14、d28数据。

经表皮水分流失率测试结果：使用产品14d后，经表皮水分流失率改善率为4.69%，显著好于基础值；使用产品28d后，经表皮水分流失率改善率为9.05%，显著好于基础值，说明小红盒聚谷氨酸柔肤精华液具有良好的修护功效。

红区面积占比测试结果：使用产品14d后，红区面积占比改善率为2.88%，显著好于基础值；使用产品28d后，红区面积占比改善率为8.99%，显著好于基础值，说明小红盒聚谷氨酸柔肤精华液具有良好的修护肌肤屏障的功效。

皮肤光泽度功效检测（测量值越大，皮肤光泽度越高）：d0测试33名志愿者皮肤基础值，后志愿者根据精华液使用方法每天两次用于面部，持续使用14d、28d，分别测试d14、d28数据。

皮肤光泽度测试结果：使用产品14d后，皮肤光泽度值改善率为8.38%，显著好于基础值；使用产品28d后，皮肤光泽度值改善率为18.30%，显著好于基础值，说明小红盒聚谷氨酸柔肤精华液具有良好的提亮肌肤功效。

志愿者在使用过程中无不良反应（见表6.7），经过28d产品使用后，认定产品温和无刺激，志愿者自评对产品整体认同度高达100%（见表6.8）。

表6.7 人体试用试验结果

单位：人

测试时间	受试人数	皮肤不良反应情况				
		0	1	2	3	4
使用产品14d后	33	33	0	0	0	0
使用产品28d后	33	33	0	0	0	0

续表

测试时间	受试人数	皮肤不良反应情况				
		0	1	2	3	4
皮肤不良反应分级标准						
分数	皮肤反应					
0	无反应					
1	微弱红斑					
2	红斑、浸润、丘疹					
3	红斑、水肿、丘疹、水疱					
4	红斑、水肿、大疱					

表 6.8　受试者自评　　单位：%

使用产品后的感受	d28 认同度
1. 产品有舒缓肌肤的效果	100.00
2. 产品有缓解肌肤面部泛红的效果	87.88
3. 产品有保湿的效果	100.00
4. 产品有提亮肌肤的效果	100.00
5. 对试用产品整体认同度	100.00
6. 试用产品温和无刺激	100.00

4. 应用领域

小红盒聚谷氨酸柔肤精华液科学配比、精准卓效，改善肌肤暗沉、密集提亮、温和均匀肤色，强韧肌肤屏障。自上市以来，受到众多年轻消费者的青睐，已逐步在化妆品领域占有一席之地。

（二十）BOP 波普专研益生菌清新漱口水

1. 成果介绍

（1）名称：BOP 波普专研益生菌清新漱口水。

（2）成果负责人：上海格芒商贸有限责任公司。

（3）技术成熟程度：上市销售。

（4）知识产权状况：无。

2. 市场背景

发达国家的漱口水渗透率在 50% 以上，中国漱口水的渗透率只有 10%。

因此，这个品类具有广阔的发展空间。

另外，人们对口腔健康越来越关注，且在后疫情时代，因为戴着口罩，大部分人发现嘴里有异味，因此也激发了漱口水的发展。但目前中国市场上大部分漱口水的口感要么刺激辣口，要么甜腻无效，在体验上很难让人养成漱口的习惯。所以，亟待开发一款温和、口味好，又可以达到清洁和抑菌功效的产品。

BOP致力于做出真实有效，且拥有良好体验的产品，以帮助加速中国漱口水的品类渗透。

3. 技术描述

传统的漱口水通常使用酒精、三氯生、氯己定等成分达到口腔抑菌的功效，通过抑菌来减缓牙菌斑生长、减轻牙龈炎症的同时缓解口臭。但酒精、三氯生、氯己定等成分的刺激性较大，并且部分成分可能导致牙齿变黄等问题。BOP波普专研益生菌清新漱口水使用益生菌（乳酸杆菌、乳酸杆菌发酵产物、低聚果糖）及毛果一枝黄花提取物，通过占位定植以及阻止菌丝形成的方式，抑制牙菌斑的生成（见图6.6）；降低了抑菌剂的用量，仍可使产品对口腔主要有害菌的抑制率达到99%以上；并且产品具有高温和性，从3D口腔黏膜测试中我们可以看到，产品相对于竞品对细胞组织活力的影响更小、更温和，甚至对细胞组织活力有正面影响。

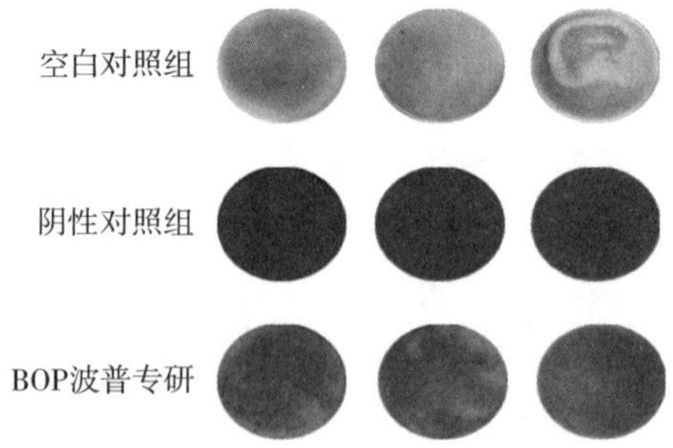

图6.6 漱口水抑制牙菌斑生成的测试结果

4. 应用领域

该产品属日常护理用品，便于消费者进食后迅速清洁口腔，保持口气清新及口腔健康。其可辅助刷牙，刷牙仅可护理牙齿及牙龈，舌苔、上下颚、牙齿间隙易清洁不到位，刷牙后保持漱口习惯也可使口腔清洁更彻底。

该产品线上（天猫、京东等）、线下（屈臣氏、KKV 等）渠道均有销售。

（二十一）DAISY SKY 维 A 塑颜精华液

1. 成果介绍

（1）名称：DAISY SKY 维 A 塑颜精华液。

（2）成果负责人：长沙黛西生物科技有限公司黄丽勤。

（3）技术成熟程度：上市销售。

（4）知识产权状况：发明专利（专利号：CN 111388348A）。

2. 市场背景

目前，市面上抗衰产品的核心功效成分绝大部分是维生素 A 的衍生物，如视黄醇、视黄醛、氢化视黄醇和视黄醇酯（视黄醇乙酸酯、视黄醇丙酸酯、视黄醇棕榈酸酯和视黄醇亚油酸酯）。然而，视黄醇和视黄醛的性质非常不稳定，对光、热、氧气和重金属都非常敏感，且 pH 值适合区间窄，运用上有很多局限性，而且存在光毒性，容易受到紫外线的激发而发生氧化和异化反应，产生自由基。视黄醇的各种酯类虽然在稳定性上胜于视黄醇和视黄醛，但是在皮肤上的代谢路径要远远长于视黄醇和视黄醛，功效非常弱，而且并不能保证完全没有光毒性。如何提供一种稳定性好且温和亲肤的抗衰组合物，以及如何实现最大限度保证活性组合物被真正透皮吸收利用，从而获得真正高效的抗衰效果，必将成为未来抗衰领域最有价值的课题之一。

3. 技术描述

DAISY SKY 维 A 塑颜精华液创新性地将羟基频哪酮视黄酸酯（HPR）、视黄醇视黄酸酯、羟丙基四氢吡喃三醇、烟酰胺、生育三烯酚、3－O－乙基抗坏血酸和硫辛酸复配使用，构建了一个全面立体可自循环的抗氧化网络，令体系中的 HPR 和视黄醇视黄酸酯更稳定，延长了保持活性的时间。该产品具有可透皮吸收，高效抗衰，促进肌肤新生，温和不刺激的优点。在护肤价值上，DAISY SKY 维 A 塑颜精华液具有一定的抗氧化、抗衰的效果，而且不具有任何光毒性，敏感干燥的皮肤也能得到有效镇静舒缓。

4. 应用领域

视黄醇视黄酸酯保留了环端基和侧链烯基，依然具有视黄醇和视黄酸的生物活性，但这款原料增强了视黄醇的光学稳定性、化学稳定性，同时减少了视黄醇和视黄酸的刺激性，促进皮肤再生能力也要优于视黄醇和视黄醛。用纳米脂质体包裹视黄醇视黄酸酯，能进一步增强这款原料的透皮吸收率，并进一步减少对皮肤的刺激性，保证敏感肌肤也可使用这款原料进行抗衰护理。

HPR 是一种新型的视黄醇类衍生物，可以直接与细胞维甲酸受体（RARs）结合，具有调节表皮及角质层新陈代谢、抗衰老、减少皮脂溢出、淡化表皮色素、预防痤疮、美白淡斑等功效。在保证视黄酸强大功效的同时又极大地降低了其刺激性，目前主要用于抗衰老和预防痤疮复发产品中。使用 1 ~ 2w 即可有效减少皱纹和细纹；刺激性更小、更温和，更容易建立耐受过程；白天可以安心使用，无光毒性；无须在肌肤内转化就能起效，能降低活性成分的损失，直接保护皮肤胶原蛋白。

2014 年，《美容皮肤病学杂志》（JCD）发表了关于 HPR 适合治疗痤疮的研究成果，同时发现它可以有效地治疗黄褐斑。HPR 和维甲酸衍生物不同，不需要经过转化就能直接起作用，其原理与全反式维 A 酸类似。相比维 A 酸，HPR 的刺激性减少了许多，因此在眼周运用也是非常安全的，而且透皮率更加优秀。相比其他的维甲酸化合物，HPR 稳定性较高。纳米包裹的羟基频哪酮视黄酸酯的粒径小于 100nm，可以使活性物稳定分散于配方中，同时使活性物有效渗透到肌肤内发挥作用，有效控制活性物的释放速度。羟丙基四氢吡喃三醇可以刺激糖胺聚糖（GAGs）的合成，从而达到恢复细胞外基质功能的作用。简单来说，GAGs 就是吸水能力很强的网，在我们衰老的过程中，这个网的合成变得困难，吸水能力变差，肌肤便会丢失年轻时的饱满状态，而羟丙基四氢吡喃三醇可以促进 GAGs 的合成，改善这种状态。此外，羟丙基四氢吡喃三醇还可以在表皮层和真皮层交界处发挥作用（促进胶原蛋白Ⅶ和胶原蛋白Ⅳ的合成），使表皮层和真皮层贴合更紧密，皮肤变得更紧致、有弹性。

（二十二）初颜花蜜面霜

1. 成果介绍

（1）名称：初颜花蜜面霜。

（2）成果负责人：上海东晟源日化有限公司谢坤、程翠丽。

（3）技术成熟程度：产业化。

（4）知识产权状况：无。

2. 市场背景

2021 年是化妆品的法规年。新的法规修订了化妆品定义；鼓励化妆品研究创新，强化品牌之路，化妆品的功效宣称应当有充分的科学依据，不再自我标榜；强调政策人、备案人、受托生产企业责任；监管力度加大，建立信用档案，补充增加检验方法；等等。开发更加高效安全的产品成为大势所趋。上海东晟源创新技术研究所有着 18 年的技术研究沉淀，致力于高功效护肤品的研究与开发，初颜花蜜面霜具有较明显的紧致、抗衰、提亮肌肤等功效。

3. 技术描述

本案例开发过程中采用了超分子共晶技术。超分子共晶/离子盐，其前驱体均取自化妆品原料目录表中的天然活性成分，纯度高、杂质少。超分子共晶/离子盐能够促进食品、药物、化妆品中功效成分的吸收，提高功效成分的利用率，增加功效成分的稳定性。其建立在现代绿色分离技术、集成膜技术基础上，辅以超声波/微波增强技术，通过天然离子液体作为萃取剂，解决了传统植萃问题，实现了活性组分的低温、定向、高效、高质、绿色萃取；减少了离子液体和萃取剂的用量与流失，性能稳定，可重复使用。比如，配方中使用的甘油葡糖苷来源于复活草中“神秘的重生因子”，是复活草的主要活性成分，能激活复活草长期在干旱环境中的细胞，赋予复活草新生。通过超分子生物催化技术中糖基转移酶与高密度发酵过程制得生产的甘油葡糖苷母液，具有纯天然、单一构型、高纯度等优异特性，可以高效渗透至肌底，提高 AQP3 的表达，为细胞深层补水，紧致抗皱，改善肌肤屏障等。

AQP3 的表达使水分源源不断地生发，补充肌肤水分，对于表皮的屏障修复作用、保湿都有很重要的意义。总之，使用超分子技术，能够更好地提高活性物的利用率，降低过敏率。

以下是进行皮肤封闭型斑贴试验（安全性测试）的情况。

斑贴试验使用方法：选用面积不超过 50mm^2、深度约 1mm 的合格斑试器材，以封闭型斑贴试验方法，将 0.20～0.25mg 受试物涂于斑试器小室中，外用专用胶带贴敷于受试者后背，当受试样品为化妆品原物时，对照组为空白对照组（不置任何物质）；当受试物为稀释后的化妆品时，对照组使用该化妆品的稀释剂。

试验流程：24h 后除去斑试器，如有剩余产品用纸巾轻轻擦去，分别于去除斑试器后 0.5h、24h、48h 观察皮肤反应，按《化妆品安全技术规范》（2015 年版）中皮肤反应分级标准记录其结果。

检验结果：本次皮肤封闭型斑贴试验结果显示，31 人中无皮肤不良反应。

功效测试：采用多功能皮肤测试仪（MPA580，Courage & Khazaka，德国）即皮肤弹性测试仪 Cutometer、皮肤经皮失水测试仪 Tewameter 以及面部图像分析仪 VISIA－CR（Canfield，美国）。

测试环境：温度（20±2℃），相对湿度（50±5%）。

测试时间：产品使用前 0w、2w、4w。

测试结果：对 15 名平均年龄 42 岁的志愿者使用 4w 后测试数据（见表 6.9 至表 6.12）进行分析。

表 6.9　用样品 4w 皮肤弹性仪器测试结果

第 0、2、4w 数据分析		左脸颊			右脸颊		
		皮肤总弹性（R2）	皮肤净弹性（R5）	胶原蛋白（R7）	皮肤总弹性（R2）	皮肤净弹性（R5）	胶原蛋白（R7）
w_0	w_0 平均值	0.7359	0.7511	0.7157	0.7336	0.7450	0.7537
w_2 分析	w_2 平均值	0.7812	0.8013	0.7780	0.7831	0.7894	0.7913
	w_2-w_0	0.0453	0.0502	0.0623	0.0495	0.0444	0.0376
	w_2 改善率/%	6.16	6.68	8.70	6.75	5.96	4.99

续表

第0、2、4w数据分析		左脸颊			右脸颊		
		皮肤总弹性（R2）	皮肤净弹性（R5）	胶原蛋白（R7）	皮肤总弹性（R2）	皮肤净弹性（R5）	胶原蛋白（R7）
w_4 分析	w_4平均值	0.8112	0.8412	0.8081	0.8044	0.8278	0.8351
	w_4-w_0	0.0753	0.0901	0.0924	0.0708	0.0828	0.0814
	w_4改善率/%	10.23	12.00	12.91	9.65	11.11	10.80

表6.10　用样品4w细纹功效仪器测试结果

第0、2、4w数据分析		左眼角		右眼角	
		选定区域内鱼尾纹面积	选定区域内鱼尾纹面积/选定区域面积/%	选定区域内鱼尾纹面积	选定区域内鱼尾纹面积/选定区域面积/%
w_0	w_0平均值	45.28	5.37	44.42	5.78
w_2 分析	w_2平均值	42.61	4.84	41.21	5.17
	w_2-w_0	−2.67	−0.53	−3.21	−0.61
	w_2改善率/%	5.90	9.87	7.23	10.55
w_4 分析	w_4平均值	38.77	4.62	38.15	4.80
	w_4-w_0	−6.51	−0.75	−6.27	0.98
	w_4改善率/%	14.38	13.97	14.12	16.96

第0、2、4w数据分析		左脸颊		右脸颊	
		选定区域内毛孔数	选定区域内毛孔面积/选定区域面积/%	选定区域内毛孔数	选定区域内毛孔面积/选定区域面积/%
w_0	w_0平均值	1020	6.93	1030	7.13
w_2 分析	w_2平均值	970	6.55	995	6.83
	w_2-w_0	−50.00	−0.38	−35.00	−0.30
	w_2改善率/%	4.90	5.48	3.40	4.21
w_4 分析	w_4平均值	885	6.37	887	6.58
	w_4-w_0	135	0.56	143	0.55
	w_4改善率/%	13.24	8.08	13.88	7.71

表 6.11 用样品 4w 保湿功效仪器测试结果

第 0、2、4w 数据分析		经皮失水/（g/hm^2）	
		左脸颊	右脸颊
w_0	w_0平均值	11.3	10.8
w_2 分析	w_2平均值	9.5	9.2
	w_2-w_0	-1.8	-1.6
	w_2改善率/%	15.93	14.81
w_4 分析	w_4平均值	9.4	8.8
	w_4-w_0	-1.9	-2.0
	w_4改善率/%	16.81	18.52

表 6.12 用样品 4w 皮肤提亮功效测试结果

第 0、2、4w 数据分析		L 值	
		左脸颊	右脸颊
w_0	w_0平均值	69.55	67.14
w_2 分析	w_2平均值	73.97	72.87
	w_2-w_0	-4.42	-5.73
	w_2改善率/%	6.36	8.53
w_4 分析	w_4平均值	77.17	75.61
	w_4-w_0	-7.62	-8.47
	w_4改善率/%	10.96	12.62

与使用前相比，样品涂覆区域使用 4w 后，左、右脸颊皮肤总弹性（R2）改善率分别为 10.23%、9.65%，左、右脸颊皮肤净弹性（R5）改善率分别为 12.00%、11.11%，左、右脸颊皮肤胶原蛋白（R7）改善率分别为 12.91%、10.80%，证明初颜花蜜面霜具有增加皮肤弹性和提高皮肤紧致度的功效。

与使用前相比，样品涂覆区域使用 4w 后，左眼角选定区域内鱼尾纹面积及选定区域内鱼尾纹面积与选定区域面积的比值分别减少 14.38%、13.97%，右眼角选定区域内鱼尾纹面积及选定区域内鱼尾纹面积与选定区域面积的比值分别减少 14.12%、16.96%，证明初颜花蜜面霜具有改善眼角鱼尾纹的功效。

与使用前相比，样品涂覆区域使用 4w 后，左、右脸颊皮肤角质层经皮失水率分别减少 16.81%、18.52%，证明初颜花蜜面霜具有明显的保湿功效。

与使用前相比，样品涂覆区域使用 4w 后，左、右脸颊皮肤亮度改善率分别为 10.96%、12.62%，证明初颜花蜜面霜具有显著提亮皮肤的功效。

4. 应用领域

初颜花蜜面霜采用最新科技成果超分子技术，注重提升产品功能和效果，自 2021 年 10 月推出以来，已经被多家企业推广。

（二十三）胡庆余堂灵芝赋活抗皱紧致眼霜

1. 成果介绍

（1）名称：胡庆余堂灵芝赋活抗皱紧致眼霜。

（2）成果负责人：浙江胡庆余堂本草药物有限公司。

（3）技术成熟程度：批量生产。

（4）知识产权状况：无。

2. 市场背景

孟子曰："存乎人者，莫良于眸子。"越来越多的人会在每天的护肤流程中加入眼部护理这一步，眼霜成为护肤品中不可或缺的一部分。眼周肌肤的状态，在一定程度上反映了人的年龄和生活状态，科学研究表明，眼袋、黑眼圈及皱纹是眼部皮肤的三大问题，而眼部护肤产品就是围绕这些问题开发设计的。

3. 技术描述

胡庆余堂灵芝赋活抗皱紧致眼霜的核心成分为灵芝，其中的灵芝多糖、灵芝多肽、氨基酸和微量元素拥有强大的抗氧化功能，可以延缓细胞、器官和组织的衰老，从而起到肌肤美容的效果。除了灵芝外，眼霜中还含有角鲨烷和烟酰胺两种成分。它们也有补水保湿、抗氧化、延缓衰老的功效。通过对各组分的合理添加复配，设计出这款具有保湿、抗衰、抗皱的眼部护肤品，各成分间协同增效，能够更有效地发挥护肤效果。

4. 应用领域

灵芝的护肤功效主要体现在美白、保湿、抗衰老、促进皮肤血液循环、抗过敏、抗炎等方面。当角质层含水量充足时，皮肤反射光线能力强，皮肤看起来白净光滑；皮肤的微循环好，面色就会红润有光泽；皮肤的微生态平衡，炎症反应的发生率就会降低。当真皮层胶原纤维受到氧化损伤时，不但会引起皮肤的衰老，还会使肤色变黄，面部颜色不均匀；过敏反应会引起皮肤干燥脱屑。而灵芝拥有多方面的美容功效，可以起到一剂多效的作用，在各品种护肤领域中都可得到广泛应用。

（二十四）半亩花田光感丝滑沐浴磨砂膏（樱花、玫瑰）

1. 成果介绍

（1）名称：半亩花田光感丝滑沐浴磨砂膏（樱花、玫瑰）。

（2）成果负责人：山东半亩花田生物科技有限公司。

（3）技术成熟程度：大货生产。

（4）知识产权状况：发明专利（专利号：CN 202011362170.6）。

2. 市场背景

近年来，磨砂膏已经越来越受到广大年轻消费者的喜爱。对于功能性洗护产品，消费者的关注点：一是去角质，保湿滋润，改善粗糙，这是核心需求；二是沐浴、磨砂二合一；三是注重感官享受，更关注个性的香气和好的用后肤感。所以，针对消费者的主要诉求，我们进行了这两款香型的磨砂膏开发。

3. 技术描述

本产品有独特的冰激凌质地视觉呈现。从植物粒子、不规则水合硅石、盐糖颗粒、微晶纤维素等摩擦剂中，经过不断测试，优选出既能去除废老化角质又能保证不损害肌肤屏障的磨砂颗粒组合，通过物理去角质、化学去角质、美白体系加成、温和表活清洁体系、修护屏障体系多维打造出用后使皮肤显现出细嫩光滑的质感、使护肤品成分易被肌肤吸收进而维持皮肤的新陈代谢，让许多肌肤问题得以改善的磨砂产品。对比市售产品，半亩花田光感丝滑沐浴磨砂膏经皮水分流失率更低，样品 A（市售样品）对皮肤明确是有一定程度损伤的；样品 B（半亩样品）在对皮肤刺激后，皮肤是能逐步恢复的（见图 6.7）。

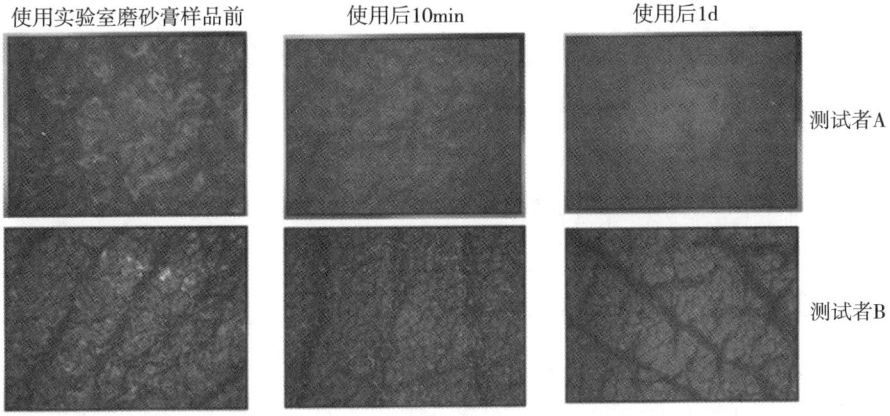

图 6.7　使用半亩花田光感丝滑沐浴磨砂膏后的角质去除情况

4. 应用领域

本发明主要用于去除皮肤深层污垢，通过在皮肤上摩擦可使老化的鳞状角质剥起，去除死皮，可以让肌肤更加细腻光滑，富有弹性。此外，本产品还具有去屑、止痒、头皮按摩、放松、排毒、滋润和滋养肌肤等功效。

（二十五）半亩花田倍润身体乳

1. 成果介绍

（1）名称：半亩花田倍润身体乳（枕边玫瑰、庭院茉莉、晚安薰衣草）。

（2）成果负责人：山东半亩花田生物科技有限公司。

（3）技术成熟程度：大货生产。

（4）知识产权状况：无。

2. 市场背景

身体乳是季节性显著的品类，秋冬季节需求旺盛，主流功效需求是保湿滋润，在整个身体护理品类中市场规模最大，且保持快速增长。随着消费者使用身体乳习惯的养成，不同季节的功效需求分化，冬季偏好修护滋养型，夏季偏好美白清爽型。秋冬季皮肤缺水导致不同程度的干燥问题，以及与干燥相关的皮肤症状，如粗糙、脱屑、裂纹、紧绷、瘙痒、红斑等较严重的皮肤干燥和敏感问题，除上述问题受到消费者关注外，肤感、香味也是首要评判维度，即肤感要求容易推开，不黏腻，好吸收；香味好闻，不冲鼻，非廉价香精味。

基于此，我们开发了这款倍润身体乳帮助消费者解决秋冬皮肤问题，并结合香氛做出系列香氛概念，以满足不同消费者的审美要求。

3. 技术描述

本产品模仿角质层细胞间质的层状斜方晶凝胶双分子层结构，运用皮肤中的天然乳化成分使乳液结构形成层状液晶结构，更亲肤、更好地修护皮肤屏障。该配方中90%以上成分为天然来源，排除易刺激和致敏的香精、色素、防腐剂、表活剂等，还有RIVETOR®皮肤屏障修护技术加持，能24h长效保湿。RIVETOR®以牡丹籽油为核心，复配燕麦仁油和稻糠油，三步改善皮肤屏障受损问题。燕麦仁油通过激活PPARs，即时修护皮肤干痒；牡丹籽油富含不饱和脂肪酸，以α-亚麻酸和亚油酸为主，深入调节皮肤炎症反应；稻糠油内含有长链的葡糖神经鞘糖脂（Glucosphingolipids），强效保湿，维护皮肤屏障功能稳定。此外，通过有机或无机物质渗透调节来提高细胞液浓度，降低渗透势，提高细胞吸水或保水能力，维持细胞的体积和水分平衡。

4. 应用领域

牡丹籽油中含有维生素A、维生素E、尼克酸、胡萝卜素，不饱和脂肪酸含量丰富，对皮肤具有极好的营养护理作用，可明显改善皮肤表皮细胞循环功能，促进皮肤毛细血管的微循环作用，抑制脂质过氧化作用的进行，改善新陈代谢，延缓皮肤衰老过程，有抗皱、保湿、增白作用，使用后皮肤光滑轻松，对黄褐斑、皮肤老化皱纹、皮肤角质硬化脱皮、皮肤皲裂、皮肤干燥有较好的效果。

（二十六）依克多因保湿精华液

1. 成果介绍

（1）名称：依克多因保湿精华液。

（2）成果负责人：浙江工业大学陈小龙。

（3）技术成熟程度：中试生产。

（4）知识产权状况：发明专利申请中。

2. 市场背景

护肤品是日常生活中不可或缺的一部分，市场上按功能需求主要集中在美白、抗衰、保湿等方面，但目前市场上的大多护肤产品功能单一，添加量少，存在多种有效成分无法在同一体系内稳定存在、复配性差等问题。且有效成分多为合成类化学物质，温和性差，刺激性强，长期使用可能会损伤皮肤，引起过敏等症状。由此可见，开发一款纯天然组分的集美白提亮、舒缓修复、抗衰保湿作用于一体的多效护肤品是必要的。

由于依克多因的价格比较高（约 1000 美元/kg），目标市场中的护肤产品中大部分没有添加这种成分。然而，依克多因具有保湿、抗衰老、美白、抗炎、保护皮肤屏障等作用，在护肤品中作为原料可有效地发挥作用。目前，依克多因主要由德国 Bitop 公司生产，由默克公司进行加工推出相关的化妆品与护肤品。在国内，依克多因主要由华熙生物和思普生化这两家公司生产。

3. 技术描述

依克多因属于环化的氨基酸衍生物，具有较高的亲水性，在生理 pH 值下携带两种电荷。生物学上，它们具有惰性、热稳定性、极高的水溶性、不易降解等性质。自然界中的依克多因是由嗜盐菌分泌的相溶容质，能帮助细菌细胞抵抗各种恶劣环境（如高温、高压、高盐、低温、干燥、辐射、潮湿等），并且可以有效地保护细胞与细胞内生物大分子。经研究表明，依克多因对人体无毒，在作用于人皮肤后能发挥保湿、抗衰老、美白、抗炎、保护皮肤屏障等作用，是非常理想的化妆品成分。

依克多因护肤品是以依克多因作为主要活性保护因子，设计出的一款温和、多效的天然护肤产品，具有保湿、抗衰、美白等作用；且安全、有效，无刺激性，无副作用；各成分间协同增效，能够更有效地发挥护肤效果。同时，采用生物化学法、细胞生物学法和人体功效评价试验评价依克多因的美白功效。

4. 应用领域

长时间的紫外线照射会引起细胞内活性氧自由基的产生，介导皮肤细胞大量生产黑色素，从而导致色素沉着。依克多因具有抗氧化和抗黑色素形成的作用。研究表明，依克多因能上调人表皮角质层细胞中的三种抗氧化蛋白的表达，并减少阿黑皮素和α-促黑色素细胞激素的分泌，前者负责刺激黑色素的合成与分泌，后者会激活黑色素形成中的关键酶——酪氨酸酶。此外，依克多因还能抑制黑色素形成相关基因的表达。因此，依克多因能有效地降低与黑色素合成相关的酶的活性，从而减少黑色素的形成，达到美白效果。

长时间暴露在阳光下会导致皮肤光老化，从而导致皱纹增生，皮肤松弛、变厚。阳光中的紫外线会诱导皮肤细胞释放第二信使，激活转录因子AP2，表达细胞间黏附分子，并诱导线粒体DNA发生突变。DNA损伤通常会伴随基质金属蛋白酶的表达上调，导致皱纹增生。依克多因对紫外线辐射具有有效的防护作用，作为DNA的保护剂，依克多因可以使DNA免受紫外辐射诱导的损伤，抵抗皮肤衰老。

皮肤上的角质层会提供一层阻止水分蒸发的屏障，日常生活中含有表面活性剂的洗涤剂会打破这一屏障，除去表面脂质的同时改变细胞内的脂类结构，对皮肤产生刺激性导致皮肤水分流失。研究表明，依克多因能降低表面活性剂溶解胞内脂类物质的能力以及对脂类物质的增溶效果，并且能促进皮肤水分的长期维持，起到高效的保湿作用，因此可以作为特应性皮肤的清洁类化妆品的成分。依克多因还可以通过诱导角质细胞在热激时产生热激蛋白，同时降低炎症信号，从而保护皮肤角质细胞。依克多因除了保护皮肤角质细胞外，还能保护皮肤免疫系统中的朗格汉斯细胞。朗格汉斯细胞是皮肤中的关键抗原呈递细胞，伴随着皮肤老化，朗格汉斯细胞的数目会减少，依克多因能有效地保护朗格汉斯细胞并抑制其数目减少。

二、特殊化妆品科研成果

（一）中药天然护肤面霜

1. 成果介绍

（1）名称：中药天然护肤面霜。

（2）成果负责人：中国药科大学王伟。

（3）技术成熟程度：中试生产。

（4）知识产权状况：发明专利申请中。

2. 市场背景

面霜是护肤中不可或缺的一部分，市场上按功能需求主要集中在美白、抗衰、保湿等方面，但大多护肤产品功能单一，添加量少，存在多种有效成分无法在同一体系内稳定存在、复配性差等问题。有效成分多为合成类化学物质，刺激性强，长期使用可能会损伤皮肤，引起过敏等症状。由此可见，开发一款纯天然组分的集美白提亮、舒缓修复、抗衰保湿作用于一体的多效面霜是非常必要的。

3. 技术描述

面霜运用中医药理论和配伍关系，加入了川芎、珍珠、茶多酚等多种天然来源有效成分，对各组分进行了合理使用与搭配，是一款温和、多效的天然护肤面霜，具有保湿、抗衰、提亮、修复等作用；安全、有效，无刺激性，无副作用；各成分间协同增效，能够更有效地发挥护肤效果。同时，采用了生物化学法、细胞生物学法和人体功效评价试验评价面霜的美白功效。

4. 应用领域

川芎提取液在较低浓度时具有抑制酪氨酸酶的作用，且在特定浓度时抑制能力最强。因此，川芎能够有效抑制黑色素的生成，从而达到美白的效果。另外，川芎还具有良好的自由基清除能力，对抗衰老有一定积极作用。

绿茶中有较多水溶性成分茶多酚，具有杀菌、消炎、减少紫外线辐射对皮肤的损伤等作用。经有效研究发现，茶多酚对 DPPH 自由基有较强的清除能力，且在一定范围内，其清除能力随茶多酚的浓度增加而增强，能有效阻止机体组织氧化，延缓组织细胞衰老。

珍珠能抑制脂褐素生成，并含有大量微量元素，可增强皮肤活性，美白生肌，淡化雀斑，提高皮肤弹性，使肌肤保持紧致。

透明质酸钠是化妆品中常用的保湿、修复性成分，可促进肌肤对其他有效成分的摄取。

（二）含胶原蛋白的美白祛皱眼霜

1. 成果介绍

（1）名称：含胶原蛋白的美白祛皱眼霜。

（2）成果负责人：齐鲁工业大学王领。

（3）技术成熟程度：样机样品。

（4）知识产权状况：发明专利申请中。

2. 市场背景

眼部肌肤是人体最薄的肌肤，也是活动最频繁的部位，还是化妆中拉扯皮肤次数最多的地方，非常容易长出皱纹，并且一旦长出就很难消除。随着年龄的增长，胶原蛋白会逐渐流失，从而导致支撑皮肤的胶原肽键和弹力网断裂，其螺旋网状结构随即被破坏，皮肤组织被氧化、萎缩、塌陷，肌肤就会出现干燥、皱纹、松弛无弹性等衰老现象。同时，现代职业女性工作时多数离不开电脑，加上大量影视主宰休闲时光，眼部肌肉的极度疲劳导致眼周皮肤皱纹过早出现，黑眼圈、眼袋、水肿、细纹、干纹、鱼尾纹等眼部问题也随之而来。眼部护理越来越成为护肤过程中不可忽视的一步。

3. 技术描述

此款眼霜添加了人源胶原蛋白和大米发酵液，其中人源胶原蛋白和皮肤具有良好的相融性，弥补了其他眼霜产品吸收不好的缺陷，且胶原蛋白是结缔组织重要的结构蛋白，可以维持皮肤、组织器官的形态和结构，以及修复受损细胞，使眼部皮肤易吸收且营养成分得到补充。大米发酵滤液不仅在去皱、美白、保湿等方面有较好的作用，还能促进人源胶原蛋白、透明质酸钠、玫瑰精油等功效成分的有效吸收，达到更佳的去皱、抗衰老、美白及保湿效果。上述原料相互配合，制得的眼霜具有明显的改善眼部皮肤黑眼圈、眼袋和细纹的功效，还能延缓眼角皮肤的衰老、恢复皮肤的弹性。同时，采用了人体功效评价试验评价眼霜的美白功效。

4. 应用领域

胶原蛋白是细胞外基质的主要组成成分，在动物细胞中扮演结合组织的角色。本案例采用的人源胶原蛋白是利用生物组织工科技术，通过诱导宿主自身的功能细胞，吸附、分裂、增殖、分泌新的细胞外基质面形成的生物组织中获得。将其添加到化妆品中，会扩散到皮肤的深层，其含有的酪氨酸与皮肤中的酪氨酸相竞争，而与酪氨酸酶的催化中心相结合，从而抑制黑色素的产生，使皮肤中的胶原蛋白活性增强。人源胶原蛋白有良好的相容性，能有效美白祛皱，延缓肌肤衰老，恢复、保持肌肤水分和弹性，促使肌肤光滑柔嫩。

大米发酵滤液是利用干酪乳杆菌发酵大米制得的，包含菌体、大米本身含有的多种有效成分及在发酵过程中合成的活性物质。大米发酵滤液性质温和安全，能够补充肌肤所缺失水分、有效抚平并预防皱纹产生、显著提亮肤色，同时可以促进其他有效物质的吸收，从而全面有效地改善皮肤状态。

玫瑰精油是从玫瑰中萃取而来，被称为“精油之后”，可以淡化斑点，恢复皮肤弹性，促进黑色素分解，具有良好的美白祛皱效果。同时，它能够赋予产品宜人的香气。

透明质酸具有特殊的保水作用，是目前发现的自然界中保湿性最好的物质，被称为“理想的天然保湿因子”。本产品添加的小分子透明质酸钠能渗透到真皮层，可瞬间深层保湿，增加皮肤弹性与张力，改善皮肤松弛，起到良好保湿抗皱的作用。

（三）植物精油防晒霜

1. 成果介绍

（1）名称：含生姜精油防晒霜。

（2）成果负责人：重庆文理学院李哲馨。

（3）技术成熟程度：样机样品。

（4）知识产权状况：发明专利申请中。

2. 市场背景

阳光中紫外线直接照射在皮肤上会造成皮肤不同程度的损伤，如红斑、灼伤、日光型皮炎，严重的还会引起皮肤癌。受工业污染的影响，大气臭氧层日益稀薄，导致到达地面的紫外线辐射不断增强，使得人们对皮肤的保护更加关注。目前，防晒已成为广大消费者关注的一个重要焦点。根据防晒原理，可将防晒霜分为物理防晒霜、化学防晒霜，其中化学防晒霜应用最为广泛，其是在防晒霜中加入吸收紫外线辐射的防晒剂，但在使用过程中发现，部分人群对紫外线吸收剂过敏，因此无法使用。中医药和生活美容之间的联系历史悠久。现今，在崇尚自然科学的当代社会，以作用温和又具有一定功效的中草药提取物为天然添加剂应用于化妆品中，已成为许多化妆品研究开发的重点目标。

3. 技术描述

此款防晒霜添加了生姜精油、芦荟冻干粉和母菊提取物，三者相互配合，相互协助，可使该产品具有防晒、淡化晒斑、修复晒伤皮肤的作用，防晒效果好，SPF（日光防护系数）值可高达46。且该产品在制备与储存过程中，均不会出现破乳分层的情况，而且储存过程中产品不会氧化变色；放置18个M后，生姜精油中的挥发油挥发较少，其总量与0M相比几乎无变化。总的来讲，该产品滋润性、涂布均匀性好。

4. 应用领域

生姜精油中含有的姜辣素有很强的减弱自由基效果，可以加快肌肤深层修复，帮助淡化色斑、晒斑，但在使用过程中，由于生姜精油具有辛辣成分，容易引起皮肤过敏，较少应用于面部皮肤。芦荟冻干粉中含有芦荟胶，是天然防晒成分，能有效抑制日光中的紫外线，还含有芦荟素、芦荟苦素，具有抗过敏、软化皮肤的作用。另外，母菊提取物中含有的黄铜、氨基酸可进一步起到抗氧化、抗炎、舒缓、抗过敏的作用。同时，芦荟冻干粉中的芦荟素、芦荟苦素以及母菊提取物中的黄酮类成分和氨基酸，又可缓解生姜精油对皮肤的过敏作用。

（四）含有丹参挥发油的美白乳液

1. 成果介绍

（1）名称：含有丹参挥发油的美白乳液。

（2）成果负责人：上海应用技术大学吴颖。

（3）技术成熟程度：样机样品。

（4）知识产权状况：发明专利申请中。

2. 市场背景

随着人们生活水平的不断提高，人们对护肤品的要求越来越高。除了保湿外，还期待产品能够有一定功效，美白是其中的重要诉求。现有的美白乳液大都采用化学合成促进剂，然而，这些化学合成促进剂对皮肤的刺激性较大，长时间使用对皮肤伤害大，可能会引起灼烧感、红斑、溶血等不良反应，从而使肌肤更加脆弱，起到反作用。天然透皮促进剂是近年来研究的热点，但目前对含有天然透皮促进剂的美白乳液研究较少，无法满足市场需求。因此，可利用天然中药提取精华，制得具有优良的美白、抑菌、促透皮等效果的美白乳液，从而解决常见皮肤问题。

3. 技术描述

此款乳液采用丹参挥发油与蒲公英提取物复配的方式，其中丹参挥发油采用水蒸气蒸馏法或溶剂提取法制备，可较大程度保留丹参挥发油的成分，安全性较高，可作为载体促进蒲公英提取物的透皮吸收，达到高效的美白、抗氧化等效果。此款美白乳液安全、温和、无刺激性且制备方法操作简便，成本低，可行性强。同时，采用了抑制酪氨酸酶活性实验评价此款乳液的美白效果。

4. 应用领域

丹参挥发油具有易挥发、易透皮吸收、无毒、抗氧化、抑菌及美白等特点。桃拓酚是丹参的主要活性物质，已被证实具有高效的生物活性、人体安全性和产品配方兼容性三个性能，可以有效地对抗革兰氏阳性及革兰氏阴性菌，同时具有抗氧化、消除自由基的功效，是一种比较高效的抗氧化剂。丹参挥发油中含有的亚油酸，具有促透皮、促进皮肤微循环、抗炎等功效，可作为一种天然的促透皮吸收剂。此外，丹参挥发油有特殊的芳香气味，给人以愉悦感。

对丹参挥发油和蒲公英提取物的复配物进行美白、抑菌、皮肤渗透性等功效活性评价，结果显示，复配物对酪氨酸酶活性、常见菌种有显著抑制作用。此外，丹参挥发油含有多种小分子成分，透皮吸收能力优于蒲公英提取物，两者复配后，复配物的累计渗透量增大，可以明显促进蒲公英提取物的透皮吸收，抑制酪氨酸酶的活性，提高美白功效。丹参挥发油和蒲公英提取物也可发挥天然植物防腐剂的作用，延长乳液的保质期。同时，通过发挥复配协同功效，提高了配方在美白、抑菌、透皮吸收等方面的活性。

（五）植物染发剂

1. 成果介绍

（1）名称：以氧化石墨烯为助染剂的植物染发剂。

（2）成果负责人：北京工商大学唐颖。

（3）技术成熟程度：样机样品。

（4）知识产权状况：发明专利申请中。

2. 市场背景

随着消费者健康意识的提高，研制生产天然环保的植物染发剂已成为国内外化妆品市场的发展趋势。天然植物色素来源广泛、对人体和环境友好，部分还有抗菌、消炎等功效，深受消费者的青睐。但是与化学染发剂相比，天然植物色素有稳定性差、上染率低、染色不均匀以及在光照下容易褪色、脱色等缺陷，所以为了克服上述缺陷，目前以纯植物色素制成的天然染发剂中大多金属盐含量较高。染发剂中高含量金属盐会对使用人群的健康造成极大危害，并且会对环境造成污染。针对以上问题，可开发一款以氧化石墨烯为助染剂的植物染发剂。

3. 技术描述

通过在染发剂中加入氧化石墨烯，可极大地减少金属盐媒染剂的使用量，降低消费者摄取过多重金属的健康风险，且使得天然染料在头发上的均匀度更高，成膜性更好，有效提高上染率，使染发颜色的保持时间更长，不易褪色且富有光泽。同时，氧化石墨烯与染料生色团的结合与氧化改性，可使染发的颜色更接近自然发色，从而能更好地满足东方市场对黑发美和健康的追求。并且第一和第二乳剂均为啫喱或乳液剂型，可直接涂抹在人的毛发上，不需要再溶解在水中配成染液进行染色，大大减少了染料和水的用量，也保护了消费者的皮肤不受染液和媒染液的刺激。

4. 应用领域

在染发过程中，小粒径、高比表面积的氧化石墨烯可被迅速吸附于毛发表面富含氨基、羟基的氨基酸基团上，同时氧化石墨烯表面大量的共轭结构还可与富含共轭结构或芳香族小分子的植物染料发生非共价结合，促使毛小皮和染料分子的稳定吸附，并提供更多的配合位基团和金属媒染离子结合形成稳定的金属染料络合物生色团以产生理想的颜色。

氧化石墨烯的静电吸附作用可以富集媒染剂中的金属离子，在减少或不改变媒染剂用量的条件下，有效提高上染率和染色均匀度，降低消费者日常染发对于重金属元素的摄入风险。

此外，氧化石墨烯结构中独特的局域电子态具有较高的化学活性，还可以催化某些色素分子的氧化反应，使渗透入毛皮质中的植物小分子色素形成大分子氧化产物，一方面使色素不易通过毛鳞片间隙洗脱，提高了染色的稳定性和耐洗性；另一方面氧化石墨烯和染料生色团的结合与氧化改性，使染发颜色为接近自然发色的自然黑，能更好地满足中老年消费者的需求。

（六）一种植物提取物组合物及其在防晒、晒后修复、防光老化和美白化妆品中的应用

1. 成果介绍

（1）名称：一种植物提取物组合物及其在防晒、晒后修复、防光老化和美白化妆品中的应用。

（2）成果负责人：华东师范大学刘明耀。

（3）技术成熟程度：样机样品。

（4）知识产权状况：发明专利申请中。

2. 市场背景

近年来，大自然环境污染和大气层破坏程度的增大使得照射到地面的紫外线不断增加，皮肤衰老、日光性皮炎甚至皮肤癌患者数量显著增加，因此寻找安全、有效、稳定的化妆品防晒剂和晒后修复剂一直是众多研发人员关注的重点。目前，市面上的防晒化妆品数目繁多，防晒能力主要由防晒剂决定。钛白粉、氧化锌等物理防晒剂可有效屏蔽紫外线对皮肤的伤害，但用量过大时或长期使用透气性较差，毛孔易堵塞；二苯甲酮衍生物等化学防晒剂也应用广泛，但由于其容易引起皮肤过敏、发生光解反应等，长期使用，产生的中间产物易对皮肤造成损伤。

现今生活水平的提高使得人们对化妆品的要求不断提高，大众对护肤的态度也日趋理性，越来越重视添加成分的安全性及有效性，天然、稳定且防晒效果显著的化妆品备受青睐。经过多年的探索研究发现，一些中药对于皮肤光损伤和光老化能起到有效的防治作用，多项研究表明皮肤衰老与防晒不当具有十分紧密的联系，因此做好日常防晒显得十分重要。而且，这些中药可以清除氧自由基、修复胶原纤维、改善微循环等，现已发现的山柰根提取物、姜黄根茎提取物、芦荟提取物等具有良好的防晒效果。从植物中提取防晒成分，药性稳定、药力持久，对皮肤无刺激、安全有效，因此具有广阔的发展前景，是防晒化妆品用品市场发展方向之一。

3. 技术描述

本案例首次提出了含有迷迭香提取物、金银花提取物、川芎提取物的组

合物在制备防晒、晒后修复、抗炎、防光老化和美白化妆品中的应用。迷迭香提取物、金银花提取物及川芎提取物三者组合后的组合物能大大提高防晒功效，有很好的晒后细胞修复作用，且安全稳定。其可作为有效活性成分制成膏霜、喷雾剂、粉剂等多种剂型，广泛用于化妆品及护肤用品等。

4. 应用领域

迷迭香提取物、金银花提取物及川芎提取物能有效提高皮肤抵抗紫外线的能力，对紫外线损伤后的细胞具有明显的修复作用，还能明显减少皮肤的炎症反应以及黑色素的形成。其原料迷迭香提取物、金银花提取物及川芎提取物，天然绿色、无毒、无刺激性，工艺简单，生产成本低，产品对皮肤作用温和且安全有效。

（七）阿魏酸磷脂复合物及其在制备具有美白功效的化妆品中的用途

1. 成果介绍

（1）名称：阿魏酸磷脂复合物及其在制备具有美白功效的化妆品中的用途。

（2）成果负责人：北京工商大学李丽。

（3）技术成熟程度：样机样品。

（4）知识产权状况：发明专利申请中。

2. 市场背景

阿魏酸能改善皮肤品质，使其细腻、光泽、富有弹性，但是其脂溶性差、物化性质不稳定，使其在化妆品中的应用受到一定限制。磷脂是生物膜的基本组成成分，广泛存在于自然界动植物种子中，具有来源广、无毒等优点。磷脂分子一端为亲水的含氮或磷的头，另一端为疏水（亲油）的长烃基链，由于其两亲性而具有乳化、分散、助渗、润湿等特性。磷脂复合物是以磷脂为载体的一种药物传递系统，从固体制剂角度来看，磷脂复合物是一种较为特殊的固体分散体，研究发现，很多类型的天然活性成分与磷脂间具有特殊的亲和力。通过制备磷脂复合物，可以提高活性成分的生物利用度，使活性成分更好地透过皮肤角质层，发挥护肤功效。由阿魏酸与磷脂复合而成的阿魏酸磷脂复合物，可改善阿魏酸亲水、亲油理化性质，提高阿魏酸的溶解性能，提高其生物利用度，有效地解决其不易吸收的问题，并保持或增强其在不同环境的抗氧化性。

3. 技术描述

阿魏酸磷脂复合物由阿魏酸和磷脂在非质子性溶剂中经加热搅拌复合后，除去非质子溶剂后所得。同时制备了含有阿魏酸磷脂复合物的具有美白功效的化妆品，包括具有美白功效的护肤油、乳液和膏霜。通过将阿魏酸和磷脂复合改变了阿魏酸的理化性质，增强了其脂溶性、稳定性和水分散性，改善了其跨膜转运性能，从而提高了其生物利用度。

4. 应用领域

阿魏酸有良好的290～330nm附近紫外线吸收功能，可添加到防晒护肤品中保护皮肤免受UVB的损伤；有很强的抗氧化作用，即能够清除引起人体疾病、衰老的自由基，如超氧化物、羟基、羟基过氧化物等；有抑制酪氨酸酶的作用，可用于防晒、抗衰老、美白肌肤。

磷脂是皮肤细胞的固有成分，在细胞代谢和细胞膜渗透性调节方面起着重要作用，且对皮肤有一定的生理作用。阿魏酸与磷脂复合而成的阿魏酸磷脂复合物，可以改善阿魏酸的理化性质，提高其溶解性能，从而提升其生物利用度。

三、产学研合作案例

（一）含虾青素包合物的贴片式面膜

1. 成果介绍

（1）名称：含虾青素（Astaxanthin）包合物的贴片式面膜。

（2）成果负责人：中国药科大学王伟。

（3）合作单位：南京中源盛生物科技研究院有限公司。

（4）技术成熟程度：中试生产。

（5）知识产权状况：发明专利申请中。

2. 市场背景

随着全球人口老龄化程度的持续加深，加之现代社会人的压力加大，人们对日渐恶劣的环境导致氧化压力激增引起的皮肤伤害的认知不断加深，同时对皮肤健康和美观的追求，对抗衰老问题的讨论以及对抗衰老产品的需求日益加大。面膜有利于肌肤排出表皮细胞新陈代谢的产物和累积的油脂类物质，使面膜中的水分及其他活性成分渗入表皮的角质层，皮肤变得柔软，肌肤自然光亮有弹性。

3. 技术描述

本案例通过制备虾青素/羟丙基－β－环糊精（Hydroxypropyl－β－cyclodextrin，HP－β－CD）包合物，并对其进行表征，得到较为稳定的包合物（见图6.8），改善了虾青素水溶性差，对光照、氧气、强酸等外界因素敏感，生物利用率低，制备的面膜精华液无法被皮肤充分吸收等问题。

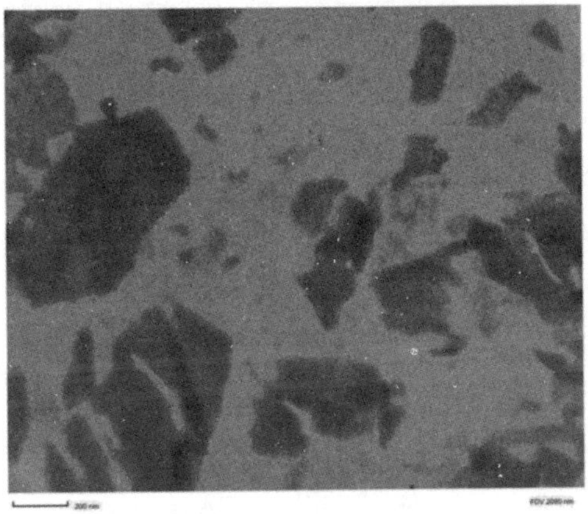

图6.8　虾青素/羟丙基－β－环糊精包合物透射电镜图

4. 应用领域

虾青素作为一种脂溶性酮式类胡萝卜素，也被叫作“变胞藻黄素”或“虾红素”，被归为类胡萝卜素组中，具有极强的抗氧化特性。虾青素是自由基、活性氧和活性氮的强力清除剂，能够显著减弱ROS和NMP对真皮层胶原蛋白、弹力蛋白的破坏。同时，皮肤自身的修复机制能够重建损伤的胶原蛋白，保证皮肤正常代谢。虾青素还有抗氧化、抗皱作用。研究表明，与胡萝卜素及维生素E等相比，虾青素具有更强的生物活性，属于对人体安全的物质。虾青素的抗氧化活性比β－胡萝卜素高约10倍，比维生素E高约500倍，已被认为是“超级维生素E”。

雨生红球藻（Haematococcus pluvias）是一种单细胞绿色淡水藻，雨生红球藻的整个生命史分为游动的营养生长和不动的转化产虾青素两个阶段。在光照强度很弱、氮磷盐足够的情况下，游动的绿色营养细胞生长发育，在环境不适宜时，如高温、高盐、高光照或营养盐饥饿时，会大量积累虾青素。虾青素广泛存在于生物体中，特别是虾、蟹、鱼和鸟类的羽毛中。雨生红球藻是所有已知的虾青素合成生物体中积累量最高的物种，可以积累至占其干重3%以上，是公认的在自然界中生产天然虾青素的最理想来源。

HP-β-CD是一种环状低聚糖，外部具有亲水性而内部是亲脂性的内腔，能与脂溶性药物形成水溶性包合物，促进药物透过皮肤且不会改变皮肤结构，是一种优质的包合材料，能够显著改善药物的溶解性和稳定性。但虾青素水溶性差，对光照、氧气、强酸等外界因素敏感，使其生物利用率低，实际应用中存在诸多局限性。

（二）美白抗衰老的护肤组合物——黄酮类化合物

1. 成果介绍

（1）名称：美白抗衰老的护肤组合物——黄酮类化合物。

（2）合作院校：山东省药学科学院。

（3）合作单位：山东福瑞达生物股份有限公司。

（4）技术成熟程度：已上市。

（5）知识产权状况：发明专利申请中。

2. 市场背景

随着环境的日益恶化，人们的皮肤也越来越脆弱。皮肤屏障减弱，细胞衰老加快，造成人们皮肤色素沉积，皱纹增加。大剂量紫外线辐射可导致不可逆的DNA损伤，致使细胞直接坏死，甚至癌变；小剂量紫外线长期照射可诱使细胞核染色体断裂、mtDNA突变和氧化应激损伤，使得细胞内活性氧自由基（ROS）、其他氧化应激标记物等水平升高，从而启动细胞的损伤和老化过程。

一般认为，抗皮肤衰老活性物质的作用效果包括清除自由基、提高细胞增殖速度、延缓细胞外基质的降解速度。同时，抗衰老护肤品需要选择优良的皮肤护理剂，给皮肤补充足够的养分，达到深层营养目的。

亚洲人从未停止过追求皮肤白皙的脚步。目前，美白类护肤品的作用机理主要有4种，分别是抑制黑色素生成，抑制黑色素迁移到角质细胞，抑制黑色素传递、促进黑色素分解，抑制黑色素聚合、击碎黑色素。

3. 技术描述

此组合物为一种美白抗衰老的护肤组合物，包含以下重量百分比的组分：丁二醇10%～35%，葡聚糖0.1%～5.0%，荷叶黄酮0.1%～50.0%，烟酰胺0.1%～5.0%，余量为蒸馏水。所制备的护肤品中重金属和微生物的含量均较低，不仅具有显著的美白作用，而且具有明显的抗衰老性能，能够清除DPPH自由基。此外，该组合物还具有良好的保湿性能和抗炎能力，可以用于化妆品和/或护肤品中，是理想的综合性化妆品和/或护肤品添加剂。

4. 应用领域

黄酮类化合物是药用植物中主要活性成分之一，具有较强的抗氧化、美白等生理活性。黄酮类化合物主要指以2－苯基色原酮为基核的化合物，以C6－C3－C6为骨架，而且大多环都由酚羟基取代，属植物次级代谢产物。荷叶黄酮属于黄酮类化合物的一类。邓胜国等通过实验测定体外荷叶抗氧化活性，研究表明，荷叶黄酮能明显抑制亚油酸的氧化过程且具有较好的清除DPPH自由基的作用，但是其在化妆品中的应用目前还比较少，且对其作用机理的研究也不够透彻。

（三）黑豆萌芽提取液的制备方法及其用途

1. 成果介绍

（1）名称：黑豆萌芽提取液的制备方法及其用途。

（2）成果负责院校：北京工商大学。

（3）合作单位：上海家化联合股份有限公司。

（4）技术成熟程度：专利公开。

（5）知识产权状况：发明专利申请中。

2. 市场背景

在种子发芽的过程中，其营养成分含量出现消长变化，因为发芽是将有生命力的种子从休眠的静态跃升为生理活动频繁的动态的过程（天然的激发过程），此时种子的呼吸作用增强，酶的种类和数量显著增加，酶活性的加强使种子的新陈代谢能在较高水平上进行，同时启动大量酶促反应进行生物转化。在对发芽后的豆谷类植物种子进行分析研究的基础上，各国已研制出许多大众化食品，如婴儿断奶食品、谷芽饮料、谷芽牛奶等。

3. 技术描述

本案例提供一种黑豆萌芽提取液的制备方法，包括如下步骤：一是黑豆芽与提取溶剂混合，充分粉碎使之呈豆浆状；二是超声提取；三是离心并过滤，冷冻后溶解得到的溶液即为提取液。本案例也提供由该制备方法制得的黑豆萌芽提取液在制备化妆品添加剂中的用途。

4. 应用领域

黑豆芽是黑豆萌发出的芽，营养丰富，易于被人体吸收，富含钙、磷、铁、钾等矿物质及多种维生素，其性微凉，味甘，有活血利水、清热消肿、补肝明目的功效。现代医学中普遍将黑豆芽用在软化血管、降血脂等方面。将黑豆发成芽菜，其蛋白质利用率可提高10%；由于其他酶的作用，豆类中的矿物质元素会被释放出来，提高人体利用率；同时内部的维生素变化很大，维生素C和B12由无到有，胡萝卜素可增加2~3倍，核黄素增加3~4倍，尼克酸增加2倍多，叶酸成倍增加。另外，黑豆芽富含叶绿素，叶绿素有助于克制内部感染与皮肤问题，发芽黑豆中的异黄酮含量显著增加，异黄酮具有较强的清除自由基能力、清除离子自由基能力和很好的抗油脂氧化能力，还有抗溶血、预防心血管疾病等作用。

（四）一种中草药抗衰老物质及其筛选方法

1. 成果介绍

（1）名称：一种中草药抗衰老物质及其筛选方法。

（2）成果负责院校：中国科学院上海药物研究所。

（3）合作单位：上海相宜本草化妆品股份有限公司。

（4）技术成熟程度：专利公开。

（5）知识产权状况：发明专利申请中。

2. 市场背景

皮肤老化主要受到两方面因素的影响。一是遗传因素，随着年龄的增长，皮肤会逐渐老化；二是外界因素，包括光照、吸烟、营养不良等因素。其中80%以上的皮肤衰老问题是由光照引起的。

目前，认为以紫外线为代表的外界因素刺激引发皮肤老化的机理主要包括如下三个步骤：一是紫外线照射引起胞外基质中弹性相关物质的降解；二是弹性相关物质的降解引发皮肤氧化应激机制；三是皮肤氧化应激机制导致皮肤细胞衰老和凋亡。

研究化妆品抗衰老能力的传统模式是外界刺激，如使用过氧化氢、紫外线照射等人工创造的环境模拟外界环境刺激，以考察活性物对人体皮肤的保护作用，从而筛选出能够有效对抗外界刺激的活性物。而对自然状态下细胞衰老机制的研究却比较少。

人类基因组测序的完成，标志着后基因组时代的来临，而蛋白质组学是后基因组时代中最重要的领域之一。蛋白质组学的目的是通过系统地、定量地研究蛋白质在细胞组织中的表达情况，来揭示基因的功能、蛋白质间的关系以及生命过程的运行机制。其主要任务包括蛋白质序列鉴定、蛋白质修饰鉴定、蛋白质定量分析、蛋白质结构预测和蛋白质功能预测等，而确定某种细胞器官或组织在一定条件下表达出了哪些蛋白质是其最基本任务之一。

通过蛋白质组学研究基因表达，并筛选出控制衰老、美白作用的基因，会大大加快化妆品行业的研究进展，但是目前还未看到将蛋白质组学研究与化妆品活性物测试结合的相关报道。

3. 技术描述

本案例针对现有技术存在的缺陷，提供一种能够提高SMC4蛋白表达的中草药抗衰老物质，以及筛选抗衰老物质的方法。

4. 应用领域

本案例在国内首次利用了生命科学和医药领域研究中，国际上最先进的高科技细胞组学非标记定量蛋白质组技术，建立了皮肤细胞衰老模型的组学平台，对皮肤细胞传代衰老进行跟踪研究，系统评估了与衰老相关的蛋白靶点，为后续活性物筛选提供了全新的思路，并能大幅度提高抗衰老活性物的筛选效率。用蛋白质组学的方法考察本草提取物抗衰老活性更加准确，为抗衰老活性提取物的开发提供了全新的平台。

（五）一种高效合成高纯度透明质酸及其寡聚糖的重组谷氨酸棒状杆菌

1. 成果介绍

（1）名称：一种高效合成高纯度透明质酸及其寡聚糖的重组谷氨酸棒状杆菌。

（2）成果负责院校：江南大学。

（3）合作单位：华熙生物科技股份有限公司。

（4）技术成熟程度：专利公开。

（5）知识产权状况：发明专利申请中。

2. 市场背景

透明质酸是由 N－乙酰氨基葡萄糖和葡萄糖醛酸组成的双糖单位聚合而成的直链酸性黏多糖。超高分子量透明质酸具有较好的黏弹性、保湿性和抑制炎性等功能，可用作眼科手术中的黏弹剂和用于关节腔内注射治疗等。高分子量透明质酸具有良好的保湿润滑作用，可被用于化妆品领域。高纯度的透明质酸和透明质酸寡糖具有抗肿瘤、促进伤口愈合、促进骨和血管生成、免疫调节等作用。

目前，市场上的透明质酸主要是通过天然产透明质酸菌株的兽疫链球菌发酵生产获得。但由于兽疫链球菌是致病菌株，能够引起许多疾病，所以生产的透明质酸难以满足医药、食品等领域的要求，此外生产的透明质酸纯度低，会降低产品的品质。为了解决这方面的问题，人们利用基因工程技术在一些工程菌株中异源表达透明质酸合酶来合成透明质酸，如枯草芽孢杆菌和谷氨酸棒状杆菌（Corynebacterium Glutamicum）。但枯草芽孢杆菌本身容易发生细胞裂解，细胞裂解释放的DNA会造成透明质酸产品的污染，相比较而言，谷氨酸棒状杆菌细胞壁厚、耐受性强，有比枯草芽孢杆菌更好的细胞稳定性。然而，谷氨酸棒状杆菌会在细胞外合成较多的胞外多糖，这些多糖不但会竞争透明质酸合成途径的底物，还会增加下游透明质酸纯化的难度，降低透明质酸产品的品质。

3. 技术描述

本案例提供一种谷氨酸棒状杆菌，沉默或敲除胞外多糖基因位点编号cg0420和cg0424，并表达透明质酸合酶；提供该谷氨酸棒状杆菌的构建方法及一种生产透明质酸的方法，该方法是应用该谷氨酸棒状杆菌发酵；同时提供所述谷氨酸棒状杆菌在制备透明质酸及其衍生产品方面的应用。

4. 应用领域

本案例在工业安全菌株谷氨酸棒状杆菌中异源表达来源于酿脓链球菌（Streptococcus Pyogenes）的透明质酸合酶基因hasA，构建了透明质酸的合成途径。通过敲除谷氨酸棒状杆菌胞外多糖基因cg0420和cg0424，去除细胞外表的杂多糖，提高了透明质酸的纯度。通过构建表达框强化途径基因pgM、ugd、galU、glmS、glmM、glmU的表达，加强透明质酸的合成底物UDP-N-乙酰葡萄糖胺和UDP-葡萄糖醛酸的合成，以解决透明质酸合成过程中底物供应不足的问题，从而提高重组谷氨酸棒状杆菌透明质酸的合成能力。为了解决发酵过程中溶氧不足的问题，还在重组谷氨酸棒状杆菌中表达了透明颤菌血红蛋白VHb，以提高重组谷氨酸棒状杆菌在微氧环境下菌体的生长和透明质酸的合成能力。

（六）一种红景天发酵原浆化妆品及其制备方法

1. 成果介绍

（1）名称：一种红景天发酵原浆化妆品及其制备方法。

（2）成果负责院校：北京工商大学。

（3）合作单位：上海仪玳化妆品有限公司。

(4) 技术成熟程度：样机样品。

(5) 知识产权状况：发明专利申请中。

2. 市场背景

红景天是生长在北半球高寒无污染地带的珍稀药用植物，具有延缓衰老、抗氧化、美白等美容功效。目前，市场上含有红景天成分的化妆品，都是在化妆品基础配方内添加一定比例的红景天提取物，其添加量较低，同时受提取条件限制，提取物中所含物质成分有限，不能充分发挥红景天的美容功效。

3. 技术描述

本案例红景天发酵原浆化妆品有效成分为将红景天根粉末、水与发酵菌混合发酵后的发酵液经灭菌、离心而得的上清液，所述发酵菌为酵母菌。采用酵母菌对红景天根进行全植物发酵，保留了植物的全部功效成分及其活性，避免了因提取方法造成的活性成分流失。提取时不添加任何有机试剂，发酵温度和发酵 pH 值温和，植物活性成分结构不易被破坏，保持了植物的天然活性；发酵原浆中不添加香精等化学成分，确保了产品对人体的安全性。产品中富含红景天苷、熊果苷等，具有抑制酪氨酸酶活性和抑制黑色素合成的作用，从而对皮肤具有较强的美白功能，同时与发酵滤液中的成分具有协同增效的作用。

4. 应用领域

红景天具有抑制酪氨酸酶活性和抑制黑色素合成的作用，能够起到延缓衰老、抗氧化、美白等美容功效。熊果苷能够通过抑制体内酪氨酸酶活性，阻止黑色素的生成，从而减少皮肤色素沉积，祛除色斑和雀斑，同时还有杀菌、消炎的作用。两者在起到自身功效的同时，与发酵滤液中的成分具有协同作用，可更好地发挥护肤效果。

（七）一种包含脂溶性茶多酚的化妆品和/或护肤品

1. 成果介绍

(1) 名称：一种包含脂溶性茶多酚的化妆品和/或护肤品。

（2）成果负责院校：华东理工大学。

（3）合作单位：上海相宜本草化妆品股份有限公司。

（4）技术成熟程度：专利公开。

（5）知识产权状况：发明专利申请中。

2. 市场背景

衰老是指机体各器官功能普遍逐渐降低的过程。随着年龄的增长，衰老是不可避免的，但良好的生活习惯和保健措施可以有效地延缓衰老。目前，市场上抗衰老的产品层出不穷。

皮肤老化最主要的表现是产生皱纹。皮肤老化主要是由于年龄的增长或外界因素的干扰，真皮层细胞分泌的I型胶原蛋白减少或胶原水解酶类增加，细胞缺乏胶原蛋白的支撑，角质层和表皮层发生内陷而形成皱纹。一般认为，因自由基攻击生物膜多不饱和脂肪酸、蛋白质、DNA 和其他生物大分子而引发的氧化损伤，是导致机体老化及许多老年疾病的主要因素。

远古时代，化妆品配方中就已有了本草成分。天然本草产品因其高效、低毒等特点具有很大的吸引力和广阔的市场前景。研究证实，越来越多的本草化学物质对皮肤具有益处，很多提取物和化合物具有显著的治疗皮肤老化的潜力，并已初步阐明其机制。

3. 技术描述

本案例针对现有技术存在的问题，提供一种脂溶性茶多酚，并研究了该脂溶性茶多酚在化妆品领域的应用。

4. 应用领域

绿茶是中国的主要茶类之一，是指采取茶树的新叶或芽，未经发酵，经杀青、整形、烘干等工艺而制作的饮品。常饮绿茶能防癌、降脂和减肥，对吸烟者来说，亦可减轻尼古丁的伤害。

绿茶中含有的茶多酚（Tea Polyphenols）是一种天然抗氧化剂，对防衰老、防癌抗癌、杀菌、消炎等具有特殊的效果。但茶多酚易溶于水、乙醇、丙酮、乙醚、乙酸乙酯等溶剂，难溶于油脂的特性，使得其应用受到了限制。目前，解决茶多酚难溶于油脂的方法主要有溶剂法、乳化法和分子修饰法，但现有技术制备的产品脂溶性不稳定，制备方法复杂，且产品纯度不高。

（八）伊若丽抗衰紧致修护系列

1. 成果介绍

（1）名称：伊若丽多肽紧致修护精粹水、伊若丽多肽紧致修护焕肤乳、伊若丽多肽紧致修护赋活霜、伊若丽多肽紧致修护精华露、伊若丽多肽紧致修护凝润眼霜。

（2）成果负责人：山东省药学科学院孟祥璟。

（3）合作单位：山东省生物医药科学院有限公司。

（4）技术成熟程度：成品上市。

（5）知识产权状况：发明专利申请中。

2. 市场背景

皮肤是人体重要的屏障、传导和排泄器官。皮肤老化有许多表现，如皱纹增多、松弛、弹性下降、毛细血管扩张和异常色素沉着。皮肤不仅会不可避免地受到内在衰老过程的影响，而且会受到各种外在环境因素的影响从而加速衰老。内在和外在因素都会导致皮肤细胞外基质（如胶原蛋白、弹性蛋白等）过度恶化、抗菌和屏障功能丧失、氧化应激和炎症过程。多肽在改善皮肤、减少外源性因素引起的皮肤损伤方面起着重要作用，具有抗菌、抗氧化、抗炎等保护功能。单一的多肽，只能针对皮肤起单一的作用。而对多肽进行复配可以从多个角度改善肤质，改善皱纹肌肤，保护皮肤。生物活性肽因其对皮肤的保护作用和易吸收，而被广泛应用于护肤品中。

3. 技术描述

采用 PHYTU 多元萃取工艺，精选日本百合和银耳，获取高纯度银耳、百合多糖因子，同时以黄金比例复配四种类型肉毒多肽，实现极致渗透，全维度提升肌能，恢复肌肤活力，有效解决初老肌肤吸收能力下降及自身修复能力缺失等问题。Poly - Ⅱ与类蛇毒胜肽、小分子玻尿酸协同多重植物精粹，持久莹润，淡化眼周暗沉，为眼周脆弱肌肤提供滋养。

消费者使用以上 5 个多肽紧致系列 4w 后，皮肤紧致度得到了提升。毛孔数量和皱纹数量反映皮肤的紧致程度，通过仪器图像分析标记受试者皮肤毛孔、皱纹数量，结果如图 6.9、图 6.10 所示。受试者在使用后毛孔、皱纹数量明显少于使用前，说明该产品对减少皮肤皱纹和毛孔数量有明显功效，可以使皮肤更加紧致。

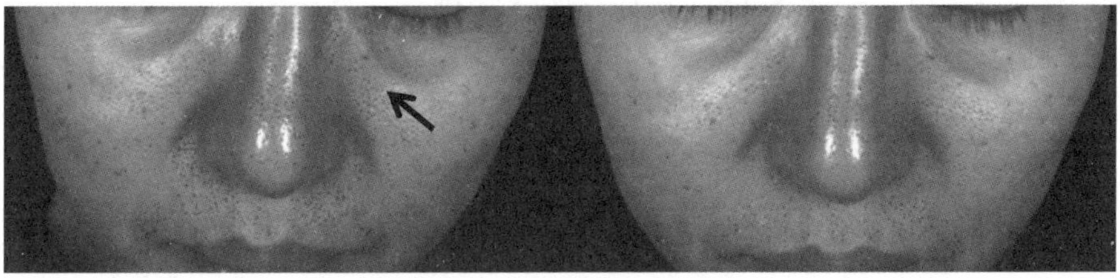

图 6.9 使用前（左）和使用后（右）皮肤毛孔对比

注：→所指表示有毛孔区域，点越密集表示毛孔越多。

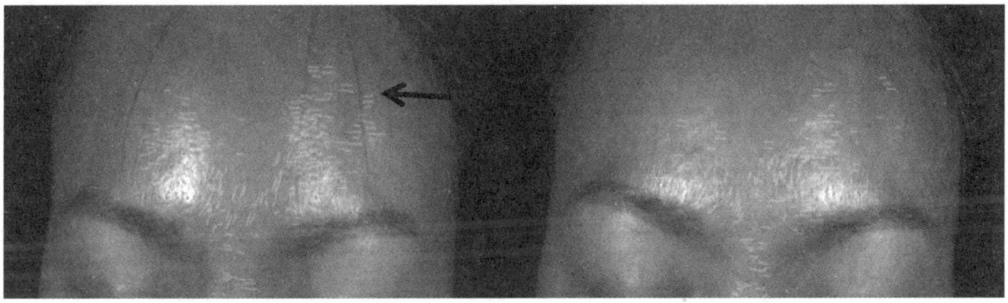

图 6.10 使用前（左）和使用后（右）皮肤皱纹对比

注：→所指表示皱纹区域，线越多表示皱纹越多。

4. 应用领域

肽是蛋白质片段，结构介于氨基酸和蛋白质之间，广泛存在于动植物体内，具有调节机体平衡的作用。与生物体内别的物质相比，肽最大的特点是具有极强的活性和多样性。肽是研究生命渊源、结构功能与疾病的源泉，对研究人类细胞及组织的衰老、死亡过程也很有帮助。

皮肤的衰老、褶皱、暗淡是由内外多种因素引起的。过多的阳光（紫外线）照射仅是重要的外因之一，表皮更新、真皮对外来化学物清除力、真皮厚度、免疫反应温度调节等多方面功能的降低均能引起皮肤衰老。但皮肤衰老的最主要原因是体内自由基破坏了正常的细胞行为，加速了细胞老化。如果能清除或抑制自由基，就能阻止或缓解皮肤的衰老。20世纪90年代，加入脱氧核糖核酸（DNA）、天然蛋白质等成分的化妆品流行一时，但研究表明，这些大分子活性成分很难透过表皮被吸收。后来，发现了蛋白质碎片——肽，无毒、高活性且易吸收。小分子肽的特殊生理活性作用能在本质上改善皮肤的一系列问题，在化妆品方面的应用效果颇佳。

（九）伊若丽高保湿系列

1. 成果介绍

（1）名称：伊若丽高保湿嘭嘭水、伊若丽高保湿嘭嘭乳、伊若丽高保湿嘭嘭精华面膜、伊若丽氨基酸嘭润净透洁颜霜。

（2）成果负责人：山东省药学科学院孟祥璟。

（3）合作单位：山东省生物医药科学院有限公司。

（4）技术成熟程度：成品上市。

（5）知识产权状况：发明专利申请中。

2. 市场背景

健康光滑的皮肤源于有效的保湿，用于护肤品的保湿剂材料不仅应具有吸水能力，还要有保水能力，以防止水分蒸发，且必须具有安全性。适用于化妆品工业的传统保湿剂包含甘油、山梨醇、乳酸钠、丙二醇和氨基酸等，这些保湿剂的水吸收能力、安全性以及稳定性限制了其实际应用效果。例如，甘油、山梨醇和丙二醇虽然有良好的保水性能，却容易导致护肤品的黏性增强，肤感下降；乳酸钠具有较好的保水能力，但在产品的配方中难以乳化；透明质酸、胶原、聚天冬氨酸或氨基酸酯有良好的保水能力，但其在减少水从皮肤蒸发方面的功效较低，且会在皮肤表面显现黏滞性；角鲨烷具有保湿性且可避免水从皮肤表面蒸发，但其油性性质使使用者感觉皮肤油腻。为了达到综合性能的保湿能力，现行的护肤品均同时使用多种保湿剂。

随着年龄增长，皮肤细胞新陈代谢功能逐渐下降，新生胶原蛋白和透明质酸下降，同时上述成分的降解过程加快，导致皮肤干燥、弹性下降，皱纹增多。环境污染及紫外线照射容易造成肤色暗沉，部分人面部还会出现色斑。针对皱纹和色斑，现行的护肤品多采用化学制剂，如乳酸有助于祛除角质层和促进新陈代谢，曲酸具有增白的作用。但是化学制剂的毒副作用大、刺激性强，且难以达到标本兼治的目的。因此，寻找可以赋予护肤品肤感光滑、不黏着性能的多功能高效保湿产品成为护肤品行业亟待解决的问题。

3. 技术描述

本产品使两大保湿体系相互协同，将补水与保湿效果发挥至极致，专利组分 PGA－Nets 深透水润注活肌肤，四重玻尿酸浸润不同肌肤层级；多重修护组分重筑肌肤健康屏障，抵御外界刺激因素，加速自我修护。肌肤表层隐形致密锁水膜，高效锁水；修护肌肤损伤，强韧肌肤屏障功能，还原肌肤健康稳态，重现肌肤精致细滑光彩。通过使用产品前后的对比，可以直观看出效果，如图 6.11 所示，箭头所指区域表示皮肤敏感区域，颜色越深表示血红蛋白量越高，即该部分皮肤越敏感、炎症越严重，受试者额头、面颊、鼻翼、嘴角等部位在使用产品后敏感情况明显好转，敏感区域减少，炎症程度减轻。

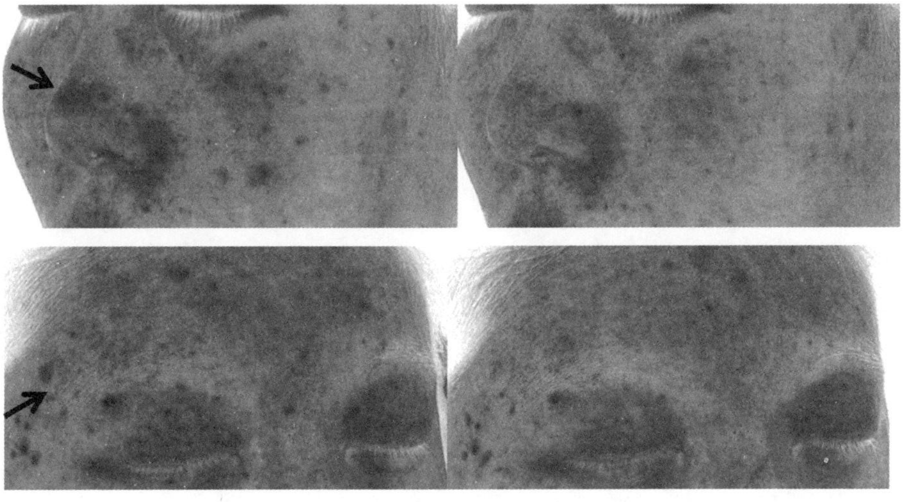

图 6.11　使用前（左）和使用后（右）皮肤对比

注：→所指区域表示皮肤炎症区域，颜色越深表示皮肤炎症越严重。

4. 应用领域

本产品选用的保湿剂，有优良的生物相容性，无毒性、无皮肤刺激性，使用安全，既可以促进皮肤自身胶原蛋白和透明质酸等天然嫩肤因子生成，使皮肤嫩白健康、恢复自然活力，又有较强的锁水能力和润滑性，在皮肤表面形成一层透气保湿薄膜，防止水分从表皮蒸发，还可以减少黏滞感，使皮肤具有光滑感和整洁感，肌肤柔软且有弹性，并且可充分发挥聚谷氨酸的美白功效，长期使用还可以起到温和的美白效果。

（十）分子小马达梵康肽精华修护液（Ⅰ型）产品

1. 成果介绍

（1）名称：分子小马达梵康肽精华修护液（Ⅰ型）产品。

（2）成果负责院校：中国科学院过程工程研究所。

（3）合作单位：北京日蒙生物科技有限公司、北京易扬三泰科贸有限公司。

（4）技术成熟程度：成品上市。

（5）知识产权状况：已申报两项国家专利。

2. 市场背景

护肤品一般具有清洁皮肤及补充皮肤养分等功能。近年来，虽然我国护肤品市场规模得到了快速发展，但是仍处于成长期。同时，相对于医美手术来说，日常即可使用的高机能护肤品面部精华成为抗衰用户的首选品类。

3. 技术描述

本案例是北京日蒙生物科技有限公司、北京易扬三泰科贸有限公司与中科院国家重点实验室合作研制的高活性小分子肽护肤品，运用涂抹式大分子吸收技术分子马达使皮肤稳态得到重建，将充足营养成分导入肌底，为维持皮肤稳态提供了充足的养分，并成功唤醒成纤维细胞，促进其自体分泌真正鲜活的弹性纤维与胶原纤维，使自体弹性胶原蛋白回到青春状态。其技术特征包括以下三点。一是将分子马达作为导入技术。这是革命性突破，分子马达技术获得了2016年诺贝尔化学奖。其能量强，可将富含更多蛋白信息的大分子功效成分送达肌底；分子马达肽同时拥有水油两亲性和正负电荷，可以轻松穿过皮肤细胞膜的亲水层与疏水层；浓度高、活性强，吸收速度明显高过传统护肤品；无须破皮，使用方便，随时随地享受医美级抗衰体验。二是皮肤稳态重建技术。唤醒纤维母细胞，促进其自身弹性、胶原纤维分泌；提供充足养分原料，确保纤维母细胞活跃状态下的产能效率；精准修复弹性蛋白节点，构建皮肤结构稳态，强效锁定胶原蛋白；为皮肤细胞修筑保护层，实现皮肤细胞稳态，抵御自由基抢夺。三是无防腐。在百级无菌环境中制备而成，空间净化级别达到医药生产和外科手术的标准。

4. 应用领域

成年人皮肤平均厚度为1.15mm，从20岁开始，每经过10年，皮肤就会变薄6%～7%，同时，还会出现干燥、粗糙、暗沉、松弛、皱纹、斑痕等问题。其最主要的原因就是失去了弹性蛋白与胶原蛋白的支撑。而皮肤一旦出现衰老问题，如不先使皮肤回到稳态，却盲目从外界补充胶原蛋白，则胶原蛋白会因无法进入正确的结构序列而被体内酶迅速分解掉，致使无法实现抗衰老的目的。

弹性蛋白：负责维持与支撑肌肤的弹性，决定皮肤抗张能力和柔软性。

胶原蛋白：负责保持角质层水分以及纤维结构的完整性。

锁链素：弹性蛋白核心功效物质，保障弹性蛋白、胶原蛋白共同为皮肤提供稳定状态。

分子小马达梵康肽精华修护液（Ⅰ型）产品秉承“一个产品解决一个问题”的开发理念，专注于实现皮肤抗衰提升方面的功效。

（十一）纽莱伊美多效臻颜精华液

1. 成果介绍

（1）名称：纽莱伊美多效臻颜精华液。

（2）成果负责人：王浩宇。

（3）技术成熟程度：成熟产品。

（4）知识产权状况：企业自有技术。

（5）产品定位：一款解决 3 级衰老的抗衰精华液，针对的是 34 岁左右有下垂松弛问题的肌肤。

2. 产品背景

皮肤光老化在临床中被分为三个等级，想要更精准地解决问题，需要分层对待，光老化的三级衰老是综合性的深层次衰老，存在肤色和皱纹等复杂问题。人类一生中会有 3 个衰老高峰期，分别是 34 岁、60 岁和 78 岁，如果能在第一个衰老高峰期，也就是 34 岁左右有效抗衰，将会极大减缓衰老速度，34 岁左右的女性大多经历过生育，生活中也会受到多方压力影响，胶原蛋白会大量流失，抗衰难度大，需要全链路抗衰。

3. 技术描述

（1）产品特色。

针对光老化三级衰老的色素沉着、静态鱼尾纹、嘴角纹以及下眼睑纹和唇纹，刺激胶原蛋白重建新生及提拉松弛肌肤，重建肌肤密度与弹力，同时通过放松面部肌肉，减少肌肉收缩，可以达到祛除皱纹的效果。

（2）核心成分来源。

纽莱伊美与暨大基因联合创建的焕肤实验室通过对抗衰机理进行研究，开发出特有配方，联合行业内头部原料商（法国科延、法国 silab、荷兰帝斯曼），采用进口有效成分，共同作用于肌肤进行全链路抗衰。

（3）抗衰功效支撑。

· 提拉松弛肌肤。来自法国科延公司（Laboratoires Expanscience）的白羽扇豆籽能够刺激热休克蛋白（HSP47）的基因表达，从而促进胶原蛋白的重建与合成，防止高质量胶原蛋白被降解，快速收紧肌肤，提拉轮廓。

· 激活胶原。来自法国西莱博（silab）的水解假丝酵母提取物通过激活肌肤自噬系统，清除受损细胞和氧化损伤蛋白质，帮助肌肤提高代谢力，延缓肌肤衰老进程。自噬系统的灵感来源于获得 2016 年诺贝尔生理学或医学奖的一项研究，通过自体吞噬即时清除肌肤中的坏死细胞和氧化损伤物质，促进细胞更新。这是激活胶原的第一条思路，第二条思路则是由荷兰帝斯曼提供的胶原肽（棕榈酰三肽－5）以抑制氧自由基、增加基质细胞活动的机理促进胶原蛋白的合成。

·放松肌肉。当面部肌肉运动过于频繁时，表情纹会变为永久的皱纹，荷兰帝斯曼的蛇毒肽（二肽二氨基丁酰苄基酰胺二乙酸盐）是一种模拟蛇毒血清的合成胜肽，通过阻断乙酰胆碱受体上的神经信号传导，从而及时且长效地放松假性皱纹。该成分的体内测试及体外测试均显示其能够显著减少肌肉细胞的收缩。

4. 合作方介绍

（1）基因工程药物国家工程研究中心，依托暨南大学，是国家发展和改革委员会在基因工程药物领域正式批复组建的第一个也是唯一国家级工程研究中心，是生物医药技术科技成果向市场转化的孵化器。20 世纪 90 年代，基因工程药物国家工程研究中心与化妆品行业合作开展了生物技术在化妆品中应用的研究，如今已具备化妆品功能性原料开发、化妆品功效检测、化妆品安全性评价、化妆品产品定制等功能，已公开发明专利 9 项。2020 年，纽莱伊美与暨南大学联合建立焕肤实验室。

（2）法国科延公司成立于 1950 年，是法国一家制药和医学护肤家族企业，拥有 843 项专利，举办及参与过 600 次科学交流，在全球成立 16 家子公司，代理商遍及 101 个国家，年销售额达 20 亿欧元。

（3）法国西莱博是皮肤生物学主要课题研究先驱，并将其应用于化妆品和医学护肤领域。该公司基于医学、皮肤医学和营养学基础研究的进展开展工作，开发出用于健康皮肤与受损皮肤护理的创新活性成分。作为专业研究皮肤生物学和精通植物及生物技术 30 年的独立法国企业，不断为美容和化妆品行业各大知名品牌提供具有专利的高效活性成分。

（4）荷兰皇家帝斯曼集团是一家国际性的营养保健品、化工原料和医药集团，总部设在荷兰，在欧洲、亚洲、南北美洲等地区设有 200 多个机构，在全球拥有 2.2 万名员工。帝斯曼在许多领域处于世界领先地位，其产品被广泛应用于食品和保健品、个人护理产品、医药及医疗设备，其中维生素、生物活性成分和紫外线防晒剂处于全球化妆品行业领先地位。

（十二）纽莱伊美肌底充盈精华液

1. 成果介绍

（1）名称：纽莱伊美肌底充盈精华液。

（2）成果负责人：王浩宇。

（3）技术成熟程度：成熟产品。

（4）知识产权状况：企业自有技术。

（5）产品定位：一款媲美热玛吉效果的肌底充盈精华液，针对的是25～35岁的轻熟龄肌肤的衰老问题。

2. 产品背景

25岁以后，皮肤的老化越来越明显，皮肤弹性下降、干瘪粗糙、干纹细纹增多。基底膜（DEJ）是连接表皮层和真皮层的纽带，支撑连接起整个肌肤的架构，维持肌肤的紧致度和弹性度。随着年龄的增长，这个连接区由“波浪形”逐渐趋向“扁平”，于是皮肤变得松弛。紫外线的辐射和外界环境因素甚至会使得基底膜断裂，不仅会影响表皮层新生，还会影响护肤成分到达真皮层。

3. 技术描述

（1）产品特色。

模拟热玛吉抗皱作用机理，激活皮肤的张力信号，促进成纤维细胞中胶原蛋白的合成，修护受损DEJ，加强表皮层与真皮层的紧密连接，拉紧肌肤弹簧，即时提拉紧致肌肤，抚平淡化肌肤皱纹。

（2）技术来源。

纽莱伊美与暨大基因联合创建的焕肤实验室提供研发支持，以自有配方联合行业内头部原料商（巴斯夫、法国仙婷），用先进技术激发成分功效。

（3）技术特点。

·促生性。产品采用巴斯夫公司从冬豌豆中提取得到的一种天然抗蛋白酶多肽片段［INCI：水、甘油、豌豆（PISUM SATIVUM）提取物］。实验表明其对于激活蛋白多糖和真皮纤维的合成，重建联通皮肤在各层发射的强烈的皮肤张力信号，促进胶原蛋白与弹性蛋白的合成与再生，抑制真皮中的弹性蛋白酶活性，保护胶原蛋白，修复稳固 DEJ，加强表皮层与真皮层的紧密连接，维持肌肤的紧致柔韧度有明显效果。

·强支撑性。产品采用法国仙婷实验室天然绿色植物龙舌兰中提取的蓝丝美肤剂［INCI：麦芽糖、太匮龙舌兰（AGAVE TEQUILANA）叶提取物］，具有独特的支链型分子结构，相比线型结构支撑力更好，能够瞬间提拉紧致肌肤，抚平肌肤皱纹细纹，修复肌底受损部位，同时可以柔软肌肤，高效持久锁水，提高肌肤平滑度。

4. 合作方介绍

（1）基因工程药物国家工程研究中心。详见本章“三、产学研合作案例·（十一）纽莱伊美多效臻颜精华液”部分。

（2）巴斯夫成立于 1835 年，是全球化妆品行业的领先供应商，总部位于德国，在全球 39 个国家设有 350 多个分厂和公司。巴斯夫集团的研究与开发工作已有 100 多年的历史，每年投入 20 亿马克左右进行研究与开发。

（3）仙婷成立于 1998 年，是一家中西合璧的公司，起源于法国，发展于中国。2007 年仙婷成立创新实验室，致力于给美容和健康市场带来革新创意，结合法国、日本和中国的技术力量，为客户量身定制专属产品，专研微生物成分及高活性成分。

5. 产学研经验分享

企业直接面向 C 端消费者，更了解消费者的需求；高效科研机构对皮肤学原理、产品起效原理更有话语权；原料商专注成分研究，掌握护肤产品研发的重要环节。三者进行优势结合，研发出更能帮助消费者解决皮肤问题的产品，才能实现真正的产学研成果转化。

（十三）肤见自研配方维肌舒 Cistto Bio – Trio

1. 成果介绍

（1）名称：肤见焕肌光润晚安膏。

（2）成果负责人：李安。

（3）技术成熟程度：成熟产品。

（4）知识产权状况：企业自有技术。

（5）产品定位：坚持无添加、高功效、科学化的产品理念，以前沿生物科技解决敏感肌肤修护问题。

2. 产品背景

据《中国敏感性皮肤诊治专家共识》（以下简称《共识》）披露，我国约31.6%的女性为敏感肌人群，平均每3位女性中就有1位是敏感肌。环境污染、不当护肤等因素使敏感肌比例日益攀升。然而市场上大多产品只通过补充屏障间脂质短暂地修护屏障，无法根源修护敏感肌，当肌肤遇到刺激时会再度敏感。

肤见结合《共识》及通过皮肤影像学技术深入研究亚洲敏感肌，认为敏感肌的发生是一种累及皮肤屏障—神经血管—免疫炎症的复杂过程。皮肤细胞、神经、血管间时刻在进行着复杂的信息交换，其中任意环节异常都会导致皮肤出现敏感状态。针对敏感肌的发生机制，创立“生物循环修护理念”：通过抵御、修护、阻抑、更新四步闭环同步协作，打破敏感肌恶性循环，构建肌肤生物循环修护体系，内外兼修帮助敏感肌提升自愈力，达到自律循环的动态平衡，持续实现肌肤健康。

3. 技术描述

（1）产品特色。

· 水油同补以油养肤：针对敏感肌肤修护研发的油基涂抹面膜肤见焕肌光润晚安膏，针对敏感肌肤角质细胞间脂质流失、屏障受损等问题，根据肌肤天然亲油不亲水的特性，将优质脂质成分角鲨烷、霍霍巴籽油、植物甾醇科学复配，采用油包水剂型包裹B5、甜菜碱、氨基酸分子膜等水溶性修护成分，水油同补，以油养肤。

·温感瞬释清爽无油感：通过 TIS 温感瞬释技术，在生产时将多重油脂复配并通过恒温罐装技术形成固态黄油质地，对油脂及活性成分进行有效锁鲜。奶酪质地上脸后被体温及皮脂膜激活，瞬间化水，在高滋润的同时做到了清爽肤感，一改油类产品的油腻肤感。

（2）产品功效。

·敏感肌屏障修护：经 CMA、CNAS 认证的第三方检测机构对 30 名敏感肌用户进行测试，发现其使用肤见焕肌光润晚安膏 28d 后经皮水分流失率显著下降、皮肤红区面积显著减少，敏感肌肤得到修护。

·24h 保湿：经 3D 皮肤模型测试发现，使用肤见焕肌光润晚安膏 24h 后，皮肤含水量提升 193%，能 24h 持久保湿。

·24h 舒缓：经 SLS 刺激 3D 皮肤模型后，模拟肌肤损伤状态测试，使用肤见焕肌光润晚安膏 24h 后，能显著抑制炎症因子 IL－1α、TNFα，24h 舒缓肌肤。

＊数据源于第三方检测机构，通过委托第三方检测机构对 30 名敏感肌受试者及 3D 皮肤模型进行检测发现，使用肤见焕肌光润晚安膏后，经皮水分流失率显著下降、皮肤红区面积显著减少、角质层含水量显著提升、炎症因子 IL－1α、TNFα 显著下降。

·透皮吸收力：30min 直达肌底修护，16h 表皮、真皮长效呵护。通过 HPLC 高效液相色谱透皮检测，肤见专研配方维肌舒 Cistto Bio－Trio 涂抹在皮肤 30min 即可到达真皮层，在涂抹 16h 后仍能对真皮层和表皮层进行长效呵护。

＊＊数据源于第三方检测机构，通过委托第三方检测机构，基于 Franz cell 体系，经 HPLC 高效液相色谱对维肌舒 Cistto Bio－Trio 组合物在离体乳猪皮上的渗透性进行检测，测试 0.5h、1h、2h、4h、8h、12h、16h 的累计渗透量、扩散百分率、透皮系数及回收率，得出维肌舒 Cistto Bio－Trio 组合物 0.5h 已能到达真皮层，且在涂抹 16h 时仍能在真皮层检测到。

·光损保护力：通过 3D 皮肤模型光损检测发现，使用维肌舒后，皮肤在经受紫外线刺激后 24h，屏障修护因子 FLG 提升 5200%，屏障强韧因子 LOR 提升 1500%，完全没有晒斑细胞产生。

·敏感肌修护力：通过用 SLS 刺激 3D 皮肤模型模拟受损敏感肌肤，检测到受损皮肤使用维肌舒 24h 后，屏障修护因子 FLG 提升 1500%，保湿因子 AQP3 提升 240%，屏障强韧因子 LOR 提升 180%，能约 3 倍强韧屏障，炎症因子 IL－1α 显著下降，表皮活细胞层厚度提升 30%，能 1.3 倍帮助肌肤更新。

＊＊＊数据源于第三方检测机构，委托第三方检测机构对维肌舒 Cistto Bio－Trio 组合物进行 SLS、UVB 两个刺激体系下的 3D 皮肤模型功效检测，测试的指标包含 IL－1α、FLG、LOR、AQP3、sunburn cell、组织形态等，通过使用维肌舒 Cistto Bio－Trio 组合物后与对照组对比，得出维肌舒 Cistto Bio－Trio 组合物的功效数据。

4. 合作方介绍

肤见联合国家远程医疗与互联网医学中心皮肤影像示范单位、中国人群多维度皮肤影像资源库项目牵头单位、皮肤病人工智能发展联盟协同研究中心——中日友好医院皮肤科，启用北京大学程和平院士团队所研究的在体双光子成像系统，结合前沿皮肤光学、影像学仪器皮肤镜、皮肤 CT、VISIA CR、Cutmeter Dual MPA 从结构和成分上定量定性分析敏感肌与健康肌肤的区别，临床多维度验证添加自研配方维肌舒 Cistto Bio－Trio 的产品肤见焕肌光润晚安膏对敏感肌肤的修护效果，经临床验证，30 名敏感肌受试者（乳酸刺痛≥3 分）使用肤见焕肌光润晚安膏 28d 后，约 86% 敏感肌受试者不再敏感，皮肤油脂含量提升约 33%，皮肤红区面积显著改善，肌肤回归健康节律。

（十四）禾宝祛痘点涂精华凝露

1. 成果介绍

（1）名称：禾宝祛痘点涂精华凝露。

（2）合作院校：齐鲁师范学院、山东省药学科学院。

（3）合作单位：山东禾宝药业有限公司。

（4）技术成熟程度：成品上市。

（5）知识产权状况：无。

2. 市场背景

山东禾宝药业有限公司（以下简称禾宝药业）是以中医方剂功效护肤品研发为主的化妆品研发生产企业，禾宝药业以中医本草方剂为根本，结合现代护肤科技，研发中医方剂功效护肤产品，解决痤疮、皮肤过敏（敏感）、皮肤暗沉和老化等皮肤问题。目前，禾宝品牌拥有控油祛痘、舒缓、抗衰、美白中医方剂等一系列功效护肤品。禾宝祛痘点涂精华凝露为禾宝药业 2021 年推出的一款祛痘功效护肤品。齐鲁师范学院是一所公办全日制普通本科师范院校，学校具有悠久办学历史，2021 年获批山东省应用型本科高校建设首批支持高校，建有功能化妆品工程研究中心，主要从事化妆品配方开发、理化、毒理、功效检测等研究工作。山东省药学科学院是省属科研机构，立足于与人类健康有关产品研究开发，并以科技企业为依托，产学研紧密结合，形成了“科工贸”一体化的综合医药研究机构，建有化妆品研究所，主要从事化妆品的配方开发和机理研究等科研工作。三家单位发挥各自的专业优势，取长补短，建立了良好的产学研合作关系。

3. 技术描述

本产品独创 12 味中医方剂本草复配，采用独家 FDFP 萃取技术，本草原液浓度高达 30%。在麒麟竭、丹参、蒲公英等核心成分基础上，结合烟酰胺、尿囊素、积雪草提取物、北美金缕梅等修护成分，全面改善痘、敏问题。

4. 应用领域

本产品媲美 2% 水杨酸的质地，不含酸，可以在痘痘有伤口的时候点涂，天然成分不会造成黑色素沉淀。通过烟酰胺深层淡化痘印、尿囊素修护破损伤口、积雪草修护受损疮面、库拉索芦荟减少油脂分泌等相互协同起到祛痘的良好效果。齐鲁师范学院在该产品研发中开展微生物和理化检测，同时开展人体皮肤封闭型贴斑测试以及安全评估等工作，人体功效测试中采用了 visia - cr 痤疮计数、皮肤油脂含量、皮肤红色素含量、受试者自评等方法和手段，全面评估该产品的祛痘效果，为该产品的备案提供技术资料支撑。山东省药学科学院化妆品研究所承担该产品抗痘机理研究，对该产品进行更深入的挖掘及进一步优化。该产品的上市将为众多痘痘肌人群带来福音，同时也为产学研合作提供参考。

[参考文献]

[1]湖南大学. 一种具有皮肤修复功能的透明质酸水凝胶面膜及制备方法:CN202111175130.5[P]. 2021-12-24.

[2]华侨大学. 一种基于岩藻多糖的长效保湿、抗氧化眼霜及其制备方法:CN202111270683.9[P]. 2022-01-04.

[3]上海应用技术大学. 一种抗氧化、抗炎和舒缓修复组合物,制备方法及其应用:CN202111148109.6[P]. 2021-12-31.

[4]北京工商大学. 一种含有藤茶提取物的防腐剂组合物及其在制备化妆品中的用途:CN201810803677.7[P]. 2018-11-02.

[5]中国药科大学. 一种含有辅酶Q10脂质体的精华液及其制备方法:CN202011118221.0[P]. 2021-01-01.

[6]齐鲁工业大学. 含灵芝孢子粉提取物的精华霜及其制备方法:CN202010138896.5[P]. 2020-06-05.

[7]吉林大学. 一种具有抗炎功效的面膜及其制备方法:CN202111174013.7[P]. 2021-11-23.

[8]遵义医科大学. 一种金钗石斛多糖草本面霜及其制备方法:CN202110882299.8[P]. 2021-09-21.

[9]北京工商大学. 一种保湿舒缓灵芝菌复合发酵物及其制备方法和应用:CN202010930375.3[P]. 2021-08-06.

[10]山东省药学科学院. 一种抗敏修复保湿组合物及其制备方法和应用:CN201910232985.3[P]. 2019-06-21.

[11]中国药科大学. 一种组合物及其在制备皮肤修复产品中的应用:CN202010069646.0[P]. 2020-04-28.

[12]山东大学. 一种透明质酸—超氧化物歧化酶结合物及其在皮肤护

理产品中的应用:CN202110830157.7[P]. 2021-09-17.

[13]天津科技大学. 一种富含透明颤菌发酵产物的抗氧化保湿精华液及其制备方法与用途:CN201910452126.5[P]. 2019-08-23.

[14]四川大学华西第二医院. 一种用于皮肤补水保湿的化妆品组合物及其制备方法:CN202110583350.5[P]. 2021-08-17.

[15]马应龙药业集团股份有限公司. 一种眼部祛眼袋护肤品及其制备方法:CN201210317444.9[P]. 2013-01-23.

[16]山东丰金生物工程有限公司. 一种L-抗坏血酸衍生物及其制备方法、应用:CN202110341128.4[P]. 2021-07-09.

[17]长沙黛西生物科技有限公司. 组合物及其应用、化妆品组合物及其制备方法:CN202010305170.6[P]. 2020-07-10.

[18]山东花物堂生物科技有限公司. 一种冰激凌外观质地磨砂膏及制作工艺:CN202011362170.6[P]. 2021-03-05.

[19]中国药科大学. 一种护肤面霜及其制备方法:CN202011118208.5[P]. 2021-01-22.

[20]齐鲁工业大学. 一种含胶原蛋白的美白祛皱眼霜:CN201910908239.1[P]. 2020-08-04.

[21]重庆文理学院. 一种含生姜精油防晒霜的制备方法:CN202111160484.2[P]. 2021-11-30.

[22]上海应用技术大学. 一种含有丹参挥发油的美白乳液及其制备方法与应用:CN202111101230.3[P]. 2021-11-26.

[23]北京工商大学. 以氧化石墨烯为助染剂的植物染发剂及制备方法:CN201711395027.5[P]. 2018-05-15.

[24]华东师范大学. 一种植物提取物组合物及其在防晒、晒后修复、防光老化和美白化妆品中的应用:CN201810705599.7[P]. 2020-01-10.

[25]北京工商大学. 阿魏酸磷脂复合物及其在制备具有美白功效的化妆品中的用途:CN201510837070.7[P]. 2016-05-18.

[26]南京中源盛生物科技研究院有限公司. 一种含有虾青素包合物的贴片式面膜及其制备方法:CN202110521882.6[P]. 2021-10-01.

[27]山东福瑞达生物工程有限公司. 一种美白抗衰老的护肤组合物: CN201710068351. X[P]. 2018-08-14.

[28]上海家化联合股份有限公司,北京工商大学. 黑豆萌芽提取液的制备方法及其用途:CN201210108980.8[P]. 2013-10-30.

[29]上海相宜本草化妆品股份有限公司,中国科学院上海药物研究所. 一种中草药抗衰老物质及其筛选方法:CN201711266950.9[P]. 2018-07-13.

[30]华熙生物科技股份有限公司,江南大学. 一种高效合成高纯度透明质酸及其寡聚糖的重组谷氨酸棒状杆菌:CN201911018182.4[P]. 2020-08-11.

[31]北京工商大学,上海仪玳化妆品有限公司. 一种红景天发酵原浆化妆品及其制备方法:CN201410478821.6[P]. 2015-01-07.

[32]上海相宜本草化妆品股份有限公司,华东理工大学. 一种包含脂溶性茶多酚的化妆品和/或护肤品:CN201610520129.4[P]. 2016-10-12.

第七章　化妆品检验检测与功效评价科研成果

随着消费者对化妆品认知的日渐深入，化妆品的安全性和功效日益受到广泛关注，统一的、标准化的检测和评价方法及判断标准是化妆品品质保障的技术支撑。目前，已经形成了涉及化妆品原料、禁限用成分、包材、毒性安全、功效等方面的标准，成为监管部门、企业等从不同环节、不同层面确保消费者的用妆安全的有力依据。随着科学技术的发展，化妆品的原料、生产技术不断更新迭代，与之匹配的保驾护航的监管工具、检测技术、评价方法也需要不断地创新升级。本章将对近年来对化妆品和化妆品原料的安全性检测与功效评价方法的研究现状及研究成果转化情况作如下简述。

一、化妆品检验检测科研成果

（一）建立化妆品检验检测方法的必要性

随着人们生活水平的提高，化妆品在部分人群生活中的消费占比甚至高过了一日三餐，人们对化妆品安全性的要求及功效宣称的期望值也在增加，这促使化妆品朝着天然型、功能型和安全型方向快速发展。所以，我们需要建立相应的检验检测方法，对化妆品进行“身体检查”以确定其安全性。只有将影响产品质量的因素和要求标准化，形成法律法规，建立标准的检验检测方法，让消费者的购买有据可依，让企业的生产有据可依，让各级政府监管有据可依，大家达成共识，才能共同维护和享用安全的化妆品，保障消费者健康。

（二）建立标准化检验检测方法的原因

1. 违法添加屡禁不止，监管部门执法依据不足

爱美之心人皆有之，不良商家抓住大众追求化妆品效果好、起效快的心理，违规使用一些禁用或限量使用的化妆品原料，进而达到美容效果显著的目的，然而这些物质大都会影响消费者的健康。例如，美白效果显著的铅汞，会破坏皮肤细胞的结构，进入体内，损害肝肾，甚至神经系统，导致不可恢复的伤害；祛痘效果显著的抗生素、抗敏效果显著的激素，会导致过敏性皮炎、免疫系统紊乱等。监管部门早在30年前就开始关注这些物质对健康的危害，不断地完善监管方法，逐步建立检验方法。例如，抗生素的检测标准覆盖的抗生素从1种升级为7种，现在为36种，糖皮质激素检验的种类也从最初的41种升级为63种。但因检测方法的建立过程严谨，其发展速度相对缓慢，且涉及的化妆品原料范围有限，所以检测方法升级的速度始终追不上不良企业使用新的非法添加物质的步伐。另外，随着科学技术的发展，尤其是生物技术的发展，生物工程类成分在化妆品中所占的比例越来越高，而其中很多成分的安全性并不明确，如干细胞及相关培养产物、合成的生物肽等，与之配套的检测方法更是屈指可数，导致监管部门在监管执法的时候缺乏适用的技术证据，无法实现有效监督。因此，要实现及时、精准、有效的监督，必须得到检验检测标准及技术的支持。

2. 涉及人群广泛，违法添加危害可能影响消费者一生健康

化妆品早已成为人们的日用消费品，涉及人群包括普通成人、儿童、孕妇以及孱弱老人。非法添加物的每日暴露，将消费者置于一个非常危险的境地，严重的会导致不可恢复的损伤。例如，禁用物质氢醌，它虽具有美白祛斑的作用，但慢性毒性实验显示，其通过皮肤进入机体后，具有骨髓毒性，肝、肾毒性，可引发肾小管细胞腺瘤和肝细胞腺瘤及再生障碍性贫血等疾病。儿童皮肤屏蔽脆弱，易得皮肤湿疹，市面上出现的很多宣称无激素、可治疗湿疹的产品，实际上并不安全。例如，2021年报道的“大头娃娃事件”，就是使用了含有糖皮质激素氯倍他索丙酸酯的产品；还有

曾被报道的某婴儿紫草软膏，检测出超量的地塞米松醋酸酯和地塞米松。长期使用激素可引起肾上腺皮质醇增多症，如满月脸、水牛背、皮肤紫纹、多毛等类柯兴综合征，以及代谢紊乱类的疾病。但一些不良企业常常会避开相关法规已经明确的禁限用原料目录中的原料或者已经建立检测标准的原料，以躲避监管。因此，检验检测方法需不断更新升级。

3. 企业非故意添加违禁物质，但无计可施

偶见报道，有的企业因化妆品事后监督受到处罚而连连喊冤。企业称，所采购的原料都是质量合格且有检测报告的正规厂家的原料，自己绝对没有主动添加，对产品中为何会检出违法添加物质完全不知情。化妆品原料多数是通过化学合成的手段获得，常常由于化学物质不纯或者技术手段限制不可避免地会产生额外的物质，而这些额外的物质可能是有害的，甚至在禁限用原料目录内。多数企业目前面临一大难题，即有质量证明的原料是否真的安全。在化妆品生产之前，把所有原料是否含有法规规定的禁限用物质都检测一遍，暂且不说禁限用物质庞大的数量和检验方法的缺失，检测的时间成本和经济成本又有几个企业能承受呢？对此，很多企业束手无策。所以，建立一些低成本、快速，甚至是高通量的检测方法，帮助企业在原料质量、生产环境、生产用水、包装材料等不同环节“排雷”是十分必要的。

（三）化妆品检验检测方法研究和标准化现状

化妆品的检验检测涉及化妆品原料、化妆品成品、化妆品包材、化妆品生产环境以及新纳入化妆品的牙膏等。目前，化妆品成品检测的方法偏多，试图从化妆品产业的最后一环保障产品的质量，虽省去了很多中间环节，但也存在一个问题，就是一旦发现产品有质量问题，溯源较为困难，同时可能会导致前期的投入功亏一篑，甚至有可能导致企业倒闭。所以，检测技术手段最好覆盖产品生产的每个阶段。

1. 化妆品原料的质量标准日益增多，植物类、生物技术类原料尤为显著

2011 年，国家食品药品监督管理局发布了《关于印发化妆品用乙醇等

3 种原料要求的通知》，主要涉及常用的乙醇、滑石粉、甘油，这是关注原料质量和安全性的起点，之后国家相关部门、协会、学会等根据现实需求，陆续发布了化学合成物、植物提取物的标准（见表 7.1），在很大程度上规范了这些原料的使用，规避了可能因为原料本身质量而引起的风险。2021 年，国家药品监督管理局公布的《已使用化妆品原料目录（2021 年版）》中一共有 8700 余种原料，除去禁限用的 1400 余种原料和已发布标准中的原料，剩下的 7000 余种原料是没有明确质量要求的，可见原料标准的缺口较大。

表 7.1　自 2011 年以来化妆品用原料标准统计（不完全统计）

序号	标准名称	发布单位	实施日期
1	化妆品用乙醇原料要求	《关于印发化妆品用乙醇等 3 种原料要求的通知》（国食药监保化〔2011〕500 号）	2011－12－23
2	化妆品用滑石粉原料要求		
3	化妆品用甘油原料要求		
4	HG/T 4532—2013 化妆品用氧化锌	工业和信息化部	2014－03－01
5	HG/T 4536—2013 化妆品用聚合氯化铝	工业和信息化部	2014－03－01
6	HG/T 4534—2013 化妆品用云母	工业和信息化部	2014－03－01
7	HG/T 4535—2013 化妆品用硫酸钠	工业和信息化部	2014－03－01
8	HG/T 4533—2013 化妆品用硫酸钡	工业和信息化部	2014－03－01
9	QB/T 4947—2016 化妆品用原料三氯生	工业和信息化部	2016－09－01
10	QB/T 4951—2016 化妆品用原料光果甘草（Glycyrrhiza glabra）根提取物	工业和信息化部	2016－09－01
11	QB/T 4953—2016 化妆品用原料熊果苷（β－熊果苷）	工业和信息化部	2016－09－01
12	QB/T 4950—2016 化妆品用原料 PCA 钠	工业和信息化部	2016－09－01
13	QB/T 4952—2016 化妆品用原料抗坏血酸磷酸酯镁	工业和信息化部	2016－09－01
14	QB/T 4948—2016 化妆品用原料月桂醇磷酸酯	工业和信息化部	2016－09－01
15	QB/T 4949—2016 化妆品用原料脂肪酰二乙醇胺	工业和信息化部	2016－09－01
16	HG/T 5041—2016 化妆品用氢氧化钠	工业和信息化部	2017－04－01

续表

序号	标准名称	发布单位	实施日期
17	GB/T 33306—2016 化妆品用原料 D-泛醇	国家标准化管理委员会 国家质量监督检验检疫总局	2017-07-01
18	QB/T 5107—2017 化妆品用原料尿囊素	工业和信息化部	2018-01-01
19	QB/T 5106—2017 化妆品用原料苄索氯铵	工业和信息化部	2018-01-01
20	QB/T 5105—2017 化妆品用原料碘丙炔醇丁基氨甲酸酯	工业和信息化部	2018-01-01
21	GB/T 34819—2017 化妆品用原料甲基异噻唑啉酮	国家标准化管理委员会 国家质量监督检验检疫总局	2018-05-01
22	GB/T 34820—2017 化妆品用原料乙二醇二硬脂酸酯	国家标准化管理委员会 国家质量监督检验检疫总局	2018-05-01
23	GB/T 35915—2018 化妆品用原料珍珠提取物	国家标准化管理委员会 国家质量监督检验检疫总局	2018-09-01
24	T/GDCDC 007—2018 化妆品用月桂酰肌氨酸钠	广东省日化商会	2018-10-11
25	T/CAFFCI 1—2018 化妆品用原料甘草酸二钾	中国香料香精化妆品工业协会	2018-12-29
26	T/CAAA 014—2019 化妆品用原料骆驼脂质提取物	中国畜牧业协会	2019-01-07
27	T/CAFFCI 14—2018 化妆品用原料大花红景天（Rhodiola crenulata）根提取物	中国香料香精化妆品工业协会	2019-01-22
28	T/CAFFCI 15—2018 化妆品用原料山茶/滇山茶（Camellia japonica/reticulata）花提取物	中国香料香精化妆品工业协会	2019-01-22
29	T/CAFFCI 16—2018 化妆品用原料水解蚕丝（Hydrolyzed silk）	中国香料香精化妆品工业协会	2019-01-22
30	QB/T 5290—2018 化妆品用原料苯氧乙醇	工业和信息化部	2019-04-01
31	T/JSRH 001—2019 化妆品用原料纯化水	江苏省日用化学品行业协会	2019-07-01
32	T/CAFFCI 17—2019 化妆品用原料积雪草提取物	中国香料香精化妆品工业协会	2019-10-17
33	T/LIST 0012—2019 化妆品用原料西伯利亚落叶松（LARIX SIBIRICA）木提取物	黑龙江省轻工业科学技术协会	2019-10-30

续表

序号	标准名称	发布单位	实施日期
34	T/CAFFCI 39—2020 化妆品用原料硬脂醇甘草亭酸酯	中国香料香精化妆品工业协会	2020-10-10
35	T/JSRH 002—2021 化妆品用原料月桂酰丙氨酸	江苏省日用化学品行业协会	2021-02-12
36	T/HPCIA 008—2021 化妆品用原料无患子（SAPINDUS MUKUROSSI）提取物	广州开发区黄埔化妆品产业协会	2021-02-28
37	T/HPCIA 009—2021 化妆品用原料西柚（CITRUS PARADISI）提取物	广州开发区黄埔化妆品产业协会	2021-02-28
38	T/HPCIA 010—2021 化妆品用原料油溶紫草（ARNEBIA EUCHROMA）提取物	广州开发区黄埔化妆品产业协会	2021-02-28
39	T/KCIHIA 004—2021 化妆品用原料大麻叶提取物 Ⅰ	昆明市工业大麻行业协会	2021-06-01
40	T/CAFFCI 47—2021 化妆品用原料芍药（PAEONIA ALBIFLORA）根提取物	中国香料香精化妆品工业协会	2021-07-24
41	T/CAFFCI 48—2021 化妆品用原料银杏（GINKGO BILOBA）叶提取物	中国香料香精化妆品工业协会	2021-07-24
42	T/SHRH 037—2021 化妆品用原料山茶籽油	上海日用化学品行业协会	2021-10-30
43	T/CSTM 00353—2021 化妆品工业用高岭土	中关村材料试验技术联盟	2021-12-10
44	T/GXAS 253—2021 化妆品用滑石粉	广西标准化协会	2021-12-30
45	T/SDCIA 1007—2022 化妆品用原料牡丹籽油	山东省日用化学工业协会	2022-02-11
46	T/GDCA 007—2021 化妆品用原料辛酰羟肟酸	广东省化妆品学会	2022-05-13

在所有原料中，植物提取物类、发酵类原料的质量控制是相对较难的，原料产地不同，生产工艺不同，最终产品中有效成分的含量饱受争议，而对

植物提取物的有效成分和作用机制的不清楚，导致对植物提取物存在的潜在危害或者毒性并不了解。尽管不少的植物属于药食同源植物，但没有系统毒性，并不代表就没有局部皮肤毒性。例如，常见的柠檬，虽然可以食用，但是将柠檬汁直接涂抹皮肤时会引起皮肤刺痛、过敏等反应。因此，应该有标准或者规范来明确植物来源原料的有效成分、建议使用浓度，至少应该明确植物原料的风险成分，以及这个风险成分的限值。自2021年来，转化形成的12项原料标准中，有8项是植物原料，这响应了我国推动中国特色植物资源在化妆品领域发展的号召。发酵类原料是一个更为复杂的混合物，发酵前后的成分会发生变化，不仅是原有成分的增加或减少，而且会出现新的成分，所以，发酵前原料是安全的，并不能说明发酵后原料的安全性。可能正是因为发酵类原料的独特性，到目前为止，还没有关于发酵类原料的标准，然而即使建立了标准，其适用范围也非常有限。

另外，随着科学技术的发展，尤其是生物技术的发展，新型原料、新技术不断出现。化妆品的研发重点从传统的油膜和保持皮肤水分，逐渐发展到目前的调节皮肤组织组分及其生理功能。研究者通过皮肤生理学逐步揭示皮肤光老化和皮肤损伤修复机理，利用现代生物技术，设计生产各种生物活性原料，并研制出各种对皮肤修复和延缓衰老具有确实功效的功能性化妆品。但是，这一过程也伴随着安全性问题。第一，国内普遍缺乏生物制剂应用研究平台、设施和专业人才，缺乏各种生物原料的成分分析和产品质量标准的检测手段，缺乏对应用于生物原料化妆品功效宣称中生物活性成分功效评估的方法。第二，缺乏生物原料检测技术的支撑，导致生物原料在化妆品中应用的相关法规较为滞后。目前，市场上销售的化妆品中许多都添加有生物活性原料。国内许多化妆品企业为规避法规限制，或者对所使用的生物活性原料在功能宣称上含糊其词，或者在厂家的申报材料中根本见不到该生物原料及其功能宣称，或者用类似功能的其他添加剂成分作为该原料的功能宣称，这无疑会带来较大的安全隐患。第三，由于缺乏标准，对生物原料的安全性、有效性的检测和评价工作大多依赖地方高校或科研院所完成，国内尚无有资质的专门社会化独立机构来承担此项工作，即使有第三方承接这类工作，也因没有标准而无法出具有公信力的报告。不过即使面临众多的困难，已经有机构在研发检测化妆品原料和化妆品中细胞因子、肽、氨基酸等生物分子的方法，只是还未转化形成标准，但有的方法已经提交专利申请。

（1）化妆品中4种胜肽的高效液相色谱串联质谱检测方法。

成果负责人：上海市食品药品检验所。

知识产权状况：专利申请中，申请公开号CN111679028A。

背景技术：胜肽是由一定序列的氨基酸通过酰胺键键合组成的蛋白质片段。具有生物活性的胜肽经常被添加到化妆品中作为原料。L－肌肽、谷胱甘肽、乙酰基四肽－5和乙酰基六肽－8是目前被采用频率较高的常见的几款胜肽。L－肌肽（L－Carnosine），中文别名N－β－丙氨酰－L组氨酸，是一种天然的抗衰老、抗氧化剂。谷胱甘肽（Glutathione），中文别名为5－L－谷氨酰－L－半胱氨酰甘氨酸，它能结合代谢中的自由基及过氧化物，还能防止线粒体的脂质过氧化等，起到保护细胞、抵抗衰老的作用。乙酰基四肽－5（Eyeseryl），中文别名为N－乙酰基－β－丙氨酰－L－组氨酰－L－丝氨酰－L－组氨酸，能快速祛除眼袋、黑眼圈等。乙酰基六肽－8（Acetyl Hexapeptide－8），又名乙酰基六胜肽－3，俗称“阿基瑞林”，可抑制肌肤的儿茶酚胺和乙酰胆碱过度释放，使脸部肌肉放松，达到抚平细纹的目的。目前，多肽的检测方法多用于食品、药品和临床领域。如戴璐瑶等采用离子交换色谱法测定牛肉中的肌肽，王宝平等采用高效毛细管电泳法测定原料药肌肽的含量，周鑫悦等采用高效毛细管电泳法测定中药材中六种地龙多肽的含量，杨菁等采用柱前衍生高效液相色谱法测定组织中的肌肽。在食品和药品领域的多肽检测方法多为液相色谱法。而关于化妆品中多肽的检测方法，目前国内外鲜有报道，已有文献报道采用高效液相色谱法单独测定化妆品中乙酰基六肽－8、肌肽以及谷胱甘肽，还未见高效液相色谱串联质谱检测方法的应用。

技术描述：一是称取化妆品样品置于洁净的离心管中，加水溶解、混匀、涡旋、离心，取上清液适量，经过滤膜过滤，所得滤液为样品工作液；二是系列混合标准溶液配制；三是将所述系列混合标准溶液和样品工作液分别注入高效液相色谱串联质谱仪中，进行检测分析。在本研究的高效液相色谱串联质谱检测方法中，采用水为标准品的溶剂，目标物峰形好，响应高；采用水为化妆品样品的提取溶剂，提取效果好，回收率高；以0.1%乙酸水溶液和乙腈作为流动相，得到的四种多肽峰形对称，基线平稳。

应用领域：适用于化妆品中L－肌肽、谷胱甘肽、乙酰基四肽－5和乙酰基六肽－8的含量检测。

（2）分散固相微萃取——氨基酸自动分析仪法（同时测定化妆品中20种游离氨基酸的方法）。

成果负责人：广西壮族自治区食品药品检验所。

知识产权状况：专利申请中，申请公开号CN113433243A。

背景技术：人体表皮细胞角质层存在大量的游离氨基酸，这些氨基酸能够完整透过皮肤表皮细胞，赋予肌肤活力，改善肤质而不影响皮肤屏障功能，使皮肤柔滑、细腻且富有弹性，在保湿及维持皮肤稳态方面发挥着重要作用。牛磺酸、5－氨基乙酰丙酸（以下简称“5－ALA”）均为非蛋白氨基酸。其中，牛磺酸具有赋活肌肤细胞的能力，可提高肌肤免疫力，抵抗外界对肌肤的侵袭。5－ALA广泛存在于动植物和微生物细胞中，保湿锁水能力是玻尿酸的两倍，具有光敏特性，主要作为保湿剂和祛痘剂应用于化妆品中。在化妆品工业中，氨基酸以游离型、多肽类、改性氨基酸表面活性剂三种形式应用于护肤品、清洁用品以及护发素等化妆品中。然而，由于化妆品中氨基酸用量很少，且存在油脂、蜡质、高级脂肪酸以及表面活性剂等基质干扰，如何有效评价此类化妆品中氨基酸的添加水平，成为当今的研究热点之一。目前，氨基酸检测的主要方法有柱前衍生—高效液相色谱法、柱后衍生—阳离子交换色谱法、毛细管电泳法、离子色谱法、液相色谱—质谱串联法、气相色谱—质谱串联法等。其中，基于柱后衍生—阳离子交换原理研发的氨基酸分析仪，由于具有稳定性高、重现性好、分析种类多等优点，已被广泛应用于检测食品、药品中的氨基酸。化妆品中氨基酸的检测方法报道较少，目前是茚三酮显色后使用分光光度法测定的行标法，仅用于测定氨基酸总量，不能确定单个氨基酸的含量。然而，氨基酸种类众多，化妆品配方中通常添加一种甚至多种氨基酸，因此上述行业标准存在不能有效监测原料质量及配方工艺稳定性的局限性，不适宜行业的发展及化妆品日常安全风险监测的需求。

技术描述：该研究选取乳、啫喱、面膜、膏霜及化妆水等不同类型基质样品，优化流动相梯度洗脱程序，考察提取净化条件，打造了氨基酸自动分析仪，同时定量测定化妆品中的20种游离氨基酸（包括18种常规氨基酸以及牛磺酸、5-ALA等非蛋白氨基酸），解决了化妆品提取过程中出现的共提取物多、基质干扰大、表面活性剂泡沫引起的定量误差等难题，为化妆品安全风险监测及质量控制提供了高效、便捷、准确可靠的分析方法。

应用领域：适用于化妆品研发、稳定性监测氨基酸水平。

（3）化妆品中玻色因的液相检测方法。

成果负责人：中国科学院成都生物研究所湖州生物资源利用与开发创新中心。

知识产权状况：专利申请中，申请公开号CN112730720A。

背景技术：玻色因（Pro-Xylane），又名羟丙基四氢吡喃三醇，是一种生物活性物质，能促进糖胺聚糖（GAG）的产生，进而促进蛋白聚糖的产生，同时，玻色因在这个过程中，还能通过GAG促进合成一些细胞因子和胶原蛋白再生，从而使玻色因能够对抗皮肤老化、脱水等症状，使肌肤变得紧致、有弹性。另外，还有一些实验证明，玻色因能够促进成纤维细胞生长因子（FGF，类似EGF）的再生，能够有效修复受损肌肤。因此，玻色因被广泛应用于化妆品领域，特别是抗皱等高端护肤品中。目前，市面上有多种化妆品均声称其含有玻色因，但鲜少明确标示出玻色因的含量。而即便产品标示出相关浓度，也仅是其所含活性物质的浓度，而非纯的玻色因的浓度，如欧莱雅旗下产品赫莲娜，其活性物质的浓度一般是30%，但其实际所含玻色因的浓度并未公布。因此，如何快速而有效地检测各种护肤品中玻色因的实际含量，对于相关产品的质量控制具有非常重要的意义，而现有的检测方法难以对化妆品中玻色因含量进行有效检测。

技术描述：该技术采用HPLC——示差折光检测法，所述HPLC的色谱条件为色谱柱采用氨基柱，流动相为75%～85%的乙腈，等度洗脱，检测器为示差折光检测器，进样量为5～12μL，专属性强，灵敏度高，准确度好，线性范围宽，且样品的前处理过程简单快捷，能够对各种化妆品中玻色因的含量进行有效检测。

应用领域：有助于各类以玻色因为主要活性成分的化妆品的质量控制。

（4）化妆品中虾青素含量的高效液相色谱检测方法。

成果负责人：山东拜昂生物技术有限公司。

知识产权状况：专利申请中，申请公开号 CN113008813A。

背景技术：虾青素是一种含有酮基的类胡萝卜素，属于萜烯类不饱和化合物。虾青素分子结构中的共轭双键链及其末端的不饱和酮基和羟基，能吸引自由基未配对电子或向自由基提供电子，从而清除自由基起到抗氧化作用。虾青素具有广泛的生物活性，近年来的研究证实，虾青素可抑制脂质过氧化，预防心脑血管疾病，保护眼睛健康，增强免疫力，具有广谱抗炎、抵御紫外线损伤、延缓衰老的作用。雨生红球藻被誉为天然虾青素的“浓缩品”，天然虾青素可占其类胡萝卜素总量的 90% 以上，含量达 3.0% ~5.5%，是其他生物来源的几十倍甚至上千倍。雨生红球藻提取物中富含酯化态虾青素，相比于合成/酵母源游离虾青素更稳定；但其脂溶性特质限制了其广泛应用。为了解决雨生红球藻虾青素水溶性的问题，国内外研究机构及企业都在进行高品质虾青素乳液的研发。目前，市面上已经形成了不同工艺（微乳、脂质体工艺）制备的虾青素水乳剂产品，很好地解决了天然虾青素不溶于水的问题，并有效提高了虾青素的稳定性能，应用领域拓展至饮料和化妆水、乳、精华等化妆品及水系添加剂中。虾青素相关的检测方法主要涉及的检测对象包含雨生红球藻粉、合成虾青素粉、雨生红球藻虾青素油或软胶囊内容物，而这些原料或产品与水乳剂（水包油乳液体系）及其化妆品制品的物理特性、结构完全不同，因此专门针对虾青素水乳剂及其制品适用的检测方法仍存在空白。

技术描述：将样品先后加水、甲醇、二氯甲烷混匀，接下来静置、离心，取下层有机相，并用丙酮稀释该有机相；用胆固醇酯酶酶解有机相，得到酶解液，将酶解液用石油醚萃取，收集石油醚层，用氮气吹干，并用正己烷和丙酮混合液复溶，得到待测样品试样溶液；用高效液相色谱法检测预先配制的虾青素标准溶液，确定标准曲线，然后用高效液相色谱法检测待测样品试样溶液，根据色谱峰面积和标准曲线确定虾青素的含量。该方法能够有效检测虾青素水乳剂及其化妆品中虾青素的含量。

应用领域：适用于雨生红球藻粉、合成虾青素粉、雨生红球藻来源的虾青素在化妆品中含量的检测。

（5）化妆品中γ-氨基丁酸含量的氨基酸分析仪检测方法。

成果负责人：华熙生物科技股份有限公司。

知识产权状况：专利申请中，申请公开号 CN113341029A。

背景技术：γ-氨基丁酸（GABA）又名氨酪酸、4-氨基丁酸、哌啶酸，分子式为 $C_4H_9NO_2$，分子量为 103.1。γ-氨基丁酸是哺乳动物中枢神经系统的抑制性神经递质，广泛分布于原核和真核生物中，具有缓解焦虑、降血压、改善睡眠、祛皱和美白的功效。国内外利用γ-氨基丁酸的这一性质，研发了一系列产品，但无法避免的问题是，当γ-氨基丁酸的浓度达到祛皱浓度或期望达到更好的祛皱浓度时，皮肤会产生刺疼、麻、痒、灼热等不适症状。因此，为了使γ-氨基丁酸在护肤领域有更广泛的应用，就必须保证其合适用量。γ-氨基丁酸无紫外吸收，利用高效液相色谱法检测其含量需要先让其与衍生化试剂发生反应，生成具有紫外吸收的化合物，但是柱前衍生反应易受外界干扰，形成多级衍生，经过色谱柱分离后会导致检测结果重复性差、准确度低，对γ-氨基丁酸含量的检测造成影响。柱后衍生—阳离子交换色谱法是γ-氨基丁酸经阳离子交换色谱柱分离后再进行衍生化处理，具有反应速度快、衍生产物稳定性好等优点，常用的柱后衍生化试剂有茚三酮，但是茚三酮衍生法对样品前处理要求严格，操作较为复杂，且灵敏度低，很难检测出低含量的样品。当用氨基酸分析仪检测分离氨基酸常用的流动相与用洗脱程序检测γ-氨基丁酸时，γ-氨基丁酸的出峰时间在 1.5min 附近，极易受溶剂峰影响，且峰面积很小，基线波动很容易影响γ-氨基丁酸检测准确度。因此，需要优化检测条件。

技术描述：用 0.02mol/L 盐酸加入样品在 60℃水浴锅中加热 4h，提取化妆品中的γ-氨基丁酸。该方法将化妆品中γ-氨基丁酸充分提取，用 0.22μm 滤器过滤后，可得供试品溶液，样品处理简单，操作方便，可大大提高γ-氨基丁酸的分离效果，避免样品峰的扩散及重叠现象，使γ-氨基丁酸的峰形重复性好，检测的准确度高。另外，改用邻苯二甲醛作为柱后衍生化试剂，将检测限降低至 10^{-4}ppm，能大大提高检测灵敏度和准确度。

应用领域：用于检测化妆品中 γ－氨基丁酸的含量。

（6）化妆品中环磷酸腺苷的液相色谱分析方法。

成果负责人：山东省产品质量检验研究院。

知识产权状况：专利申请中，申请公开号 CN112964818A。

背景技术：环磷酸腺苷为《国际化妆品原料标准中文名称目录（2015年版）》及国家药品监督管理局关于发布《已使用化妆品原料目录（2021年版）》中允许使用的原料。它是一种核苷酸衍生物，能有效调节毛细血管血液循环，及时消退皮肤浮肿，预防和修整斑痕痘印，可作为皮肤调理剂用于祛斑、祛痘类化妆品中。目前，环磷酸腺苷检测方法主要包括纸色谱法、薄层色谱法、蛋白结合分析法、放射免疫分析法、高效液相色谱—串联质谱法和 ELISA 检测试剂盒等。其中，纸色谱法、薄层色谱法、蛋白结合分析法、放射免疫分析法等操作烦琐且时间长、灵敏度低；高效液相色谱—串联质谱法则易受基质干扰，且设备昂贵。因此，开发一种快速、灵敏度高的液相色谱分析方法，对于化妆品中环磷酸腺苷的检测分析具有十分重要的意义。

技术描述：化妆品试样以乙腈水（1∶9 体积比）为提取液，涡旋混匀，35℃超声提取 25min，水饱和的正己烷除去脂肪，6000r/min 4℃离心 5min。选择色谱柱 Atlantis T3 柱［250 × 4.6mm（i. d.），5μm］，流动相乙腈 + 0.1% 甲酸水（5∶95 体积比）等度洗脱，检测波长为 257nm，柱温 35℃，进样量为 10μL，流速 1.0mL/min 进行分离检测。结果表明，环磷酸腺苷的线性回归方程相关系数 R 在 0.9999，回收率在 86.3% 至 110.3%，精密度在 0.92% 至 7.35%。该方法简便快速、灵敏可靠、重现性好，适用于化妆品中环磷酸腺苷的分析检测。

应用领域：适用于液体类、乳、膏、霜等各类型化妆品中环磷酸腺苷的检测。

（7）化妆品中依克多因的高效液相色谱检测方法。

成果负责人：华熙生物科技股份有限公司。

知识产权状况：专利申请中，申请公开号 CN111983076A。

背景技术：依克多因，又称“四氢嘧啶”（化学名为1，4，5，6－四氢－2－甲基－4－嘧啶羧酸，英文名为1，4，5，6－tetrahydro－2－methyl－4－pyrimidinecarboxylic acid)，是一种环状氨基酸衍生物。它能在高盐、热变性、干燥、冰冻等极端环境下，被用作酶、核酸、膜及细胞的保护剂及稳定剂，因此在酶剂生产、医学、保健食品以及化妆品工业等领域具有广阔的应用前景。目前，依克多因的检测方法主要是高效液相色谱法，但依克多因是一种强烈的亲水性物质，在常规的色谱条件或常规反相色谱柱上的保留很弱，其应用范围主要在原料或水质中，对于基质比较复杂的化妆品领域还未有报道。

技术描述：对化妆品进行前处理，以制备依克多因供试品溶液；使用高效液相色谱法对所述依克多因供试品溶液进行检测。其中，色谱柱为十八烷基硅烷键合硅胶柱，流动相包括流动相 A（甲醇）和流动相 B（磷酸二氢钠溶液)。与现有技术相比，该研究提供的检测化妆品中依克多因的方法操作简单、检测时间短、分离效果好、精密度和准确度高、节省溶剂、样品制备便捷，能够广泛地用于含有依克多因的化妆品的检测。

应用领域：适用于液体类、乳、膏、霜等各类型化妆品中依克多因的检测。

2. 化妆品风险物质检测方法不断完善，安全限值有待明确

在化妆品生产加工过程中，因为原料、设备、环境等因素可能带入一些有毒有害的物质，如常见的重金属、二噁烷、苯酚、农残、亚硝胺等，这些风险物质都存在致突变、致畸或致癌的毒性作用，会危害消费者的健康。《化妆品安全技术规范》（2015 年版）中虽然有针对风险物质二噁烷、甲醇、苯酚、氢醌、二甘醇、游离甲醛、苯等的检测方法，但方法适用的产品类型有限，如二甘醇仅适用于原料、苯酚和氢醌仅适用于祛斑类产品与香波。后来工业和信息化部、广州市质量检验协会分别发布的 QB/T 5411—2019《化妆品中禁用物质二甘醇的测定》、T/GZZJ 10—2019《化妆品中氢醌和苯酚含量的测定》对二甘醇、苯酚检测方法的适用范围进行了

补充。另外，GB/T 39665—2020《含植物提取物类化妆品中55种禁用农药残留量的测定》的发布，打破了长期以来化妆品农残检测无方法的窘境。目前，比较受关注的风险物质只有蒽醌、一氯乙酸还没有检测标准。

由于风险物质是不能完全避免的，因此设定安全限值十分必要。重金属、二噁烷、甲醇、石棉、亚硝胺、仲链烷胺、一氯乙酸已有明确限值，二甘醇、苯酚、苯等安全限值一般是参考国际权威评估机构欧洲消费者安全科学委员会（SCCS）、美国化妆品成分审查委员会（CIR）、美国环保局（EPA）或者其他国家标准列出的限值（见表7.2）。

表7.2　常见化妆品有害物质/风险物质的检测标准（不完全统计）

序号	风险物质	检测依据	判定依据	判定值
1	汞	《化妆品安全技术规范》（2015年版）第四章1.2	《化妆品安全技术规范》第一章表2	≤1mg/kg
2	铅	《化妆品安全技术规范》（2015年版）第四章1.3	《化妆品安全技术规范》第一章表2	≤10mg/kg
3	砷	《化妆品安全技术规范》（2015年版）第四章1.4	《化妆品安全技术规范》第一章表2	≤2mg/kg
4	镉	《化妆品安全技术规范》（2015年版）第四章1.5	《化妆品安全技术规范》第一章表2	≤5mg/kg
5	二噁烷	《化妆品安全技术规范》（2015年版）第四章2.19	《化妆品安全技术规范》第一章表2	≤30mg/kg
6	甲醇	《化妆品安全技术规范》（2015年版）第四章2.22	《化妆品安全技术规范》第一章表2	≤2000mg/kg
7	石棉	《化妆品安全技术规范》（2015年版）第四章2.27	《化妆品安全技术规范》第一章表2	不得检出
8	游离甲醛	《化妆品安全技术规范》（2015年版）第四章4.9	《化妆品安全技术规范》第三章表4化妆品准用防腐剂	总量≤0.2%
9	亚硝胺	GB/T 24800.13—2009 化妆品中亚硝酸盐的测定 GB/T 35956—2018 化妆品中N-亚硝基二乙醇胺（NDELA）的测定 GB/T 29669—2013 化妆品中N-亚硝基二甲基胺等10种挥发性亚硝胺的测定	《化妆品安全技术规范》第三章表4化妆品准用防腐剂	≤0.1%

续表

序号	风险物质	检测依据	判定依据	判定值
10	仲链烷胺	SN/T 2107—2008 进出口化妆品中一乙醇胺、二乙醇胺、三乙醇胺的测定方法	《化妆品安全技术规范》第三章表4 化妆品准用防腐剂	≤0.5%
11	一氯乙酸	—	《脂肪酰胺丙基二甲基甜菜碱（QB/T 4082—2010）》	≤20mg/kg
12	二甘醇	《化妆品安全技术规范》(2015年版）第四章 2.20	SCCP/1181/08 Opinion on diethylene glycol; SCCP 关于二甘醇的意见	0.1%
	二甘醇	QB/T 5411—2019 化妆品中禁用物质二甘醇的测定		
	二甘醇	SN/T 4505—2016 化妆品中二甘醇残留量的测定		
	二甘醇	GB/T 21842—2008 牙膏中二甘醇的测定		
	二甘醇	GB/T 32115—2015 口腔护理产品中乙二醇与二甘醇的测定方法		
13	苯酚	《化妆品安全技术规范》(2015年版）第四章 2.26	《化妆品标准》厚生省告示第331号（2000年）	≤0.1g/100g
	苯酚	SN/T 3920—2014 出口化妆品中氢醌、水杨酸、苯酚、苯氧乙醇、对羟基苯甲酸酯类、双氯酚、三氯生的测定		
	苯酚	DB37/T 2654—2015 化妆品中氢醌、苯酚的测定		
	苯酚	T/GZZJ 10—2019 化妆品中氢醌和苯酚含量的测定		
14	氢醌	《化妆品安全技术规范》(2015年版）第四章 2.26	—	—
	氢醌	SN/T 3920—2014 出口化妆品中氢醌、水杨酸、苯酚、苯氧乙醇、对羟基苯甲酸酯类、双氯酚、三氯生的测定		

续表

序号	风险物质	检测依据	判定依据	判定值
15	氢醌	DB37/T 2654—2015 化妆品中氢醌、苯酚的测定	SCCS/1550/15 Opinion on β－arbutin; SCCS 关于熊果苷的意见	≤1ppm
	氢醌	T/GZZJ 10—2019 化妆品中氢醌和苯酚含量的测定		
	蒽醌	—	CIR 关于芦荟及相关提取物的评估报告	≤50ppm
16	苯	《化妆品安全技术规范》（2015 年版）第四章 2. 33	美国环境评估办公室（OEH-HA）确定苯的终身暴露量为 6. 4μg/day	<6. 4μg/day
	苯	《化妆品安全技术规范》（2015 年版）第四章 2. 32		
	苯	SN/T 2933—2011 化妆品中三氯甲烷、苯、四氯化碳、三氯硝基甲烷、硝基苯和二氯甲苯的检测方法		

当新的风险物质出现时，相关部门会迅速开展研发并转化形成检测标准。例如，环五聚二甲基硅氧烷（D5）（别名“十甲基环五硅氧烷”）是一种有机化合物，是化妆品中常用的柔润剂和溶剂，其安全性之前在全球范围内受到争议，后经 SCCS 评估，认为其可以在一定浓度内安全使用，但因其可能含有具有生殖毒性的杂质环四聚二甲基硅氧烷（D4）（别名“八甲基环四硅氧烷”，被列为风险物质），需要严格监控。2021 年，国家标准化管理委员会发布了 GB/T 40955—2021《化妆品中八甲基环四硅氧烷（D4）和十甲基环五硅氧烷（D5）的测定气相色谱法》。

3. 禁限用物质检测方法转化紧追市场热点

《化妆品安全技术规范》（2015 年版）明确禁用物质 1284 种，禁用植（动）物原料 109 种（2021 年修订），限用物质 49 种，还有一些具有特殊功能的准用物质，但准用物质里面的防腐剂 51 种、防晒剂 27 种、染发剂 75 种、着色剂 157 种中的多数也是限量使用的。禁限用物质大多有致癌、致畸、致突变的风险，对人体健康有潜在危害，而这些物质也有其独特的“本领”。例如，氢醌，具有美白祛斑的效果，临床上可以用于治疗色素性疾病（黄褐斑等），但在化妆品中是禁用的。氢醌长期低浓度涂抹皮肤，可引起皮炎；动物实验显示，氢醌还可引起溶血性黄疸、贫血、白细胞增多、红细胞脆性增加，能产生生殖毒性，还能导致基因突变。甲硝唑，临床上适用于痤疮、螨虫感染的治疗，所以一些不法厂商将其用到了祛痘产品中，虽效果显著，却造成了抗生素滥用。可见，通常具有显著效果的成分，往往会伴随潜在风险。所以，建立禁限用物质检测方法是需要优先考虑的。目前，与其他原料相比，虽然针对禁限用物质建立的检验方法已经排名第一，但是仍不到禁限用物质总量的25%。因此，除了规范中明确的检测方法，相关单位从方法覆盖待检物质的数量、适用的产品性状、适用的仪器等方面，不断开发和完善检测方法，自2021年以来发布了近40项标准（见表7.3），覆盖了近年来大家比较关注的成分检测，如塑料微珠、荧光增白剂等。禁用物质的标准多为监管的技术依据，但禁用成分功效类似物同样存在健康危害，检测方法却无法覆盖。由于禁用成分数量庞大，全部建立检测标准难以实现，常常是根据实际已出现的引起不良反应的成分，有针对性地建立检测方法。

表7.3　化妆品成分检测标准（2021年1月1日后发布）

序号	标准名称	发布单位	实施日期
1	《唇用化妆品中禁用物质对位红的测定　高效液相色谱法》（GB/T 39946—2021）	国家市场监督管理总局	2021-10-01
2	《化妆品中邻苯二甲酸酯类物质的测定》（GB/T 28599—2020）	国家市场监督管理总局	2021-01-01
3	《化妆品生产用水》（T/FDCA 002—2021）	福建省日用化学品商会	2021-01-28
4	《化妆品中4-羟基苯甲酸及其盐类和酯类的检测　高效液相色谱—质谱法》（T/CAFFCI 45—2021）	中国香料香精化妆品工业协会	2021-04-28
5	《化妆品中防腐剂检验方法》（国家药品监督管理局2021年第17号通告）	国家药品监督管理局	2021-05-01
6	《化妆品中硼酸和硼酸盐检验方法》（国家药品监督管理局2021年第17号通告）	国家药品监督管理局	2021-05-01
7	《化妆品中对苯二胺等32种组分检验方法》（国家药品监督管理局2021年第17号通告）	国家药品监督管理局	2021-05-01

续表

序号	标准名称	发布单位	实施日期
8	《化妆品中维甲酸等8种组分检验方法》（国家药品监督管理局2021年第17号通告）	国家药品监督管理局	2021-05-01
9	《化妆品中塑料微珠的测定》（GB/T 40146—2021）	国家市场监督管理总局	2021-09-01
10	《化妆品中本维莫德的测定》（BJH 202101）	国家药品监督管理局	2021-09-02
11	《化妆品中比马前列素等5种组分的测定》（BJH 202102）	国家药品监督管理局	2021-09-13
12	《化妆品中牛磺酸的测定　高效液相色谱法》（T/SDAQI 004—2021）	山东质量检验协会	2021-09-28
13	《化妆品中禁用物质藜芦碱的测定　高效液相色谱法》（GB/T 39927—2021）	国家市场监督管理总局	2021-10-01
14	《化妆品中凝血酸（氨甲环酸）的测定　高效液相色谱法》（QB/T 5594—2021）	工业和信息化部	2021-10-01
15	《化妆品中环磷酸腺苷和环磷酸鸟苷的测定　高效液相色谱法》（T/SDAQI 006—2021）	山东质量检验协会	2021-10-25
16	《化妆品中牛磺酸的测定　高效液相色增法》（T/SDAQI 004—2021）	山东质量检验协会	2021-10-25
17	《化妆品中恩诺沙星等15种禁用喹诺酮类抗生素的测定　液相色谱—串联质谱法》（GB/T 39999—2021）	国家市场监督管理总局；国家标准化管理委员会	2021-11-01
18	《化妆品中限用防腐剂二甲基噁唑烷、7-乙基双环噁唑烷和5-溴-5-硝基-1，3-二噁烷的测定》（GB/T 39993—2021）	国家市场监督管理总局；国家标准化管理委员会	2021-11-01
19	《化妆品中地索奈德等十一种糖皮质激素的测定　液相色谱/串联质谱法》（GB/T 40145—2021）	国家市场监督管理总局	2021-12-01
20	《化妆品中5种酚类物质的测定　气相色谱—质谱联用法》（T/CQCAA 0008—2021）	重庆市认证认可协会	2022-01-05
21	《化妆品中14种美白活性成分的测定　液相色谱—质谱联用法》（T/CQCAA 0009—2021）	重庆市认证认可协会	2022-01-05

续表

序号	标准名称	发布单位	实施日期
22	《化妆品中禁用物质三氯乙酸的测定》(GB/T 40639—2021)	国家市场监督管理总局	2022－05－01
23	《化妆品中壬二酸的检测气相色谱法》(GB/T 40845—2021)	国家市场监督管理总局	2022－05－01
24	《化妆品中人工合成麝香的测定　气相色谱—质谱法》(GB/T 40844—2021)	国家市场监督管理总局	2022－05－01
25	《化妆品中新铃兰醛的测定　气相色谱—质谱法》(GB/T 40891—2021)	国家市场监督管理总局	2022－06－01
26	《化妆品中二乙二醇单乙醚的测定　气相色谱—质谱法》(GB/T 40896—2021)	国家市场监督管理总局	2022－06－01
27	《化妆品中禁用物质丁卡因及其盐类的测定　离子色谱法》(GB/T 40895—2021)	国家市场监督管理总局	2022－06－01
28	《化妆品中八甲基环四硅氧烷(D4)和十甲基环五硅氧烷(D5)的测定　气相色谱法》(GB/T 40955—2021)	国家市场监督管理总局	2022－06－01
29	《化妆品中禁用物质溴米索伐、卡溴脲和卡立普多的测定　高效液相色谱法》(GB/T 40899—2021)	国家市场监督管理总局	2022－06－01
30	《化妆品中禁用物质甲巯咪唑的测定　高效液相色谱法》(GB/T 40894—2021)	国家市场监督管理总局	2022－06－01
31	《化妆品中烷基(C12～C22)三甲基铵盐的测定　高效液相色谱串联质谱法》(GB/T 40950—2021)	国家市场监督管理总局	2022－06－01
32	《化妆品中11种禁用唑类抗真菌药物的测定　液相色谱—串联质谱法》(GB/T 40901—2021)	国家市场监督管理总局	2022－06－01
33	《化妆品中禁用物质贝美格及其盐类的测定　高效液相色谱法》(GB/T 40898—2021)	国家市场监督管理总局	2022－06－01
34	《化妆品中碱金属硫化物和碱土金属硫化物的测定　亚甲基蓝分光光度法》(GB/T 40897—2021)	国家市场监督管理总局	2022－06－01
35	《化妆品中氨含量的测定滴定法》(GB/T 40970—2021)	国家市场监督管理总局	2022－06－01
36	《化妆品中荧光增白剂367和荧光增白剂393的测定　液相色谱—串联质谱法》(GB/T 40900—2021)	国家市场监督管理总局	2022－06－01

针对禁限用热点成分研发成果，除了形成标准外，部分检测方法已申请了专利。

（1）液体类化妆品中罂粟科植物禁用成分的表面离子化——高分辨质谱检测方法。

成果负责人：北京海关技术中心，威海海关技术中心。

知识产权状况：专利申请号201711376200.7，授权公告号CN108169315B。

背景技术：韩国化妆品虽然有着较好的质量和口碑，但是由于法律法规的不同，中韩化妆品中的禁用物质有些许差异，如罂粟科植物白屈菜和博落回提取液。白屈菜提取液中含有白屈菜碱和刺罂粟碱，博落回提取液中含有原阿片碱、别隐品碱和二氢血根碱，这些生物碱在化妆品中有舒缓镇痛、防腐和延缓角质细胞增长的作用，但是因其本身的毒性，在我国被禁止添加到化妆品中。所以，研究中韩化妆品中不同的禁限用物质，并建立快速检测方法，是保护我国消费者安全的必要技术基础。我国检测化妆品中植物成分的主要方法是液相色谱法及液相色谱—串联质谱法，前者处理方法相对烦琐，不适合快速筛查。

技术描述：该研究采用实时直接分析质谱离子源（DART）与低温等离子体离子源（LTP）相结合的方式，对液体状化妆品样品直接电离，避免了DART的热解析不能满足液体类化妆品检测的问题，LTP作为辅助，可以增强电离效果，快速检测液体类化妆品中罂粟科植物禁用成分，不需要对液体类化妆品进行前处理，节省时间，降低成本，对进口化妆品快速通关起到了积极的作用。

应用领域：适用于进口化妆品的监督抽检以及国内产品的违禁添加检测。

（2）快速检测化妆品中添加卡因类局部麻醉药的便携拉曼光谱仪法。

成果负责人：江苏省食品药品监督检验研究院。

知识产权状况：申请专利审核中，申请公开号CN114136949A。

背景技术：局部麻醉药简称“局麻药”，是一类能在用药局部可逆性地阻断感觉神经冲动发生与传递的药品，能在保持意识清醒的情况下，可逆地引起局部组织痛觉消失。根据《化妆品安全技术规范》（2015年版）规定，局麻药禁止添加在化妆品中。但是很多祛皱抗老、局部修复的化妆品中会非法添加这些局麻药，其原因在于使用这些药物时皮肤细胞会在短时间内失去活性，使面部皮肤、肌肉暂时麻痹和僵硬，故看起来皮肤似乎光滑了许多。消费者长期或大量使用这些化妆品可能会造成皮肤过敏、心率加快等不良反应，严重者会导致呼吸、心跳骤停，甚至出现生命危险。因此，建立一种化妆品中局麻药的快速检测方法是非常必要的。目前，关于局麻药的检测方法有液相色谱法、气相色谱法、液质联用法等，其主要研究对象基本集中在临床血液样品。但是，化妆品不同于血液，其基质相对更为复杂，同时更加侧重于快速筛查，上述这些方法分析时间长、效率低、费用昂贵且对操作人员的专业要求较高，难以满足市场监管的需求。表面增强拉曼光谱（SERS）作为目前发展较快的一种分析技术，补齐了传统拉曼光谱信号弱的短板，以其快速、高效、准确的特点广泛应用在食品违禁添加剂、农兽药残留、保健品非法添加等领域的检测分析中。近年来，也有学者将其应用在化妆品非法添加物的检测当中，但目前还未见 SERS 检测化妆品中局部麻醉药的相关研究。相关研究发现，化妆品中含有大量的蛋白质或其他杂质，这会影响卡因类局部麻醉药的检测精度和效率。因此，如何有效去除化妆品中的蛋白质，或者有效避免蛋白质对 SERS 检测结果的影响，成为检测化妆品中卡因类局部麻醉药的难题，亟待研究一种能够有效提高卡因类局部麻醉药检测精度和检测效率的方法。

技术描述：取待测化妆品与有机提取试剂和蛋白沉淀剂混合获得蛋白质沉淀、上清液，将上清液与纳米溶胶和增强助剂混合后，测试混合物的 SERS；所述纳米溶胶包括金属纳米溶胶，所述增强助剂包括卤素盐。通过上述方法，用蛋白沉淀剂去除化妆品中的大量蛋白质后，有机提取试剂将化妆品中的卡因类局部麻醉药提取至上清液中，再与纳米溶胶和增强助剂混合，卡因类局部麻醉药能够有效地附着在纳米溶胶颗粒物表面，同时排斥蛋白质在纳米溶胶颗粒物表面的附着，有效增强待测化合物的 SERS 强度。另外，该研究不需要使用液相色谱—串联质谱仪等大型检测设备，可实现现场快速检测化妆品中是否添加卡因类局麻药，从而同时提升检测精度和检测效率。

应用领域：适用于禁用成分卡因类局部麻醉药的现场监督抽检。

（3）现场快速筛查化妆品中5种禁用局部麻醉剂的便捷式离子迁移谱仪法。

成果负责人：中国检验检疫科学研究院。

知识产权状况：申请专利审核中，申请公开号CN109030613A。

背景技术：面对化妆品行业的高速发展和化妆品需求量的与日俱增，化妆品的产品质量和安全性越来越受到广大消费者的关注与重视。化妆品在使用过程中，会短暂或长期驻留于人体皮肤表面，以发挥其美白、抗皱、祛痘、舒缓等功效，但其中可能含有的有害物质也会通过皮肤被人体吸收，危害人体健康。因此，确保化妆品质量安全，建立管控物质检测方法尤为重要。利多卡因、氯普鲁卡因、丁卡因、普莫卡因、辛可卡因在医学领域是五种局部麻醉剂，临床上多作为麻醉药和抗心律失常的药物使用。这些局部麻醉剂长期停留在皮肤表面会造成血药浓度高，导致心跳不规则、癫痫发作及昏迷。因此，我国《化妆品安全技术规范》（2015年版）及欧盟化妆品法规（EC）No 1223/2009已将这5种局部麻醉剂列入禁用物质。目前，利多卡因、丁卡因等局部麻醉药的测定方法有高效液相色谱法、液相色谱—串联质谱法、气相色谱—串联质谱法、电化学法等。上述方法各有特点，但均需将样品进行复杂样品前处理，如溶解、超声、离心、旋蒸、过膜等，然后经过色谱技术进行分离，最后使目标分析物进入大型质谱设备进行定性定量分析。整个分析过程试剂消耗量大，分析周期长，时间成本高，而且不能实现现场检测分析。

技术描述：将水剂或喷雾类化妆品样品直接滴加或者喷涂在试纸上，静置，待样品完全加载到所述试纸后，将所述试纸放入空气辅助热解吸离子源的样品槽内，开始热解吸样品，施加电晕针电压使样品离子化，进入离子迁移谱仪的迁移管分离后经法拉第杯检测器检测，得到相应离子迁移谱图谱。该研究可实现现场快速筛查化妆品中5种禁用局部麻醉剂，方法简便、快捷、成本低。

应用领域：适用于5种禁用局部麻醉剂的现场监督抽检。

(4) 化妆品中四氢大麻酚的快速胶体金检测方法及装置。

成果负责人：金华海关综合技术服务中心。

知识产权状况：申请专利审核中，申请公开号CN113340757A。

背景技术：大麻化妆品一般是添加了大麻提取物的化妆品，大麻中最常见的成分为四氢大麻酚（THC）与大麻二酚（CBD），相比之下，CBD的药用价值较高，具有抗炎、抑制瘙痒、抗菌的功效，常用于治疗痤疮、湿疹和促进伤口愈合等。我国《已使用化妆品原料名称目录（2015年版）》中允许大麻仁果、大麻籽油和大麻叶提取物作为化妆品原料。随着对大麻的深入研究，发现CBD能阻碍THC对人体神经系统影响，并具有抗痉挛、抗风湿性关节炎、抗焦虑等药理活性，能够有效提高睡眠质量、舒缓神经、放松心情、缓解压力、预防抑郁症，对阿尔茨海默病、癫痫、儿童孤独症、癌症、肝硬化等多种疾病的预防有显著的积极作用。THC作为大麻中最重要的精神活性物质，具有神经致幻作用，能够使人产生幻觉。THC含量大于0.5%为毒品大麻，被《联合国禁止非法贩运麻醉药品和精神药物公约》列为与海洛因、可卡因并列的三大毒品之一，这成为许多国家禁种大麻的原因，我国部分省份允许种植THC含量小于0.3%的大麻工业化种植品种。大麻提取物在添加入化妆品之前需要开展多重净化以去除THC，但由于CBD和THC互为同分异构体，两者性质相似，THC的净化难度大、成本高，各企业提纯工艺和加工水平参差不齐，THC净化不完全，其制成的化妆品就会含有THC。因此，测定化妆品中的THC含量，显得尤为重要。目前，对THC的检测方法主要有气相色谱—串联质谱法、液相色谱—串联质谱法，均需要复杂的样品前处理，不但检测操作过程复杂，样品分析所需时间较长，而且对人力和仪器的要求高，其中使用的质谱仪必须在高真空下才能工作，检测过程通常在实验室中完成，不能满足现场快速检测的要求。

技术描述：快速检测装置包括称量器、盛装件、混合机构、离心机，混合机构包括混合容器和搅拌件，混合容器的内底部呈凹弧面结构，搅拌件的端部呈凸弧面结构，搅拌件内设置有加热件，搅拌件靠近端部设有超声发生器和支撑架。该装置能够满足现场快速检测的要求，其技术要点是称取待测样品、量取提取液进行混合，超声提取后离心，移取上清液并加水稀释定容，再用对应的胶体金板进行检测。该方法检出限满足样品中THC含量不得超过0.3%的要求，整个检测过程不超过30min，能够满足现场快速检测的要求。

应用领域：适用于禁用成分THC的现场快速监督检测。

（5）化妆品中大麻素成分的超高效液相色谱—三重四级杆质谱检测方法。

成果负责人：中国食品药品检定研究院。

知识产权状况：申请专利审核中，申请公开号CN113092627A。

背景技术：大麻（Cannabis sativa L.），又名汉麻、叶麻和线麻等，是桑科大麻，属一年生雌雄异株的草本植物，其种植和使用至少已有5000年的历史，具有镇静、镇痛、抗菌和抗炎等生物活性。近年来，大麻提取物研究发展迅速，市场上含有大麻提取物的化妆品越来越多。在化妆品领域，大麻叶提取物（CANNABIS SATIVA LEAF EXTRACT）、大麻仁果（CANNABIS SATIVA FRUIT）以及大麻籽油（CANNABIS SATIVA SEED OIL）已列为《已使用化妆品原料名称目录（2021年版）》中可以使用的化妆品原料。其基于良好的抗衰老、抗氧化、保湿、美白、抗紫外线、抗菌、创伤愈合和抗炎等作用，在化妆品中具有广阔的应用前景。此外，大麻提取物可能在皮肤瘙痒、痤疮、银屑病、皮炎、大疱性表皮松解症、色素减退性皮肤病和黑素瘤等皮肤病的治疗中具有潜在的应用价值，各大化妆品品牌陆续推出了含有大麻提取物的产品，深受广大消费者的喜爱。根据大麻所含THC比例，通常可分为工业大麻和毒品大麻两类。工业大麻中THC的含量最高不超0.3%，而毒品大麻中THC含量高于这一比例。随着技术的进步、需求的增加，越来越多的研究开始关注除CBD、THC以外的其他植物大麻素，如CBG、CBC等，研究内容包括其对皮肤生理功能的影响和改善肌肤问题的能力以及在护肤品中的潜在应用。目前，测定大麻素成分含量的分析方法有气相色谱—串联质谱法（GC-MS/MS）、液相色谱—串联质谱法（LC-MS/MS）等方法，主要集中在法医或公安物证鉴定领域，鲜有机构开展化妆品中大麻素成分的分析研究。我国《化妆品安全技术规范》（2015 年版）尚未涵盖其分析检测方法，有关单位和部门也未出台相关国家标准、行业标准、团体标准等方法标准。因此，为有效开展大麻提取物化妆品质量控制和安全评估，准确识别化妆品中所包含大麻素成分、初步判断大麻原料种类，有必要建立化妆品中大麻素成分含量的测定方法。

技术描述：将样品与提取溶剂混合，超声提取，得到提取液；将所述提取液离心、过滤，得到目标检测液；将所述目标检测液采用超高效液相色谱—三重四级杆质谱法进行分析检测。该检测方法实现了化妆品中 7 种大麻素成分，即大麻酚、大麻二酚、大麻萜酚、大麻萜酚酸、（－）－11－去甲－9－羧基－Δ^9－四氢大麻酚、（－）－反式－Δ^9－四氢大麻酚和大麻色烯的高通量检测，分析时间短，定性、定量检测结果稳定可靠。

应用领域：化妆品中 7 种大麻素成分的高通量检测。

（6）基于分光光度法定量检测化妆品中辛酰羟肟酸的方法。

成果负责人：中国食品药品检定研究院。

知识产权状况：申请专利审核中，申请公开号 CN111795964A。

背景技术：辛酰羟肟酸（$C_8H_{17}NO_2$，CAS 7377－03－9），又称“辛基羟肟酸”“辛酰异羟肟酸”或“N－羟基正辛酰胺”，是一种对金属离子具有高效选择性的螯合剂。辛酰羟肟酸具有较强的抑制真菌的作用，其抑菌原理是辛酰羟肟酸对 Fe^{3+} 具有高效选择性螯合作用。铁是微生物生长的关键元素，辛酰羟肟酸作为螯合剂能从环境中捕获 Fe^{3+} 形成螯合物，且螯合物稳定常数高，因此可以防止霉菌获得铁元素，使霉菌的生长受限。而且辛酰羟肟酸在 pH 为中性时依然有效，因而是抑菌的理想有机酸。由于辛酰羟肟酸不在《化妆品安全技术规范（2015 年版）》的防腐剂列表中，但其具有良好的防腐性能，所以越来越多的化妆品生产商把其当作防腐剂添加到化妆品中，同时宣称其产品“不含防腐剂”，以达到宣传效果。目前，全球已有 3000 多种化妆品使用辛酰羟肟酸。根据最新的《国际化妆品原料字典和手册》，辛酰羟肟酸被认为是螯合剂在化妆品中使用。《已使用化妆品原料名称目录（2015 年版）》中，辛酰羟肟酸的原料序号为 07218，可用于国产非特殊用途化妆品中，无使用限制说明。但在国产特殊用途化妆品以及进口化妆品中，凡是用到该成分的，则需提供安全性评价资料。我国尚未制定化妆品中辛酰羟肟酸的限量值和检测的标准方法，仅有少量文献报道采用高效液相色谱法测定化妆品中的辛酰羟肟酸。高效液相色谱法中，采用有机溶剂对辛酰羟肟酸进行提取，C18 色谱柱分离。由于辛酰羟肟酸具有弱的紫外吸收，因此一般采用二极管阵列检测器进行检测。该方法需要借助大型设备，操作时间过长且需要熟练的实验技术人员。因此，建立操作简便、灵敏可靠、绿色环保、成本低廉的方法用于化妆品中辛酰羟肟酸的检测十分必要。3，3′，5，5′－四甲基联苯胺（3，3′，5，5′－Tetramethylbenzidine，TMB）是一种新型安全的还原试剂，已逐步取代强致癌物联苯胺和其他致癌性的联苯胺衍生物，应用于临床化验、法医检验、刑事侦破及环境监测领域，迄今为止，该试剂在化妆品检测领域的应用尚未见报道。

技术描述：TMB 与 Fe（Ⅲ）接触后反应，在 40℃水浴 7min 即可产生明显的蓝色，测定 656nm 处的吸光度；加入辛酰羟肟酸溶液后，由于辛酰羟肟酸与 Fe^{3+} 螯合，导致体系褪色，溶液体系在 656nm 处吸光度降低，可利用该反应的特点实现辛酰羟肟酸的检测。该研究所提供的基于分光光度法定量检测化妆品中辛酰羟肟酸的检出限为 0.02mmol/L，即最低可检测出化妆品中 0.006% 的辛酰羟肟酸。定量检测时，化妆品样品中加入水，超声离心后，上清液即可加入体系中进行检测。经干扰试验验证，化妆品中存在的其他类型防腐剂等对检测没有干扰，且该方法所用 TMB 显色剂对人体无毒害，对环境无危害。

应用领域：适用于化妆品包括化妆水、爽肤水、防晒喷雾、面膜、乳液或面霜宣称无防腐剂、添加剂时的辛酰羟肟酸含量检测。

（7）化妆品中总甲醛的高效液相色谱法检测方法。

成果负责人：上海市食品药品检验所。

知识产权状况：申请专利审核中，申请公开号 CN111693632A。

背景技术：甲醛是原浆毒物，能与蛋白质结合，吸入高浓度甲醛后，会出现呼吸道的严重刺激和水肿、眼刺痛、头痛，也可发生支气管哮喘。皮肤直接接触甲醛，可引起皮炎、色斑、坏死。故《化妆品安全技术规范》（2015 年版）中规定喷雾产品的化妆品中不得检出甲醛，口腔卫生产品中甲醛含量≤0.1%，其他产品中甲醛含量≤0.2%（以游离甲醛计），指甲硬化剂中甲醛含量≤5%；同时规定甲醛释放体的限量为 0.1% ~ 0.6%，在含甲醛或甲醛释放体的化妆品中，当甲醛含量超过 0.05%（以游离甲醛计）时，须在产品标签上标印“含甲醛”。一般认为，化妆品中含有的甲醛和多聚甲醛为游离甲醛，化妆品中甲醛释放体完全释放的甲醛与游离甲醛的总和为总甲醛。化妆品中准用防腐剂列表中的甲醛释放体有 2-溴-2-硝基丙烷-1，3-二醇、5-溴-5-硝基-1，3-二噁烷、甲醛苄醇半缩醛、双（羟甲基）咪唑烷基脲、DMDM 乙内酰脲（1，3-二羟甲基-5，5-二甲基海因）、咪唑烷基脲、羟甲基甘氨酸钠。研究表明，2-溴-2-硝基丙烷-1，3-二醇和 5-溴-5-硝基-1，3-二噁烷在水溶液中基本不释放甲醛。甲醛苄醇半缩醛在溶液状态下极速分解为甲醛单体和苯甲醇，羟甲基甘氨酸钠在溶液状态下极速分解为甲醛单体和甘氨酸。含有以上 4 种甲醛释放体的化妆品不存在动态释放的过程，可直接用现有的游离甲醛测定方法测定总甲醛。而含有咪唑烷基脲、双（羟甲基）咪唑烷基脲、DMDM 乙内酰脲（1，3-二羟甲基-5，5-二甲基海因）的化妆品中，甲醛释放体释放过程受 pH 值及浓度等因素影响，在碱性条件下能够快速达到释放平衡；中性条件下释放速度有所变慢，但均在 15d 内释放平衡；酸性条件下能够有效抑制甲醛释放体的释放速率。因此，找到使甲醛释放体完全释放的条件，是测定此类化妆品中总甲醛含量的关键。目前，化妆品中甲醛的测定方法主要分为游离甲醛的测定方法和总甲醛的测定方法，但存在一定问题。配方中的甲醛释放体在前处理过程中会部分释放甲醛，但无法完全释放，测定结果介于游离甲醛和总甲醛之间；易受样品基质以及试剂颜色因素影响，需另行去除含硫化合物干扰，但实际检验中较难把握；紫外分光光度法，单点测定，结果偏差较大，操作过程不容易控制。由于前处理方法的缺陷，测定结果并非样品中总甲醛实际含量，比真实值偏低。

技术描述：通过对化妆品中总甲醛的提取分离获得样品工作液。精密称取化妆品样品溶于乙腈水溶液中配制 0.02 ~ 0.05g/mL 的溶液，离心后加入与其相同体积的氢氧化钠溶液，离心后加入与其相同体积的盐酸溶液，离心后加入2，4－二硝基苯肼盐酸溶液，混匀、静置，即得样品工作液。系列标准溶液配制：精密量取甲醛对照品溶液，配制甲醛系列标准溶液；将所述系列标准溶液和样品工作液分别注入HPLC中，进行色谱分析。该方法从化妆品中充分、高效提取分离出总甲醛，并进行定性与定量分析，是一种全新的提取分离方法及后续的检测方法。

应用领域：适用于含有甲醛释放体咪唑烷基脲、双（羟甲基）咪唑烷基脲、DMDM乙内酰脲（1，3－二羟甲基－5，5－二甲基海因）的化妆品甲醛释放量的检测。

4. 化妆品包装材料检测方法的转化成果陆续登台

化妆品包装材料同食品包装材料一样，起着保护产品、方便储存运输以及宣传产品的重要作用，在一定程度上，化妆品包装已经成为化妆品不可分割的重要组成部分，对化妆品的质量有着直接影响。化妆品的常用包材为玻璃和塑料。玻璃包装具有光亮透明、化学稳定性好、无毒无味、卫生清洁、阻隔性好的特点。而塑料虽然具有重量轻、耐摔、容易着色、可塑性强、价格低廉的特点，但如果将树脂原料直接加工成包装产品往往会存在一些性能上的缺陷，所以为了改良塑料包材的性能，在制作时常常会添加助剂，如增塑剂、稳定剂、抗氧化剂等，这些物质大多有致癌、致突变和致畸的潜在危害，同时化妆品中含有脂溶性化学物、有机化学物等，且保质期一般为2～3年，长时间的储存并与油性物质接触很可能令有毒有害物质产生迁移，影响产品的品质和安全。

目前，化妆品包材检测存在以下问题。第一，化妆品包装材料缺少标准和法规。如表7.4所示，化妆品包材的标准屈指可数，食品包材的检测标准较为齐全，而化妆品仅有QB/T 1685—2006《化妆品产品包装外观要求》一项专门的标准，《化妆品监督管理条例》要求“化妆品原料、直接接触化妆品的包装材料应当符合强制性国家标准、技术规范。不得使用超过使用期限、废弃、回收的化妆品或者化妆品原料生产化妆品”。《化妆品安全技术规范》（2015年版）要求“直接接触化妆品的包装材料应当安全，不得与化妆品发生化学反应，不得迁移或释放对人体产生危害的有毒有害物质”。但目前中国并没有明确的标准来规范化妆品包装材料的迁移量以及相关测试方法，美国 FDA 与欧盟也鲜有涉及化妆品包装材料的管理规范和检验标准。近年来，化妆品包材相关标准逐渐增加，但关于包材迁出物检测的只有一项 T/FDCA 001—2021《化妆品包装材料中可迁移荧光增白剂的测定》。由统计数据可见，化妆品包材的标准几乎均为协会发布的团体标准，少见国家级标准。另外，在化妆品包材方面的监管也处于空白，未见官网发布包材监督抽检结果。第二，关于化妆品包装材料有毒有害物质的迁移性研究较少，建立标准的技术基础薄弱。第三，化妆品生产企业和包装材料生产企业认识模糊。企业对所选购的包装材料与自己产品的相容性及安全性缺乏必要的认识，更多地关注包装的美观性。同时，大多数国内化妆品企业也缺乏相应的检测手段，只能从感官、物理指标上验证包装安全与否，这将成为化妆品的安全隐患。因此，参照食品、药品包材的相关标准，快速建立化妆品包装的材料标准、迁移物检测标准迫在眉睫。

表 7.4　化妆品包装材料的标准

序号	标准名称	发布单位	实施日期
1	《化妆品包装　塑料真空瓶》（T/ZZB 1056—2019）	浙江省品牌建设联合会	2019-04-30
2	《化妆品包装　塑料真空瓶》（T/SYXB 0002—2019）	绍兴市上虞区化妆品包装行业协会	2020-01-01
3	《化妆品包装材料用紫外光（UV）固化涂料》（HG/T 5778—2020）	工业和信息化部	2021-04-01
4	《化妆品包装材料中可迁移荧光增白剂的测定》（T/FDCA 001—2021）	福建省日用化学品商会	2021-01-28
5	《化妆品包装　泡沫瓶》（T/SYXB 0004—2021）	绍兴市上虞区化妆品包装行业协会	2021-07-01
6	《化妆品包装　口红管》（T/SYXB 0005—2021）	绍兴市上虞区化妆品包装行业协会	2021-07-01

续表

序号	标准名称	发布单位	实施日期
7	《“领跑者”标准评价要求 化妆品用共挤出多层复合软管》（T/CPF 0020—2021）	中国包装联合会	2021－07－27
8	《化妆品包装 乳液瓶》（T/SYXB 0003—2021）	绍兴市上虞区化妆品包装行业协会	2021－08－01
9	《化妆品包装 膏霜瓶》（T/SYXB 0001—2021）	绍兴市上虞区化妆品包装行业协会	2021－08－01
10	《纸质包装印刷品》（T/ZZB 2316—2021）	浙江省品牌建设联合会	2021－09－26
11	《化妆品塑料包装生产技术规范》（T/SHMHZQ 078—2021）	上海市闵行区中小企业协会	2021－11－18
12	《东方美谷化妆品内包材验收管理规范 第1部分：通用管理要求》（T/SHRH 040—2021）	上海日用化学品行业协会	2022－01－30

5. 牙膏检测方法标准化

2020年发布的《化妆品监督管理条例》将牙膏纳入了化妆品管理，相关部门和组织机构相继发布了关于牙膏成分、牙膏中禁限用成分、牙膏功效的标准（见表7.5）。国家标准化管理委员会、国家市场监督管理总局联合发布了10个标准，涉及安全类的防腐剂、功效类美白、抗菌剂、常规原料等，中国口腔清洁护理用品工业协会利用行业的专业优势发布了牙膏功效的临床评价标准，工业和信息化部发布了牙膏功效成分、原料的检测标准。随着牙膏管理配套政策的发布，企业、监管部门的质量要求细化，会有更多的标准发布。牙膏是化妆品中比较特殊的一类，可直接接触人体口腔黏膜，暴露的风险系数较高，特别是使用牙膏的儿童群体更加需要关注。随着人们牙齿健康意识的提高，儿童使用牙膏逐步幼龄化，1岁的幼儿已经开始辅助使用牙膏，然而在使用中易出现牙膏吞咽的现象，而针对儿童牙膏安全性的检测标准还未形成，需加快步伐。

表 7.5　牙膏相关检测标准（自 2020 年以来发布）

序号	标准名称	发布单位	实施日期
1	T/JSQA 038—2020 牙膏	江苏省质量协会	2020－08－20
2	GB/T 38741—2020 口腔清洁护理用品　牙膏中氯己定、呋喃西林、双氯芬酸、氯二甲酚和己脒定二（羟乙基磺酸）盐 5 种杀菌剂含量的测定　高效液相色谱法	国家标准化管理委员会；国家市场监督管理总局	2020－11－01
3	GB/T 38789—2020 口腔清洁护理用品　牙膏中 10 种元素含量的测定　电感耦合等离子体质谱法	国家标准化管理委员会；国家市场监督管理总局	2020－11－01
4	GB/T 38791—2020 口腔清洁护理用品　牙膏中硼酸和硼酸盐含量的测定　电感耦合等离子体原子发射光谱法	国家标准化管理委员会；国家市场监督管理总局	2020－11－01
5	T/COCIA 4—2020 中药牙膏	中国口腔清洁护理用品工业协会	2020－11－01
6	T/COCIA 7—2020 口腔清洁护理用品　牙膏功效评价　去除外源性色斑效果实验室评价方法	中国口腔清洁护理用品工业协会	2020－12－10
7	T/COCIA 8—2020 口腔清洁护理用品　牙膏功效评价　去除外源性色斑效果的临床方法	中国口腔清洁护理用品工业协会	2020－12－10
8	T/COCIA 9—2020 口腔清洁护理用品　牙膏功效评价　抗口臭效果的临床方法	中国口腔清洁护理用品工业协会	2020－12－10
9	T/COCIA 10—2020 口腔清洁护理用品　牙膏功效评价　抗牙石效果的临床方法	中国口腔清洁护理用品工业协会	2020－12－10
10	T/COCIA 13—2021 口腔清洁护理用品　牙膏功效评价　漂白及光学美白效果的临床方法	中国口腔清洁护理用品工业协会	2021－05－24
11	QB/T 5600—2021 口腔清洁护理用品　牙膏中甜菊糖苷的测定　高效液相色谱法	工业和信息化部	2021－10－01
12	QB/T 5601—2021 口腔清洁护理用品　牙膏和口腔清洁护理液中溶菌酶抗菌活性的测定	工业和信息化部	2021－10－01
13	QB/T 5602—2021 口腔清洁护理用品　牙膏中表没食子儿茶素没食子酸酯的测定　高效液相色谱法	工业和信息化部	2021－10－01
14	GB/T 40002—2021 牙膏对口腔硬组织的安全评价	国家标准化管理委员会；国家市场监督管理总局	2021－11－01
15	GB/T 22114—2021 牙膏用保湿剂　甘油和聚乙二醇	国家标准化管理委员会；国家市场监督管理总局	2021－12－01

续表

序号	标准名称	发布单位	实施日期
16	GB/T 40191—2021 牙膏中限用防腐剂的测定　高效液相色谱法	国家标准化管理委员会；国家市场监督管理总局	2021－12－01
17	GB/T 40190—2021 牙膏中禁用漂白剂的测定　高效液相色谱法	国家标准化管理委员会；国家市场监督管理总局	2021－12－01
18	GB/T 40185—2021 牙膏中 5 种氯铵类抗菌剂的检测方法　高效液相色谱法	国家标准化管理委员会；国家市场监督管理总局	2021－12－01
19	GB/T 40189—2021 牙膏中甲硝唑和诺氟沙星的测定　高效液相色谱法	国家标准化管理委员会；国家市场监督管理总局	2021－12－01
20	T/COCIA 14—2021 口腔清洁护理用品　牙膏中绿原酸含量的测定　高效液相色谱法	中国口腔清洁护理用品工业协会	2022－01－01
21	T/COCIA 15—2021 口腔清洁护理用品　牙膏中黄芩苷含量的测定　高效液相色谱法	中国口腔清洁护理用品工业协会	2022－01－01
22	GB/T 23957—2021 牙膏工业用轻质碳酸钙	国家标准化管理委员会；国家市场监督管理总局	2022－03－01
23	QB/T 2968—2021 口腔清洁护理用品　牙膏中锶含量测定的方法	工业和信息化部	2022－04－01
24	QB/T 5638—2021 口腔清洁护理用品　牙膏中叶绿素铜钠盐含量的测定高效液相色谱法	工业和信息化部	2022－04－01
25	QB/T 5637—2021 口腔清洁护理用品羟基磷灰石　牙膏用	工业和信息化部	2022－04－01

牙膏的研究除了形成以上标准，有的研发成果已转化为专利。

（1）牙膏中苯甲酸、山梨酸、水杨酸和苯氧乙醇分离及含量的高效液相色谱分析方法。

成果负责人：苏州市金茂日用化学品有限公司、上海应用技术大学。

知识产权状况：专利授权公告号 CN107976496B。

背景技术：防腐剂超标准使用会对人体造成一定损害，牙膏中各种添加剂的含量和安全监督受到广泛关注。苯甲酸、山梨酸、水杨酸、苯氧乙醇是常用防腐剂。苯甲酸为具有苯或甲醛的气味的鳞片状或者针状结晶，其蒸气有很强的刺激性，吸入后易引起咳嗽。水杨酸本身刺激性强，仅作为抗真菌药和角质溶解药。山梨酸是国际粮农组织和卫生组织推荐的高效安全的防腐保鲜剂，但是如果食品中添加的山梨酸超标严重，消费者长期服用，在一定程度上会抑制骨骼生长，危害肾、肝脏的健康。苯氧乙醇是化妆品中常见的防腐剂，属于相对比较安全的防腐剂之一，其在化妆品中的限定使用浓度最高为1%，溶液剂为0.1%~2.0%（其中加乙醇10%）。牙膏中许用防腐剂苯甲酸、水杨酸、山梨酸和苯氧乙醇的含量最高分别为0.5%、0.5%、0.6%和1.0%。由于这4种防腐剂结构和性质相似，一种分析方法较难实现以上4种化合物的同时分离和检测。此外，牙膏中还含有大量干扰组分，现有的分离方法不能实现以上4种化合物的有效分离。因此，建立牙膏中苯甲酸、山梨酸、水杨酸和苯氧乙醇的同时分析检测方法具有重要意义。

技术描述：利用高效液相色谱法绘制苯甲酸、山梨酸、水杨酸和苯氧乙醇的标准工作曲线。称取牙膏试样，用甲醇水溶液溶解，经过搅拌、超声溶解后定容得到样品液；将样品液离心后，取上清液用微孔滤膜过滤得到待测液；用高效液相色谱法测试待测液，得到牙膏样品中苯甲酸、山梨酸、水杨酸和苯氧乙醇的峰面积，由标准工作曲线得出牙膏样品中苯甲酸、山梨酸、水杨酸和苯氧乙醇的含量。苯甲酸、山梨酸、水杨酸和苯氧乙醇，检出限分别为0.0372μg/mL、0.0133μg/mL、0.0230μg/mL和0.0106μg/mL，定量限分别为0.1240μg/mL、0.0443μg/mL、0.0767μg/mL和0.0353μg/mL。

应用领域：用于牙膏中衡量苯甲酸、山梨酸、水杨酸和苯氧乙醇的分析检测。

（2）牙膏中生物碱含量的液相色谱检测方法。

成果负责人：广西壮族自治区药用植物园。

知识产权状况：专利申请中，申请公开号CN109856287A。

背景技术：现有的检测药材原料或制剂中生物碱含量的方法有薄层扫描法、毛细管电泳法、高效液相色谱法等多种方法，其中以高效液相色谱法最为常用。但是，与药材原料或制剂不同，牙膏中的生物碱含量低、牙膏基体对生物碱检测的干扰大，且现有的有关生物碱含量测定方法的样品前处理手段过于简单，不能完全排除对测定结果的干扰，采用现有的液相色谱检测条件得到的色谱峰不明显或不出峰，不能获得准确的检测结果。

技术描述：对牙膏进行前处理，得牙膏样品溶液；用苦参碱标准品和无水乙醇配制苦参碱对照品溶液；将所述牙膏样品溶液和所述苦参碱对照品溶液按照相同条件进行液相色谱检测，计算牙膏中生物碱的含量；液相色谱检测的条件为以氨基键合硅胶为填充剂的色谱柱；流动相体积比为80～85∶6～10∶8～12的乙腈－无水乙醇－3%磷酸溶液，等度洗脱；检测波长为210～220nm；进样量为10～15μL；流速为1.0～1.5mL/min；柱温为32℃～38℃。该研究具有操作简便、易行，成本低，检测结果准确，实用性强等优点。

应用领域：牙膏中生物碱含量的检测。

（3）口腔清洁护理产品中10种季铵盐类杀菌剂的高效液相色谱仪—蒸发光散射检测仪联用的检测方法。

成果负责人：南京海关工业产品检测中心。

知识产权状况：专利申请中，申请公开号CN113406252A。

背景技术：季铵盐类杀菌剂是一种阳离子表面活性剂类的广谱性杀菌剂，具有高效的杀菌能力以及渗透能力强、毒性低等特点。季铵盐类杀菌剂对酵母菌、真菌、革兰氏阳性菌和阴性菌以及滴虫、原虫等均具有较好的抑制和杀灭作用。因此，季铵盐类化合物作为一种抑菌剂在口腔清洁护理产品中被应用。但是，过量使用季铵盐类杀菌剂会引起变态反应性结膜炎、视力减退、接触性皮炎、灼伤中毒，甚至死亡。同类季铵盐烷基链短的比烷基链长的毒性大，烷基链长度相同时，带甲基的比带苄基的毒性大，带甲基的比带单烷基的毒性大，带单烷基的比带双烷基的毒性大。因此，必须对牙膏、漱口水等口腔清洁护理产品中所含的季铵盐类杀菌剂进行监管，从而保证这些产品的安全性。2020年6月公布的《化妆品监督管理条例》提出，牙膏等产品参照普通化妆品的规定进行管理。根据《化妆品安全技术规范》（2015年版）和欧盟化妆品指令（76/768/EEC）中的相关规定，十二烷基二甲基苄基氯化铵、十四烷基二甲基苄基氯化铵、十六烷基二甲基苄基氯化铵和十八烷基二甲基苄基氯化铵总量不得超过0.1%（以苯扎氯铵计），并且对于驻留类产品，十二烷基三甲基氯化铵、十四烷基三甲基氯化铵、十六烷基三甲基氯化铵、十八烷基三甲基氯化铵和二十二烷基三甲基氯化铵的使用量不大于0.25%。因此，如何能够快速对以牙膏为主要代表的口腔清洁产品中的季铵盐类杀菌剂进行定性、定量分析，从而为相关产品的安全监管提供可靠数据，保障消费者使用安全，成为本领域技术人员研究的热点。由于这些待检测化合物结构相近、性质类似，因此存在不易分离的难题；同时，牙膏中含有增稠剂等辅料，存在有效提取难，检测中容易堵塞、损坏高精度试验仪器的问题。

技术描述：采用高效液相色谱仪—蒸发光散射检测仪联用的检测方法，其中高效液相色谱仪采用表面活性剂柱，流动相为由A（50mmol/L乙酸铵水溶液，pH=5.5）和B（乙腈）组成的混合相，将口腔清洁护理产品（牙膏、漱口水）中所含的10种季铵盐类杀菌剂的成分分离开来，并通过蒸发光散射检测仪确定其含量。该方法快速、有效。

应用领域：适合漱口水、牙膏中的多种季铵盐类杀菌剂的检测。

（4）口腔护理用品中二乙氧基二甘醇的气相色谱测定方法。

成果负责人：无限极（中国）有限公司。

知识产权状况：专利授权公告号CN110672768A。

背景技术：口腔护理用品主要用于维护口腔清洁和卫生、预防和减轻口腔疾病、改善口腔健康状况等，主要包括牙膏、漱口水、牙刷、牙粉、牙线、口香糖、口腔喷雾剂等。乙二醇醚类化合物在诸如口腔护理用品等化妆品中主要作为保湿剂和表面活性剂使用，可通过皮肤接触、鼻腔吸入、口腔吸入等途径被人体吸收，并迅速分布于人体内，参与新陈代谢过程。在20世纪80年代前，这些组分被认为无毒，在世界范围内被广泛使用，但经动物实验研究发现，乙二醇醚类化合物可能引起睾丸缩小、发生畸形、女性毒性、胎儿毒性、血液异常等现象，对人体健康存在不良影响。乙二醇醚的安全性引起世界各国卫生、环保部门的重视，多个国家和地区已经相继颁布限制生产与使用乙二醇醚的规定。加拿大规定，二乙二醇甲醚禁止在化妆品中使用。欧盟规定，二乙二醇甲醚作为杂质含量须小于0.1%（以质量计）；二乙二醇丁醚作为组分在气溶胶型喷漆或喷雾清洁剂中的含量须小于3%（以质量计），在染发产品中浓度不得超过9.0%；

同时规定乙二醇丁醚及二乙二醇丁醚禁止用于气雾剂/喷雾型的染发产品中。我国《化妆品安全技术规范》（2015 年版）和《牙膏用原料规范》（GB 22115—2008）中也规定禁用上述二元醇醚类化合物。二乙氧基二甘醇，是一种二元醇醚类化合物，是环氧乙烷的重要衍生物之一，分子内含有醚键，这使其既可溶解有机物小分子、溶解合成或天然的高分子物质，又可不同程度地与水或水溶性化合物互溶。这种特性使其在溶剂型和水性产品中都可得到选用。乙二醇醚包括的产品种类很多，不同的产品种类间物理、化学性质存在一定差异。虽然上述法规中涉及多种乙二醇醚类化合物，但并未包含二乙二醇二乙醚。相应的检测方法《化妆品中禁用物质乙二醇甲醚、乙二醇乙醚及二乙二醇甲醚的测定气相色谱法》（GB/T 30942—2014）中也未包含二乙二醇二乙醚，具体的检测基质也未包括牙膏、漱口水等口腔护理用品。与卸妆水、爽肤水等外用制剂不同，口腔护理用品中二乙二醇二乙醚的含量更低，且口腔护理用品基体对二乙二醇二乙醚检测的干扰较大，采用现有的气相色谱检测条件得到的色谱峰不明显或不出峰，不能获得准确的检测结果。且现有技术大部分是同时针对多种乙二醇醚类化合物的检测，缺乏针对性，特异性不强。

技术描述：首先利用提取溶剂对口腔护理用品进行超声提取，在尽量减少提取杂质的同时尽可能地提取出二乙氧基二甘醇；其次通过除水剂进行净化；最后进一步优化气相色谱的检测条件。该方法的前处理理方法操作简单，提取速度快，释放效率高，能有效地将口腔护理用品中的二乙氧基二甘醇提取出来，且检测灵敏度高、特异性强、准确性好，能有效检测出口腔护理用品中含量甚微的二乙氧基二甘醇的含量，其检出限为 6. 5mg/kg、定量限为 20. 0mg/kg。

应用领域：适用于漱口水、牙膏中二乙氧基二甘醇的检测。

（5）利用口腔微生态生物膜模型检测口腔用品功效。

成果负责人：广州市华代生物科技有限公司。

知识产权状况：专利申请中，申请公开号 CN112816678A。

背景技术：口腔微生物是口腔微生态的重要组成部分，口腔微生物不仅有细菌，还有真菌、病毒、螺旋体及古细菌等，其种类可超过 1000 种。

最常见的菌群是甲型链球菌和厌氧链球菌，其次是表皮葡萄球菌、奈瑟氏菌、乳杆菌、螺旋体、假丝酵母等。在一个正常人的口腔中，菌群之间共生与拮抗、互生与竞争，生活在这里的菌群与口腔的组织器官共同形成了一个动态平衡的微生态社区。当菌群平衡时，口腔是健康的；当菌群失调时，口腔则会患各种疾病，如龋齿、口腔溃疡、牙周病及口腔癌等，严重影响人类的生命健康。利用适宜的生物学系统（细胞、动物或人体组织）进行功效测试是化妆品、药品、食品添加剂及原料、农药、生物制品、化学品功效评价的常规检测项目。传统的口腔护理用品功效评价实验常用动物进行，但实验周期长，成本高，还会给动物造成极大的痛苦，而且鉴于动物与人的行为以及免疫系统的差异，动物实验的结果与人的相关性较差，亟待开发一种体外实验给予补充或取代。

技术描述：制备羟基磷灰石/人或牛牙齿釉质/牙本质厚片；生成微生态生物膜；收集和处理志愿者唾液；将羟基磷灰石/人或牛牙齿釉质/牙本质厚片放置在过滤过的唾液中；将羟基磷灰石/人或牛牙齿釉质/牙本质厚片移至合适的培养基 +1% 蔗糖中；将羟基磷灰石/人或牛牙齿釉质/牙本质厚片移至新鲜的培养基培养过夜；每天 8 次，每次 3min 暴露于含 5% 蔗糖的溶液中，暴露后用生理盐水冲洗置于新鲜的培养基里；重复以上操作 5d。该方法成本低，灵敏度高，可以对口腔清洁用品功效进行快速有效的筛查并能广泛应用。

应用领域：适用于漱口水、牙膏的祛牙斑效果的评价。

（6）包含白芨提取物的牙膏止血性能体外评价模型和方法。

成果负责人：上海海洋大学。

知识产权状况：专利申请中，申请公开号 CN110849835A。

背景技术：如今人们的口腔问题，如龋齿、口臭、牙龈炎、牙周炎和牙敏感等，越来越突出，人们对口腔护理产品的品质和功能要求也越来越高。但是，验证口腔护理原料及产品的抗炎和修复功能等仍是行业难点。传统的测试方法是通过动物实验进行验证，而欧盟化妆品法规（EC）No 1223/2009 要求禁止对化妆品成分进行动物实验，并且禁止成品或者成分进行过局部/急性动物实验的化妆品销售。显然，对化妆品原料和成品禁止动物实验将是未来趋势。随着口腔护理产品被纳入化妆品管理，如何能更加便捷且有效地筛选原料以及验证产品功效成为业内关注的焦点。我国白芨的种植面积居世界首位，其中许多成分都具有较高的药用价值和营养价值，如联苄类和菲类等由于其广泛的医学用途而备受关注，白芨胶粉和白芨葡甘聚糖胶作为医药原料、药用辅料及生物医学材料，安全高效且性能好。血小板是一种膜结构的血液成分，其在血液中的作用主要是靠多种表面受体及存在于血小板中的可溶性介质来发挥。在正常的血液循环过程中，血小板处于稳定的静止状态，当血管壁出现损伤时，通过表面接触和某些凝血因子的作用，血小板转入激活状态，出现凝集现象。白芨可通过增强血小板血栓素 A_2（TXA_2）的活性进而增加血栓素 B_2（TXB_2）含量，缩短凝血酶原时间，抑制纤维蛋白酶活性从而降低血浆中环磷酸腺苷（cAMP）含量，使血细胞凝集形成人工血栓而达到止血效果。但是，现有技术中仅简述白芨牙膏具有预防口腔出血效果，对其含量没有做过具体比较分析，且仅在凝血时间、凝血酶原等方面做了局部研究，研究尚浅显。

技术描述：采集动物动脉血，离心，调整血浆浓度，检测其空白时的吸光度；将包含不同浓度白芨提取物的牙膏样品和对照样品分别加入装有血浆的孔板内，轻微震荡，37℃恒温孵育充分反应，加入二磷酸腺苷溶液诱导血小板聚集反应；待上述反应体系内浊度发生变化时，测试血浆吸光度，cAMP 和 TXB_2的含量，并计算血小板聚集率，用于评估牙膏的止血性能。

应用领域：用于牙膏止血性能的评价。

6. 体外测试方法标准化成为未来化妆品毒理学检测研究主要成果转化方式

目前，化妆品的毒理学检测包括产品和原料，以后可能会涉及包材。毒理检测的方法有体内检测和体外检测，体内检测是基于动物实验开展的安全性评价，体外检测是基于细菌、细胞、离体器官、斑马鱼或者 3D 皮肤组织等模型开展的安全性评价。欧盟从 2004 年开始禁止化妆品成品动物实验，2009 年禁止化妆品原料或原料混合物的动物测试，2013 年 3 月全面禁止化妆品动物实验并禁止销售经过动物测试的化妆品。除了欧盟，以色列、印度、澳大利亚等国家近年来也纷纷禁止化妆品动物实验，零残忍化妆品测试法规已成为全球趋势。2020年以后我国发布的化妆品毒理检测标准（见表7.6）中，除修订的致癌试验，其他全部为体外测试方法。体外测试方法的建立，一方面消除了贸易壁垒，便于化妆品的进口和出口；另一方面减少了实验动物的使用。

表7.6　化妆品毒理检测标准

序号	标准名称	体内/体外	发布单位	实施日期
1	急性经口试验	体内	国家食品药品监督管理局	2016－12－23
2	急性经皮试验	体内	国家食品药品监督管理局	2016－12－23
3	皮肤刺激性/腐蚀性试验	体内	国家食品药品监督管理局	2016－12－23
4	急性眼刺激性/腐蚀性试验	体内	国家食品药品监督管理局	2016－12－23
5	皮肤变态反应试验	体内	国家食品药品监督管理局	2016－12－23
6	皮肤光毒性试验	体内	国家食品药品监督管理局	2016－12－23
7	皮肤光变态反应试验	体内	国家食品药品监督管理局	2017－08－15
8	哺乳动物骨髓细胞染色体畸变试验	体内	国家食品药品监督管理局	2016－12－23
9	体内哺乳动物细胞微核试验	体内	国家食品药品监督管理局	2016－12－23
10	睾丸生殖细胞染色体畸变试验	体内	国家食品药品监督管理局	2016－12－23
11	亚慢性经口毒性试验	体内	国家食品药品监督管理局	2016－12－23
12	亚慢性经皮毒性试验	体内	国家食品药品监督管理局	2016－12－23
13	致畸试验	体内	国家食品药品监督管理局	2016－12－23
14	慢性毒性/致癌性结合试验	体内	国家食品药品监督管理局	2020－01－01
15	SN/T 2328—2009 化妆品急性毒性的角质细胞试验	体外	国家质量监督检验检疫总局	2010－01－16
16	SN/T 2329—2009 化妆品眼刺激性/腐蚀性的鸡胚绒毛尿囊膜试验	体外	国家质量监督检验检疫总局	2010－01－16
17	SN/T 3084.1—2012 进出口化妆品眼刺激性试验　体外中性红吸收法	体外	国家质量监督检验检疫总局	2012－11－16

续表

序号	标准名称	体内/体外	发布单位	实施日期
18	SN/T 3824—2014 化妆品光毒性试验　联合红细胞测定法	体外	国家质量监督检验检疫总局	2014-08-01
19	SN/T 3084.2—2014 进出口化妆品眼刺激性试验　角膜细胞试验方法	体外	国家质量监督检验检疫总局	2015-05-01
20	SN/T 4029—2014 化妆品皮肤过敏试验　局部淋巴结法	体外	国家质量监督检验检疫总局	2015-05-01
21	化妆品用化学原料体外 3T3 中性红摄取光毒性试验方法	体外	国家食品药品监督管理局 2016 年第 147 号通告	2016-11-07
22	体外哺乳动物细胞基因突变试验	体外	国家食品药品监督管理局	2016-12-23
23	体外哺乳动物细胞染色体畸变试验	体外	国家食品药品监督管理局	2016-12-23
24	SN/T 4577—2016 化妆品皮肤刺激性检测　重建人体表皮模型体外测试方法	体外	国家质量监督检验检疫总局	2017-03-01
25	化妆品用化学原料离体皮肤腐蚀性大鼠经皮电阻试验方法	体外	国家食品药品监督管理局	2017-08-15
26	T/SHRH 007—2018 化妆品—体外皮肤刺激性测试方法（ET-50）	体外	上海日用化学品行业协会	2018-12-30
27	T/SHRH 008—2018 化妆品—体外皮肤刺激性测试方法（SIT）	体外	上海日用化学品行业协会	2018-12-30
28	T/SHRH 009—2018 化妆品—3D 皮肤模型彗星实验方法	体外	上海日用化学品行业协会	2018-12-30
29	T/SHRH 010—2018 化妆品眼刺激测试　短时暴露试验	体外	上海日用化学品行业协会	2018-12-30
30	T/SHRH 011—2018 化妆品眼刺激性测试　鸡胚绒毛尿囊膜试验	体外	上海日用化学品行业协会	2018-12-30
31	T/SHRH 012—2018 化妆品眼刺激试验　体外重组类似人角膜上皮模型测试	体外	上海日用化学品行业协会	2018-12-30

续表

序号	标准名称	体内/体外	发布单位	实施日期
32	T/SHRH 014—2018 化妆品体外皮肤致敏试验 - ARE - Nrf2 荧光素酶试验方法	体外	上海日用化学品行业协会	2018 - 12 - 30
33	化妆品用化学原料体外皮肤变态反应：直接多肽反应试验（DPRA）	体外	国家药品监督管理局 2019 年第 12 号通告	2020 - 01 - 01
34	化妆品用化学原料体外兔角膜上皮细胞短时暴露试验（STE）	体外	国家药品监督管理局 2019 年第 12 号通告	2020 - 01 - 01
35	皮肤变态反应　局部淋巴结试验：BrdU - ELISA	体外	国家药品监督管理局 2019 年第 12 号通告	2020 - 01 - 01
36	皮肤变态反应　局部淋巴结试验：DA	体外	国家药品监督管理局 2019 年第 12 号通告	2020 - 01 - 01
37	细菌回复突变试验	体外	国家食品药品监督管理局	2020 - 01 - 01
38	T/SHRH 024—2019 化妆品眼刺激性试验　体外重组 3D 角膜模型半数有效时间测试方法（ET50）	体外	上海日用化学品行业协会	2020 - 01 - 30
39	T/ZHCA 007—2019 染发化妆品眼刺激性试验体外测试方法——牛角膜浑浊和渗透性试验	体外	浙江省保健品化妆品行业协会	2020 - 02 - 20
40	T/ZHCA 008—2019 眼霜类化妆品眼刺激性试验体外测试方法——鸡胚绒毛膜尿囊膜血管试验	体外	浙江省保健品化妆品行业协会	2020 - 02 - 20
41	T/ZHCA 009—2019 面霜类化妆品皮肤刺激性试验体外测试方法——重建皮肤模型体外刺激试验	体外	浙江省健康产品化妆品行业协会	2020 - 02 - 20
42	T/GDST 1—2021 斑马鱼胚胎急性毒性测试 A 法和 B 法	体外	广东省毒理学会	2021 - 04 - 12

续表

序号	标准名称	体内/体外	发布单位	实施日期
43	T/GDAQI 027—2020 洗涤用品皮肤刺激性评价方法——改良 Duhring 小室法	体外	广东省质量检验协会	2020-04-23
44	T/ZHCA 010—2020 染发类化妆品皮肤变态反应体外测试方法　人源细胞系激活试验法	体外	浙江省健康产品化妆品行业协会	2021-01-09
45	T/ZHCA 011—2020 祛斑美白类化妆品皮肤变态反应体外测试方法　人源细胞系激活试验法	体外	浙江省健康产品化妆品行业协会	2021-01-09
46	体外哺乳动物细胞微核试验	体外	国家药品监督管理局 2021 年第 17 号通告	2021-05-01
47	T/HPCIA004—2021 化妆品急性毒性的测定　斑马鱼胚法	体外	广州开发区黄埔化妆品产业协会	2021-05-07
48	T/ZHCA 013—2021 洁面类化妆品眼刺激性试验体外测试方法　重建人角膜上皮模型体外刺激试验	体外	浙江省健康产品化妆品行业协会	2021-11-24
49	化妆品用化学原料体外皮肤变态反应：氨基酸衍生化反应试验（征求意见稿）	体外	中国食品药品检定研究院	—
50	化妆品用化学原料荧光素渗漏试验（征求意见稿）	体外	中国食品药品检定研究院	—
51	体内彗星试验（征求意见稿）	体内	中国食品药品检定研究院	—
52	体外皮肤变态反应：人细胞活化试验方法（征求意见稿）	体外	中国食品药品检定研究院	—

近年来，我国毒理学检测取得了跨越式的发展，尤其是化妆品新法规的发布，大大推动了体外毒理检测的发展速度。与西方发达国家及日韩等国相比，虽然中国体外毒理检测方法还存在体外测试人才储备不足、体外测试供应产业链稀少且不全等问题，但随着新法规的引导、产业的升级，相信更多的快速、精准、高通量的体外测试方法将被建立。以下是部分正在转化的研究成果。

(1) 利用鸡胚血管系统检测和评价个人护理产品及原料光毒性的方法。

成果负责人：广州市华代生物科技有限公司程树军。

知识产权状况：专利申请中，申请公开号 CN107418997A。

背景技术：化学品、个人护理品或皮肤接触物质引起的光毒性，主要包括两类效应，分别是光刺激性反应和光变应性反应。这两种不良反应的共同特点是都要在光照的条件下才可能发生。光变应性反应是一种与免疫系统有关的变态反应，其临床表现与变应性接触性皮炎相似。而光刺激性反应，也就是我们通常所说的光毒性，是指皮肤接触光毒性物质后，暴露于光照一段时间后出现红斑、水肿，继之色素沉着和脱屑等临床表现，与免疫系统无关。现有的外源物质光毒性的检测方法可分为化学法、动物模型法、细胞法和人体试验法四类。虽然化学方法操作简单，但是反应体系比较单一。采用动物模型的缺点是成本高、周期长，且存在道德和伦理上的问题。单层细胞模型的优点是可以实现高通量检测，但是不适用于难溶解、有颜色的化学物，也不适用于剂型和成分复杂的提取物、配方及成品的测试。人体试验是评价产品安全性的最直接方法。另外，受精鸡胚胎血管系统是非常理想的测试化学品和消费品安全性的方法：符合各国的动物福利法规要求和 3R 原则；活的生物体，其生长发育的不同阶段都适合用于毒性或生物活性测试；成本低、标准化程度高。目前，已有大量的基于鸡胚的研究应用于生命科学领域，如胚胎发育毒性测试、促进和抑制血管生成作用研究、评估生物材料的组织相容性等。所以，利用鸡胚发育过程中血管系统丰富的特点可建立检测和评估毒性的方法。鸡胚发育过程中，血管网络是连续发展的生物学过程，4 ~ 5d 时，卵黄囊血管膜是单层血管膜，血管网刚成形，类似蛛网的形态，对光照射和外源物质刺激反应敏感，可用来进行光毒性、促血管生成作用、胚胎致畸等实验研究。鸡胚发育 7 ~ 9d 时，形成绒毛尿囊膜血管系统，是三层的血管系统，血管网络已经形成，其结构类似人的结膜，可以用于结膜和黏膜刺激性的评估。

技术描述：鸡胚早期发育阶段的血管系统和红细胞对紫外线照射敏感，鸡胚标准化程度高、来源稳定且批间差异小，血管系统具有生物学活性和功能，测试系统简单、廉价，无须特殊设备，检测方法快速、灵敏、通用。可从定性和定量两方面检测、评价个人护理产品及原料物质的光毒性，还可代替活体动物和人类志愿者。

应用领域：适用于化妆品原料光毒性的筛查、化妆品光毒性的检测。

（2）基于重组皮肤模型的光毒性检测方法。

成果负责人：广东博溪生物科技有限公司。

知识产权状况：专利申请公开号 CN110487997A。

背景技术：如前文所述，目前光毒性的评价方法不能满足需求，因此，开展基于体外重组人体组织工程皮肤模型的光毒性预测方法具有重要的现实意义。Epikutis 是以中国人皮肤组织分离出的角质形成细胞为种子细胞，经专利技术构建而成的 3D 重组表皮模型。Epikutis 重组人表皮模型具有完整的表皮结构——基底层、棘层、颗粒层、角质层，与人表皮结构高度类似，而且是国内首款产业化的 3D 皮肤模型。基于重组皮肤模型 Epikutis 建立光毒性评价方法具有重要的意义。

技术描述：接收和复苏重组皮肤模型、选取光源、确定重组皮肤模型的最大耐受剂量、检测受试物光毒性。基于重组皮肤模型的光毒性检测方法，不仅能够检测水溶性的化学品和化妆品原料，还能检测油状、膏状的化妆品成品和不同比例的配方物质。通过选用特定波长的 UVA、特定剂量的 UVA 以及特定的 UVA 照射时间，保证基于重组皮肤模型的光毒性检测方法的准确性。

应用领域：适用于各种水溶性和油溶性的化妆品及原料的光毒性检测。

（3）基于斑马鱼模型评价化妆品皮肤刺激性的方法。

成果负责人：南京新环检测科技有限公司。

知识产权状况：专利申请公开号 CN112033944A。

背景技术：目前，常见的评价化妆品对皮肤刺激性的方法有人体封闭斑贴测试、动物实验法、鸡胚绒毛尿囊膜试验法和三维重组皮肤模型等。这些评价方法对评价指标，如数量、身体情况、剂量、面积、部位、毒性效应等级、细胞活率生长情况和细胞计数等的评价，依赖于实施者的经验，导致试验评分主观性强，对结果有较大的主观干扰因素；同时，动物实验方法不符合3R原则，不符合动物保护和福利的要求。而采用皮肤模型方法，经济合作与发展组织发布的指南，如测试指南No.439基于重建人类表皮的体外皮肤刺激测试方法（Test Guideline No. 439 in Vitro Skin Irritation – Reconstructed Human Epidermis Test Methods），其认可的皮肤模型大多为国外生产，价格昂贵，培养和运输成本过高。该研究以斑马鱼为受试对象，以斑马鱼皮肤中性粒细胞的统计个数为指标，对化妆品进行评价。中性粒细胞在斑马鱼体内发挥固有的免疫作用，且是其体内数量最多的白细胞。研究发现，部分化妆品对斑马鱼皮肤的刺激性作用与人相近，表现为皮肤炎症，并引起毛细血管扩张、通透性亢进和水肿等症状，如当含有甲基异噻唑啉酮、乙醇等皮肤刺激性成分时，炎症诱导中性粒细胞发生免疫应答，向皮肤表皮迁移并聚集，即待测化妆品对斑马鱼皮肤的刺激性越强，斑马鱼体皮肤表皮上聚集的中性粒细胞就越多。

技术描述：设置正常对照组和测试组，测试组以水溶方式加入待测化妆品，然后取正常对照组、测试组的斑马鱼，置于荧光显微镜下拍照并保存图片，统计斑马鱼皮肤上的中性粒细胞个数后进行统计学分析。评价指标选取、获得和处理分析更加客观，而且评价结果可量化。

应用领域：可用于检测化妆品皮肤刺激性，还可以比较多种化妆品的刺激性强弱。

（4）基于小鼠肾细胞系统评价化妆品眼刺激性的荧光素渗漏方法。

成果负责人：华南协同创新研究院。

知识产权状况：专利授权公告号CN106834410B。

背景技术：表面活性剂是一种重要的精细化工产品，在国内外被广泛应用，它被誉为“工业味精”，能使溶液表面张力显著下降。表面活性剂用于生产化妆品或洗涤剂时，与消费者眼睛接触的概率大大增加，往往对消费者的眼睛存在一定刺激性甚至腐蚀性。近年来，随着实验动物使用3R原则的倡导与实施以及生物医学研究模式的转变，替代动物实验的体外模型研究已经成为毒理学评价的趋势。根据体内眼损伤发生的机理，目前尚在开发的眼刺激替代方法可分为细胞系统、鸡胚、人工角膜和离体器官四类，与其他三类相比，细胞系统标准化程度最高、成本最低而且测试速度很快。细胞系统替代动物实验的原理是大多数具有眼刺激作用的物质也具有细胞毒性，因此可根据化学物质对细胞膜损伤和对细胞质内蛋白质大分子破坏的相关性建立体外方法。用于体外测试的细胞包括成纤维细胞、血细胞、犬肾细胞等，目前，基于标准化实验动物小鼠肾细胞系统建立的体外方法还未见相关专利和文献报道。

技术描述：若受试物对细胞无刺激性，则细胞膜的整体形态不会改变，细胞与细胞之间紧密连接，当荧光素作用时，荧光素漏出量很低甚至无荧光素漏出；若受试物对细胞产生刺激作用，则细胞受到刺激，细胞收缩，完全融合的细胞膜受到破坏，当荧光素作用于受损的细胞膜时，漏出的荧光素量可间接反映细胞膜的破坏程度，从而表征受试物的刺激性大小。通过荧光分光光度计检测暴露于受试物后荧光素钠漏出单/多层小鼠肾细胞的荧光素量来评价受试物的刺激性。

应用领域：适用于可基于细胞培养的化妆品或原料的眼刺激性评价。

（5）基于斑马鱼模式生物评价婴童化妆品眼刺激的方法。

成果负责人：青蛙王子（福建）婴童护理用品有限公司。

知识产权状况：专利申请公开号 CN113917130A。

背景技术：婴童化妆品，尤其是沐浴、洗发类的产品，使用中可能会接触眼睛，所以对婴童化妆品的眼刺激安全性评价非常重要。目前采用的方法主要有 5 种，分别是牛角膜不透明度和渗透性试验、离体鸡眼试验、短时暴露试验、重组人角膜上皮模型试验及荧光素渗漏试验。现有评价方法主要依赖于试验者的经验，试验评分主观性强，实验结果具有不确定性；动物实验方法对动物伤害大，不符合动物保护和福利的要求；实验周期长，操作复杂等。而斑马鱼的视觉系统与包括人类在内的其他脊椎动物非常相似，因此斑马鱼眼睛可作为较好的视觉模型。斑马鱼暴露于待测样品后，以眼睛形态变化和行为轨迹为评价指标，并结合检测眼部发育相关基因转录水平，能够快速准确地评价待测样品是否具有眼刺激性。

技术描述：将发育 3d 的斑马鱼胚胎暴露于含有婴童化妆品的胚胎培养液中，采用半静态培养法，在特定温度、周期性明暗环境下培养，待斑马鱼胚胎发育6d时，观察眼部形态变化，测量虹膜带宽和瞳孔直径，并计算两者的比值；计算黑暗中和光照条件下特定时间段的平均速度、对应的运动距离，评价其对光刺激的反应能力；检测斑马鱼眼睛发育相关基因UNC45b、FOXC1、CHM的转录水平，进行眼部刺激性评价。

应用领域：适用于儿童用化妆品的眼刺激毒性的评价。

（四）化妆品检验方法标准化展望

随着科学技术发展以及质量发展要求的国际化，我国化妆品企业对标准的认识逐步提高，研发实力雄厚的头部企业不断加大研发投入，积极参与标准的制定。国家相关部门出台政策，引导、支持、鼓励广大企业、研究单位参与化妆品及原料的研发和标准的制定，相信我国化妆品领域的标准将逐步完善，最终形成相对全面化、国际化的动态化妆品标准体系，为我国化妆品产业的高质量发展提供技术服务。

1. 化妆品补充检验方法法规已发布，新方法新标准转化路线通畅

2021年4月，为规范化妆品补充检验方法管理工作，国家药品监督管理局依据《化妆品监督管理条例》发布了《化妆品补充检验方法管理工作规程》（以下简称《规程》）和《化妆品补充检验方法研究起草技术指南》。《规程》第二条指出对可能掺杂掺假或者使用禁止用于化妆品生产的原料生产的化妆品，按照化妆品国家标准与技术规范规定的检验项目和检验方法无法检验的，国家药品监督管理局可以制定补充检验项目和检验方法（以下简称“化妆品补充检验方法”），用于化妆品的抽样检验、质量安全案件调查处理和不良反应调查处置，其检验结果可以作为执法依据。由此可见，国家已经开始引导和部署化妆品检验方法的高效建立，这将是一条化妆品检测方法成果转化的快速通道。

2. 团体标准百花齐放，服务于企业发展现实需求

政府主导制定的标准因其制定周期长，不能及时针对市场情况做出调整，很难满足企业发展的需求。为适应市场变化，尽快制定出与市场需求相适应的标准，学会、协会、企业或研究机构自愿联合，共同起草制定出一种共同和重复使用的标准，被称为“团体标准”。这些团体标准在促进

技术革新、规范市场秩序、引领行业发展中发挥了非常积极的作用。政府主导制定的标准侧重于保基本，市场自主制定的标准侧重于提高竞争力。可见，团体标准是官方标准体系的有益补充。同时，还应建立、完善与新型标准体系配套的标准化管理体制，为企业的快速发展提供技术保障。

二、化妆品功效评价科研成果

（一）化妆品功效的法规要求

《化妆品监督管理条例》规定，化妆品功效宣称应当有充分的科学依据，企业应对功效宣称负责，并将功效宣称所依据的有关文献资料、研究数据在指定网站公开，接受社会监督。2021 年 4 月，配套文件《化妆品功效宣称评价规范》规定了化妆品注册人、备案人可以自行或者委托具备相应能力的评价机构，按照化妆品功效宣称评价项目要求，开展化妆品功效宣称评价。功效宣称评价依据包括人体功效评价试验、消费者使用测试、实验室试验、文献资料或研究数据这四种不同层面的证据。具有祛斑美白、防晒、防脱发、祛痘、滋养和修护功效的化妆品，应当通过人体功效评价试验方式进行功效宣称评价，其中祛斑美白、防晒和防脱发功效的化妆品，应当由化妆品注册和备案检验机构按照强制性国家标准、技术规范的要求开展人体功效评价试验，并出具报告。而保湿、护发、抗皱、紧致、舒缓、控油、去角质、防断发、去屑功效以及宣称温和（如无刺激）或量化指标的功效（如功效宣称保持时间、功效宣称相关统计数据等）可从人体试验、消费者试用、实验室试验中任选一种，也可结合文献调研以及相关研究数据分析进行评价支撑。另外，特定宣称的化妆品（如宣称适用敏感皮肤、宣称无泪配方）应当进行人体功效评价试验或者消费者使用测试的方式进行功效宣称评价。新功效特殊化妆品的宣称，应当根据产品功效宣称的具体情况，进行科学合理的分析。

（二）化妆品功效的测试方法

化妆品功效评价的方法，整体上可以分为实验室方法和人体法。实验室方法较为丰富，包括生物化学方法、细胞生物学方法、3D 皮肤模型法、斑马鱼模型法等；人体法包括人体试验和消费者调查。

1. 生物化学方法

生物化学方法是指借助光谱分析以及化学技术分析，对影响化妆品功效的重要特征指标（如酪氨酸酶、自由基）含量进行测试的方法。目前，生物化学方法已经普遍应用于多种功效检测。化妆品抗皱功效的生物化学方法包括 DPPH 自由基清除实验、羟自由基实验、超氧阴离子自由基实验、抑制金属蛋白酶、氧自由基吸附能力实验和弹性蛋白酶实验。舒缓功效的生物化学方法包括直接肽链反应分析实验、自由基清除实验、红细胞溶血实验、透明质酸酶抑制实验等。美白功效的生物化学方法主要包含酪氨酸酶抑制实验、DPPH 自由基清除实验以及抑制 L－多巴氧化法，生物化学方法体系总结如表 7.7 所示。相对于其他检测方法，生物化学方法操作更为简便快速，成本更低，可以实现大量样本的快速筛查，并且结果可量化，已在化妆品功效检测中得到广泛应用。当然，生物化学方法检测体系单一，加之脱离了生物体，其检测结果无法准确反映生物体的生理活性，所以与体内实际应用效果是存在差异的。

表 7.7　生物化学方法体系

功效方向	生物化学方法
抗皱功效	DPPH 自由基清除实验 羟自由基实验 超氧阴离子自由基实验 抑制金属蛋白酶 氧自由基吸附能力实验 弹性蛋白酶实验
舒缓功效	直接肽链反应分析实验 自由基清除实验 红细胞溶血实验 透明质酸酶抑制实验
美白功效	酪氨酸酶抑制实验 DPPH 自由基清除实验 抑制 L－多巴氧化法

2. 细胞生物学方法

细胞生物学方法是指在测试过程中，体外模拟人体生理环境培养细胞，通过检测细胞模型在接触受试物前后的各项指标变化，来评价受试物的功效。目前，针对化妆品功效研究的细胞模型主要包括角质形成细胞（原代细胞以及 HaCaT 细胞系）、黑素细胞（原代细胞以及小鼠 B16 黑色素瘤细胞系）、成纤维细胞等，涉及化妆品美白、保湿、抗皱、舒缓等多种功效，细胞生物学方法体系见表 7.8。以衰老为例，皮肤衰老包括表皮衰老和真皮衰老，表皮衰老主要表现为角质形成细胞增大、角化不全、皮肤水合能力降低、细胞皱缩。基于角质形成细胞，采用经过紫外线损伤的细胞为模型，进行抗氧化实验和炎症因子、炎症介质抑制实验，评价化妆品的抗皱功效。真皮老化主要累及成纤维细胞，导致细胞体积变小、数目减少、排列不规则，胞外基质中胶原纤维、基质金属蛋白酶、弹性纤维等成分含量减少或变性。基于成纤维细胞，以经过紫外线、H_2O_2损伤的细胞为模型，通过进行细胞凋亡实验、弹性蛋白酶活性抑制试验、胶原蛋白合成实验、胶原蛋白酶抑制试验、检测细胞 SOD 和 ROS 的表达、检测 β－半乳糖苷酶的活性等来评价化妆品原料的紧致抗皱功效。

表 7.8 细胞生物学方法体系

功效方向	检测模型	检测指标
紧致抗皱功效	成纤维细胞	抗氧化 胶原蛋白 胶原蛋白酶 线粒体膜电位 β－半乳糖苷酶 细胞增殖 细胞凋亡 ECM 相关基因
舒缓功效	神经元细胞	动作电位
	角质形成细胞	皮肤角质粘贴试验 Ca^{2+}、TRPV1 降钙素基因相关肽 炎症因子、炎症介质 屏障相关蛋白
	巨噬细胞	炎症因子、炎症介质

续表

功效方向	检测模型	检测指标
保湿功效	肥大细胞	脱颗粒、组胺、白三烯
	角质形成细胞	NMF、AQP3 含量 紧密连接蛋白 分化类蛋白 水通道蛋白 透明质酸的表达
美白功效	角质形成细胞	黑素转运
	黑素细胞	黑素生成 酪氨酸酶活性

随着化妆品行业的发展，细胞生物学评价方法已经成为化妆品原料功效检测的有效手段之一。细胞生物学方法所用模型大多来自人体细胞培养，有效地避免了种间差异，可以得到微观细胞生理指标数据，并且细胞培养环境容易控制、试验周期较短、操作便捷且成本相对较低，可广泛应用于化妆品体外功效评价。

3. 基于3D皮肤模型的功效测试方法

基于3D皮肤模型开展的化妆品功效评价主要是以3D皮肤模型为测试工具，待测产品模拟人体使用，直接涂抹于3D模型表面，通过检测组织层面、细胞层面、蛋白层面、基因层面等多维度生物学指标的变化，实现化妆品产品功效的整合评估。3D皮肤模型的构建是基于组织工程学原理，从活体皮肤组织中分离细胞并在体外进行扩增培养，再与生物材料以适当的比例混合，使细胞黏附生长于生物材料上，形成具有复层化结构的3D组织。皮肤模型构建的核心是基于特质调配的精细化培养基以及气液面培养工艺，使得皮肤细胞发育成与人体皮肤组织结构相似的体外模型。经过多年的研究，目前已经有多款3D皮肤模型商品化（见表7.9），包括3D表皮模型（只含有角质形成细胞）、3D全层皮肤模型（既有表皮细胞形成的表皮层，又有成纤维细胞形成的真皮层）、3D黑素皮肤模型（由人角质形成细胞和黑色素细胞共同培养形成）以及具有免疫功能的3D皮肤模型（含有角质形成细胞和朗格汉斯细胞）。

表 7.9　国际上 3D 皮肤模型

3D 皮肤模型名称	细胞类型	供应商	所属国家
EpiSkin™	角质形成细胞	Episkin SNC	法国
SkinEthic™ RHE	角质形成细胞		
SkinEthic™ RHPE	角质形成细胞、黑色素细胞		
T－Skin™	角质形成细胞、成纤维细胞		
EpiDerm™	角质形成细胞	Matek	美国
EpiDerm™ FT	角质形成细胞、成纤维细胞		
MelanoDerm™	角质形成细胞、黑色素细胞		
epiCS™	角质形成细胞	CellSystems	德国
epiCS™ －M	角质形成细胞、黑色素细胞		
The Phenion™ FT Skin Model	角质形成细胞、成纤维细胞	Henkel	德国
LabCyte™ EPI－MODEL	角质形成细胞、黑色素细胞	J－TEC	日本
EpiKutis	角质形成细胞	Biocell	中国
MelaKutis	角质形成细胞、黑色素细胞		
FulKutis	角质形成细胞、成纤维细胞		
Skinovo © －Epi	人角质形成细胞	REGENOVO	中国
Skinovo © －Full	角质形成细胞、成纤维细胞		
Skinovo © －Mela	人角质形成细胞、黑色素细胞		

美白是最早应用皮肤模型的化妆品功效评价领域之一。20 世纪 90 年代初期，黑色素细胞就被用于制备三维的皮肤模型，并用于黑色素生成方面的研究。利用 3D 黑色素皮肤模型评价美白类产品时，通常将受试物直接涂抹于皮肤模型表面，通过对比化妆品给药前后皮肤模型表观颜色和亮度变化（见图 7.1），或定量检测表皮中黑色素含量和分布、酪氨酸酶活性和黑色素合成及转运相关基因的表达情况，对美白产品进行一站式、多维度的科学检测。

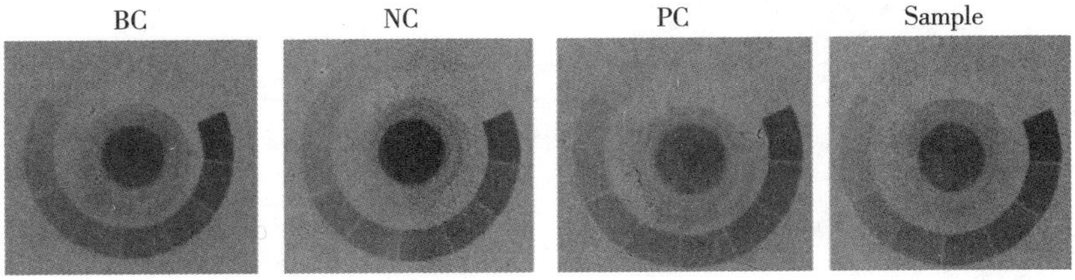

BC：空白对照　NC：阴性对照　PC：阳性对照　Sample：样品

图 7.1　基于 3D 黑色素皮肤模型的美白功效检测结果

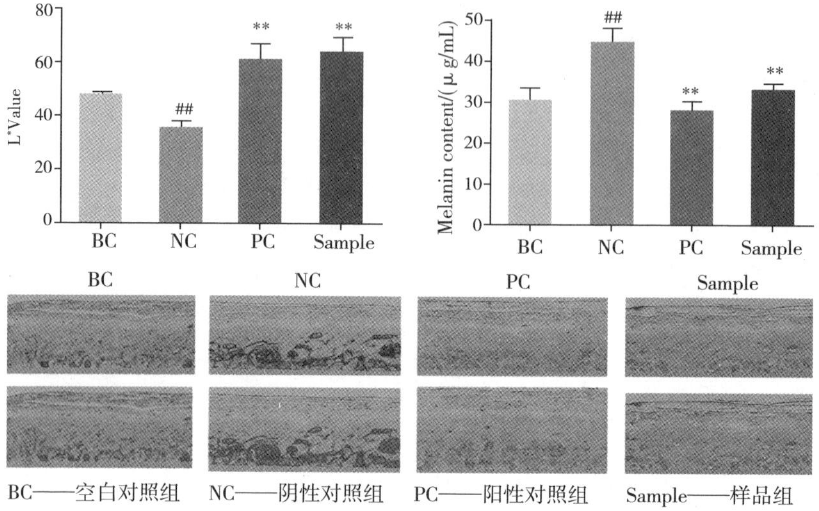

图 7.1　基于 3D 黑色素皮肤模型的美白功效检测结果（续图）

注：＊＊表示与 NC 相比，差异显著，$p<0.01$；##表示与 BC 相比，差异显著，$p<0.01$。

采用 3D 皮肤模型进行化妆品的功效评价，基本不受样品溶解性的限制，测试范围广泛，特征性参数也可以用于复杂组织的终点性测试，同时能够直接模拟产品的真实涂抹过程以及模拟产品的渗透吸收过程。3D 皮肤模型目前已经大量应用于化妆品原料、配方以及产品的筛选与评价，覆盖紧致、抗皱、舒缓、修护、美白、保湿等功效方向（见图 7.2）。

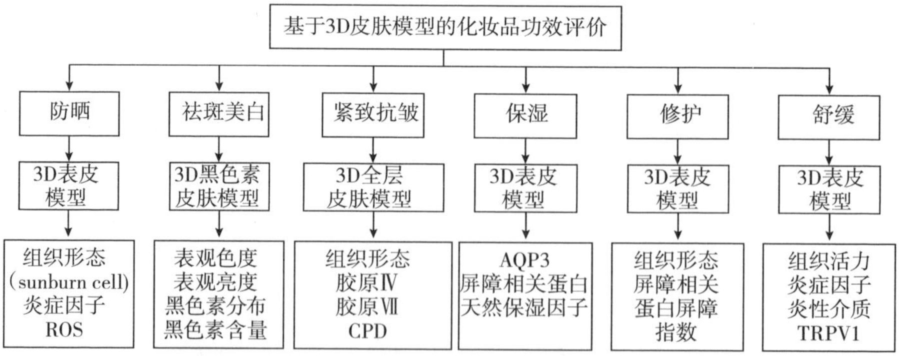

图 7.2　基于 3D 皮肤模型的化妆品功效检测方法体系

4. 基于离体皮肤组织的功效测试方法

基于离体皮肤组织的化妆品功效评价体系，以离体皮肤组织进行化妆品的紧致抗皱功效评价为例，将离体的皮肤组织去除皮下脂肪组织并经消毒灭菌处理后，采用气液面培养的方式在体外进行培养，采用 UVB 和 UVA 联合照射建立体外衰老模型，待测物涂抹给药处理后，通过组织形态变化、胶原纤维的变化、弹性纤维的变化、胶原Ⅳ含量的变化综合分析待测产品的紧致抗皱功效（见图 7.3、图 7.4）。

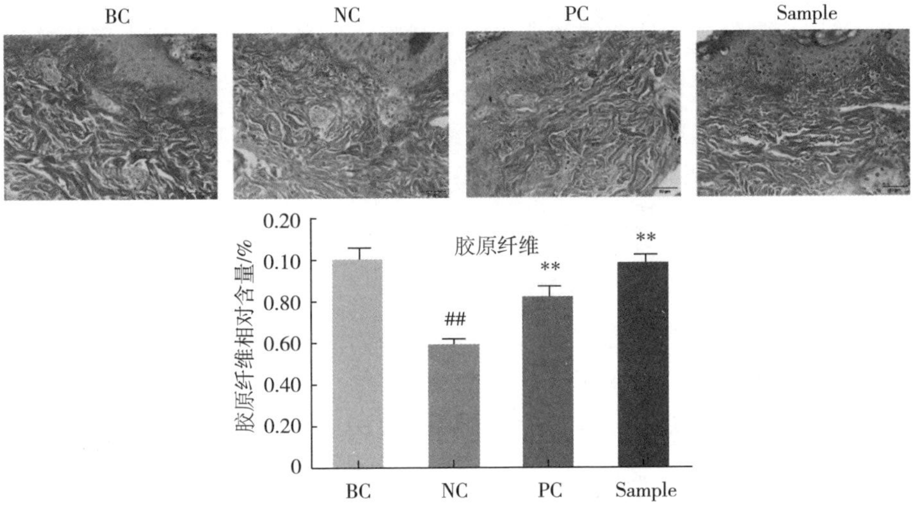

BC——空白对照组　NC——阴性对照组　PC——阳性对照组　Sample——样品组

图 7.3　基于离体皮肤组织的紧致抗皱功效检测（胶原纤维）

注：* * 表示与 NC 相比，差异显著，$p<0.01$；##表示与 BC 相比，差异显著，$p<0.01$。

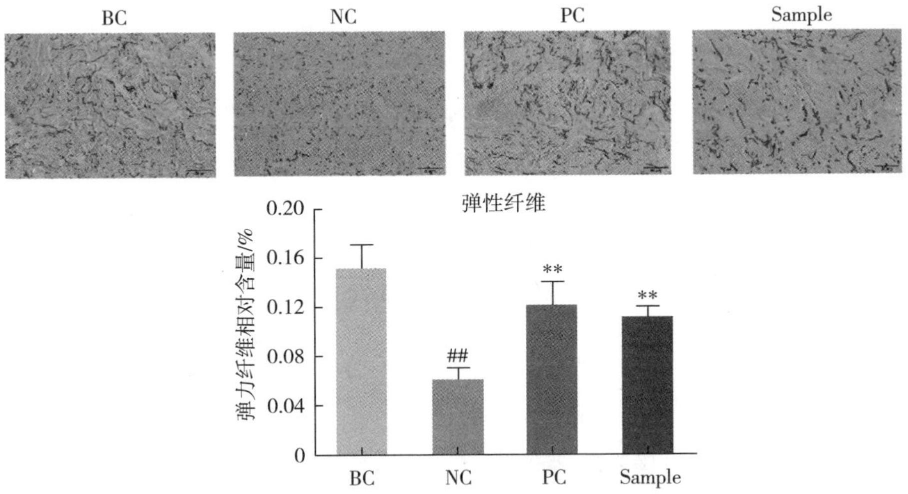

BC——空白对照组　NC——阴性对照组　PC——阳性对照组　Sample——样品组

图 7.4　基于离体皮肤组织的紧致抗皱功效检测（弹性纤维）

注：* * 表示与 NC 相比，差异显著，$p<0.01$；##表示与 BC 相比，差异显著，$p<0.01$。

5. 基于斑马鱼模式生物的功效测试方法

基于斑马鱼模式生物的化妆品功效性评价体系是一种快速、便捷、价廉、有效的替代评价体系（见图7.5）。斑马鱼是常用的模式生物，与人基因相似度高达87%。斑马鱼皮肤结构与功能和人类高度相似，含有基底层、棘层、颗粒层、透明层和表皮角质细胞层；另外，尚有与人皮肤结构相同的固有层、半桥粒、黑色素细胞、血管和皮下脂肪细胞等。斑马鱼皮肤间质结缔组织、胶原及其临近的纤维母细胞以及皮肤基因表达与人类皮肤相似。斑马鱼用于研究皮肤病变包括遗传病、色素异常、炎症、牛皮癣、损伤修复、黑色素瘤等已获得广泛认可。因此，斑马鱼模型评价人用化妆品功效也具有较好的预测性。2003年，美国国立卫生研究院将斑马鱼列为继大鼠、小鼠之后的第三大模式生物。相较于传统的以啮齿类动物、家兔等模式生物和细胞为评价载体的实验，斑马鱼具有个体小、易饲养、繁殖能力强、胚胎发育迅速、实验周期短等特点，能有效地降低化妆品开发企业、研究机构的研发投入。

以基于斑马鱼的舒缓功效评价为例，利用绿色荧光标记斑马鱼巨噬细胞和中性粒细胞，通过斑马鱼切尾实验诱导巨噬细胞和中性粒细胞向伤口处转移，在加入有抗炎作用的被测物后，伤口处巨噬细胞和中性粒细胞明显减少。

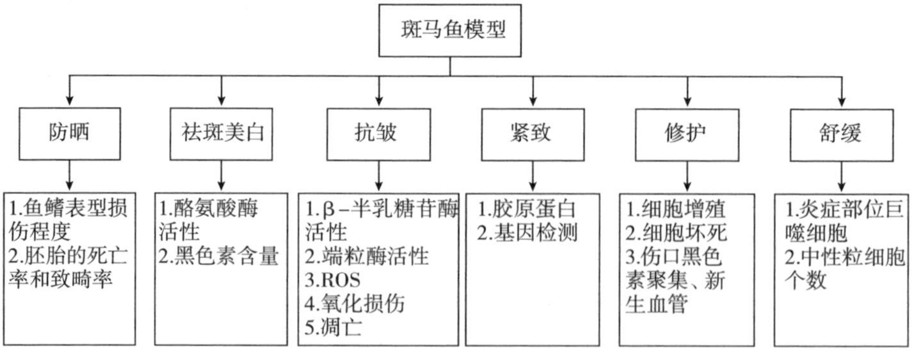

图7.5 基于斑马鱼模型功效评估体系

6. 人体试验方法

人体试验方法是目前化妆品功效评价技术中应用最为广泛的方法（如图 7.6 所示），主要包括专家小组评估、消费者自评以及生物物理学评价。专家小组评估，主要是通过视觉、触觉、嗅觉感知等进行评估，如色彩、平滑度、气味等；或者根据一定的评分标准，对受试者使用产品前后肤色、皱纹改善等情况进行评价。消费者自评，则是通过对消费者使用产品前后进行问卷调查，收集消费者对产品相关指标、特性、皮肤变化的反馈，再结合问卷调查统计的结果，对化妆品的功效性进行评估。生物物理学评价，是目前国内外行业中应用比较广泛且比较客观的方法，通过仪器测量以及成像分析，不仅可以获得定量的检测数据，还可以通过直观、可视化的图像，为产品的功效宣称提供科学的数据支撑。

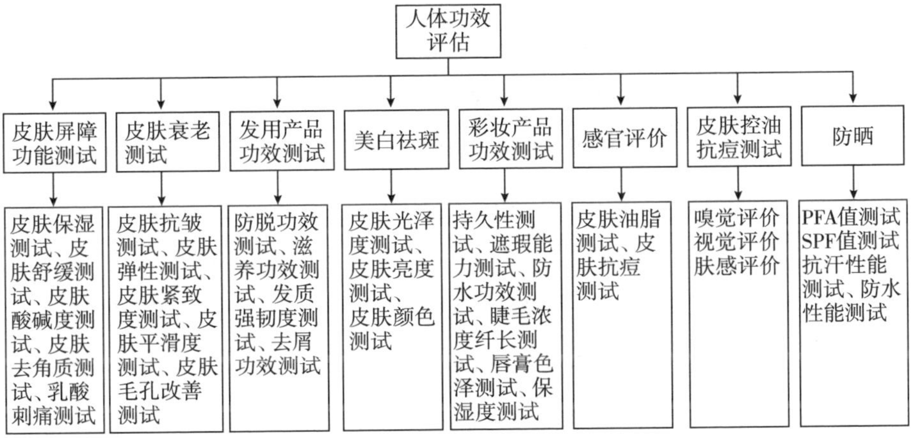

图 7.6　人体功效评估体系

目前，随着检测仪器的技术升级、图像分析技术的发展以及对皮肤科学的深入研究，已经可以实现从皮肤表层参数到皮肤深层细胞形态学的无创检测，在一定程度上实现了由皮肤表观水平到细胞分子水平的跨越。例如，拉曼光谱技术、皮肤 CT 多普勒超声技术等具有无损、原位、动态以及实时监测等特点的高新影像技术已逐渐在化妆品行业得到应用。

在表皮层面，通过测试仪器和成像设备可以实现皮肤表层的含水量、油脂、脱屑、皱纹等生物学指标的检测；在形态学方面，可以观察皮肤角质层、真皮层的形态结构；再进一步，可实现蛋白质含量、色素含量以及外源成分在皮肤中的渗透量等定性、定量检测。

随着化妆品功效测评需求的增加，人体试验评价方法目前遇到的最大阻力就是志愿者招募。根据相关要求，每个功效评价的项目需保证30个有效样本，这意味着当下化妆品行业需要大量的受试者，同时也会导致测试费用节节攀升的现象发生，加大企业研发成本和压力。

以人体开放使用试验祛斑美白功效评价法为例，该方法的试验周期为5w，试验规定了设置无祛斑美白功效基质平行对照组；在特定受试者样本左右两侧色素沉着区对称的情况下，可分试验产品侧和基质对照侧，但需受试者到试验机构使用试验产品和对照，以保证试验的准确性。该方法试验部位大多为曝光部位，故在紫外线相对强烈或日照长的季节，试验机构需教导受试者参考《皮肤防晒专家共识》配合做好防晒工作，必要时提供不含祛斑美白成分的防晒产品供受试者日常防晒使用。

（三）化妆品功效测试的成果转化

目前，我国化妆品功效评价相关的标准方法正在不断建立和完善，表7.10统计了国家部门发布的化妆品功效测定标准以及一些协会、学会等组织发布的团体标准，其中，实验室功效测试标准有20个，人体功效测试标准有25个，据了解还有不少已完成待发布的团体标准。不难看出，多数标准于近两年发表，新法规发挥了巨大的导向作用。

表7.10　化妆品功效评价标准（不完全统计）

序号	标准名称	发布单位	实施日期
1	化妆品温和无刺激功效测试—斑马鱼胚胎测试方法	福建省日用化学品商会	2021－11－02
2	化妆品—抗氧化化学评价方法技术规范	广东省化妆品学会	2021－10－25
3	化妆品修复的功效评价测试方法	广东省化妆品学会	2021－06－24
4	抗氧化活性评价秀丽线虫法	广东省化妆品学会	2021－10－25
5	T/GDCA 006—2021 化妆品原料对酪氨酸酶活性抑制试验方法（体外法）	广东省化妆品学会	2021－11－30

续表

序号	标准名称	发布单位	实施日期
6	T/HPCIA 005—2021 化妆品美白功效的测定 斑马鱼胚法	广州开发区黄埔化妆品产业协会	2021-05-07
7	T/HPCIA 006—2021 化妆品温和刺激性的测定 斑马鱼胚法	广州开发区黄埔化妆品产业协会	2021-05-07
8	T/HPCIA 007—2021 化妆品抗过敏的测定 斑马鱼胚法	广州开发区黄埔化妆品产业协会	2021-05-07
9	T/SHRH 022—2019 化妆品保湿功效评价 体外重组 3D 表皮模型测试方法	上海日用化学品行业协会	2020-01-30
10	T/SHRH 023—2019 化妆品屏障功效测试 体外重组 3D 表皮模型测试方法	上海日用化学品行业协会	2020-01-30
11	T/SHRH 027—2019 体外测试 B16 细胞黑素合成抑制实验	上海日用化学品行业协会	2020-01-30
12	T/SHRH 031—2020 化妆品紧致、抗皱功效测试—体外成纤维细胞Ⅰ型胶原蛋白含量测定	上海日用化学品行业协会	2021-01-30
13	T/SHRH 032—2020 化妆品紧致、抗皱功效测试—体外角质形成细胞活性氧（ROS）抑制测试方法	上海日用化学品行业协会	2021-01-30
14	T/SHRH 033—2020 化妆品舒缓功效测试—体外 TNF-α 炎症因子含量测定 脂多糖诱导巨噬细胞系炎症细胞模型测试方法	上海日用化学品行业协会	2021-01-30
15	T/SHRH 034—2021 化妆品舒缓功效测试—体外 TNF-α 炎症因子含量测定 脂多糖诱导巨噬细胞 RAW264.7 测试方法	上海日用化学品行业协会	2021-01-30
16	T/SHRH 036—2021 化妆品黑色素抑制测试 斑马鱼胚胎测试方法	上海日用化学品行业协会	2021-10-30
17	T/ZHCA 012—2021 化妆品美白功效测试 斑马鱼胚胎黑色素抑制功效测试方法	浙江省健康产品化妆品行业协会	2021-06-01
18	T/ZHCA 014—2022 化妆品抗皱功效评价 斑马鱼幼鱼尾鳍皱缩抑制率法	浙江省健康产品化妆品行业协会	2022-06-01
19	T/ZHCA 015—2022 化妆品紧致功效评价 斑马鱼幼鱼弹性蛋白基因相对表达量法	浙江省健康产品化妆品行业协会	2022-06-01
20	T/ZHCA 016—2022 化妆品舒缓功效评价 斑马鱼幼鱼中性粒细胞抑制率法	浙江省健康产品化妆品行业协会	2022-06-01

续表

序号	标准名称	发布单位	实施日期
21	QB/T 4256—2011 化妆品保湿功效评价指南	工业和信息化部	2012-07-01
22	《化妆品安全技术规范》第八章 2 防晒化妆品防晒指数（SPF 值）测定方法	国家食品药品监督管理局	2016-12-23
23	《化妆品安全技术规范》第八章 3 防晒化妆品防水性能测定方法	国家食品药品监督管理局	2016-12-23
24	《化妆品安全技术规范》第八章 4 防晒化妆品长波紫外线防护指数（PFA 值）测定方法	国家食品药品监督管理局	2016-12-23
25	《化妆品安全技术规范》第八章 5 化妆品祛斑美白功效测试方法	国家药品监督管理局2021 年第 17 号通告	2021-05-01
26	《化妆品安全技术规范》第八章 6 化妆品防脱发功效测试方法	国家药品监督管理局2021 年第 17 号通告	2021-05-01
27	发用产品头皮舒缓功效测评方法	广东省化妆品学会	2021-11-30
28	发用产品温和（无刺激）功效测评方法	广东省化妆品学会	2021-12-08
29	T/GDCA 008—2021 洁面产品的保湿和控油功效人体测试方法	广东省化妆品学会	2022-01-03
30	T/GDCDC 012—2020 发用产品强韧功效评价方法	广东省日化商会	2020-12-31
31	T/GDCDC 019—2021 化妆品抗皱功效测试方法	广东省日化商会	2021-12-02
32	T/SHRH 018—2021 化妆品改善眼角纹功效临床评价方法	上海日用化学品行业协会	2021-10-30
33	T/TDCA 003—2021 化妆品紧致功效测试方法	天津市日用化学品协会	2021-09-01
34	T/TDCA 004—2021 化妆品祛痘功效测试方法	天津市日用化学品协会	2021-09-01
35	T/ZHCA 001—2018 化妆品美白祛斑功效测试方法	浙江省保健品化妆品行业协会	2019-01-01
36	T/ZHCA 002—2018 化妆品控油功效测试方法	浙江省保健品化妆品行业协会	2019-01-01
37	T/ZHCA 003—2018 化妆品影响经表皮水分流失测试方法	浙江省保健品化妆品行业协会	2019-01-01
38	T/ZHCA 004—2018 化妆品影响皮肤表面酸碱度测试方法	浙江省保健品化妆品行业协会	2019-01-01

续表

序号	标准名称	发布单位	实施日期
39	T/ZHCA 005—2019 化妆品影响皮肤弹性测试方法	浙江省保健品化妆品行业协会	2019-11-01
40	T/ZHCA 006—2019 化妆品抗皱功效测试方法	浙江省保健品化妆品行业协会	2019-11-01
41	T/CNMIA 0010—2020 祛痘类功效性护肤品安全/功效评价标准	中国非公立医疗机构协会	2020-07-21
42	T/CNMIA 0012—2020 祛痘类功效性护肤品临床评价标准	中国非公立医疗机构协会	2020-07-23
43	T/CNMIA 0013—2020 舒敏类功效性护肤品安全/功效评价标准	中国非公立医疗机构协会	2020-07-23
44	T/CNMIA 0015—2020 舒敏类功效性护肤品临床评价标准	中国非公立医疗机构协会	2020-07-23
45	T/ZGKSL 001—2020 抗衰老—抗氧化评价方法总则	中国抗衰老促进会	2020-08-14

从科学监管的基本思路出发，方法的标准化意义重大。科技的创新，如3D皮肤模型、基因芯片、3D打印技术以及自动化图像分析设备的广泛应用，将从多维度提升化妆品功效评价的科学性，有助于构建更加综合的、更为系统的评价策略，在提升化妆品行业科技水平的同时，也能极大地提高功效评价效率和产品开发效能，甚至重构整个产业生态。特别是我国自主知识产权的新材料、新工具、新技术和新方法的成果转化，将持续发挥支撑化妆品监管、促进产业发展的作用。以下是化妆品功效评价研究正在进行成果转化的部分专利申请。

1. 基于体外巨噬细胞与3D皮肤模型共培养的化妆品抗炎功效评估方法

成果负责人：云南贝泰妮生物科技集团股份有限公司、上海贝泰妮生物科技有限公司、上海际研生物医药开发有限公司。

知识产权状况：专利申请公开号CN113652392A。

背景技术：在抗炎舒敏类功效性护肤品的开发过程中，需要对关键功效原料或是配方成品的抗炎功效进行评估。传统化妆品原料及成品抗炎功效评价手段主要是进行动物实验，如小鼠的耳肿胀实验（在体内进行），或者通过体外测定培养免疫细胞的免疫反应，但两种测试均不能完全代表体内的皮肤炎症环境。随着循环经济理念的3R原则推出，3R原则已经成为生物医药科学研究及相关法规管理普遍遵守的准则，开发动物实验的替代品并且避免使用活体动物实验已成趋势。虽然体外免疫细胞试验模型系统相对简单，但是对于皮肤本身的免疫应答无法完全体现。将与人正常皮肤生理结构相似的3D皮肤模型和巨噬细胞共培养，使炎症诱导物质与3D皮肤接触，模拟人体皮肤接触外来炎症物质的过程，模拟炎症通过表皮层到达真皮层发生的免疫应答。炎症的发生通常伴随多种炎症因子的上调，因而通过测定共培养液中对应炎症因子的表达作为量化评估指标。目前，将3D皮肤模型与免疫细胞共培养用于综合评估化妆品原料及成品的抗炎功效的体外方法还未见相关专利和文献报道。

技术描述：Raw264.7小鼠巨噬细胞用完全培养液培养，3D表皮模型放入12孔培养板内进行稳定培养，然后将对数生长的Raw264.7小鼠巨噬细胞接种于多孔培养板，16～24h后将3D皮肤放置于上述多孔培养板，3D皮肤表面涂抹PBS、待测样品，培养1～4h后，诱导对照组及样本组分别加入LPS诱导炎症，培养16～36h，收集并储存共培养液；采用DPBS冲洗3D皮肤表面的待测样品和PBS，采用MTT检测3D皮肤组织存活率；选取3D皮肤组织存活率大于等于75%的样本组的共培养液进行炎症因子检测，分别检测共培养液中炎症因子小鼠TNF－α、小鼠IL－6、小鼠IL－1β、小鼠PGE2、人L－1α、人IL－8和/或人PGE2的含量；计算检测样本组的炎症因子分泌量与诱导对照组的炎症因子分泌量比值，得到炎症因子相对表达量。

应用领域：适用于各种化妆品和化妆品原料的抗炎功效评价。

2. 基于秀丽线虫模式生物评价化妆品原料抗衰老功效的方法

成果负责人：上海应用技术大学。

知识产权状况：专利申请公布号CN113693961A。

背景技术：胶原蛋白广泛存在于微生物、动物体中，在多个方面起着重要的作用，包括组织构架、细胞黏附、细胞迁移、肿瘤、血管生成、组织形态形成和组织修复。而胶原蛋白最为人所知的是在细胞外基质中以一种长形纤维作为脊椎动物组织，如肌腱、软骨骨骼和皮肤中主要的抗张力成分。胶原蛋白是真皮的主要成分，也是人体中含量最丰富的蛋白质，为皮肤提供强度和支撑。随着衰老的加剧，人体皮肤中的胶原蛋白流失较多，表皮失去支撑，皱纹程度也加剧。人体皮肤中的胶原蛋白含量与皮肤衰老直接相关。因此，很多抗衰老化妆品原料相继出现，但是还没有明确的功效评价方法来评价化妆品原料对皮肤中的相关胶原蛋白含量大小的改善状况。秀丽线虫拥有 175 个胶原蛋白，大多集中在与表皮细胞顶膜相邻的外皮细胞外基质中，与哺乳动物具有很高的同源性。以秀丽隐杆线虫为模型生物，考察功效化妆品原料对表皮胶原蛋白中羟脯氨酸指标的影响变化，从而评价化妆品肌肤抗老化效果（包括光老化）。

技术描述：将同期化成年秀丽隐杆线虫分别给予功效化妆品原料培养，再将其置于紫外线下进行照射，检测秀丽隐杆线虫表皮的羟脯氨酸水平相对含量，并与对照组对比，以评价抗衰老功效化妆品原料对秀丽隐杆线虫表皮胶原蛋白的改善效果。采用的生物学方法能更准确反映功效化妆品原料对表皮胶原蛋白的改善效果，评价范围广，可以快速筛选功效性化妆品原料的最佳有效浓度。

应用领域：评价功效化妆品原料抗 UVA 光和蓝光老化效果。

3. 基于斑马鱼模式生物评价化妆品和保健食品抗光老化、糖基化功效的方法

成果负责人：南京新环检测科技有限公司。

知识产权状况：专利申请公开号 CN112198143A。

背景技术：在分子水平上老化的一个显著特征是经过非酶修饰的蛋白质的逐渐积累，其中最常见的是糖基化。还原糖与蛋白质（或其他分子）上的游离氨基发生反应，产生可逆的反应中间体，最终生成不可逆的晚期糖基化终末产物（AGEs）。AGEs 储存在组织中并与其受体连接，损伤组织功能，能够清除 AGEs 的物质提示其具有抗老化作用。过去，化妆品抗

光老化功效评价方法主要是采用UVA和UVB对脱毛大鼠进行照射，但国际禁止用动物评价化妆品的功效，现有化妆品抗光老化、糖基化功效评价主要采用体外的替代方法。成人纤维细胞抗老化实验，用UVA照射成人纤维细胞，检测细胞活性、β-半乳糖苷酶含量、氧自由基含量和总胶原蛋白含量；体外重建皮肤模型抗光老化实验，用UVB照射表皮模型，检测基质金属酶活性；AGEs清除实验，体外人血白蛋白与葡萄糖反应，检测荧光AGEs含量。现行的防晒功效评价方法，主要用人体评价防晒系数。临床研究发现，正常老年人体内的糖化血红蛋白含量比正常年轻人明显升高，而患有白内障的老年人（未患有糖尿病）体内的糖化血红蛋白含量比正常老年人明显升高。除单糖外，美拉德反应、糖的自氧化作用和其他代谢途径（如糖酵解）产生的二羰基化合物也会产生AGEs，这可以解释非糖尿病白内障患者血清AGEs的增加。由于体内不含任何能够降解AGEs的酶，所以糖化血红蛋白随着年龄的增长不断累积，即血清AGEs与年龄呈线性关系。这说明，糖化血红蛋白不仅是长期血糖水平衡量的“金标准”，更是评价老化的指标之一。细胞实验显示，在紫外线的照射下，血红蛋白发生过氧化形成高铁血红蛋白，这种反应也发生在皮肤。紫外线辐射造成的红细胞损伤可能通过抑制细胞膜结合ATP酶、乙酰胆碱酯酶（AchE）和G6PD，改变GSH含量和增强脂质过氧化作用，破坏了负责维持细胞膜正常结构和功能的红细胞膜成分。有证据表明，氧化损伤和糖基化损伤呈正相关，紫外线照射能诱发氧化损伤。AGEs通过产生涉及·O^{2-}、H_2O_2和·OH的活性氧来促进皮肤光老化。AGEs的积累不但随着年龄的增长而增加，而且通过紫外线照射而被放大。现有抗光老测试均为体外方法，缺乏吸收、分布、代谢和排泄的过程，无法准确预测抗光老化的供试品对人体是否真正有效。体外检测不具备可视化的优势，无法观察到抗光老化、糖基化时皮肤损伤修复的变化。另外，可用于替代实验的光老化动物模型尚未建立。化妆品防晒功效评价方法主要用于化妆品，无法评价保健食品的抗光老化、糖基化功效。由于受精后5d（5dpf）内的斑马鱼幼鱼不需要进食，不属于动物，被欧盟认为在伦理学方面是可以接受的，便被用于化妆品功效和安全性评价的替代实验。紫外线照射能诱导斑马鱼氧自由基反应，但能否诱导斑马鱼糖基化反应尚未见报道。因此，迫切需要开发一种简便、快速检测的 AGEs 作为斑马鱼糖基化反应的指标。

技术描述：选取若干尾斑马鱼，加入待测试样，经 UVB 照射后，采集斑马鱼的尾鳍照片，分析尾鳍面积，评价皮肤损伤修复功效；或采集斑马鱼后用生理盐水制备成匀浆液，测定所述匀浆液的糖化血红蛋白 OD 值，根据糖化血红蛋白 OD 值换算糖化血红蛋白含量评价抗糖基化功效；将斑马鱼用 4% 的多聚甲醛固定过夜，用 β－半乳糖苷酶染色试剂盒进行染色，测定斑马鱼 β－半乳糖苷酶染色强度，评价 β－半乳糖苷酶抑制功效；将斑马鱼避光染色，测定斑马鱼卵黄囊荧光强度，评价抗氧化功效。

应用领域：化妆品或化妆品原料的抗光老化、抗糖化功效评价。

4. 基于细胞和鸡胚模型评价生发/防脱发功效的体外组合测试方法

成果负责人：广州市华代生物科技有限公司黄健聪。

知识产权状况：专利申请公开号 CN108531543A。

背景技术：脱发已经成为困扰现代人的一种常见现象。据有关统计，我国约有 1.6 亿人深受脱发困扰。传统育发评价方法采用的是动物实验，其不确定度大、周期长、成本高，不利于实现原料或新物质的快速、有效、高通量筛查，而且不符合动物福利的要求。体外方法是一类利用离体组织、器官等作为实验系统，通过不同的手段评价、预测体内反应的方法，具有高通量、多终点、条件可控性高等优点，有利于开发初期进行快速、有效的筛查，但单一方法也存在预测能力有限等不足。Ⅱ型 5α 还原酶存在于皮肤、前列腺等部位，可以将雄激素睾酮转化为双氢睾酮，从而抑制毛发休眠期向生长期过渡，影响毛囊正常生长，引起油脂分泌过多，导致雄性激素脱发，90% 的脱发类型为雄性激素脱发。受试物体外抑制Ⅱ型 5α 还原酶的活性可以抑制双氢睾酮的生成，从而抑制双氢睾酮对细胞的影响，达到减少脱发的效果。真皮乳头细胞为毛囊生长的关键细胞，角质细胞分泌角质纤维形成毛发，细胞的活性和周期是评价促进细胞增殖的重要指标。氧化应激被认为是导致细胞衰老和死亡的重要原因之一，拮抗/保护氧化应激带来的细胞损伤，具有维持细胞正常结构与功能的重要意义。改善微循环可以促进微血管形成，恢复血液供应，增加细胞的营养，促进细胞增殖与分化。鸡胚的绒毛尿囊膜血管丰富、明显，有利于观察微血管生成和微循环改善状况。同时，我国传统植物资源丰富，近年来植物原料得到大力发展，许多植物原料宣称具有明显的功效，其中就包括生发/防脱发功效。越来越多的植物提取物、新合成物质的安全性与功效受到了广泛的关注。

技术描述：应用了3种体外方法，对Ⅱ型5α还原酶抑制水平进行分析，从大鼠前列腺分离制备5α还原酶并定量其水平，给予受试物求5α还原酶抑制率。细胞水平功效分析，包括细胞毒性、细胞增殖能力和抗氧化能力功效分析。细胞毒性评价，对HaCaT给予不同浓度受试物后，检测细胞存活率以评价细胞毒性，求出受试物的50%抑制浓度（IC_{50}）和20%抑制浓度（IC_{20}）。细胞增殖分析，细胞给予最大浓度为IC_{20}，向下设多个浓度，培养24h和48h后检测细胞活力。抗氧化能力测定，给予细胞过氧化氢制备氧化损伤模型，采用二氯荧光素（DCFH－DA）标记法检测给予受试物后细胞内ROS的水平以评价抗氧化作用。血管生成分析，于鸡胚第7d，取直径约0.5cm定性滤纸片，轻置于CAM表面血管较少的部位，加入50μL受试物，透明膜封口，返回培养箱孵育72h，体视镜下直接观察血管，或从窗口处加入固定液，计数血管分支点数量。取出CAM后加入10%中性福尔马林固定液，常规制作石蜡切片，根据VEGF免疫组化试剂盒进行光密度分析。

应用领域：用于生发和防脱发原料毒性及功效的筛查与检测。

5. 基于牛血清白蛋白—果糖反应的化妆品原料抗糖化性能的高效液相色谱测试方法

成果负责人：中国科学院过程工程研究所张天阳、张贵锋。

知识产权状况：专利申请中。

背景技术：“糖化反应”这一概念由法国人Louis Camille Maillard于1912年在描述甘氨酸与葡萄糖混合加热后形成褐色类黑精的反应时首次提出，故又称“美拉德（Maillard）反应”，现指还原性糖（如葡萄糖）上的羰基与蛋白质、脂质或核酸等大分子上的游离氨基之间所发生的非酶性缩合反应生成的稳定共价加成物，被统称为“晚期糖基化终末产物”（AGEs）。糖基化在体内和体外均可自发发生，AGEs的积累是有害的。AGEs不仅会引起糖尿病、肾病、视网膜病变、神经病变、动脉粥样硬化等并发症和神经退行性疾病，还可与人的皮肤组织中含有的胶原蛋白、弹性蛋白这两种蛋白质形成交联，不但影响其正常的强度和弹性功能，还会影响皮肤细胞黏附与细胞生长过程。AGEs与这两种蛋白质的交联物在细胞基质中的累积，不但降低了结缔组织的通透性，还使养分及代谢废物在体内扩散能力减弱，皮肤组织的硬度增加，从而导致皮肤弹性下降，最终加速皮肤衰老、皱纹产生。同时，AGEs也可以通过影响黑色素的分泌量来导致皮肤色素沉着、肤色暗沉。目前，对抗糖化原料的检测方法较少，精确度低，亟待建立针对化妆品原料抗糖化性能的检测方法。

技术描述：采用牛血清白蛋白—果糖法，将抗糖化有效成分，如茶多酚、烟酰胺、维生素C、肌肽等，分别与牛血清白蛋白及果糖37℃孵育一周，对其糖基化终末产物抑制能力进行分析，通过高效液相色谱技术，利用待分离的各种物质在两相中的分离系数、吸附能力等亲和能力不同来进行分离，用蒸发光散射器进行检测，对游离的未经蛋白修饰的果糖进行定量，可知未与牛血清白蛋白形成糖基化中末端产物果糖含量。通过此方法，可对其抗糖化性能进行评价。

应用领域：适用于具有抗糖能力的化妆品原料的筛选。

6. 基于组合性刺激溶液建立的在体皮肤刺激模型评价化妆品舒缓修护的方法

成果负责人：广州美域医学检验有限公司。

知识产权状况：专利申请公开号CN113702586A。

背景技术：目前，舒缓修护测试方法没有统一标准，而现有方法中通常采用对存在皮肤问题的患者至少进行28d连续使用待测物的方式评估产品的效果，不仅检测速度慢，并且由于不同人群的皮肤性质不同而导致检测结果存在差异。专利CN110018161A公开了一种抗刺激产品的抗刺激性检测方法，即获取斑贴处理后的皮肤或皮肤模拟物的图像，其中所述斑贴涂覆有包含所述抗刺激产品和刺激物的凝胶组合物；测量所述皮肤或皮肤模拟物的图像中的红斑特征值。该研究提供的检测方法不仅重复性好，而且能够更加细化地对拮抗刺激的结果进行评分，同时避免了人为主观的影响，从而更加精确、客观地对抗刺激产品的拮抗刺激效果进行评价。但其由于将刺激过程与舒缓过程同时进行，且刺激效果不佳，容易导致检测结果偏低。此外，专利CN108593899A公开了一种利用鸡胚绒毛尿囊膜模型检测面膜基布和医用敷料刺激性的方法，属于膜质材料刺激性技术领域，该方法为：获取每个受精鸡胚绒毛尿囊膜检测区域内的第一血管状态数据；获取将每个样品一一对应地敷于检测区域内作用一段时间后并移除了样品的检测区域内的第二血管状态数据；分别比较两组数据，获得血管反应程度结果；根据结果计算获得单一血管反应程度均值；根据均值得到样品的刺激等级。该研究适用于对不同材质膜质材料的刺激性评价和分级，是一种简单、经济、高灵敏度的检测方法，可有效替代人体斑贴试验及消费者感官测试，指导企业筛选和研发出适合特异人群（敏感肌肤人群、皮损人群、婴幼儿）的面膜基布等直接与皮肤接触的膜质材料。目前对于化妆品舒缓修护效果的测试结果不够准确，测试过程烦琐，时间长，因此，提供一种准确快速地对化妆品舒缓修护效果进行检测的方法，成为亟待解决的问题。

技术描述：采用质量分数为8%～12%的组合刺激溶液对人体手部皮肤进行斑贴，20～28h后得到皮肤刺激模型，并检测皮肤水分含量、红斑数量和经皮水分流失量；将待测样品涂抹在建好的皮肤刺激模型上，2h后检测皮肤水分含量、红斑数量和经皮水分流失量，并评估待测样品的舒缓修护效果。通过采用刺激溶液建立皮肤刺激模型，并检测使用待测样品前后的表征参数，相比常规方法中的受试者问卷自我评估，结果更加科学准确，能够有效排除受试者的主观因素，并且检测速度快。

应用领域：适用于化妆品舒缓修复功效的快速评价。

三、产学研合作案例

（一）化妆品成分检验检测研究案例

1. 关于其他功能性化妆品中非法添加性激素的检测方法

（1）成果介绍。

成果负责人：广东省科学院测试分析研究所（中国广州分析测试中心）。

技术成熟程度：已完成方法验证。

知识产权状况：形成标准中。

性激素是由动物体性腺所产生或由人工合成的具有生物活性的类固醇类物质，主要由雌激素、孕激素和雄激素组成，具有控制附性器官和第二性征的生理作用，将其添加到化妆品中，具有促进毛发生长、丰乳、美白、除皱和增加皮肤弹性等作用。目前，常见的性激素有29种，其化学信息详见表7.11。

表7.11 常见糖皮质激素的主要理化性质

序号	化合物	CAS号	分子式	精确质量数	Log kow	熔点/℃
（一）雌激素（8种）						
1	雌酮 Estrone	53－16－7	$C_{18}H_{22}O_2$	270.16198	3.13	153
2	雌二醇 Estradiol	50－28－2	$C_{18}H_{24}O_2$	272.17763	4.01	152
3	雌三醇 Estriol	50－27－1	$C_{18}H_{24}O_3$	288.17254	2.45	180
4	己烷雌酚 Hexestrol	5776－72－7	$C_{18}H_{22}O_2$	270.16198	5.60	147
5	己烯雌酚 Diethylstilbestrol	6898－97－1	$C_{18}H_{20}O_2$	268.14633	5.07	147
6	己二烯雌酚 Dienestrol	13029－44－2	$C_{18}H_{18}O_2$	266.13068	5.43	152
7	炔雌醇 Ethynyl estradiol	57－63－6	$C_{20}H_{24}O_2$	296.17763	3.67	171
8	苯甲酸雌二醇 Estradiol benzoate	50－50－0	$C_{25}H_{28}O_3$	376.20384	5.47	202
（二）雄激素（9种）						
1	睾酮 Testosterone	58－22－0	$C_{19}H_{28}O_2$	288.20893	3.32	155
2	甲基睾酮 Methyltestosterone	58－18－4	$C_{20}H_{30}O_2$	302.22458	3.36	164
3	诺龙 Nandrolone	434－22－0	$C_{18}H_{26}O_2$	274.19328	2.62	141

续表

序号	化合物	CAS 号	分子式	精确质量数	Log kow	熔点/℃
4	丙酸睾酮 Testosterone propionate	57-85-2	$C_{22}H_{32}O_3$	344.23514	4.77	120
5	苯丙酸诺龙 Nandrolone phenylpropionate	62-90-8	$C_{27}H_{34}O_3$	406.25079	6.02	206
6	美睾诺龙 Mestanolone	521-11-9	$C_{20}H_{32}O_2$	304.24023	3.52	192
7	表雄酮 Epiandrosterone	481-29-8	$C_{19}H_{30}O_2$	290.22458	3.07	178
8	雄烯二酮 Androstenedione	63-05-8	$C_{19}H_{26}O_2$	286.19328	2.75	158
9	美雄酮 Metandienone	72-63-9	$C_{20}H_{28}O_2$	300.20893	3.51	166
（三）孕激素（12 种）						
1	孕酮 Progesterone	57-83-0	$C_{21}H_{30}O_2$	314.22458	3.87	121
2	17α-羟孕酮 17α-Hydroxy progesterone	68-96-2	$C_{21}H_{30}O_3$	330.21949	3.17	222
3	甲羟孕酮 Medroxyprogesterone	520-85-4	$C_{22}H_{32}O_3$	344.23514	3.50	214
4	醋酸氯地孕酮 Chloromadinone 17-acetate	302-22-7	$C_{23}H_{29}ClO_4$	404.17544	3.95	213
5	醋酸甲地孕酮 Megestrol 17-acetate	595-33-5	$C_{24}H_{32}O_4$	384.23006	4.00	214
6	醋酸甲羟孕酮 Medroxyprogesterone 17-acetate	71-58-9	$C_{24}H_{34}O_4$	386.24571	4.09	188
7	醋酸羟孕酮 Hydroxyprogesterone acetate	302-23-8	$C_{23}H_{32}O_4$	372.23006	3.61	242
8	己酸羟孕酮 17α-Hydroxyprogesterone caproate	630-56-8	$C_{27}H_{40}O_4$	428.29266	5.74	122
9	炔诺酮 Norethindrone	68-22-4	$C_{20}H_{26}O_2$	298.19328	2.97	203
10	甲炔诺酮 Norgestrel	6533-00-2	$C_{21}H_{28}O_2$	312.20893	3.48	206
11	醋酸美仑孕酮 Melengestrol acetate	2919-66-6	$C_{25}H_{32}O_4$	396.23006	4.21	220
12	地屈孕酮 Dydrogesterone	152-62-5	$C_{21}H_{28}O_2$	312.20893	3.45	169

（2）研究背景。

鉴于潜在的安全和健康风险，中国《化妆品安全技术规范》（2015 年版）将性激素列为化妆品禁用组分，欧盟、东盟、日本、韩国等国家和地区的化妆品法规亦有此规定。但是，因性激素有明显的促进毛发生长、丰乳、美白护肤等功效，一些不法厂商依然往化妆品里非法添加性激素，而长期滥用性激素会导致皮肤过敏、代谢紊乱甚至诱发癌变等，风险巨大。因此，性激素的检测对于控制化妆品产品质量、保障消费者身体健康具有重要意义。

为打击化妆品中非法添加性激素的行为，政府相关部门制定和发布了一些国家标准或行业标准，仅记载了 11 种孕激素、7 种雌三醇等组分、7 种性激素。可见，这些方法也只针对单一类或部分性激素的检测，覆盖的类别和品种不够广，不利于化妆品的安全监管，而且对这三大类性激素实行全面监测的成本高、效率低，容易出现漏检现象。因此，该方法汇总了已发现或有文献报道的性激素成分，研究建立了同时快速测定雌激素、雄激素及孕激素三大类共 29 种性激素的 LC－Q－TOF－MS 高通量筛查方法，为相关类别化妆品的监管提供了技术支持。

（3）应用范围。

LC－Q－TOF－MS 方法，建立了雌激素、雄激素及孕激素三大类共 29 种性激素的一级精确质量数据库及二级碎片离子质谱图谱库，实现了一次同时提取、正负离子模式分别测定、无须标准品即可完成 29 种性激素的高通量质谱快速全面筛查与确证，有效地减少了标准物质的使用，极大地提高了检测效率，降低了单项激素的检测成本，缩短了检测时间，具有环保、经济优势。而且，本方法通过对化合物的母离子进行二级子离子扫描进一步确证，能很好地鉴别分离结构性质相似的化合物，能有效排除样品的假阳性，专属性强，为有效监控化妆品中非法添加性激素提供了有力的技术支持，更好地保障了消费者的健康。

2. 祛痘类化妆品中非法添加抗生素类药物的检测方法

（1）成果介绍。

成果负责人：广东省科学院测试分析研究所（中国广州分析测试中心）。

技术成熟程度：已完成方法验证。

知识产权状况：形成标准中。

抗生素类药（Antibiotics），又称为“抗细菌药”（Antibacterial）或“抗细菌剂”，是由微生物或高等动植物在生活过程中所产生的具有抗病原体或其他活性的一类次级代谢产物，是能干扰其他生活细胞发育功能的化学物质。根据文献报道和日常检测发现，化妆品中常被非法添加的抗生素主要有喹诺酮类、磺胺类、磺胺类抗菌增效剂、四环素类、氯霉素类、硝基咪唑类、大环内酯类、抗真菌类等八大类。目前，常见的抗生素类药有72种，其化学信息详见表7.12。

表7.12　常见抗生素类药的主要理化性质

序号	化合物	CAS号	分子式	精确质量数	Log kow	熔点/℃
（一）喹诺酮类（17种）						
1	恩诺沙星 Enrofloxacin	93106-60-6	$C_{19}H_{22}FN_3O_3$	359.16452	0.70	317
2	培氟沙星 Pefloxacin	70458-92-3	$C_{17}H_{20}FN_3O_3$	333.14887	0.27	313
3	环丙沙星 Ciprofloxacin	85721-33-1	$C_{17}H_{18}FN_3O_3$	331.13322	0.28	316
4	洛美沙星 Lomefloxacin	98079-51-7	$C_{17}H_{19}F_2N_3O_3$	351.13945	-0.30	315
5	沙拉沙星 Sarafloxacin	98105-99-8	$C_{20}H_{17}F_2N_3O_3$	385.12380	1.07	323
6	诺氟沙星 Norfloxacin	70458-96-7	$C_{16}H_{18}FN_3O_3$	319.13322	-1.03	314
7	马波沙星 Marbofloxacin	115550-35-1	$C_{17}H_{19}FN_4O_4$	362.13903	-2.92	318
8	氧氟沙星 Ofloxacin	82419-36-1	$C_{18}H_{20}FN_3O_4$	361.14378	-2.00	317
9	双氟沙星 Difloxacin	98106-17-3	$C_{21}H_{19}F_2N_3O_3$	399.13945	0.89	322
10	氟甲喹 Flumequine	42835-25-6	$C_{14}H_{12}FNO_3$	261.08012	2.60	303
11	达氟沙星（丹诺沙星）Danofloxacin	112398-08-0	$C_{19}H_{20}FN_3O_3$	357.14887	0.44	317
12	萘啶酸 Nalidixic acid	389-08-2	$C_{12}H_{12}N_2O_3$	232.08479	1.59	164
13	司帕沙星 Sparfloxacin	111542-93-9	$C_{19}H_{22}F_2N_4O_3$	392.16600	0.12	324
14	恶喹酸 Oxolinic acid	26893-27-6	$C_{13}H_{11}NO_5$	261.06372	0.67	175
15	依诺沙星 Enoxacin	74011-58-8	$C_{15}H_{17}FN_4O_3$	320.12847	-0.20	315
16	氟罗沙星 Fleroxacin	79660-72-3	$C_{17}H_{18}F_3N_3O_3$	369.13003	—	—
17	莫西沙星 Moxifloxacin	151096-09-2	$C_{21}H_{24}FN_3O_4$	401.17508	—	—

续表

序号	化合物	CAS 号	分子式	精确质量数	Log kow	熔点/℃
（二）磺胺类（23 种）						
1	磺胺（磺酰胺）Sulfanilamide	63－74－1	$C_6H_8N_2O_2S$	172.03065	－0.62	124
2	磺胺脒 Sulfaguanidine	57－67－0	$C_7H_{10}N_4O_2S$	214.05245	－0.99	158
3	磺胺索嘧啶（磺胺二甲异嘧啶）Sulfisomidin	515－64－0	$C_{12}H_{14}N_4O_2S$	278.08375	－0.33	189
4	磺胺醋酰 Sulfacetamide	144－80－9	$C_8H_{10}N_2O_3S$	214.04121	－0.96	180
5	磺胺嘧啶 Sulfadiazine	68－35－9	$C_{10}H_{10}N_4O_2S$	250.05245	－0.09	178
6	磺胺吡啶 Sulfapyridine	144－83－2	$C_{11}H_{11}N_3O_2S$	249.05720	0.35	176
7	磺胺噻唑 Sulfathiazole	72－14－0	$C_9H_9N_3O_2S_2$	255.01362	0.05	179
8	磺胺甲嘧啶 Sulfamerazine	127－79－7	$C_{11}H_{12}N_4O_2S$	264.06810	0.14	184
9	磺胺二甲嘧啶 Sulfamethazine	57－68－1	$C_{12}H_{14}N_4O_2S$	278.08375	0.89	189
10	磺胺甲氧哒嗪 Sulfamethoxypyridazine	80－35－3	$C_{11}H_{12}N_4O_3S$	280.06301	0.32	207
11	磺胺甲噻二唑 Sulfamethizol	144－82－1	$C_9H_{10}N_4O_2S_2$	270.02452	0.54	199
12	磺胺对甲氧嘧啶 Sulfameter (Sulfamethoxydiazine)	18179－67－4	$C_{11}H_{12}N_4O_3S$	280.06301	—	214
13	磺胺间甲氧嘧啶 Sulfamonomethoxine	1220－83－3	$C_{11}H_{12}N_4O_3S$	280.06301	0.70	190.01
14	磺胺氯哒嗪 Sulfachloropyridazine	80－32－0	$C_{10}H_9ClN_4O_2S$	284.01347	—	186
15	磺胺多辛（磺胺邻二甲氧嘧啶/周效磺胺）Sulfadoxine	80－35－3	$C_{12}H_{14}N_4O_4S$	310.07358	0.32	207
16	磺胺甲噁唑（磺胺甲基异噁唑）Sulfamethoxazole	723－46－6	$C_{10}H_{11}N_3O_3S$	253.05211	0.89	172
17	磺胺异噁唑（磺胺二甲异噁唑）Sulfisoxazole	127－69－5	$C_{11}H_{13}N_3O_3S$	267.06776	1.01	177
18	磺胺苯酰（苯甲酰磺胺）Sulfabenzamide	127－71－9	$C_{13}H_{12}N_2O_3S$	276.05686	1.30	214

续表

序号	化合物	CAS 号	分子式	精确质量数	Log kow	熔点/℃
19	磺胺地索辛（磺胺二甲氧嘧啶/磺胺间二甲氧嘧啶）Sulfadimethoxine	122-11-2	$C_{12}H_{14}N_4O_4S$	310.07358	1.63	201
20	磺胺喹沙啉（磺胺喹噁啉）Sulfachinoxalin	59-40-5	$C_{14}H_{12}N_4O_2S$	300.06810	1.68	212
21	磺胺苯吡唑 Sulfaphenazole	526-08-9	$C_{15}H_{14}N_4O_2S$	314.08375	1.52	214
22	磺胺硝苯 Sulfanitran	122-16-7	$C_{14}H_{13}N_3O_5S$	335.05759	2.26	235
23	磺胺氯吡嗪 Sulfaclozine	102-65-8	$C_{10}H_9ClN_4O_2S$	284.01347	0.31	187
（三）磺胺类抗菌增效剂（3 种）						
1	二甲氧甲基苄氨嘧啶（奥美普林）Ormetoprim	6981-18-6	$C_{14}H_{18}N_4O_2$	274.14298	1.23	183
2	三甲氧苄氨嘧啶 Trimethoprim	738-70-5	$C_{14}H_{18}N_4O_3$	290.13789	0.91	188
3	二甲氧苄氨嘧啶 Diaveridine	5355-16-8	$C_{13}H_{16}N_4O_2$	260.12733	0.97	177
（四）四环素类（5 种）						
1	美满霉素 Minocycline	13614-98-7	$C_{23}H_{28}ClN_3O_7$	457.18490	—	326
2	四环素 Tetracycline	60-54-8	$C_{22}H_{24}N_2O_8$	444.15327	-1.30	327
3	土霉素 Oxytetracycline	79-57-2	$C_{22}H_{24}N_2O_9$	460.14818	-1.72	326
4	强力霉素 Doxycycline	564-25-0	$C_{22}H_{24}N_2O_8$	444.15327	-0.22	313
5	金霉素 Chlortetracycline	57-62-5	$C_{22}H_{23}ClN_2O_8$	478.11429	-0.62	335
（五）氯霉素类（3 种）						
1	氯霉素 Chloramphenicol	56-75-7	$C_{11}H_{12}Cl_2N_2O_5$	322.01233	1.14	216
2	甲砜霉素 Thiophenicol	15318-45-3	$C_{12}H_{15}Cl_2NO_5S$	355.00480	-0.27	234
3	氟甲砜霉素 Florfenicol	73231-34-2	$C_{12}H_{14}Cl_2FNO_4S$	357.00046	-0.04	214
（六）硝基咪唑类（6 种）						
1	甲硝唑 Metronidazole	443-48-1	$C_6H_9N_3O_3$	171.06439	-0.59	127
2	洛硝哒唑（罗硝唑）Ronidazole	7681-76-7	$C_6H_8N_4O_4$	200.05455	-0.38	146
3	二甲硝咪唑（地美硝唑）Dimetridazole	551-92-8	$C_5H_7N_3O_2$	141.05383	-1.23	194
4	替硝唑 Tinidazole	19387-91-8	$C_8H_{13}N_3O_4S$	247.06268	-0.35	174
5	特尼哒唑（特硝唑）Ternidazole	1077-93-6	$C_7H_{11}N_3O_3$	185.08004	0.49	135

续表

序号	化合物	CAS 号	分子式	精确质量数	Log kow	熔点/℃
6	异丙硝唑 Ipronidazole	14885－29－1	$C_7H_{11}N_3O_2$	169.08513	－0.32	202
（七）大环内酯类（7 种）						
1	红霉素 Erythromycin	114－07－8	$C_{37}H_{67}NO_{13}$	733.46124	3.06	191.0
2	罗红霉素 Roxithromycin	80214－83－1	$C_{41}H_{76}N_2O_{15}$	836.52457	2.75	115.0～120.0
3	交沙霉素 Josamycin	16846－24－5	$C_{42}H_{69}NO_{15}$	827.46672	3.16	131.5
4	螺旋霉素 Spiramycin	8025－81－8	$C_{40}H_{67}NO_{14}$	842.51401	3.06	—
5	泰乐菌素 Tylosin	1401－69－0	$C_{46}H_{77}NO_{17}$	915.51915	3.27	135.0
6	阿奇霉素 Azithromycin	83905－01－5	$C_{38}H_{72}N_2O_{12}$	748.50853	4.02	114.0
7	乙酰螺旋霉素 Acetylspiramycin	24916－51－6	$C_{45}H_{76}N_2O_{15}$	884.52457	—	—
（八）抗真菌类（8 种）						
1	酮康唑 Ketoconazole	65277－42－1	$C_{26}H_{28}Cl_2N_4O_4$	530.14876	4.35	146.0
2	氟康唑 Fluconazole	86386－73－4	$C_{13}H_{12}F_2N_6O$	306.10407	0.50	141.0
3	萘替芬 Naftifine	65472－88－0	$C_{21}H_{21}N$	287.16740	5.80	177.0
4	联苯苄唑 Bifonazole	60628－96－8	$C_{22}H_{18}N_2$	310.14700	4.77	142.0
5	克霉唑 Clotrimazole	23593－75－1	$C_{22}H_{17}ClN_2$	344.10803	6.26	148.0
6	益康唑 Econazole	27220－47－9	$C_{18}H_{15}Cl_3N_2O$	380.02500	5.61	86.8.0
7	咪康唑 Miconazole	22916－47－8	$C_{18}H_{14}Cl_4N_2O$	413.98602	6.25	160.0
8	灰黄霉素 Griseofulvin	126－07－8	$C_{17}H_{17}ClO_6$	352.07137	2.18	220.0

（2）研究背景。

鉴于潜在的安全和健康风险，世界主要国家的化妆品法规均明令禁止在化妆品中添加抗生素，我国《化妆品安全技术规范》（2015 年版）也将大多数抗生素列入了化妆品禁用组分。但是，仍有一些不法厂商将其非法添加进化妆品里以达到快速祛痘除螨的效果。消费者如果在不知情的情况下长期使用含有抗生素的化妆品，容易产生耐药、皮疹、速发性过敏等不良反应，而且有可能导致内脏损伤。因此，建立化妆品中抗生素类物质的检测方式，对化妆品行业的监管和保障消费者的使用安全具有重要的意义。为打击祛痘类化妆品非法添加抗生素的行为，政府相关部门制定和发布了一些国家标准或行业标准，但现有标准检测方法只能测定一类或同时测定两类抗生素，存在低效率、高成本等问题。因此，为了实现对化妆品市场的有效监管以及高效开展日常检测工作，该研究开发了可同时测定祛痘类化妆品中八大类共66种抗生素的LC－MS/MS高通量质谱检测方法，涉及的抗生素有15种喹诺酮类、21种磺胺类、3种磺胺类抗菌增效剂、5种四环素类、5种大环内酯类、6种硝基咪唑类、8种抗真菌类以及3种氯霉素类。

（3）应用范围。

该研究建立了针对化妆品中抗生素的LC－MS/MS高通量筛查方法，适用于同时测定不同类别的祛痘类化妆品中66种抗生素。该方法简便快速、定性定量可靠，成功应用于实际化妆品中抗生素类化合物的快速筛查和定量检测，极大地提高了日常检验的工作效率，而且该研究涉及多种抗生素和化合物，在一定程度上扩大了非法添加抗生素物质的检测范围，对保障监管工作的顺利开展和化妆品的安全使用具有重要意义。

3. 化妆品中有毒生物碱的检测方法

（1）成果介绍。

成果负责人：广东省科学院测试分析研究所（中国广州分析测试中心）。

技术成熟程度：已完成方法验证。

知识产权状况：形成标准中。

生物碱（Alkaloids）是一类含氮有机化合物，多数为含氮杂环结构，生物活性显著，是中草药中重要的有效成分之一。含有生物碱的植物广泛存在于自然界的各科各属，故又称为“植物碱”。生物碱是植物次生代谢产物，形成于植物长期适应生态环境过程中，可以抵御动物、微生物、病毒及其他植物的攻击。生物碱的结构类型和数量非常庞大，世界上所发现的天然化合物有5万多种，其中生物碱就有1.2万种。但目前，已报道的检测化妆品中生物碱的种类较少，部分生物碱的主要理化性质见表7.13。

表 7.13 生物碱的主要理化性质

序号	化合物	CAS 号	分子式	精确质量数	Log kow	熔点/℃
1	黄华碱 Thermopsine	486-90-8	$C_{15}H_{20}N_2O$	244.15756	1.65	205
2	毛果芸香碱 Pilocarpine	92-13-7	$C_{11}H_{16}N_2O_2$	208.12119	1.15	204
3	氧化苦参碱 Oxymatrine	16837-52-8	$C_{15}H_{24}N_2O_2$	264.18377	0.95	208
4	麻黄碱 Ephedrine	299-42-3	$C_{10}H_{15}NO$	165.11536	1.13	34
5	芦竹碱 Gramine	87-52-5	$C_{11}H_{14}N_2$	174.11569	2.40	138
6	东莨菪碱 Hyoscine	51-34-3	$C_{17}H_{21}NO_4$	303.14706	0.98	59
7	青藤碱 Sinomenine	115-53-7	$C_{19}H_{23}NO_4$	329.16272	—	180
8	山莨菪碱 Anisodamine	55869-99-3	$C_{17}H_{23}NO_4$	305.16272	—	62
9	倒千里光碱 Retrorsine	480-54-6	$C_{18}H_{25}NO_6$	351.16818	—	212
10	钩吻素甲 Gelsemine	509-15-9	$C_{20}H_{22}N_2O_2$	322.16812	3.08	178
11	麦角新碱 Ergometrine	60-79-7	$C_{19}H_{23}N_3O_2$	325.17902	0.52	162
12	毒扁豆碱 Physostigmine	57-47-6	$C_{15}H_{21}N_3O_2$	275.16339	1.58	105
13	士的宁 Strychnine	57-24-9	$C_{21}H_{22}N_2O_2$	334.16812	1.93	284
14	阿托品 Atropine	51-55-8	$C_{17}H_{23}NO_3$	289.16779	1.83	118
15	钩吻素子 Koumine	1358-76-5	$C_{20}H_{22}N_2O$	306.17322	2.18	168
16	马钱子碱 Brucine	357-57-3	$C_{23}H_{26}N_2O_4$	394.18927	0.98	178
17	哈尔碱 Harmine	442-51-3	$C_{13}H_{12}N_2O$	212.09496	3.56	264
18	高三尖杉酯碱 Omacetaxine mepesuccinate	26833-87-4	$C_{29}H_{39}NO_9$	545.26251	1.34	133
19	延胡索乙素 Tetrahydropalmatine	10097-84-4	$C_{21}H_{25}NO_4$	355.17835	1.65	147
20	那可丁 Noscapine	128-62-1	$C_{22}H_{23}NO_7$	413.14746	1.76	176
21	苯甲酰新乌头原碱 Benzoylmesaconine	63238-67-5	$C_{31}H_{43}NO_{10}$	589.28870	0.37	703
22	苯甲酰乌头原碱 Benzoylaconine	466-24-0	$C_{32}H_{45}NO_{10}$	603.30432	0.90	130
23	秋水仙碱 Colchicine	64-86-8	$C_{22}H_{25}NO_6$	399.16818	1.03	156
24	苯甲酰次乌头原碱 Benzoylhypaconine	63238-66-4	$C_{31}H_{43}NO_9$	573.29376	1.43	663
25	洛贝林 Lobeline	90-69-7	$C_{22}H_{27}NO_2$	337.20419	—	130
26	新乌头碱 Mesaconitine	2752-64-9	$C_{33}H_{45}NO_{11}$	631.29926	0.27	208

续表

序号	化合物	CAS 号	分子式	精确质量数	Log kow	熔点/℃
27	西伐丁 Veratrine	62 - 59 - 9	$C_{32}H_{49}NO_9$	591.34076	3.28	213
28	次乌头碱 Hypaconitine	6900 - 87 - 4	$C_{33}H_{45}NO_{10}$	615.30432	0.92	197
29	雷公藤次碱 Wilforine	11088 - 09 - 8	$C_{43}H_{49}NO_{18}$	867.29498	6.24	158
30	吴茱萸碱 d - Evodiamine	518 - 17 - 2	$C_{19}H_{17}N_3O$	303.13718	1.64	240
31	雷公藤吉碱 Wilforgine	37239 - 47 - 7	$C_{41}H_{47}NO_{19}$	857.27423	5.32	158

（2）研究背景。

欧盟化妆品法规和中国《化妆品安全技术规范》（2015 年版）明确将部分有毒生物碱列为禁用组分，然而目前针对化妆品中禁用生物碱的相关检测方法及标准却明显滞后，很多在《化妆品安全技术规范》（2015 年版）中规定的禁用生物碱还没有检测方法，即使最新发布的国家标准《化妆品中 10 种生物碱的测定 液相色谱串联质谱法》（GB/T36942—2018）中也没有全部涵盖。因此，建立化妆品中禁用生物碱的检测方法非常必要。

目前，化妆品中生物碱的检测主要采用 HPLC 和 HPLC - MS/MS 方法，但是已报道的检测方法所涉及的生物碱种类比较少，而且《化妆品安全技术规范》（2015 年版）中明确规定的有毒生物碱大多数没有检测方法。因此，该研究建立了同时测定化妆品中 9 种禁用生物碱的 HPLC - MS/MS 方法及同时测定精油类化妆品中 31 种生物碱的 HPLC - MS/MS 高通量筛查方法，能满足化妆品中生物碱的检测要求，用于化妆品中禁用生物碱的监控。

（3）应用范围。

HPLC - MS/MS 分析方法和 HPLC - MS/MS 高通量筛查方法，通过对检测条件、样品前处理过程及净化手段的优化，应用于水、乳液、膏霜和精油类化妆品基质中，均能得到较好的回收效果及精密度。而且该研究样品前处理更为简便、高效、经济，灵敏度高，该方法的回收率和精密度能满足水、乳液、膏霜和精油类化妆品中有毒生物碱的检测要求，并为化妆品中生物碱禁用组分的风险监控提供了有效的技术支持。

（二）化妆品功效评价实验室方法转化案例

化妆品功效评价的实验室方法在不断被转化形成标准，如抗衰功效的化学法标准 T/SHRH 006—2018《化妆品——自由基（DPPH）清除实验方法》、抗衰功效的细胞法标准 T/SHRH 031—2020《化妆品紧致、抗皱功效测试——体外成纤维细胞Ⅰ型胶原蛋白含量测定》、皮肤屏障的 3D 皮肤标准 T/SHRH 023—2019《化妆品屏障功效测试体外重组 3D 表皮模型测试方法》等。下面介绍一些即将形成标准的转化案例。

1. 基于鸡胚绒毛尿囊膜的抗刺激试验评价化妆品舒缓功效的方法建立

（1）成果介绍。

成果负责人：三立慧评（北京）检测技术有限公司。

技术成熟程度：已完成方法验证。

知识产权状况：形成标准中。

（2）研究背景。

十二烷基硫酸钠（Sodium Dodecyl Sulfate，SDS）是一种阴离子表面活性剂，具有一定的皮肤刺激性。鸡胚绒毛尿囊膜即孵化的鸡胚中期绒毛尿囊膜，血管系统完整、清晰和透明，接触受试物后通过评估血管出血、凝血、血管溶解来反映血管及血管网的形态结构、颜色和通透性的变化。SDS 作用于鸡胚绒毛尿囊膜后具有一定的刺激性，产生绒毛尿囊膜毒性效应，引起血管出血、血管溶解或凝血。将受试物加入含有 SDS 的溶液中作用于鸡胚绒毛尿囊膜，通过与 SDS 引起的绒毛尿囊膜毒性效应指标的评分差异进行对比，来评价受试物的抗 SDS 刺激效果。加入受试物后，毒性效应越轻，评分越低，则认为受试物抗 SDS 刺激效果越好。通过测定添加样品后鸡胚绒毛尿囊膜受到刺激的缓解程度，来评价样品的抗刺激效果，有效即说明样品有减轻刺激的作用，具有舒缓功效。

（3）简要步骤。

取 0.3mL 受试物直接作用于鸡胚绒毛尿囊膜，作用 3min 后，拍照观察并记录血管毒性效应变化程度，即血管出血、凝血、血管溶解的程度，根据严重程度进行评分。SDS 作用后的评分处于中度刺激分值段，若受试样品与

SDS 共同作用后评分明显下降，则表明受试样品具有拮抗 SDS 刺激的效果。基于鸡胚绒毛尿囊膜抗刺激试验，受试样品具有一定的舒缓效果。

(4) 应用范围。

本方法适用于化妆品、化妆品原料等的抗 SDS 刺激效果的评价。但是受试物的物理特性表明其不能进行实验，则不适用本方法，这些情况包括：对血管具有药理作用的血管活性物质、对绒毛尿囊膜具有不可逆染色作用的染料、具有黏附作用的黏性物质。

2. 基于模式动物斑马鱼的温和、祛斑功效评价方法

(1) 成果介绍。

成果负责人：杭州环特生物科技股份有限公司。

技术成熟程度：已完成方法验证。

知识产权状况：形成标准中。

近年来，国内科研工作者用斑马鱼进行的关于化妆品的研究越来越多，随着《化妆品监督管理条例》的颁布和实施，斑马鱼在化妆品产品和原料开发中的应用得到了快速推广与普及。一是在华南、华东和华北三个化妆品产业最主要的核心区域，有多家斑马鱼技术服务公司服务于化妆品相关研究；二是化妆品行业头部企业纷纷建立了自己的斑马鱼实验室；三是斑马鱼技术评价方法的标准建设工作快速推进，目前正式发布的化妆品测试斑马鱼实验方法团标已有 10 项之多。斑马鱼技术在化妆品功效中的应用见表 7.14，累计测试产品达 900 个。

表 7.14　斑马鱼技术在化妆品功效中的应用

实验模型	作用机理	诱导剂	评价指标
抗皱	胶原蛋白的表达	—	collala、collalb
紧致	弹性蛋白的表达	—	elnl、eln2
	神经信号的传导	冰乙酸	总运动距离
舒缓	炎症细胞的增殖	SLS	中性粒细胞数量
	炎症因子的表达	—	IL－la、IL－6、IL－8、TNFa
	过敏反应标志物的监测	C48/80	类胰蛋白酶含量

续表

实验模型	作用机理	诱导剂	评价指标
补水保湿	皮肤表面水合作用	氯化钠	局部皮肤面积
	水通道蛋白 AQP3 的表达	—	AQP3 基因表达量
	透明质酸合成酶的表达	—	HAS3 基因表达量
温和无刺激	炎症细胞的增殖	—	中性粒细胞数量
美白祛斑	黑色素的抑制	—	皮肤白度
	抑制酪氨酸酶的活性	—	酪氨酸酶活性
	减少黑色素蛋白含量	—	黑色素蛋白含量
提亮肤色	氧化应激诱导的色素沉着	甲萘醌	皮肤亮度
抗氧化	氧化应激诱导的 ROS	甲萘醌	ROS 的荧光强度
抗光老化	紫外线诱导的皮肤损伤	UVB	晒伤部位恢复
修护	组织再生能力	断尾	损伤部位恢复
抗衰老	衰老相关酶的活性表达	—	β-半乳糖苷酶、端粒酶、SOD、GSH

（2）研究背景。

祛斑功效评价：色斑的形成与皮肤中黑色素的沉着有关，祛斑功效的发挥实质上是对黑色素的清除。通过斑马鱼技术能简洁而有效地评价化妆品的祛斑功效。斑马鱼在发育初期全身透明，胚胎发育至 24h 时黑色素开始从视网膜上皮生长，48h 逐渐形成稳定并可见的黑色素色斑。将受试物于斑马鱼发育 48h 时加入鱼水中，72h 时观察黑色素的降低程度，从而评价祛斑功效。

温和功效评价：化妆品中刺激性物质作用于机体后可能引发机体产生刺激、过敏等一系列的生理、生化反应，其中最主要的是刺激反应，可导致水肿、红斑、瘙痒、疼痛等症状。刺激性成分对皮肤的刺激性作用主要是通过诱发炎症反应的通路来实现的，炎症反应的产生将使机体产生免疫应答，各种免疫细胞在趋化因子的作用下向表皮炎症发生的部位迁移、聚集，其中中性粒细胞的敏感性和特异性最强。斑马鱼与人类具有非常相似的免疫系统，利用转基因荧光标记技术将斑马鱼体内中性粒细胞进行荧光标记，当供试品接触到斑马鱼皮肤时，通过观察中性粒细胞的迁移、聚集数量可以反映其是否具有温和功效。

（3）简要步骤。

祛斑功效：将斑马鱼分成若干组，含正常对照组和供试品组。正常对照组不做处理，供试品组使用受试化妆品，孵育一段时间后，对斑马鱼头部进行拍照，利用高级图像处理软件分析斑马鱼头部的黑色素信号强度，从而评价其祛斑功效。

经过各组斑马鱼对比实验，阳性对照组和供试品组与正常对照组对比，斑马鱼头部只有少量的黑色素，证实了该化妆品具有祛斑作用，见图7.7。

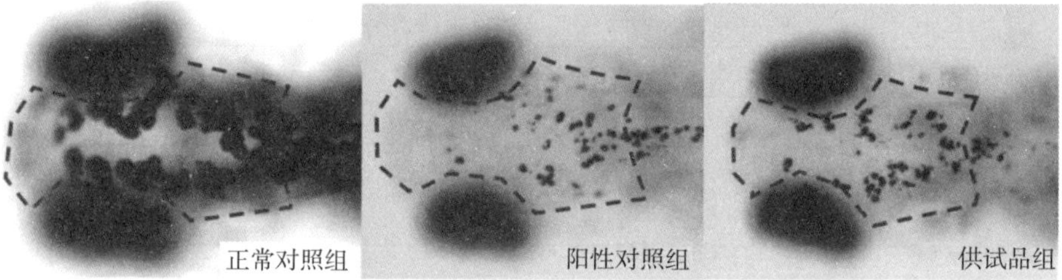

图7.7　斑马鱼头部黑色素表型

温和功效：将受测试斑马鱼分成两组，分别是正常对照组和供试品组。正常对照组不做处理，供试品组添加受试化妆品。孵育一段时间后，将斑马鱼整体放到荧光显微镜下拍照，以皮肤表面中性粒细胞数量评价供试品是否温和。

供试品组斑马鱼皮肤中性粒细胞数量与正常对照组相比无明显变化，证实了该供试品较温和（见图7.8）。

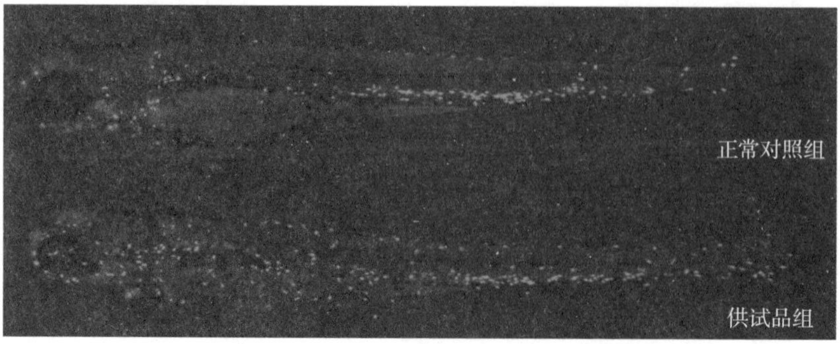

图7.8　斑马鱼皮肤中性粒细胞荧光图

（4）应用范围。

不同团体分别制定同一个功效的评价方法标准，难免会存在一定的差异，如结果判定标准、技术方法不统一，必然会造成评价结果的差异，降低实验结果的科学性、合理性、可靠性。这一方法可用于化妆品、化妆品原料的祛斑、温和功效的评价。另外，该方法并不适用于所有类别样品，不溶性粉体（如爽身粉、散粉等）等样品目前尚未建立合适的前处理方法，不适合应用斑马鱼进行评价。

3. 基于转基因荧光斑马鱼化妆品美白祛斑功效评价体系构建

（1）成果介绍。

成果负责人：中国药科大学尚靖。

技术成熟程度：模型成熟。

知识产权状况：已录入国际斑马鱼资源库。

（2）研究背景。

人体黑色素生成是一个十分复杂的生物学过程，涉及从黑色素细胞的形成到黑色素合成关键细胞器黑色素小体的组装，再到黑色素合成的级联酶促反应，以及黑色素小体的胞内转运、临近角质形成细胞对于黑色素的摄取，还有黑色素的最终分解、代谢等多个过程。不同类型的色斑如晒斑、黄褐斑、老年斑、雀斑及炎症发生后色素沉着等的产生机理也不相同。因此，对于化妆品美白功效的系统评价是十分必要的。早期评价方法多从细胞层面入手，筛选指标主要以色素减少或酪氨酸酶活性抑制为核心评价指标。美白祛斑化妆品领域的“杜鹃醇事件”也提示我们，该方法评价存在安全性风险。随着对于色素生成过程的认识不断加深，祛斑美白功效评价模型建立更应以系统性为出发点突出对黑色素整体代谢过程的调控。斑马鱼的色素代谢过程具有系统性特点，并已初步应用在美白祛斑功效化妆品的筛选上，但单纯去观察色素量的方法存在模型不稳定等诸多影响因素。结合基因编辑技术将色素代谢的阶段调控因子标记荧光使色素代谢的变化可视化，同时还可分析是否产生系统安全性问题，为美白祛斑类产品的开发奠定了很好的技术基础。

（3）简要步骤。

通过人与斑马鱼基因库的比对，筛选出色素代谢过程中的关键候选调控因子，采用 Tol2 转座系统构建转基因斑马鱼。Tol2 转座系统包括转座子和转座酶两部分。将需要整合的目标基因，构建在转座质粒的两个转座子之间。转座酶质粒经过体外转录为 mRNA 之后，与转座质粒共注射。利用转座的原理，转座酶可以将两个转座子间的序列剪切下来，整合到斑马鱼受精卵基因组中，后续经过基因型鉴定，筛选出成功整合的个体进行传代（见图 7.9）。建立系列的荧光斑马鱼品系，进而建立模型。如 tyr1 和 mitf 等品系，能可视化地分析相关调控信息（见图 7.10）。在 tyr1 品系中，α－黑素细胞刺激素（α－MSH）的浓度越高，荧光量越大，荧光强度越强，表明美白效果越好。

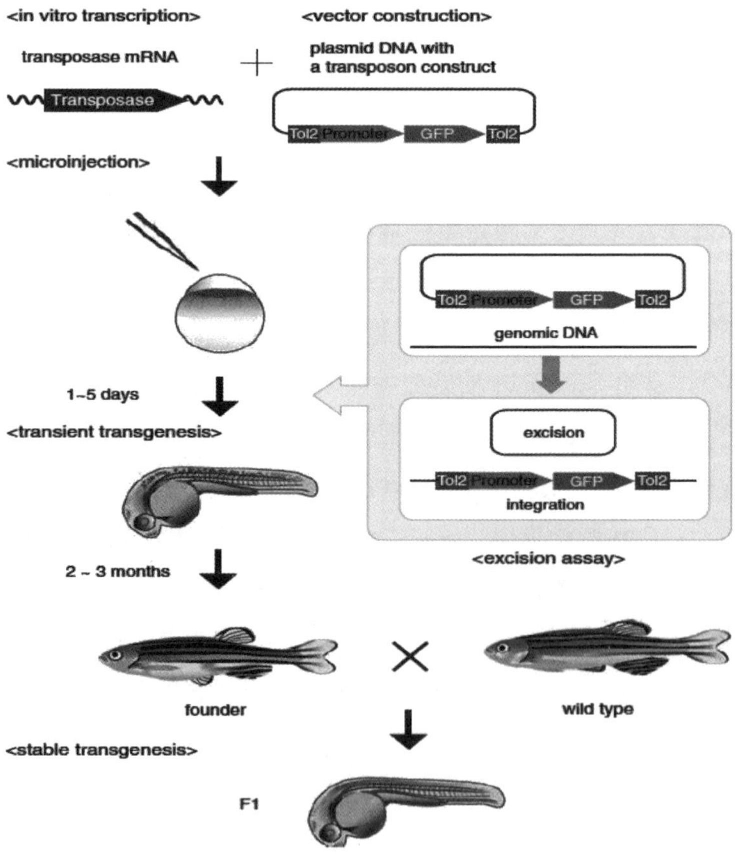

图 7.9　色素调控因子荧光斑马鱼品系

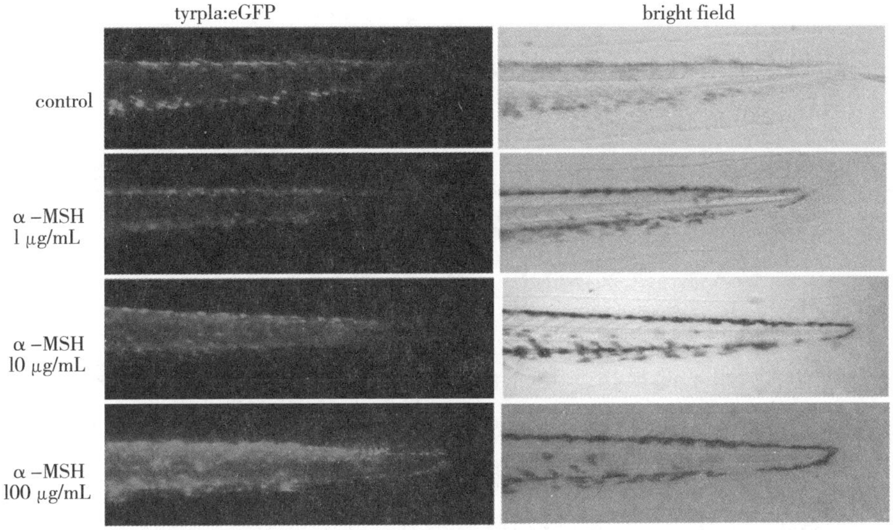

图 7.10 基于荧光斑马鱼色素调控评价模型

（4）应用范围。

转基因荧光斑马鱼技术已广泛应用于基因功能研究、人类疾病模型的构建、药物的筛选与评价等领域。中国药科大学通过选取黑素生成过程中的不同生物学过程的关键基因，构建荧光报告转基因斑马鱼品系进而实现快速活体的美白功效评价。该技术具有整体性、生物替代、高通量、可视化等优点。目前，已建立了10多个荧光报告转基因斑马鱼品系用于化妆品的功效和安全评价，结合细胞评价、皮肤组织评价、动物评价的模型，逐渐形成了具有特色化妆品功效评价的体系。以上的技术体系为化妆品的功效评价体系建立和新配方、新原料的研发提供了科学的背书。

（三）化妆品功效评价人体方法转化案例

我国已经发布防晒、美白、防脱发的人体功效评价方法，前面也提及了社会团体发布的 T/ZHCA 006—2019《化妆品抗皱功效测试方法》、T/GDCDC 019—2021《化妆品抗皱功效测试方法》、T/SHRH 018—2021《化妆品改善眼角纹功效临床评价方法》、T/TDCA 003—2021《化妆品紧致功效测试方法》、T/TDCA 004—2021《化妆品祛痘功效测试方法》、T/CNMIA 0015—2020《舒敏类功效性护肤品临床评价标准》等。下面介绍一些即将形成标准的方法。

1. 一款具有抗炎、舒缓刺痛作用化妆品的舒缓功效评价

（1）成果介绍。

成果负责人：三立慧评（北京）检测技术有限公司。

技术成熟程度：已完成方法验证。

知识产权状况：形成标准中。

（2）研究背景。

随着消费水平的提高，人们越来越注重皮肤的健康问题，对敏感皮肤的关注度也在逐年上升。敏感性皮肤特指皮肤在生理、病理条件下发生的一种高反应状态，主要发生于面部，临床表现为受到物理、化学、精神等因素刺激时皮肤易出现灼热、刺痛、瘙痒及紧绷感等主观症状，伴或不伴红斑、鳞屑、毛细血管扩张等客观体征。随着环境污染日益加重和精神压力增大，敏感性皮肤的发生率逐渐升高。针对敏感肌肤宣称具有舒缓功效的产品也日益增多，然而评价方法却有限。试验选用乳酸建立皮肤刺激模型，增强的酸性可能通过刺激敏感性肌肤患者的 TRPV1、酸感受性离子通道亚基 3 和降钙素基因相关肽（CGRP），从而引发疼痛、瘙痒。乳酸刺痛实验（Lactic Acid Stinging Test，LAST），是筛选敏感性皮肤最广泛应用的一种方法。

（3）简要步骤。

舒缓功效评价通过乳酸刺痛试验进行，使用10%乳酸水溶液刺激志愿者两侧鼻唇沟处皮肤，当两侧刺激分值均≥2 分时，一侧使用样品，另一侧不做处理，志愿者对两侧感受到的刺痛感、瘙痒感进行主观评分。通过与空白组对比，评价样品对乳酸引起的皮肤刺激的即时舒缓功效。试验时，在志愿者两侧鼻唇沟处同时敷贴浸透 50μL 10%乳酸溶液的滤纸（直径约 0.8 cm），当志愿者感受到两侧鼻唇沟处的感觉分值均≥2 分（中度感觉及以上）时，去除滤纸。由测试人员在其中一侧测试区域涂抹测试样品，涂样量为 50μL；另一侧测试区域不做处理。在样品使用后 0 min（涂抹样品后即时）、0.5 min、2.5 min、5 min、8 min、15min、30 min，由志愿者主观评

价两侧鼻唇沟处的瘙痒感、刺痛感，按 4 分法进行评分。评分标准：0 分为没有感觉，1 分为轻度感觉，2 分为中度感觉，3 分为重度感觉。

若即时舒缓乳酸刺激试验结果显示，在使用测试样品后 30 min 内各时间点，志愿者主观评价使用测试样品测试区域的刺痛感、瘙痒感评分均值均小于空白（$p<0.05$），则说明受试样品有舒缓乳酸引起的刺痛、瘙痒的效果，有舒缓功效。

（4）应用范围。

该方法适用于具有抗炎作用和缓解刺痛、瘙痒等不适感的产品。试验设置样品组、空白对照组，排除了随乳酸作用时间延长皮肤刺激程度减弱的干扰，结果更科学可信，但仍有一定的局限性。由于 LAST 是基于受试者在性质和强度方面的主观感觉，应用研究者如何处理主观个体疼痛量表引起争议，目前还没有定量的感觉反应强度的共识量表。因此，受试者报告的疼痛经验难以被外部观察员完全证实或证伪。

2. 基于智能（AI）及大数据技术的化妆品功效评价方法的优化

成果负责人：南京泓图人工智能技术研究院、南京所由所以信息科技有限公司。

技术成熟程度：已完成方法验证。

知识产权状况：专利申请中。

南京泓图人工智能技术研究院、南京所由所以信息科技有限公司基于与中国医学科学院皮肤病医院共同合作的科技成果，研究出一种基于面部图像的 AI 模型，可以提供客观、可靠、快速检测化妆品功效的评价方法，该方法利用不同光照下皮肤特征具有不同影像学特征的原理，通过深度学习训练，形成了一套性能优异的评价模型。该模型可以高效、自动评价皮肤的色斑、皱纹、油脂和血红素情况，以客观数值呈现结果。与之前传统的靠人工通过传统设备进行解读研判相比，该模型可以做到自动精准评估，避免了人为评估造成的误差，同时也能确保评估的科学性和权威性，大大缩短了评价的时间及工作量。

（1）基于AI及大数据技术的祛斑/美白类功效的评价。

该研究方法利用深度卷积神经网络模型，研究出一种基于皮肤图像的AI模型，进行色素分离并计算色度值，可以提供客观、可靠、快速的化妆品色斑功效评价，具有很高的实用性。它可以帮助企业客观评价产品功效，可以帮助色素患者了解个人皮肤色素沉积的情况，有助于产品推广的精准化、个性化。

（2）基于AI的皮肤皱纹评价。

目前，主流的基于图像的皱纹分析方法只针对面部的部分区域进行水平方向皱纹检测，无法全面客观地进行分析。相较于传统的几种检测方法，AI方法能够处理不同拍摄条件下的人脸图像，皱纹检测区域更全面，而且能自动计算皱纹区域的面积、类型、数量等信息，能够更加快速且清晰地了解面部皱纹的情况，且可对化妆品使用前后的皱纹数据进行对比。

（3）基于AI的皮肤血色素评价。

皮肤中最主要的两种色素——黑色素和血色素，决定了皮肤的主色调，改变这两种色素的含量将直接导致皮肤颜色的变化。对于皮肤图像而言，图像颜色在很大程度上表现了皮肤的结构和光学属性。因此，直接从图像中把这两种色素的分布提取出来，对于化妆品功效检验有重要作用。该方法建立了一种基于人脸图像的皮肤色素分离模型，能快速可靠地将黑色素与血色素分布从人脸图像中分离出来。该方法无须用户交互，不需要同一环境下拍摄的皮肤图像数据库的支持，只需要输入单张皮肤图像，并且支持分辨率低和含有噪声的图像。同时，为了客观评价色素的浓度分布，设计了从点、区域以及规则分区等不同层次分别对浓度分布进行分析的方法。根据分析得到的量化结果，可以直观地判别皮肤色素的均匀度。

（4）基于AI的皮肤油脂评价。

基于不同油脂含量在紫外光下成像不同的原理，研究出基于紫外光谱技术的皮肤油脂含量检测方法，对皮肤油脂含量进行分析。采用其他方式，如SEBUMETER测量相应皮肤油脂含量，作为对比的基准值，和紫外光谱技术的皮肤油脂含量检测值进行自动校对拟合，使得此方法测试得出的数值和传统测试方法具有可比性。

［参考文献］

［1］杜孝元，刘玮，史飞，等．酪氨酸酶活性抑制实验及其在祛斑美白化妆品功效评价中的应用［J］．中国美容医学，2005（6）：740－742.

［2］郭立群，王敏．化妆品功效评价（Ⅶ）——细胞生物学在化妆品功效评价中的应用［J］．日用化学工业，2018，48（7）：371－377.

［3］黄鹏，付奇，乔志杰，等．对化妆品安全与包装材料关系的思考［J］．香料香精化妆品，2014（1）：49－51.

［4］何一凡，孙丽丽．化妆品抗衰老功效评价方法［N］．中国医药报，2020－11－05（2）.

［5］霍韵滢，吕道飞，许军豪，等．中药化妆品的研究及应用进展［J］．广州化工，2021，49（22）：22－24.

［6］蒋丽刚．常见的化妆品功效评价方法［N］．中国医药报，2020－06－11（1）.

［7］李配配，王敏，吴金昊，等．细胞培养技术在化妆品功效评价中的应用［J］．北京日化，2016（3）：22－26.

［8］刘婷，姚凌云，王彩霞，等．生物发酵技术在化妆品中的应用研究进展［J］．香料香精化妆品，2021（3）：114－119.

［9］马雪，宋艳青，盘瑶，等．化妆品功效评价（Ⅻ）：皮肤生理学检测在化妆品功效评价中的应用［J］．日用化学工业，2020，50（1）：14－19.

［10］马宇晨，刘蕾，何聪芬．用于化妆品功效评价的皮肤细胞类型、特点及应用概况［J］．日用化学工业，2021，51（1）：50－55.

［11］倪立颖，邹娅雪，付晓婷，等．利用 LPS 诱导胚胎期斑马鱼炎症模型研究羊栖菜多酚抗炎机制［J］．食品工业科技，2019，40（21）：279－285.

［12］孙智慧，贾顺姬，孟安明．斑马鱼：在生命科学中畅游［J］．生命科学，2006，18（5）：431－436.

［13］王欢，盘瑶．化妆品功效评价（Ⅴ）：舒缓功效宣称的科学支持［J］．日用化学工业，2018，48（5）：247－254.

［14］王奇，延在昊，何泉泉．斑马鱼模型在化妆品研究中的应用［J］．日

用化学品科学,2014,37(12):29 - 33.

[15]王英存,汤晓琳,刘丹,等．红景天提取物应用于化妆品的生化和细胞学功效评价[J]. 日用化学品科学,2018,41(3):44 - 50.

[16]姚金成,曾令贵,林新文,等．我国化妆品安全监测体系的现状及相关对策[J]. 药事管理,2014,25(9):775 - 777.

[17]尹月煊,周兆清,王楠,等．皮肤颜色评价方法及其在化妆品人体功效评价中的应用[J]. 北京日化,2016(3):11 - 14.

[18]ELIAS P M ,GRUBER R,CRUNRINE D,et al. Formation and Functions of the Corneocyte Lipid Envelope (CLE)[J]. Biochimica et Biophysica Acta,2013,1841(3):314 - 318.

[19]JIN YAN. Principles and protocols of tissue engineering[M]. Xi'an: The Fouth Military Medical University Press,2004.

[20]RÉGNIER M,DUVAL C ,GALEY J B,et al. Keratinocyte - melanocyte co - cultures and pigmented reconstructed human epidermis: Models to study modulation of melanogenesis[J]. Cellular and Molecular Biology,1999,45(7):969 - 980.

[21]TANNENBAUM J,BENNETT B T. Russell and Burch's 3Rs Then and Now:The Need for Clarity in Definition and Purpose[J]. Journal of the American Association for Laboratory Animal Science(JAALAS),2015,54(2):120 - 132.

[22]VIOUX - CHAGNOLEAU C,LEJEUNE F,SOK J,et al. Reconstructed human skin: From photodamage to sunscreen photoprotection and anti - aging molecules[J]. Journal of Dermatological Science Supplement, 2006, 2(1): S1 - S12.

第八章　化妆品其他科研成果

化妆品行业作为“美丽经济”的重要载体，在国民经济中占有重要位置，但假冒伪劣、非法添加、夸大功效或者虚假宣传等一些扰乱行业秩序和损害消费者权益的事件仍时有发生。针对化妆品生产、经营、使用、监管过程中出现的这些问题，国家药品监督管理局于2021年1月1日起正式施行了《化妆品监督管理条例》。围绕这一纲领性条例，2021年国家颁布实施了多部化妆品相关法规，提升了化妆品监管体系和监管能力现代化水平，促进了化妆品产业的高质量发展，保障了公众用妆安全。

另外，2021年是新冠肺炎疫情发生的第二个年头，疫情对人们的生活产生了巨大的影响。后疫情时代，互联网信息技术在工业领域得到了深度的融合与运用，化妆品行业的弄潮儿在智能制造等方面做了大量的研发投入，在5G技术、云计算、人工智能等方面掀起了新的浪潮，在化妆品智能制造这一全新的赛道上提前实现了弯道超车。

在本章中，我们将简要为大家盘点2021年我国在化妆品监管科学方面的重要科研成果以及化妆品行业在人工智能方面取得的重要成就，以期能为化妆品行业的高质量、高水平和高科技发展提供参考与借鉴。

一、化妆品监管科学科研成果

2021年被称为“化妆品新法元年”。随着2021年1月1日新版《化妆品监督管理条例》的正式实施和配套法规的陆续落地，全行业迎来了翻天覆地的变化。2021年，国家颁布的化妆品行业相关条例、规范、办法等包含征求意见稿在内多达12部。

（一）具有里程碑意义的“化妆品基本法”——《化妆品监督管理条例》正式施行

与原版《化妆品监督管理条例》相比，新版《化妆品监督管理条例》（以下简称《条例》）确立了注册人、备案人、标准管理、原料分类、质量安全负责人、风险监测评价、信用体系、责任约谈等一系列新制度，对化妆品行业发展具有深远的影响及时代意义。

首先，《条例》首次提出注册人、备案人的概念，规定注册人和备案人是化妆品生产质量安全的责任主体，对化妆品的质量安全和功效宣称负责。

其次，《条例》加大对违法行为的惩处力度，对违法者用重典，全面大幅提高罚款数额，对涉及质量安全的严重违法行为，最高处以货值金额30倍的罚款。同时，还增加了“处罚到人”的规定，对严重违法单位的相关责任人员，最高处以其上一年度从本单位取得收入5倍的罚款，禁止其5年直至终身从事化妆品生产经营活动。

与此同时，《条例》还建立了化妆品不良反应监测制度。这是我国首次正式地把化妆品不良反应监测制度以法规制度的形式确立下来，表明了国家对化妆品质量安全的重视。

此外，《条例》在对特殊化妆品的定义方面也进行了修改，将特殊化妆品由原来九大品类减少至染发、烫发、祛斑美白、防晒、防脱发以及宣称新功效的化妆品六类。

毫无疑问，《条例》的施行，对化妆品行业发展具有里程碑式的意义。随着监管力度的加大和监管界限的明朗，化妆品行业必将迎来一个更加井然有序的市场环境。

（二）化妆品功效宣称时代来了——《化妆品分类规则和分类目录》《化妆品功效宣称评价规范》《化妆品安全评估技术导则（2021年版）》三大新规出炉

2021年5月1日起，由国家药品监督管理局发布的《化妆品分类规则和分类目录》《化妆品功效宣称评价规范》《化妆品安全评估技术导则

(2021年版)》正式施行，该三则法规就化妆品的分类规则、功效宣称评价及安全评估技术标准做了详细具体的规范。

在功效宣称目录方面，《化妆品分类规则和分类目录》将化妆品的功效分为了染发、烫发、祛斑美白、防晒、防脱发、祛痘、滋养、修护、清洁、卸妆、保湿、美容修饰、芳香、除臭、抗皱、紧致、舒缓、控油、去角质、爽身、护发、防断发、去屑、发色护理、脱毛、辅助剃须剃毛，共26类。

《化妆品功效宣称评价规范》指出，化妆品的功效宣称应当有充分的科学依据。根据化妆品功效的程度，《化妆品功效宣称评价规范》把化妆品功效宣称依据分为四个级别，简单理解就是功效越强，则需要越充分的依据证明。第一级，能够通过视觉、嗅觉等感官直接识别的（如清洁、卸妆、美容修饰、芳香、爽身、染发、烫发、发色护理、脱毛、除臭和辅助剃须剃毛等），或者通过简单物理遮盖、附着、摩擦等方式发生效果（如物理遮盖祛斑美白、物理方式去角质和物理方式去黑头等）且在标签上明确标识仅具有物理作用的功效宣称，可免予公布产品功效宣称依据的摘要。第二级，仅具有保湿和护发功效的化妆品，可以通过文献资料调研、数据研究分析或者化妆品功效宣称评价试验等方式进行功效宣称评价。第三级，具有抗皱、紧致、舒缓、控油、去角质、防断发和去屑功效，以及宣称温和无刺激或量化指标的化妆品，如功效宣称保持时间，应当通过化妆品功效宣称评价试验方式，可以同时结合文献资料或研究数据分析结果进行功效宣称评价。第四级，具有祛斑美白、防晒、防脱发、祛痘、滋养和修护功效的化妆品，以及进行特定宣称的化妆品（如宣称适用敏感皮肤、宣称无泪配方），应当通过人体功效评价试验方式进行功效宣称评价，后者还可以通过消费者使用测试进行功效宣称评价。另外，新功效化妆品也应当由化妆品注册和备案检验机构按照强制性国家标准、技术规范的要求开展人体功效评价试验，并出具报告。

此三则化妆品法规的敲定，对化妆品分类规则、功效宣称评价及安全评估技术标准做了详细具体的规范，使得化妆品功效宣称有理有据，有法可依。至此，化妆品进入功效评价时代。

（三）新原料注册闸口放开——《化妆品新原料注册备案资料管理规定》《化妆品注册备案资料管理规定》出台

《化妆品新原料注册备案资料管理规定》和《化妆品注册备案资料管理规定》于2021年5月1日起实施。两大管理规定进一步明晰了对新原料的安全监测制度、持续监测和评价体系，以及化妆品注册与备案所要提交的资料等信息。

《化妆品新原料注册备案资料管理规定》共二十条，其中要求，化妆品新原料注册人、备案人或境内责任人应当根据所申报注册或进行备案新原料的具体情形分类，按照化妆品新原料注册和备案资料要求整理，并提交相应的资料。

与此同时，化妆品新原料注册人、备案人或境内责任人应当结合新原料注册和备案资料相关技术信息，编制并提供用于注册和备案信息公开的化妆品新原料技术要求资料，在新原料获得批准或完成备案后，作为批准证书或备案凭证的附件对外公布，供社会公众查询参阅。

在经过一段适应期后，2021年6月28日，国家药品监督管理局公布了两项化妆品原料成功备案的信息，一是备案人为武汉中科光谷绿色生物技术有限公司的新原料N－乙酰神经氨酸，二是备案人为苏州维美生物科技有限公司的新原料月桂酰丙氨酸。这两例备案信息的出现，给予了处在法规适应期的化妆品行业一缕阳光，让大家看到了落地的政策红利，未来化妆品行业将会出现一波新原料注册备案的小高潮。

在化妆品注册、备案方面，《化妆品注册备案资料管理规定》指出，首次申请特殊化妆品注册或办理普通化妆品备案时，境内的注册申请人、备案人和境内责任人应当提交注册人、备案人信息表及质量安全负责人简历，注册人、备案人质量管理体系概述，注册人、备案人不良反应监测和评价体系概述等用户信息相关资料。

化妆品注册人、备案人作为产品与消费者间的关键枢纽，需要建立完善的产品质量管理体系，以确保对化妆品原料从“出生”到“成长”的全方位监管。通过这种方式，一方面提升产品品质，打击不合格的化妆品生产商；另一方面深化落实“放管服”改革，净化化妆品营商的竞争环境，压实企业主体责任。

《化妆品新原料注册备案资料管理规定》《化妆品注册备案资料管理规定》的落地，为实操过程提供了进一步指导，使化妆品市场能得到进一步规范。这将正向引导行业竞争，有利于健全产业发展，促进企业和消费者的双赢。

（四）新增189种已使用化妆品原料——《已使用化妆品原料目录（2021年版）》

2021年4月30日，国家药品监督管理局宣布《已使用化妆品原料目录（2021年版）》（以下简称新《目录》）于5月1日起正式生效。

新《目录》共列出了8972种原料，相比2015年已使用原料目录中收录的8783种，多出了189种，包括《化妆品安全技术规范》（2015年版）禁用组分、按照《化妆品安全技术规范》（2015年版）要求使用成分，拟调整为《化妆品安全技术规范》（2015年版）禁用成分和可用成分等。

新《目录》新增了原料在淋洗类产品及驻留类产品最高历史使用量，且表明新《目录》载明的原料最高历史使用量可作为化妆品安全评估报告（简化版）的证据。

此外，新《目录》还对原料进行了增补和规范修订。如增补审评审核通过的化妆品原料；对《化妆品安全技术规范》（2015年版）中未收载于新《目录》的限用组分、防腐剂、防晒剂、着色剂、染发剂视为已使用原料，增补至新《目录》中；规范部分原料命名（中/英文或INCI名称）；删除了部分原料；等等。

（五）大麻化妆品正式失去“合格证”——《化妆品禁用原料目录》《化妆品禁用植（动）物原料目录》出炉

继新《目录》之后，2021年5月28日，《化妆品禁用原料目录》《化妆品禁用植（动）物原料目录》正式发布，分别替代原有禁用组分表，并纳入《化妆品安全技术规范》（2015年版）相关章节。

其中，《化妆品禁用植（动）物原料目录》中明令禁止使用大麻仁果

（CANNABIS SATIVA FRUIT）、大麻籽油（CANNABIS SATIVASEED OIL）、大麻叶提取物（CANNABIS SATIVA LEAF EXTRACT）。这也就意味着，市面上的大麻化妆品正式失去“合格证”。

（六）化妆品标签“十二不准”——《化妆品标签管理办法》正式实施

2021年6月3日，国家药品监督管理局发布2021年第77号公告，《化妆品标签管理办法》正式实施。与2009年版不同，《化妆品标签管理办法》第十九条成为最大亮点，对化妆品禁用标注或宣称规定了12项“不准”，对2009年版第十六条化妆品标识不得标注内容进行了补充说明，有了更详细、更条理化、更准确的描述。例如，将“明示或者暗示具有医疗作用的内容”改为禁止“使用医疗术语、医学名人的姓名、描述医疗作用和效果的词语或者已经批准的药品名明示或者暗示产品具有医疗作用”；增加了1条禁止“利用商标、图案、字体颜色大小、色差、谐音或者暗示性的文字、字母、汉语拼音、数字、符号等方式暗示医疗作用或者进行虚假宣称”；新增了3条关于化妆品功效的标签规定，即禁止“（六）使用虚构、伪造或者无法验证的科研成果、统计资料、调查结果、文摘、引用语等信息误导消费者；（七）通过宣称所用原料的功能暗示产品实际不具有或者不允许宣称的功效；（八）使用未经相关行业主管部门确认的标识、奖励等进行化妆品安全及功效相关宣称及用语”，以保证标签与产品真实功效一致。

另外，值得注意的是，《化妆品标签管理办法》第十二条规定，化妆品标签应标注全部成分的原料名称，并按照各成分在产品配方中含量的降序列出。这意味着，以微量成分作为重要成分宣传的情况将受到限制。

（七）首个牙膏备案规范：可宣称九大功效——《牙膏备案资料规范》（征求意见稿）

2021年1月6日，国家药品监督管理局发布了《牙膏备案资料规范》（征求意见稿）（以下简称“规范”），将牙膏功效宣称分为九大类：基础清洁类、防龋类、抑制牙菌斑类、抗牙本质敏感类、减轻牙龈问题类、美白类、抗牙石类、减轻口臭类以及其他类。

在各功效类别下，牙膏功效宣称用语不得超出清单所限定的范围。而且清单中的允许用语为固定搭配，不得随意增加、删除或调整。比如，“美白类”功效的牙膏只能固定宣称“增白牙齿、美白牙齿”等用语。在功效评价方面，该规范指出，除基础清洁类型外，其他功效牙膏应当按照规定要求开展功效评价。

不少行业人士指出，牙膏行业备案、功效宣称、功效评价等制度的出台，有利于遏制牙膏市场乱象，从源头提升产品安全性、功效性。

（八）我国首个儿童化妆品监管法规公开征求意见——《儿童化妆品监督管理规定》（征求意见稿）

2021 年 6 月 18 日，国家药品监督管理局发布《儿童化妆品监督管理规定》（征求意见稿）（以下简称“意见稿”）。这意味着我国首部专门针对儿童化妆品的监管法规即将正式出台。

据了解，意见稿明确了儿童化妆品功效类别，并在配方层面不允许使用以祛斑美白、祛痘、脱毛、除臭、去屑、防脱发、染发、烫发等为目的的原料，如要使用上述功效原料，需对使用必要性及安全性进行评价。此外，不得使用的还包括尚处于监测期的新原料，以及对儿童安全性尚不明确的原料。

在产品包装上，儿童化妆品应当标注儿童化妆品标志，并在标志正下方标注产品执行的标准编号。未来《儿童化妆品监督管理规定》的正式出台，将对儿童化妆品市场的规范起到积极作用，有利于维护儿童用妆安全。

（九）遏制直播销售乱象——四部电商相关办法、文件出台

除了以上化妆品行业的法规外，国家相关部门对线上渠道的监管也值得化妆品行业关注。

随着电商的发展，线上渠道成为化妆品销售的重要途径。但行业乱象也随之而来，如直播间人数注假、哄抬线上电商价格、虚假压价等。对于线上电商、直播经营的一些乱象，国家相关部门出台了法规，以调控市场

秩序。

2021 年 5 月 1 日，由国家市场监督管理总局制定出台的《网络交易监督管理办法》正式实施。该办法共 5 章 56 条，包括总则、网络交易经营者、监督管理、法律责任和附则等内容。对直播中虚构点击量、打赏等互动数据，平台强制“二选一”，主播虚假宣传商品等现象进行法规上的制约和监管。

在价格方面，国家也重拳出击，对于低价倾销、大数据杀熟等现象，发布《价格违法行为行政处罚规定（修订征求意见稿）》，拟调整六类价格违法行为罚款额度，新增处罚上限规定，新增对电商平台、行业协会商会、中介机构、国家行政机关违法收费行为的罚款规定，明确突发事件的哄抬价格等行为将从重处罚。

此外，2021 年 7 月，国家市场监督管理总局接连发布两份重磅文件，即《市场监管总局办公厅关于国家产品质量检验检测中心及其所在法人单位资质认定等有关事项的通知》和《市场监管总局办公厅关于开展打击网售假冒检验检测报告违法行为专项整治行动的通知》，意在肃清网络买卖假冒检验检测报告的违法行为，并对检测机构的资质认定和报告内容做出了具体要求，进一步遏制了虚假宣传的现象。

从 2021 年化妆品监管法规的频繁出台可以看出，我国化妆品监管系统坚持以人民为中心的发展思想，全面落实“四个最严”要求，以法规制度建设和监管能力建设为重点，加强技术支撑体系建设，严厉打击违法违规行为，强化风险防控和社会共治，有力地保障了公众用妆安全和化妆品监管工作大局。相信随着对化妆品监管的步步推进，化妆品行业势必迎来一个更加美好的明天。

二、化妆品智能制造科研成果

化妆品智能制造指运用智能化的设计方法及先进的设计信息化体系，支持企业产品在研发流程的各个环节中智能化提升和优化运行。对于化妆品研发人员来说，智能化技术也为产品创新带来了新方案。

在 2021 年秋季广州美博会上，诺斯贝尔副总裁邱晓锋表示，在化妆品初期的配方开发阶段，传统的配方开发管理系统只能就配方、原料组合、原料成分、供应商进行单一顺序的配对开发，自主性较低。但在诺斯贝尔采用了 AI 技术的配方开发管理系统中，可通过分析海量专业数据提取用户护肤痛点关键词，并根据关键词进行多向的、有针对性的组合搭配。

截至 2021 年底，宝洁、欧莱雅、资生堂均展开了针对生物合成、定制型化妆品的研究，其中利用智能数据处理系统能对皮肤系统展开更深入的研究。科丝美诗最新发现细胞脂质会影响皮肤吸收方式，因此开发出特殊的乳化物，以适配细胞脂质六方结构与正方结构相混合的独特结构，从而强化皮肤吸收率，并代替了饱受争议的动物试验。早在 2016 年，伽蓝集团就率先利用 3D 生物打印皮肤技术构建出亚洲人皮肤模型，这项研发成果给化妆品功能测试、化妆品功效性评价、产品毒性检测和一些机制性研究提供了便利。欧莱雅和生物 3D 打印公司 Organovo 共同研发出了与人体的皮肤组织生物相似度很高的皮肤模型，目前主要用于测试化妆品的质量，Organovo 的技术主要是先构建特定组织的设计框架，之后用皮肤干细胞来打印组织，并且实现垂直打印组织，塑造出与真实皮肤相似的分层模型。

（一）智能产品，个性化定制

在智能产品开发领域，将网络信息技术、人工智能等融入传统的产品研发中，使产品逐渐变成智能技术的产物。化妆品个性化定制是指企业根据消费者的肌肤特点、个人喜好及其他个性化需求，为其量身定制专属产品。随着居民消费水平不断提高，个性化定制需求激增，许多化妆品大公司已经相继推出各种各样的定制产品。

1. My UV Patch

欧莱雅旗下品牌理肤泉推出了首款可伸缩式皮肤传感器—— My UV Patch，用于监测紫外线照射量。这款智能 UV 紫外线感应贴片模仿人体皮肤设计，当人们的皮肤裸露于紫外光下时，肤色会因为产品中光敏感染料的存在而发生改变，并且在传感器上展现出来。颜色不同，其吸收的紫外线的量就不同。而且，消费者通过使用手机 App 就可以把感应贴片与应用软件相连，应用程序会存储肤色、肤质、肌肤光反应分型等数据，并基于个人数据生成自我监测的提示时间。使用者获得提醒后，就可以扫描 UV 紫外线感应贴片。随后，应用程序会综合初始的个人数据和监测到的紫外线辐射剂量，给出更符合环境的防晒方案。

2. My UV Sense

理肤泉还发布了 My UV Sense——第一款可佩戴电子紫外检测仪，其最多能保存 3 个月的数据，显示长期的光线照射趋势并即时更新。更方便的是，它可以放在大拇指指甲上，佩戴时间也由 My UV Patch 的几天提高至几周。同时，该公司还发布了 My Skin Track pH，它是第一款能够检测肌肤 pH 值的可佩戴微流控传感器。毛孔中极微量的汗液都可以被它捕捉到，并且可以在 15min 内给出准确的 pH 值。在此之前，我们通常会使用坚硬的电子设备测量肌肤 pH 值，而且对于汗液样本的需求量很大，My Skin Track pH 的问世带来了极大的便利，并且其读数的精确度也是一些传统设备无法达到的。

3. Perso

欧莱雅还推出了一款电子设备——Perso，消费者能够定制专属于个人的口红、粉底以及护肤品。Perso 智能系统是通过手机终端收集图片数据和用户的肌肤数据，系统通过限定拍照的光线、角度和照片数量等，得到高质量的数据，然后配置相关产品，了解用户喜好。而且每次制作出来的产品，还可以即时获得用户的反馈。最后，更新算法，完善数据，使得自己的数据库更丰富，判断更精准。

4. Skin Scanner

露得清皮肤扫描仪 Skin Scanner 可帮助用户创建个性化的护肤计划。这款皮肤扫描仪与一个名为 Skin360 的移动应用无线同步，随着时间的推移将显示人的皮肤健康水平，并提供建议以改善他们的皮肤。用户只需启动应用程序，把设备压在面部，就会由 12 个 LED 灯和一个 30 倍放大镜头拍摄皮肤放大画面，检测皮肤的含水量、皱纹和毛孔程度。配合专用的手机 App，可以协助使用者迅速分析自身皮肤的健康程度，同时还能利用人工智能技术将测试者皮肤和年龄跟其他使用者进行比较并评分，从而指导用户如何保持皮肤健康。

5. 3D 打印面膜 MaskiD

露得清还研发出一款 3D 打印面膜 MaskiD。与传统面膜相比较，MaskiD 全部由 3D 打印技术制作。它不但可以按照用户的面部形态和尺寸进行制作，而且使用者能根据自身肌肤的特殊性对面膜的有效成分进行搭配调整，以满足自身的需求。MaskiD 通常会和 Skin360 联合使用，Skin360 软件通过对皮肤的需求以及面部不同部位进行分析，从而给出合理的配方。MaskiD 的使用者可以在系统中挑选多种成分，包含维生素 C、纯化的透明质酸等，进行组合。最后，通过 3D 打印技术，将有效护肤成分打印到特定的水凝胶面膜上。

6. SalonLab 发质分析仪

施华蔻公司研发的 SalonLab 发质分析仪是一种手电筒大小的手持式设备，包含了发质分析仪、护理液配制仪和应用程序等数字化系统。它可以通过红外和可见光传感器扫描头发样本，精准测量从发根到发梢的差异，包括头发内部状况以及水分含量，乃至真正发色，按需求生成适合的护理方案，从而为发质分析领域带来巨大的变化。

7. 自然堂私人定制功效精华系列

自然堂私人定制功效精华系列入驻上海，消费者可在自然堂私人定制区通过 AI 测肤系统、“肌因”定制精华平台进行肌肤测试，制定专属个性化的护理方案。其对于肌肤定制的实现要依托于三大系统：AI 测肤系统、“肌因”定制精华平台、数字化追踪系统。这款测肤系统具有快速全脸扫描和专业的肤质检测功能。它通过大数据深度学习，对消费者的肌肤特征进行识别，从而建立了在六种不同的光谱下八大维度的肌肤特征提取技术，把采集的数据上传到肌肤数据库，并对肌肤数据库的消费者进行评估，根据肌肤问题的差异得出个人肌肤体检报告，然后将报告发送到研发中心——“肌因”定制精华平台，进入智能定制环节，系统会进行综合判断，以匹配最适合的肤质精华种类以及浓度。

8. FOREO UFO 智臻智能面膜仪

斐珞尔的 FOREO UFO 智臻智能面膜仪将中高端肌肤养护科技和智能技术融合在一个智能设备中。据报道，这款产品运用了将热能、冷凝、声波脉动、多光谱光波等相结合的高融合技术，在 90s 内让皮肤最大化地吸收面膜的有效成分，从而实现美肤的功效。即通过速变半导体矩阵热能技术、速变半导体矩阵冷凝技术，先快速加热面膜，使毛孔张开并促进有效成分的吸收，之后快速冷却，结束发热功能。其 T - Sonic™垂直透肤声波脉动技术在促进有效成分吸收的同时，还能通过震动的方式达到按摩效果。在多光谱光波美肤护理中，红色的光源能够促进胶原蛋白增生，绿色的光源可以均匀肤色，蓝色的光源可以调节面部油脂分泌。

9. 兰蔻私人定制粉底液

兰蔻推出过一款私人定制粉底液，由柜台工作人员通过使用特定的仪器扫描消费者的脸颊、额头、下巴来收集相关数据，随后仪器会给出肤质类型和适合的色号，同时消费者还能根据自身需求在产品的遮瑕和滋润度方面进行完善。最后，粉底液会通过机器灌装，每位消费者都会收到专属于自己的粉底液。

（二）智能化生产

在传统制造业时代，商品的价值与价格完全由制造厂商主宰，而在智能制造时代，产品的生产方式已经不再由生产驱动，而是由用户驱动，即生产智能化可以充分适应消费者的个性化定制要求。人工智能的深入运用，不仅推动了新生产模式的形成，也被看作迈向工业 4.0 的必备武器。

完美公司利用智能化技术使产品生产的各个环节都得到了很大程度的简化，一些重复工作被智能机器人取代，人工操作导致的效率低下问题也得到了解决。智能化也会减少一些因为个人的主观判断而导致的误差。在配料间，采用全程智能化操作，不仅使配料的准确性得到提升，还实现了生产过程的可追溯性。

欧莱雅工厂水、乳液自动灌装线将机器视觉辨识技术与并联机器人系统相结合，处理化妆品自动化灌装线上的上瓶问题。机器人运用机器视觉技术实现自动识别、定位输送带上快速移动且随机排列的灌装瓶，接着对收集的数据进行处理与过滤，最终实现灌装瓶动态分拣，从而克服了灌装过程中自动上瓶难的问题。整线稳定运行速度为60瓶/min，仅需要1～2位操作工，极大地降低了劳动强度和人工成本。

珀莱雅将化妆品智能技术与联通5G技术相联合，通过5G网络完成质量数据采集、在线报修、设备数据采集等工作。通过实施APS系统，实现科学安排生产计划，有效提高了多种类、小批量、混合生产的能力，实现了智能动态化生产，有效地降低了生产成本并且提高了效率。通过实施MES系统，可以收集设备、人员、物料等信息，并且可以与一些高级系统如艾希系统集成，从而实现自动化生产；采集生产进度、设备状态数据，并对数据进行全方位分析以提高生产效率。建立智能制造大数据作战指挥室，全方位监控各个生产节点状态数据，实现远程智能调度，形成了严谨的数字化工厂体系，也为其他行业实现智能制造提供了极大的参考。

（三）智能服务

智能服务作为智能体系的末端，起到连接消费者与企业的作用，服务智能化最终体现为线上与线下智能连接模式，企业通过互联网技术将消费者连接到企业的生产过程中，通过消费者的反馈进行反思并且可以有效提高客户满意度。AR技术为美妆的推广提供了新思路，给顾客带来了更真实的场景体验。“美妆+科技”不但可以提升消费者的参与感，同时也极易为品牌树立良好形象。年轻的消费者对新奇的产品都会充满好奇心，最终会为品牌带来更高的销售流量。

欧莱雅集团与玩美移动股份有限公司展开合作，消费者通过玩美彩妆手机应用，便可体验欧莱雅集团旗下的产品以及虚拟试妆等服务，这些服务就是欧莱雅线下专柜的补充体验形式。法国美妆零售巨头丝芙兰零售店内的AR设备，只需让消费者下载免费的App，其内部的AR镜就可以收集消费者的面部特征，点击手机屏幕上的各类彩妆，摄像头就可以把化妆品“涂抹”在面部，并且可以随便更换自己喜欢的彩妆，直到满意为止，这个过程可以让消费者拥有更高级的购物体验。

总之，2021 年，各大化妆品企业都在努力利用智能技术影响消费者对产品的使用习惯，实质上还是希望给消费者提供更周全的体验感。智能型化妆品改变了使用方式，更迎合了消费升级的必然趋势。智能科技的进步，使定制化生产成为可能。未来，消费者购买护肤品可能只需要一台小机器进行脸部扫描，皮肤的相关信息就会上传到工厂专门的系统中，智能机器人就会根据收集到的信息进行生产，然后通过智能物流送到消费者手中。这样的生产不再是遥不可及的，并且会逐渐完善，化妆品智能产业必将蓬勃发展。

三、产学研合作案例

（一）中药锦灯笼系列功能性化妆品的研制与开发

1. 成果介绍

（1）名称：中药锦灯笼系列功能性化妆品。

（2）成果负责人：广东药科大学舒尊鹏。

（3）技术成熟程度：已产业化。

（4）知识产权状况：联合研发，已申请发明专利。

2. 市场背景

团队围绕化妆品核心关键技术环节，利用化学结合生物学等多学科交叉技术，专注于中药与天然药物及其主要活性成分的功能性研究，根据其传统皮肤外用功效，打造天然、安全、有效的功能性系列化妆品。团队在化妆品原料创新研制与开发、化妆品功能性与安全性评价、化妆品配方和工艺优化与提升、化妆品生产环节质量检测等方面的研究上积累了丰富的经验并顺利产业化。

团队在中药锦灯笼系列功能性化妆品的研制与开发中，为保证原料中药锦灯笼的产量与质量，建立了锦灯笼种植关键技术群，在锦灯笼道地产区黑龙江成立了全国首个规范化种植基地，其生产出的药材有效成分高出中国药典标准近 10 倍，为产品源头保障了高质量；同时还利用发酵技术建立了锦灯笼组织定向诱导植物悬浮细胞发酵培养体系，以解决原料药材因种植周期长、药物资源少、财力消耗大等造成的生产力下降的问题。团队综合多维度因素确立了锦灯笼活性组分的最佳提取工艺以及最优精制工艺，能够将原料药材中的活性成分富集提升，精制后有效成分含量为原提取物的5倍，确保了化妆品产品的优良功效。团队运用近红外光谱技术与高效液相色谱联合技术方法，建立了锦灯笼原料药材—提取物—精制物—产品制剂的一体化高标准监测体系，共同为产品的安全性、有效性以及质量控制保驾护航。最后，项目研发团队在产品功效活性、作用机制及安全性评价方面进行了大量的研究，为锦灯笼系列功能性化妆品有效、安全地使用提供了科学依据。

目前市场上的功能性化妆品，其原料生产与产品制备工艺相对于传统化妆品来说较为粗糙，难以满足越来越多的消费群体对功能性化妆品在有效性与安全性上的众多要求。本研发团队掌握多项功能性化妆品产品的核心技术，旨在对具有竞争力的产品进行各项指标的优化升级。上述以中药锦灯笼为原料，利用相关核心技术研制开发的系列化妆品，在2021年首次推出销售额就近5000万元，为企业的升级优化奠定了基础。

3. 技术描述

近年来，团队根据中药传统皮肤外用功效，建立了一系列关键技术群，在保障锦灯笼原料药高品质输出的前提下，也为创新化妆品研究与开发模式提供了思路。

（1）建立了以中药为原料的核心关键技术群。一是建立了以中药为原料的规范化种植技术。建立了以中药锦灯笼为代表的化妆品原料的规范化/标准化种植基地，对其优质高产和质量可控的关键种植技术进行研究，探究选种、下种、育苗、种植、采收等环节与药材质量间的关系，旨在从源头上建立高标准的药材质控体系。二是建立了原料药植物细胞定向诱导培养技术。团队经过前期的研究，建立了中药锦灯笼定向诱导植物悬浮细胞发酵培养体系，以锦灯笼宿萼为植物组织培养对象，利用化学物质对锦灯笼宿萼悬浮细胞进行定向诱导培养，促使其有效成分高效定向生物合成，此方法较之传统种植技术能够更节能、快速地产生大量锦灯笼提取物，解决因种植周期长、药物资源少、财力消耗大等带来的锦灯笼生产力下降等问题。三是建立了以中药为原料药的关键提取与精制工艺技术。团队运用化学结合生物学学科交叉技术手段，在确定有效成分的前提下，利用大孔吸附树脂结合皮肤细胞与线虫活性筛选等技术，制定经济、高效、绿色、快速、安全的中药原料药的提取与精制关键技术，为功能性化妆品的品质提供关键性保障。

（2）建立了中药原料药—提取物—精制物—产品制剂一体化高标准监测体系技术。团队以产品源头、过程物质、成品制剂全链条质量控制为核心思路，从多维度、多层次综合分析，建立了近红外光谱与高效液相色谱联合的关键技术方法，形成了化妆品原料药—提取物—精制物—产品制剂一体化高标准监测体系，确保了化妆品生产过程中各个环节的产出均达到稳定的最高标准。同时，为生产过程中原料质量的一体化检测提供了技术帮助。

（3）建立了功能性化妆品功效与安全性评价技术。化妆品功效与安全性评价是功能性化妆品研发的核心问题。团队前期建立了以多种皮肤细胞（角质形成细胞、黑色素细胞、小鼠黑色素瘤细胞以及人皮肤成纤维细胞等）为基础的体外功效筛选技术平台，同时开发了利用野生型秀丽线虫及转基因线虫进行功能与安全性评价技术，为功能性化妆品的研发提供了快速、高效的技术保障。

4. 应用实例

中药锦灯笼为茄科植物酸浆 Physalis alkekengi L. var. franchetii（Mast.）Makino 的干燥宿萼或带果实的宿萼，具有清热解毒功效，外用可治疗天疱疮、湿疹等皮肤类疾病。现代药理研究表明，锦灯笼中的活性成分具有良好的抗炎、抗菌、抗氧化以及皮肤修复等作用。新《目录》中，酸浆（中药锦灯笼原植物，PHYSALIS ALKEKENGI）提取物赫然在列，锦灯笼也因此成为我们功能性化妆品开发的核心原料。通过一些实验分析手段，我们对锦灯笼功能性化妆品系列产品在开发过程中的一些核心技术进行了研究、优化并升级，从而打造了锦灯笼儿童保湿与成人舒敏两个系列的产品。

（1）锦灯笼儿童保湿系列产品。锦灯笼儿童保湿系列产品是专门针对儿童（婴幼儿）娇嫩皮肤打造的一套具有保湿功效同时安全性很高的护肤品。其系列产品主要包括：锦灯笼优爱儿童保湿精华霜、锦灯笼优爱儿童沐浴液、锦灯笼优爱儿童液体爽身粉、锦灯笼优爱儿童洗发露等。锦灯笼在中医传统应用上为药食同源中药，药效平稳、安全性高，结合其临床外用可治疗皮肤湿疹的传统功效，本系列产品可对患有湿疹、红屁屁、奶癣等皮肤问题的婴幼儿、儿童具有一定的改善作用。在产品配方上，在注重质地细腻、亲肤感强等特点的基础上，更加强调安全性。选用锦灯笼精制物为原料，避免了中药提取物中大量色素的加入，最大限度地减少了化学成分的添加，产品温和不刺激、安全又有效，婴幼儿、儿童可长期使用。

（2）锦灯笼舒敏系列产品（见图 8.1）。锦灯笼舒敏系列产品是专门针对成人敏感肌而打造的专业护肤系列产品，主要包括锦灯笼珍萃凝露、锦灯笼珍萃精华液、锦灯笼珍萃面霜、锦灯笼珍萃柔肤水、锦灯笼珍萃面膜等。本系列产品以锦灯笼（酸浆）提取物为原料，利用其抗炎、抗氧化、免疫调节等作用，有效缓解外界刺激、过敏等因素导致的皮肤红肿、瘙痒等症状，温和修复，无刺激性。锦灯笼中富含的黄酮类化合物与维生

图 8.1　锦灯笼舒敏系列产品

素C具有良好的抗氧化活性，能够消除肌肤自由基，修复皮肤受损屏障功能，使皮肤保持活力，亮白肌肤；而酸浆中的苦素类成分与黄酮类成分具有类雌激素作用，能够发挥有效的抗炎与免疫调节作用，祛痘舒敏，促进皮肤血液循环及新陈代谢，加速肌肤修复；此外，锦灯笼药效成分还具有良好的抗菌活性，能够杀灭细菌，改善面部微生态平衡，消除过敏原。

（二）蛇葡萄精粹修护初老精华霜的研制与开发

1. 成果介绍

（1）名称：蛇葡萄精粹修护初老精华霜。

（2）成果负责人：广东省科学院彭密军。

（3）技术成熟程度：已上市。

（4）知识产权状况：委托研发，已申请发明专利及外观专利。

2. 市场背景

明星成分AMP（蛇葡萄素，又名二氢杨梅素）来源于藤茶（葡萄科蛇葡萄属显齿蛇葡萄科）的嫩茎叶。藤茶主产于湖南、江西、福建等地，是一种资源丰富的野生类茶植物。其富含黄酮类化合物，尤其以二氢杨梅素的高含量（通常占干重的15%～25%）而出名，具有消炎、止咳、镇痛、抑菌、抗氧化、降压降脂等功效。它已有700多年的使用历史，有“神草”之美称，在食品、保健品、化妆品和医药等行业中应用前景广阔。

3. 技术描述

（1）藤茶提取物抗氧化活性研究。对羟基自由基及超氧阴离子自由基清除效果显示，藤茶提取物清除两种自由基的能力均强于维生素C。研究表明，藤茶提取物还具有广谱的抑菌效果，详见表8.1。

表8.1　藤茶提取物的抑菌效果　　单位：mg/mL

菌种	MIC	MBC
金黄色葡萄球菌	0.0625	0.0625
甲型溶血性链球菌	0.0625	0.2500
乙型溶血性链球菌	0.1250	0.2500

续表

菌种	MIC	MBC
白色念珠菌	0.1250	0.2500
枯草芽孢杆菌	0.0625	—
沙门氏菌	0.0625	0.0625
大肠杆菌	0.0625	0.1250
产气杆菌	0.0625	0.1250
铜绿假单胞菌	0.0625	0.5000
肺炎双球菌	0.0625	0.1250

（2）面霜质量评价。一是稳定性试验。将面霜和对照组（不含提取物）的面霜按《化妆品稳定性考察作业指导书》进行为期3M的常温实验，耐热（40±1℃）、耐寒（－15±1℃）及冻融循环（－20/40℃）等加速试验，试验结束时跟踪结果，考察样品是否符合感官要求和《化妆品安全技术规范》（2015年版）的安全通用要求，结果添加二氢杨梅素的产品符合安全要求，而未添加提取物的产品出现微生物超标的现象。二是使用效果调研。以问卷调查的形式，对本面霜进行使用效果评价。调查对象为广州、中山等地的常住居民，年龄为18～60岁的健康人群，性别不限，脸部皮肤功能正常。在对本面霜的主要原料、功效及使用方法等产品内容完全理解和知情的前提下，自愿试用，试用结束后在调查问卷上匿名反馈本人的真实使用效果。调查共计收回有效问卷400余份。从问卷调查结果可知，绝大多数受试者对本面霜的使用感（黏度、涂展性、吸收性等）以及保湿感评分较高。本次调查对象中超过80%的人愿意继续使用本面霜，其主要原因包括感受效果、天然的中药植物成分、安全性高、无合成的化学添加物等，这恰好反映了此款面霜的突出优势和有益效果。

4. 应用实例

蛇葡萄精粹修护初老精华霜（见图8.2）是将植物提取物活性成分与透明质酸钠、来源于纯天然橄榄油的植物角鲨烷、白池花籽油、乳木果油等有效配方相结合，制备出来的一款温和滋养、保湿，不添加防腐剂、香精、色素及矿物油的“植物精粹滋润保湿面霜”。该产品富含多种活性植物成分，保湿不黏腻，可修护受损肌肤。

图 8.2 蛇葡萄精粹修护初老精华霜

产品的安全性与功效评价：开展了多次皮肤刺激性试验、单次皮肤刺激性试验、急性经口毒性试验、急性眼刺激性/腐蚀性试验，证明产品安全温和。同时，进行了41种糖皮质激素检测、溶剂残留检测、防腐剂检测、荧光增白剂检测、重金属检测、二噁烷检测及微生物检测，结果显示完全符合宣称的情况。

黏腻效果评价：非常清爽，不黏腻。

人体保湿功效评价：参考行业标准《化妆品保湿功效评价指南》（QB/T 4256—2011），运用皮肤功效测试仪 Skin - sp 对面霜进行了评价，证明其具有良好的保湿功效。

（三）一种隐丹参酮皮肤角质类脂体制剂及其制备方法

1. 成果介绍

（1）名称：一种隐丹参酮皮肤角质类脂体制剂。

（2）成果负责人：南方医科大学刘强。

（3）技术成熟程度：已产业化。

（4）知识产权状况：已转让。

2. 市场背景

该产品瞄准了抗痤疮市场，进一步扩大隐丹参酮在医药和化妆品领域的应用。痤疮是一种累及毛囊皮脂腺的慢性炎症性皮肤病，发病率高。全球12~30岁青少年痤疮的发病率高达85%，而几乎所有15~17岁青少年均患有不同程度的痤疮，其中15%~20%为中度至重度。来自Elevatepharm公司的数据显示：2011年，全球抗痤疮药物销售额为26.25亿美元，同比增长3%。F&S公司对抗痤疮类药物市场持乐观态度，F&S公司预计，到2028年，全球抗痤疮类药物市场有望达到43亿美元，而驱动这一市场增长的主要因素是治疗痤疮新理念的深入以及用药习惯的改变。

将隐丹参酮制备成皮肤角质类脂体制剂用于治疗痤疮，克服了传统激素类药物副作用大的缺点以及中药复方制剂成分复杂的弊端，更重要的是，由于皮肤角质类脂体的组成成分与角质层相近而更易与角质层相互融合，从而能显著提高隐丹参酮渗透皮肤的速率。且皮肤角质类脂体作为脂溶性药物载体时，在增加局部效应的同时，还可以减少药物进入人体循环的量。

3. 技术描述

按配方将隐丹参酮、卵磷脂、胆固醇溶解于有机相，将神经酰胺溶解于水相中，并置于磁力搅拌器上预热，在磁力搅拌的同时，将所得有机相缓慢滴入溶解有神经酰胺的水相中，持续搅拌使有机相挥发，所得产物转移至棕色玻璃瓶中保存。

4. 应用实例

本发明可制备成凝胶剂、软膏、贴剂等各种透皮给药剂型，能进一步扩大隐丹参酮在医药和化妆品领域的应用。

[参考文献]

[1] 国务院．化妆品监督管理条例[Z]．2020-06-29.

[2] 国家药监局关于发布《化妆品分类规则和分类目录》的公告(2021年第49号)[EB/OL]．(2021-04-09)[2022-03-01]. https://www.nmpa.gov.cn/zhuanti/hzhpxch2021/hzhp2021fgwj/20210409160151122.html.

[3] 国家药监局关于发布《化妆品功效宣称评价规范》的公告(2021年第50号)[EB/OL]．(2021-04-09)[2022-03-01]. https://www.nmpa.

gov. cn/xxgk/ggtg/qtggtg/20210409160321110. html.

[4]国家药监局关于发布《化妆品安全评估技术导则(2021 年版)》的公告(2021 年第 51 号)[EB/OL]. (2021 - 04 - 09)[2022 - 03 - 01]. https://www. nmpa. gov. cn/xxgk/ggtg/qtggtg/20210419163037171. html.

[5]国家药监局关于发布《化妆品注册备案资料管理规定》的公告(2021 年第 32 号)[EB/OL]. (2021 -03 -04)[2022 -03 -05]. https://www. nmpa. gov. cn/zhuanti/hzhpxch2021/hzhp2021fgwj/20210304140747119. html.

[6]国家药监局关于发布《已使用化妆品原料目录(2021 年版)》的公告(2021 年第 62 号)[EB/OL]. (2021 -04 -30)[2022 -03 -06]. https://www. nmpa. gov. cn/zhuanti/hzhpxch2021/hzhp2021fgwj/20210430162707173. html.

[7]国家药监局关于进一步明确原特殊用途化妆品过渡期管理等有关事宜的公告(2021 年第 150 号)[EB/OL]. (2021 - 12 - 17)[2022 - 03 - 06]. https://www. nmpa. gov. cn/xxgk/ggtg/qtggtg/20211217140727142. html.

[8]国家药监局关于更新化妆品禁用原料目录的公告(2021 年第 74 号)[EB/OL]. (2021 -05 -28)[2022 -03 -07]. https://www. nmpa. gov. cn/xxgk/ggtg/qtggtg/20210528174051160. html.

[9]国家药监局关于发布实施《化妆品标签管理办法》的公告(2021 年第 77 号)[EB/OL]. (2021 -06 -03)[2022 -03 -07]. https://www. nmpa. gov. cn/xxgk/ggtg/qtggtg/20210603171933181. html.

[10]国家药监局化妆品监管司关于公开征求《牙膏备案资料规范》法规文件意见的函(药监妆函〔2021〕4 号)[EB/OL]. (2021 -01 -06)[2022 -03 -07]. https://www. nmpa. gov. cn/zhuanti/hzhpjdgl/hzhptlzyxx/20210106145013118. html.

[11]国家药监局综合司公开征求《儿童化妆品监督管理规定(征求意见稿)》意见[EB/OL]. (2021 - 06 - 18)[2022 - 03 - 08]. https://www. nmpa. gov. cn/xxgk/zhqyj/zhqyjhzhp/20210618180222123. html.

[12]市场监督管理总局. 网络交易监督管理办法[EB/OL]. (2021 -03 -15)[2022 -03 -09]. https://gkml. samr. gov. cn/nsjg/fgs/202103/t20210315_326936. html.

[13]王敏,张晓娜,徐鹤然.《化妆品监督管理条例》对化妆品原料行业发展的影响[J]. 轻工学报,2021,36(5):92 -101.

附录一　化妆品相关研究院所与高校

一、总表

（一）化妆品相关研究院所

序号	机构名称	联系方式
1	中国科学院植物研究所	010－62590835
2	中国科学院过程工程研究所	010－62554241
3	国家纳米科学中心	010－62652116
4	中国农业科学院	010－82109398
5	中国日用化学工业研究院	0351－4044836
6	中国检验检疫科学研究院	010－53897114
7	中国食品药品检定研究院	010－53851616
8	山东省药学科学院	0531－81213243
9	中国广州分析测试中心	020－88320139

（二）化妆品相关高校（本科）

序号	学校名称	联系方式
1	安徽大学	0551－2311551
2	安康学院	0915－3261415
3	北京工商大学	010－68985362
4	北京化工大学	010－64434901
5	北京农学院	010－80799334
6	北京中医药大学	010－64722262
7	大连工业大学	0411－86323736
8	广东工业大学	020－39322231

续表

序号	学校名称	联系方式
9	广东药科大学	020－88207939
10	贵州中医药大学	0851－88308859
11	华南理工大学	0769－22890731
12	暨南大学	020－37331507
13	江南大学	0510－85917090
14	洛阳师范学院	0379－68618515
15	齐鲁工业大学	0531－89631208
16	齐鲁师范学院	0531－66778361
17	厦门医学院	0592－2120548
18	山东大学	0531－88366226
19	山西中医药大学	0351－3179908
20	上海应用技术大学	021－60873665
21	天津大学	022－27403389
22	天津科技大学	022－60602742
23	天津商业大学	022－26686254
24	徐州工程学院	0516－83105233
25	云南大学	0871－65032158
26	云南中医药大学	0871－67495503
27	浙江大学	0571－88982935
28	浙江药科职业大学	0574－88221395
29	郑州轻工业大学	0371－86608696
30	中国药科大学	025－86185292

（三）化妆品相关高校（专科）

序号	学校名称	联系方式
1	广东科贸职业学院	0763－3918615
2	广东岭南职业技术学院	020－22305555
3	广东轻工职业技术学院	020－61230198
4	广东食品药品职业学院	020－28854882
5	河北化工医药职业技术学院	0311－85110021
6	河南应用技术职业学院	0371－67842026
7	湖北轻工职业技术学院	027－87866040
8	湖南化工职业技术学院	0731－22537662

续表

序号	学校名称	联系方式
9	湖南食品药品职业学院	0371 – 83868518
10	江苏城市职业学院	025 – 86265383
11	揭阳职业技术学院	0663 – 8859905
12	开封大学	0371 – 23810032
13	茂名职业技术学院	0668 – 2920392
14	南京科技职业学院	025 – 57028510
15	南通职业大学	0513 – 81050811
16	山东药品食品职业学院	0631 – 5712909
17	山西铁道职业技术学院	0351 – 2286359
18	威海职业学院	0631 – 5700888
19	潍坊职业学院	0536 – 3083601
20	咸阳职业技术学院	029 – 33676191
21	漳州职业技术学院	0596 – 2593495

二、详细介绍

（一）化妆品相关研究院所

1. 中国科学院植物研究所

中国科学院植物研究所（以下简称“植物所”）前身是1928年成立的静生生物调查所，是我国历史最为悠久的综合性植物科学研究机构。

在近百年的发展历程中，植物所从不同生命层次研究植物科学领域的重大基础理论和关键技术问题，形成了鲜明的学科特色和优势领域，产出了一批重大科技成果，有力支撑了生态文明建设、农业转型发展、精准扶贫和乡村振兴等国家重大战略。植物所主持完成的成果荣获国家自然科学奖一等奖3项、二等奖6项和国家技术发明二等奖2项等。

植物所现有7个研究和支撑部门、8个野外台站、1个亚洲最大的植物标本馆、1个公共技术服务中心和中国生态系统研究网络（CERN）生物分中心。研究和支撑部门包括2个国家重点实验室（系统与进化植物学国家重点实验室、植被与环境变化国家重点实验室）、3个中国科学院重点实验室（中科院植物分子生理学重点实验室、中科院光生物学重点实验室、中科院北方资源植物重点实验室）、北京植物园（含华西亚高山植物园）、文献与信息管理中心。

作为我国首批具有博士、硕士学位授予权的单位之一，植物所设有植物学、发育生物学、生态学、细胞生物学、生物工程硕士学位授予点，植物学、发育生物学、生态学、细胞生物学博士学位授予点，并设有生物学、生态学专业一级学科博士后流动站。

2. 中国科学院过程工程研究所

中国科学院过程工程研究所（原化工冶金研究所，以下简称“研究所”）成立于 1958 年 10 月 1 日。

六十多年来，研究所规模从小到大，不断发展，构建了中关村新园区、廊坊分部、怀柔中心、成果转化基地等“一所多翼”的新格局，形成了“原始创新—中试示范—产业化”的新模式；创建了中国科学院大学化工学院，开创了“新化工”前沿交叉学科，形成了科教产贯通发展模式和协同创新体系。研究所现有 4 个国家级研发平台［生化工程国家重点实验室、多相复杂系统国家重点实验室、湿法冶金清洁生产技术国家工程实验室、国家生化工程技术研究中心（北京）］、2 个中科院重点实验室、1 个国家能源局重点实验室、2 个省部级重点实验室。研究所以促进重大产出、承担重大任务、培育人才队伍为核心，集中优势力量组建 12 个研究部，大幅提升了科研创新能力。

研究所为国家首批博士和硕士学位授予单位，同时建有首批博士后流动站。拥有 3 个一级学科博士学位授予点，即化学工程与技术、环境科学与工程和材料科学与工程，下设 7 个二级学科，即化学工程、化学工艺、生物化工、应用化学、环境工程、环境科学、材料学；1 个工程博士专业学位授予点，即材料与化工。先后培养博士、硕士 1900 余人，为国内外相关领域输送了大量高端人才。

3. 国家纳米科学中心

国家纳米科学中心（以下简称“国家纳米中心”）是由中国科学院和

教育部共同建设，2003 年 12 月获中央机构编制委员会办公室批复成立的中国科学院直属事业单位。

国家纳米中心现有 3 个中国科学院重点实验室，分别是中国科学院纳米生物效应与安全性重点实验室、中国科学院纳米标准与检测重点实验室和中国科学院纳米系统与多级次制造重点实验室，并于 2020 年批准筹建中国科学院纳米光子材料与器件重点实验室（筹）。中国科学院纳米生物效应与安全性重点实验室设有纳米生物效应与安全性研究室，中国科学院纳米标准与检测重点实验室设有纳米表征、纳米标准 2 个研究室，中国科学院纳米系统与多级次制造重点实验室设有纳米器件、纳米材料、纳米制造与应用基础等 6 个研究室。国家纳米科学中心于 2018 年 12 月成立了理论室、纳米加工实验室。此外，国家纳米中心与北京大学、清华大学、中国科学院福建物质结构研究所等单位共建协作实验室 19 个。

截至 2020 年底，国家纳米中心共有在职职工 273 人，其中科技人员 199 人、科技支撑人员 43 人。现有中国科学院院士 2 人、发展中国家科学院院士 1 人、研究员及正高级工程技术人员 76 人、副研究员及高级工程技术人员 105 人。共有在学研究生 456 人（其中，硕士研究生 201 人、博士研究生 255 人）、在站博士后 75 人，联合培养研究生 330 人。

4. 中国农业科学院

中国农业科学院成立于 1957 年，是国家综合性农业科研机构，担负着全国农业重大基础与应用基础研究、应用研究和高新技术研究的任务，致力于解决我国农业及农村经济发展中基础性、方向性、全局性、关键性的重大科技问题，在推动农业科技创新、服务地方经济、培养高层次科研人才、促进国际科技交流合作等方面发挥着重要作用。

中国农业科学院始终全面贯彻落实中共中央、国务院关于农业、农村与农业科技工作的方针政策，始终牢记农业科研国家队使命，面向国家重大需求、面向世界科技前沿、面向“三农”建设主战场，坚持“顶天立地”的科技创新方向，带领全国农业科技力量不断提升科研创新能力和科技进步水平，为我国农业科技率先跨入世界先进行列奠定了坚实的基础，为保障国家粮食安全、促进农业农村经济发展做出了重要贡献。

经过几代中国农业科学院人的不懈努力，目前中国农业科学院已发展成为拥有34个直属研究所与9个共建研究所、超万名职工，在国际上有重要影响力的国家级综合性农业科研机构。形成了作物、园艺、畜牧、兽医、资源与环境、工程与机械、质量安全与加工、信息与经济等8个学科集群、130多个学科领域、300多个研究方向的学科体系。孕育了以“祁阳站精神”“中棉所精神”为代表的中国农业科学院文化，集中体现了严谨求实的科学精神、潜心科研的执着精神、勇攀高峰的创新精神和爱国为民的奉献精神，积淀了深厚的文化底蕴，成为中国农业科学院人奋斗不息的精神动力。

5. 中国日用化学工业研究院

中国日用化学工业研究院（以下简称“日化院”）前身是成立于1930年的中央工业试验所，于1963年定名重组，是我国最早从事表面活性剂/洗涤剂研究开发工作的专业机构。表面活性剂国家工程研究中心、国家洗涤用品质量监督检验中心、全国表面活性剂/洗涤剂标准化中心、中国日用化学工业信息中心、表面活性剂和洗涤剂行业生产力促进中心、山西省表面活性剂重点实验室、山西省表面活性剂工程研究中心、山西省纳米技术应用工程研究中心等国家和地方机构均设在日化院。

日化院拥有一支本领域权威性的专家队伍及一批求实上进的高素质专业技术人员，其中享受国务院政府特殊津贴的专家15人，省部级劳动模范2人，全国五一劳动奖章获得者1人。“八五”以来，完成科研项目350余项，其中国家攻关、“863”、“973”、国家自然基金及部省项目百余项，获部省以上各种奖励90余项。具有硕士学位授予权，建有联合博士点和博士后科研工作站，每年可培养12名硕士研究生，并与高等院校联合培养2~4名博士研究生。

1999年转制以来，日化院建立了开放、流动、竞争、协作的运行机制，集实验研究、工程技术开发、分析与标准化、信息与市场研究、工程咨询、工程设计于一体，向行业辐射技术。随着产业实体的设立与发展，日化院已逐步发展成为产学研相结合的现代科研院所。

6. 中国检验检疫科学研究院

中国检验检疫科学研究院（以下简称“中国检科院”）是国家设立的公益性检验检测检疫中央研究机构，2004 年建院，前身是成立于 1954 年的农业部植物检疫实验所和成立于 1979 年的中国进出口商品检验技术研究所。其主要任务是开展检验检测检疫应用研究，以及相关基础、高新技术和软科学研究，着重解决检验检测检疫工作中全局性、综合性、关键性、突发性和基础性的科学技术问题，为国家检验检测检疫决策、市场综合监管和经济高质量发展提供技术支持，为检验检测检疫科普教育及社会实践培训提供科技服务。

中国检科院在防控 SARS、甲型流感、埃博拉出血热、中东呼吸综合征、登革热、非洲猪瘟、新冠肺炎等疫情，以及应对输欧米制品转基因、三聚氰胺奶粉、农夫山泉“砒霜门”、双汇瘦肉精、日本核辐射、中国台湾地区食品“起云剂”、“地沟油”、“臭脚盐”、特氟隆不粘锅等一系列突发事件中发挥了重要的科技支撑作用；为 2008 年北京奥运会、2010 年上海世博会、2014 年南京青奥会、2016 年杭州 G20 峰会、“一带一路”论坛、2018 年青岛“上合组织峰会”、首届中国国际进口博览会等重大活动的食品安全检测和生物反恐提供了重要的技术保障；为汶川、玉树地震灾区防疫、食品安全检测及灾后重建工作做出了重要贡献。多年来，中国检科院为社会提供了大量公正、权威、精确的检测技术服务，在服务国际贸易便利化、促进市场公平竞争、维护消费者生命财产安全、保障国门安全、保护国家生态安全等方面发挥了重要作用。

7. 中国食品药品检定研究院

中国食品药品检定研究院（以下简称“中检院”）的前身是 1950 年成立的中央人民政府卫生部药物食品检验所和生物制品检定所。2018 年，根据中央编办关于国家药品监督管理局所属事业单位机构编制的批复，中检院（国家药品监督管理局医疗器械标准管理中心、中国药品检验总所）为国家药品监督管理局所属公益二类事业单位（保留正局级）。

中检院是国家检验药品生物制品质量的法定机构和最高技术仲裁机构，主要承担食品、药品、医疗器械、化妆品及有关药用辅料、包装材料与容器（以下统称为“食品药品”）的检验检测工作，组织开展药品、医疗器械、化妆品抽验和质量分析工作，负责相关复验、技术仲裁，组织开展进口药品注册检验以及上市后有关数据收集分析等工作。

在党和政府的领导关怀下，经过几代人的艰苦努力、辛勤耕耘，中检院已发展成为集检定、科研、教学、标准化研究于一体的综合性国家级检验机构，目前承担着7个国家级中心及重点实验室的工作。近30年来，中检院产生了许多开创性科技成果，获国家科技奖34项、省部级奖200余项。“流行性出血热灭活疫苗研究”“流行性乙型脑炎减毒活疫苗的研制”获国家科技进步奖一等奖。1980年9月，中检院成为WHO药品质量保证中心；2013年，中检院成功申请成为发展中国家首个WHO生物制品标准化和评价合作中心；2017年，中检院成为WHO传统医药合作中心。

8. 山东省药学科学院

山东省药学科学院（以下简称“药科院”）是经山东省机构编制委员会办公室批准成立的公益二类事业科研单位，承担化学药物、中药、天然药物、生物药物、化妆品和医疗器械的研究与开发工作；承担常见病、多发病以及临床急需的新药物、新工艺、新技术的研究开发推广工作；以生物医药为理论指导，以皮肤科学为基础，以化妆品功效安全评价为保障，充分利用生物技术，研究天然、健康的功效性化妆品原料及其作用机理，开发多功效化妆品；充分利用生物材料、生物工程、组织工程等技术，研究开发安全、有效、天然、健康的生物医学材料、医疗器械和功效化妆品，尤其是在医用高分子材料、可吸收植/介入器械、医疗美容、肿瘤栓塞、创伤修复、皮肤修护等领域进行了大量投入和深入的技术储备。

药科院以科技企业和大学为依托，形成了产学研一体化的综合医药科研机构，被批准为“国家重大新药创制技术大平台/国家山东创新药物孵化基地”“国家新药药理与安全评价公共服务平台”。近年来，一大批具有国际先进水平的创新成果取得巨大的社会和经济效益，综合实力位居全国省级新药研究科研院所前列。药科院建有国家综合性新药研发技术大平台、国家山东创新药物孵化基地、国家药监局药品监管科学研究基地、国家仿制药开发与评价重点实验室等10个国家级科研平台，建有山东省生物药物等省级重点实验室、山东省化学药物缓释制剂工程技术研究中心等3个省级示范工程技术研究中心。

9. 中国广州分析测试中心

中国广州分析测试中心（以下简称“中广测”）作为华南地区唯一的国家级分析测试中心，在1991年通过国家级计量认证，2001年通过CNAS实验室认可，是具备国家级CMA资质的第三方检测、校准实验室和A类检查机构。具备化妆品理化检验、微生物检验、毒理学试验、人体安全性评价、功效宣称评价等全面能力。

中广测开展化妆品领域的检测研究工作20多年，在化妆品标准制/修订、化妆品安全风险物质筛查、化妆品植物原料物质基础研究、研究开发植物源绿色化妆品、化妆品毒理学试验、化妆品功效评价研究、化妆品原料及产品检测等方面，具有丰富的研究开发和测试经验，可为企业提供检验检测、注册备案、技术研发、货物运输鉴定等“全链条”服务。

中广测化妆品检测研究团队现有技术人员50余人，由专业领域的二级研究员、国务院政府特殊津贴专家作为带头人。其中，研究员3人，副研究员及高级工程师11人，助理研究员及工程师12人，博士学位6人，硕士学位18人。团队配备了门类齐全的仪器设备，包括超高分辨的傅立叶变换离子回旋共振质谱仪（FT-ICR-MS）等。

近年来，该团队先后五次获得广东省科学技术奖二等奖、三等奖，其中“安全风险物质检测关键技术研究及应用”获得2018年度广东省科技进步奖二等奖；出版专著《安全风险物质高通量质谱检测技术》，运用高分辨质谱发现并鉴定出新的非法添加物，构建了化妆品等产品的安全风险物质信息库和质谱库。

（二）化妆品相关高校（本科）

1. 安徽大学，化学化工学院

化学化工学院前身是化学系，是安徽大学最早设立的5个教学单位之一。2000年8月，合并原化学系、高分子材料研究所、应用化学研究所，成立化学化工学院。

学院现有教职工120人，其中教授30人、副教授40人，具有博士学位的89人。学院设有化学、化工、材料3个系，有化学、化学工程与工艺、高分子材料与工程3个本科专业。其中，化学工程与工艺专业已通过教育部工程教育专业认证，化学、化学工程与工艺、高分子材料与工程3个专业均为国家一流专业建设点。拥有杂化材料结构与功能调控教育部重点实验室、国家级化学化工实验教学示范中心、化学博士后流动站和院士工作站。建有绿色高分子材料安徽省重点实验室、无机有机杂化功能材料化学安徽省重点实验室、功能无机材料化学安徽省重点实验室、安徽省水基高分子材料高性能化工程实验室、水基高分子材料安徽省工程技术研究中心和化学化工虚拟仿真实验教学中心、化学与材料创新实验室。拥有无机化学、高分子化学与物理2个省级重点学科。在光电功能配合物、纳米功能材料、无机/有机杂化材料、水性聚氨酯材料、橡胶纳米复合材料等研究方向上形成了一定的特色和优势。化学学科、材料学科“基本科学指标”（ESI）排名全球前0.5%，学科建设达到国际先进水平。2017年，材料科学与工程学科被纳入国家一流学科建设行列，化学学科获得安徽省世界一流学科建设资助。

2. 安康学院，化学化工学院

化学化工学院现有应用化学、材料化学、化学工程与工艺、制药工程、化妆品技术与工程5个本科专业，全日制在校学生800余人。现有专任教师35人，其中，教授3人、副教授10人，博士15人、在读博士5人、硕士12人，有硕士生导师2人，校级学科、学术带头人2人，陕西省“三区人才”2人。

化学化工学院教学科研设施条件良好，下设实验实训教学中心和科研实验中心，中心建有基础实验室、专业实验室、专业综合实验实训室、科研平台实验室、大学生“创客空间”等38个实验分室，拥有扫描电镜、X射线粉末衍射仪、激光粒度分析仪、原子发射光谱仪、原子荧光形态分析仪、高效液相色谱仪、红外光谱仪、多功能皮肤测试仪、化工原理成套设备等先进仪器设备，设备价值1000多万元。建有陕西省富硒食品质量监督检验中心、安康市铁/铝基纳米新材料工程技术研究中心、安康学院新型材料研究中心、安康学院秦巴中药资源研发中心等5个科研平台，与北京燕化集联光电、广州药妆、上海合全药业、四川川化、西安瑞联、安康质检中心等地方企事业单位合作共建产教融合基地18个、实习实训基地29个，为教学科研活动和大学生科技创新活动提供了有力保障。

化学化工学院围绕地方主导产业需求开展科技研发工作，以富硒食品检测与开发、秦巴中药资源研究、新材料研究、化妆品及日用化学品工艺技术开发等领域为主要研究方向，科研优势明显，成果丰硕。

3. 北京工商大学，化妆品系、中国化妆品研究中心、化妆品技术与工程专业

北京工商大学在1978年即确立了化妆品研究方向，2011年取得“化妆品科学与技术”硕士研究生授予权，是全国最早设立化妆品相关专业，并进行化妆品本科与硕士研究生成体系培养的高校。2020年，化妆品技术与工程专业入选“国家级一流本科专业建设点”，2021软科中国大学专业排名中，化妆品技术与工程专业位居全国第一。本专业是现代生物技术与化妆品科学的结合，属于交叉复合型专业。拥有国家药品监督管理局化妆品监管科学研究基地、植物资源研究开发北京市重点实验室、中国轻工业化妆品重点实验室、中国化妆品协同创新中心等平台，已形成皮肤分子生态与化妆品精准护肤、化妆品植物功效原料开发、化妆品工艺技术、化妆品安全评估和功效评价等特色方向，与百余家知名化妆品企业建立了长期合作关系，政产学研紧密结合，在行业内享有盛誉。依托在化妆品行业的优势，树立“夯实基础，强化实践，立足实用”的人才培养理念，打造行业创新型和应用型的人才培养路径，探索以“三段实践为核心”的人才培

养模式，并建立了适合自身特点的导师制度，培养在化妆品领域具有家国情怀、全球视野、创新精神和实践能力的创新型、复合型人才。

北京工商大学化妆品学科将学科优势、科学研究、人才培养与国家经济社会发展需求高度匹配，建成具有高质量实践背景、学科交叉特色的国际一流化妆品学科。学科具有浓厚的行业背景，在人才培养上充分结合产业发展需求，以实践教学为特色。化妆品学科教师多次接受中央电视台、北京电视台的邀请，对化妆品相关问题进行权威解释。与国内外一流科研院所如北京大学人民医院、纽约市哥伦比亚大学、新泽西州立罗格斯大学建立友好交流互访机制，与国内外知名化妆品公司如宝洁、资生堂、上海家化等具有长期的交流合作关系，培养国际留学生，致力于推动中国化妆品产业的高质量发展。

4. 北京化工大学，应用化学专业

应用化学专业是以理科化学专业知识为基础，以工科化学工程与工艺专业知识为背景的理工结合的具有鲜明特色的重点专业。应用化学学科是国家“优势学科创新平台”和“211 工程”重点建设学科之一，是国家重点学科，也是北京化工大学最具特色的重点专业。

本专业设立精细合成化学、现代仪器分析和材料化学等 3 个主要学科方向。学科建设以化工资源有效利用国家重点实验室为依托，师资力量雄厚，现有中国科学院院士 1 名，国家教学名师 2 名，博士生导师 21 名。本专业拥有 1 支“教育部长江学者创新团队”和 1 支“国家级工科化学基础课程教学团队”，拥有高水平的国家级化学化工实验教学示范中心及条件优越的专业特色实验室，有稳定的校内外实习基地，并拥有自己的产业化基地。拥有一批高水平科研成果和国家级、市级优秀教学成果，精品课程及精品教材。应用化学专业在国内名列前茅，是国家级特色专业建设点。

应用化学专业跟踪现代化学最新科技成果，致力于研究创新具有高附加值和独立知识产权的高新技术产品。在行业技术进步方面——包括化工、轻工、日化、石化、制药、农药、环保及能源等行业领域，以及营造新的国民经济增长点方面，发挥着重大作用。应用化学专业以现代化学工业为背景，立足当代，面向未来。覆盖食品保健、医药卫生、精细化学品合成、石油化工、能源环境、分析检测等工业领域。

5. 北京农学院，应用化学专业

应用化学专业是研究如何将当今化学研究成果迅速转化为实用产品的应用型专业。应用化学与人类的衣、食、住、行及当今所有高新技术都有着密切关系，是21世纪重点发展的技术领域，具有广阔的发展天地和良好的发展前景。应用化学专业主要学习化学、化工方面的基础知识、基本理论、基本技能，通过专业实验、生产实习、科研训练、毕业论文等专业基本技能的训练后，具备运用所学知识和实验技能进行应用研究、技术开发和科技管理的基本技能。

应用化学系现有教师11人，具有高级职称2人、副高级职称4人，具有博士学位7人，有海外留学经历3人。均在国内外知名院校和研究机构从事学习和科研工作多年，具有较高的科研能力和教学水平。其中，有北京市高校优秀共产党员1人、北京市教学名师1人、2013—2017年教育部大学化学课程教学指导委员会委员1人、北京市委组织部优秀人才1人、中青年骨干人才3人、青年英才1人、学术创新人才1人。

应用化学专业学制4年，毕业时授予理学学士学位。应用化学专业旨在培养具备化学方面的基础知识、基本理论、基本技能以及相关工程技术知识和较强实验技能，具有化学基础研究和应用基础研究方面的科学思维和科学实验训练，能在科研机构、高等学校及企事业单位等从事科学研究、教学工作及管理工作的高级专门人才。

6. 北京中医药大学，中药学院

北京中医药大学中药学院具有深厚的学术传承，其前身是北京中医学院中药学系，成立于1958年，是国家最早创办的高等中药学教育院系之一，1995年更名为“中药学院”。最近十几年，中药学院秉承“人心向学，传承创新”理念，以建设世界一流学科为目标，以海纳百川的胸怀会聚人才，更新办学理念，整合资源，实现了令人瞩目的发展，跻身中国高校最优秀的中药学院行列。

中药学院拥有中药学、中药制药、药学 3 个本科专业，是中药学一级学科硕博学位授权点，药学一级学科硕士学位授权点。中药学是首批一级学科国家级重点学科，是国家“211 工程”重点建设与国家“985”优势学科平台建设项目，2017 年，进入首批国家“双一流”学科建设名单。截至 2017 年 9 月，药理学与毒理学学科进入 ESI 前 1%。

学院坚持卓越人才培养，教育教学成果突出。开启长学制人才培养体系（本博和本硕）和专业硕士学位培养新模式，突出中医药思维，构建新型中药人才教育生态环境，适应行业需求倡导“药教协同”，打造“卓越的中药人才培养体系”，形成了“厚基础、重实践、求创新”的育人特色。致力于打造一条适合国情与校情，面向世界、面向未来、面向现代化的高素质卓越创新人才培养之路，为国家培养了大量中药学高端人才。

7. 大连工业大学，轻工与化学工程学院，化妆品技术与工程专业

大连工业大学轻工与化学工程学院是以培养轻工、化工、环境等专业技术人才为特色的学院。学院现有轻工技术与工程博士学位授权一级学科，轻工技术与工程博士后科研流动站，轻工技术与工程、化学工程与技术、环境科学与工程、化学等 4 个硕士学位授权一级学科，材料与化工、资源与环境 2 个工程硕士招生领域。轻工技术与工程入选辽宁省高校一流学科重点建设学科，在 2017 年全国第四轮学科评估中排名第五（B）。

大连工业大学化妆品技术与工程专业成立于 2020 年，2021 年开始招收本科生。在化妆品人才培养方面具有深厚的底蕴，在 1986 年设立精细化工专业之初就开设了日用化工（化妆品）方向，是国内最早设立日用化工（化妆品）相关专业的高校之一，并且曾经很长一段时间是东北乃至内蒙古地区唯一设立该方向的高等院校，为我国日用化工和化妆品领域输送了大量人才。为了满足快速发展的化妆品行业对专业人才的需求，大连工业大学于 2020 年正式成立了化妆品技术与工程专业。现拥有大连工业大学创新创业日用化工孵化中心，是辽宁省化工学会日用化工专业委员会依托单位、高等学校化妆品教学委员会会员单位。

8. 广东工业大学，化学工程与工艺专业

化学工程与工艺专业是研究化学工业生产过程的一门工程学科，也是

广东工业大学历史最悠久、影响力最大的专业之一。1958 年专业成立；1993 年被列为广东省重点学科；2003 年化学工程与技术一级学科获批博士学位授予权；2008 年获批国家特色专业；2010 年获批广东省特色专业；2011 年获批教育部“卓越工程师教育培养计划”；2012 年获广东省专业综合改革试点立项建设；2015 年进入广东省高水平大学重点建设学科专业；2018 年通过教育部国际工程教育认证；2019 年化学学科进入国际 ESI 数据库排名全球前 1%；2019 年入选国家级一流本科专业建设点。

本专业课程体系由人文社科基础、自然科学基础、专业基础和专业领域课程 4 个模块组成：前 3 个模块构成专业基本模块，专业领域课程为特色拓展模块；专业基本模块课程为该专业的毕业基本要求，在保证各专业基本培养要求的条件下，通过构建专业领域课程形成特色培养。核心课程包括：无机化学、有机化学、物理化学、分析化学、化工原理、反应工程、化工热力学、化工工艺学、分离工程、化工安全与环保、化工过程控制、精细化工工艺学等。

9. 广东药科大学，化妆品科学与技术专业

2010 年，广东药科大学就在应用化学本科专业设置了化妆品科学与技术专业方向，依托学校药学类、医学类等学科，形成了“传统中草药与化妆品有机结合、生物制品与化妆品有机结合、产学政研相结合”的发展思路。经过多年实践，目前已经在化妆品技术人才培养和科学研究等方面具备了相当的实力，建成“广东省化妆品工程技术研究中心”“化妆品专业实验教学平台”“化妆品专业示范基地”“化妆品配方与工艺研究所”“化妆品安全与功效研究所”“精油研究所”等平台，为广东省尤其是粤港澳大湾区化妆品行业发展提供了重要的技术与智力支持。

2021 年，广东药科大学与广州怦然心动科技有限公司合作共建广东省化妆品数字化技术重点实验室，并主导开发 SimpDay 深度护肤科技产品。该实验室是广东省食品药品监督管理局（GDFDA）认定和立项的重点实验室项目。广东药科大学医药与化工学院院长曹华教授任实验室主任，他在生物与医药、化学工程工艺等领域造诣颇深，是亚洲皮肤大数据研究中心

负责人、湾区数字化定向护肤研究中心负责人，还是全国高校首家化妆品科学与技术专业的学术带头人。

10. 贵州中医药大学，药学院，药剂教研室

药学院历史悠久，是贵州中医药大学最早设立的系部之一。1975 年设立中药系，1994 年更名为“药学系”，2012 年更名为“药学院”。现有教职工 202 人，其中高级职称 78 人；博士学历 124 人，占比为 61.4%；国家级及省级人才称号 19 人。

药学院开设有中药学、中草药栽培与鉴定、中药资源与开发、中药制药、药学、制药工程、药物制剂、生物制药、食品质量与安全，以及药物制剂（中外合作办学）共 10 个本科专业。其中，中药学专业为国家级一流本科专业，中草药栽培与鉴定、中药制药、药学、制药工程和药物制剂为省级一流本科专业。中药学一级学科为国家重点（培育）学科和贵州省国内一流建设学科。现有国家级、省部级教学科研平台 21 个，包括国家级中药学（民族药学）实验教学示范中心、教育部贵州民族医药国际合作联合实验室、国家苗药工程技术研究中心（共建）和贵州省苗医药重点实验室等。

药学院坚持以国家社会和经济发展需求为导向，培养具有实践能力和创新精神的医药高级人才，把民族医药研究成果融入人才培养体系，形成具有鲜明特色的人才培养模式，为贵州经济社会发展培养了大批医药高级人才。学院将继续坚持立足贵州，充分发挥智力、人才和资源优势，积极服务地方，为促进贵州医药事业的快速发展发挥重要力量。

11. 华南理工大学，绿色化妆品创新研究中心

2018 年 3 月 23 日，赣州澳丽尔化妆品有限公司携手华南理工大学—华南协同创新研究院合作成立“绿色化妆品创新研究中心”，并举行签约揭牌仪式。

华南理工大学化工学院副院长李映伟，区领导谭晓风、孔青山，澳丽尔有限公司董事长曾罗生等出席。启动仪式上，双方就成立“绿色化妆品创新研究中心”进行了签约，并为“绿色化妆品创新研究中心”揭牌。

双方表示，将本着互惠原则，共同组建技术开发团队，共同开放有关实验室、研究室（所）与技术中心，共享科研仪器设备，共享科技成果数据库、科技文献、图书资料等专业平台，尽力围绕婴幼儿护理品行业发展持续推出核心技术与产品。赣州澳丽尔化妆品有限公司与在全国精细化工研发领域领先的华南理工大学，将在科学研究、产品开发、人员培训等校企产学研方面建立全面的战略合作关系，大力推动产学研工作的开展，推动企业转型升级，做大做强；推动企业向高新企业、创新企业、领先企业全面发展。澳丽尔与华南理工大学的深度合作将进一步提升企业的自主创新能力，增强企业核心竞争力，标志着企业在绿色化妆品领域驶入快车道，为5～10年实现百亿元产值提供了坚实的、可持续性的创新研发和技术支持。

12. 暨南大学，天然产物化妆品原料创新技术研究重点实验室

暨南大学化学与材料学院前身为1930年成立的化学系，2016年4月由化学系、材料科学与工程系整合建院，2017年、2019年分别增设超分子配位化学研究所、实验中心，现有两系、一所、一中心。

目前，化学、材料科学两个学科的ESI排名在全球前3‰以内。截至2022年3月，化学学科ESI全球排名为第468；材料科学学科ESI全球排名为第261。化学、材料科学学科在2021年5月公布的泰晤士高等教育第二届中国学科评级中得分均为A－。学院现有教职工126人，专任教师中有一大批优秀教学科研人才，其中包括国家杰出青年基金获得者、“万人计划”人才、享受国务院政府特殊津贴专家、海外高层次青年人才、青年长江学者、海外优秀青年基金获得者和广东省教学名师等。

学院科研实力雄厚，涉及众多高新技术产业领域，为国家和广东省相关产业的发展和创新驱动奠定了良好的基础。学院拥有广东省功能配位超分子材料及应用重点实验室、教育部人工器官与材料工程中心、广东省材料科学与工程实验教学示范中心、广东省化学实验教学示范中心、广东省纳米化学创新药物工程技术研究中心、广东省石墨烯类功能及高性能材料与制品（器件）工程技术研究中心和广东粤港澳纳米化学创新药物研究团

队、广东省扬帆计划创新创业团队、广东省能源小分子催化转化创新团队等研究平台和团队。

13. 江南大学，化妆品创新中心

江南大学化妆品创新中心隶属于江南大学化学与材料工程学院，是国内最早从事化妆品教学与科研的单位，并一直保持该特色，在化妆品、日用化工等工业领域享有很高的知名度，建设有国家药品监督管理局化妆品监管科学研究基地、国家药品监督管理局化妆品质量研究与评价重点实验室、中国轻工业化妆品工程技术中心和江苏省化妆品工程研究中心。

中心共有10多名教师，同时中心还和生物工程学院、食品学院、生命与健康工程学院、医学院的多个教授团队建立了合作关系。中心建设有物理化学、分子与细胞生物学、动物实验、人体功效评价等完整的化妆品研究技术平台。研究方向为：化妆品安全与功效评价、化妆品科学机理与技术、化妆品功效原料先进制造、化妆品先进配方与智能制造。在植物提取、化妆品生物活性物发酵制备，表面活性剂、化妆品活性物的包载与经皮输送等领域拥有核心技术。

同中心合作过的主要企业包括：宝洁公司，陶氏化学（中国）股份有限公司，花王株式会社（日本），拜尔斯道夫公司（德国），科丝美诗（中国）化妆品有限公司，深圳兰亭科技股份有限公司，阿道夫品牌，Haa品牌，广东旭妆生物科技有限公司，江苏瑞霆生物科技有限公司，兔头妈妈品牌，水洋股份，溪木源品牌，上海赢创特种化学公司、隆力奇生物科技股份有限公司等。

14. 洛阳师范学院，洛阳市药用化妆品重点实验室创新平台

洛阳市药用化妆品重点实验室以河南省生物技术产业和医药产业发展规划为指导，本着创新驱动、绿色发展、为国家和地方经济发展服务的宗旨，以学科建设为平台，以科学研究为抓手，以科研成果转化为主要任务，凝练方向、聚集人才、整合资源、协同创新。

该实验室现有科研人员12人，其中教授3人、副教授2人。拥有博士学位者10人，博士学位科研人员占比80%。围绕功能性碳水化合物、功

能性蛋白和肽、功能性脂质、功能性微生物代谢物以及功能性天然植物化学成分等天然功能因子开发领域的共性关键技术进行科技攻关和重点开发，与化妆品产业化紧密结合，从而为关乎国民健康和民生大计的化妆品产业、传统中医中药产业以及环境生态等相关产业提供技术支持和工程化应用服务，推动行业技术进步和国际竞争力提升，提高行业自主创新能力。

该实验室现有“河南省功能性化妆品技术研究工程中心”省级研究平台和“洛阳市中草药中间体重点实验室”市级研究平台。科研实验室有8个，面积约400平方米，包括化妆品配方实验室、化妆品功效评价实验室、天然产物提取分离实验室等；拥有Thermo Finnigan液质联用仪、安捷伦1100型高效液相色谱仪、14BPTF气相色谱仪、德国CK MPA10多功能皮肤测试仪、VISIA皮肤检测仪、法国Formulation Rheolaser Master型配方稳定性测试仪、粒度分析仪等仪器设备。

15. 齐鲁工业大学，应用化学专业

应用化学专业是齐鲁工业大学（山东省科学院）优势明显的特色专业之一。1998年设立本科专业，2004年获得硕士学位授予权，2010年成为山东省省级特色专业，2013年成为山东省首批应用型特色名校立项建设专业，2016年成为山东省高水平应用型立项建设专业，2021年获批国家级一流本科专业。

应用化学专业师资力量雄厚，现有专任教师26人，其中教授9人、副教授7人，具博士学位者24人，有国外学习或研究经历者占50%以上，并聘请企业兼职教授3名，为学生的就业、升学和创业打下良好的基础。本专业为地方区域经济发展和行业需求服务，在化妆品和洗涤用品等领域，培养富有创新精神、实践能力强，具有高度社会责任感和国际化视野的高素质应用型人才。应用化学专业现已投入800多万元，建成了高标准、现代化的专业实验室，依托实验室成立了化妆品研究中心。

应用化学专业是山东省以化妆品和洗涤剂为研究方向的国家级一流本科专业，在省内外日化领域已形成鲜明特色和优势。本专业以化学、化工和生物技术为基础，突出生物学与化妆品学交叉科学研究，深化产教研融合和校企合作，充分挖掘国内外特色资源，开展化妆品和洗涤用品的基础理论、关键技术、管理策划等相关教学和研究工作，使学生熟练掌握日化产品的原料特性、制备工艺和功效性能，为国内外日化行业研发、生产及安全监管提供技术支持及人才储备。

16. 齐鲁师范学院

齐鲁师范学院是一所公办全日制普通本科师范院校。学校具有悠久办学历史，设有 17 个教学单位，42 个普通本科专业，涵盖教育学、文学、理学等 10 个学科门类。现有国家一流本科专业建设点 1 个、省级一流本科专业建设点 7 个，省级特色专业 5 个，省级应用型人才培养资助专业 1 个，省级高水平应用型建设专业群 2 个。拥有享受国务院政府特殊津贴专家、山东省教学名师、山东省有突出贡献中青年专家等省级以上人才称号专家 10 人；省级高校优秀科研创新（培育）团队、优势学科人才团队、干事创业好团队等省级以上团队 7 个。

齐鲁师范分析检测中心成立于 2015 年 4 月，为齐鲁师范学院法人授权的实验室，目前为从事化妆品检验、生态环境检测的专业检测机构，2019 年 4 月通过化妆品国非特线下检验资质，2019 年 11 月通过化妆品注册和备案检验能力线上审核，2021 年通过化妆品 CNAS 认证。中心内设综合部、检测部（下设理化室、光谱室、色谱室、微生物室、毒理室）、质量部，现有员工 36 人，100% 为全日制高校毕业生，其中正高级 3 人、副高级 14 人、中级 14 人，博士学位 19 人。所学专业涵盖无机化学、有机化学、分析化学、物理化学、材料化学、药物化学、环境科学等专业。具有高级职称者 17 人，占工作人员总数的 47%；中级职称者 14 人，占工作人员总数的 38%；初级职称者 4 人，占工作人员总数的 11%。

17. 厦门医学院，化妆品技术与工程专业

厦门医学院公共卫生与医学技术系成立于 2009 年，现有预防医学（本科）、化妆品技术与工程（本科）、卫生信息管理、眼视光技术、医学美容技术、健康管理 6 个专业，在校生 1400 多人。系部设有天然化妆品福建省高校

工程研究中心、厦门医学院环境污染物分析与健康影响评估中心、厦门医学院美容与皮肤科学研究中心，实验仪器设备总值接近4000万元。

现有教职员工50人，专任教师中教授6人、副教授13人，博士18人，是一支教学经验丰富，年龄、学历、职称结构层次合理、专兼结合的"双师型"师资队伍。系部教师入选省引进台湾地区高层次人才"百人计划"、厦门市创新创业人才、省高校新世纪优秀人才支持计划、省高校杰出青年科研人才培育计划、"香江学者"计划、厦门市首批台湾特聘专家、厦门市台湾特聘专才等7人次。2016年至今，系部教师共主持省厅级教科研项目10项。

化妆品技术与工程专业是厦门医学院2019年新增本科。本专业采取学校主导、行业指导、境外助力、企业参与的"四维协同"跨学科培养模式；人才培养紧紧契合化妆品产业链（上游原料设备、中游研发生产、下游应用销售），培养具有良好的职业道德和人文素养、较强的创新创业能力，掌握扎实的医学、化妆品科学、美容健康管理所必备的基本理论知识，具备化妆品配方设计、功效评价、质量检验、生产技术以及化妆品应用与营销管理能力的高素质复合型专门人才。

18. 山东大学，化学与化工学院，化妆品技术研究中心

山东大学于1912年设立应用化学学科，1926年设立应用化学系，1930年设立化学系，1986年成立化学学院，1998年成立化学与环境科学学院，2001年成立化学与化工学院。目前，学院有化学、化学工程与技术2个一级学科，其中化学学科是山东大学首个进入ESI排名前1‰的学科，2013年被确认为山东省"泰山学者"特色优势学科和山东大学首批重点建设特色学科，于2017年成为教育部公布的首批"双一流"建设学科。

山东大学化妆品技术研究中心（以下简称"中心"）成立于2018年5月29日。中心依托"双一流"化学学科和胶体与界面化学教育部重点实验室，瞄准化妆品学科发展前沿，致力于解决化妆品实际应用过程中存在的关键问题。中心拥有1支高水平研究团队，聚集了国家杰青、教育部长江学者、海外高层次青年人才、山东省泰山学者攀登计划专家、山东省杰

青等专家学者。

中心的研究方向包括绿色表面活性剂在化妆品中的作用原理及应用、纳米乳液技术、活性成分的包封与经皮递送、化妆品功能性添加剂的研发和应用等。山东大学依托化学与化工学院建设的结构成分与物性测量平台拥有价值2亿余元的仪器设备，为化妆品研发过程中的表征提供了技术和仪器保障。中心联合齐鲁师范学院分析检测中心成立了国家认定的省级化妆品第三方检测机构，开展化妆品备案检验、功效检测、安全评价等相关工作和认证。中心成立以来已经与科丝美诗、资生堂、隆力奇、华熙生物、聚优品、克劳丽等企业建立了稳定的合作关系。

19. 山西中医药大学，中药与食品工程学院

山西中医药大学中药与食品工程学院由原中药学院（建于2000年）、制药与食品工程学院（建于2014年）合并而成，现有8个专业、4个专业方向，分别为中药学专业、中药分析方向（2016年停招），临床中药学方向，药学专业、药物分析专业、中药资源与开发专业（2019年招生）、制药工程专业、生物制药专业、生物工程专业（2018年停招）、食品科学与工程专业、食品科学与工程专业（药茶方向），生物制药方向。

学院龙头专业是中药学，该专业于2007年被评为山西省品牌专业，2011年成为山西省特色专业。中药与食品工程学院于2010年申报成功中药学一级学科硕士授权点，2012年开始招收中药学的学术型研究生，2015年开始招收中药学的专业型研究生，2016年中药学学科成为山西省博士学位授权在建重点学科，2017年中药学学科成为山西省“1331”特色优势学科。

中药与食品工程学院设有行政机构2个，分别为学院办公室、学院学生工作办公室。设有学系（部）4个，分别为基础学部、中药学系、制药学系、食品工程学系，设有实验教学中心1个。学院拥有两栋楼，分别为和剂书院甲座与和剂书院乙座。中药与食品工程学院现有校外实习基地26个，并依托2个省重点实验室、2个省级协同创新中心、1个省级工程技术中心等8个科研平台（或中心）。2015年至今，主持横向课题20项，共计

135 万，纵向课题 74 项，共计 1342 万，发表文章 177 篇，共申请专利 17 项，授权 10 项，获教学科研奖励 6 项。

20. 上海应用技术大学，化妆品技术与工程专业

上海应用技术大学香料香精技术与工程学院作为我国最早系统培养香料香精技术人才的教育点，下设香料香精技术与工程、化妆品技术与工程、食品科学与工程和生物工程 4 个系，涉及 7 个本科专业方向。

其中，轻化工程专业被列入“国家教育部卓越工程师计划”，香料香精技术与工程和化妆品技术与工程专业被列入“目录外应用型本科专业”，香料香精技术与工程和食品科学与工程专业被列入“上海市属高校应用型本科试点专业”，食品科学与工程专业被列入“上海市中等职业教育—应用型本科专业贯通培养模式试点专业”。

化妆品技术与工程专业培养化妆品产品开发、化妆产品检测、化妆产品营销等专业人员，核心课程围绕着皮肤医学与美容、化妆品原料学、化妆品工艺学等展开。目前，在化妆品行业具有较高的知名度和影响力，与百雀羚、伽蓝、珀莱雅和相宜本草等品牌建立联合实验室，培养相关人才。

香料香精技术与工程专业是国内唯一系统培养香料香精技术人才的教育点和科研基地。该专业的前身是轻化工程香料香精方向，主要培养香料香精、化妆品、食品、医学美容等行业人才，核心课程有有机化学、香料感官品评、天然香料及其加工等。

21. 天津大学，化工学院

天津大学化工学科是 1952 年院系调整时，由当时的北洋大学、南开大学、燕京大学、辅仁大学、北京大学、清华大学、河北工学院、唐山铁道学院等高校的化工系合并组成的；1997 年，在原化工系的基础上成立了天津大学化工学院。天津大学化工学院秉承“坚持一流标准，培养一流人才，争创一流成果，做出一流贡献”的发展目标，“化学工程与技术”一级学科获得学科评估“四连冠”、国家级教学成果一等奖“五连冠”，天津化学化工协同创新中心成为全国首批 14 个“2011 协同创新中心”之一。

学院瞄准世界科技前沿领域和影响国计民生的核心技术与关键技术，发挥学科优势，努力提高学科的科技创新能力，形成了具有明显优势和特色的研究方向。在基础研究领域方面，合成生物学取得了重要突破，奠定我国在人类基因组化学合成这一领域的国际地位；大型填料塔分离技术、医药结晶技术、生物加工技术、新型催化剂与反应技术等多项成果处于国际先进水平，在相关行业产生了重要影响，取得了重大的经济效益。

依托优质的学术资源与人才储备，学院已形成具有“海外学历或海外留学经历”的全英文“专业课程”教学团队，建立了完整的本、硕、博全英文课程学习体系、国际化教学科研培养体系以及管理服务体系。学院积极探索并稳步推进外国留学生招生和培养工作，服务国家“一带一路”建设。

22. 天津科技大学，化工与材料学院

天津科技大学化工与材料学院成立于2015年，整合了化学工程与技术、材料科学与工程2个一级学科，这2个学科分别从始建于1953年的盐业化学工程专业和1958年的塑料工学专业发展壮大而来。目前，化工与材料学院已是天津科技大学综合实力最强的学院之一。

学院现有化工和材料两个系，化工系下设化工课程、化工实习实践、化工毕业设计和化工原理4个教研室，材料系下设材料课程、材料实习实践、材料毕业设计3个教研室。拥有教职工141人，其中有高级职称者82人。

学院现有盐科学与工程专业博士后科研流动站1个，拥有化学工程与技术一级学科博士学位授权点，拥有化学工程与技术、材料科学与工程2个一级硕士学位授权点；拥有材料与化工专业学位授权领域，是天津市属高校中唯一拥有“化学工程与技术”一级学科博士学位授权点的授权单位。拥有化学工程与工艺、高分子材料与工程、应用化学、材料化学等4个本科专业。化学工程与工艺专业为国家级一流本科专业建设点、天津市优势特色专业、天津市品牌专业，并通过教育部工程教育专业认证，高分子材料与工程专业为国家级一流本科专业建设点、天津市品牌专业，其中，“化学工程与技术”一级学科为天津市重点学科，“海卤水资源综合利用”学科群入选天津市特色学科。

23. 天津商业大学

天津商业大学原名“天津商学院”，由商业部和天津市人民政府于1980年创建，现有17个学院及教学部，59个本科专业（方向），11个硕士学位授权一级学科点及12个专业硕士学位点。学校坚持以学科建设为龙头，多学科门类相互支撑、协调发展，现有1个教育部工程研究中心、1个天津市工程中心、2个天津市重点实验室、2个国际联合研究中心、2个天津市高校智库等多个研究院所和中心。

天津商业大学生物技术与食品科学学院前身为成立于1982年的天津商学院食品工程系，1983年创建发酵工程专业，1998年获得发酵工程专业硕士学位授权，1999年招收学术型硕士研究生，是我国最早招收发酵工程本科生、研究生的高等院校之一。学院现有6个本科专业、2个一级学科硕士点、1个专业学位硕士点。在长期建设和发展过程中，学院瞄准生物技术产业化核心目标，依托国家食品与药品实验教学示范中心、天津市食品生物技术重点实验室等平台，将基因组学、蛋白组学、转录组学等新兴技术与传统发酵结合，形成了以生物发酵技术为特色的优势学科集群和以生物活性物质研究与开发、酶技术研究与应用、代谢控制发酵等为代表的特色研究方向，培养了大批在食品、药品、化妆品等领域进行科学研究和设计开发的专业人才。

24. 徐州工程学院，材料与化学工程学院

徐州工程学院材料与化学工程学院现有化妆品技术与工程、应用化学、化学工程与工艺、高分子材料与工程、材料科学与工程5个本科专业，其中应用化学、化学工程与工艺为省级一流专业。学院现有教师80余人，博士率达91%，其中江苏省“333工程”学术带头人、省“青蓝工程”中青年学术带头人、青年骨干教师、双创博士共19人。建设有国家级大学生实践教学基地、省级工程技术研究中心、省级工程实验室、省级重点学科、省级实验教学示范中心等研究院所和中心近10个，新建有国内设备一

流、技术先进的绿色化工虚拟仿真综合实训中心，可为化妆品技术与工程等专业提供良好的教学科研服务；获批国家级虚拟仿真实训项目，获得国家首批一流课程、全国石油和化工教育优秀教学团队、中国石油和化工教育教学成果一等奖、中国石油和化工优秀教材二等奖等一批教学成果。

徐州工程学院材料与化学工程学院是江苏省高校中首个设立化妆品技术与工程本科专业的高校，该学院于2021年获江苏省教育厅批准、教育部备案，同年通过江苏省教育厅本科专业学士学位授权评审，现为中国日用化工协会化妆品学科建设与创新发展专业委员会常务委员单位。本专业强调“工程应用”的特点，秉承地方性、应用型办学主线，努力将“化妆品技术与工程”与“营销管理”“艺术设计”有机融合，立足淮海经济区、面向江苏、辐射全国，旨在向化妆品领域输送以化妆品产品配方技术开发为核心能力，兼具质量控制、工程技术、生产管理等能力的“精技术、懂设计、知法规、会营销”的高素质应用技术人才。

25. 云南大学，化学科学与工程学院

云南大学化学学科创建于1937年，经过76年的积累、几代化学人的努力，云南大学化学学科逐渐形成了鲜明的办学特色和良好的学术传统。2005年云南大学进行教学机构调整，以化学系、应用化学系、药学院和实验中心为基础，组建了化学科学与工程学院。

学院现有化学一级学科博士点，化学一级学科硕士点及药物化学、应用化学硕士点，有化学、应用化学、制药工程、化学工程与工艺、高分子材料与工程共5个本科专业，有2个中心、1个重点实验室。拥有300兆、400兆、500兆和600兆超导核磁共振仪，X－射线单晶衍射仪，电喷雾高分辨质谱仪，时间分辨红外光谱仪和原子力显微镜等总资产价值为8000余万元的各类大型精密仪器，拥有东陆校区化学楼、现代分析测试中心大楼、呈贡校区化工楼等共计30000平方米的实验室。

学院于2003年实现了云南大学乃至云南省化学学科博士点零的突破，2011年获化学一级学科博士点。化学一级学科成为云南省一类重点学科。化学化工实验教学中心成为国家级实验教学示范中心，“化学实验系列课程教学团队”被评定为国家级教学团队，“有机微型化实验室改革”项目获国家教学成果二等奖，“微型半微型有机化学实验”被评定为国家级精品课程，“材料化学”被评定为国家级双语课程。云南大学化学学科目前已经整体进入ESI全球前1%。

26. 云南中医药大学，中药学院

云南中医药大学中药学院沿革于1977年成立的中药系，是云南省最早开展中药学本科和硕士研究生教育的院系，办学43年来共培养了9500余名医药专业技术人才。经过建设发展，目前是云南中医药大学规模最大的二级学院，设有4个职能科室、12个教研室，主要承办中药类、药学类、制药工程类四年制本科专业和中药学类、药学类硕士研究生教育。

学院现有教师156人，其中教授28人、副教授71人；博士学位教师84人，硕士学位教师48人；拥有云南省中青年学术和技术带头人8人，“万人计划”8人，“千人计划”1人，云南省教学名师2人，优秀人才的会聚为高素质人才培养提供了师资保障。近年来，教师参加编写各类教材77部，其中副主编以上27部、编委50部；近3年，教师主持国家级课题61项、省部级课题143项，科研经费共计6728余万元；发表核心论文225篇，SCI（EI）118篇；获专利授权30项。

目前，中药学院有9个本科专业：中药学、药学、制药工程、药物制剂、中药资源与开发、中草药栽培与鉴定、食品科学与工程、食品质量与安全、食品营养与卫生。其中，中药学是国家级重点专业、云南省重点建设专业、综合改革试点专业和省级一流专业，设有特色教改班“兰茂班”；药学是省级一流专业；制药工程、中药资源与开发均为省级特色专业；制药工程专业为云南省卓越工程师培养试点专业，在校学生2100余人。

27. 浙江大学，华南工业技术研究院，化妆品创新研究中心

广州市人民政府与浙江大学联合成立“浙江大学华南工业技术研究院”（以下简称“华南院”），专门研发先进应用技术和培养高端应用人才，取得了较好效果。为了进一步发挥浙江大学的综合优势，浙江大学以天然产物及个人护理研发中心为基础，并联合化工学院、医学院、药学

院、国际设计学院及机械学院等单位，组建了新的华南院化妆品创新研究中心（以下简称“中心”）。

中心以产学研用紧密结合为宗旨，以浙江大学强大的基础研究实力和综合优势为支撑，以一体化和有机集成为发展战略，致力于化妆品产业共性技术、关键性技术和前瞻性技术研发，推动成果转化，实现知识创新、技术创新、产品创新与产业创新的协同创新。

中心聚集了国内外资深行业专家，这些专家数十年从事化妆品科学研究，都是业界权威；数位教授曾长期在国际一流化妆品公司从事皮肤细胞研究、植物新原料开发、配方工艺技术研究、安全性和功效性评价等工作，为创建国际一流化妆品研发平台提供了充分的技术保障，具有较强的团队优势。

中心将秉持立足广东、服务广东、回馈广东的理念，利用自身及浙江大学的资源优势，积极联系海外高端人才，引进一批具有战略前景的化妆品创业项目和创新项目落户广东，改善本地的产业结构，增强战略新兴产业的实力，实现新形势下的科技创新及产业升级。

28. 浙江药科职业大学，化妆品技术专业

浙江药科职业大学化妆品技术专业培养目标：培养理想信念坚定，德、智、体、美、劳全面发展，具有一定的科学文化水平与良好的人文素养、职业道德和创新意识，熟悉化妆品行业法律法规和标准，掌握本专业生产、检验、应用等专业知识和化妆品配方设计、工艺控制、质量检验及推广、应用等技术技能，面向化妆品制造行业的化妆品制造、化妆品配制职业群（或技术技能领域），能够从事化妆品生产、品质管理、推广与应用等工作的“德、规、技”兼备的高素质应用型技术技能人才。

化妆品技术专业主要就业岗位：从事化妆品生产、化妆品检验、化妆品质量控制、化妆品配方设计等岗位工作；从事化妆品销售、化妆品市场开发与维护、化妆品销售质量监管等岗位工作；从事化妆品研发助理、化妆品配方设计助理、化妆品试验助理等岗位工作。职业发展前景：在职位上，可成长为化妆品生产技术主管（销售经理）、化妆品生产质量经理（销售区域经

理)、化妆品生产企业车间主任（大区经理)、化妆品生产企业主要领导；在专业上，可取得化学检验工、芳疗师、化妆品配方员（配方研发助理)、化妆品生产工艺员、化妆品质量分析检验员等专业技术职称。

29. 郑州轻工业大学，材料与化学工程学院

郑州轻工业大学材料与化学工程学院始建于1980年，前身为“化学工程系”，2003年撤系建院，是郑州轻工业大学最早成立的工科院系之一。学院办学特色鲜明，学科优势突出，拥有化学工程与技术、材料科学与工程2个省一级重点学科，环境工程1个省二级重点学科；化学工程与技术、材料科学与工程2个一级学科硕士学位授权点；材料与化工、资源与环境2个专业硕士学位授权类别。化学工程与技术学科在全国第四轮学科评估中取得C+成绩。

学院现有高分子材料与工程、化学工程与工艺、新能源材料与器件、应用化学、环境工程、化学等6个本科第一批次招生专业。其中，高分子材料与工程专业为国家一流本科专业建设点、国家级特色专业、河南省一流本科专业、河南省高等学校“专业综合改革试点”专业；化学工程与工艺专业为河南省一流本科专业、河南省特色专业；新能源材料与器件专业为河南省特色专业；应用化学专业为河南省一流本科专业、河南省高等学校“专业综合改革试点”专业、河南省特色专业；环境工程专业为河南省一流本科专业。目前，在校本科生1707人、研究生175人。

30. 中国药科大学，中药化妆品实验班

中国药科大学中药学院于2017年在中药制药专业下开设中药化妆品实验班。

2018年5月，经过大类专业分流、笔试面试层层选拔后的首批30名学生进入该实验班。学生不仅需要熟练掌握中药学基础理论知识，天然药用物质制备、中药炮制加工和中药制药设备的基本原理、生产工艺，以及与其相关的中医学、药学、制剂工程学等方面的知识和技能，还需要通过着重学习中药与美容、皮肤药理毒理学、中药化妆品学等课程，参与国内外化妆品企业实践交流、主持大学生创新创业训练项目等，从而牢固掌握

中药化妆品相关知识，最终成为具有较强科技创新能力和国际化视野，能从事相关化妆品行业研发、管理的高级专门人才。

2018 年，中国药科大学率先在工业药学专业下设化妆品与皮肤健康研究方向，每年招收专业硕士研究生 15 人，旨在培养具有较强科技创新能力和国际化视野，具备皮肤生理与化妆品安全、中药与皮肤健康、化妆品材料、化妆品组方设计及功效评价、化妆品管理与质量控制等基础理论和实践技能的化妆品科学与技术高级专业优秀人士。学校现已选出首批 15 位专业导师，其中博士研究生导师 11 位，硕士研究生导师 4 位，导师研究领域涉及天然药物、药剂、药理等皮肤健康与化妆品研究领域，根据各专业知识的应用，针对性地为化妆品专业学生培养设立相关教学课程，保证专业的全面性。

（三）化妆品相关高校（专科）

1. 广东科贸职业学院，化妆品技术专业

广东科贸职业学院化妆品技术专业的培养目标为采用“三交融三递进”的人才培养模式，培养德、智、体、美、劳全面发展，具有一定的科学文化水平，良好的人文素养、职业道德和创新意识，精益求精的工匠精神，较强的就业能力和可持续发展的能力；掌握本专业知识和技术技能，具有良好的职业素质，适应生产、管理、服务第一线需要，主要面向化妆品及美容行业，从事产品研发、生产、质管、营销等工作的高素质复合型技术技能人才。

化妆品技术专业的主要课程有有机化学、无机与分析化学、化工基础、化妆品原料、仪器分析、香精香料应用基础、化妆品制备技术、洗涤剂制备技术、化妆品微生物检验技术、化妆品检验技术、化妆品管理与法规、化妆品安全与有效性评价、美容与化妆技术、化妆品营销、形态与礼仪、化妆品制备工作岗位综合技能实训、化妆品检验工作岗位综合技能实训等。

化妆品技术专业可获得的技能证书有化学检验员职业技能等级证书、1 + X 人物化妆造型职业技能等级证书等。化妆品技术专业未来的就业方向

为化妆品产品研发、化妆品生产技术、化妆品检验、化妆品质量控制、化妆品营销与服务、美容顾问等。

2. 广东岭南职业技术学院，化妆品技术专业

化妆品技术专业是一门新兴专业，是广东省重点发展领域之一。广东岭南职业技术学院化妆品技术专业积极推进学工结合，与大型化妆品集团构建实习基地，强调学校与社会的联系，理论与实践并重，将化妆品行业资格标准融入课程标准中，突出“职业性”和“高等性”的融合。主要培养适应区域经济和社会发展需要，德、智、体、美等全面发展，具有良好职业素养和创新能力，熟练的职业技能、严谨的工作态度、可持续发展的基础能力，掌握化妆品调配和美容知识技能，化妆品生产及检验技术、化妆品安全性及有效性评价的质量管理与控制等基本理论和操作技能，能从事专业领域内的研发、配方设计、产品质量检验、销售及美容顾问等，具有现代班组长以上潜质的高素质技能型人才。

化妆品技术专业主干课程有：美容营养学、中医美容药膳、芳香疗法、化妆安全及有效评价、化妆品原料学、化妆品制作工艺、化妆品质量检验技术、微生物检验技术、香精香料应用技术、化妆品管理与法规等。在学校的支持下，本专业积极开办手工坊创新创业基地，让学生能够在实践中发现问题，解决问题。手工坊主要开放制作口红、香水、指甲油、沐浴露、洗发水等化妆品，增加了学生对化妆品原料的认知，同时激发学生对创业创新的兴趣；并且在手工坊的运作过程中，邀请了其他专业的学生参与，由本专业学生科普了化妆品工艺的知识；提高学生的动手能力。

3. 广东轻工职业技术学院，化妆品技术专业

广东轻工职业技术学院化妆品技术专业始创于 2018 年，是依托国家“双高计划”建设专业群所属专业，旨在培养理想信念坚定，德、智、体、美、劳全面发展，具有一定的科学文化水平，良好的人文素养、职业道德和创新意识，精益求精的工匠精神，较强的就业能力和可持续发展的能力；掌握本专业知识和技术技能，面向数字经济背景下化妆品制造行业中

化妆品配制、化妆品检验、化妆品制造等技术领域，熟悉化妆品领域新技术、新工艺、新方法以及大数据应用等技能；能够从事化妆品研发、生产、检验、销售、技术服务及管理等工作的高素质技术技能人才。

该专业主要课程有分析化学、有机化学、仪器分析、胶体与界面化学、化妆品原料、表面活性剂化学、微生物技术、化妆品管理与法规、化妆品配方设计与制备工艺、化妆品质量检验技术、化妆品功效评价、新领域化妆品技术、香精香料应用技术、美妆设计与制备技术。该专业拥有首批国家级教师教学创新团队、国家级协同创新中心、广东省绿色日用化工工程中心，致力于培养行业需要的高端创新人才。面向化妆品生产及服务企业或其他日用化学品生产企业，从事化妆品或其他日用化学品的配方研发设计、生产、检验、管理和销售等工作。

4. 广东食品药品职业学院，化妆品与艺术设计学院，化妆品经营与管理专业

化妆品与艺术设计学院成立于2005年，目前有化妆品技术、化妆品经营与管理、应用化工技术、香料香精工艺、安全技术与管理、艺术设计、人物形象设计7个专业。其中，化妆品技术专业为广东省高职重点专业，人物形象设计专业为广东省高职品牌专业。

化妆品与艺术设计学院师资力量雄厚，近年来，承担了省级以上科研项目10余项，开展技术合作50余项，在国内外各类学术期刊上发表论文近百篇。化妆品与艺术设计学院实践教学资源丰富，建有化妆品生产实训中心、化妆品功效评价实训中心、精细化工实训中心、化工单元操作实训中心、艺术设计实训中心以及校企共建的筑梦美妆学院等实训基地，是粤港“一试三证”国际美容师职业技能鉴定基地，能够充分满足学生的教学实践教学需求。化妆品与艺术设计学院联合省内外70余家知名企业建立了校外教学实习基地，为学生顶岗实习与就业创造了良好的条件。

化妆品经营与管理专业培养目标：培养掌握化妆品配方设计、化妆品生产技术与过程管理、化妆品分析与检测技术、化妆品质量与控制、化妆

品应用技术等基本知识和技能的高素质技能型专门人才。化妆品经营与管理专业主要课程：化妆品原料、化妆品配方设计与制备工艺、洗涤剂生产技术、香精香料应用技术、微生物检验技术、化妆品质量检验技术、表面活性剂、化妆品生产质量管理、化妆品安全与有效评价、化妆品管理与法规、化妆品市场营销、化妆技巧等。

5. 河北化工医药职业技术学院，化妆品技术专业

化妆品技术专业合作优势：美容化妆品产业前景好、薪资待遇高，韩国的化妆品产业相当发达，化妆品专业在韩国是一个极富人气的专业，河北化工医药职业技术学院化妆品技术专业与韩国牧园大学建立合作办学关系已获得教育部审批，通过引进韩国名牌大学的课程、师资、教学方法、育人模式等优质教育资源，切实提高学校人才培养质量和办学水平，毕业生可获得河北化工医药职业技术学院普通高等学校毕业证书和韩国牧园大学提供的已修课程证明。

化妆品技术专业培养目标及特色：毕业生可以从事化妆品生产制备工作、检验及质量管理工作、销售与经营管理工作、美容与皮肤管理工作、化妆与形象设计工作、化妆品品牌培训讲师工作等与化妆品相关工作。毕业生具有创新创业意识、爱岗敬业精神，具有符合现代化妆品发展趋势的技能和国际化服务视野，能够为化妆品行业发展献计献策。

化妆品技术专业主要课程：韩语、化妆品原料、化妆品有机化学、化妆品制备技术、化妆品品牌策划、美容及皮肤管理、化妆与形象设计、化妆品质量检验技术、化妆品微生物检测技术、日用化学品配方与工艺、化妆品营销及管理、消费者心理分析等。

化妆品技术专业就业方向：毕业生可在化妆品制备、化妆品销售、美容、化妆、化妆品检验、化妆品培训讲师等化妆品行业就业，从事研发岗位、销售岗位、检测岗位、管理岗位、电商岗位、制造岗位、美容师、化妆师、培训讲师等。

6. 河南应用技术职业学院，化学工程学院，化妆品经营与管理专业

河南应用技术职业学院化学工程学院始建于1983年，现有应用化工技

术、精细化工技术、工业分析技术、化妆品经营与管理、食品营养与检测5个专业。近10年来，为河南省化工生产战线培养生产、管理一线毕业生6000余人，为各化工企业单位培训各类人才1000余人。

化学工程学院现有骨干教师44人，研究生以上学历23人，副教授以上职称14人，省级学术、学科带头人3人；拥有数字化化工原理、分析检测中心、化妆实操等14个实训室，拥有精馏、间歇反应、纯净水（苏打水）生产线，霜膏乳液生产线以及皮肤检测、美容泡泡机等生产型实训设备，总价值达1200余万元。化学工程学院注重培养学生专业素养，先后组织学生参加各级职业技能大赛。近几年，参加全国竞赛7次，获团体一等奖5次，团体二等奖2次，学生获个人团体人等奖达22人次；近两年，参加全国高等职业院校“发明杯”大学生创新创业大赛，荣获一等奖12项。毕业生职业素养得到企业认可，全院就业率达95%以上，满意度达98%。

化妆品经营与管理专业培养目标：使学生掌握化妆品制作方法，具备生产基本知识和管理能力、化妆品品牌运营与推广能力等。化妆品经营与管理专业就业方向：主要面向化妆品生产企业从事市场调研（分析）、营销策划，面向市场从事化妆品外贸、化妆品品牌代理机构、综合性美容休闲中心等岗位。

7. 湖北轻工职业技术学院，化妆品经营与管理专业

湖北轻工职业技术学院是经教育部批准、湖北省人民政府主办、湖北省教育厅直管的全日制普通高等职业院校。

学院共有7个教学院系和1个公共课部，开设有数控技术、酿酒技术、生物技术应用、生物制药、制浆造纸技术、机电一体化、工业机器人、液压气动技术、电子信息技术、电子仪器与检测技术、质量检验与测量技术、食品营养与检测、建筑电气工程技术、市场营销、电算会计、广告设计与制作、建筑装饰、计算机辅助设计、会展设计等30多个专业，涵盖机械、机电、电气、电子、电信、计算机、会计、食品、生物、造纸、建筑、广告、装饰等多个应用领域。

60多年来，学院积累了丰富的办学经验，取得了良好的办学效益和社

会声誉。学院是劳动和社会保障部设立的特有工种职业技能鉴定站，是全国啤酒检测中心及啤酒酿造专业人才培养基地，是教育部设置的重点职教师资培训基地。学院在60多年的办学历程中坚持“特色鲜明、质量优良、规模适度、就业畅通”的办学理念，秉承“厚德、尚能、励志、创新”的校训，着力强化学生的服务意识、责任意识、创业意识和竞争意识，全面提升学生的职业能力、创新能力、实践能力、独立能力和综合能力，努力造就专业有特长、就业有优势、提高有基础、创业有能力、发展有空间的高素质技能型人才。

8. 湖南化工职业技术学院，化妆品技术专业

湖南化工职业技术学院设有华南化妆品校友分会，校内建有化妆品GMP生产实训中心，成立了在校生创业团队，学生创新创业项目多次获湖南省黄炎培创新创业大赛奖项，学生就业岗位选择多、工作环境优、薪资待遇高，且自主创业机会多，毕业生就业创业前景十分广阔。

化妆品技术专业面向化妆品制造、化妆品配制等岗位群，培养具有一定的科学文化水平，良好的人文素养、职业道德和创新意识，精益求精的工匠精神，较强的就业能力和可持续发展的能力，掌握化妆品原料、配方、生产工艺及检验等知识，具备化妆品相关理论和技能，能够从事化妆品配方研发、生产、检验和化妆品销售等工作的高素质技术技能型人才。

本专业的主要课程：化妆品化学基础、化妆品生化基础、表面活性剂应用基础、化妆品原料、化妆品配方设计与制备工艺、化妆品质量检验技术、香精香料生产技术、化妆品安全与功效性评价、化妆品营销实务、化妆品法律法规等。本专业就业方向：培养能从事化妆品行业相关岗位，如质量控制、产品研发、功效评价、生产管理、市场营销等方面工作，有创新实践能力的高素质技术技能型人才。

9. 湖南食品药品职业学院

湖南食品药品职业学院是经湖南省人民政府批准设立、公办的全日制高等职业院校，由省市场监督管理局主管，教育业务由省教育厅管理。学院前身为湖南省医药中等专业学校，创办于1979年，曾获得“全国医药

系统先进集体”“全国医药教育先进集体”“湖南省职业教育与成人教育先进单位”“湖南省教学工作优秀单位”“湖南省招生就业先进单位”“长沙市文明单位”“湖南省综合治理先进单位”“湖南省直单位模范职工之家”“湖南省文明校园”等荣誉。

学院办学特色鲜明、专业设置科学、行业优势明显。学院面向全国10余个省（区、市）招生，现有在校学生近10000人。开设有药学、中药学、药品经营与管理、食品检验检测技术、医疗器械经营与服务等17个专业，其中药学、中药学为国家重点支持建设的专业。经过40余年的发展，学院已建成食品、药品、医疗器械、化妆品等大健康类专业的高技能人才培养体系。现正致力于将湖南食品药品职业学院建设成为湖南乃至中部地区同层次院校中有较大影响力的高素质技术技能型人才培养基地、食品医药行业从业人员重点培训基地和生物医药产业技术服务中心。

10. 江苏城市职业学院，化妆品经营与管理专业

江苏城市职业学院化妆品经营与管理专业旨在培养能适应化妆品经营与管理等工作需要，具有化妆品管理能力与技术应用能力的技能型人才。学院与省内21家化妆品公司和知名品牌签订协议，并在教学、实习和就业等方面开展了全方位的校企合作，如南京宝丽来化妆品有限公司、江苏寰亚化妆品有限公司、江苏圣莎拉化妆品有限公司、江苏苏美化妆品有限公司、江苏丽业化妆品有限公司等业内知名企业。

本专业主要课程有化妆品基础应用、化妆品化学、化妆品评价、化妆品营销、化妆品品牌与陈列、美容微生物技术、化妆品应用综合实训（功能性、芳香类、彩妆类、天然类）、化妆品店面管理等。本专业可以获取的职业资格有化妆品营销员、化妆品配方师、美容师、化妆师等。本专业就业岗位为化妆品公司、化妆品专柜、化妆品专卖店、形象设计机构、美容与时尚传媒机构等的化妆品技术部门、化妆品营销部门、化妆品品牌管理部门。

11. 揭阳职业技术学院，化妆品技术专业

该学院化学工程系创办于2010年，以服务区域经济为宗旨，面向化工

相关行业，为揭阳大南海石化工业区相关产业特别是中委广东炼油项目培养人才。经过不懈努力，揭阳职业技术学院现已具有较强的师资力量和较完备先进的教学设施。教师基本素质较高，专业教师全部具有硕士以上学位。有分析天平、无机化学、有机化学、分析化学、仪器分析、化工原理、化工仿真、化妆品、环境监测、微生物检测等10多间实验实训室，以及气相色谱仪、高效液相色谱仪、原子吸收分光光度计等较大型仪器设备。揭阳职业技术学院开设有应用化工技术、商检技术、化妆品技术三个专业。

化妆品技术专业主干课程：基础化学、仪器分析、美容常识与化妆品技巧、化妆品原料、表面活性剂、香精与香料、化妆品微生物及检验技术、化妆品质量检验技术、洗涤剂和化妆品生产技术、化妆品安全与有效性评价、化妆品配方设计、化妆品营销学、化妆品管理与法规等。本专业就业方向：对接粤东地区化妆品行业，并与多家大型化妆品企业有密切合作，毕业生可在洗涤剂、化妆品等日用化工生产企业从事一线岗位的技术服务、产品检测、产品营销、形象设计、美容咨询等方面工作；参与洗涤剂、化妆品等的工艺改造、配方改进及新产品的研制及推广工作。

12. 开封大学，化妆品技术专业

开封大学化妆品技术专业采用“平台 + 岗位”式人才培养模式，培养德、智、体、美全面发展，适应化妆品行业、区域经济和社会发展需求，具有良好的职业道德和法制观念，具备必要的化妆品专业理论，掌握一定宽度的化妆品专业技能和较强实践能力，面向化妆品产品生产和营销企事业单位，在生产、服务第一线既能从事化妆品产品生产、产品开发、检验及质量管理工作，又能从事营销与售后服务等相关工作的创新创业型、技术技能型人才。依据国家（国际）职业资格标准，取得化妆品配制员、化妆品检验工、化学检验工资格证书中的一种。

本专业开设的主要课程有有机化学、化工基础、化妆品微生物检测技术、香精香料应用技术、化妆品功效评价、化妆品质量检验技术、美容导师实务、化妆品法律法规、基础美容技术、美容与营养、电子商务实务、化妆品生产技术、化妆与形象设计、毕业实习等。本专业的就业方向：可在化妆品营销和生产企业从事化妆品营销、生产、开发、分析检测及管理等工作；在美容中心从事技术指导或管理工作；在化妆品及美容教育、培训机构从事培训或教学工作等。

13. 茂名职业技术学院，化妆品技术专业

茂名职业技术学院化妆品技术专业现有设备完善的产品制备实验室、理化测试中心、仪器分析实验室、产品功效评价实验室，以及洗涤用品、化妆品生产实训室、美容室等。专业教学团队全部有硕士以上学历，其中博士 1 人，教授 1 人、副教授 3 人，同时具有高级化妆品配方师职业资格 2 人、美容师 2 人。化妆品技术专业成立以来，教师团队带领本专业学生在技能大赛、自主研发教科研项目中均获得了不俗成果。

本专业旨在培养思想政治坚定、德技并修、全面发展，具有化妆品及相关化学品生产必备的职业能力和爱岗敬业的职业素养，以及具有创新精神和创业意识，掌握从事化妆品及相关化学品配方设计、制备工艺、质量检测以及功效评价等岗位操作的相关知识和技术技能，面向化妆品及相关化学品生产领域的高素质劳动者和技术技能型人才。

本专业立足广东，面向全国，培养化妆品生产、研发、质检、销售人员，毕业生就业有岗位选择多、工作环境好、薪资待遇高等特点。就业集中在珠三角地区，就业企业主要为本专业的校企合作单位，包括曼秀雷敦（中国）药业有限公司、广东丹姿集团有限公司、诺斯贝尔化妆品股份有限公司、雅兰国际化妆品有限公司、广州雅纯化妆品制造有限公司、广州森科化工科技有限公司、广州柏姿生物科技有限公司等。

14. 南京科技职业学院，化妆品技术专业

随着“美丽经济”化妆品产业的崛起，专业技术人才的需求不断攀升。

南京科技职业学院于 2016 年新开设化妆品技术专业。经过系统的学习，学生将具备从事化妆品配方设计、生产、检验、质量管理、营销及应用等工作的综合能力。毕业后可以在洁净舒适的化妆品企业从事产品研

发、生产、品控工作，在高端时尚的商业区从事市场营销或技术服务工作，在美丽优雅的美容院及休闲中心从事技术指导或管理工作。

15. 南通职业大学，化妆品技术专业

美是人类永恒的主题，随着经济的飞速发展和人民生活水平的不断提高，依托庞大的人口基数，中国已经成为全球第二大化妆品市场。化妆品行业是一个朝阳产业、时尚产业，有无限的发展潜力。从化妆品原料开发到化妆品生产、应用、营销、管理等各个环节都需要大量的化妆品技术专业人才，学生有良好的就业前景。南通职业大学在江苏省特色专业的基础上拓展开设了化妆品技术专业。

化妆品技术专业主要开设化妆品原料、化妆品配方设计与制备技术、化妆品生产工艺、化妆品质量检验技术、化妆品安全与有效评价、化妆品管理与法规、香精香料技术、美容常识与化妆技巧等课程。本专业学生主要面向化妆品生产企业、日用化学品企业、美容连锁机构、形象设计服务业、化妆品监管与营销部门，从事化妆品制备、配方研发、质量鉴别、美容化妆、形象设计、营销及管理等工作。本专业与全球香精龙头企业德之馨香精香料有限公司、南通东洋之花有限公司、上海西西艾尔有限公司、南通伊彩风尚、新生活集团等化妆品生产企业、知名美容机构合作办学。与亚洲500强企业香港安植集团共建筑梦美创学院，共建大学生创新创业中心。每年可为学生提供近百个实习、就业岗位。

16. 山东药品食品职业学院，化妆品技术专业

化妆品技术专业为山东药品食品职业学院新开特色专业，就业前景广阔，与韩国西原大学合作办学，学生在校期间可到韩国西原大学交流学习，成绩优异者可继续在西原大学深造，获得本科以及研究生学历；同时，山东药品食品职业学院与济南福瑞达生物制药有限公司、青岛明月爱熙化妆品有限公司、威海迷尔赛化妆品有限公司、山东化妆品行业协会等多个企业、组织合作，为在校学生提供实习学习机会以及更多的就业机会。

本专业专兼职教师17人，均为本科及本科以上学历。11名专职教师，

聘请了3名知名企业专家为客座教授。专职教师团队中具有高级职称的教师4名；“双师型”教师9人，占比81.8%；硕士研究生8名。教师队伍专兼结合，结构合理，素质优良，具有可持续发展能力。

本专业旨在培养思想政治坚定、德技并修、全面发展，具有一定科学文化水平、良好职业道德和工匠精神，掌握化妆品生产制备、质量检验、经营管理和研发等相关工作所必备的基础理论知识和基本操作技能，具备认知、合作、创新等支撑职业终身发展、适应时代要求的关键能力，面向化妆品生产制备、质量检验、经营管理及研发等相关领域的高素质劳动者和技术技能型人才。

17. 山西铁道职业技术学院，化妆品经营与管理专业

山西铁道职业技术学院是山西省第一家开办化妆品经营与管理专业的高职院校，2017年申请增设专业，于同年获得批准并开始招生。化妆品经营与管理专业的前身是日用化工专业，日用化工专业有近30年的办学历史，在20世纪末为祖国培养了一大批精细化工技术人才。经过几十年的发展，在以合成洗涤剂、化妆品生产为主的日用化工专业基础上，主动适应区域经济发展需求，对接现代服务等新兴产业，乘势而上，成为山西省第一个获批设立化妆品经营与管理专业并招生的高职院校。

化妆品经营与管理专业主要培养思想政治坚定、德技并修、全面发展，具有一定科学文化水平、良好职业道德和工匠精神，掌握中、高级美容技能及形象设计能力，熟悉化妆品营销及企业、美容院管理，具备良好的沟通能力和组织能力，同时具备认知能力、合作能力、创新能力、职业能力等支撑终身发展、适应时代要求的关键能力，具有较强的就业创业能力，面向化妆品经营和美容行业的高素质创新型技术技能型人才。

本专业拥有一支高素质专业化的教师队伍，其中教育部高等学校高职高专轻化类专业教学指导委员会主任1名，山西省骨干教师、“双师型”教学名师1名，副教授3名，年轻朝气但勇于拼搏创新的讲师5名。在这里，学生可以系统地完成美容技术、化妆技术、形象设计、化妆品配方设计、化妆品营销与策划等课程的学习，优美的实验实训教学环境，丰富的

教学资源，为学生搭建了快速成长成才的平台。

18. 威海职业学院，化妆品技术专业

爱美之心，人皆有之，品质生活、驻容颜增魅力、美容养颜、化妆配方、芳香理疗、药膳驻颜，都在这儿，化出美丽事业，“妆点”时尚生活，品味精彩人生。

威海职业学院生物与化学工程系化妆品技术专业主干课程有香妆化学、芳香疗法、创意彩妆设计、中医美容药膳、化妆品制作与调配、化妆品管理与法规、化妆品检测技术、化妆品营销与流通等。化妆品技术专业拥有国际先进的实验实训条件，掌握技术，把握前沿。目前，本专业拥有专业的实训室，面积500平方米左右，拥有大型设备60台左右，能够满足正常的教学需求。

威海职业学院生物与化学工程系化妆品技术专业具有较为优秀的师资团队。在这里，学生可以学到更多的美容化妆、制作化妆品等技术。本专业旨在培养具有良好的职业素养和创新能力，熟练的职业技能、严谨的工作态度、可持续发展的基础能力，掌握化妆品调配和美容知识及技能，化妆品生产及检验技术、化妆品安全性及有效性评价的质量管理与控制等基本理论和操作技能，能从事本专业领域内的研发、配方设计、产品质量检验、营销及美容顾问等工作，具有现代班组长以上潜质的高素质技能型专门人才。

19. 潍坊职业学院，化妆品技术专业

潍坊职业学院是山东省首批开设化妆品技术专业的高校之一。化妆品技术专业为校企共建专业，以化妆品等日化产业链为依托，学生通过对化妆品的配方研发、生产、检验、销售等进行产业链条化、理实一体化学习。

化妆品技术专业的培养目标是培养具有良好职业道德、敬业精神和创新思维，掌握化妆品技术专业必备基本理论和专业技能，面向化妆品行业生产、管理、经营岗位需要，从事化妆品生产、检验、经营、质量管理与控制等工作的高素质技术技能型人才。潍坊职业学院化妆品技术专业主干课程有化妆品配方设计与制备工艺、美容技术、化妆技术、化妆品质量检验技术、化妆品安全与有效评价、化妆品市场营销与策划等。本专业就业主要面向轻工、化工、日化、化妆品、制药等行业及相关企事业单位，从事产品经营与管理、生产管理、质量控制、产品测试、检验、原料采购等工作。

20. 咸阳职业技术学院，化妆品经营与管理专业

化妆品经营与管理专业为2021年订单班指定专业，陕西省内高职院校独家招生专业。与陕西省化妆品协会、广东省化妆品科学技术研究会联合办学，共同进行人才培养和学生就业安置。

随着国家经济不断发展，人民生活水平不断提高，人们解决了基本的温饱问题之后，关注的焦点更多地转移到“美丽”和“健康”上，化妆品行业进入新的快速发展时期。现如今，大学生就业形势普遍严峻，国家提倡“大众创业、万众创新”，鼓励大学生自主创业，还给予了一定的政策倾斜。

本专业旨在培养掌握化妆品原料、配方、生产工艺及检验等基础知识和基本技能，面向化妆品制造行业、化妆品生产与管理岗位职业群，能够从事化妆品配方研发、生产、检验和化妆品销售等岗位工作的高素质技术技能型人才。本专业主要课程有：化妆品生产技术、化妆品配方设计与制备工艺、化妆品质量检验技术、化妆品安全与有效评价、化妆品营销技巧、香料香精应用等。毕业生主要面向化妆品及相关行业，从事化妆品配方设计、生产、检测、质量管理、产品营销和美容化妆等工作。

21. 漳州职业技术学院，化妆品经营与管理专业

漳州职业技术学院前身为创办于1984年的漳州职业大学，是由漳州市人民政府举办的一所全日制公办普通高职院校。2002年4月，经福建省人民政府批准，更名为“漳州职业技术学院”。学院坐落于漳州市区风景秀丽的马鞍山麓，是漳州市高校园区的主体学校。近年来，学院找准培养一线高技能人才的办学定位，适时抓住福建省建设海峡西岸经济区、漳州市实施“工业强市”发展战略的良机，确立了“规模适度，夯实基础，强化

特色，争创一流”的办学思路，办学质量和办学水平不断提高，各方面成效显著。

漳州职业技术学院化妆品经营与管理专业主干课程有精细有机合成技术、化妆品配方设计与制备工艺、化妆品质量检验技术、化妆品微生物检验技术、化学品营销技术、化妆品管理与法规、化妆品原料、化工单元操作、香精香料应用技术、表面活性剂与洗涤剂应用技术、顶岗实习等。专业就业方向：面向精细化学品、化妆品生产、日用化学品生产等领域的生产、检验、营销岗位，从事化妆品的配方设计、设备维护、技术改造工作；生产经营管理和产品营销等方面工作，如检验员、质检员、工艺员、部门主管等。

附录二　2021 全国大学生绿色化妆品创新创意大赛获奖论文

一、赛事介绍

随着社会发展和进步，天然绿色的环保理念得到广泛认可。在化妆品行业高质量发展的大背景下，绿色化妆品逐步进入了终端消费者以及高校、科研机构的视野。为了推动绿色化妆品理念的深入以及产业的创新发展，同时为产学研用协同发展创建高效平台，中国日用化工协会等单位组织了 2021 全国大学生绿色化妆品创新创意大赛活动。

本次大赛以“绿色发展，共创未来”为主题，得到了中国药科大学、北京工商大学、齐鲁工业大学、中国抗衰老促进会化妆品产业分会等高校与机构的支持。大赛旨在引领化妆品行业发展新趋势，推动化妆品产业绿色健康发展，挖掘新一代大学生创新创意智慧，助力化妆品产业健康高质量发展。

赛事共分为六个赛道，分别为创意方案组、学术研究组、配方设计组、材料创新组、视觉设计组、创新创业组。本书对学术研究组一等奖论文进行收录。

二、论文名称：一种尾叶香茶菜漱口水的制备

学生：韩思思，任玉丰，林洋洋　　指导教师：杨丽霞

（山西中医药大学　中药与食品工程学院，山西　晋中　030600）

摘要　目的：以野生植物资源尾叶香茶菜为主要原料制备一款纯天然、绿色、无刺激的尾叶香茶菜漱口水——牙好友。方法：采用钢丝结扎

+高糖饮食建立牙周炎动物模型，考察尾叶香茶菜水提取物对实验性牙周炎大鼠的治疗作用。利用 Minitab 17 软件通过混料设计进行复配实验，根据所得配比制成漱口水，密码审评，强制权重，建立模糊综合评价模型，以感官评分值为响应值优化尾叶香茶菜漱口水——牙好友配方。结果：与模型组比较，高剂量组牙龈指数、出血指数、牙齿松动度和菌斑指数均明显下降，高、中剂量组的牙龈组织和血清中炎症因子的含量均明显下降。“牙好友”漱口水最优配方为：尾叶香茶菜水提取物2.8078g，薄荷挥发油0.1172mL，丁香花苞挥发油0.10mL，甘油3.2580mL，蜂蜜0.9750g，加纯净水至200mL。结论：尾叶香茶菜水提取物能够抑制大鼠牙龈组织和血清中炎症因子 IL－1β、IL－6、TNF－α 释放，减轻牙周组织炎症，减缓牙周组织破坏，且具有浓度依赖性。制得的“牙好友”漱口水具有清新口气，缓解牙周、牙龈肿痛作用，可用于牙周炎辅助治疗。

关键词　尾叶香茶菜；漱口水；牙周炎；抗炎抑菌；配方优化

牙周炎是累及四种牙周组织的慢性感染性疾病，主要临床表现是牙龈炎症、出血、牙周袋形成、牙齿松动移位、咀嚼无力，严重者可自行脱落或导致牙齿需拔出，是我国成年人丧失牙齿的首位原因。目前，临床上治疗牙周炎的方法主要是机械治疗配合全身和局部应用抗生素，然而长期应用抗生素会导致集体菌群失调，产生耐药性，并且易造成变态反应，使其在临床应用中受到一定的限制，而传统中医药有着副作用小、标本兼治、价格低廉的优势，引发众多学者在中医药治疗牙周炎领域的探索。

本实验室研究证实尾叶香茶菜水煎液对口腔常见致病菌、牙周致病菌具有明显抑菌效果，对实验性大鼠牙周炎具有良好的治疗作用。通过市场调查发现，目前市场上的口腔保健品一般有牙膏、无糖口香糖、漱口水等几种主要形式。其中，漱口水使用方便，能有效减少口腔内致病微生物的数量，补充了机械性控制菌斑方法的不足，且对不能刷牙或者不适合嚼口香糖的人群非常友好，也很适合现在年轻群体的生活模式。但现如今市售的漱口水多有辛辣味、刺激性，含有添加剂、酒精，均不适合儿童、孕妇使用。基于前期研究基础，本研究以野生植物资源、民间野菜尾叶香茶菜为主要原料，配合使用丁香苞挥发油、薄荷挥发油开发一款纯天然、绿色、无刺激的尾叶香茶菜漱口水——牙好友。

（一）尾叶香茶菜的抑菌作用、抗炎作用研究

1. 抑菌作用

分别考察尾叶香茶菜水提取物对9种口腔常见致病菌（金黄色葡萄球菌、大肠埃希菌、白色念珠菌、铜绿假单胞菌、肺炎克雷伯菌、具核梭杆菌、变形链球菌、黏性放线菌、普雷沃菌）的抑制作用。同时选用甲硝唑注射液、舒康口腔喷剂做对照。结果表明，尾叶香茶菜水提取物对口腔常见致病菌均有抑制作用，稀释度为1∶8时可以抑制细菌的生长，稀释度为1∶4时可以杀死所有细菌。对金黄色葡萄球菌、肺炎克雷伯菌、具核梭杆菌的抑制作用较强（见附表2.1）。

附表2.1　尾叶香茶菜水提取物对口腔常见致病菌的抑菌结果

菌种	药物稀释度										
	1∶2	1∶4	1∶8	1∶16	1∶32	1∶64	1∶128	1∶256	1∶512	1∶1024	0
金黄色葡萄球菌	+	+	+	+	+	+	+	+	+	-	-
大肠埃希菌	+	+	+	+	+	-	-	-	-	-	-
白色念珠菌	+	+	-	-	-	-	-	-	-	-	-
铜绿假单胞菌	+	+	+	+	+	-	-	-	-	-	-
肺炎克雷伯菌	+	+	+	+	+	+	+	-	-	-	-
具核梭杆菌	+	+	+	+	+	+	+	+	-	-	-
变形链球菌	+	+	+	+	-	-	-	-	-	-	-
黏性放线菌	+	+	+	+	+	-	-	-	-	-	-
普雷沃菌	+	+	+	+	+	-	-	-	-	-	-

2. 抗炎实验

考察尾叶香茶菜水提取物对实验性牙周炎大鼠的治疗效果。将实验大鼠分为正常组、模型组、阳性对照组（人工牛黄甲硝唑）以及实验低、中、高剂量组。三周后分别检查各组实验大鼠牙的牙龈指数、出血指数、牙齿松动度和菌斑指数四项临床指标，并通过酶联免疫分析测定牙龈组织和血清中的炎性因子1L－1β、TNF－6、TNF－α的含量。结果为中（4g/kg）、高（8g/kg）剂量尾叶香茶菜水煎液能够抑制大鼠牙龈组织和血清中

的炎症因子释放，减轻牙周炎，减缓牙周组织破坏，且具有浓度依赖性（见附图 2.1、附图 2.2、附图 2.3）。

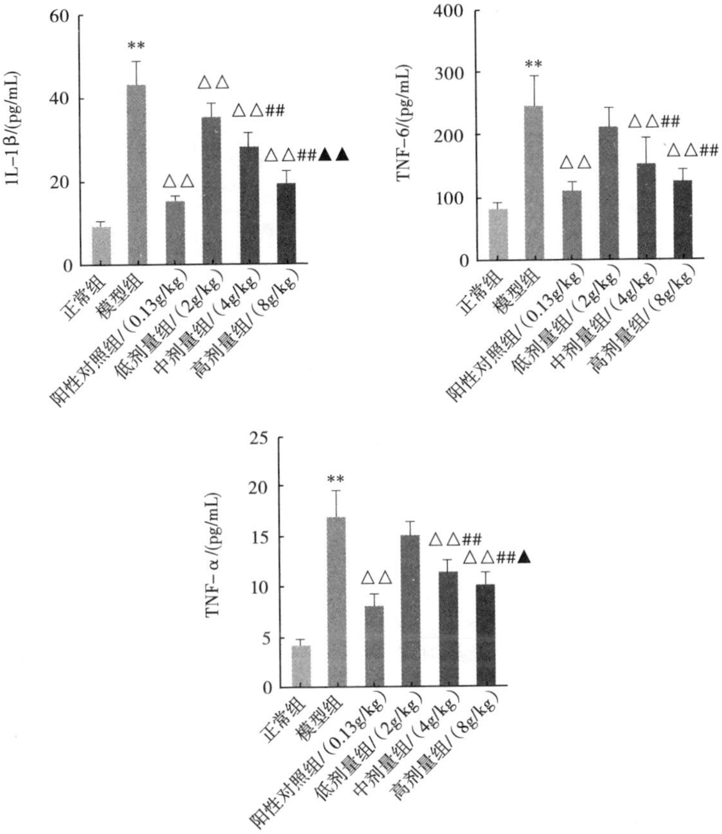

附图 2.1　各组大鼠牙周组织临床指标观察（$\bar{X} \pm s$，$n=10$）

注：与正常组比较，*表示 $p<0.05$，**表示 $p<0.01$；与模型组比较，△表示 $p<0.05$，△△表示 $p<0.01$；与低剂量组比较，#表示 $p<0.05$，##表示 $p<0.01$；与中剂量组比较，▲表示 $p<0.05$，▲▲表示 $p<0.01$。

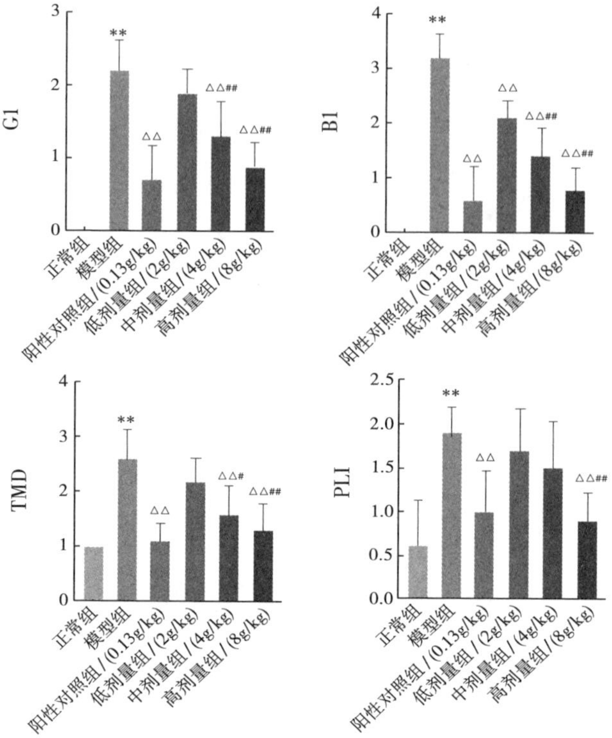

附图 2.2　各组大鼠牙龈组织相关炎症指标检测结果（$\bar{X} \pm s$，$n=10$）

注：与正常组比较，＊＊表示 $p<0.01$；与模型组比较，△△表示 $p<0.01$；与低剂量组比较，##表示 $p<0.01$。

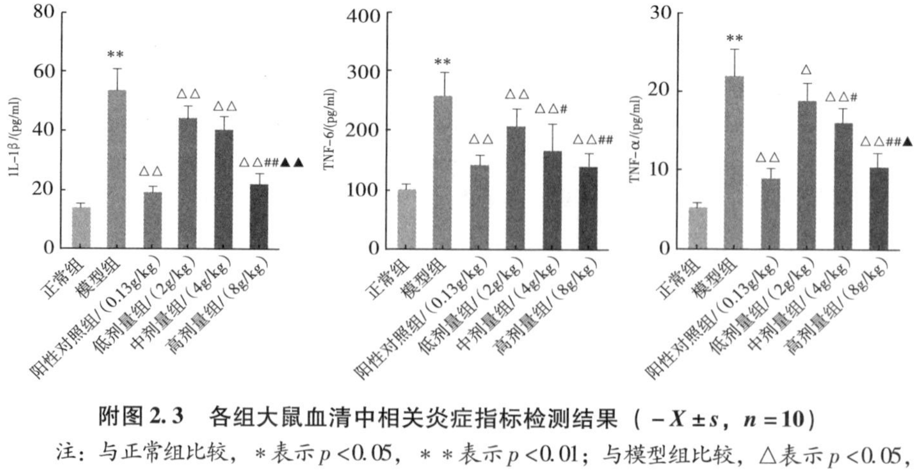

附图 2.3　各组大鼠血清中相关炎症指标检测结果（$\bar{X} \pm s$，$n=10$）

注：与正常组比较，＊表示 $p<0.05$，＊＊表示 $p<0.01$；与模型组比较，△表示 $p<0.05$，△△表示 $p<0.01$；与低剂量组比较，#表示 $p<0.05$，##表示 $p<0.01$；与中剂量组比较，▲表示 $p<0.05$，▲▲表示 $p<0.01$。

(二)“牙好友”漱口水的制备工艺研究

1. “牙好友”漱口水的配方

由预实验得到配制“牙好友”漱口水的原料及用量，如附表2.2所示。

附表2.2 “牙好友”漱口水配方

成分	作用	用量
尾叶香茶菜水提取物	抗炎、抑菌	1～4g
甘油	延长药物局部治疗作用	挥发油与甘油体积比为1:15
薄荷挥发油	掩盖不良气味、防腐、镇痛	0.05～0.15mL
丁香花苞挥发油	防腐、镇痛	0.05～0.10mL
蜂蜜	甜味剂	0～2g
柠檬酸钠	防腐剂、稳定剂	2%
纯净水	溶剂	添加至200mL

注：食品添加剂的含量均符合国家标准《食品安全国家标准 食品添加剂使用标准》(GB2760—2014)。

2. “牙好友”漱口水的配方优化

(1) 混料设计。

各组分上、下限：尾叶香茶菜水提取物1～4g，薄荷挥发油0.05～0.15mL，丁香花苞挥发油0.05～0.1mL，蜂蜜0～2g。

运用Minitab 17软件，以模糊综合评价法处理后的感官得分为响应值，进行复配实验，并得出优化配方。

(2) 感官评定。

根据混料设计中的配比将尾叶香茶菜水提取物、薄荷挥发油、丁香花苞挥发油、蜂蜜复配成200mL的漱口水，由16人组成感官评定小组，采用密码评审，根据附表2.3，对样品的色泽、气味、口感一一进行评定。

附表2.3 感官评定标准

等级	颜色	气味	口感
优	无沉淀，均一液体，透明度较高	无异味，不呛鼻	微甜，爽口，不黏腻
良	无沉淀，均一液体，颜色正常	无异味	无味，不苦涩，能良好接受
中	略浊，颜色偏深	轻微异味，能接受	微苦，可以接受
差	混浊，颜色偏深	有异味，不能接受	苦涩，难以入口

（3）感官模糊综合评价。

确定产品的质量主要由 3 个因素构成，即因素集为 A = $\{A_1, A_2, A_3\}$，其中 A_1 为色泽，A_2 为气味，A_3 为口感。采用强制决定法确定各质量因素的权重，分别为色泽（0.3）、气味（0.3）、口感（0.4），即权数集为 B = {0.3，0.3，0.4}。对于每个因素的评价按照优、良、中、差 4 个等级评定，即评语集 M = $\{M_1, M_2, M_3, M_4\}$，其中 M_1 为优，M_2 为良，M_3 为中，M_4 为差。对每个评判等级进行量化，相应地，等级计分为 M = {10 分，8 分，6 分，4 分}。感官评定后，将评定结果进行汇总，得到模糊关系矩阵 R，采用模糊综合评价方法进行分析。

以配方 1 为例，确定其模糊综合评价模型：

$$b_1 = B \times R_1 = (B_1, B_2, B_3)\begin{bmatrix} r_{11} & r_{12} & r_{13} & r_{14} \\ r_{21} & r_{22} & r_{23} & r_{24} \\ r_{31} & r_{32} & r_{33} & r_{34} \end{bmatrix}$$

$$= (0.3, 0.3, 0.4)\begin{bmatrix} 0.125 & 0.5 & 0.375 & 0 \\ 0.375 & 0.5 & 0.125 & 0 \\ 0.5 & 0.125 & 0.375 & 0 \end{bmatrix} = (0.35, 0.35, 0.3, 0)$$

然后得出：

$$E = \sum_{i=1}^{n} M_i b_j = 10 \times 0.35 + 8 \times 0.35 + 6 \times 0.3 + 4 \times 0 = 8.100$$

同理可得其他配方感官评价值。

（4）混料设计方案及结果。

附表 2.4　混料设计

实验号	配比				感官评分值 *E*
	尾叶香茶菜水提取物 *A*	薄荷挥发油 *B*	丁香花苞挥发油 *C*	蜂蜜 *D*	
1	3.2875	0.125	0.0875	0.500	8.100
2	3.9000	0.050	0.0500	0.000	7.770
3	1.9000	0.050	0.0500	2.000	7.990
4	1.8500	0.050	0.1000	2.000	8.020
5	1.8000	0.150	0.0500	2.000	7.790

续表

实验号	配比				感官评分值 E
	尾叶香茶菜水提取物 A	薄荷挥发油 B	丁香花苞挥发油 C	蜂蜜 D	
6	3.8500	0.050	0.1000	0	7.775
7	3.8000	0.150	0.0500	0	7.810
8	3.7500	0.150	0.1000	0	8.215
9	2.9000	0.050	0.0500	1.000	8.050
10	3.8750	0.050	0.0750	0	7.780
11	2.8500	0.050	0.1000	1.000	8.055
12	1.8750	0.050	0.0750	2.000	8.005
13	3.8500	0.100	0.0500	0	8.115
14	2.8000	0.150	0.0500	1.000	7.905
15	1.8500	0.100	0.0500	2.000	7.895
16	3.7750	0.150	0.0750	0	8.005
17	3.8000	0.100	0.1000	0	8.065
18	2.7500	0.150	0.1000	1.000	8.215
19	1.7750	0.150	0.0750	2.000	7.850
20	1.8000	0.100	0.1000	2.000	8.145
21	2.8250	0.100	0.0750	1.000	8.355
22	2.2875	0.125	0.0875	1.500	8.405
23	3.3625	0.075	0.0625	0.500	8.015
24	2.3625	0.075	0.0625	1.500	8.065
25	2.3375	0.075	0.0875	1.500	8.350
26	2.3125	0.125	0.0625	1.500	8.150
27	3.3375	0.075	0.0875	0.500	8.070
28	3.3125	0.125	0.0625	0.500	8.055
29	1.7500	0.150	0.1000	2.000	8.105

混料设计结果如附表2.4所示，以 A、B、C、D 为自变量，E 为应变量，采用Minitab 17实验设计软件对实验结果进行回归拟合，得到回归方程如下：

$$Y=6.558+0.209A-239.7B-72C+62.5AB+17.9AC+0.1574AD+143.0BC+61.1BD+19.1CD$$

对回归模型方程进行方差分析，结果见附表 2.5。

附表 2.5 方差分析

变异来源	自由度	平方和	均方	F	p
回归	9	0.676477	0.075164	8.93	0
线性	3	0.139040	0.046347	5.50	0.007
二次	6	0.496864	0.082811	9.83	0
残差误差	19	0.160006	0.008421		
合计	28	0.836480			

（5）各组分间的变化对感官评分值的影响。

蜂蜜保持一定数量（2g）时，尾叶香茶菜水提取物、薄荷挥发油、丁香花苞挥发油 3 个组分变化的等值图见附图 2.4。其相应的曲面图见附图 2.5。从附图 2.4 中可以看出，当蜂蜜保持一定时，随着薄荷挥发油添加量的减少，感官评分值逐渐增加，丁香花苞挥发油和尾叶香茶菜水提取物的变化较为一致，随着添加量的增加，感官评分值有较为平缓的增加趋势。这一结果在附图 2.5 中也有相应体现。从图中难以得出精确的最优配比，故进而采用软件响应优化器进行优化，得出最佳配比。

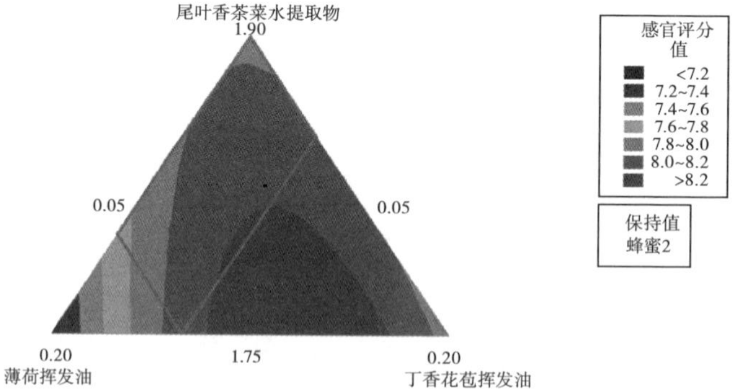

附图 2.4 尾叶香茶菜水提取物、薄荷挥发油、丁香花苞挥发油等值图（分量数量）

（6）配方优化。

采用 Minitab 17 的优化响应器，对“牙好友”漱口水配方进行优化，得到最终优化配方为：尾叶香茶菜水提取物 2.8078g，薄荷挥发油 0.1172mL，丁香花苞挥发油 0.10mL，蜂蜜 0.9750g，其感官评分最大预测

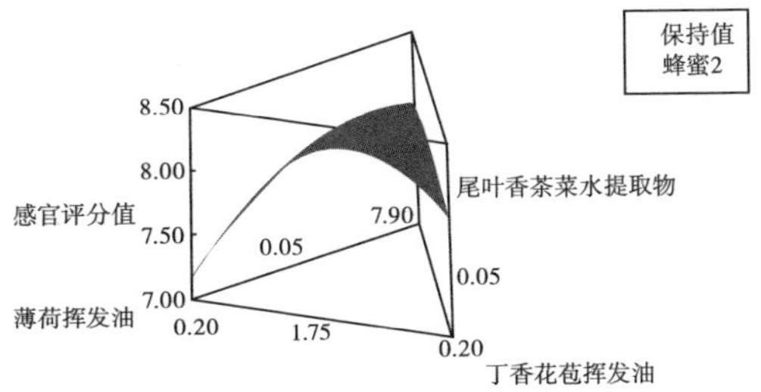

附图 2.5　尾叶香茶菜水提取物、薄荷挥发油、丁香花苞挥发油曲面图（分量数量）

值为 8.3351（见附图 2.6）。

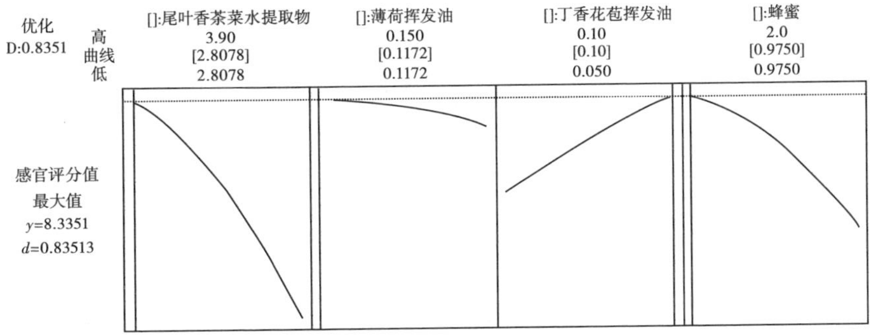

附图 2.6　配方优化结果

（7）验证实验。

根据软件所设计的最优配方进行复配，再进行感官评价，记录，对结果采用模糊综合评价，最终得出感官评分值为 8.330 ± 0.025，与最佳配方预测值 8.3351 基本符合。

3. 废渣废液处理

废渣即药渣，为植物草本，可直接进行掩埋，也可将其开发成花草肥料；废液除纯净水外未使用其他有机化学试剂，不会对环境造成污染。

4. 产品营销

“牙好友”作为一款功能性漱口水，除清新口气外还具有缓减牙周炎的功效，可和高校、企业等合作，规模化生产，在美妆店、超市、药店进行宣传和销售。鉴于现在网络飞速发展，电商也是非常好的销售平台。

5. 讨论与结论

前期药理研究表明，同浓度的尾叶香茶菜水煎液、醇提取液、总二萜、多糖，以尾叶香茶菜水煎液抗炎效果最为显著；同时尾叶香茶菜水煎液对口腔常见致病菌、牙周致病菌具有明显抑菌效果；对实验性大鼠牙周炎具有良好的治疗作用。故该漱口水配方中采用尾叶香茶菜水提取物作为主要原料。尾叶香茶菜挥发油具有镇痛作用，但是经测定得知尾叶香茶菜水提取物中挥发油损耗较大，故复配一定比例具有清凉润喉、清新口气作用的薄荷挥发油和有明显镇痛效果的丁香花苞挥发油。适量添加蜂蜜和柠檬酸钠以改善漱口水的口感及延长货架期。

混料设计是研究混料中各种成分比例与指标的关系，并寻找最佳配比的实验设计。在预实验中，已经对配料中的各成分有了上、下限的限制，故采用极端顶点法进行混料设计。为了得到一个较为客观的实验结果，本实验中采用模糊数学综合评价法对实验结果进行评价。确定“牙好友”漱口水最优配方为：尾叶香茶菜水提取物2.8078g、薄荷挥发油0.1172mL、丁香花苞挥发油0.10mL、甘油3.2580mL、蜂蜜0.9750g。以此配方配制的漱口水在具有良好口感的同时还具有一定的抗炎、镇痛、抑菌效果。

随着社会的发展和进步，天然绿色的环保理念得到广泛认可。“牙好友”漱口水的研发秉承着天然、绿色、无毒害的原则，以中草药尾叶香茶菜为主要原料开发一款具有抑菌、抗炎、镇痛效果的纯天然、零酒精添加、无刺激的漱口水。加之尾叶香茶菜野生植物资源丰富，安全无毒，廉价易得，抑菌、抗炎、镇痛效果好；在原料的处理上，除纯净水外未使用其他有机化学试剂；生产工艺简单，易操作，成本低，可量产；废渣废液的处理简单安全，对环境友好。具有很大的经济前景和开发价值。

参考文献

[1] 刘锋,朱晓红,王强. 尾叶香茶菜水提取物对口腔常见致病菌的抑菌作用[J]. 解放军药学学报,2010,26(5):421-423.

[2] 杨丽霞,冯婷婷,李思思. 尾叶香茶菜水煎液对实验性牙周炎大鼠

的治疗作用[J]. 山西中医药大学学报,2021,22(5):332-335+340.

[3] 朱晓红,王强,臧树良. 龟叶草不同化学组分对小鼠炎症抑制作用[J]. 中国公共卫生,2008(9):1124-1125.

[4] 黄婷,李春艳,肖海雯,等. 尾叶香茶菜挥发油化学成分分析及抗炎能力研究[J]. 陕西农业科学,2021,67(3):36-39+59.

[5] 朱晓红,李春艳,王强,等. 龟叶草挥发油提取及对小鼠抗炎镇痛作用[J]. 中国公共卫生,2008(4):480-481.

[6] 任璐. 丁香苞精油缓解龋齿患者疼痛的应用[J]. 全科口腔医学电子杂志,2019,6(10):17+35.

[7] 闫玉浛. 树莓叶茶加工工艺及其品质形成研究[D]. 武汉:华中农业大学,2013.

[8] 杨丽霞,梁正辉,郭政港. 连翘叶复合袋泡茶的制备及配方优化[J]. 山西农业大学学报(自然科学版),2021,41(3):1-8.

[9] 秦波,路海霞,陈团伟,等. 模糊综合评价法在紫薯干燥方法筛选中的应用[J]. 包装与食品机械,2015,33(1):8-12.

[10] LI ZHANG, HAIKUN FU, NA WAN. Research on the application of AHP and Fuzzy Comprehensive Evaluation of teaching quality in basic mathematics classroom[J]. Creative Education,2018,9(15):2615-2626.

第一作者简介：韩思思（2000—），女，汉族，山西大同人，本科生。

附录三　2022年化妆品技术趋势与技术风向标

2022年化妆品技术趋势与技术风向标由化妆品技术趋势与技术风向标工作委员会于中国化妆品研发前沿高层学术论坛期间发布。技术趋势发布前期经过广泛调研讨论，汇集了业界和高校多方权威意见，评选出了以下六大技术趋势：中华文化与中医药方向、特色植物资源方向、高科技功能性新原料方向 、生物发酵技术方向、高效的功效性评价体系、绿色安全可持续方向。发布九个风向标技术：中药天然护肤面霜、植物细胞大规模培养技术、富含花青素玉米 & 富含虾青素玉米、油茶籽茶麸自然发酵法制备酵素洗发水、富勒烯抗氧抗炎修护技术、化妆品级聚天冬氨酸钠、Ⅰ型 & Ⅲ型胶原生产技术、美白功效评价新技术的探索——转基因荧光斑马鱼的应用、绿色安全染发新原料技术 ——二羟基吲哚生产技术。

一、中药天然护肤面霜

1. 技术名称：中药天然护肤面霜

2. 所属类别：中华文化与中医药方向

3. 技术说明

（1）中医药理论和配伍关系。

中药 CX 提取液：活血养气、皮肤美白；天然成分——珍珠提取液、茶多酚等。

（2）美白功效评价体系。

生物化学法；细胞生物学法；人体功效评价试验。

（3）化妆品安全评价。

动物实验——毒理学方法评价。

（4）制剂与质量研究。

乳膏剂系制备技术；理化性质考察；回收率测定。

4. 技术特点与门槛

（1）技术特点。

一款以中药、动植物提取成分为主要活性物质的纯天然美白护肤面霜。体外、动物和人体试验综合证明：面霜具备科学合理的配方与制备工艺、稳定的质量属性与良好的皮肤亲和性，可有效发挥美白功效。

（2）技术门槛。

中药和天然物质成分复杂，作用机制不单一明确，需进一步拓展中药和动植物来源功效成分的研究和绿色天然化妆品的开发。

5. 应用领域、应用情况与案例

将传统中医药理论与化妆品技术相结合，充分发挥中药和天然动植物成分营养与功效兼备、作用缓和的优势；建立科学完整的质量与美白功效评价体系，是中药化妆品研究和功效评价的典型实例。

6. 技术所有人：中国药科大学王伟教授

二、富含花青素玉米

1. 技术名称：富含花青素玉米

2. 所属类别：植物提取原料及技术

3. 技术说明

常规选育的富含花青素玉米品系，苞叶和穗轴的青花素含量分别为1.5% ~1.8%和0.7% ~1.1%，亩产量约500kg。提取的花青素具有强抗氧化活性，可以清除自由基，作为色素及加工原料用于各种化妆品生产。

4. 技术特点与门槛：天然、安全、低成本

5. 应用领域、应用情况与案例

作为天然水溶性色素添加到腮红、唇膏等彩妆中，并且在爽肤水、精华及面霜等护肤品中添加来提高皮肤的抗氧化能力。

6. 技术所有人：中国农业科学院生物技术研究所

7. 技术合作单位：山西运奕道生物科技有限公司

三、富含虾青素玉米

1. 技术名称：富含虾青素玉米

2. 所属类别：基因工程及植物提取技术方向

3. 技术说明

基因工程培育的富含虾青素玉米品系，虾青素含量120mg/kg，亩产量约900kg。提取的虾青素具有强抗氧化活性，作为色素及加工原料用于各种化妆品、保健品的生产。

4. 技术特点与门槛

与传统虾青素提取原料相比，高活性反式虾青素含量高，来源安全，成本低廉。

5. 应用领域、应用情况与案例

脂溶性色素，应用于抗衰老的高端化妆品和保健品。

6. 技术所有人：中国农业科学院生物技术研究所

7. 技术合作单位：山西运奕道生物科技有限公司

四、富勒烯抗氧抗炎修护技术

1. 技术名称：富勒烯抗氧抗炎修护技术

2. 所属类别：化学化工与合成方向

3. 技术特点与门槛

（1）技术特点。

富勒烯可长效淬灭自由基，自身不被损耗，被称为“自由基海绵”；富勒烯可显著降低IL-6，NO，INF-α，抑制组织炎症反应；富勒烯可显著提高FLG和LOR蛋白量的表达，修护组织损伤；富勒烯可持久修复细胞的线粒体损伤，维持细胞代谢稳态。

（2）技术门槛。

富勒烯的应用需要解决6个关键技术：高产能、高纯度、高分散性、高稳定性、吸收性、安全性。

4. 应用领域、应用情况与案例

富勒烯原料于2014年被收录到《已使用化妆品原料目录》中，目前年度富勒烯相关化妆品备案量过万，正处于快速上升时期。已广泛应用富勒烯原料的品牌有福瑞达医药、华熙生物、完美日记、自然堂、丸美、UXH、城野医生、Haa；已广泛应用富勒烯原料的大型OEM厂有科丝美诗、诺斯贝尔；已广泛应用富勒烯原料的行业研究机构有东方美谷研究院。

5. 技术所有人

北京福纳康生物技术有限公司拥有富勒烯产业化相关专利160余项。

6. 技术合作单位

中国科学院化学研究所、中国科学院分子纳米结构与纳米技术重点实验室。

五、化妆品级聚天冬氨酸钠

1. 技术名称：化妆品级聚天冬氨酸钠

2. 技术类别：化学工程与合成方向

3. 技术说明

以L－天冬氨酸为原料，通过合成的方法获得聚氨基酸。具有类蛋白质结构，富含肽键和羧基基团。有皮肤屏障修复、补水保湿、辅助美白、毛发修复等功效。

4. 技术特点与门槛

专利产品，产品纯度高，可选择分子量，颜色浅，无味道。

5. 应用领域

保湿、护肤、洗护、修复功效。

6. 技术所有人：北京化工大学

六、Ⅰ型、Ⅲ型胶原生产技术

1. 技术名称：Ⅰ型、Ⅲ型胶原生产技术

2. 技术类别：生物工程技术

3. 技术说明

（1） Ⅰ型胶原。

人体内含量最高、分布范围最为广泛的胶原，成年人皮肤中85%的胶原是Ⅰ型胶原，由皮肤成纤维细胞、柱状细胞和平滑肌细胞分泌。

（2） Ⅲ型胶原。

人体唯一以单分子形式存在的胶原；人体皮肤中的Ⅲ型胶原随着年龄增长含量逐渐降低。

4. 技术特点与门槛

专利产品，产品纯度高，可选择分子量，颜色浅，无味道。

5. 应用领域

祛痘印、祛皱纹、敏感性肌肤修护、皮肤微创面修复等。

6. 技术所有人

中国科学院过程工程研究所。

七、美白功效评价新技术的探索——转基因荧光斑马鱼的应用

1. 技术名称：美白功效评价新技术的探索——转基因荧光斑马鱼的应用

2. 所属类别：基因工程及功效评价技术方向

3. 技术说明

美白功效评价标准尚不完善，动物实验及人体实验成本高，难以实现高通量筛选或评价；且动物实验存在动物福利及3R原则的问题；以色素减少或酪氨酸酶活性抑制作为筛选或评价的唯一指标；缺乏共性评价技术，现有黑色素定量方法非常粗糙（氢氧化钠裂解法）。

4. 技术原理

采用Tol2转座系统构建转基因斑马鱼。转座系统包括转座子和转座酶两部分。将需要整合的目标基因构建在转座质粒的两个转座子之间。转座酶质粒经过体外转录为mRNA之后，与转座质粒共注射。利用转座的原理，转座酶可以将两个转座子之间的序列剪切下来，整合到斑马鱼受精卵基因组中，后续经过基因型鉴定，筛选出成功整合的个体进行传代。

5. 应用领域、应用情况与案例

随着消费者对于美白的需求不断增长，对美白的理解也在不断深化。从最初单纯涂含有铅的白粉，到抑制黑色素产生，再到如今内外结合，系统性强调提高整个机体自我更新代谢能力的功效美白。进行药物筛选与评价、疾病模型构建、基因功能研究。

6. 技术所有人：中国药科大学

八、绿色安全染发新原料技术

1. 技术名称：绿色安全染发新原料技术

2. 技术类别：化妆品新原料

3. 技术说明

传统的长效染发剂含有染料中间体和耦合剂，这些中间体和耦合剂进入头发的皮质后，在氧化剂的作用下发生 4 种化学反应：其中 1 号剂是 pH 9 ~ 11 的碱，2 号剂是 pH 3 ~ 5 的酸，一混合就立刻发生中和反应，马上放热；同时 1 号剂是还原剂，2 号剂是氧化剂，两者接触会产生氧化还原反应；1 号剂的染料中间体和耦合剂在 2 号剂的氧化作用下发生聚合反应；连接的部位不同可以产生缩聚反应，染料小分子聚合成大分子固定在头发皮质层内、发髓里，不容易通过毛发纤维的孔径洗去。这种染发过程几乎把人的头皮当作化学反应的反应釜，染发过程对毛发和头皮的刺激性极大。

4. 技术特点与门槛

黑色素前位体二羟基吲哚分子量大于染料中间体的对苯二胺、间苯二酚，相对而言经皮肤表层渗透头皮，被吸收较少，对皮肤的刺激性小，二羟基吲哚的羟基与头发的二硫键相互吸附，固着在毛发表面，在空气的氧化作用下，二羟基吲哚聚合成黑色素分子。因此，黑色素前位体的染发与黑色素属于同种物质。染出来的颜色与自然的黑发基本一致。黑色素形成保护膜，覆盖在毛发表层，起到柔软、护发、防晒的作用。这种染发材料不需要含双氧水的二剂配合即可对头发上色，降低了损伤头发的可能性。

5. 应用领域：染发剂

6. 技术所有人：广州市骄子日化有限公司

7. 技术合作单位：华南理工大学有机化学研究室

九、植物细胞大规模培养技术

1. 技术名称：植物细胞大规模培养技术

2. 所属类别：天然产物生物技术

3. 技术说明

植物细胞培养技术是利用植物细胞的全能性，将活体植物的任何一个器官或组织，在无菌条件下造成创伤，使其创伤部位形成新生的愈伤组织，对其建立的细胞系的固体和液体悬浮培养。安赛搏的植物细胞大规模培养技术可以实现工厂化大规模生产植物细胞原料及其有用次生代谢产物。

4. 技术特点与门槛

（1）技术特点。

大规模生产、品质均一、成本低。拥有植物细胞资源库，可开发新细胞系。解决植物原材料的标准化问题。

（2）技术门槛。

植物细胞大规模培养技术难、代谢产物产率低。

5. 应用领域、应用情况与案例

（1）应用领域。

个人护理品、美容护肤品、彩妆等。

（2）应用情况。

在雪莲庄园、细胞农场等护肤品品牌上广泛应用，得到消费者好评并持续以安赛搏植物细胞产品为基础深入功效研究和开发新产品。

6. 技术所有人：安赛搏（重庆）生物技术有限公司

7. 技术合作单位：北京工商大学

十、油茶籽茶麸自然发酵法制备酵素洗发水

1. 技术名称：油茶籽茶麸自然发酵法制备酵素洗发水

2. 所属类别：生物技术与发酵技术方向

3. 技术说明

以茶麸为发酵底物，以自然生态菌进行发酵，连续发酵 6 ~ 12 个月，以发酵液替代水制备洗发水，不使用硅油、阳离子调理剂和去屑杀菌剂。所制备的洗发水具有天然的调理性能，长期使用，头发会呈现自然光泽。产品因显著降低表面活性剂、杀菌剂等刺激性，并能平衡油脂分泌，具有一定的去屑和防脱功能。

4. 技术特点

从民间传承的洗护发习俗中挖掘出传统的发酵方法，创造性开发了符合现代人使用习惯的洗发水，利用自然生态菌群来平衡头皮微生态，从而达到去屑和防脱效果，避免一味地增加杀菌剂导致的耐药菌产生和由此产生的去屑无效化。

5. 应用领域、应用情况与案例：洗发水，黑百合山茶酵素草本精华洗发水

6. 技术所有人：北京国酵健康科技有限公司

7. 技术合作单位：谢志辉生物医药研究院（广州）有限公司

附录四　天然植物精油

一、精油概述

“精油”是指从芳香植物的根、茎、叶、花等不同部位通过水蒸气蒸馏或者压榨（如柑橘类精油）获得，带有不同功能的脂溶性、挥发性植物精华，英文可以写成“essential oil”。用正己烷、乙醇等溶剂提取分离的芳香植物挥发性化合物称为“净油”，英文为“absolute”。

精油由许多单独的物质组成，根据浓度，可分为主要成分（20% ~ 95%）、次要成分（1% ~20%）和微量成分（ <1%）。从一种植物中提取精油的化学成分和质量会因收获时间、农作物的地理环境、萃取部位以及生产方法等几个因素而有所不同。精油主要表现为亲脂性、易挥发性的小分子，它们可以轻易地穿透皮肤的角质层进入皮下组织。

二、精油使用注意事项

许多的芳香疗法专家和外行认为，精油因为是天然的所以安全。这是基于对草药的认知，是一种误解。精油与草药相比不仅浓度高，而且因其小分子特性，可以非常有效地穿过皮肤的角质层进入皮下组织，许多被认为无毒的精油就可能对某些人群产生有害的影响，特别是儿童与老人。从安全角度考虑，在化妆品中添加精油前需要了解精油的质量、功能、剂量及安全性，特别是在儿童护肤品中的使用需要格外谨慎。

欧盟化妆品法规规定了精油和单一化合物在化妆品中的使用。目前，已定义了 26 种可能引起过敏的香料，其中一些作为精油成分被发现。因此，化妆品添加精油需要控制添加量，并进行安全性测试，同时需要标识这些可能引起接触性皮炎的过敏源。这些过敏源包含戊基肉桂醛、戊基肉桂醇、茴香醇、苯甲醇、苯甲酸苄酯、肉桂酸苄酯、水杨酸苄酯、肉桂醇、肉桂醛、柠檬醛、香茅醇、香豆素、丁香酚、金合欢醇、牻牛儿醇/香叶醇、芳樟醇/沉香醇、己基肉桂醛、羟基香茅醛、异丁香酚、d－柠檬烯、碳酸庚二甲酯、橡树苔和树苔藓提取物等芳香物质。在日用香精 GB/T 22731—2017 标准文件中罗列了更多的芳香物质添加使用量规范，其中部分物质也是来自天然植物精油及精油本身，包括大花茉莉精油、小花茉莉精油，芸香科的柠檬、柚子、香柠檬/佛手柑等柑橘类精油。

在驻留性护肤品（膏霜、乳液类无须及时冲洗的产品）中，精油的最大使用量需要控制在安全范围内，通常建议在护肤品中的添加量控制在2%以内。其中，上述化学成分添加量控制在0.5%以内。橡树苔提取物不建议使用在护肤品中，含有樟脑、薄荷醇、侧柏醇类芳香物质不建议在儿童护肤品中使用。

三、精油应用及质量管理

精油来自不同科属的芳香植物。同科不同属或者同一科属不同化学类型，以及同科同属不同品种的植物精油非常普遍，这些从植物中提取的精油化学成分又不尽相同，可能存在潜在的过敏源，这些过敏源的含量又不相同。比如，薰衣草精油有很多个品种，包括：真实薰衣草精油（Lavender Oil），拉丁文为 Lavandula Angustifolia；穗花薰衣草精油（Lavender Spike Essential Oil），拉丁文为 Lavandula Latifolia ；醒目薰衣草精油（Lavandin Oil），拉丁文为 Lavandula Hybrida。为了便于对添加的精油准确地辨识，护肤品企业有必要对添加的精油进行英文和拉丁文的标识，这些名字的准确性非常重要。这些薰衣草精油中都含有芳樟醇，这些芳樟醇一旦被氧化成为氧化芳樟醇，过敏的风险就会增加。精油作为原料在护肤品中的应用应符合护肤品的国家标准。

化妆品中精油的安全使用首先取决于所用原材料的质量和提取纯精油的生产技术方法。精油应具有特定的物理和化学性质。每一款精油都应有其感官特征、物理指标、化学指标和色谱图，这些指标都应该在规范的范围值内。应将其储存在铝桶、不锈钢桶及其他不降解的容器中密闭，避免光线照射。

四、化妆品中常用的精油

1. 有机蜡菊/永久花精油

英文名：Immortelle Organic Essential Oil

植物学名：Helichrysum italicum

萃取部位：花

植物科属：菊科腊菊属

萃取工艺：蒸馏

产地分布：法国、波黑

蜡菊又名永久花，属于菊科蜡菊属植物，在地中海地区十分常见。这种花生命力极强，在岩石、路边以及荒芜的土地上只要有阳光就可以生长。即使死后也不枯萎，即使花朵被收集并晒干仍然保持鲜活的颜色。因此，它被称为“Immortelle”——不朽。这也是其名字的由来。

蜡菊的品种很多，高达200多种，但在芳香疗法中主要应用的品种是意大利永久花。蜡菊精油是一种淡黄色液体，具有强烈的蜂蜜般的香气。它可以刺激皮肤的血液循环，促使皮肤再生，并有助于减少细纹和皱纹的出现，在化妆品中是最受欢迎的精油之一，而且还是制作肥皂、香水的香料。在欧洲，其还会用于治疗呼吸道感染、头痛、偏头痛、皮肤烧伤和过敏等。

蜡菊精油的主要化学成分见附表4.1。

附表4.1 挥发性成分分析结果（法国1号蜡菊/永久花精油）

序号	英文名	CAS	中文名	相对百分含量
1	Neryl acetate	000141-12-8	乙酸橙花酯	14.73
2	alpha-Pinene	000080-56-8	α-蒎烯	11.26
3	gamma-Curcumene	000451-55-8	γ-姜黄烯	10.83
4	beta-Selinene	017066-67-0	β-瑟林烯	9.45
5	alpha-Selinene	000473-13-2	α-瑟林烯	6.59

蜡菊精油的功效与作用：在皮肤护理中，它可作用于妊娠纹、手术疤、痤疮疤和所有其他种类的疤；由于其具有防止皮肤老化及修复敏感肌的特性，蜡菊精油通常是皮肤护理产品的主要成分。在芳香疗法中，蜡菊精油也被认为是非常重要的精油，有刺激组织细胞再生、支持肝脏功能、减轻疼痛、化瘀的功效。

2. 真实薰衣草精油

英文名：Lavender Essential Oil

植物学名：Lavandula Angustifolia

萃取部位：花的顶端

植物科属：唇形科薰衣草属

萃取工艺：蒸馏

产地分布：法国、英国、保加利亚、乌克兰、澳大利亚、中国

薰衣草的原产区在欧洲，现在有多个国家引进种植。真实薰衣草大多是在海拔2000米以上种植，精油主要成分是乙酸芳樟酯、芳樟醇，所以其香型和镇静效果相比于低海拔的薰衣草更佳。

薰衣草精油是第一种用于芳香疗法的精油，在文献记载中也是应用非常广泛的精油，其有多种用途，包括缓解压力、失眠和焦虑，消除炎症，抗击紫外线带来的伤害，延缓衰老等。薰衣草精油是一种清澈、无色至淡黄色的液体，具有特有的芳香气味，通过蒸汽蒸馏从薰衣草花顶部提取。根据欧洲药典标准，精油中应含有乙酸芳樟酯（25% ~47%）、芳樟醇（< 45%）、萜品烯 -4 - 醇（< 8%）、樟脑（< 1.5%）、柠檬烯（< 1.5%）和1，8 -桉油醇（<3%）。不同地区薰衣草的化学成分不同，因此香气也会有所不同。

薰衣草精油的主要化学成分见附表4.2。

附表4.2　挥发性成分分析结果（保加利亚　有机薰衣草精油）

序号	英文名	CAS	中文名	相对百分含量
1	Linalyl acetate	000115 -95 -7	乙酸芳樟酯	25.93
2	Linalool	000078 -70 -6	芳樟醇	25.32
3	trans - beta - Ocimene	003779 -61 -1	反式 - β - 罗勒烯	6.65

续表

序号	英文名	CAS	中文名	相对百分含量
4	Terpinen - 4 - ol	000562 - 74 - 3	4 - 萜品醇	4. 83
5	beta - Caryophyllene	000087 - 44 - 5	反式 - 石竹烯	4. 72

薰衣草精油的功效与作用：在皮肤护理中，可改善因紫外线导致的日光性皮炎及皮肤老化，同时可以缓解痤疮引起的痘印，对接触性皮炎有缓解作用。在芳香疗法中，薰衣草精油是非常重要的精油，可抗击超氧化自由基引发的皮肤老化问题，防治烫伤，促进睡眠。

3. 德国洋甘菊精油

英文名：Blue Chamomile Essential Oil

植物学名：Matricaria Recutita

萃取部位：花

植物科属：菊科母菊属

萃取工艺：蒸馏

产地分布：英国、德国、保加利亚、匈牙利

德国洋甘菊是一种原产于南欧和东欧的草本植物。这种药草闻起来有点像苹果的香气，在世界各地都很受欢迎。“洋甘菊”这个名字在希腊语中是“地球苹果”的意思。洋甘菊有德国洋甘菊与罗马洋甘菊两个品种。它们的区别不仅是名字的不同，基源植物也是不一样的。罗马洋甘菊精油的基源植物是春黄菊（Anthemis Nobilis），而德国洋甘菊精油的基源植物是母菊（Matricaria Recutita），这两种精油在成分和功效上具有较大的差异。

德国洋甘菊精油的主要成分有反式 - β - 金合欢烯、α - 没药醇氧化物 A、α - 没药醇氧化物 B、母菊薁，通常用于外用护肤霜、皮肤护理油，可有效治疗皮肤炎症，还有美白、抗过敏、镇痛、止痒、抗抑郁、抗氧化的作用。

德国洋甘菊精油的主要化学成分见附表 4. 3。

附表 4. 3　挥发性成分分析结果（英国　德国洋甘菊/蓝母菊精油）

序号	英文名	CAS	中文名	相对百分含量
1	(E) - beta - Famesene	018794 - 84 - 8	反式 - β - 金合欢烯	35. 32
2	alpha - Bisabolol oxide B	026184 - 88 - 3	α - 没药醇氧化物 B	9. 29

续表

序号	英文名	CAS	中文名	相对百分含量
3	Bicyclogermacrene, (+) - bicyclogermacrene	024703 - 35 - 3	双环吉玛烯	6.57
4	alpha - Farnesene	000502 - 61 - 4	α - 合金欢烯	5.75
5	Germacrene D	023986 - 74 - 5	右旋大根香叶烯	5.66
6	alpha - Bisabolol	000515 - 69 - 5	α - 没药醇	5.16
7	Chamazulene	000529 - 05 - 5	母菊薁	4.96

德国洋甘菊精油的功效与作用：在皮肤护理中，德国洋甘菊精油可以改善皮肤过敏、接触性皮炎、湿疹，还有止痒、抗氧化、美白的功效；用于眼部的皮肤护理，可以帮助缓解黑眼圈。在芳香疗法中，德国洋甘菊精油是非常重要的精油，有缓解各种皮肤炎症、美白、抗老化、镇静、镇痛、保护神经系统、缓解焦虑和经期不适、防治关节炎的作用。注意事项：护肤品中精油添加量<1%。

4. 罗马洋甘菊精油

英文名：Chamomile Essential Oil

植物学名：Anthemis Nobilis

萃取部位：花朵

植物科属：菊科黄春菊属

萃取工艺：蒸馏

产地分布：英国、法国、匈牙利、埃及、中国

罗马洋甘菊因其香味和镇静作用已被使用了2000多年。古埃及人认为，Anthemis Nobilis是太阳神“Ra”的圣物，并使用洋甘菊油涂抹身体以供祭祀仪式使用。它也受到阿拉伯人和撒克逊人的重视，被视为9种最神圣的草药之一。因其好闻的香甜味，在中世纪的欧洲被用来给衣服和室内空间增添香味。

罗马洋甘菊具有止痛和抗痉挛的特性。用沸水浸泡的洋甘菊花茶，长期以来以其舒缓和镇静作用而闻名；与生姜结合使用时，可以缓解胃胀气和食欲不振，起到健胃的作用；也可用于缓解痛风和头痛。

罗马洋甘菊精油的主要化学成分见附表4.4。

附表4.4 挥发性成分分析结果(英国 罗马洋甘菊/白菊)

序号	英文名	CAS	中文名	相对百分含量
1	3 – Methylpentyl angelate	053082 – 58 – 9	当归酸 – 3 – 甲基戊酯	15.28
2	Isobutyl angelate	007779 – 81 – 9	当归酸异丁酯	13.16
3	2 – Butenoic acid, 2 – methyl – , 2 – methyl – 2 – propenyl ester, (Z) –	061692 – 78 – 2	顺式 – 2 – 甲基 – 2 – 丁烯酸 – 2 – 甲基 – 2 – 丙烯酯	9.68
4	2 – Methylbutyl angelate	061692 – 77 – 1	当归酸 – 2 – 甲基丁酯	9.45
5	Pentan – 2 – yl 2 – methylbut – 2 – enoate	063473 – 51 – 8	2 – 甲基 – 2 – 丁烯酸 – 2 – 戊酯	7.07

罗马洋甘菊精油的功效与作用:在化妆品中,可起到增加香味和缓解过敏的作用;不会引起皮肤刺激或过敏,可以使用在儿童护肤品中,有舒缓和镇静的作用。在芳香疗法中,罗马洋甘菊精油是常用的精油,可缓解皮肤炎症、抗过敏、缓解压力、促进睡眠、缓解经期不适。

5. 玫瑰精油

英文名:Ross Oil

植物学名:Rosa Damascena

萃取部位:花朵

萃取工业:蒸馏

产地分布:叙利亚、保加利亚、土耳其、摩洛哥、阿塞拜疆、中国

玫瑰因其美丽和香气而享誉世界。在文学和神话中,没有哪种花像玫瑰一样被尊崇,或被用于如此多的神圣目的。在古代艺术和文学中,大马士革玫瑰是“花中之王”,象征着美丽、爱情、青春、完美和不朽。在现代,玫瑰精油被广泛应用在护肤制剂、香水、肥皂和食品香料中。

玫瑰是蔷薇科多年生木本开花植物。大多数玫瑰品种原产于亚洲,少数原产于北美、欧洲和北非地区,来自世界不同地区的玫瑰很容易杂交,难以确定基本物种。目前,在护肤品、香水及芳香疗法领域常用的品种是

大马士革玫瑰、普罗旺斯玫瑰。我国主要盛产平阴玫瑰、苦水玫瑰和大马士革玫瑰（引进品种）。

玫瑰精油的主要化学成分见附表 4. 5。

附表 4. 5 挥发性成分分析结果（保加利亚 奥图玫瑰精油）

序号	英文名	CAS	中文名	相对百分含量
1	Citronellol	000106 – 22 – 9	香茅醇	28. 6117
2	Geraniol	000106 – 24 – 1	香叶醇	25. 0728
3	Nerol	000106 – 25 – 2	橙花醇	12. 8209
4	Nonadecane	000629 – 92 – 5	正十九烷	6. 3987
5	1 – Nonadecene	018435 – 45 – 5	1 – 十九碳烯	3. 1941

玫瑰精油的功效与作用：在护肤中，可起到抗老化、缓解皮肤炎、美白的作用。在芳香疗法中，玫瑰精油是日常使用非常频繁的精油，有抗老化、缓解皮肤炎症、美白的作用，可疏肝理气、缓解压力和生理期不适。

更多精油科普信息可以从精油大百科微信平台获取。